Klemens Burg | Herbert Haf | Friedrich Wille | Andreas Meister

Partielle Differentialgleichungen und funktionalanalytische Grundlagen

Klemens Burg | Herbert Haf
Friedrich Wille | Andreas Meister

# Partielle Differentialgleichungen und funktionalanalytische Grundlagen

Höhere Mathematik für Ingenieure, Naturwissenschaftler und Mathematiker

5., aktualisierte Auflage

Bearbeitet von
Prof. Dr. rer. nat. Herbert Haf, Universität Kassel
Prof. Dr. rer. nat. Andreas Meister, Universität Kassel

STUDIUM

VIEWEG+
TEUBNER

Bibliografische Information der Deutschen Nationalbibliothek
Die Deutsche Nationalbibliothek verzeichnet diese Publikation in der Deutschen Nationalbibliografie; detaillierte bibliografische Daten sind im Internet über <http://dnb.d-nb.de> abrufbar.

**Prof. Dr. rer. nat. Herbert Haf,** geb. 1938 in Pfronten/Allgäu. 1956 – 1960 Studium der Feinwerktechnik-Optik am Oskar-von-Miller-Polytechnikum München. 1960 – 1966 Studium der Mathematik und Physik an der RWTH Aachen. 1966 Diplomprüfung in Mathematik. 1966 – 1970 Wiss. Ass., 1968 Promotion. 1970 – 1974 Akad. Rat/Oberrat an der Universität Stuttgart. 1968 – 1974 Lehraufträge an der Universität Stuttgart. 1974 – 2003 Prof. für Mathematik (Analysis) an der Universität Kassel. Arbeitsgebiete: Funktionalanalysis, Verzweigungstheorie, Approximationstheorie.

**Prof. Dr. rer. nat. Andreas Meister,** geb. 1966 in Einbeck. 1987 – 1993 Studium der Mathematik mit Nebenfach Informatik an der Georg-August-Universität Göttingen. 1993 Diplomprüfung in Mathematik. 1993 – 1996 Promotionsstipendium an der Deutschen Forschungsanstalt für Luft- und Raumfahrt in Göttingen, 1996 Promotion an der TH Darmstadt. 1996 Wiss. Mitarb. am Fraunhofer Institut für Techno- und Wirtschaftsmathematik Kaiserslautern. 1996 – 1997 Wiss. Mitarb., 1997 – 2002 Wiss. Ass. an der Universität Hamburg. 2001 Habilitation und Privatdozent am FB Mathematik der Universität Hamburg. 2002 – 2003 Hochschuldozent an der Universität zu Lübeck. Seit 2003 Prof. für Angewandte Mathematik an der Universität Kassel. Arbeitsgebiete: Numerik partieller Differentialgleichungen und Numerik linearer Gleichungssysteme.

1. Auflage 1989
5., aktualisierte Auflage 2010



Lektorat: Ulrich Sandten | Kerstin Hoffmann

Vieweg+Teubner Verlag ist eine Marke von Springer Fachmedien.
Springer Fachmedien ist Teil der Fachverlagsgruppe Springer Science+Business Media.
www.viewegteubner.de



Umschlaggestaltung: KünkelLopka Medienentwicklung, Heidelberg

Gedruckt auf säurefreiem und chlorfrei gebleichtem Papier.

ISBN 978-3-8348-1294-0

Meinem verehrten akademischen Lehrer Prof. Dr. Peter Werner
gewidmet

# Vorwort

Die vorliegende Neuauflage der Höheren Mathematik mit dem Schwerpunkt Partielle Differentialgleichungen und der Bereitstellung von Hilfsmitteln der Funktionalanalysis stellt die Abrundung unserer Lehrbuchreihe dar. Aufgrund ihrer Bedeutung für die Elektrodynamik haben wir zusätzlich eine Einführung in die Theorie der Maxwellschen Gleichungen in diesen Band aufgenommen (s. Abschn. 8).

Die Adressaten sind — wie schon bei den anderen Bänden — in erster Linie Studierende der Ingenieurwissenschaften, aber darüber hinaus auch der Angewandten Mathematik, insbesondere der Technomathematik, sowie der Physik, der Physikalischen Chemie und der Informatik. Auch der »reine Mathematiker« wird manches Lesenswerte in diesem Buch finden.

Zum Lernen, begleitend zur Vorlesung oder zum Selbststudium, zum Vertiefen, Nachschlagen und Wiederholen sind die Bände von Nutzen. Bei der Examensvorbereitung, wie auch in der späteren Berufspraxis findet der Leser Hilfe in dieser »Wissensbank«.

Auch dieser Band ist relativ unabhängig von den übrigen Bänden gestaltet. Das nötige Vorwissen steht natürlich in den vorangehenden Bänden, aus denen es der Leser entnehmen kann. Er kann es natürlich auch anders erworben haben. Auch muß man die vorangehenden Bände nicht Wort für Wort durchstudiert haben, um diesen verstehen zu können. Benötigte Inhalte aus früheren Bänden werden gezielt zitiert, oft sogar kurz wiederholt, so daß sich umständliches Nachschlagen erübrigt.

Der erste Themenbereich dieses Bandes ist durch die Funktionalanalysis gegeben. Sie wurde im letzten Jahrhundert entwickelt und stellt mittlerweile auch für den primär an Anwendungen Interessierten ein nützliches und modernes mathematisches Instrumentarium dar. Nicht zuletzt ist die moderne Numerische Mathematik in hohem Maße auf sie angewiesen. Die Funktionalanalysis ist zweifellos von höherem Abstraktionsgrad. Doch schon der Teil partielle Differentialgleichungen zeigt recht überzeugend, wie leistungsfähig die Funktionalanalysis ist.

Um die Theorie für den von uns angesprochenen Leserkreis nicht ausufern zu lassen, haben wir nicht sämtliche Prinzipien der Funktionalanalysis in diesen Band aufgenommen. Stattdessen haben wir uns in der Regel auf solche beschränkt, mit denen wir auch weitergearbeitet haben. Eine Ausnahme stellt hier der Fortsetzungssatz von Hahn-Banach dar. Aufgrund seiner allgemeinen Bedeutung erscheint uns seine Aufnahme unverzichtbar. Er findet sich (mit Beweis) im Anhang.

Einige lineare Integralgleichungen, etwa solche vom Volterraschen Typ oder verschiedene Fredholmsche Integralgleichungen 2-ter Art, wurden — wie heute üblich — in den Funktionalanalysis-Teil integriert.

Abweichend vom Standardweg, der über die Lebesgue-Theorie führt, sind wir zur Einführung des Lebesgueraumes $L_2$ und der Sobolevräume $H_m$ und $\mathring{H}_m$ einem von P. Werner [158] eröffneten Zugang gefolgt (s. Abschnitt 3). Diese Räume werden hierbei auf funktionalanalytische Weise, genauer, unter distributionentheoretischen Gesichtspunkten, diskutiert. Welche Gründe sprechen dafür? Zum einen stehen uns die benötigten funktionalanalytischen Hilfsmittel durch die vorhergehenden Abschnitte 1 und 2 bereits in vollem Umfang zur Verfügung, so daß wir auf ziemlich rasche und elegante Weise zu diesen Räumen gelangen. Ein weiterer Vorzug besteht darin, daß sich ein für die »Hilbertraummethoden« (s. Abschn. 10) benötigter schwacher Ableitungsbegriff im Rahmen dieses Zugangs ganz natürlich einordnet.

Die partiellen Differentialgleichungen, die den eigentlichen Schwerpunkt dieses Bandes ausmachen, besitzen eine große Anwendungsrelevanz. Von daher ist hier eine Motivierung möglich, die unmittelbar von konkreten Sachverhalten ausgeht. Sowohl das Aufstellen von partiellen Differentialgleichungen (s. Abschn. 4.1.3), als auch die Erarbeitung von Lösungsmethoden zeigen, daß wir den »Abnehmer« von Mathematik sehr wohl im Blick haben. Aufgrund der außerordentlichen Breite des Gebietes ist es unumgänglich, eine Auswahl der Differentialgleichungstypen wie auch der Lösungsverfahren zu treffen. So haben wir ausschließlich lineare partielle Differentialgleichungen und im Rahmen der linearen Theorie insbesondere die »Schwingungsgleichung«, die »Wärmeleitungsgleichung« und die »Wellengleichung« untersucht (Abschnitte 5 bis 7). Partielle Differentialgleichungen erster Ordnung sind von uns nur kurz gestreift und auf Systeme von gewöhnlichen Differentialgleichungen zurückgeführt worden (s. Abschn. 4.2). Eine Anwendung auf die Kontinuitätsgleichung findet sich in Abschnitt 4.2.2.

Die Helmholtzsche Schwingungsgleichung mit ihrem wichtigen Spezialfall, der Potentialgleichung, nimmt in diesem Band einen besonders breiten Raum ein (s. Abschn. 5). Dies läßt sich durch die Schlüsselstellung dieser Gleichung begründen. Neben ihrer unmittelbaren Bedeutung für die Anwendungen führen Separationsansätze bei der Wärmeleitungsgleichung, der Wellengleichung und den Maxwellschen Gleichungen auf die Schwingungsgleichung (s. Abschn. 4.3.2 und Üb. 4.7).

Ganzraumprobleme haben wir ganz allgemein im $\mathbb{R}^n$ untersucht. Dadurch gewinnen wir für jede Dimension $n$ geeignete Abklingbedingungen im Unendlichen, die zur eindeutigen Lösung von Randwertaufgaben benötigt werden. Dabei lassen sich die in Burg/Haf/Wille [22], Abschnitt 5 mit funktionentheoretischen Methoden erarbeiteten Resultate über die Hankelschen Funktionen besonders schön anwenden.

Es ist uns ein Anliegen, den mathematisch interessierten Leser möglichst schonend in zwei interessante und wichtige neuere Entwicklungen auf dem Gebiet der partiellen Differentialgleichungen einzuführen: In die »Integralgleichungsmethoden« (s. Abschn. 5.3) und in die »Hilbertraummethoden« (s. Abschn. 10). Beide Bereiche sind in der zweiten Hälfte des vorigen Jahrhunderts entstanden. An ihnen wird der Nutzen der Funktionalanalysis überzeugend deutlich. Die den Hilbertraummethoden zugrunde liegenden »schwachen Formulierungen« (oder »Variationsformulierungen«) der entsprechenden Differentialgleichungsprobleme stellen den Ausgangspunkt für moderne numerische Verfahren zu deren Lösung dar (Ritz-Galerkin-Verfahren, Methode der finiten Elemente).

Dieser Band kann die umfangreiche Numerik der partiellen Differentialgleichungen nicht abdecken. Hier verweisen wir auf die einschlägige Literatur (s. Literaturverzeichnis). In Abschnitt 5.5, der von F. Wille geschrieben wurde, geben wir eine kurze Einführung in die wichtige Methode der finiten Elemente. Dieser Abschnitt ist unabhängig von den Abschnitten 3 bzw. 10 gestaltet, um den an Theorie weniger interessierten Lesern dennoch eine Methode zur numerischen Lösungsbestimmung an die Hand zu geben. Zum besseren Verständnis der »Hintergründe« empfiehlt sich allerdings ein Studium der genannten Abschnitte. Weiterführende Literatur zur Numerik partieller Differentialgleichungen, findet sich insbesondere am Ende der jeweiligen Abschnitte.

Wir haben uns auch in diesem Band wieder um eine Ausgewogenheit zwischen Theorieanspruch und Anwendungsbezogenheit bemüht. Rücksichtnahme auf den »Abnehmer« von Mathematik, ohne Preisgabe mathematischer Genauigkeit, war uns dabei wichtig.

Im Teil partielle Differentialgleichungen spiegelt sich die prägende Wirkung zahlreicher ausgezeichneter Vorlesungen und Vorträge wieder, die der Verfasser als Student bei den Professoren R. Leis und C. Müller, bzw. als Assistent und Mitarbeiter bei Professor P. Werner gehört hat. Ihnen möchten wir an dieser Stelle danken. Besonderer Dank gebührt hierbei Herrn Prof.Dr. P. Werner (Universität Stuttgart), dem dieser Band gewidmet ist. Sein Rat, seine wertvollen Hinweise und Anregungen waren uns sehr hilfreich. Originalarbeiten von ihm bilden die Grundlage für die Abschnitte 3 und 10.

Ferner danken wir Herrn Dipl.-Inf. J. Barner für die Erstellung der ausgezeichneten LaTeX-Vorlage.

Nicht zuletzt gilt unser Dank dem Verlag B.G. Teubner für seine ständige Gesprächsbereitschaft, Rücksichtnahme auf Terminprobleme und Gestaltungswünsche.

Kassel, Juli 2004 *Herbert Haf*

**Vorwort zur vierten Auflage**

Die vorliegende vierte Auflage dieses Bandes stellt eine Überarbeitung und Erweiterung der vorangehenden Auflage dar. Aufgrund ihrer Bedeutung für die Strömungsmechanik wurden die Eulerschen Gleichungen der Gasdynamik aufgenommen. Die Verfasser hoffen nun, daß dieser letzte Band unseres sechsteiligen Gesamtwerkes »Höhere Mathematik für Ingenieure« auch weiterhin eine freundliche Aufnahme durch die Leser findet. Für Anregungen sind wir dankbar.

Unser Dank gilt in besonderer Weise Herrn Prof. Dr. Thomas Sonar von der Technischen Universität Braunschweig für die kritische Sichtung der neuen Abschnitte und für wertvolle Hinweise zu diesem Band. Desweiteren möchten wir Herrn Dr.-Ing. Jörg Barner für die Erstellung der hervorragenden LaTeX-Vorlage und Herrn Klaus Strube für die gewohnt präzise Erstellung der in dieser Auflage neu aufgenommenen Abbildungen danken. Nicht zuletzt danken wir dem Verlag Vieweg+Teubner für eine bewährte und angenehme Zusammenarbeit.

Kassel, Juni 2009 *Herbert Haf, Andreas Meister*

**Vorwort zur fünften Auflage**

Die vorliegende Neuauflage dieses Bandes unterscheidet sich nur geringfügig von der vorhergehenden Auflage. Es wurden lediglich kleinere Veränderungen und insbesondere Fehlerkorrekturen vorgenommen.

Kassel, März 2010 *Herbert Haf, Andreas Meister*

# Inhaltsverzeichnis

## Band I: Analysis (F. Wille†, bearbeitet von H. Haf, A. Meister)

## Band II: Lineare Algebra (F. Wille†, H. Haf, K. Burg†, bearbeitet von H. Haf, A. Meister)



## Band III: Gewöhnliche Differentialgleichungen, Distributionen, Integraltransformationen (H. Haf, A. Meister)

### Gewöhnliche Differentialgleichungen

## Band Vektoranalysis: (F. Wille†, bearbeitet von H. Haf)

## Band Funktionentheorie: (H. Haf)

# Teil I

# Funktionalanalysis

Die Funktionalanalysis verbindet die Analysis mit Geometrie und Algebra. Durch Hervorhebung wesentlicher Strukturen lassen sich dabei verschiedenartige mathematische Fragestellungen unter allgemeinen Gesichtspunkten behandeln. Insbesondere werden »unendlichdimensionale lineare Räume« betrachtet. Räume mit *unendlicher Dimension* — gibt es die eigentlich? In der Tat! So erweist sich z.B. die Menge der stetigen Funktionen auf einem Intervall »bei genauerem Hinsehen« als Raum von unendlicher Dimension. Solche *»Funktionenräume«* sind ein zentraler Gegenstand der Funktionalanalysis. Sind dies aber nicht nur künstliche Gedankenspiele, die mit der Wirklichkeit nichts zu tun haben? Nur auf den ersten Blick! Die Entwicklung der letzten Jahrzehnte zeigt, daß die Funktionalanalysis mehr und mehr zur Lösung von »Ingenieuraufgaben« benötigt wird und auch in den Naturwissenschaften, insbesondere der Physik, zu einem unentbehrlichen Hilfsmittel geworden ist.

Woran liegt das eigentlich? Der zunächst als recht wirklichkeitsfern erscheinende Schritt hin zur Abstraktion erweist sich als ungemein fruchtbar und ökonomisch. Sehr unterschiedliche Einzelprobleme lassen sich häufig zu *einer* »Operatorgleichung« in einem »geeigneten Raum« (meist unendlichdimensional!) zusammenfassen, für die die Funktionalanalysis starke Lösungsmethoden bereitstellt. Ein Beispiel hierfür ist der berühmte Banachsche Fixpunktsatz, der gleichermaßen zur Lösung von Gleichungssystemen, von Differential- wie auch von Integralgleichungsproblemen herangezogen werden kann (s. Abschn. 1.1.5). Bereits dieses Beispiel zeigt, daß es erfolgversprechend ist, wenn wir uns im folgenden sowohl mit »Räumen« (s. Abschn. 1) als auch mit »Abbildungen« und »Operatorgleichungen« (s. Abschn. 2) ausführlich beschäftigen.

Im Rahmen dieses Bandes dienen insbesondere auch die Abschnitte über Integralgleichungsmethoden (s. Abschn. 5.3.3), über Eigenwertprobleme (s. Abschn. 5.4 und 6.1.3) und über Hilbertraummethoden zur Lösung von partiellen Differentialgleichungen (s. Abschn. 10) zu einem besseren Verständnis für die Wirkungsweise und Leistungsfähigkeit der Funktionalanalysis.

# 1 Grundlegende Räume

Bei zahlreichen mathematischen Problemen ist die zweckmäßige Formulierung der Aufgabenstellung ein entscheidender Schritt hin zu einer Lösung. Die Wahl geeigneter mathematischer Räume und Abbildungen spielt hierbei eine wichtige Rolle. Wir wollen ein breites Angebot an Räumen und Abbildungen bereitstellen und deren Eigenschaften untersuchen. Zunächst beschäftigen wir uns mit verschiedenen Klassen von Räumen. Beginnend beim metrischen Raum, der mit schwachen Voraussetzungen auskommt, führt unser Weg durch schrittweise »Anreicherung« mit zusätzlichen Struktureigenschaften über den normierten Raum zum Banachraum und zum Hilbertraum, der besonders schöne und für die Anwendungen interessante Eigenschaften besitzt.

## 1.1 Metrische Räume

### 1.1.1 Definition und Beispiele

Ein Rückblick auf die Analysis im $\mathbb{R}^n$ (s. Burg/Haf/Wille [23]) und in $\mathbb{C}$ (s. Burg/Haf/Wille [22]) zeigt: Bei typischen Analysisfragen, also bei Fragen, die vorrangig die Konvergenz betreffen, spielt der *Abstand* (die *Distanz*) zwischen den betrachteten Objekten (Punkte, Vektoren, komplexe Zahlen...) eine entscheidende Rolle. So lautet der Konvergenzbegriff in $\mathbb{R}$, wenn wir den *euklidischen Abstand*

$$d(x, y) := |x - y| \quad \text{für} \quad x, y \in \mathbb{R} \tag{1.1}$$

verwenden: Die Folge $\{x_n\}$ aus $\mathbb{R}$ heißt konvergent gegen $x_0 \in \mathbb{R}$, wenn es zu jedem $\varepsilon > 0$ eine natürliche Zahl $n_0 = n_0(\varepsilon)$ gibt, so daß

$$d(x_n, x_0) = |x_n - x_0| < \varepsilon \tag{1.2}$$

für alle $n \geq n_0$ gilt. Neben den Objekten, nämlich den Elementen aus $\mathbb{R}$, kommt es bei der Formulierung dieser Konvergenz auf den Abstand (1.1) an. Wir fassen beides, Objekte und Abstand, zusammen und verwenden die Schreibweise $(\mathbb{R}, d)$. Was leistet der Abstand (1.1)? Seine zentralen und recht plausiblen Eigenschaften, auf die wir in der Analysis immer wieder zurückgegriffen haben, sind:

(i) Die Punkte in $\mathbb{R}$ besitzen einen nicht negativen Abstand voneinander: Für alle $x, y \in \mathbb{R}$ gilt

$$d(x, y) = |x - y| \geq 0 \quad \text{und} \quad |x - y| = 0 \quad \text{genau dann, wenn} \quad x = y \quad \text{ist.} \tag{1.3}$$

(ii) Der Abstand eines Punktes $x$ von einem Punkt $y$ aus $\mathbb{R}$ ist derselbe wie der Abstand von $y$ von $x$: Für alle $x, y \in \mathbb{R}$ gilt

$$|x - y| = |y - x| \quad (\textit{Symmetrieeigenschaft})\,. \tag{1.4}$$

(iii) Der direkte Weg eines Punktes $x$ zu einem Punkt $y$ in $\mathbb{R}$ ist kürzer als jeder Umweg, genauer: Für alle $x, y, z \in \mathbb{R}$ gilt

$$|x-y| \le |x-z| + |z-y| \quad (\textit{Dreiecksungleichung})\,. \tag{1.5}$$

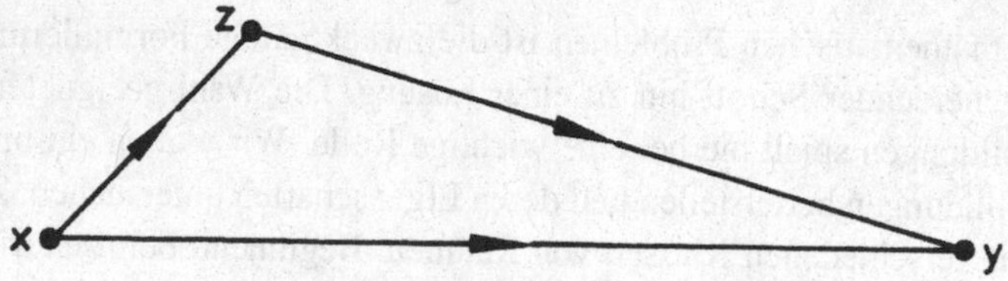


Fig. 1.1: Zur Dreiecksungleichung

Wir lassen nun anstelle von $\mathbb{R}$ allgemeinere Mengen $X$ zu, z.B. die Menge aller auf dem Intervall $[0,1]$ stetigen, reell- oder komplexwertigen Funktionen: $X = C[0,1]$.

Von einem Abstand in $X$ fordern wir, daß er ebenfalls die charakteristischen Eigenschaften (i) bis (iii) besitzt. Dies führt uns zu

**Definition 1.1:**
Eine nichtleere Menge $X$ mit *Elementen* (oder *Punkten*) $x, y, z \ldots$ heißt ein *metrischer Raum*, wenn jedem Paar $x, y \in X$ eine reelle Zahl $d(x, y)$, genannt *Abstand* oder *Metrik*, zugeordnet ist mit den Eigenschaften: Für alle $x, y, z \in X$ gilt

(i) $d(x, y) \ge 0$; $d(x, y) = 0$ genau dann, wenn $x = y$ ist;

(ii) $d(x, y) = d(y, x)$ *Symmetrieeigenschaft*;

(iii) $d(x, y) \le d(x, z) + d(z, y)$ *Dreiecksungleichung*.

**Bemerkung:** Man nennt die Bedingungen (i), (ii) und (iii) die Axiome des metrischen Raumes.

Für metrische Räume verwenden wir die Schreibweisen: $(X, d)$ oder kurz $X$, wenn der Kontext für Klarheit sorgt.

Gibt es für unsere obige Menge $X = C[0,1]$ eine Metrik? Mit $x(t), y(t) \in C[0,1]$ und $d_{\max}(x, y) := \max\limits_{0\le t\le 1} |x(t) - y(t)|$, der sogenannten *Maximumsmetrik* erweist sich $C[0,1]$ als metrischer Raum: $(C[0,1], d_{\max})$. Der Nachweis von (i) und (ii) ist trivial, und (iii) ergibt sich wie folgt: Für alle $t \in [0,1]$ gilt

$$\begin{aligned} |x(t) - y(t)| &= |(x(t) - z(t)) + (z(t) - y(t))| \le |x(t) - z(t)| + |z(t) - y(t)| \\ &\le \max_{0\le t\le 1} |x(t) - z(t)| + \max_{0\le t\le 1} |z(t) - y(t)| = d_{\max}(x, z) + d_{\max}(z, y)\,, \end{aligned}$$

woraus

$$d_{\max}(x, y) = \max_{0\le t\le 1} |x(t) - y(t)| \le d_{\max}(x, z) + d_{\max}(z, y)$$

folgt.

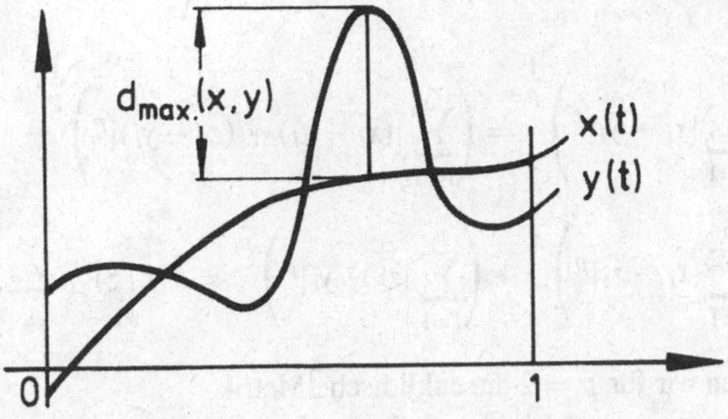


Fig. 1.2: Maximumsmetrik

Wir werden noch sehen (s. Beispiel 1.2), daß auf ein und derselben Menge $X$ durchaus verschiedene Metriken definiert sein können.

Welche Mengen lassen sich nun eigentlich zu metrischen Räumen ausbauen? Antwort: Jede nichtleere Menge. Dies zeigt das

**Beispiel 1.1:**
Es sei $X$ eine beliebige nichtleere Menge und

$$d(x, y) := \begin{cases} 1, & \text{falls } x \neq y \\ 0, & \text{falls } x = y. \end{cases} \tag{1.6}$$

Die Eigenschaften (i) und (ii) aus Definition 1.1 sind trivialerweise erfüllt; (iii) ist für $x = y$ trivial und folgt für $x \neq y$ aus $1 = d(x, y)$ und $1 \leq d(x, z) + d(z, y)$. D.h. $(X, d)$ ist ein metrischer Raum.

**Bemerkung:** Man nennt die durch (1.6) erklärte Metrik $d$ die *diskrete Metrik*.

Weitere metrische Räume sind durch die folgenden Beispiele gegeben.

**Beispiel 1.2:**
Es sei $X = \mathbb{R}^n$ oder $X = \mathbb{C}^n$ die Menge aller Vektoren $\boldsymbol{x} = (x_1, \ldots, x_n)^{\mathrm{T}}$, $\boldsymbol{y} = (y_1, \ldots, y_n)^{\mathrm{T}}$ mit $x_i, y_i \in \mathbb{R}$ oder $\mathbb{C}$ $(i = 1, \ldots, n)$ und

$$d(\boldsymbol{x}, \boldsymbol{y}) := \sqrt[p]{\sum_{i=1}^{n} |x_i - y_i|^p} \quad 1 \leq p < \infty. \tag{1.7}$$

Dann ist $(X, d)$ ein metrischer Raum. Der Nachweis von (i) und (ii) ist wieder trivial; (iii) folgt mit Hilfe der Minkowski-Ungleichung[1]

$$\left(\sum_{i=1}^{n} |a_i + b_i|^p\right)^{\frac{1}{p}} \leq \left(\sum_{i=1}^{n} |a_i|^p\right)^{\frac{1}{p}} + \left(\sum_{i=1}^{n} |b_i|^p\right)^{\frac{1}{p}} \quad (a_i, b_i \in \mathbb{R},\ 1 \leq p < \infty). \tag{1.8}$$

1 Ein Beweis findet sich z.B. in Ljusternik/Sobolev [106], S. 356

Denn:

$$d(\boldsymbol{x},\boldsymbol{y}) = \left(\sum_{i=1}^{n} |x_i - y_i|^p\right)^{\frac{1}{p}} = \left(\sum_{i=1}^{n} |(x_i - z_i) + (z_i - y_i)|^p\right)^{\frac{1}{p}}$$

$$\leq \left(\sum_{i=1}^{n} |x_i - z_i|^p\right)^{\frac{1}{p}} + \left(\sum_{i=1}^{n} |z_i - y_i|^p\right)^{\frac{1}{p}} = d(\boldsymbol{x},\boldsymbol{z}) + d(\boldsymbol{z},\boldsymbol{y})$$

Insbesondere erhalten wir für $p = 2$ die euklidische Metrik

$$d(\boldsymbol{x},\boldsymbol{y}) = \sqrt{\sum_{i=1}^{n} |x_i - y_i|^2} \tag{1.9}$$

auf $\mathbb{R}^n$.

**Bemerkung:** Beispiel 1.2 zeigt, daß sich auf $\mathbb{R}^n$ unendlich viele Metriken erklären lassen.

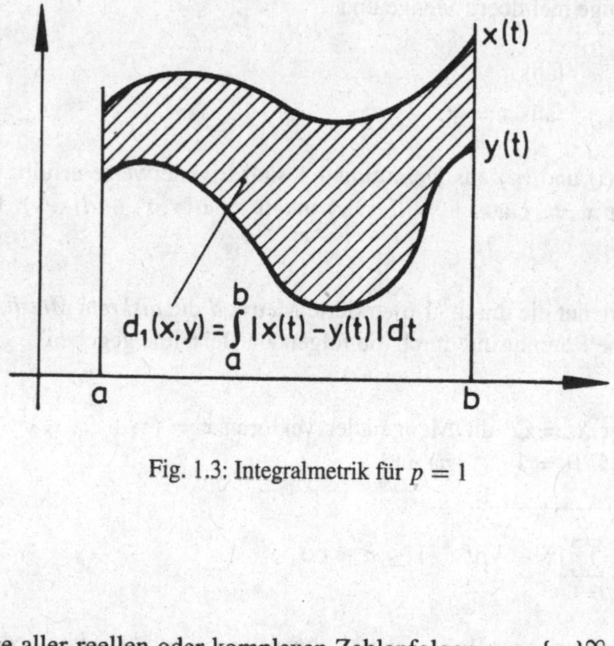


Fig. 1.3: Integralmetrik für $p = 1$

**Beispiel 1.3:**

Es sei $X$ die Menge aller reellen oder komplexen Zahlenfolgen $x = \{x_k\}_{k=1}^{\infty}$, $y = \{y_k\}_{k=1}^{\infty}, \dots$ für die $\sum\limits_{k=1}^{\infty} |x_k|^p$, $\sum\limits_{k=1}^{\infty} |y_k|^p, \dots$ konvergieren. Dann erhalten wir mit

$$d(x,y) := \left(\sum_{k=1}^{\infty} |x_k - y_k|^p\right)^{\frac{1}{p}}, \quad 1 \leq p < \infty \tag{1.10}$$

einen metrischen Raum, den man mit $l_p$ bezeichnet: (i) und (ii) sind wieder klar, während (iii) analog zu Beispiel 1.2 mit Hilfe einer Verallgemeinerung der Minkowski-Ungleichung (Grenzübergang $n \to \infty$ in (1.8)) folgt. Insbesondere ergibt sich für $p = 2$ der *Hilbertsche*[2] *Folgenraum* $l_2$.

**Beispiel 1.4:**
Es sei $X$ die Menge aller reell- oder komplexwertigen Funktionen, die auf einem (nicht notwendig beschränkten) Intervall $(a, b)$ stetig sind und für die das Integral

$$\int_a^b |x(t)|^p \, dt \,, \quad 1 \le p < \infty$$

im Riemannschen Sinne existiert. Setzen wir für $x(t), y(t) \in X$

$$d_p(x, y) := \left( \int_a^b |x(t) - y(t)|^p \, dt \right)^{\frac{1}{p}} , \quad 1 \le p < \infty \tag{1.11}$$

so wird $X$ mit dieser *Integralmetrik* zu einem metrischen Raum. Der Nachweis von (i) und (ii) ist problemlos; (iii) zeigen wir mit der Minkowski-Ungleichung für Integrale[3]:

$$\left( \int_a^b |u(t) + v(t)|^p \, dt \right)^{\frac{1}{p}} \le \left( \int_a^b |u(t)|^p \, dt \right)^{\frac{1}{p}} + \left( \int_a^b |v(t)|^p \, dt \right)^{\frac{1}{p}} . \tag{1.12}$$

Es gilt dann:

$$\begin{aligned} d_p(x, y) &= \left( \int_a^b |x(t) - y(t)|^p \, dt \right)^{\frac{1}{p}} = \left( \int_a^b |(x(t) - z(t)) + (z(t) - y(t))|^p \, dt \right)^{\frac{1}{p}} \\ &\le \left( \int_a^b |x(t) - z(t)|^p \, dt \right)^{\frac{1}{p}} + \left( \int_a^b |z(t) - y(t)|^p \, dt \right)^{\frac{1}{p}} = d_p(x, z) + d_p(z, y) . \end{aligned}$$

**Bemerkung:** Insbesondere stehen uns damit in $C[a, b]$ $(a, b \in \mathbb{R})$ zwei unterschiedliche Arten von Metriken zur Verfügung: Neben der Maximumsmetrik (s.o.) die Integralmetrik (1.11).

Ein interessantes Beispiel für einen metrischen Raum im Zusammenhang mit der Codierungstheorie findet sich in Übung 1.2.

2 David Hilbert (1862–1943), deutscher Mathematiker
3 Zum Beweis siehe z.B. Ljusternik/Sobolev [106], S. 355

### 1.1.2 Topologische Hilfsmittel

Wir übertragen in naheliegender Weise einige topologische Grundbegriffe aus dem $\mathbb{R}^n$ (s. Burg/-Haf/Wille [23], Abschn. 6.1.4) auf metrische Räume:

**Definition 1.2:**

Sei $X = (X, d)$ ein metrischer Raum, $A$ und $B$ seien Teilmengen von $X$[4]

(a) Die Menge aller Punkte (=Elemente) $x \in X$ für die

$$d(x, x_0) < \varepsilon, \quad x_0 \in X \text{ fest}, \quad \varepsilon > 0$$

gilt, heißt *offene Kugel* in $X$ mit Mittelpunkt $x_0$ und Radius $\varepsilon$ (oder *$\varepsilon$-Umgebung* von $x_0$). Schreibweise: $K_\varepsilon(x_0)$. Im Falle $d(x, x_0) \leq \varepsilon$ sprechen wir von einer *abgeschlossenen Kugel* und schreiben: $\overline{K}_\varepsilon(x_0)$. $U \subset X$ heißt *Umgebung* von $x_0$, wenn sie eine $\varepsilon$-Umgebung von $x_0$ enthält.

(b) Der Punkt $x_0 \in X$ heißt *innerer Punkt* von $X$, wenn es ein $\varepsilon > 0$ so gibt, daß $K_\varepsilon(x_0) \subset X$ ist. $A \subset X$ heißt *offen*, wenn jeder Punkt von $A$ ein innerer Punkt ist.

(c) Ein Punkt $x_0 \in X$ heißt *Häufungspunkt* von $A \subset X$, wenn jede Umgebung von $x_0$ mindestens einen Punkt $x \in A$ mit $x \neq x_0$ enthält. Die Menge aller Häufungspunkte von $A$ heißt *derivierte Menge* von $A$: $A^+$.

(d) Ist $A^+ \subset A$, so heißt $A$ *abgeschlossen*. Die Menge $\overline{A} := A \cup A^+$ (oder $A + A^+$ geschrieben) heißt *abgeschlossene Hülle* (oder *Abschließung*) von $A$.

(e) Ist $B \subset A$ und $\overline{B} = A$, so heißt $B$ *dicht in* $A$.

(f) $A \subset X$ heißt *beschränkt*, falls $A$ ganz in einer Kugel $K_R(y)$ $(y \in X, \ R > 0)$ liegt.

### 1.1.3 Konvergenz in metrischen Räumen. Vollständigkeit

Mit Hilfe des in Abschnitt 1.1.1 eingeführten Abstandes $d$ sind wir in der Lage, wichtige Grundbegriffe der Analysis, wie Konvergenz, Grenzwert, Vollständigkeit,... unmittelbar auf metrische Räume zu übertragen.

**Definition 1.3:**

Eine Folge $\{x_n\}$ von Elementen aus $X$ heißt *konvergent*, wenn es ein $x_0 \in X$ gibt mit

$$d(x_n, x_0) \to 0 \quad \text{für} \quad n \to \infty, \tag{1.13}$$

d.h., wenn es zu jedem $\varepsilon > 0$ ein $n_0 = n_0(\varepsilon) \in \mathbb{N}$ gibt mit

$$d(x_n, x_0) < \varepsilon \quad \text{für alle} \quad n \geq n_0. \tag{1.14}$$

4 Wir beachten, daß auch $(A, d)$ und $(B, d)$ metrische Räume sind.

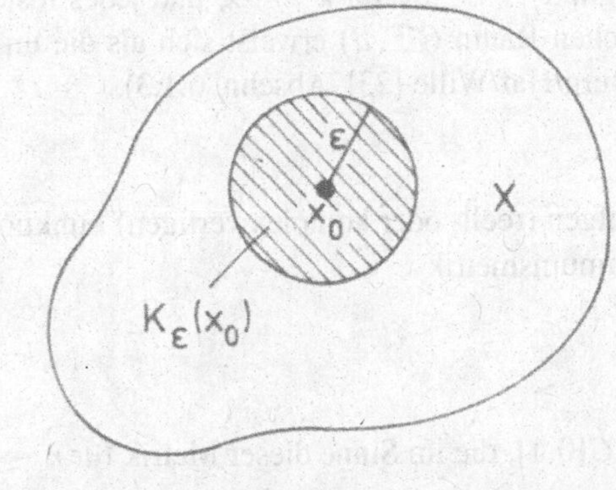


Fig. 1.4: Offene Kugel und innerer Punkt

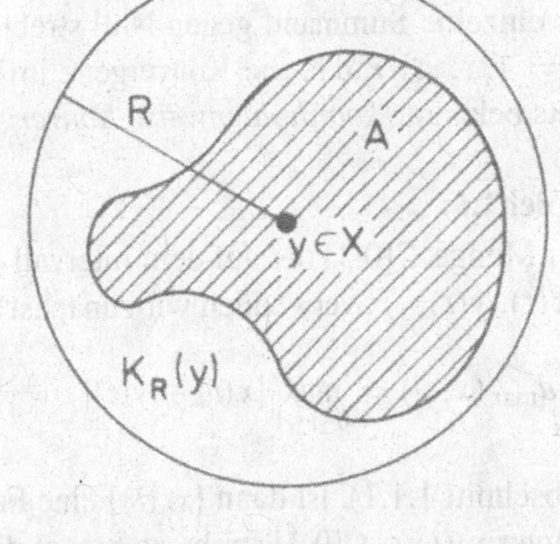


Fig. 1.5: Beschränkte Menge

Schreibweisen: $x_n \to x_0$ für $n \to \infty$ oder $\lim\limits_{n\to\infty} x_n = x_0$; $x_0$ heißt *Grenzwert* der Folge $\{x_n\}$.

Wir zeigen: Der Grenzwert einer konvergenten Folge ist eindeutig bestimmt. Hierzu nehmen wir an, neben $x_0$ sei noch ein weiterer Grenzwert $y_0$ vorhanden. Wegen

$$\begin{aligned} 0 \le d(x_0, y_0) &\le d(x_0, x_n) + d(x_n, y_0) \quad &&\text{(s. Def. 1.1 (iii))} \\ &= d(x_n, x_0) + d(x_n, y_0) \quad &&\text{(s. Def. 1.1 (ii))} \\ &\to 0 \quad \text{für} \quad n \to \infty &&\text{(nach Voraussetzung)} \end{aligned}$$

gilt $d(x_0, y_0) = 0$, also nach Definition 1.1 (i) $x_0 = y_0$.

Bisher mutet unser Konvergenzbegriff noch recht abstrakt an. Wir wollen daher an einigen metrischen Räumen, die wir in Abschnitt 1.1.1 kennengelernt haben, verdeutlichen, welche Zusammenhänge zu bereits aus der Analysis bekannten Konvergenzbegriffen bestehen.

**Beispiel 1.5:**
Für den $\mathbb{R}^n$ mit den Elementen $\boldsymbol{x} = (x_1, \ldots, x_n)^T$, $\boldsymbol{y} = (y_1, \ldots, y_n)^T$, $x_i, y_i \in \mathbb{R}$ haben wir u.a. die Metrik

$$d(\boldsymbol{x}, \boldsymbol{y}) = \sqrt{\sum_{i=1}^{n} (x_i - y_i)^2}$$

benutzt (s. Beispiel 1.2, $p = 2$). Es sei nun $\{\boldsymbol{x}_k\}$ eine Folge in $\mathbb{R}^n$, $\boldsymbol{x}_k = (x_1^{(k)}, \ldots, x_n^{(k)})^T$ die im Sinne dieser Metrik gegen $\boldsymbol{x}_0 = (x_{01}, \ldots, x_{0n})^T$ konvergiert, d.h. es gelte $d(\boldsymbol{x}_k, \boldsymbol{x}_0) \to 0$ für $k \to \infty$. Dies hat dann

$$\sqrt{\sum_{i=1}^{n} (x_i^{(k)} - x_{0i})^2} \to 0 \quad \text{für} \quad k \to \infty$$

oder das Verschwinden der Summe für $k \to \infty$ zur Folge. Gleichbedeutend hiermit ist, daß jeder einzelne Summand gegen Null strebt. Daher gilt $x_i^{(k)} \to x_{0i}$ für $k \to \infty$ und jedes feste $i$ $(i = 1, \ldots, n)$, d.h. die Konvergenz im euklidischen Raum $(\mathbb{R}^n, d)$ erweist sich als die uns bereits bekannte *koordinatenweise Konvergenz* (s. Burg/Haf/Wille [23], Abschn. 6.1.3).

**Beispiel 1.6:**
In der Menge $C[0,1]$ der auf dem Intervall $[0,1]$ stetigen (reell- oder komplexwertigen) Funktionen $x(t)$, $y(t)$, ... verwenden wir zunächst die Maximumsmetrik

$$d_{\max}(x, y) = \max_{0 \le t \le 1} |x(t) - y(t)|$$

(s. Abschnitt 1.1.1). Ist dann $\{x_n(t)\}$ eine Folge aus $C[0,1]$, die im Sinne dieser Metrik für $n \to \infty$ gegen $x_0(t) \in C[0,1]$ strebt, so besagt dies

$$\max_{0 \le t \le 1} |x_n(t) - x_0(t)| \to 0 \quad \text{für} \quad n \to \infty .$$

Zu jedem $\varepsilon > 0$ gibt es somit ein $n_0 = n_0(\varepsilon) \in \mathbb{N}$ mit

$$\max_{0 \le t \le 1} |x_n(t) - x_0(t)| < \varepsilon \quad \text{für alle} \quad n \ge n_0$$

oder

$$|x_n(t) - x_0(t)| < \varepsilon \quad \text{für alle} \quad n \ge n_0 \quad \text{und alle} \quad t \in [0,1] .$$

Dies heißt aber, daß die Folge $\{x_n(t)\}$ auf $[0,1]$ gleichmäßig gegen $x(t)$ konvergiert (s. Burg/-Haf/Wille [23], Abschn. 5.1.1). Umgekehrt ergibt sich aus der gleichmäßigen Konvergenz einer Folge aus $C[0,1]$ gegen $x(t)$ die Konvergenz dieser Folge im Sinne der Maximumsmetrik gegen $x(t)$, also gilt:

Die Konvergenz in $(C[0,1], d_{\max})$ ist gleichbedeutend mit der gleichmäßigen Konvergenz auf dem Intervall $[0,1]$.

**Beispiel 1.7:**
Nun verwenden wir in $C[0,1]$ die Integralmetrik

$$d_p(x, y) = \left( \int_0^1 |x(t) - y(t)|^p \, dt \right)^{\frac{1}{p}} , \quad 1 \le p < \infty \tag{1.15}$$

(s. Beispiel 1.4, Abschn. 1.1.1). Die Folge $\{x_n(t)\}$ aus $C[0,1]$ konvergiere im Sinne dieser Metrik gegen $x_0(t) \in C[0,1]$. Dies hat dann

$$\left( \int_0^1 |x_n(t) - x_0(t)|^p \, dt \right)^{\frac{1}{p}} \to 0 \quad \text{für} \quad n \to \infty$$

oder

$$\int_0^1 |x_n(t) - x_0(t)|^p \, dt \to 0 \quad \text{für} \quad n \to \infty$$

zur Folge. Man sagt, die Folge $\{x_n(t)\}$ *konvergiert im p-ten Mittel*[5] gegen das Grenzelement $x_0(t)$. Auch hier zieht umgekehrt die Konvergenz im $p$-ten Mittel die Konvergenz im Sinne der Integralmetrik (1.15) nach sich, also gilt:

Die Konvergenz in $(C[0,1], d_p)$ ist gleichbedeutend mit der Konvergenz im $p$-ten Mittel auf $[0,1]$.

Wir übertragen nun den Begriff der Cauchy-Folge auf metrische Räume:

**Definition 1.4:**
Eine Folge $\{x_n\}$ aus dem metrischen Raum $X$ heißt *Cauchy-Folge*, wenn

$$\lim_{n,m\to\infty} d(x_n, x_m) = 0 \tag{1.16}$$

ist, d.h. wenn es zu jedem $\varepsilon > 0$ eine natürliche Zahl $n_0 = n_0(\varepsilon)$ gibt mit

$$d(x_n, x_m) < \varepsilon \quad \text{für alle} \quad n, m \geq n_0 . \tag{1.17}$$

Wie hängen konvergente Folgen mit Cauchy-Folgen zusammen? Eine Richtung klärt

**Hilfssatz 1.1:**
Jede konvergente Folge im metrischen Raum $X$ ist auch eine Cauchy-Folge.

**Beweis:**
Aus der Konvergenz der Folge $\{x_n\}$ ergibt sich: Zu jedem $\varepsilon > 0$ gibt es ein $n_0 = n_0(\varepsilon) \in \mathbb{N}$ und ein $x_0 \in X$ mit

$$d(x_n, x_0) < \varepsilon \quad \text{und} \quad d(x_m, x_0) < \varepsilon$$

für alle $n, m \geq n_0$, und daher folgt mit Hilfe der Dreiecksungleichung (s. Def. 1.1 (iii))

$$d(x_n, x_m) \leq d(x_n, x_0) + d(x_0, x_m) = d(x_n, x_0) + d(x_m, x_0) < 2\varepsilon$$

für alle $n, m \geq n_0$. □

Dagegen gilt die Umkehrung im allgemeinen nicht. Dies zeigt

5 Für $p = 1$ bedeutet dies, etwas vergröbert ausgedrückt: Der Flächeninhalt der Fläche zwischen den Graphen von $x_n(t)$ und $x_0(t)$ wird für hinreichend große $n$ beliebig klein (s. auch Fig. 1.3, Abschn. 1.1.1).

**Beispiel 1.8:**
Wir führen im Intervall $X = (0,1)$ die Metrik $d(x, y) := |x - y|$ ein und betrachten die Folge $\{x_n\}$ mit $x_n = \frac{1}{n+1}$. $\{x_n\}$ ist zwar eine Cauchy-Folge im metrischen Raum $(X, d)$ (warum?), besitzt jedoch keinen Grenzwert in diesem Raum (beachte: $0 \notin X$).

Von besonderem Interesse sind diejenigen metrischen Räume, in denen Cauchy-Folgen konvergieren (s. auch Abschn. 1.1.5). Ihrer Bedeutung entsprechend führen wir für sie einen eigenen Begriff ein:

**Definition 1.5:**
Ein metrischer Raum $X$ heißt *vollständig*, wenn jede Cauchy-Folge in $X$ gegen ein Element von $X$ konvergiert.

Der »Stellenwert« der Vollständigkeit von metrischen Räumen ist entsprechend dem der Vollständigkeit in der Analysis (s. Burg/Haf/Wille [23]und Burg/Haf/Wille [22]) zu sehen. Durch sie ist ein strenger Aufbau der Theorie erst möglich.

Beispiele für vollständige metrische Räume:

**Beispiel 1.9:**
$\mathbb{R}^n$ mit der euklidischen Metrik

$$d(\boldsymbol{x}, \boldsymbol{y}) = \sqrt{\sum_{i=1}^{n} |x_i - y_i|^2}$$

versehen (s. Beispiel 1.2) ist ein vollständiger metrischer Raum. Dies folgt unmittelbar aus dem Cauchyschen Konvergenzkriterium für Punktfolgen (s. Burg/Haf/Wille [23], Satz 1.7 bzw. Abschn. 2.5.5). Entsprechendes gilt für $\mathbb{C}^n$.

**Beispiel 1.10:**
$C[a, b]$ mit der Maximumsmetrik

$$d(x, y) = \max_{a \le t \le b} |x(t) - y(t)|$$

versehen (s. Abschn. 1.1.1) ist vollständig. Denn: Ist $\{x_n(t)\}$ eine beliebige Cauchy-Folge in $C[a, b]$ mit $d(x_n, x_m) \to 0$ für $n, m \to \infty$, also mit

$$\max_{a \le t \le b} |x_n(t) - x_m(t)| \to 0 \quad \text{für} \quad n, m \to \infty,$$

so gibt es zu jedem $\varepsilon > 0$ ein $n_0 = n_0(\varepsilon)$ aus $\mathbb{N}$ mit

$$|x_n(t) - x_m(t)| < \varepsilon \quad \text{für alle } n, m \ge n_0 \text{ und alle } t \in [a, b] \tag{1.18}$$

($\{x_n(t)\}$ konvergiert im Sinne von Cauchy gleichmäßig auf $[a, b]$). Hieraus folgt, daß $\{x_n(t)\}$ für jedes feste $t \in [a, b]$ eine Cauchy-Folge von reellen Zahlen ist. Aus der Vollständigkeit von $\mathbb{R}$ (s.

Bsp 1.9; $n = 1$) ergibt sich die Existenz einer Funktion $x_0(t)$ mit

$$\lim_{n\to\infty} x_n(t) = x_0(t) \quad \text{punktweise in} \quad [a, b]\,.$$

Andererseits gilt wegen (1.18)

$$|x_n(t) - x_{n+k}(t)| < \varepsilon \quad \text{für alle } n \geq n_0(\varepsilon), \text{ alle } k \in \mathbb{N} \text{ und alle } t \in [a, b],$$

woraus bei festem $n$ für $k \to \infty$

$$\lim_{k\to\infty} |x_n(t) - x_{n+k}(t)| = |x_n(t) - x_0(t)| \leq \varepsilon \quad \text{für alle } n \geq n_0(\varepsilon) \text{ und alle } t \in [a, b]$$

folgt, d.h. $\{x_n(t)\}$ konvergiert gleichmäßig auf $[a, b]$ gegen $x_0(t)$. Hieraus und aus der Stetigkeit von $x_n(t)$ auf $[a, b]$ für alle $n \in \mathbb{N}$ ergibt sich mit Satz 5.2, Burg/Haf/Wille [23] die Stetigkeit von $x_0(t)$ auf $[a, b]$: $x_0(t) \in C[a, b]$.

Weitere Beispiele für vollständige metrische Räume finden sich z.B. in Heuser [73], S. 55 ff.; darunter befinden sich auch die Räume $l_p$, insbesondere also der Hilbertsche Folgenraum $l_2$ (s. Bsp. 1.3).

Dagegen ist $C[a, b]$ bezüglich der Integralmetrik

$$d(x, y) = \left( \int_a^b |x(t) - y(t)|^p \, \mathrm{d}t \right)^{\frac{1}{p}} \quad , \quad 1 \leq p < \infty \tag{1.19}$$

**nicht** vollständig. Wir weisen dies für den Fall $C[0,1]$ und $p = 2$ nach durch das folgende

**Gegenbeispiel:** Sei $t \in [0,1]$

$$x_n(t) := \begin{cases} n^\alpha & \text{für} \quad t \leq \frac{1}{n} \\ \frac{1}{t^\alpha} & \text{für} \quad t > \frac{1}{n} \end{cases}$$

und $x(t) := \frac{1}{t^\alpha}$ für $0 < \alpha < \frac{1}{2}$ (also für $1 - 2\alpha > 0$). Dann gilt: $x_n(t) \in C[0,1]$ für alle $n \in \mathbb{N}$ und

$$d^2(x_n, x) = \int_0^1 |x_n(t) - x(t)|^2 \, \mathrm{d}t = \int_0^{\frac{1}{n}} (n^\alpha - t^{-\alpha})^2 \, \mathrm{d}t\,.$$

Wenden wir auf den Integranden die Ungleichung

$$(a - b)^2 \leq 2(a^2 + b^2)\,,$$

die für alle $a, b \in \mathbb{R}$ gilt (warum?) an, so folgt

$$d^2(x_n, x) \le 2 \int_0^{\frac{1}{n}} (n^{2\alpha} + t^{-2\alpha})\, dt = \frac{2}{n^{1-2\alpha}} + \frac{2}{1-2\alpha} \frac{1}{n^{1-2\alpha}} \to 0 \quad \text{für} \quad n \to \infty,$$

d.h. $\{x_n(t)\}$ konvergiert in der Integralmetrik ($p = 2$) gegen $x(t)$. Wegen Hilfssatz 1.1 ist $\{x_n(t)\}$ daher auch eine Cauchy-Folge in $C[0,1]$. Wir zeigen, daß $\{x_n(t)\}$ keine auf $[0,1]$ stetige Grenzfunktion besitzt. Hierzu nehmen wir an, $y(t) \in C[0,1]$ sei Grenzfunktion der Folge $\{x_n(t)\}$. Wir setzen

$$M := \max_{0 \le t \le 1} |y(t)|.$$

Für $t \le (2M)^{-\frac{1}{\alpha}}$ und $n > (2M)^{\frac{1}{\alpha}}$ gilt:

$$x_n(t) \ge x_n\left((2M)^{-\frac{1}{\alpha}}\right) = 2M.$$

Hieraus folgt

$$x_n(t) - y(t) \ge M \quad \text{für} \quad t \le (2M)^{-\frac{1}{\alpha}}$$

und somit

$$\begin{aligned} d^2(x_n, y) &= \int_0^1 |x_n(t) - y(t)|^2\, dt \ge \int_0^{(2M)^{-\frac{1}{\alpha}}} |x_n(t) - y(t)|^2\, dt \\ &\ge (2M)^{-\frac{1}{\alpha}} \cdot M^2 > 0, \quad \text{für} \quad n > (2M)^{\frac{1}{\alpha}}, \end{aligned}$$

im Widerspruch zu unserer Annahme, daß $\{x_n(t)\}$ gegen $y(t)$ konvergiert. Damit ist unsere Behauptung bewiesen.

Die Tatsache, daß $C[a,b]$, versehen mit einer Integralmetrik, kein vollständiger metrischer Raum ist, bedeutet einen schwerwiegenden Mangel dieses Raumes. Jedoch gibt es mehrere Wege der Vervollständigung:

(1) Man erweitert die Klasse $C[a,b]$ zur Klasse der auf $[a,b]$ Lebesgue-integrierbaren Funktionen und interpretiert das in (1.19) auftretende Integral im Lebesgueschen Sinn. Dadurch gelangt man zum vollständigen metrischen Raum $L_p[a,b]$ (s. z.B. Heuser [74], S. 109).

(2) Ein anderer Weg besteht darin, daß der vollständige Erweiterungsraum als Menge von linearen Funktionalen auf einem geeigneten Grundraum nach dem Vorbild der Distributionentheorie aufgefaßt wird. Wir werden dieses Programm in Kapitel 3 für den Fall $p = 2$ durchführen.

(3) Ein weiterer Weg besteht in der abstrakten Konstruktion eines vollständigen Erweiterungsraums mit Hilfe von Cauchy-Folgen. Auf diese Weise läßt sich **jeder** nichtvollständige metrische Raum vervollständigen (s. z.B. Heuser [73], S. 251)

Um zu verdeutlichen, wie die auf diese Art gewonnenen Vervollständigungen von $C[a, b]$ zusammenhängen, benötigen wir noch einige Begriffsbildungen, die uns auch im weiteren von Nutzen sein werden:

Sind $X$ und $Y$ beliebige Mengen und ist $T$ eine Vorschrift, durch die jedem $x \in X$ ein einziges $y \in Y$ zugeordnet ist, so nennt man diese Zuordnung $T: x \mapsto y$ bekanntlich eine *Abbildung* (oder *Transformation*, oder einen *Operator*) von $X$ in $Y$ und schreibt: $Tx = y$.

Sind $X$ und $Y$ metrische Räume, so läßt sich für $T$ folgender Stetigkeitsbegriff einführen:

**Definition 1.6:**
Die Abbildung $T$ heißt *stetig im Punkt* $x_0 \in X$, wenn es zu jedem $\varepsilon > 0$ eine reelle Zahl $\delta = \delta(\varepsilon, x_0) > 0$ so gibt, daß

$$d_Y(Tx, Tx_0) < \varepsilon \tag{1.20}$$

für alle $x \in X$ mit $d_X(x, x_0) < \delta$ gilt.[6] Entsprechend heißt $T$ *stetig in* $X$, falls $T$ stetig für alle $x \in X$ ist.

Wie gewohnt verwenden wir für die Umkehrabbildung von $T$ (falls diese existiert) die Schreibweise $T^{-1}$. Ist $T$ eine umkehrbar eindeutige Abbildung von $X$ auf $Y$ und sind $T$ und $T^{-1}$ beide stetig, so heißt $T$ *homöomorph* (oder *Homöomorphismus*). Ist $T$ eine umkehrbar eindeutige Abbildung von $X$ auf $Y$, und gilt für beliebige $x_1, x_2 \in X$

$$d_Y(Tx_1, Tx_2) = d_X(x_1, x_2), \tag{1.21}$$

so heißt $T$ *isometrisch* (oder *Isometrie*) und $X$ heißt *isometrisch zu* $Y$.

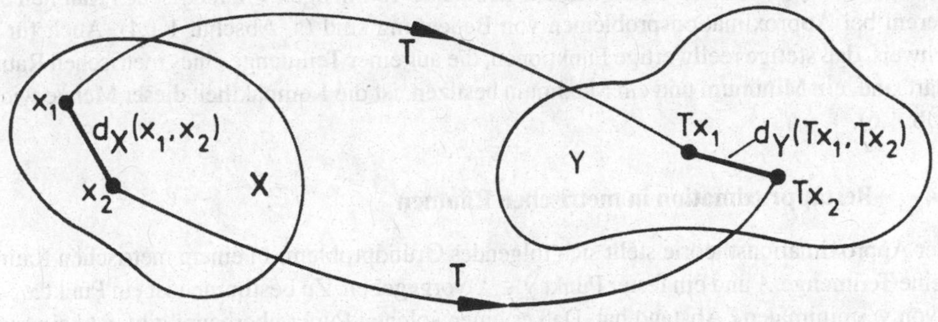


Fig. 1.6: Isometrische Abbildungen und Räume

Für Fragen, die nur mit der Metrik, also mit dem Abstand der Elemente, zusammenhängen (Konvergenz, Vollständigkeit,...) können wir isometrische Räume identifizieren, also als gleich ansehen.

Es läßt sich zeigen, daß die oben beschriebenen drei Wege zur Vervollständigung von $C[a, b]$ (mit Integralmetrik versehen) auf in diesem Sinne gleiche Räume führen.

6 Der Index $X$ bzw. $Y$ bei $d$ weist auf die in $X$ bzw. $Y$ erklärte Metrik hin.

Wir kehren noch einmal zu den topologischen Grundbegriffen (s. Abschn. 1.1.2) zurück. Mit Hilfe von Folgen läßt sich die Abgeschlossenheit einer Menge (s. Def. 1.2 (d)) auch so ausdrücken: Eine Teilmenge $A$ des metrischen Raumes $X$ ist abgeschlossen, wenn jede konvergente Folge $\{x_n\}$ von Elementen aus $A$ ein Grenzelement $x$ besitzt, das ebenfalls zu $A$ gehört (Begründung!). Ebenfalls mittels Folgen definieren wir: $A \subset X$ heißt *kompakt*, wenn jede Folge $\{x_n\}$ aus $A$ eine Teilfolge enthält, die gegen ein Grenzelement $x \in A$ konvergiert. Eine Konsequenz der Kompaktheit zeigt sich in folgendem

**Hilfssatz 1.2:**

Jede kompakte Teilmenge $A$ eines metrischen Raumes $X$ ist beschränkt und abgeschlossen.

**Beweis:**

(a) Beschränktheit von $A$: Wir nehmen an, $A$ sei unbeschränkt. Dann gibt es zu beliebigem $x_0 \in X$ eine Folge $\{x_n\} \subset A$ mit $d(x_n, x_0) > n$ für $n = 1,2,\dots$ ($x_n$ liegt außerhalb einer Kugel um $x_0$ mit Radius $n$). Damit ist auch jede Teilfolge von $\{x_n\}$ unbeschränkt und kann daher nicht konvergent sein (warum?). Dann kann aber $A$ nicht kompakt sein, im Widerspruch zur Annahme.

(b) Abgeschlossenheit von $A$: Sei $\{x_n\}$ eine beliebige konvergente Folge mit $x_n \in A$. Da $A$ kompakt ist, enthält $\{x_n\}$ eine konvergente Teilfolge, die gegen ein $x \in A$ konvergiert. Dieses $x$ stimmt mit dem Grenzwert der Ausgangsfolge $\{x_n\}$ überein: $x = \lim\limits_{n\to\infty} x_n \in A$.

Damit ist alles bewiesen. □

Die Umkehrung zu Hilfssatz 1.2 gilt im allgemeinen nicht.

Wir weisen abschließend darauf hin, daß kompakte Teilmengen von metrischen Räumen unter anderem bei Approximationsproblemen von Bedeutung sind (s. Abschn. 1.1.4). Auch für den Nachweis, daß stetige reellwertige Funktionen, die auf einer Teilmenge eines metrischen Raumes erklärt sind, ein Minimum und ein Maximum besitzen, ist die Kompaktheit dieser Menge wichtig (s. Üb. 1.6).

### 1.1.4 Bestapproximation in metrischen Räumen

In der Approximationstheorie stellt sich folgendes Grundproblem: In einem metrischen Raum $X$ sei eine Teilmenge $A$ und ein fester Punkt $y \in X$ vorgegeben. Zu bestimmen ist ein Punkt $x_0 \in A$, der von y »minimalen« Abstand hat. Daß es einen solchen Punkt überhaupt gibt, ist keineswegs selbstverständlich. Dies zeigt das folgende einfache

**Beispiel 1.11:**

Im metrischen Raum $(\mathbb{R}, d)$ mit $d(x_1, x_2) = |x_1 - x_2|$ für $x_1, x_2 \in \mathbb{R}$ sei $A$ das offene Intervall $(0,1)$ und $y = 2$. In $A$ gibt es keinen Punkt $x_0$, für den $d(x_0, 2)$ minimal ist (wir beachten: $1 \notin A$).

Wir sind an hinreichenden Bedingungen interessiert, die uns die Existenz eines »bestapproximierenden« $x \in A$ gewährleisten. Zunächst erinnern wir noch an zwei Begriffe der Analysis: Ist $B$ eine Teilmenge von $\mathbb{R}$, so versteht man unter dem *Supremum* von $A$ (geschrieben: $\sup A$) die

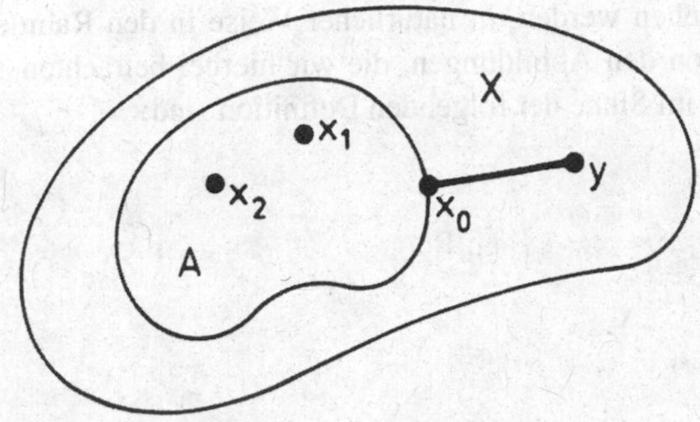


Fig. 1.7: Zur Bestapproximation

kleinste reelle Zahl $\lambda$ mit $x \leq \lambda$ für alle $x \in A$. Entsprechend nennt man die größte reelle Zahl $\mu$ mit $x \geq \mu$ für alle $x \in A$ das *Infimum* (und schreibt: inf $A$). Ist $\varepsilon > 0$ beliebig, so gibt es also immer ein $y \in A$ mit $y > \lambda - \varepsilon$ bzw. ein $\tilde{y} \in A$ mit $\tilde{y} < \mu + \varepsilon$. Nach diesem kurzen Rückblick auf die Analysis in $\mathbb{R}$ zeigen wir

**Satz 1.1:**
Es sei $X$ ein metrischer Raum und $A$ eine kompakte Teilmenge von $X$. Dann gibt es zu jedem festen Punkt $y \in X$ einen Punkt $x_0 \in A$, der von $y$ kleinsten Abstand hat.

**Bemerkung:** Man nennt $x_0$ *beste Approximation* der Elemente von $X$ in $A$.

**Beweis:**
von Satz 1.1: Wir setzen $\mu := \inf\{d(y, x) \mid x \in A\}$. Nach Definition des Infimums gibt es zu $\mu + \frac{1}{n}$ $(n = 1,2,\ldots)$ jeweils einen Punkt $x_n \in A$ mit $d(y, x_n) < \mu + \frac{1}{n}$. Die hierdurch entstehende Folge $\{d(y, x_n)\}$ von (nichtnegativen) reellen Zahlen konvergiert für $n \to \infty$ gegen $\mu$. Da $A$ kompakte Teilmenge von $X$ ist, besitzt die Folge $\{x_n\} \subset A$ eine Teilfolge (wir bezeichnen sie wieder mit $\{x_n\}$), die gegen einen Punkt $x_0 \in A$ konvergiert. Wir zeigen: $x_0$ ist das gesuchte bestapproximierende Element. Wegen

$$d(y, x_0) \leq d(y, x_n) + d(x_n, x_0) \quad \text{für alle} \quad n \in N \tag{1.22}$$

und $d(y, x_n) \to \mu$ sowie $d(x_n, x_0) \to 0$ für $n \to \infty$ folgt aus (1.22) durch Grenzübergang $n \to \infty$ $d(y, x_0) \leq \mu$. Andererseits gilt, da $x_0 \in A$ ist: $d(y, x_0) \geq \inf\{d(y, x) | x \in A\} = \mu$. Ingesamt folgt $d(y, x_0) = \mu$ und damit die Behauptung. □

**Beispiel 1.12:**
Im metrischen Raum $(\mathbb{R}, d)$ mit $d(x_1, x_2) = |x_1 - x_2|$ für $x_1, x_2 \in \mathbb{R}$ sei $A$ das abgeschlossene Intervall $[0,1]$ (d.h. $A$ ist kompakt) und $y = 2$. Dann ist der Punkt $x_0 = 1$ bestapproximierendes Element.

### 1.1.5 Der Banachsche Fixpunktsatz. Anwendungen

Aus der Analysis bekannte Iterationsverfahren, etwa das Verfahren von Picard-Lindelöf bei gewöhnlichen Differentialgleichungen (s. Burg/Haf/Wille [24], Abschn. 1.2.3 und Abschn. 1.3.1), ordnen sich, wie wir sehen werden, in natürlicher Weise in den Rahmen der Theorie der metrischen Räume ein. Von den Abbildungen, die wir hierbei betrachten, verlangen wir, daß sie »dehnungsbeschränkt« im Sinne der folgenden Definition sind:

**Definition 1.7:**
Eine Abbildung $T$ des metrischen Raumes $X$ in sich heißt *kontrahierend*, wenn für alle $x, y \in X$

$$d(Tx, Ty) \leq q \cdot d(x, y) \quad \text{mit} \quad q < 1 \quad \text{fest} \tag{1.23}$$

gilt, d.h. wenn der Abstand der Bildpunkte stets kleiner ist als der Abstand der Urbilder.

Nun macht es sich bezahlt, daß uns aus Abschnitt 1.1.3 vollständige metrische Räume zur Verfügung stehen. Es gilt nämlich

**Satz 1.2:**
(*Banachscher*[7] *Fixpunktsatz*) Ist $X$ ein vollständiger metrischer Raum und ist $T : X \to X$ eine kontrahierende Abbildung, so besitzt die Gleichung

$$x = Tx \tag{1.24}$$

genau eine Lösung $x_0$, genannt *Fixpunkt* von $T$.

**Beweis:**
Wir führen diesen analog zum Beweis von Satz 1.8 in Burg/Haf/Wille [23], wo der Spezialfall $X = \mathbb{R}$ behandelt wurde. Wir nehmen einen beliebigen (festen) Startpunkt $x \in X$ und setzen

$$x_1 := Tx, x_2 := Tx_1, \ldots, x_n := Tx_{n-1}, \ldots . \tag{1.25}$$

Auf diese Weise gewinnen wir die Folge $\{x_n\}$, von der wir zeigen, daß sie eine Cauchy-Folge in $X$ ist: Es gilt nämlich aufgrund der Kontraktionsbedingung

$$\begin{aligned} d(x_1, x_2) &= d(Tx, Tx_1) \leq qd(x, x_1) = qd(x, Tx) \\ d(x_2, x_3) &= d(Tx_1, Tx_2) \leq qd(x_1, x_2) \leq q^2 d(x, Tx) \\ &\vdots \\ d(x_n, x_{n+1}) &\leq q^n d(x, Tx) . \end{aligned}$$

Für $k \in \mathbb{N}$ beliebig folgt hieraus durch mehrfache Anwendung der Dreiecksungleichung

$$\begin{aligned} d(x_n, x_{n+k}) &\leq d(x_n, x_{n+1}) + d(x_{n+1}, x_{n+2}) + \cdots + d(x_{n+k-1}, x_{n+k}) \\ &\leq (q^n + q^{n+1} + \cdots + q^{n+k-1}) d(x, Tx) \end{aligned}$$

7 S. Banach (1892-1945), polnischer Mathematiker

und wegen der geometrischen Summenformel (s. Burg/Haf/Wille [23], Abschn. 1.1.7)

$$d(x_n, x_{n+k}) \leq \frac{q^n - q^{n+k}}{1-q} d(x, Tx) . \tag{1.26}$$

Da $q < 1$ ist, läßt sich (1.26) weiter abschätzen:

$$d(x_n, x_{n+k}) < \frac{q^n}{1-q} d(x, Tx) \to 0 \quad \text{für} \quad n \to \infty ,$$

d.h. $\{x_n\}$ ist eine Cauchy-Folge in $X$. Da $X$ vollständig ist, gibt es ein $x_0 \in X$ mit $x_0 = \lim\limits_{n\to\infty} x_n$. Wir zeigen: $Tx_0 = x_0$.

Es gilt (Dreiecksungleichung und (1.25))

$$d(x_0, Tx_0) \leq d(x_0, x_n) + d(x_n, Tx_0) = d(x_0, x_n) + d(Tx_{n-1}, Tx_0)$$

woraus sich, da $T$ kontrahierend ist,

$$d(x_0, Tx_0) \leq d(x_0, x_n) + q d(x_{n-1}, x_0) \tag{1.27}$$

ergibt. Da die Folge $\{x_n\}$ gegen $x_0$ konvergiert, läßt sich zu beliebigem $\varepsilon > 0$ stets ein $n$ finden mit

$$d(x_0, x_n) < \frac{\varepsilon}{2} \quad \text{und} \quad d(x_{n-1}, x_0) < \frac{\varepsilon}{2q} .$$

Aus (1.27) folgt damit $d(x_0, Tx_0) < \varepsilon$ oder, da $\varepsilon > 0$ beliebig: $Tx_0 = x_0$, d.h. $x_0$ ist ein Fixpunkt der Gleichung (1.24).

Zum Nachweis, daß $x_0$ eindeutig bestimmt ist, nehmen wir an, $\tilde{x_0}$ sei ein weiterer Fixpunkt mit $\tilde{x_0} \neq x_0$. Mit $Tx_0 = x_0$ und $T\tilde{x_0} = \tilde{x_0}$ folgt, wenn wir die Kontraktionsbedingung benutzen

$$d(x_0, \tilde{x_0}) = d(Tx_0, T\tilde{x_0}) \leq q d(x_0, \tilde{x_0})$$

oder

$$1 \leq q ,$$

im Widerspruch zur Voraussetzung $q < 1$.

Damit ist gezeigt, daß es außer $x_0$ keine weiteren Fixpunkte geben kann, und Satz 1.2 ist bewiesen. □

Für den »Praktiker« stellt sich nun die Frage: Wie gelangt man konkret zu einer Lösung der Gleichung $x = Tx$? Die Antwort läßt sich hier ziemlich einfach finden. Mit dem Beweis von Satz 1.2 haben wir nämlich zugleich ein Verfahren zur näherungsweisen Lösung dieser Gleichung gewonnen:

**Iterationsverfahren** zur Lösung von $x = Tx$:
Wähle ein beliebiges Startelement $x \in X$.
Bilde die Näherungsfolge $\{x_n\}$ mit

$$x_1 := Tx, x_2 := Tx_1, \ldots, x_n := Tx_{n-1}, \ldots . \tag{1.28}$$

Der Fehler, der durch Abbrechen nach dem $n$-ten Iterationsschritt entsteht, genügt der Abschätzung

$$d(x_n, x_0) \le \frac{q^n}{1-q} d(x, Tx) . \tag{1.29}$$

Dabei ist $x_0$ die exakte Lösung.

Die Formel (1.29) ergibt sich aus (1.26) durch Grenzübergang $k \to \infty$.

**Bemerkung:** Die Wahl der Startelementes $x$ ist nur für die Konvergenzgeschwindigkeit der Folge $\{x_n\}$ gegen $x_0$ von Belang.

**Anwendungen**

Der Banachsche Fixpunktsatz besitzt vielfältige Anwendungsmöglichkeiten, etwa auf algebraische Gleichungen, auf Differentialgleichungen und auf Integralgleichungen. Wir begnügen uns mit zwei Beispielen.

**I. Iteratives Lösen von linearen Gleichungssystemen**

Wir betrachten das reelle lineare Gleichungssystem

$$\xi_i - \sum_{k=1}^{n} a_{ik}\xi_k = b_i , \quad i = 1, \ldots, n \text{ [8]} \tag{1.30}$$

mit vorgegebenen Koeffizienten $a_{ik}$ $(i, k = 1, \ldots, n)$ und vorgegebenen rechten Seiten $b_i$ $(i = 1, \ldots, n)$. Zu bestimmen: $\xi_i$ $(i = 1, \ldots, n)$. Hierzu übersetzen wir (1.30) in eine Fixpunktgleichung in einem geeigneten metrischen Raum. Wir wählen $X = \mathbb{R}^n$ mit der Metrik

$$d(\boldsymbol{u}, \boldsymbol{v}) := \max_{1 \le i \le n} |\mu_i - \nu_i| , \tag{1.31}$$

wobei $\boldsymbol{u} = (\mu_1, \ldots, \mu_n)^{\mathrm{T}}$ und $\boldsymbol{v} = (\nu_1, \ldots, \nu_n)^{\mathrm{T}}$ ist.

Nach Übung 1.8 ist $X = (\mathbb{R}^n, d)$ ein vollständiger metrischer Raum. In diesem Raum führen

8 Wir weisen darauf hin, daß sich jedes lineare Gleichungssystem mit einer $(n, n)$-Koeffizientenmatrix auf diese Form bringen läßt.

wir die Abbildung $T$ durch

$$Tx := \left( \sum_{k=1}^{n} a_{1k}\xi_k + b_1, \ldots, \sum_{k=1}^{n} a_{nk}\xi_k + b_n \right) \tag{1.32}$$

ein, wobei $x := (\xi_1, \ldots, \xi_n)^T$ ist. Offensichtlich bildet $T$ den Raum $X$ in sich ab. Außerdem läßt sich (1.30) in der gewünschten Form $x = Tx$ schreiben, wie man unmittelbar einsieht. Für den Fall, daß die Koeffizienten $a_{ik}$ die Bedingung

$$\sum_{k=1}^{n} |a_{ik}| \leq q < 1 \quad \text{für alle} \quad i = 1, \ldots, n \tag{1.33}$$

erfüllen, erweist sich $T$ überdies als eine kontrahierende Abbildung: Für beliebige $x = (\xi_1, \ldots, \xi_n)^T$ und $y = (\eta_1, \ldots, \eta_n)^T$ gilt nämlich

$$\begin{aligned} d(Tx, Ty) &= \max_{1 \leq i \leq n} \left| \sum_{k=1}^{n} a_{ik}(\xi_k - \eta_k) \right| \leq \max_{1 \leq i \leq n} \left( \sum_{k=1}^{n} |a_{ik}||\xi_k - \eta_k| \right) \\ &\leq \max_{1 \leq i \leq n} |\xi_i - \eta_i| \max_{1 \leq i \leq n} \left( \sum_{k=1}^{n} |a_{ik}| \right). \end{aligned}$$

Wegen (1.33) folgt hieraus

$$d(Tx, Ty) \leq q \max_{1 \leq i \leq n} |\xi_i - \eta_i| = q\,d(x, y)\,, \quad q < 1\,,$$

d.h. $T$ ist kontrahierend. Damit existiert nach Satz 1.2 eine eindeutig bestimmte Lösung $x_0 =: (\xi_1^0, \ldots, \xi_n^0)^T$ von (1.30).

Wählen wir $x = (\xi_1, \ldots, \xi_n)^T$ beliebig, so konvergiert die Folge

$$x_1 := Tx, x_2 := Tx_1, \ldots, x_j := Tx_{j-1}, \ldots \tag{1.34}$$

im Sinne der Metrik von $X$ gegen $x_0$: $d(x_j, x_0) \to 0$ für $j \to \infty$. Setzen wir $x_j := (\xi_1^j, \ldots, \xi_n^j)^T$, so bedeutet dies

$$\max_{1 \leq i \leq n} |\xi_i^j - \xi_i^0| \to 0 \quad \text{für} \quad j \to \infty$$

oder

$$\xi_i^j \to \xi_i^0 \quad \text{für} \quad j \to \infty\,. \tag{1.35}$$

Eine Fehlerabschätzung gewinnen wir aus (1.29): Wenn wir bei der $j$-ten Näherung $x_j$ abbrechen gilt demnach

$$d(x_j, x_0) \leq \frac{q^j}{1-q} d(x, Tx)$$

oder

$$\max_{1\le i\le n} |\xi_i^j - \xi_i^0| \le \frac{q^j}{1-q} \max_{1\le i\le n} \left| \xi_i - \left( \sum_{k=1}^{n} a_{ik}\xi_k + b_i \right) \right| . \tag{1.36}$$

Damit ist gezeigt:

**Satz 1.3:**

Erfüllen die Koeffizienten $a_{ik}$ der Gleichung

$$\xi_i - \sum_{k=1}^{n} a_{ik}\xi_k = b_i , \quad i = 1, \ldots, n \tag{1.37}$$

die Bedingung

$$\sum_{k=1}^{n} |a_{ik}| \le q < 1 \quad \text{für alle} \quad i = 1, \ldots, n , \tag{1.38}$$

so besitzt (1.37) für beliebige $b_1, \ldots, b_n$ eine eindeutig bestimmte Lösung $(\xi_1^0, \ldots, \xi_n^0)^{\mathrm{T}} =: x_0$. Diese Lösung läßt sich mit Hilfe der durch (1.34) erklärten Folge $\{x_j\}$, $x_j := (\xi_1^j, \ldots, \xi_n^j)^{\mathrm{T}}$ durch Grenzübergang $j \to \infty$ gewinnen:

$$\xi_i^j \to \xi_i^0 \quad \text{für} \quad j \to \infty . \tag{1.39}$$

Eine Fehlerabschätzung für die $j$-te Näherung ist durch (1.36) gegeben.

## II Iteratives Lösen einer Fredholmschen Integralgleichung

Hier interessieren wir uns für stetige Lösungen $x(s)$ der *Fredholmschen*[9] *Integralgleichung*

$$x(s) - \lambda \int_a^b K(s,t)x(t)\, \mathrm{d}t = g(s) , \quad s \in [a,b] . \tag{1.40}$$

Dabei seien die *rechte Seite* $g$ und der *Kern* $K$ des Integraloperators vorgegeben: $g$ sei stetig auf dem Intervall $[a,b]$ und $K$ auf dem Rechteck $[a,b] \times [a,b]$; $\lambda$ sei ein reeller Parameter, den wir so festlegen wollen, daß wir die eindeutige Lösbarkeit von (1.40) sicherstellen können. Als Raum verwenden wir $X = C[a,b]$ versehen mit der Maximumsmetrik

$$d_{\max}(x,y) = \max_{a\le t\le b} |x(t) - y(t)| \tag{1.41}$$

9 I. Fredholm (1866-1927), schwedischer Mathematiker

für $x, y \in C[a, b]$. Nach Beispiel 1.10 ist $X$ ein vollständiger metrischer Raum. Der Integraloperator $T_\lambda$ mit

$$(T_\lambda x)(s) := \lambda \int_a^b K(s, t)x(t)\,\mathrm{d}t + g(s), \quad s \in [a, b] \tag{1.42}$$

bildet $X$ für jedes feste $\lambda \in \mathbb{R}$ in sich ab (s. Burg/Haf/Wille [23], Satz 7.17). Mit Hilfe von $T_\lambda$ können wir (1.40) in der Form $x = T_\lambda x$ schreiben. Für welche $\lambda$ läßt sich erreichen, daß $T_\lambda$ kontrahierend ist?

Zur Beantwortung dieser Frage versuchen wir, den Ausdruck $d_{\max}(T_\lambda x, T_\lambda y)$ geeignet abzuschätzen: Es gilt

$$\begin{aligned}
d_{\max}(T_\lambda x, T_\lambda y) &= \max_{a \le t \le b} |(T_\lambda x)(s) - (T_\lambda y)(s)| \\
&= \max_{a \le t \le b} \left| \lambda \int_a^b K(s,t)x(t)\,\mathrm{d}t - \lambda \int_a^b K(s,t)y(t)\,\mathrm{d}t \right| \\
&= \max_{a \le t \le b} \left| \lambda \int_a^b K(s,t)[x(t) - y(t)]\,\mathrm{d}t \right| \\
&\le |\lambda| \max_{a \le t \le b} |x(t) - y(t)| \cdot \max_{a \le t \le b} \left| \int_a^b K(s,t)\,\mathrm{d}t \right| \\
&\le |\lambda| d_{\max}(x, y) \cdot (b - a) \max_{a \le s,t \le b} |K(s,t)| .
\end{aligned}$$

Wählen wir also $\lambda$ so, daß

$$|\lambda|(b - a) \max_{a \le s,t \le b} |K(s,t)| \le q < 1 \tag{1.43}$$

oder

$$|\lambda| < \frac{1}{(b - a) \max\limits_{a \le s,t \le b} |K(s,t)|} \tag{1.44}$$

ist, so ist die Abbildung $T_\lambda$ kontrahierend und Satz 1.2 läßt sich anwenden. Es existiert dann eine eindeutig bestimmte Lösung $x_0 \in X$ der Gleichung $x = T_\lambda x$ bzw. der Integralgleichung (1.40). Wählen wir irgendein festes $x \in X$ (z.B. die auf $[a, b]$ stetige Funktion $x(t) \equiv 1$), so konvergiert die Folge

$$x_1 := T_\lambda x,\ x_2 := T_\lambda x_1, \ldots, x_n := T_\lambda x_{n-1}, \ldots \tag{1.45}$$

im Sinne der Maximumsmetrik, also nach Beispiel 1.6, Abschnitt 1.1.3 im Sinne der gleichmäßigen Konvergenz, gegen $x_0$:

$$x_n(t) \to x_0(t) \quad \text{für} \quad n \to \infty \quad \text{gleichmäßig auf} \quad [a, b] .$$

Brechen wir die Iterationsfolge nach $n$ Schritten ab, so ergibt sich wegen (1.29) der Fehler

$$d(x_n, x_0) \leq \frac{q^n}{1-q} d(x, T_\lambda x)$$

oder

$$\max_{a \leq t \leq b} |x_n(t) - x_0(t)| \leq \frac{q^n}{1-q} \max_{a \leq s \leq b} \left| x(s) - \lambda \int_a^b K(s,t)x(t)\, dt - g(s) \right| \tag{1.46}$$

oder insbesondere, wenn wir $x(t) \equiv 1$ auf $[a, b]$ wählen

$$\max_{a \leq t \leq b} |x_n(t) - x_0(t)| \leq \frac{q^n}{1-q} \max_{a \leq s \leq b} \left| 1 - \lambda \int_a^b K(s,t)\, dt - g(s) \right| . \tag{1.47}$$

Insgesamt erhalten wir

**Satz 1.4:**
Die Fredholmsche Integralgleichung

$$x(s) - \lambda \int_a^b K(s,t)x(t)\, dt = g(s), \qquad s \in [a, b] \tag{1.48}$$

mit stetiger rechter Seite $g$ und stetigem Kern $K$ besitzt für jedes (feste) $\lambda \in \mathbb{R}$ mit

$$|\lambda| < \frac{1}{(b-a) \max\limits_{a \leq s,t \leq b} |K(s,t)|} \tag{1.49}$$

eine eindeutig bestimmte stetige Lösung $x_0(t)$. Diese Lösung läßt sich mit Hilfe der durch (1.45) erklärten Folge $\{x_n(t)\}$ durch Grenzübergang $n \to \infty$ gewinnen: Es gilt

$$x_n(t) \to x_0(t) \quad \text{für} \quad n \to \infty, \quad \text{gleichmäßig auf} \quad [a, b] .$$

Eine Fehlerabschätzung für die $n$-te Näherung ist durch (1.46) bzw. (1.47) gegeben.

**Bemerkung:** Ein Vergleich der Anwendungen I und II zeigt interessante Analogien in der Behandlung der Gleichungen (1.37) und (1.48): Die Integralgleichung (1.48) kann als kontinuierliches Analogon zum linearen Gleichungssystem (1.37) aufgefaßt werden.

## Übungen

### Übung 1.1*:

Die Menge aller reellen Zahlenfolgen $x = \{x_n\}$, $y = \{y_n\}$, ... wird mit $s$ bezeichnet. Zeige: Auf $s$ ist durch

$$d(x, y) := \sum_{k=1}^{\infty} \frac{1}{2^k} \frac{|x_k - y_k|}{1 + |x_k - y_k|}$$

eine Metrik erklärt.

Hinweis: Benutze die Ungleichung

$$\frac{|a+b|}{1+|a+b|} \le \frac{|a|}{1+|a|} + \frac{|b|}{1+|b|}, \quad a, b \in \mathbb{R}. \quad \text{(Zeigen!)}$$

### Übung 1.2:

In der Codierungstheorie ist ein $n$-stelliges Binärwort ein $n$-Tupel $(\xi_1, \ldots, \xi_n)$, wobei $\xi_k$ ($k = 1, \ldots, n$) nur die Werte 0 oder 1 annehmen kann. Schreibweise: $\xi_1\xi_2 \ldots \xi_n$. Bezeichne $X$ die Menge aller dieser Binärwörter. Für $x = \xi_1\xi_2 \ldots \xi_n$, $y = \eta_1\eta_2 \ldots \eta_n$ ist die *Hamming-Distanz* zwischen $x$ und $y$ durch

$$d_H(x, y) := \text{Anzahl der Stellen an denen sich } x \text{ und } y \text{ unterscheiden}$$

erklärt. Zeige:

(a) $d_H(x, y)$ läßt sich durch

$$d_H(x, y) := \sum_{k=1}^{n} \left[(\xi_k + \eta_k) \mod 2\right]$$

darstellen (mod 2 bedeutet: modulo 2).

(b) $(X, d_H)$ ist ein metrischer Raum.[10]

### Übung 1.3:

Beweise, daß die Metrik eine stetige Funktion ist, d.h. aus $x_n \to x$ und $y_n \to y$ folgt $d(x_n, y_n) \to d(x, y)$.

### Übung 1.4*:

Es seien $(X_1, d_1)$ und $(X_2, d_2)$ metrische Räume. Für $x, y \in X_1 \times X_2$ mit $x = (x_1, x_2)$, $y = (y_1, y_2)$ sei $d$ durch

$$d(x, y) := \max\left(d_1(x_1, y_1), d_2(x_2, y_2)\right)$$

definiert. Ist $(X_1 \times X_2, d)$ ein metrischer Raum?

---

10 s. Heuser [73], Beispiel 6.6

**Übung 1.5*:**

Es sei $X$ ein metrischer Raum und $f : X_0 \to \mathbb{R}$ eine auf einer kompakten Teilmenge $X_0$ von $X$ stetige Funktion. Zeige, daß dann auch $f(X_0)$ kompakt ist.

**Übung 1.6:**

(1) Definiere für metrische Räume $X$ und Abbildungen $f : X_0 \to \mathbb{R}$, $X_0 \subset X$ : $f$ besitzt in $x_0 \in X_0$ ein absolutes Maximum (bzw. Minimum) bezüglich $X_0$.

(2) Beweise: Unter den Voraussetzungen von Übung 1.5 hat $f$ bezüglich $X_0$ ein absolutes Maximum und ein absolutes Minimum.

**Übung 1.7*:**

Es sei $M$ eine abgeschlossene Teilmenge eines metrischen Raumes $X$. Ferner sei die Funktion $f : M \to \mathbb{R}$ stetig auf $M$. Zeige: Die Menge $\{x \in M \mid f(x) = 0\}$ ist abgeschlossen.

**Übung 1.8*:**

In $\mathbb{R}^n$ definieren wir für $\boldsymbol{u} = (\mu_1, \ldots, \mu_n)^{\mathrm{T}}$ und $\boldsymbol{v} = (\nu_1, \ldots, \nu_n)^{\mathrm{T}}$

$$d(\boldsymbol{u}, \boldsymbol{v}) := \max_{1 \le i \le n} |\mu_i - \nu_i| .$$

Zeige:

(1) $(\mathbb{R}^n, d)$ ist ein metrischer Raum.

(2) $(\mathbb{R}^n, d)$ ist vollständig.

**Übung 1.9*:**

Es sei $C^1[a, b]$ $(a, b \in \mathbb{R})$ die Menge aller auf $[a, b]$ stetig differenzierbaren Funktionen. Für $x(t), y(t) \in C^1[a, b]$ setzen wir

$$d(x, y) := \max_{a \le t \le b} |x(t) - y(t)| + \max_{a \le t \le b} |x'(t) - y'(t)|.$$

Zeige: $(C^1[a, b], d)$ ist ein vollständiger metrischer Raum. Sind in der Definition von $d$ beide Summanden erforderlich? Wie läßt sich in $C^m[a, b]$ $(m \in \mathbb{N})$ eine entsprechende »Maximumsmetrik« einführen?

**Übung 1.10*:**

Es sei $(X, d)$ ein metrischer Raum und $M$ eine Teilmenge von $X$. Ferner sei $d_0$ die Einschränkung von $d$ auf $M$. Beweise:

(i) $(M, d_0)$ ist ein metrischer Raum.

(ii) Ist $(M, d_0)$ vollständig, dann ist $M$ in $X$ abgeschlossen.

(iii) Ist $(X, d)$ vollständig, dann gilt: $(M, d_0)$ ist vollständig genau dann, wenn $M$ abgeschlossen ist.

**Übung 1.11*:**

Es sei $X$ die Menge aller Intervalle $[a, b]$ mit $a, b \in \mathbb{R}$ $(a \neq b)$. Ferner sei $d$ durch

$$d([a, b], [c, d]) := |a - c| + |b - d| \quad (c, d \in \mathbb{R})$$

erklärt. Ist $(X, d)$ ein metrischer Raum und ist $(X, d)$ vollständig? (Wie läßt sich gegebenenfalls eine Vervollständigung erreichen?)

**Übung 1.12*:**

Es seien $(X_1, d_1), (X_2, d_2), \dots, (X_n, d_n)$ metrische Räume. $X$ sei der Produktraum $X = X_1 \times X_2 \times \cdots \times X_n$. Für $x, y \in X$ mit $x = (x_1, \dots, x_n)$, $y = (y_1, \dots, y_n)$ sei $d$ durch

$$d(x, y) := \sum_{k=1}^{n} d_k(x_k, y_k)$$

erklärt. Beweise:

(a) $(X, d)$ ist ein metrischer Raum.

(b) $(X, d)$ ist genau dann vollständig, wenn $(X_k, d_k)$ für alle $k$ $(k = 1, \dots, n)$ vollständig ist.

**Übung 1.13*:**

Für die Koeffizienten $a_{ik} \in \mathbb{C}$ $(i, k = 1, \dots, n)$ des linearen Gleichungssystems

$$\xi_i - \sum_{k=1}^{n} a_{ik}\xi_k = b_i\,, \quad i = 1, \dots, n$$

gelte $\left( \sum\limits_{i,k=1}^{n} |a_{ik}|^2 \right)^{\frac{1}{2}} \leq q < 1$. Zeige: Das Gleichungssystem besitzt für beliebige $b_1, \dots, b_n \in \mathbb{C}$ eine eindeutig bestimmte Lösung.

## 1.2 Normierte Räume. Banachräume

Bisher haben wir uns lediglich auf metrische Eigenschaften eines Raumes gestützt, also auf solche, die mit dem Abstand der Elemente des Raumes zusammenhängen. Dennoch sind wir schon zu einigen interessanten Anwendungen gelangt, wie der vorhergehende Abschnitt zeigt. Doch können wir uns mit dem Erreichten nicht zufrieden geben. Was uns noch fehlt, sind zusätzliche *algebraische* Eigenschaften: Im metrischen Raum (ohne Zusatzstruktur) können wir nicht rechnen (addieren, multiplizieren,...). Diesen Mangel wollen wir im folgenden beheben, indem wir metrische Räume betrachten, die zusätzlich lineare Struktur besitzen.

### 1.2.1 Lineare Räume

Bevor wir das oben genannte Programm verwirklichen, wiederholen wir kurz einige Begriffe und Resultate über lineare Räume. Eine ausführliche Darstellung findet sich in Burg/Haf/Wille [25],

Abschnitt 2.4. Im folgenden sei $(\mathbb{K}, +, \cdot)$, kurz $\mathbb{K}$ geschrieben, immer der Körper $\mathbb{R}$ bzw $\mathbb{C}$ der reellen bzw. komplexen Zahlen.

**Definition 1.8:**

Ein *linearer Raum* (oder *Vektorraum*) über einem Körper $\mathbb{K}$ besteht aus einer nichtleeren Menge $X$, ferner

(a) einer Vorschrift, die jedem Paar $(x, y)$ mit $x, y \in X$ genau ein Element $x+y \in X$ zuordnet (*Addition*) und

(b) einer Vorschrift, die jedem Paar $(\lambda, x)$ mit $\lambda \in \mathbb{K}$ und $x \in X$ genau ein Element $\lambda x \in X$ zuordnet (*Multiplikation mit Skalaren*, *s-Multiplikation*), wobei für alle $x, y, z \in X$ und $\lambda, \mu \in \mathbb{K}$ folgende Regeln gelten:

(A1) $x + (y + z) = (x + y) + z$ *Assoziativgesetz*

(A2) $x + y = y + x$ *Kommutativgesetz*

(A3) Es existiert genau ein Element 0 in $X$, genannt *Nullelement*, mit $x + 0 = x$ für alle $x \in X$

(A4) Zu jedem $x \in X$ existiert genau ein Element $x' \in X$ mit $x + x' = 0$.
Für $x'$ schreibt man $-x$ und nennt dieses Element das *Negative* zu $x$.

(S1) $(\lambda + \mu)x = \lambda x + \mu x$ } *Distributivgesetze*

(S2) $\lambda(x + y) = \lambda x + \lambda y$ }

(S3) $(\lambda\mu)x = \lambda(\mu x)$ *Assoziativgesetz*

(S4) $1x = x$ mit $1 \in \mathbb{K}$.

Die Additionsgesetze (A1) bis (A4) besagen, daß $(X, +)$ eine additive abelsche Gruppe ist. Die *Subtraktion* ist durch $x - y := x + (-y)$ erklärt, und Summen schreiben wir im folgenden meist ohne Klammern: $x + y + z$ usw., da es wegen (A1) gleichgültig ist, wie man Klammern setzt. Dies gilt wegen (S3) auch für $\lambda\mu x$ usw. Überdies verwendet man statt $\lambda x$ oft die Schreibweise $x\lambda$.

**Folgerung 1.1:**

Für alle $x$ aus einem linearen Raum $X$ über $\mathbb{K}$ und alle $\lambda \in \mathbb{K}$ gilt

(a) $0x = 0$, $\lambda 0 = 0$;

(b) $\lambda x = 0 \Rightarrow (\lambda = 0$ oder $x = 0)$;

(c) $(-\lambda)x = \lambda(-x) = -\lambda x$, speziell $(-1)x = -x$.

Zum Beweis siehe Burg/Haf/Wille [25], Folgerung 2.9.

**Bemerkung:** Je nachdem, ob $\mathbb{K} = \mathbb{R}$ oder $\mathbb{K} = \mathbb{C}$ ist, spricht man von einem *reellen* oder *komplexen linearen Raum*.

## Beispiele für lineare Räume

**Beispiel 1.13:**

Die linearen Räume $\mathbb{R}^n$ über $\mathbb{R}$ und $\mathbb{C}^n$ über $\mathbb{C}$ sind wohlbekannt (s. Burg/Haf/Wille [25], Abschn. 2.1; Addition und $s$-Multiplikation werden koordinatenweise erklärt).

**Beispiel 1.14:**

Die Menge $C[a, b]$ aller reell- bzw. komplexwertigen stetigen Funktionen auf einem Intervall $[a, b]$ bildet einen reellen bzw. komplexen linearen Raum, wenn wir Addition und $s$-Multiplikation wie üblich durch

$$\begin{aligned} (x+y)(t) &:= x(t)+y(t); \qquad & (\mu x)(t) &:= \mu x(t); \\ 0(t) &:= 0; & (-x)(t) &:= -x(t) \end{aligned}$$

mit $t \in [a, b]$, $\mu \in \mathbb{R}$ bzw. $\mathbb{C}$ beliebig erklären.

**Beispiel 1.15:**

Die Menge $C^k[a, b]$ aller reell- bzw. komplexwertigen $k$-mal stetig differenzierbaren Funktionen auf $[a, b]$, $k \in \mathbb{N}_0$ kann analog zu Beispiel 1.14 als linearer Raum aufgefaßt werden; entsprechend $C^\infty[a, b]$, der aus den beliebig oft stetig differenzierbaren Funktionen besteht.

**Beispiel 1.16:**

Die Menge Pol $\mathbb{R}$ aller Polynome $p(x) := a_0 + a_1 x + \cdots + a_n x^n$ $(x \in \mathbb{R},\ a_i \in \mathbb{R})$ für beliebige $n \in \mathbb{N}_0$ bildet bezüglich der Addition und Multiplikation mit reellen Zahlen einen reellen linearen Raum.

**Beispiel 1.17:**

Die Menge $l_p$ aller reellen bzw. komplexen Zahlenfolgen $x = \{x_k\}$, für die $\sum\limits_{k=1}^{\infty} |x_k|^p$ konvergiert, bildet für beliebige $p$ mit $1 \le p < \infty$ einen reellen bzw. komplexen linearen Raum, wenn Addition und $s$-Multiplikation in der Form

$$\begin{aligned} x+y &= \{x_k\} + \{y_k\} := \{x_k + y_k\} \\ \lambda x &= \lambda\{x_k\} := \{\lambda x_k\}, \qquad \lambda \in \mathbb{R} \quad (\text{bzw. } \mathbb{C}) \end{aligned}$$

durchgeführt werden. Denn: Sind $x, y \in l_p$, so konvergieren die Reihen $\sum\limits_{k=1}^{\infty} |x_k|^p$ und $\sum\limits_{k=1}^{\infty} |y_k|^p$.

Die Konvergenz der Reihe $\sum\limits_{k=1}^{\infty} |x_k + y_k|^p$ folgt aus der Minkowskischen Ungleichung (s. Abschn. 1.1.1):

$$\left( \sum_{k=1}^{\infty} |x_k + y_k|^p \right)^{\frac{1}{p}} \le \left( \sum_{k=1}^{\infty} |x_k|^p \right)^{\frac{1}{p}} + \left( \sum_{k=1}^{\infty} |y_k|^p \right)^{\frac{1}{p}}.$$

Die Konvergenz der Reihe $\sum_{k=1}^{\infty} |\lambda x_k|^p$ ist wegen

$$\sum_{k=1}^{\infty} |\lambda x_k|^p = |\lambda|^p \sum_{k=1}^{\infty} |x_k|^p$$

klar.

Weitere Beispiele: s. Burg/Haf/Wille [25], Abschn. 2.4.2 und Heuser [73], S. 74.

Im folgenden Teil stellen wir mehr die geometrischen Aspekte bei linearen Räumen in den Vordergrund. Wir setzten dabei generell voraus, daß $X$ ein linearer Raum über einem Körper $\mathbb{K}$ ist. Eine Auflistung von Begriffsbildungen, mit denen wir arbeiten werden, soll uns hier genügen, da sich eine ausführliche Behandlung in Burg/Haf/Wille [25], Abschnitt 2.4 findet:

(a) Eine nichtleere Teilmenge $S$ von $X$ heißt *Unterraum* (oder *linearer Teilraum*) von $X$, wenn wir für beliebige $x, y \in S$ und $\lambda \in \mathbb{K}$ stets

$$x + y \in S \quad \text{und} \quad \lambda x \in S$$

folgt. Insbesondere ist $S$ selbst ein linearer Raum über $\mathbb{K}$.

(b) Ist $S$ ein Unterraum von $X$ und $x_0$ ein beliebiges Element aus $X$, so nennt man

$$M = x_0 + S := \{x_0 + y | y \in S\}$$

eine *lineare Mannigfaltigkeit* in $X$.

(c) Ist $A$ eine beliebige nichtleere Teilmenge von $X$, so bilden alle (endlichen) Linearkombinationen $\sum_{k=1}^{m} \lambda_k x_k$ mit beliebigen $m \in \mathbb{N}$, $\lambda_k \in \mathbb{K}$, $x_k \in A$ offensichtlich einen Unterraum $S$ von $X$. Er wird *lineare Hülle von A* oder Span $A := S$ genannt. Man sagt: *A spannt S auf* oder $A$ ist ein *Erzeugendensystem* von $S$. Im Falle $S = X$ spannt $A$ den ganzen Raum $X$ auf: Span $A = X$.

(d) Sind $S$ und $T$ Unterräume von $X$, dann ist die *Summe* $S + T$ durch

$$S + T := \text{Span}(S \cup T)$$

erklärt. Die Summe von $S$ und $T$ heißt *direkt*, wenn sich jedes Element $z \in S + T$ eindeutig in der Form $z = x + y$ mit $x \in S$ und $y \in T$ darstellen läßt. Schreibweise: $S \oplus T$. Offensichtlich ist dann $S \cap T = \{0\}$ eine äquivalente Bedingung. Gilt $S \oplus T = X$, so nennen wir $S$ und $T$ *komplementär*.

(e) Die (endlich vielen) Elemente $x_1, \dots, x_n \in X$ heißen *linear unabhängig*, wenn aus

$$\alpha_1 x_1 + \cdots + \alpha_n x_n = 0 \quad \text{stets} \quad \alpha_1 = \cdots = \alpha_n = 0$$

folgt; andernfalls heißen sie *linear abhängig*.

Die (unendlich vielen) Elemente $x_1, x_2, \dots \in X$ heißen *linear unabhängig*, wenn je endlich viele von ihnen linear unabhängig sind; andernfalls nennen wir sie wieder *linear abhängig*.

(f) Sei $S$ ein Unterraum von $X$. Wir sagen, $S$ besitzt die *Dimension* $n$: $\dim S = n$, wenn es $n$ linear unabhängige Elemente von $S$ gibt, aber $n+1$ Elemente von $S$ stets linear abhängig sind. $S$ heißt *Basis* (genauer: *algebraische Basis, Hamelbasis*) von $X$, wenn die Elemente von $S$ linear unabhängig sind und $\operatorname{Span} S = X$ ist, d.h. wenn $S$ den ganzen Raum $X$ aufspannt. Besitzt $X$ keine endliche Basis in diesem Sinne, so nennen wir $X$ *unendlich-dimensional* und schreiben $\dim X = \infty$.

**Bemerkung:** Die oben betrachteten Funktionenräume $C[a, b]$, $C^k[a, b]$, $C^\infty[a, b]$, $\operatorname{Pol}\mathbb{R}$ sind unendlich-dimensional, da sie alle $\operatorname{Pol}\mathbb{R}$ als Unterraum enthalten. Der Raum $\operatorname{Pol}\mathbb{R}$ ist aber unendlich-dimensional, da er alle Potenzfunktionen $p_k(x) = x^k$ $(k \in \mathbb{N}_0)$ enthält, von denen je endlich viele linear unabhängig sind, denn: Aus

$$0 \equiv \sum_{k=0}^{m} \alpha_k x^k \quad \text{folgt} \quad \alpha_k = 0 \quad \text{für} \quad k = 0, 1, \dots, m\,,$$

da ein nicht verschwindendes Polynom $m$-ten Grades höchstens $m$ Nullstellen hat.

Der Raum $l_p$ $(1 \le p < \infty)$ ist ebenfalls unendlich-dimensional: Man betrachte

$$x^{(k)} := \{0, \dots, 0, 1, 0, 0, \dots\} \in l_p$$

mit 1 an der Stelle $k$.

### 1.2.2 Normierte Räume. Banachräume

Wir sind jetzt an solchen Räumen interessiert, in denen außer der linearen Struktur auch eine Metrik erklärt ist:

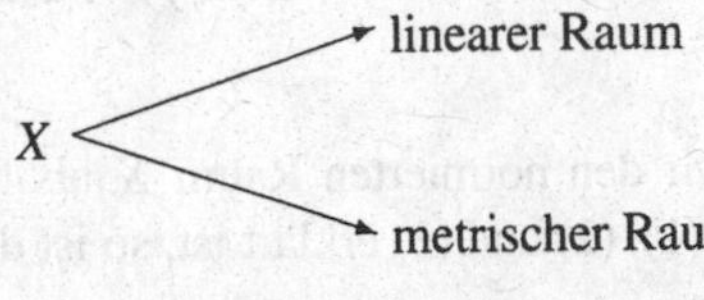


also eine Verknüpfung von algebraischen und metrischen Eigenschaften besteht. Sei $X = (X, d)$ ein metrischer Raum **und** gleichzeitig ein linearer Raum. Die Metrik $d$ erfülle **zusätzlich** die Bedingungen

(i) $d(x + z, y + z) = d(x, y)$ für alle $x, y, z \in X$ (1.50)

*Translationsinvarianz*

(ii) $d(\alpha x, \alpha y) = |\alpha| d(x, y)$ für alle $\alpha \in \mathbb{K}$, $x, y \in X$ (1.51)

*Homogenität*.

Diese beiden Bedingungen stellen das »Bindeglied« zwischen linearer Struktur und Metrik dar.

**Definition 1.9:**

Sei $X$ ein metrischer Raum und gleichzeitig ein linearer Raum. Die Metrik $d$ von $X$ sei translationsinvariant und homogen (s. (i) und (ii)). Dann nennt man $X$ einen *normierten Raum*. Der durch

$$\|x\| := d(x,0) \quad \text{für} \quad x \in X$$

erklärte Ausdruck heißt *Norm* von $x$.

**Bemerkung:** Neben der kurzen Schreibweise $X$, die voraussetzt, daß aus dem Zusammenhang deutlich wird, es liegt ein normierter Raum vor, verwenden wir im folgenden häufig auch die Bezeichnung $(X, \|\,.\,\|)$. Der Punkt in $\|\,.\,\|$ spielt die Rolle eines Platzhalters.

**Hilfssatz 1.3:**

Sei $X$ ein normierter Raum. Die Norm $\|\,.\,\|$ in $X$ besitzt die Eigenschaften: Für alle $x, y \in X$ und $\alpha \in \mathbb{K}$ gilt

(1) $\|x\| \geq 0\,; \quad \|x\| = 0$ genau dann, wenn $x = 0$ ist;

(2) $\|\alpha x\| = |\alpha|\|x\|\,;$

(3) $\|x + y\| \leq \|x\| + \|y\|$ (*Dreiecksungleichung*).

**Beweis:**

(1) trivial; (2) folgt aus (ii); (3) folgt aus

$$\begin{aligned} \|x + y\| &= d(x + y, 0) = d(x + y, -y + y) \overset{\text{(i)}}{=} d(x, -y) \\ &\leq d(x,0) + d(0, -y) \overset{\text{(ii)}}{=} d(x,0) + d(0, y) = d(x,0) + d(y,0) = \|x\| + \|y\|\,. \quad \square \end{aligned}$$

Umgekehrt gilt: Führen wir den normierten Raum $X$ als linearen Raum ein, auf dem eine Norm mit den Eigenschaften (1), (2) und (3) erklärt ist, so ist durch

$$d(x, y) := \|x - y\| \quad \text{für} \quad x, y \in X$$

eine Metrik in $X$ gegeben, die zusätzlich (i) und (ii) erfüllt (Zeigen!). Damit erhalten wir als *Folgerung* (in den meisten Lehrbüchern als Definition für den normierten Raum verwendet):

**Folgerung 1.2:**

Ein normierter Raum $(X, \|\,.\,\|)$ ist ein linearer Raum, auf dem eine Norm $\|\,.\,\|$ erklärt ist, die für alle $x, y \in X$ und $\alpha \in \mathbb{K}$

(1) $\|x\| \geq 0$; $\|x\| = 0$ genau dann, wenn $x = 0$ ist;

(2) $\|\alpha x\| = |\alpha|\|x\|$;

(3) $\|x + y\| \leq \|x\| + \|y\|$

erfüllt.

Wir zeigen

**Satz 1.5:**

In normierten Räumen gilt: Addition, $s$-Multiplikation und Norm sind stetige Operationen, d.h. aus $x_n \to x$, $y_n \to y$ und $\lambda_n \to \lambda$ für $n \to \infty$ folgt

$$\text{a) } x_n + y_n \to x + y\,; \quad \text{b) } \lambda_n x_n \to \lambda x\,; \quad \text{c) } \|x_n\| \to \|x\|$$

für $n \to \infty$.

**Beweis:**

zu a) und b): Die Behauptungen ergeben sich aus den Abschätzungen

$$\|(x_n + y_n) - (x + y)\| = \|(x_n - x) + (y_n - y)\| \leq \|x_n - x\| + \|y_n - y\|$$

bzw.

$$\begin{aligned} \|(\lambda_n x_n) - (\lambda x)\| &= \|\lambda_n (x_n - x) + (\lambda_n - \lambda) x\| \\ &\leq \|\lambda_n (x_n - x)\| + \|(\lambda_n - \lambda) x\| \\ &= |\lambda_n|\|x_n - x\| + |\lambda_n - \lambda|\|x\|\,. \end{aligned}$$

zu c): Die Behauptung ergibt sich aus der Stetigkeit der Metrik (s. Üb. 1.3).

□

Aus der Stetigkeit der Addition und der $s$-Multiplikation folgt, daß die Abschließung $\overline{S}$ eines linearen Raumes $S$ wieder ein linearer Raum ist (s. Üb 1.14).

**Bemerkung:** Die im Zusammenhang mit metrischen Räumen erarbeiteten Begriffe und Resultate lassen sich sofort auf normierte Räume $X$ übertragen, z.B. der Begriff der *offenen Kugel* um $x_0 \in X$ mit Radius $r$:

$$K_r(x_0) := \{x \in X \mid \|x - x_0\| < r\}$$

oder: Die Folge $\{x_n\}$ in $X$ heißt *beschränkt*, falls es eine reelle Zahl $K > 0$ mit $\|x_n\| \leq K$ für alle $n$ gibt. Die *Konvergenz* einer Folge $\{x_n\}$ gegen $x_0 \in X$ liegt dann vor, wenn es zu jedem $\varepsilon > 0$ eine natürliche Zahl $n_0 = n_0(\varepsilon)$ gibt, so daß

$$\|x_n - x_0\| < \varepsilon \quad \text{für alle} \quad n \geq n_0$$

gilt. Entsprechend heißt $\{x_n\}$ *Cauchy-Folge* in $X$, wenn es zu jedem $\varepsilon > 0$ eine natürliche Zahl

$n_0 = n_0(\varepsilon)$ gibt, so daß

$$\|x_n - x_m\| < \varepsilon \quad \text{für alle} \quad n, m \geq n_0$$

erfüllt ist. *Vollständige normierte* Räume $X$ sind diejenigen, für die jede Cauchy-Folge in $X$ gegen ein Element von $X$ konvergiert. Wie schon bei metrischen Räumen gelingt auch bei normierten Räumen stets eine Vervollständigung mittels abstrakter Cauchy-Folgen.

Damit stehen uns alle Hilfsmittel zur Verfügung, um eine berühmte Klasse von Räumen, nämlich die Banachräume, einzuführen:

**Definition 1.10:**
Ein vollständiger normierter Raum heißt *Banachraum*.

Einige Beispiele für Banachräume sind:

**Beispiel 1.18:**

$\mathbb{R}^n$ bzw. $\mathbb{C}^n$ mit der Norm $\|\boldsymbol{x}\| := \sqrt{\sum_{k=1}^{n} |x_k|^2}$ ist ein Banachraum.

**Beispiel 1.19:**
$C[a, b]$ mit der Norm $\|x\| := \max_{a \leq t \leq b} |x(t)|$ ist ein Banachraum. Den Vollständigkeitsnachweis haben wir bereits in Beispiel 1.10 erbracht.

**Beispiel 1.20:**
$C^k[a, b]$ (= linearer Raum der auf $[a, b]$ $k$-mal stetig differenzierbaren Funktionen) ist mit der Norm

$$\|x\| := \max_{a \leq t \leq b} |x(t)| + \max_{a \leq t \leq b} |x'(t)| + \cdots + \max_{a \leq t \leq b} |x^{(k)}(t)|$$

ein Banachraum (s. Üb. 1.9).

**Beispiel 1.21:**
$C_b(I)$ (= linearer Raum der auf dem Intervall $I$ beschränkten Funktionen) ist mit der Norm

$$\|x\| := \sup_{t \in I} |x(t)|$$

ein Banachraum. (Zur Vollständigkeit s. Üb. 1.18)

**Beispiel 1.22:**

$l_p$ $(1 \leq p < \infty)$ (= linearer Raum aller Zahlenfolgen $x = \{x_k\}$, für die $\sum_{k=1}^{\infty} |x_k|^p$ konvergiert) ist mit der Norm

$$\|x\| := \left(\sum_{k=1}^{\infty} |x_k|^p\right)^{\frac{1}{p}}$$

ein Banachraum. Zum Nachweis der Vollständigkeit s. z.B. Heuser [73], S. 85; für $p = 2$ s. Abschn. 1.3.2.

Dagegen ist $C[a, b]$ bezüglich der Norm

$$\|x\| := \left(\int_a^b |x(t)|^p \, \mathrm{d}t\right)^{\frac{1}{p}}$$

**kein** vollständiger normierter Raum, also kein Banachraum (s. Gegenbeispiel im Anschluß an Bsp. 1.10, Abschn. 1.1.3).

In normierten Räumen läßt sich der folgende Basisbegriff einführen:

Wir sagen $X$ besitzt eine *abzählbare Basis* $\{x_k\}_{k=1}^{\infty}$, $x_k \in X$, falls jedes $x \in X$ eindeutig in der Form $x = \sum\limits_{k=1}^{\infty} \alpha_k x_k$ darstellbar ist. Die Konvergenz dieser Reihe ist hierbei im Sinne der Konvergenz bezüglich der Norm von $X$ zu verstehen. (Unterscheide hiervon den Basisbegriff: algebraische Basis oder Hamelbasis aus Abschn. 1.2.1)

Aus unseren bisherigen Überlegungen wird deutlich, daß gewisse lineare Räume durchaus verschieden normiert werden können. Ein weiteres Beispiel hierfür stellt der lineare Raum $\mathbb{C}^n$ über dem Körper $\mathbb{C}$ dar: Für beliebige $\boldsymbol{x} = (x_1, \ldots, x_n)^{\mathrm{T}}$ mit $x_k \in \mathbb{C}$ sind durch

$$\|\boldsymbol{x}\|_1 := \sum_{k=1}^{n} |x_k| \qquad (\textit{Betragsnorm})$$

$$\|\boldsymbol{x}\|_2 := \sqrt{\sum_{k=1}^{n} |x_k|^2} \qquad (\textit{Quadratnorm})$$

$$\|\boldsymbol{x}\|_3 := \max_{1 \le k \le n} |x_k| \qquad (\textit{Maximumsnorm})$$

Normen in $\mathbb{C}^n$ erklärt[11]. Es stellt sich die Frage nach dem Zusammenhang dieser Normen. Zur Beantwortung dieser Frage führen wir nun folgende Begriffsbildung ein:

**Definition 1.11:**

Zwei Normen $\|\,.\,\|_a$ und $\|\,.\,\|_b$ heißen *äquivalent*, wenn jede bezüglich der Norm $\|\,.\,\|_a$ konvergente Folge auch bezüglich der Norm $\|\,.\,\|_b$ konvergent ist und umgekehrt.

11 Im Folgenden verwenden wir neben der Darstellung $\|.\|$ auch die im eindimensionalen Fall gängige Bezeichnung $|.|$ für eine beliebige Norm.

Im linearen Raum $C[0,1]$ sind die Maximumsnorm und die Quadratnorm **nicht** äquivalent (Betrachte die Folge aus dem Gegenbeispiel in Abschnitt 1.1.3). Dagegen gilt in endlich-dimensionalen Räumen

**Satz 1.6:**
Alle Normen in einem endlich-dimensionalen Raum $X$ sind äquivalent.[12]

**Beweis:**
Es sei $e_1, \dots, e_n$ eine Basis von $X$. Wir setzen

$$d := \inf\{\|\alpha_1 e_1 + \cdots + \alpha_n e_n\| \;\big|\; |\alpha_1| + \cdots + |\alpha_n| = 1\}.$$

Dann gibt es Folgen $\{\alpha_1^{(k)}\}, \dots, \{\alpha_n^{(k)}\}$ $(k = 1,2,\dots)$ mit $|\alpha_1^{(k)}| + \cdots + |\alpha_n^{(k)}| = 1$ und $\|\alpha_1^{(k)} e_1 + \cdots + \alpha_n^{(k)} e_n\| \to d$ für $k \to \infty$. Durch Übergang zu Teilfolgen erhalten wir konvergente Folgen $\{\beta_1^{(k)}\}, \dots, \{\beta_n^{(k)}\}$ mit $|\beta_1^{(k)}| + \cdots + |\beta_n^{(k)}| = 1$ und $\|\beta_1^{(k)} e_1 + \cdots + \beta_n^{(k)} e_n\| \to d$ für $k \to \infty$. Wir setzen

$$\beta_j := \lim_{k\to\infty} \beta_j^{(k)} \quad (j = 1, \dots, n).$$

Es gilt dann

$$\begin{aligned} &\|(\beta_1 e_1 + \cdots + \beta_n e_n) - (\beta_1^{(k)} e_1 + \cdots + \beta_n^{(k)} e_n)\| \\ &\le |\beta_1 - \beta_1^{(k)}| \cdot \|e_1\| + \cdots + |\beta_n - \beta_n^{(k)}| \cdot \|e_n\| \to 0 \quad \text{für } k \to \infty. \end{aligned}$$

Hieraus folgt mit Übung 1.16

$$\|\beta_1^{(k)} e_1 + \cdots + \beta_n^{(k)} e_n\| \to \|\beta_1 e_1 + \cdots + \beta_n e_n\| = d \quad \text{für } k \to \infty$$

Annahme: $d = 0$. Dies hätte $\beta_1 e_1 + \cdots + \beta_n e_n = 0$ oder, da $e_1, \dots, e_n$ linear unabhängig sind, $\beta_1 = \cdots = \beta_n = 0$ zur Folge, im Widerspruch zu $|\beta_1| + \cdots + |\beta_n| = 1$. Also ist $d > 0$ und für beliebige $\alpha_1, \dots, \alpha_n$ gilt

$$|\alpha_1| + \cdots + |\alpha_n| \le \frac{1}{d} \|\alpha_1 e_1 + \cdots + \alpha_n e_n\|.$$

Seien nun $\|\,.\,\|_a$ und $\|\,.\,\|_b$ zwei Normen in $X$. Wir zeigen: Es gibt ein $C > 0$ mit $\|x\|_a \le C\|x\|_b$ für alle $x \in X$. Andernfalls gäbe es eine Folge $\{x_k\}$ mit $\|x_k\|_a \to \infty$ für $k \to \infty$ und $\|x_k\|_b = 1$. Für $x_k = \gamma_1^{(k)} e_1 + \cdots + \gamma_n^{(k)} e_n$ gilt dann mit obiger Abschätzung

$$|\gamma_1^{(k)}| + \cdots + |\gamma_n^{(k)}| \le \frac{1}{d} \|\gamma_1^{(k)} e_1 + \cdots + \gamma_n^{(k)} e_n\|_b = \frac{1}{d}\|x_k\|_b = \frac{1}{d}.$$

12 Insbesondere sind also die obigen drei Normen in $\mathbb{C}^n$ äquivalent.

Ferner ist

$$\|x_k\|_a \le |\gamma_1^{(k)}| \cdot \|e_1\|_a + \cdots + |\gamma_n^{(k)}| \cdot \|e_n\|_a \le \frac{1}{d}(\|e_1\|_a + \cdots + \|e_n\|_a)\,,$$

d.h. $\{x_k\}$ ist bezüglich der $a-$Norm beschränkt im Widerspruch zur obigen Annahme. Damit ist gezeigt: $\|x\|_a \le C\|x\|_b$, so daß jede bezüglich $\|\,.\,\|_b$ konvergente Folge auch bezüglich $\|\,.\,\|_a$ konvergiert. Vertauschen wir die Rollen von $\|\,.\,\|_a$ und $\|\,.\,\|_b$ so ergibt sich die Behauptung des Satzes. □

Mit diesem Satz ergibt sich sofort

**Satz 1.7:**

Jeder endlich-dimensionale normierte Raum $X$ ist vollständig, also ein Banachraum.

**Beweis:**

Sei $\|\,.\,\|_a$ eine beliebige Norm in $X$; $X$ habe die Dimension $n$. Ferner sei $e_1, \ldots, e_n$ eine Basis von $X$. Dann ist durch

$$\|x\|_b := \|\alpha_1 e_1 + \cdots + \alpha_n e_n\|_b := |\alpha_1| + \cdots + |\alpha_n|, \; x \in X, \; \alpha_k \in \mathbb{C}$$

eine weitere Norm erklärt. Sei $\{x_k\}$ mit $x_k = \alpha_1^{(k)} e_1 + \cdots + \alpha_n^{(k)} e_n$ eine Cauchy-Folge bezüglich der Norm $\|\,.\,\|_a$. Dann ist sie nach Satz 1.6 auch bezüglich der Norm $\|\,.\,\|_b$ eine Cauchy-Folge. Somit gilt

$$|\alpha_j^{(k)} - \alpha_j^{(l)}| \le \|x_k - x_l\|_b \to 0 \quad \text{für } k, l \to \infty, \; j = 1, \ldots, n$$

d.h. $\{\alpha_j^{(k)}\}$ ist für jedes $j = 1, \ldots, n$ eine Cauchy-Folge in $(\mathbb{C}, |\,.\,|)$, und aus der Vollständigkeit dieses Raumes ergibt sich

$$\alpha_j := \lim_{k\to\infty} \alpha_j^{(k)} \quad \text{existiert für } j = 1, \ldots, n.$$

Daher konvergiert $\{x_k\}$ gegen $\alpha_1 e_1 + \cdots + \alpha_n e_n$ bezüglich der Norm $\|\,.\,\|_b$ bzw. $\|\,.\,\|_a$, womit die Vollständigkeit von $(X, \|\,.\,\|_a)$ bewiesen ist. □

## Übungen

**Übung 1.14*:**

Es seien $X$ ein linearer Raum, $I$ eine Indexmenge und $X_i$ $(i \in I)$ Unterräume von $X$, so daß $Y := \bigoplus_{i\in I} X_i$ eine direkte Summe ist. Beweise, daß folgende Aussagen äquivalent sind:

(a) $Y = \bigoplus_{i\in I} X_i$;

(b) Aus $\sum_{i\in I} x_i = 0, \; x_i \in X_i$ folgt $x_i = 0$ für alle $i \in I$;

(c) $X_i \cap \sum_{\substack{j\in I\\ j\neq i}} X_j = \{0\}$ für alle $i \in I$.

### Übung 1.15*:

Es sei $X$ ein normierter Raum und $S$ ein Unterraum von $X$. Zeige: Die Abschließung $\overline{S}$ von $S$ ist ebenfalls ein Unterraum von $X$.

### Übung 1.16:

Zeige: Ist $X$ ein normierter Raum, so gilt für alle $x,\ y \in X$ die Abschätzung $\big|\|x\| - \|y\|\big| \le \|x - y\|$.

### Übung 1.17:

Auf $\mathbb{C}^n$ werden mit $\boldsymbol{x} = (x_1, \ldots, x_n)^{\mathrm{T}}$, $x_k \in \mathbb{C}$ $(k = 1, \ldots, n)$ durch

$$\|\boldsymbol{x}\|_1 := \sum_{k=1}^{n} |x_k|\,; \quad \|\boldsymbol{x}\|_2 := \left(\sum_{k=1}^{n} |x_k|^2\right)^{\frac{1}{2}} \quad ; \quad \|\boldsymbol{x}\|_\infty := \max_{1\le k\le n} |x_k|$$

Normen definiert (zeigen!). Sind diese Normen äquivalent?

### Übung 1.18:

Es sei $C_b(I)$ der lineare Raum aller auf einem Intervall $I \in \mathbb{R}$ beschränkten Funktionen. Für $x(t) \in C_b(I)$ sei $\|x\| := \sup\limits_{t\in I} |x(t)|$. Zeige: $(C_b(I), \|\,.\,\|)$ ist ein Banachraum.

### Übung 1.19*:

Es seien $(X_1, \|\,.\,\|_1)$ und $(X_2, \|\,.\,\|_2)$ normierte Räume über $\mathbb{K}$. Beweise:

(a) Mit $\|(x_1, x_2)\| := \|x_1\|_1 + \|x_2\|_2$ für $(x_1, x_2) \in X_1 \times X_2$ ist $X_1 \times X_2$ ein normierter Raum.

(b) Sind $X_1$ und $X_2$ Banachräume, dann ist auch $X_1 \times X_2$ ein Banachraum.

### Übung 1.20*:

Es sei $(X, \|\,.\,\|)$ ein normierter Raum über dem Körper $\mathbb{K}$. Ferner seien $x, x_1, \ldots, x_n \in X$. Beweise, daß es $\alpha_1, \ldots, \alpha_n \in \mathbb{K}$ so gibt, daß $\|x - \sum\limits_{k=1}^{n} \alpha_k x_k\|$ minimal ist.

### Übung 1.21*:

Eine Teilmenge $A$ eines normierten Raumes $(X; \|\,.\,\|)$ heißt *konvex*, wenn mit je zwei Punkten $x_1, x_2 \in X$ auch die Verbindungsstrecke

$$\{\alpha x_1 + (1-\alpha)x_2 \mid \alpha \in [0,1]\}$$

zu $X$ gehört. $X$ heißt *strikt konvex*, wenn aus $\|x_1\| = \|x_2\| = 1$ und $x_1 \neq x_2$ stets $\|\frac{x_1+x_2}{2}\| < 1$ folgt. Zeige:

(a) Die Menge der bestapproximierenden Elemente aus einem endlich-dimensionalen Unterraum $A$ von $X$ an ein Element $x \in X$ ist konvex.

(b) Ist $X$ strikt konvex, so gibt es zu jedem $x \in X$ genau ein bestapproximierendes Element in $A$ ($A$ wie in (a)).

**Übung 1.22:**

Weise nach, daß die Abschließung einer konvexen Teilmenge eines normierten Raumes konvex ist.

## 1.3 Skalarprodukträume. Hilberträume

### 1.3.1 Skalarprodukträume

In den linearen Räumen $\mathbb{R}^n$ bzw. $\mathbb{C}^n$ haben wir in Burg/Haf/Wille [25], Abschnitt 2.1.2 bzw. 2.1.5 das Skalarprodukt zweier Vektoren $\boldsymbol{x} = (x_1, \ldots, x_n)$ und $\boldsymbol{y} = (y_1, \ldots, y_n)$ mit $x_i, y_i \in \mathbb{R}$ bzw $\mathbb{C}$ durch

$$(\boldsymbol{x}, \boldsymbol{y}) := \boldsymbol{x} \cdot \boldsymbol{y} := \sum_{k=1}^{n} x_k y_k \quad \text{bzw.} \quad \sum_{k=1}^{n} x_k \overline{y}_k \tag{1.52}$$

definiert. Wir haben ferner gesehen (s. Burg/Haf/Wille [25], Satz 2.1, Abschn. 2.1.2 bzw. Abschn. 2.1.5), daß für dieses Skalarprodukt die folgenden Regeln gelten:

Sind $\boldsymbol{x}, \boldsymbol{y}, \boldsymbol{z} \in \mathbb{R}^n$ bzw. $\mathbb{C}^n$ und $\alpha \in \mathbb{R}$ bzw. $\mathbb{C}$ beliebig, so ist $(\boldsymbol{x}, \boldsymbol{y}) \in \mathbb{R}$ bzw.$\mathbb{C}$ und es gilt:

(1) $(\boldsymbol{x}, \boldsymbol{x}) \geq 0$; $\quad (\boldsymbol{x}, \boldsymbol{x}) = 0$ genau dann, wenn $\boldsymbol{x} = \boldsymbol{0}$ ist;

(2) $(\boldsymbol{x}, \boldsymbol{y}) = (\boldsymbol{y}, \boldsymbol{x})$ bzw. $\overline{(\boldsymbol{y}, \boldsymbol{x})}$;[13]

(3) $(\alpha\boldsymbol{x}, \boldsymbol{y}) = \alpha(\boldsymbol{x}, \boldsymbol{y})$;

(4) $(\boldsymbol{x} + \boldsymbol{y}, \boldsymbol{z}) = (\boldsymbol{x}, \boldsymbol{z}) + (\boldsymbol{y}, \boldsymbol{z})$.

Läßt sich ein »Skalarprodukt« auch in anderen linearen Räumen einführen, etwa in den unendlichdimensionalen Funktionenräumen $C[a, b]$ oder $l_p$ aus Abschnitt 1.2.1? Was erwarten wir überhaupt von einem solchen Skalarprodukt? Zur Beantwortung dieser Frage orientieren wir uns am Skalarprodukt im $\mathbb{R}^n$ bzw. $\mathbb{C}^n$ und benutzen die obigen Eigenschaften (1) bis (4) als definierende Eigenschaften für den allgemeinen Fall:

---

13 Wie üblich bezeichnet $\overline{a}$ die zu $a \in \mathbb{C}$ konjugiert kompexe Zahl.

**Definition 1.12:**
Unter einem *Skalarproduktraum* (*innerer Produktraum*, *Prä-Hilbertraum*) versteht man einen linearen Raum $X$ über $\mathbb{K}$, in dem ein *Skalarprodukt* $(x, y)$ erklärt ist mit folgenden Eigenschaften: Für beliebige $x, y, z \in X$ und $\alpha \in \mathbb{K}$ ist $(x, y)$ reell im Falle eines reellen linearen Raumes und komplex im Falle eines komplexen linearen Raumes $X$, und es gilt

(1) $(x, x) \geq 0$; $(x, x) = 0$ genau dann, wenn $x = 0$ ist;

(2) $(x, y) = \overline{(y, x)}$;

(3) $(\alpha x, y) = \alpha(x, y)$;

(4) $(x + y, z) = (x, z) + (y, z)$.

Beispielsweise läßt sich in $X = C[a, b]$ (= Menge der komplexwertigen stetigen Funktionen auf dem Intervall $[a, b]$) durch

$$(x, y) := \int_a^b x(t)\overline{y(t)}\,\mathrm{d}t\,, \quad x, y \in X$$

ein Skalarprodukt erklären. Wir überlassen dem Leser den einfachen Nachweis der Eigenschaften (1) bis (4). Aus diesen Eigenschaften erhalten wir auch sofort

**Hilfssatz 1.4:**

Es sei $X$ ein Skalarproduktraum. Für beliebige $x, y, z \in X$ und $\alpha \in \mathbb{K}$ gilt dann

(a) $(x, \alpha y) = \overline{\alpha}(x, y)$;

(b) $(x, y + z) = (x, y) + (x, z)$.

**Beweis:**

Zu (a): Mit Hilfe von (2) und (3) folgt

$$(x, \alpha y) = \overline{(\alpha y, x)} = \overline{\alpha(y, x)} = \overline{\alpha}\,\overline{(y, x)} = \overline{\alpha}(x, y)\,;$$

zu (b): Wegen (2) ist

$$(x, y + z) = \overline{(y + z, x)} = \overline{(y, x) + (z, x)} = \overline{(y, x)} + \overline{(z, x)} = (x, y) + (x, z)\,.$$

□

Die folgende Ungleichung wird uns noch häufig von großem Nutzen sein:

**Hilfssatz 1.5:**
(*Schwarzsche*[14] *Ungleichung*) Es sei $X$ ein Skalarproduktraum. Dann gilt für alle $x, y \in X$

$$|(x, y)| \leq \sqrt{(x, x)}\sqrt{(y, y)}\,. \tag{1.53}$$

**Beweis:**
Für $y = 0 \in X$ ist (1.53) offensichtlich erfüllt. Sei nun $y \neq 0$ und $\alpha \in \mathbb{C}$ beliebig. Dann gilt

$$\begin{aligned}(x + \alpha y, x + \alpha y) &= (x, x) + \overline{\alpha}(x, y) + \alpha(y, x) + \alpha\overline{\alpha}(y, y) \\ \text{und} \quad (x + \alpha y, x + \alpha y) &\geq 0\,.\end{aligned} \tag{1.54}$$

Setzen wir $\alpha := -\frac{(x,y)}{(y,y)}$, so folgt hieraus (wir beachten $\overline{\alpha} = -\frac{\overline{(x,y)}}{(y,y)}$ und $a \cdot \overline{a} = |a|^2$ für $a \in \mathbb{C}$)

$$(x, x) - \frac{|(x, y)|^2}{(y, y)} - \frac{|(x, y)|^2}{(y, y)} + \frac{|(x, y)|^2}{(y, y)} \geq 0$$

oder, nach Multiplikation mit $(y, y)$,

$$(x, x)(y, y) - |(x, y)|^2 \geq 0\,.$$

Dies war zu zeigen □

**Bemerkung:** Wegen (1.54) gilt das Gleichheitszeichen in der Schwarzschen Ungleichung genau dann, wenn $x + \alpha y = 0$ ist, d.h. wenn $x$ und $y$ linear abhängig sind.

Die Frage nach der Normierbarkeit von Skalarprodukträumen beantwortet

**Satz 1.8:**
In jedem Skalarproduktraum $X$ läßt sich durch

$$\|x\| := \sqrt{(x, x)} \tag{1.55}$$

eine Norm einführen. Man bezeichnet sie als *die durch das Skalarprodukt* $(x, y)$ *induzierte Norm.*

**Beweis:**
Wir haben zu zeigen, daß die Eigenschaften der Norm (s. Hilfssatz 1.2, (1) bis (3)) erfüllt sind: Der Nachweis von (1) ist klar; (2) folgt aus

$$\|\alpha x\| = \sqrt{(\alpha x, \alpha x)} = \sqrt{\alpha\overline{\alpha}(x, x)} = |\alpha|\sqrt{(x, x)}\,,$$

14 H.A. Schwarz (1843–1921), deutscher Mathematiker

und (3) ergibt sich folgendermaßen: Es gilt

$$\begin{aligned}\|x+y\|^2 &= (x+y, x+y) = (x,x) + (y,y) + (x,y) + (y,x)\\ &= \|x\|^2 + \|y\|^2 + (x,y) + (y,x)\,.\end{aligned} \tag{1.56}$$

Ferner ist

$$(x,y) + (y,x) = (x,y) + \overline{(x,y)} = 2\,\mathrm{Re}(x,y) \le 2|(x,y)|\,.^{15} \tag{1.57}$$

Wenden wir auf die rechte Seite von (1.57) die Schwarzsche Ungleichung an, so folgt

$$(x,y) + (y,x) \le 2\sqrt{(x,x)}\sqrt{(y,y)} = 2\|x\|\|y\|$$

und damit aus (1.56)

$$\|x+y\|^2 \le \|x\|^2 + \|y\|^2 + 2\|x\|\|y\| = (\|x\| + \|y\|)^2$$

oder

$$\|x+y\| \le \|x\| + \|y\|\,,$$

was zu beweisen war. □

**Bemerkung:** Mit Hilfe der Norm (1.55) läßt sich die Schwarzsche Ungleichung in der Form

$$|(x,y)| \le \|x\|\|y\| \tag{1.58}$$

schreiben.

In jedem Skalarproduktraum kann, wie wir gesehen haben, eine Norm eingeführt werden. Gilt nun aber auch die Umkehrung, d.h. läßt sich eine vorgegebene Norm in einem normierten Raum durch ein Skalarprodukt erzeugen? Um hier Klarheit zu gewinnen, betrachten wir zunächst nochmals den normierten Raum $X$, den wir mittels (1.55) aus einem Skalarproduktraum gewonnen haben: Für alle $x, y \in X$ gilt dann

$$\begin{aligned}\|x+y\|^2 + \|x-y\|^2 &= (x+y, x+y) + (x-y, x-y)\\ &= 2\|x\|^2 + (x,y) + (y,x) - (x,y) - (y,x) + 2\|y\|^2\end{aligned}$$

oder

$$\|x+y\|^2 + \|x-y\|^2 = 2(\|x\|^2 + \|y\|^2) \tag{1.59}$$

*Parallelogrammgleichung*

15 Re $z$ bezeichnet wie üblich den Realteil einer komplexen Zahl $z$

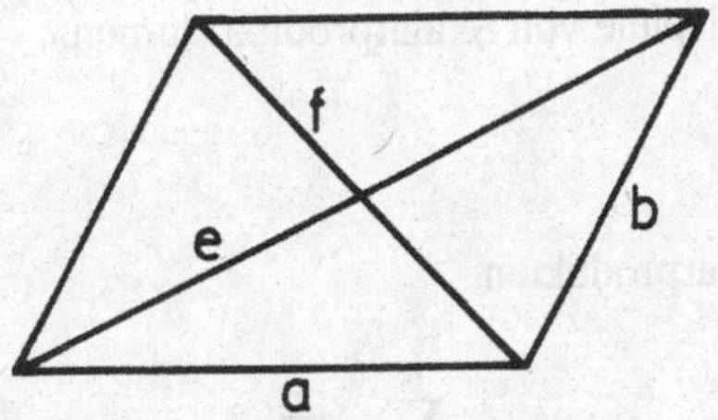


Fig. 1.8: Zur Parallelogrammgleichung

Die Bezeichnung Parallelogrammgleichung rührt vom folgenden Sachverhalt her: In einem Parallelogramm mit den Seiten $a$, $b$ und den Diagonalen $e$, $f$ gilt

$$e^2 + f^2 = 2(a^2 + b^2)\,.$$

Im Falle des $\mathbb{R}^2$ entspricht (1.59) gerade dieser Gleichung (setze $x = \boldsymbol{a}$, $y = \boldsymbol{b}$, $x + y = \boldsymbol{e}$, $x - y = \boldsymbol{f}$, $|\boldsymbol{a}| = a$ usw.).

Ist in einem beliebigen normierten Raum stets (1.59) erfüllt? Nein! Dies zeigt folgendes

**Gegenbeispiel:** $\mathbb{R}^2$ ist - wie leicht einzusehen ist - mit $\|\boldsymbol{x}\| := \max\limits_{k=1,2} |x_k|$ ein normierter Raum, der (1.59) **nicht** erfüllt. Wählen wir z.B. $\boldsymbol{x} = \begin{bmatrix} 1 \\ 2 \end{bmatrix}$ und $\boldsymbol{y} = \begin{bmatrix} 2 \\ 0 \end{bmatrix}$, so ist

$$\|\boldsymbol{x}\| = 2,\ \|\boldsymbol{y}\| = 2,\ \|\boldsymbol{x} + \boldsymbol{y}\| = 3,\ \|\boldsymbol{x} - \boldsymbol{y}\| = 2\,.$$

Daher gilt

$$\|\boldsymbol{x} + \boldsymbol{y}\|^2 + \|\boldsymbol{x} - \boldsymbol{y}\|^2 = 3^2 + 2^2 = 13 \quad \text{und} \quad 2(\|\boldsymbol{x}\|^2 + \|\boldsymbol{y}\|^2) = 2(2^2 + 2^2) = 16\,,$$

so daß (1.59) verletzt ist.

Antwort auf die Frage, welche normierten Räume Skalarprodukträume sind, gibt

**Satz 1.9:**

Genau diejenigen normierten Räume $X$ sind Skalarprodukträume, in denen die Parallelogrammgleichung (1.59) gilt. Im reellen Fall läßt sich durch

$$(x, y) := \frac{1}{4}(\|x + y\|^2 - \|x - y\|^2) \tag{1.60}$$

ein Skalarprodukt in $X$ erklären und im komplexen Fall durch

$$(x, y) := \frac{1}{4}(\|x + y\|^2 - \|x - y\|^2 + \mathrm{i}\,\|x + \mathrm{i}\,y\|^2 - \mathrm{i}\,\|x - \mathrm{i}\,y\|^2)\,. \tag{1.61}$$

**Beweis:**

s. z.B. Day [34], p 153.

Wir bringen nun einige Beispiele von Skalarprodukträumen:

**Beispiel 1.23:**

$\mathbb{R}^n$ bzw. $\mathbb{C}^n$ sind mit den Skalarprodukten

$$(\boldsymbol{x}, \boldsymbol{y}) := \sum_{k=1}^{n} x_k y_k \quad \text{bzw.} \quad (\boldsymbol{x}, \boldsymbol{y}) := \sum_{k=1}^{n} x_k \overline{y_k}$$

Skalarprodukträume, was dem Leser sicher nicht neu ist. Sie lassen sich durch

$$\|\boldsymbol{x}\| := \sqrt{\sum_{k=1}^{n} x_k^2} \quad \text{bzw.} \quad \|\boldsymbol{x}\| := \sqrt{\sum_{k=1}^{n} |x_k|^2}$$

normieren.

**Beispiel 1.24:**

Der lineare Raum $C[a, b]$ wird mit

$$(x, y) := \int_a^b x(t)\overline{y(t)}\,\mathrm{d}t\,, \quad x, y \in C[a, b]$$

zum Skalarproduktraum. Er läßt sich durch $\|x\| := \left(\int_a^b |x(t)|^2\,\mathrm{d}t\right)^{\frac{1}{2}}$ normieren.

**Beispiel 1.25:**

Der lineare Raum $l_2$, der aus allen Folgen $x = \{x_1, x_2, \dots\}$, $y = \{y_1, y_2, \dots\}$, ... besteht, für die $\sum_{k=1}^{\infty} |x_k|^2$, $\sum_{k=1}^{\infty} |y_k|^2$, ... konvergieren, ist mit $(x, y) := \sum_{k=1}^{\infty} x_k \overline{y_k}$ ein Skalarproduktraum: Die Nachweise der Eigenschaften (1) bis (3) (s. Def. 1.12) sind klar; zu (4): Die Reihen $\sum_{k=1}^{\infty} x_k \overline{z_k}$ und $\sum_{k=1}^{\infty} y_k \overline{z_k}$ sind konvergent. Dies folgt aus der Konvergenz der Reihen $\sum_{k=1}^{\infty} |x_k|^2$, $\sum_{k=1}^{\infty} |y_k|^2$ und $\sum_{k=1}^{\infty} |z_k|^2$ und aus der Minkowskischen Ungleichung (s. Abschn. 1.1.1). Daher konvergiert auch $\sum_{k=1}^{\infty} (x_k + y_k)\overline{z_k}$ und es gilt

$$(x + y, z) = \sum_{k=1}^{\infty} (x_k + y_k)\overline{z_k} = \sum_{k=1}^{\infty} x_k \overline{z_k} + \sum_{k=1}^{\infty} y_k \overline{z_k} = (x, z) + (y, z)\,.$$

$l_2$ läßt sich wegen (1.55) durch $\|x\| := \sqrt{\sum_{k=1}^{\infty} |x_k|^2}$ normieren.

Abschließend zeigen wir noch

**Satz 1.10:**

Es sei $X$ ein Skalarproduktraum. Ferner seien $\{x_n\}$ und $\{y_n\}$ Folgen aus $X$ mit $x_n \to x$ und $y_n \to y$ für $n \to \infty$, wobei die Konvergenz im Sinne der durch (1.55) erklärte Norm zu verstehen ist. Dann gilt

$$(x_n, y_n) \to (x, y) \quad \text{für} \quad n \to \infty, \tag{1.62}$$

d.h. das Skalarprodukt ist eine stetige Funktion bezüglich der Normkonvergenz.

**Beweis:**

Da die Folgen $\{x_n\}$ und $\{y_n\}$ konvergieren, sind die Folgen $\{\|x_n\|\}$ und $\{\|y_n\|\}$ beschränkt. Es gibt daher eine Konstante $K > 0$ mit $\|x_n\| \le K$ und $\|y_n\| \le K$ für alle $n \in \mathbb{N}$. Mit der Schwarzschen Ungleichung erhalten wir dann

$$\begin{aligned}
|(x_n, y_n) - (x, y)| &= |(x_n, y_n) - (x_n, y) + (x_n, y) - (x, y)| \\
&\le |(x_n, y_n) - (x_n, y)| + |(x_n, y) - (x, y)| \\
&\le |(x_n, y_n - y)| + |(x_n - x, y)| \le \|x_n\|\|y_n - y\| + \|y\|\|x_n - x\| \\
&\le K\|y_n - y\| + \|y\|\|x_n - x\| \to 0 \quad \text{für} \quad n \to \infty .
\end{aligned}$$

Damit ist Satz 1.10 bewiesen □

### 1.3.2 Hilberträume

Was wären Skalarprodukträume, wenn sie bezüglich der durch das Skalarprodukt induzierten Norm nicht vollständig wären? Zumindest recht unvollkommene Gebilde. Daher wenden wir uns den anderen, den vollständigen, zu. Ihrer Bedeutung angemessen erhalten sie einen eigenen Namen:

**Definition 1.13:**

*Ein Skalarproduktraum $X$, der bezüglich der durch das Skalarprodukt induzierten Norm*

$$\|x\| := \sqrt{(x, x)} \quad \textit{für} \quad x \in X \tag{1.63}$$

*vollständig ist, heißt Hilbertraum.*

Aus unseren bisherigen Überlegungen ergibt sich:

Jeder Hilbertraum ist ein Banachraum. Umgekehrt sind nur solche Banachräume, deren Normen der Parallelogrammgleichung genügen, Hilberträume.

Insgesamt erhalten wir folgende Hierarchie von Räumen:

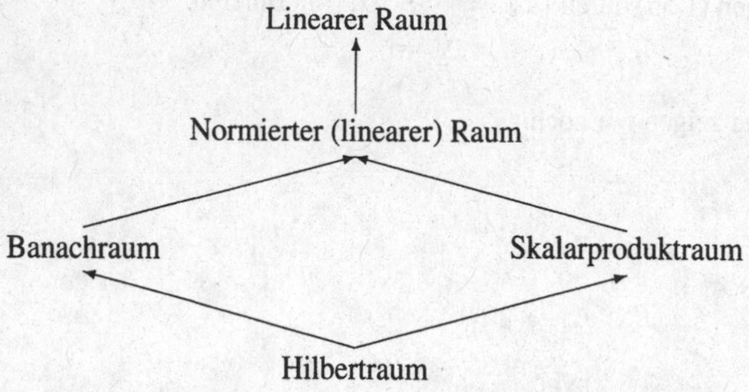


**Beispiel 1.26:**
$\mathbb{R}^n$ bzw. $\mathbb{C}^n$ sind bezüglich der durch die Skalarprodukte

$$(\boldsymbol{x}, \boldsymbol{y}) := \sum_{k=1}^{n} x_k y_k \quad \text{bzw.} \quad \sum_{k=1}^{n} x_k \overline{y_k}$$

induzierten Normen Hilberträume. (Zum Vollständigkeitsnachweis s. Beispiel 1.9, Abschn. 1.1.3)

**Beispiel 1.27:**
$l_2$ ist bezüglich der durch das Skalarprodukt

$$(x, y) := \sum_{k=1}^{\infty} x_k \overline{y_k}$$

induzierten Norm ein Hilbertraum.

Denn: Sei $\{x^{(n)}\}_{n\in\mathbb{N}}$ mit $x^{(n)} := \{x_k^{(n)}\}_{k\in\mathbb{N}}$, $x_k^{(n)} \in \mathbb{C}$ eine Cauchy-Folge in $l_2$. Zu jedem $\varepsilon > 0$ gibt es dann ein $n_0 = n_0(\varepsilon) \in \mathbb{N}$ mit

$$\|x^{(n)} - x^{(m)}\|^2 = (x^{(n)} - x^{(m)}, x^{(n)} - x^{(m)}) = \sum_{k=1}^{\infty} |x_k^{(n)} - x_k^{(m)}|^2 < \varepsilon^2 \quad \text{für alle } n, m \geq n_0.$$

Hieraus folgt insbesondere

$$|x_k^{(n)} - x_k^{(m)}| < \varepsilon \quad \text{für alle } n, m \geq n_0 \text{ und } k \in \mathbb{N}.$$

Somit ist $\{x_k^{(n)}\}$ für festes $k$ eine Cauchy-Folge in $\mathbb{C}$. Da $\mathbb{C}$ vollständig ist (die Vollständigkeit überträgt sich vom $\mathbb{R}^2$ auf $\mathbb{C}$) gilt

$$\lim_{n\to\infty} x_k^{(n)} =: x_k \in \mathbb{C}, \; k = 1,2 \ldots .$$

Setzen wir $x^{(0)} := \{x_k\}_{k\in\mathbb{N}}$, so ergibt sich: $x^{(0)} \in l_2$ und $\{x^{(n)}\}$ konvergiert gegen $x^{(0)}$.

Weitere interessante und für die Anwendungen bedeutungsvolle Hilberträume lernen wir in den Abschnitten 3.1 und 3.2 kennen: Den Raum $L_2(\Omega)$ und die Sobolevräume $H_m(\Omega)$ und $\mathring{H}_m(\Omega)$.

Dagegen ist $C[a, b]$ bezüglich der Quadratnorm

$$\|x\|_2 := \sqrt{(x, x)} = \left( \int_a^b |x(t)|^2 \, dt \right)^{\frac{1}{2}}$$

nicht vollständig[16], d.h. $(C[a, b], \| . \|_2)$ ist **kein** Hilbertraum. Der o.g. Raum $L_2[a, b]$ erweist sich als Vervollständigung dieses Raumes.

**Elementare Eigenschaften der Hilberträume.**

Zahlreiche Eigenschaften des euklidischen Raumes $\mathbb{R}^n$, die mit dem Skalarprodukt zusammenhängen, finden sich in beliebigen Hilberträumen wieder. Dies gilt insbesondere für geometrische Aspekte: Begriffe wie »Winkel«, »Orthogonalität von Elementen«, »orthogonale Basis«,. . . lassen sich in natürlicher Weise übertragen. Beginnen wir mit der Frage: Wann sind zwei Elemente eines Hilbertraumes orthogonal?

**Definition 1.14:**

Es sei $X$ ein Hilbertraum.

(a) Wir nennen zwei Elemente $x, y \in X$ *orthogonal* und schreiben $x \perp y$, wenn

$$(x, y) = 0 \tag{1.64}$$

ist.

(b) Zwei Teilmengen $X_1$ und $X_2$ von $X$ heißen *orthogonal*, wir schreiben $X_1 \perp X_2$, wenn

$$(x, y) = 0 \quad \text{für alle } x \in X_1 \text{ und } y \in X_2 \tag{1.65}$$

gilt.

(c) Ist $M$ eine beliebige Teilmenge von $X$, dann heißt

$$M^\perp := \{y \in X | (x, y) = 0 \quad \text{für alle } x \in M\}$$

*Orthogonalraum* von $M$.

(d) Sei $X'$ ein abgeschlossener Unterraum[17] von $X$. $X''$ wird *orthogonales Komplement* von $X'$ genannt, wenn

$$X'' \perp X' \quad \text{und} \quad X' \oplus X'' = X$$

ist. ($\oplus$ bezeichnet die direkte Summe, s. Abschn. 1.2.1)

16 s. Gegenbeispiel im Anschluß an Beisp. 1.10, Abschn. 1.1.3. Beachte: $\|x\|_2 = d_2(x,0)$.

Mit Hilfe des Skalarproduktes läßt sich ein Winkel zwischen zwei Elementen eines Hilbertraumes einführen:

**Definition 1.15:**
Es sei $X$ ein (reeller) Hilbertraum, und es seien $x, y \in X$ mit $x, y \neq 0$. Dann nennt man $\alpha$ mit

$$\cos\alpha = \cos\sphericalangle(x, y) := \frac{(x, y)}{\|x\|\,\|y\|}, \quad 0 \leq \alpha < \pi \tag{1.66}$$

den *Winkel* zwischen $x$ und $y$.

Auch der Satz von Pythagoras findet im Hilbertraum seine Entsprechung:

**Satz 1.11:**
(*Pythagoras*) Es sei $X$ ein Hilbertraum, und seien $x, y \in X$ mit $x \perp y$. Dann gilt

$$\|x + y\|^2 = \|x\|^2 + \|y\|^2. \tag{1.67}$$

**Beweis:**
Aus $x \perp y$ folgt $(x, y) = (y, x) = 0$ und daher

$$\begin{aligned}\|x + y\|^2 &= (x + y, x + y) = \|x\|^2 + \|y\|^2 + (x, y) + (y, x)\\ &= \|x\|^2 + \|y\|^2.\end{aligned}$$

□

Das folgende Resultat wird sich noch des öfteren als nützlich erweisen:

**Hilfssatz 1.6:**
Es sei $X$ ein Hilbertraum und $M$ eine beliebige Teilmenge von $X$. Dann ist der Orthogonalraum $M^\perp$ von $M$ ein abgeschlossener Unterraum von $X$.

**Beweis:**

(i) $M^\perp$ ist Unterraum von $X$, denn: Für beliebige $y_1, y_2 \in M^\perp$ und $\alpha \in \mathbb{C}$ gilt nach Definition von $M^\perp$

$$(x, y_1 + y_2) = (x, y_1) + (x, y_2) = 0 \quad \text{für alle} \quad x \in M$$

und

$$(x, \alpha y_1) = \overline{\alpha}(x, y_1) = 0 \quad \text{für alle} \quad x \in M.$$

Wegen $0 \in M^\perp$ ist $M^\perp$ nicht leer.

17 Für jede konvergente Folge $\{x_n\} \subset X'$ gehört das Grenzelement zu $X'$ (s. Abschn. 1.1.3). $X'$ ist also ebenfalls ein Hilbertraum.

(ii) $M^\perp$ ist abgeschlossene Teilmenge von $X$, denn: Ist $z \in \overline{M^\perp} \subset X$, so gibt es eine Folge $\{x_k\}$ mit $x_k \in M^\perp$ und $z = \lim\limits_{k\to\infty} x_k \in X$. Aufgrund der Stetigkeit des Skalarproduktes (s. Satz 1.10, Abschn. 1.3.1) gilt

$$(x, z) = (x, \lim_{k\to\infty} x_k) = \lim_{k\to\infty} (x, x_k) = 0 \quad \text{für alle} \quad x \in M\,,$$

denn: Wegen $x_k \in M^\perp$ gilt $(x, x_k) = 0$ für $k = 1, 2, \ldots$. Daher ist $z \in M^\perp$ und der Hilfssatz ist bewiesen. □

### 1.3.3 Ein Approximationsproblem

Wir kommen auf unser Approximationsproblem aus Abschnitt 1.1.4 zurück, nutzen aber jetzt die stärkeren Struktureigenschaften des Hilbertraumes aus. Anders als im Falle der metrischen Räume können wir für bestapproximierende Elemente die Eindeutigkeit nachweisen. Es gilt

**Satz 1.12:**
Es sei $X'$ ein abgeschlossener Unterraum des Hilbertraumes $X$ und $x \in X$ beliebig. Dann existiert genau ein $x_0 \in X'$ mit

$$\|x - x_0\| = \min_{x'\in X'} \|x - x'\|\,, \tag{1.68}$$

d.h. zu jedem $x \in X$ gibt es genau ein bestapproximierendes Element bezüglich $X'$.

**Beweis:**
Wir nehmen $x \notin X'$ an, da sonst die Aussage des Satzes trivial ist. Da stets $\|\,.\,\| \geq 0$ gilt, existiert

$$d := \inf_{x'\in X'} \|x - x'\| \geq 0\,.$$

Aus den Eigenschaften des Infimums können wir die Existenz einer Folge $\{x_k\}$ mit $x_k \in X'$ und

$$\|x - x_k\| \to d \quad \text{für} \quad k \to \infty \tag{1.69}$$

schließen. Wir zeigen: $\{x_k\}$ ist eine Cauchy-Folge in $X'$. Wegen (1.69) gibt es zu beliebigem $\varepsilon > 0$ eine natürliche Zahl $n_0 = n_0(\varepsilon)$ mit

$$\|x - x_k\|^2 < d^2 + \left(\frac{\varepsilon}{2}\right)^2 \quad \text{für alle} \quad k > n\,. \tag{1.70}$$

Andererseits gilt wegen der Parallelogrammgleichung (Abschn. 1.3.1, (1.59))

$$\|(x - x_k) - (x - x_l)\|^2 + \|(x - x_k) + (x - x_l)\|^2 = 2\|x - x_k\|^2 + 2\|x - x_l\|^2$$

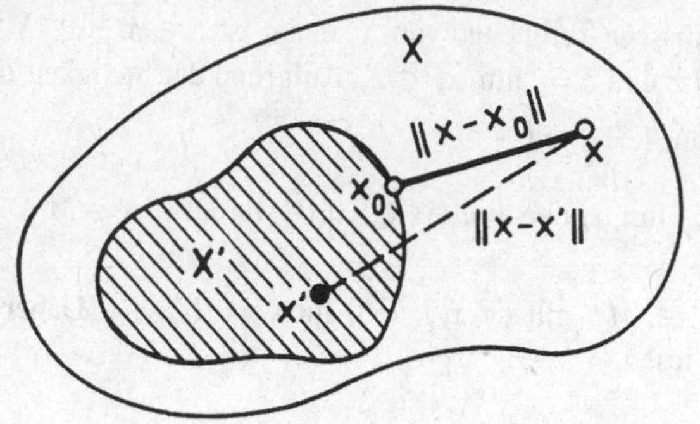


Fig. 1.9: Bestapproximation in Hilberträumen

und daher

$$\begin{aligned}\|x_k - x_l\|^2 &= \|(x - x_k) - (x - x_l)\|^2 \\ &= 2\|x - x_k\|^2 + 2\|x - x_l\|^2 - \|(x - x_k) + (x - x_l)\|^2 \\ &= 2\|x - x_k\|^2 + 2\|x - x_l\|^2 - 4\|x - \frac{1}{2}(x_k + x_l)\|^2 .\end{aligned}$$

Da mit $x_k, x_l \in X'$ auch $\frac{1}{2}(x_k + x_l) \in X'$ ist, folgt hieraus (beachte die Definition von $d$!)

$$\|x_k - x_l\|^2 < 2\left(d^2 + \frac{\varepsilon^2}{4}\right) + 2\left(d^2 + \frac{\varepsilon^2}{4}\right) - 4d^2 = \varepsilon^2$$

für alle $k, l > n$. Also gilt $\|x_k - x_l\| < \varepsilon$ für alle $k, l > n$, d.h. $\{x_k\}$ ist eine Cauchy-Folge in $X'$. Da $X'$ vollständig ist (s. Fußnote in Def. 1.13), gibt es ein $x_0 \in X'$ mit $x_0 = \lim\limits_{k\to\infty} x_k$. Nun benutzen wir die Stetigkeit der Norm (s. Abschn. 1.2.2, Satz 1.5) und (1.69). Wir erhalten

$$d = \lim_{k\to\infty} \|x - x_k\| = \|x - \lim_{k\to\infty} x_k\| = \|x - x_0\|$$

und damit $\|x - x_0\| = \min\limits_{x'\in X'} \|x - x'\|$.

Wir haben noch zu zeigen, daß $x_0$ eindeutig bestimmt ist. Hierzu nehmen wir an, $x_0^* \in X'$ erfülle ebenfalls $\|x - x_0^*\| = d$. Wegen $x \notin X'$ (nach Voraussetzung) und $\frac{1}{2}(x_0 + x_0^*) \in X'$ folgt

$$\begin{aligned}d &\le \|x - \frac{1}{2}(x_0 + x_0^*)\| = \|\frac{1}{2}(x - x_0) + \frac{1}{2}(x - x_0^*)\| \\ &\le \frac{1}{2}\|x - x_0\| + \frac{1}{2}\|x - x_0^*\| = \frac{1}{2}d + \frac{1}{2}d = d .\end{aligned}$$

Hieraus ergibt sich

$$\|(x - x_0) + (x - x_0^*)\| = \|x - x_0\| + \|x - x_0^*\| .$$

Das Gleichheitszeichen in der Dreiecksungleichung hat das Gleichheitszeichen in der Schwarzschen Ungleichung zur Folge (s. Üb. 1.24). Daher sind die Elemente $x - x_0$ und $x - x_0^*$ linear abhängig (s. Bemerkung im Anschluß an Hilfssatz 1.5):

$$x - x_0 = \alpha(x - x_0^*) \quad \text{mit einem } \alpha \in \mathbb{C},\ \alpha \neq 0,\ \alpha \neq 1.$$

Es ergibt sich somit

$$x = \frac{x_0 - \alpha x_0^*}{1 - \alpha} \in X'$$

im Widerspruch zur Voraussetzung $x \notin X'$. Damit ist alles bewiesen. □

Wie gelangt man zu einer expliziten Darstellung des bestapproximierenden Elementes? Einen Schritt in diese Richtung liefert

**Satz 1.13:**

Es sei $X'$ ein Unterraum des Hilbertraumes $X$. Dann ist $x_0 \in X'$ genau dann bestapproximierend an ein Element $x \in X$, wenn

$$(x - x_0, y) = 0 \quad \text{für alle } y \in X' \tag{1.71}$$

gilt.

**Beweis:**

(1) $x_0 \in X'$ sei bestapproximierend an $x \in X$. Wir nehmen an, es existiere ein $y_0 \in X'$ mit $(x - x_0, y_0) =: \alpha \neq 0$ und setzen $\tilde{x}_0 := x_0 + \frac{\alpha}{(y_0, y_0)} y_0 \in X'$. Es gilt dann

$$\begin{aligned}
\|x - \tilde{x}_0\|^2 &= \left\| x - x_0 - \frac{\alpha}{(y_0, y_0)} y_0 \right\|^2 \\
&= \left( x - x_0 - \frac{\alpha}{(y_0, y_0)} y_0,\ x - x_0 - \frac{\alpha}{(y_0, y_0)} y_0 \right) \\
&= (x - x_0, x - x_0) + \frac{|\alpha|^2}{(y_0, y_0)^2}(y_0, y_0) - \frac{\overline{\alpha}}{(y_0, y_0)}(x - x_0, y_0) \\
&\quad - \frac{\alpha}{(y_0, y_0)}(y_0, x - x_0) \\
&= \|x - x_0\|^2 + \frac{|\alpha|^2}{(y_0, y_0)} - \frac{2|\alpha|^2}{(y_0, y_0)} \\
&= \|x - x_0\|^2 - \frac{|\alpha|^2}{(y_0, y_0)} < \|x - x_0\|^2 .
\end{aligned}$$

Demnach würde $\tilde{x}_0$ besser als $x_0$ approximieren, im Widerspruch zur Annahme. Daher gilt (1.71) für alle $y \in X'$.

(2) Sei nun umgekehrt $(x - x_0, y) = 0$ für alle $y \in X'$ und für ein $x_0 \in X'$ erfüllt $(x \notin X')$.

Dann gilt für alle $x' \in X'$

$$0 \le \|x - x_0\|^2 = (x - x_0, x - x_0) = (x - x_0, x - x' + x' - x_0)$$
$$= (x - x_0, x - x') + \underbrace{(x - x_0, x' - x_0)}_{=0,\ \text{da}\ x' - x_0 \in X'} = |(x - x_0, x - x')| .$$

Mit der Schwarzschen Ungleichung folgt hieraus

$$\|x - x_0\|^2 = |(x - x_0, x - x')| \le \|x - x_0\| \|x - x'\|$$

oder

$$\|x - x_0\| \le \|x - x'\| \quad \text{für alle } x' \in X',$$

d.h. $x_0$ ist bestapproximierend an $x \in X$. □

Für den Fall, daß $X'$ endlich-dimensional ist, läßt sich mit Hilfe von Satz 1.13 ein bestapproximierendes Element konstruieren[18]:

**Satz 1.14:**

Es sei $X'$ ein $n$-dimensionaler Unterraum des Hilbertraumes $X$ und $x_1, \dots, x_n$ eine Basis von $X'$. Dann läßt sich das (eindeutig bestimmte) bestapproximierende Element $x_0 \in X'$ an $x \in X$ in der Form

$$x_0 = \sum_{k=1}^{n} \lambda_k x_k \tag{1.72}$$

darstellen,wobei sich die Koeffizienten $\lambda_1, \dots, \lambda_n$ aus dem linearen Gleichungssystem

$$(x - x_0, x_i) = (x, x_i) - \sum_{k=1}^{n} \lambda_k (x_k, x_i) = 0, \ i = 1, \dots, n \tag{1.73}$$

ergeben. Dieses System besitzt für jedes vorgegebene $x \in X$ eine eindeutig bestimmte Lösung.

**Beweis:**

(1) Sei $x_0 = \sum\limits_{k=1}^{n} \lambda_k x_k$ bestapproximierendes Element an $x \in X$. Nach Satz 1.13 gilt dann $(x - x_0, y) = \left(x - \sum\limits_{k=1}^{n} \lambda_k x_k, y\right) = 0$ für alle $y \in X'$. Diese Gleichung ist insbesondere

18 Man spricht in diesem Falle von der *Gaußschen Approximationsaufgabe*

für $y = x_i \in X'$ $(i = 1, \ldots, n)$ erfüllt:

$$\left(x - \sum_{k=1}^{n} \lambda_k x_k, x_i\right) = 0 \quad \text{für} \quad i = 1, \ldots, n$$

oder

$$(x, x_i) - \sum_{k=1}^{n} \lambda_k (x_k, x_i) = 0 \quad \text{für} \quad i = 1, \ldots, n,$$

d.h. die Koeffizienten $\lambda_k$ von $x_0$ genügen (1.73).

(2) Gehen wir nun vom linearen Gleichungssystem (1.73) aus. Da die Basiselemente $x_1, \ldots, x_n$ linear unabhängig sind, ist die Determinante $\det(x_k, x_i)$ (die sogenannte *Gramsche Determinante* der $x_i$) nach Übung 1.28 von Null verschieden, so daß (1.73) für jedes $x \in X$ eindeutig lösbar ist. Wir bezeichnen die Lösung mit $\lambda_1^*, \ldots, \lambda_n^*$ und setzen $x_0^* := \sum_{k=1}^{n} \lambda_k^* x_k$.

Ein beliebiges (festes) $y \in X'$ läßt sich in der Form $y = \sum_{i=1}^{n} \alpha_i x_i$ darstellen. Es gilt dann

$$(x - x_0^*, y) = \left(x - \sum_{k=1}^{n} \lambda_k^* x_k, \sum_{k=1}^{n} \alpha_i x_i\right) = \sum_{k=1}^{n} \overline{\alpha}_i \left(x - \sum_{k=1}^{n} \lambda_k^* x_k, x_i\right) = 0,$$

so daß $x_0^*$ nach Satz 1.13 bestapproximierend ist. Ferner ergibt die Eindeutigkeitsaussage dieses Satzes: $x_0^* = x_0$ oder $\sum_{k=1}^{n} (\lambda_k - \lambda_k^*) x_k = 0$, woraus sich aufgrund der linearen Unabhängigkeit der $x_k$ $\lambda_k - \lambda_k^* = 0$ oder $\lambda_k^* = \lambda_k$ für $k = 1, \ldots, n$ ergibt. Damit ist der Satz bewiesen. □

**Bemerkung:** Bilden die $x_k$, $k = 1, \ldots, n$ ein *Orthonormalsystem*, d.h. gilt

$$(x_i, x_k) = \delta_{ik} = \begin{cases} 0 & \text{für } i \neq k \\ 1 & \text{für } i = k \end{cases} \tag{1.74}$$

so ergibt (1.73) unmittelbar, daß die Koeffizienten $\lambda_i$ des bestapproximierenden Elementes $x_0$ durch die Fourierkoeffizienten $(x, x_i)$ von $x$ gegeben sind:

$$\lambda_i = (x, x_i), \ i = 1, \ldots, n; \tag{1.75}$$

$x_0$ besitzt dann die Darstellung

$$x_0 = \sum_{i=1}^{n} (x, x_i) x_i . \tag{1.76}$$

(s. hierzu auch Abschnitt 1.3.7). In Abschnitt 1.3.6 zeigen wir, daß sich mit Hilfe des Schmidtschen Orthogonalisierungsverfahrens aus $n$ linear unabhängigen Elementen stets ein Orthonormalsystem konstruieren läßt.

### 1.3.4 Der Zerlegungssatz

Wir wollen — als Fernziel — die Struktur von Hilberträumen genauer kennenlernen. Ein Meilenstein auf diesem Weg ist der folgende

**Satz 1.15:**

(*Projektionssatz*[19], *Zerlegungssatz*) Es sei $X$ ein Hilbertraum und $X'$ ein abgeschlossener Unterraum von $X$. Dann läßt sich jedes Element $x \in X$ eindeutig in der Form

$$x = x_0' + x_0'' \quad \text{mit} \quad x_0' \in X' \quad \text{und} \quad x_0'' \in (X')^\perp \tag{1.77}$$

darstellen.

**Beweis:**

Nach Satz 1.12 gibt es zu $x \in X$ ein eindeutig bestimmtes Element $x_0' \in X'$ mit $\|x - x_0'\| = \min_{x' \in X'} \|x - x'\|$. Wir setzen $x_0'' := x - x_0'$ und zeigen: $x_0'' \in (X')^\perp$. Hierzu seien $y' \in X'$ und $\alpha \in \mathbb{C}$ beliebig. Dann ist $x_0' + \alpha y' \in X'$ und es gilt

$$\|x - (x_0' + \alpha y')\|^2 \geq \min_{x' \in X'} \|x - x'\|^2 = \|x - x_0'\|^2 = \|x_0''\|^2 ,$$

woraus

$$\begin{aligned} \|x_0''\|^2 &\leq \|(x - x_0') - \alpha y'\|^2 = \|x_0'' - \alpha y'\|^2 = (x_0'' - \alpha y', x_0'' - \alpha y') \\ &= (x_0'', x_0'') + \alpha\overline{\alpha}(y', y') - \alpha(y', x_0'') - \overline{\alpha}(x_0'', y') \end{aligned}$$

oder

$$0 \leq \alpha\overline{\alpha}(y', y') - \alpha(y', x_0'') - \overline{\alpha}(x_0'', y') \tag{1.78}$$

für alle $y' \in X'$ und $\alpha \in \mathbb{C}$ folgt. Sei $y' \neq 0$. Dann wählen wir $\alpha := \frac{(x_0'', y')}{(y', y')}$ und erhalten aus (1.78)

$$0 \leq -\frac{|(x_0'', y')|^2}{(y', y')} \quad \text{für alle } y' \in X',\ y' \neq 0$$

oder $(x_0'', y') = 0$ für alle $y' \in X'$, $y' \neq 0$. Da diese Beziehung für $y' = 0$ trivial ist, gilt $(x_0'', y') = 0$ für alle $y' \in X'$, d.h. es ist $x_0'' \in (X')^\perp$, und $x$ läßt sich in der Form $x = x_0' + x_0''$ zerlegen. Für den Eindeutigkeitsbeweis nehmen wir an, $x = y_0' + y_0''$ sei eine weitere Zerlegung

19 Zur Bezeichnung Projektionssatz s. Bem. im Anschluß an den Beweis von Satz 1.16

von $x$, d.h. es gilt dann $x = x_0' + x_0'' = y_0' + y_0''$, wobei $x_0', y_0' \in X'$ und $x_0'', y_0'' \in (X')^\perp$ ist. Setzen wir

$$y_0' - x_0' = x_0'' - y_0'' =: z\,,$$

so erhalten wir wegen $y_0' - x_0' \in X'$: $z \in X'$ und wegen $x_0'' - y_0'' \in (X')^\perp$: $z \in (X')^\perp$. Daraus folgt $(z, z) = 0$ und hieraus, aufgrund von Definition 1.12, (1) $z = 0$, was $x_0' = y_0'$ und $x_0'' = y_0''$ zur Folge hat. Die Zerlegung ist also eindeutig. □

Mit Hilfe von Satz 1.12 und Satz 1.15 beweisen wir nun

**Satz 1.16:**
Es sei $X'$ ein abgeschlossener Unterraum des Hilbertraumes $X$. Dann besitzt $X'$ ein eindeutig bestimmtes orthogonales Komplement $X''$, d.h. es gilt

$$X'' \perp X' \quad \text{und} \quad X' \oplus X'' = X\,. \tag{1.79}$$

**Beweis:**
Wir zeigen: $X'' := (X')^\perp$ erfüllt die Bedingungen (1.79). Nach Hilfssatz 1.6 ist $(X')^\perp$ ein (abgeschlossener) Unterraum von $X$. Da auch $X'$ ein (abgeschlossener) Unterraum von $X$ ist, muß $X' + (X')^\perp \subset X$ gelten. Nach dem Projektionssatz muß andererseits $X \subset X' + (X')^\perp$ erfüllt sein, so daß insgesamt $X = X' + (X')^\perp = X' + X''$ folgt. Da die Zerlegung eindeutig ist, gilt $X = X' \oplus X''$ (zur Definition der direkten Summe s. Abschn. 1.2.1).

Zum Nachweis, daß $X''$ eindeutig bestimmt ist, nehmen wir an:

$$X = X' \oplus X_1'' = X' \oplus X_2'' \quad \text{mit} \quad X' \perp X_1'' \quad \text{und} \quad X' \perp X_2''.$$

Aus $X'' \subset X = X' \oplus X_1''$ folgt, daß jedes $x_2'' \in X_2''$ eine eindeutige Zerlegung der Form

$$x_2'' = x' + x_1'' \quad \text{mit} \quad x' \in X' \quad \text{und} \quad x_1'' \in X_1'' \tag{1.80}$$

besitzt. Daher gilt $x_2'' - x_1'' = x' \in X'$. Andererseits ist wegen $x_2'', x_1'' \in (X')^\perp$ die Beziehung $x_2'' - x_1'' \in (X')^\perp$ erfüllt. Beides zusammen ergibt

$$0 = (x', x_2'' - x_1'') = (x', x') \quad \text{oder} \quad x' = 0\,.$$

Dies hat wegen (1.80) $x_2'' = x_1'' \in X_1''$ oder $X_2'' \subset X_1''$ zur Folge. Entsprechend ergibt sich $X_1'' \subset X_2''$, also insgesamt $X_1'' = X_2''$. $X''$ ist somit eindeutig bestimmt und Satz 1.16 daher bewiesen. □

**Bemerkung 1:** Man nennt die durch $x \in X$ eindeutig bestimmten Elemente $x' \in X'$ bzw. $x'' \in X''$ Projektionen von $x$ auf $X'$ bzw $X''$. Die Abbildung $P: X \to X'$ mit $x' = Px$ heißt *Projektionsoperator*. Wir werden seine Eigenschaften in Abschnitt 2.1.1 genauer untersuchen.

Um der Struktur von Hilberträumen weiter auf die Spur zu kommen, betrachten wir nun Folgen $\{X_k\}$ von abgeschlossenen Unterräumen $X_k$ eines Hilbertraumes $X$. Zunächst erweitern wir die Begriffe »Summe« und »direkte Summe« aus Abschnitt 1.2.1: Seien $X_k$, $k = 1,2\ldots$ Unterräume eines linearen Raumes $X$. Dann heißt der durch

$$S := \sum_{k=1}^{\infty} X_k := \operatorname{Span}\left(\bigcup_{k=1}^{\infty} X_k\right) \tag{1.81}$$

erklärte Unterraum von $X$ die *Summe* der $X_k$ (Span$(A)$ bezeichnet die lineare Hülle von A).

Falls außerdem

$$X_j \cap \sum_{\substack{k=1 \\ k \neq j}}^{\infty} X_k = \{0\} \quad \text{für alle} \quad j \in \mathbb{N} \tag{1.82}$$

gilt, so nennt man die Summe *direkt* und schreibt.

$$X_1 \oplus X_2 \oplus \cdots = \bigoplus_{k \in \mathbb{N}} X_k := \operatorname{Span}\left(\bigcup_{k=1}^{\infty} X_k\right). \tag{1.83}$$

$\bigoplus\limits_{k \in \mathbb{N}} X_k$ ist der kleinste Unterraum von $X$, der alle Unterräume $X_k$ umfaßt.

**Bemerkung 2:** Die Bedingung (1.82) ist gleichbedeutend damit, daß jedes $x \in S = \sum\limits_{k=1}^{\infty} X_k$ eindeutig darstellbar ist in der Form

$$x = \sum_{K=1}^{\infty} x_k \quad \text{mit} \quad x_k \in X_k . \tag{1.84}$$

Ferner folgt aus (1.82): $X_j \cap X_k = \{0\}$ für $j \neq k$.

Wir sagen, die Elemente der Folge $\{X_k\}$ sind *paarweise orthogonal*, falls $X_j \perp X_k$ für alle $j \neq k$ ist. Es gilt

**Satz 1.17:**

Es sei $\{X_k\}$ eine Folge von paarweise orthogonalen abgeschlossenen Unterräumen des Hilbertraumes $X$. $X'$ sei durch $X' := \overline{\bigoplus X_k}$ erklärt.[20] Ferner sei $x \in X$ beliebig und in der Form

$$x = x_k + y_k \quad \text{mit} \quad x_k \in X_k,\ y_k \in (X_k)^{\perp} \tag{1.85}$$

sowie in der Form

$$x = x' + y' \quad \text{mit} \quad x' \in X',\ y' \in (X')^{\perp} \tag{1.86}$$

zerlegt. (Dies ist nach Satz 1.15 möglich.) Dann gilt

(i) die *Besselsche Ungleichung*

$$\sum_{k=1}^{\infty} \|x_k\|^2 \leq \|x\|^2 ; \tag{1.87}$$

(ii) $\sum_{k=1}^{n} x_k \to x'$ für $n \to \infty$, woraus sich die *Parsevalsche Gleichung*

$$\sum_{k=1}^{\infty} \|x_k\|^2 = \|x'\|^2 \tag{1.88}$$

ergibt.

**Beweis:**

(i) Sei $n$ eine beliebige natürliche Zahl. Da die Elemente der Folge $\{X_k\}$ paarweise orthogonal sind, gilt für $x_k \in X_k$

$$\left( \sum_{k=1}^{n} x_k, \sum_{k=1}^{n} x_k \right) = \sum_{k=1}^{n} \sum_{j=1}^{n} (x_k, x_j) = \sum_{k=1}^{n} (x_k, x_k)$$

oder

$$\left\| \sum_{k=1}^{n} x_k \right\|^2 = \sum_{k=1}^{n} \|x_k\|^2 , \quad n \in \mathbb{N} . \tag{1.89}$$

Für beliebiges $x \in X$ und festes $n \in \mathbb{N}$ setzen wir $y := x - \sum_{k=1}^{n} x_k$. Dann ist $y \in X$ und

$$\begin{aligned} (x_j, y) &= \left( x_j, x - \sum_{k=1}^{n} x_k \right) = \left( x_j, x - x_j - \sum_{\substack{k=1 \\ k \neq j}}^{n} x_k \right) \\ &= (x_j, x - x_j) - \left( x_j, \sum_{\substack{k=1 \\ k \neq j}}^{n} x_k \right), \quad j = 1, \ldots, n . \end{aligned}$$

20 $\overline{A}$ bezeichnet wie üblich die Abschließung einer Menge $A$. $X'$ ist nach Üb 1.15 ebenfalls ein Unterraum von $X$.

Nach (1.85) gilt $x - x_j = y_j \in (X_j)^\perp$. Daher ist

$$(x_j, y) = (x_j, y_j) - \sum_{\substack{k=1\\k\neq j}}^{n} (x_j, x_k) = 0 - 0 = 0 \tag{1.90}$$

für $j = 1,2,\dots,n$. Hieraus folgt (wir beachten die Definition von $y$)

$$\begin{aligned} \|x\|^2 = (x, x) &= \left( y + \sum_{k=1}^{n} x_k, y + \sum_{k=1}^{n} x_k \right) \\ &= (y, y) + \left( y, \sum_{k=1}^{n} x_k \right) + \left( \sum_{k=1}^{n} x_k, y \right) + \left( \sum_{k=1}^{n} x_k, \sum_{k=1}^{n} x_k \right) \\ &= \|y\|^2 + 0 + 0 + \left\| \sum_{k=1}^{n} x_k \right\|^2 \geq \left\| \sum_{k=1}^{n} x_k \right\|^2 = \sum_{k=1}^{n} \|x_k\|^2 \end{aligned} \tag{1.91}$$

für beliebiges $n \in \mathbb{N}$ (die letzte Identität ergibt sich wegen (1.89)). Aus (1.91) folgt: $\sum_{k=1}^{n} \|x_k\|^2$ konvergiert für $n \to \infty$ (jede nach oben beschränkte monoton wachsende Folge ist konvergent!), und es gilt die Besselsche Ungleichung (1.87).

(ii) Nach (i) ist $\sum_{k=1}^{\infty} \|x_k\|^2$ konvergent. Daher bildet die Folge der Teilsummen: $\left\{ \sum_{k=1}^{n} \|x_k\|^2 \right\}$ eine Cauchy-Folge in $\mathbb{R}$. Zu jedem $\varepsilon > 0$ gibt es also eine natürliche Zahl $n_0 = n_0(\varepsilon)$ mit

$$\left| \sum_{k=1}^{n} \|x_k\|^2 - \sum_{k=1}^{m} \|x_k\|^2 \right| < \varepsilon \quad \text{für alle } n, m \geq n_0. \tag{1.92}$$

Sei $n > m > n_0$. Dann folgt wie in (i)

$$\left\| \sum_{k=1}^{n} x_k - \sum_{k=1}^{m} x_k \right\|^2 = \left\| \sum_{k=m+1}^{n} x_k \right\|^2 = \sum_{k=m+1}^{n} \|x_k\|^2 < \varepsilon$$

(letzteres wegen (1.92)), d.h. $\left\{ \sum_{k=1}^{n} x_k \right\}$ ist eine Cauchy-Folge in $X$. Da $X$ vollständig ist, gibt es ein $x_0 \in X$ mit $\sum_{k=1}^{n} x_k \to \sum_{k=1}^{\infty} x_k = x_0$. Wegen

$$\sum_{k=1}^{n} x_k \in \bigoplus_{k=1}^{n} X_k \subset \overline{\bigoplus_{k=1}^{\infty} X_k} = X'$$

ist $x_0 \in X'$. Wir zeigen noch: $x_0 = x'$ (s. (1.86)). Da $y_j \in (X_j)^\perp$ und $X_k \perp X_j$ für $k \neq j$, folgt für $j = 1, \ldots, n$ und alle $z_k \in X_k$

$$\left(x - \sum_{k=1}^{n} x_k, z_j\right) = \left(x - x_j - \sum_{\substack{k=1\\k\neq j}}^{n} x_k, z_j\right) = (y_j, z_j) - \sum_{\substack{k=1\\k\neq j}}^{n} (x_k, z_j) = 0$$

und hieraus aufgrund der Stetigkeit des Skalarproduktes (s. Satz 1.10, Abschn. 1.3.1)

$$\lim_{n\to\infty}\left(x - \sum_{k=1}^{n} x_k, z_j\right) = \left(x - \lim_{n\to\infty}\sum_{k=1}^{n} x_k, z_j\right) = (x - x_o, z_j) = 0$$

für alle $j \in \mathbb{N}$ und alle $z_j \in X_j$. Damit ist $x - x_0 \in (X_j)^{\perp}$ für alle $j \in \mathbb{N}$ oder $x - x_0 \in \left(\bigoplus_{k\in\mathbb{N}} X_k\right)^{\perp}$, woraus sich wieder mit Satz 1.10 $x - x_0 \in \left(\overline{\bigoplus_{k\in\mathbb{N}} X_k}\right)^{\perp} = (X')^{\perp}$ ergibt. Die beiden Zerlegungen

$$x = x' + y' \quad \text{mit} \quad x' \in X',\ y' \in (X')^{\perp}$$
$$x = x_0 + (x - x_0) \quad \text{mit} \quad x_0 \in X',\ x - x_0 \in (X')^{\perp}$$

sind nach dem Projektionssatz (Satz 1.15) eindeutig. Daher gilt $x' = x_0$ und $y' = x - x_0$. Aus der Stetigkeit der Normen (s. Satz 1.5, Abschn. 1.2.2) folgt schließlich wie in (i) (beachte: $x_0 = x'$)

$$\|x'\|^2 = \left\|\lim_{n\to\infty}\sum_{k=1}^{n} x_k\right\|^2 = \lim_{k\to\infty}\left\|\sum_{k=1}^{n} x_k\right\|^2 = \lim_{n\to\infty}\sum_{k=1}^{n}\|x_k\|^2 = \sum_{k=1}^{\infty}\|x_k\|^2,$$

also die Parsevalsche Gleichung (1.88). Damit ist alles bewiesen. □

Wir benötigen diesen Satz im nachfolgenden Abschnitt.

### 1.3.5 Orthonormalsysteme in Hilberträumen

**Definition 1.16:**
Es sei $X$ ein Hilbertraum. Man nennt die Folge $\{x_k\}_{k\in\mathbb{N}}$ ein (abzählbares) *Orthonormalsystem* (oder eine *Orthonormalfolge*), kurz ONS geschrieben, von $X$, wenn $x_k \in X$ für alle $k \in \mathbb{N}$ und

$$(x_j, x_k) = \delta_{jk} = \begin{cases} 1 & \text{für} \quad j = k \\ 0 & \text{für} \quad j \neq k \end{cases} \tag{1.93}$$

erfüllt ist.

Beispiele für Orthonormalsysteme sind gegeben durch

**Beispiel 1.28:**
Im Hilbertraum $l_2$ bilden die Folgen $\{1,0,0,0,0,0,0,0,\dots\}$, $\{0,1,0,0,0,0,0,0,\dots\}$, $\{0,0,1,0,0,0,0,0,\dots\}$, ... ein ONS von $l_2$ (zeigen!).

**Beispiel 1.29:**
Im (nicht vollständigen) reellen Skalarproduktraum $C[0,2\pi]$ mit

$$(x,y) = \int_0^{2\pi} x(t)y(t)\,\mathrm{d}t\,,\ x = x(t),\, y = y(t) \in C[0,2\pi]$$

bildet das System der trigonometrischen Funktionen

$$\frac{1}{\sqrt{2\pi}},\ \frac{1}{\sqrt{\pi}}\cos t,\ \frac{1}{\sqrt{\pi}}\sin t,\ \frac{1}{\sqrt{\pi}}\cos 2t,\ \frac{1}{\sqrt{\pi}}\sin 2t,\ \dots$$

ein ONS von $C[0,2\pi]$. (Man benutze die Orthogonalitätsrelationen von sin und cos aus Burg/-Haf/Wille [23], Formeln (4.63).)

Weitere Beispiele, etwa das ONS der Hermiteschen Polynome, der Legendreschen Polynome oder der Laguerreschen Polynome, finden sich z.B. in Heuser [73], S. 154–157.

Mit Hilfe einer Verallgemeinerung des Orthogonalisierungsverfahren von Erhard Schmidt[21] (s. Burg/Haf/Wille [25], Abschn. 2.1.4) zeigen wir, wie sich aus linear unabhängigen Elementen eines Hilbertraumes stets ein ONS konstruieren läßt:

**Satz 1.18:**
(*Orthogonalisierungsverfahren nach Erhard Schmidt*) Gegeben sei eine aus $n$ linear unabhängigen bzw. aus abzählbar unendlich vielen linear unabhängigen Elementen bestehende Folge $\{y_k\}$ aus dem Hilbertraum $X$. Dann gibt es ein aus $n$ bzw. abzählbar unendlich vielen Elementen bestehendes ONS $\{x_k\}$, so daß der von der Folge $\{y_k\}$ aufgespannte (abgeschlossene) Unterraum mit dem von der Folge $\{x_k\}$ aufgespannten (abgeschlossenen) Unterraum übereinstimmt.

**Beweis:**
$\mathrm{Span}\{y_1,\dots,y_k\}$ bezeichne den von der Menge $\{y_1,\dots,y_k\}$ aufgespannten Unterraum, d.h. es ist

$$\mathrm{Span}\{y_1,\dots,y_k\} = \{\alpha_1 y_1 + \dots + \alpha_k y_k | \alpha_i \in \mathbb{C},\ i = 1,\dots,k\}\,.$$

Setzen wir nun $x_1 := \frac{y_1}{\|y_1\|}$, so ist $\mathrm{Span}\{y_1\} = \mathrm{Span}\{x_1\}$.

Wir nehmen an, es seien bereits $k$ orthonormierte Elemente $x_1,\dots,x_k$ mit $\mathrm{Span}\{y_1,\dots,y_k\} =$

21 E. Schmidt (1876–1959), deutscher Mathematiker

$\operatorname{Span}\{x_1, \dots, x_k\}$ konstruiert. Wir setzen

$$z_{k+1} := y_{k+1} - \sum_{j=1}^{k} (y_{k+1}, x_j) x_j \,. \tag{1.94}$$

Es ist $z_{k+1} \neq 0$, denn $z_{k+1} = 0$ hätte wegen (1.94) zur Folge, daß $y_{k+1}$ linear abhängig von $x_1, \dots, x_k$ wäre. Ferner gilt für $i = 1, \dots, k$:

$$(z_{k+1}, x_i) = (y_{k+1}, x_i) - \sum_{j=1}^{k} (y_{k+1}, x_j)(x_j, x_i)$$

$$= (y_{k+1}, x_i) - \sum_{j=1}^{k} (y_{k+1}, x_j)\delta_{ji} = (y_{k+1}, x_i) - (y_{k+1}, x_i) = 0 \,.$$

Mit $x_{k+1} := \frac{z_{k+1}}{\|z_{k+1}\|}$ folgt dann $\operatorname{Span}\{x_1, \dots, x_{k+1}\} = \operatorname{Span}\{y_1, \dots, y_{k+1}\}$, d.h. es existiert ein ONS $\{x_1, x_2, \dots\}$ mit $\operatorname{Span}\{y_1, \dots, y_k\} = \operatorname{Span}\{x_1, \dots, x_k\}$, $k = 1, \dots, n$ bzw. $k = 1,2,\dots$. Hieraus folgt die Behauptung im endlich-dimensionalen Fall $k = n$. Im unendlichdimensionalen Fall ist

$$x_n \in \operatorname{Span}\{y_1, \dots, y_n\} \subseteq \overline{\operatorname{Span}\{y_1, y_2, \dots\}} \,,$$

woraus

$$\overline{\operatorname{Span}\{x_1, x_2, \dots\}} \subseteq \overline{\operatorname{Span}\{y_1, y_2, \dots\}}$$

folgt. Umgekehrt ist

$$y_n \in \operatorname{Span}\{x_1, \dots, x_n\} \subseteq \overline{\operatorname{Span}\{x_1, x_2, \dots\}} \,,$$

was

$$\overline{\operatorname{Span}\{y_1, y_2, \dots\}} \subseteq \overline{\operatorname{Span}\{x_1, x_2, \dots\}}$$

zur Folge hat. Beides zusammengenommen liefert die Behauptung. □

Wir wollen jetzt Satz 1.17 aus Abschnitt 1.3.4 spezialisieren und eindimensionale Unterräume $X_k$ von $X$ betrachten. Ist $x_k \in X$ mit $x_k \neq 0$, so ist

$$\operatorname{Span}(x_k) := \operatorname{Span}(\{x_k\}) := \{x \in X | x = \alpha x_k,\ \alpha \in \mathbb{C}\} \,,$$

also der von der Menge, die nur aus dem einen Element $x_k$ besteht, aufgespannte Unterraum von der Dimension 1. Dieser Unterraum ist überdies abgeschlossen (Satz 1.7, Abschn. 1.2.2 und Üb. 1.10). Der folgende Satz charakterisiert »vollständige« ONS'e:

**Satz 1.19:**
Es sei $X$ ein Hilbertraum und $\{x_k\}$ ein abzählbares ONS von $X$. Dann sind die folgenden Aussagen äquivalent:

(a) $X = \overline{\bigoplus_{k\in\mathbb{N}} \operatorname{Span}(x_k)}$;

(b) Das ONS $\{x_k\}$ kann nicht zu einem größeren ONS erweitert werden[22] (*Abgeschlossenheit des ONS*);

(c) Für alle $x \in X$ gilt: $\sum_{k=1}^{\infty} |(x, x_k)|^2 = \|x\|^2$ (*Vollständigkeit des ONS*).

**Bemerkung:** Das ONS $\{x_k\}$ heißt *vollständig*, wenn eine dieser drei Eigenschaften - und damit alle drei - erfüllt sind; (a) verdeutlicht, wie sich der gesamte Hilbertraum $X$ mit Hilfe eines vollständigen ONS aufbauen läßt.

**Beweis:**
von Satz 1.19 Wir zeigen zunächst (a)⇔(b) und (a)⇔(c), woraus sich (b)⇔(c) ergibt.

(i) Nachweis (a)⇔(b):

⇒: Für $x_0 \in X$ mit $x_0 \neq 0$ nehmen wir an, daß $\{x_k\}_{k\in\mathbb{N}} \cup \{x_0\}$ ebenfalls ein ONS von $X$ ist. Nach Definition 1.14 ist daher $(x_0, x_k) = 0$ für $k = 1,2,\ldots$; ferner ist $x_0 \in \left[\bigoplus_{k\in\mathbb{N}} \operatorname{Span}(x_k)\right]^\perp$, und wegen der Stetigkeit des Skalarproduktes gilt zudem (wir beachten (a))

$$x_0 \in \left[\overline{\bigoplus_{k\in\mathbb{N}} \operatorname{Span}(x_k)}\right]^\perp = X^\perp$$

oder (da auch $x_0 \in X$ gilt): $(x_0, x_0) = 0$, d.h. $x_0 = 0$, im Widerspruch zur Annahme $x_0 \neq 0$.

⇐: Wir nehmen an: $X' = \overline{\bigoplus_{k\in\mathbb{N}} \operatorname{Span}(x_k)} \subsetneq X$. Dann gibt es ein $x \in X$ mit $x \notin X'$. Nach dem Projektionssatz läßt sich $x$ in der Form

$$x = x' + x'' \quad \text{mit} \quad x' \in X',\ x'' \in (X')^\perp\ (x'' \neq 0)$$

darstellen. Wir setzen $x_0 := \frac{x''}{\|x''\|}$. Für $x_0$ gilt dann: $x_0 \perp x_k$ für $k = 1,2,\ldots$ und $\|x_0\| = 1$. Also ist $\{x_k\}_{k\in\mathbb{N}} \cup \{x_0\}$ ebenfalls ein ONS von $X$. Dies ist ein Widerspruch zur Voraussetzung, daß das ONS $\{x_k\}$ abgeschlossen ist. Damit ergibt sich $X' = X$.

(ii) Nachweis (a)⇔(c):

⇒: Sei $x \in X$ und $k \in \mathbb{N}$ beliebig. Dann gilt

$$x = (x, x_k)x_k + x - (x, x_k)x_k = x'_k + x''_k$$

22 d.h. es gibt kein $y \in X$ mit $y \notin \{x_k\}$, $y \neq 0$ und $(y, x_k) = 0$ für alle $k = 1,2,\ldots$.

mit $x_k' = (x, x_k)x_k \in \mathrm{Span}(x_k)$, $x_k'' = x - (x, x_k)x_k$. Wegen $(x_k'', x_k) = (x - (x, x_k)x_k, x_k) = (x, x_k) - (x, x_k)(x_k, x_k) = (x, x_k) - (x, x_k) = 0$ ist $x_k'' \in [\mathrm{Span}(x_k)]^\perp$. Wir setzen

$$X_k := \mathrm{Span}(x_k) \quad \text{und} \quad X' := \overline{\bigoplus_{k\in\mathbb{N}} X_k} = \overline{\bigoplus_{k\in\mathbb{N}} \mathrm{Span}(x_k)}\,.$$

Wegen (a) gilt $X' = X$ und nach dem Projektionssatz ist $x = y + z$ mit $y \in X' = X$ und $z \in (X')^\perp = X^\perp$. Daher gilt $z = 0$ oder $x = y$. Ferner ist nach Definition von $x_k'$:

$$\|x_k'\| = \|(x, x_k)x_k\| = |(x, x_k)|\,\|x_k\| = |(x, x_k)|\,,$$

und nach Satz 1.17, (1.88) folgt (c).

$\Leftarrow$: Sei $x \in X$ beliebig und gelte $\sum\limits_{k=1}^{\infty} |(x, x_k)|^2 = \|x\|^2$. Ferner sei $X' := \overline{\bigoplus\limits_{k\in\mathbb{N}} \mathrm{Span}(x_k)}$. Dann zerlegen wir $x$ wieder in der Form $x = x' + x''$ mit $x' \in X'$ und $x'' \in (X')^\perp$. Die Parsevalsche Gleichung (1.88) liefert: $\sum\limits_{k=1}^{\infty} |(x, x_k)|^2 = \|x'\|^2$. Insgesamt ergibt sich also $\|x\|^2 = \|x'\|^2$. Nach Satz 1.11, Abschn. 1.3.2 (Pythagoras) gilt

$$\|x'\|^2 = \|x\|^2 = \|x' + x''\|^2 = \|x'\|^2 + \|x''\|^2$$

oder $\|x''\|^2 = 0$. Dies zieht $x'' = 0$ oder $x = x' \in X'$ nach sich. Daher gilt $X = X' = \overline{\bigoplus\limits_{k\in\mathbb{N}} \mathrm{Span}(x_k)}$ und Satz 1.19 ist bewiesen. □

**Bemerkung:** Aus dem Beweis wird ersichtlich, daß sich die Parsevalsche Gleichung (1.88) auch in der Form

$$\sum_{k=1}^{\infty} \|x_k\|^2 = \|x\|^2\,,\ x \in X \quad \text{beliebig} \tag{1.95}$$

schreiben läßt.

**Beispiel 1.30:**
Die in Beispiel 1.28 betrachteten Folgen $x_1 = \{1,0,0,0,\dots\}$, $x_2 = \{0,1,0,0,\dots\}$, $x_3 = \{0,0,1,0,\dots\}, \dots$ bilden ein vollständiges ONS im Hilbertraum $l_2$. Denn: Ist $y = \{c_1, c_2, c_3, \dots\}$ mit $\sum\limits_{k=1}^{\infty} |c_k|^2$ konvergent, d.h. $y \in l_2$, ist ferner $y \notin \{x_k\}$ und gilt $(y, x_k) = 0$ für alle $k = 1,2,\dots$, so folgt $0 = (y, x_k) = c_k \cdot 1$ für $k = 1,2,\dots$ oder $c_k = 0$ für $k = 1,2,\dots$, also $y = 0 = \{0,0,\dots\}$. $\{x_k\}$ kann daher nicht zu einem größeren ONS erweitert werden und ist somit nach Satz 1.19 vollständig.

Beispiele für vollständige ONS'e im Hilbertraum $L_2$ (s. Abschn. 3.1) sind:

**Beispiel 1.31:**
Das System der trigonometrischen Funktionen

$$\frac{1}{\sqrt{2\pi}}\,,\ \frac{1}{\sqrt{\pi}}\cos t\,,\ \frac{1}{\sqrt{\pi}}\sin t\,,\ \frac{1}{\sqrt{\pi}}\cos 2t\,,\ \frac{1}{\sqrt{\pi}}\sin 2t\,,\ldots$$

in $L_2[-\pi,\pi]$.

**Beispiel 1.32:**
Das System der Hermiteschen Polynome (s. Burg/Haf/Wille [24], Abschn. 4.1.2)

$$1,\ 2t,\ 4t^2-2,\ 8t^3-12t,\ \ldots$$

in $L_2(-\infty,\infty)$.

**Beispiel 1.33:**
Das System der Legendreschen Polynome (oder Kugelfunktionen 1. Art) (s. Burg/Haf/Wille [24], Abschn. 4.2.1)

$$1,\ t,\ \frac{1}{2}(3t^2-1),\ \frac{1}{2}(5t^3-3t),\ \ldots$$

in $L_2(-1,1)$.

Die Nachweise (zumeist in Form von Übungsaufgaben) und auch weitere Beispiele finden sich z.B. in Heuser [73], S. 180.

Wir wollen nun eine allgemeinere Klasse von Hilberträumen angeben, die ein vollständiges ONS besitzen.

**Definition 1.17:**
Ein (unendlich-dimensionaler) Hilbertraum $X$ heißt *separabel*, wenn $X$ ein abzählbar unendliches Teilsystem $A = \{y_1, y_2, \ldots\}$ enthält, das dicht in $X$ ist: $\overline{A} = X$.

**Bemerkung:** In einem separablen Hilbertraum $X$ läßt sich also jedes $x \in X$ beliebig genau durch die Elemente $y_k$ eines dichten Teilsystems $A$ approximieren, d.h. zu jedem $\varepsilon > 0$ existiert ein $y_k \in A$ mit $\|x - y_k\| < \varepsilon$.

Für separable Hilberträume ist die Existenz eines vollständigen ONS gesichert. Es gilt nämlich

**Satz 1.20:**
Jeder (unendlich-dimensionale) separable Hilbertraum $X$ besitzt mindestens ein vollständiges ONS.

**Beweis:**
Da $X$ separabel ist, gibt es ein abzählbar unendliches Teilsystem $A = \{y_1, y_2, \ldots\}$, das dicht in $X$ ist. Sei $z_1$ das erste Element aus $A$ mit $z_1 \neq 0$; $z_2$ sei das erste Element aus $A$ das nicht in

$\text{Span}\{z_1\}$ liegt,..., $z_k$ das erste Element aus $A$ das nicht in $\text{Span}\{z_1, \dots, z_{k-1}\}$ liegt (man beachte: $X$ ist unendlich-dimensional). Offensichtlich sind die Elemente $z_1, z_2, \dots$ linear unabhängig und $\text{Span}\{z_1, z_2, \dots\}$ liegt dicht in $X$. Nach Satz 1.18 (Orthogonalisierungsverfahren) gibt es ein abzählbar unendliches ONS $\{x_1, x_2, \dots\}$ mit $\overline{\text{Span}\{x_1, x_2, \dots\}} = \overline{\text{Span}\{y_1, y_2, \dots\}} = X$. Annahme: Das ONS $\{x_1, x_2, \dots\}$ sei nicht vollständig, also nach Satz 1.19 nicht abgeschlossen. Es gibt dann ein $x \in X$ mit $\|x\| = 1$ und $(x, x_k) = 0$ für $k = 1,2,\dots$. Da $x_k \in \text{Span}\{y_1, \dots, y_k\}$, $y_k \in \text{Span}\{x_1, \dots, x_k\}$ (s. Beweis von Satz 1.18) folgt $(x, y_k) = 0$ für $k = 1,2,\dots$. Die Menge $\{y_1, y_2, \dots\}$ ist dicht in $X$. Zu jedem $\varepsilon > 0$ gibt es daher ein $y_k$ mit $\|x - y_k\| < \varepsilon$. Wegen $(x, x) = (x, y_k) + (x, x - y_k) = 0 + (x, x - y_k) \le \|x\|\|x - y_k\|$ oder $\|x\|^2 \le \|x\|\|x - y_k\|$ oder $\|x\| \le \|x - y_k\| < \varepsilon$ für alle $\varepsilon > 0$ folgt $x = 0$. Das ONS $\{x_1, x_2, \dots\}$ kann somit nicht zu einem größeren erweitert werden. □

**Beispiel 1.34:**

$l_2$ ist ein separabler Hilbertraum. Denn: Ist $A$ die Menge aller Elemente $x$ mit

$$x = \{r_1, r_2, \dots, r_n, 0, 0, \dots\},\ n \in \mathbb{N},\ r_j \in \mathbb{Q}\ (j = 1, \dots, n),$$

so ist $A$ abzählbar (warum?). Für $x = \{x_1, x_2, \dots\} \in l_2$ beliebig und für beliebiges $\varepsilon > 0$ gibt es ein $n_0 = n_0(\varepsilon) \in \mathbb{N}$ mit

$$\sum_{k=n_0+1}^{\infty} |x_k|^2 < \frac{\varepsilon^2}{2}. \tag{1.96}$$

($x \in l_2$ zieht die Konvergenz von $\sum\limits_{k=1}^{\infty} |x_k|^2$ nach sich.) Wir wählen $\tilde{x} = \{r_1, r_2, \dots, r_{n_0}, 0, 0, \dots\} \in A$ mit

$$\sum_{k=1}^{n_0} |x_k - r_k|^2 < \frac{\varepsilon^2}{2}. \tag{1.97}$$

(Beachte: Die Menge der rationalen Zahlen liegt dicht in der Menge der reellen Zahlen!) Es gilt dann wegen (1.96) und (1.97)

$$\|x - \tilde{x}\|^2 = \sum_{k=1}^{\infty} |x_k - r_k|^2 = \sum_{k=1}^{n_0} |x_k - r_k|^2 + \sum_{k=n_0+1}^{\infty} |x_k|^2 < \varepsilon^2$$

oder $\|x - \tilde{x}\| < \varepsilon$, d.h. $A$ ist dicht in $l_2$.

**Bemerkung:** Es gilt auch die Umkehrung von Satz 1.20: Jeder Hilbertraum mit einem vollständigen (abzählbaren) ONS ist separabel.

Dies ergibt sich aus der Separabilität von $l_2$ und Satz 1.23, Abschnitt 1.3.7.

### 1.3.6 Fourierentwicklung in Hilberträumen

Unser Anliegen in diesem Abschnitt ist es, die Elemente eines Hilbertraumes mit Hilfe eines vollständigen Orthonormalsystems darzustellen. Wir zeigen, daß dies mit Hilfe verallgemeinerter Fourierreihen[23] gelingt:

**Satz 1.21:**
Es sei $X$ ein Hilbertraum mit einem vollständigen ONS $\{x_k\}_{k\in\mathbb{N}}$.

(a) Dann läßt sich jedes $x \in X$ in der Summenform

$$x \doteq \sum_{k=1}^{\infty} a_k x_k \quad \text{(Fourierentwicklung von } x\text{)} \tag{1.98}$$

mit eindeutig bestimmten Koeffizienten

$$a_k := (x, x_k) \in \mathbb{C}$$
$$\text{(Fourierkoeffizienten von } x \text{ bezüglich } \{x_k\}_{k\in\mathbb{N}}) \tag{1.99}$$

darstellen und die Reihe $\sum\limits_{k=1}^{\infty} |a_k|^2$ ist konvergent.

(b) Umgekehrt gibt es zu jeder Zahlenfolge $\{a_k\}_{k\in\mathbb{N}}$ in $\mathbb{C}$, für die $\sum\limits_{k=1}^{\infty} |a_k|^2$ konvergiert, genau ein $x \in X$ mit $x = \sum\limits_{k=1}^{\infty} a_k x_k$.

**Beweis:**

(a) Sei $X_k := \text{Span}(x_k)$, $X' := \overline{\bigoplus_{k\in\mathbb{N}} \text{Span}(x_k)}$. Dann ergibt sich wie im Beweis von Satz 1.19 für beliebige $x \in X$

$$x =: x_k' + x_k'' = (x, x_k)x_k + [x - (x, x_k), x_k], \quad x_k' \in X_k,\ x_k'' \in X_k^{\perp}$$

und

$$x = x' + x'',\ x' \in X',\ x'' \in (X')^{\perp}.$$

Wegen Satz 1.17, (ii) gilt $\sum\limits_{k=1}^{n} x_k' \to x'$ für $n \to \infty$, d.h. $x' = \sum\limits_{k=1}^{\infty} (x, x_k)x_k$. Nach Voraussetzung ist $\{x_k\}_{k\in\mathbb{N}}$ ein vollständiges ONS. Nach Satz 1.19 (a) ist $X = \overline{\bigoplus_{k\in\mathbb{N}} \text{Span}(x_k)} = X'$ (s.o.), also $X' = X$.

Damit ist $x'' = 0$ und $x' = x \in X$, und wir erhalten die Darstellung $x = \sum\limits_{k=1}^{\infty} (x, x_k)x_k =$

23 Zur klassischen Theorie der Fourierreihen s. Burg/Haf/Wille [23], Abschn. 5.3

$\sum\limits_{k=1}^{\infty} a_k x_k$. Zum Nachweis der Eindeutigkeit dieser Darstellung nehmen wir an: $x = \sum\limits_{k=1}^{\infty} b_k x_k$ sei eine weitere Darstellung von $x$. Für alle $j \in \mathbb{N}$ gilt dann aufgrund der Stetigkeit des Skalarproduktes

$$a_j = (x, x_j) = \left(\sum_{k=1}^{\infty} b_k x_k, x_j\right) = \sum_{k=1}^{\infty} (b_k x_k, x_j)$$
$$= \sum_{k=1}^{\infty} b_k (x_k, x_j) = \sum_{k=1}^{\infty} b_k \delta_{kj} = b_j\,,$$

d.h. die Darstellung von $x$ ist eindeutig. Ferner folgt aus Satz 1.19 (c)

$$\sum_{k=1}^{\infty} |a_k|^2 = \sum_{k=1}^{\infty} |(x, x_k)|^2 = \|x\|^2$$

und damit die Konvergenz von $\sum\limits_{k=1}^{\infty} |a_k|^2$.

(b) Sei $\{a_k\}_{k\in\mathbb{N}}$ irgendeine Folge in $\mathbb{C}$, für die $\sum\limits_{k=1}^{\infty} |a_k|^2$ konvergiert. Dann ist $\left\{\sum\limits_{k=1}^{n} |a_k|^2\right\}$ eine Cauchy-Folge in $\mathbb{R}$, also $\left\{\sum\limits_{k=1}^{n} a_k x_k\right\}$ eine Cauchy-Folge in $X$, denn: Ist $m > n$, so gilt für

$$s_n := \sum_{k=1}^{n} a_k x_k$$

$$\|s_n - s_m\|^2 = \left\| \sum_{k=n+1}^{m} a_k x_k \right\|^2 = \left( \sum_{k=n+1}^{m} a_k x_k, \sum_{k=n+1}^{m} a_k x_k \right)$$
$$= \sum_{k=n+1}^{m} |a_k|^2 (x_k, x_k) = \sum_{k=n+1}^{m} |a_k|^2 \to 0 \quad \text{für} \quad n, m \to \infty\,.$$

Da $X$ vollständig ist, existiert

$$\lim_{n\to\infty} \sum_{k=1}^{n} a_k x_k = \sum_{k=1}^{\infty} a_k x_k =: x \quad \text{und} \quad x \in X$$

(der Grenzwert ist eindeutig bestimmt!). Damit ist Satz 1.21 bewiesen. □

**Bemerkung:** Aufgrund der Darstellung $x = \sum\limits_{k=1}^{\infty} a_k x_k$ nennt man ein vollständiges ONS auch eine *Hilbertraumbasis* (nicht zu verwechseln mit dem Basisbegriff aus Abschnitt 1.2.1!).

**Beispiel 1.35:**

Die Folgen $x_1 = \{1,0,0,0,0,\dots\}$, $x_2 = \{0,1,0,0,0,\dots\}$, $x_3 = \{0,0,1,0,0,\dots\}$, ... bilden nach Beispiel 1.30 ein vollständiges ONS im Hilbertraum $l_2$. Nach Satz 1.21 läßt sich jedes $x = \{\xi_k\}_{k\in\mathbb{N}} \in l_2$ eindeutig in der Form

$$x = \{\xi_k\}_{k\in\mathbb{N}} = \sum_{k=1}^{\infty}(x, x_k)x_k = \sum_{k=1}^{\infty}\xi_k x_k \tag{1.100}$$

darstellen.

### 1.3.7 Struktur von Hilberträumen

Mit den Resultaten der vorhergehenden Abschnitte sind wir unserem Ziel, eine Übersicht über sämtliche Hilberträume zu gewinnen und ihre Struktur zu erkennen schon recht nahe gekommen. Eine Abrundung dieser Ergebnisse stellt der folgende Satz dar:

**Satz 1.22:**

(*Struktursatz*) Es sei $X$ ein Hilbertraum und $\{x_k\}_{k\in\mathbb{N}}$ ein (abzählbares) ONS in $X$. Die folgenden Aussagen sind äquivalent:

(1) $X = \overline{\bigoplus_{k\in\mathbb{N}} \text{Span}(x_k)}$.

(2) Das ONS $\{x_k\}_{k\in\mathbb{N}}$ ist abgeschlossen.

(3) Für alle $x \in X$ gilt die Parsevalsche Gleichung

$$\sum_{k=1}^{\infty}|(x, x_k)|^2 = \|x\|^2 \quad \text{(=Vollständigkeitsrelation)}.$$

(4) Jedes Element $x \in X$ besitzt die Fourierentwicklung

$$x = \sum_{k=1}^{\infty}(x, x_k)x_k\,.$$

**Beweis:**

Die Äquivalenz der Aussagen (1), (2) und (3) wurde in Satz 1.19 gezeigt. Sie drücken die Vollständigkeit des ONS $\{x_k\}_{k\in\mathbb{N}}$ aus. Nach Satz 1.21 ergibt sich daraus (4). Ist umgekehrt (4) erfüllt, so gilt für jedes $x \in X$

$$\|x\|^2 = (x, x) = \left(\sum_{k=1}^{\infty}(x, x_k)x_k, \sum_{k=1}^{\infty}(x, x_k)x_k\right).$$

Aus der Stetigkeit des Skalarproduktes (s. Satz 1.10, Abschn. 1.3.1) folgt dann

$$\|x\|^2 = \sum_{k=1}^{\infty}((x, x_k)x_k, (x, x_k)x_k) = \sum_{k=1}^{\infty}|(x, x_k)|^2(x_k, x_k) = \sum_{k=1}^{\infty}|(x, x_k)|^2,$$

also (3). Damit ist alles bewiesen. □

**Bemerkung 1:** Nach Satz 1.20 besitzt jeder unendlich-dimensionale separable Hilbertraum ein abzählbares vollständiges ONS, so daß für diese Hilberträume alle Aussagen von Satz 1.22 gelten.

**Bemerkung 2:** Mit transfiniten Methoden (»Zornsches Lemma«) läßt sich zeigen, daß auch in jedem nichtseparablen Hilbertraum ein vollständiges ONS existiert, das dann allerdings notwendig überabzählbar ist. In diesem Fall gilt ein dem Satz 1.22 entsprechender Struktursatz (s.z.B. Heuser [73], S. 176–182)

Der folgende Satz zeigt, welcher Zusammenhang zwischen separablen Hilberträumen besteht. Es gilt:

**Satz 1.23:**
Jeder unendlich-dimensionale, separable Hilbertraum $X$ ist *normisomorph* zum Hilbertraum $l_2$, d.h. es gibt eine bijektive Abbildung zwischen $X$ und $l_2$, die norminvariant ist.

**Beweis:**
$X$ ist separabel. Nach Satz 1.20 besitzt $X$ ein vollständiges ONS $\{x_k\}_{k\in\mathbb{N}}$. Durch

$$x = \sum_{k=1}^{\infty}(x, x_k)x_k \in X \leftrightarrow \{y_k\}_{k\in\mathbb{N}} := \{(x, x_k)\}_{k\in\mathbb{N}} \in l_2$$

ist nach Satz 1.21 eine bijektive Abbildung zwischen $X$ und $l_2$ definiert. Ferner gilt nach Satz 1.19

$$\|x\|_X^2 = \sum_{k=1}^{\infty}|(x, x_k)|^2 = \|\{x_k\}_{k\in\mathbb{N}}\|_{l_2}^2$$

($\|\cdot\|_X$ bzw. $\|\cdot\|_{l_2}$ bezeichne die Norm in $X$ bzw. $l_2$), woraus sich die Behauptung ergibt. □

**Bemerkung 3:** Der in Abschnitt 3.1 eingeführte Hilbertraum $L_2(a, b)$ ist separabel und daher normisomorph zu $l_2$ (Satz von Riesz-Fischer). Diese Tatsache ist in der Quantenmechanik von Bedeutung: Sie verdeutlicht einen Zusammenhang zwischen dem Schrödingerbild und dem Heisenbergbild.

Unsere Betrachtungen über Räume sind damit zunächst abgeschlossen, und wir wollen uns dem Thema »Abbildungen« zuwenden.

## Übungen

### Übung 1.23*:

Es sei $(X, (\,.\,,\,.\,))$ ein Skalarproduktraum und $\|\,.\,\|$ die durch $(\,.\,,\,.\,)$ induzierte Norm. Beweise: $(X, \|\,.\,\|)$ ist strikt konvex (s. Üb. 1.21).

### Übung 1.24:

Begründe, weshalb das Gleichheitszeichen in der Dreiecksungleichung das Gleichheitszeichen in der Schwarzschen Ungleichung zur Folge hat.

### Übung 1.25:

Es sei $p(t)$ eine auf dem Intervall $[0,1]$ stetige und positive Funktion. Zeige: Mit $x(t)$, $y(t) \in C[0,1]$ ist durch

$$(x, y) := \int_0^1 p(t)x(t)\overline{y}(t)\,\mathrm{d}t$$

auf $C[0,1]$ ein Skalarprodukt (mit *Gewichtsfaktor* $p(t)$) definiert.

### Übung 1.26:

Beweise:

(a) Ist $X_0$ ein abgeschlossener Unterraum des Hilbertraumes $X$, so gilt $X_0^{\perp\perp} = X_0$.

(b) Ein Unterraum $X_0$ des Hilbertraumes $X$ ist dann und nur dann abgeschlossen, wenn $X_0 = X_0^{\perp\perp}$ ist.

### Übung 1.27*:

Es sei $X$ ein Skalarproduktraum und $\overline{X}$ die Abschließung von $X$. Zeige:

(a) Das Skalarprodukt in $X$ läßt sich in eindeutiger Weise zu einem Skalarprodukt in $\overline{X}$ fortsetzen.

(b) Die Norm in $\overline{X}$ und das durch Fortsetzung entstandene Skalarprodukt sind durch $\|\,.\,\| = (\,.\,,\,.\,)^{\frac{1}{2}}$ verknüpft. Insbesondere ist $\overline{X}$ ein Hilbertraum.

### Übung 1.28*:

Zeige: Ist $X$ ein Skalarproduktraum und ist $x_i \in X$ für $i = 1, \dots, n$, dann sind folgende Aussagen äquivalent:

(a) $x_1, \dots, x_n$ sind linear abhängig.

(b) $\det(x_k, x_i) = 0$ für $i, k = 1, \dots, n$.

**Übung 1.29*:**

Es sei $X = C[-1,1]$ der reelle Skalarproduktraum mit

$$(x, y) := \int_{-1}^{1} x(t)y(t)\,\mathrm{d}t \quad \text{für} \quad x(t), y(t) \in C[-1,1].$$

Ferner seien $E$ und $F$ erklärt durch

$$E := \{x \in X | x(t) = 0,\ t \leq 0\}$$
$$F := \{x \in X | x(t) = 0,\ t \geq 0\}.$$

Zeige:

(a) $E$ und $F$ sind abgeschlossene Unterräume von $X$.

(b) $E + F$ ist nicht abgeschlossen.

**Übung 1.30*:**

Es seien $X$ ein Skalarproduktraum und $\{e_k\}$ ein Orthonormalsystem von $X$. Beweise:

(a) Die Folge der Fourierkoeffizienten von $x \in X$ konvergiert für $k \to \infty$ gegen 0.

(b) Für beliebige $\lambda_1, \dots, \lambda_n \in \mathbb{C}$ gilt

$$\left\| x - \sum_{k=1}^{n} \lambda_k e_k \right\|^2 = \|x\|^2 - \sum_{k=1}^{n} |a_k|^2 + \sum_{k=1}^{n} |a_k - \lambda_k|^2.$$

(c) Die Fourierkoeffizienten $a_k$ liefern die beste Approximation von $x \in X$ durch Elemente aus $[e_1, \dots, e_n]$. *Hinweis:* Benutze Teil (b).

# 2 Lineare Operatoren in normierten Räumen

Zahlreiche Aufgabenstellungen aus der Mathematik und aus den Anwendungen führen auf Gleichungen der Form

$$Tx = y\,, \tag{2.1}$$

wobei $T$ eine »lineare Abbildung« eines normierten Raumes $X$ in einen normierten Raum $Y$ und $y$ ein vorgegebenes Element aus $Y$ ist. Zu bestimmen sind dann sämtliche Lösungen $x$ aus $X$ der Gleichung (2.1). Unter einer »linearen Abbildung« versteht man hierbei folgendes:

**Definition 2.1:**
Die *Abbildung* (*der Operator, die Transformation*)[1] $T$ des normierten Raumes $X$ in den normierten Raum $Y$ heißt *linear*, wenn für alle $x, y \in X$ und alle $\alpha \in \mathbb{K}$ ($\mathbb{R}$ oder $\mathbb{C}$)

$$T(x+y) = Tx + Ty\,, \; T(\alpha x) = \alpha Tx \tag{2.2}$$

gilt. Die linearen Abbildungen $0$ bzw. $I$ mit

$$0x = 0 \in X \quad \text{bzw.} \quad Ix = x \quad \text{für alle} \quad x \in X \tag{2.3}$$

nennt man *Nulloperator* bzw. *Identitätsoperator*.

Aufgrund der Bedeutung von linearen Operatoren im Zusammenhang mit Gleichung (2.1) wollen wir uns mit diesen Operatoren eingehend auseinandersetzen. Als Fernziel haben wir dabei immer die Lösung von Gleichungen der Form (2.1) im Auge. Dieses Problem packen wir insbesondere in den Abschnitten 2.1.3, 2.2.4/5 und 2.3.3/4 an.

## 2.1 Beschränkte lineare Operatoren

### 2.1.1 Stetigkeit und Beschränktheit. Operatornorm

Ganz analog zu dem aus der Analysis vertrauten Stetigkeitsbegriff definieren wir nun Stetigkeit und Beschränktheit bei linearen Operatoren:

**Definition 2.2:**
Es seien $X$ und $Y$ normierte Räume. Der lineare Operator $T: X \to Y$ heißt *stetig in* $x_0$, $x_0 \in X$, wenn es zu jedem $\varepsilon > 0$ ein $\delta = \delta(\varepsilon, x_0) > 0$ gibt, so daß

1 Wir bevorzugen im folgenden die Bezeichnung Operator

$$\|Tx - Tx_0\| < \varepsilon \quad \text{(in der Norm von } Y\text{)} \tag{2.4}$$

für alle $x \in X$ mit

$$\|x - x_0\| < \delta \quad \text{(in der Norm von } X\text{)} \tag{2.5}$$

gilt. Entsprechend heißt $T$ *stetig in* $X$, wenn $T$ in jedem Punkt $x \in X$ stetig ist.

**Definition 2.3:**
Es seien $X$ und $Y$ normierte Räume. Der lineare Operator $T : X \to Y$ heißt *beschränkt*, wenn es eine Konstante $C > 0$ mit

$$\|Tx\| \leq C\|x\| \tag{2.6}$$

für alle $x \in X$ gibt.

**Bemerkung:** In (2.6) ist $\|Tx\|$ bezüglich der Norm in $Y$ und $\|x\|$ bezüglich der Norm in $X$ zu verstehen. Da hier keine Verwechslungen möglich sind, verwenden wir diese einfachere Schreibweise anstelle von $\|Tx\|_Y$ und $\|x\|_X$.

**Definition 2.4:**
Die kleinste Zahl $C > 0$ für die (2.6) gilt, heißt *Norm von T* und ist durch

$$\sup_{\substack{x \in X \\ x \neq 0}} \frac{\|Tx\|}{\|x\|} =: \|T\| \tag{2.7}$$

gegeben.

**Bemerkung:** Mit der Norm von $T$ läßt sich Ungleichung (2.6) auch in der Form

$$\|Tx\| \leq \|T\|\|x\| \tag{2.8}$$

schreiben. Die Sprechweise »Norm von $T$« oder auch »*Operatornorm*« wird erst aufgrund von Satz 2.1 (s.u.) verständlich.

**Hilfssatz 2.1:**
Die folgenden Ausdrücke sind äquivalent und ergeben damit alle $\|T\|$:

(i) $\sup\limits_{\substack{x \in X \\ x \neq 0}} \dfrac{\|Tx\|}{\|x\|}$; (ii) $\sup\limits_{\|x\|=1} \|Tx\|$;

(iii) $\sup\limits_{\|x\|\leq 1} \|Tx\|$; (iv) $\sup\limits_{\|x\|<1} \|Tx\|$.

Wir überlassen den einfachen Beweis dem Leser.

Zwischen stetigen und beschränkten linearen Operatoren besteht der folgende Zusammenhang:

**Hilfssatz 2.2:**
Es seien $X$ und $Y$ normierte Räume. Ein linearer Operator $T : X \to Y$ ist genau dann beschränkt, wenn er stetig ist.

**Beweis:**

(a) Es sei $T$ beschränkt durch $C > 0$. Ferner sei $x_0 \in X$ beliebig. Für jedes $\varepsilon > 0$ gilt dann

$$\|Tx - Tx_0\| = \|T(x - x_0)\| \le C\|x - x_0\| < C\frac{\varepsilon}{C} = \varepsilon$$

für alle $x \in X$ mit $\|x - x_0\| < \frac{\varepsilon}{C} =: \delta$, d.h. $T$ ist in $x_0$ stetig und, da $x_0 \in X$ beliebig ist, in ganz $X$.

(b) Sei nun $T$ auf $X$ stetig. Dann ist $T$ insbesondere in $x_0 = 0 \in X$ stetig. Annahme: $T$ sei nicht beschränkt. Also gibt es eine Folge $\{x_k\}$ in $X$ mit $x_k \neq 0$ und $\frac{\|Tx_k\|}{\|x_k\|} > k$ für alle $k \in \mathbb{N}$. Setzen wir $y_k := \frac{x_k}{k\|x_k\|}$, so folgt $y_k \in X$ und

$$\|Ty_k\| = \left\| T\left(\frac{1}{k\|x_k\|}x_k\right)\right\| = \frac{1}{k\|x_k\|}\|Tx_k\| > 1$$

für alle $k \in \mathbb{N}$. Andererseits gilt: $\|y_k\| = \frac{1}{k} \to 0$ für $k \to \infty$ bzw. $y_k \to 0$ für $k \to \infty$. Aus der Stetigkeit von $T$ in $x_0 = 0$ folgt für $k \to \infty$ $Ty_k \to T(0) = 0$ (letzteres wegen (2.2)). Dies steht im Widerspruch zu $\|Ty_k\| > 1$ für alle $k \in \mathbb{N}$. Damit ist alles bewiesen.□

Also:

Bei linearen Operatoren sind Stetigkeit und Beschränktheit äquivalente Eigenschaften.

**Beispiel 2.1:**
Es sei $X = Y = \mathbb{R}^n$, $\boldsymbol{x} = (x_1, \dots, x_n)^{\mathrm{T}} \in \mathbb{R}^n$ und $\|\boldsymbol{x}\| = (x_1^2 + \dots + x_n^2)^{\frac{1}{2}}$. $T$ sei durch

$$T\boldsymbol{x} := \left(\sum_{k=1}^{n} a_{1k}x_k, \dots, \sum_{k=1}^{n} a_{nk}x_k\right)^{\mathrm{T}} \tag{2.9}$$

erklärt, wobei $[a_{ik}]$ eine $(n, n)$-Matrix mit $a_{ik} \in \mathbb{R}$ für $i, k = 1, \dots, n$ sei. Dann ist $T$ ein linearer beschränkter Operator, der $(\mathbb{R}^n, \|\,.\,\|)$ in sich abbildet. Insbesondere gilt: $\|T\| \le \sum_{i,k=1}^{n} |a_{ik}|$. (Zeigen !)

**Beispiel 2.2:**
Es sei $X = Y = C[a, b]$, $f \in C[a, b]$ und $\|f\| = \max_{a \le x \le b} |f(x)|$. Wir betrachten den *Integraloperator* $T$ mit

$$(Tf)(x) := \int_a^b K(x,y)f(y)\,\mathrm{d}y\,,\ x \in [a,b] \tag{2.10}$$

mit in $[a, b] \times [a, b]$ stetigem *Kern* $K(x, y)$. $T$ ist ein linearer Operator (dies folgt aus der Linearität des Riemann-Integrals) der $C[a, b]$ in sich abbildet: Da $f$ stetig auf $[a, b]$ und $K$ stetig auf $[a, b] \times [a, b]$ ist, ist $f \cdot K$ stetig auf $[a, b] \times [a, b]$, und mit Burg/Haf/Wille [23], Satz 7.17 folgt die Stetigkeit von

$$\int_a^b K(x,y)f(y)\,\mathrm{d}y =: F(x)$$

auf $[a, b]$. Da $K$ stetig auf dem Kompaktum $[a, b] \times [a, b]$ ist, existiert

$$\max_{x,y\in[a,b]} |K(x,y)| =: M\,,$$

und es gilt

$$\|Tf\| = \max_{x\in[a,b]} |(Tf)(x)| \le \max_{x\in[a,b]} \int_a^b |K(x,y)||f(y)|\,\mathrm{d}y \le M \max_{x\in[a,b]} |f(x)| \int_a^b \mathrm{d}y = M(b-a)\|f\|\,,$$

d.h. $T$ ist bezüglich der Maximumsnorm beschränkt: $\|T\| \le M(b-a)$.

**Beispiel 2.3:**

Es sei $X$ ein Hilbertraum und $X'$ ein abgeschlossener Unterraum von $X$. Nach Abschnitt 1.3.4 läßt sich jedes $x \in X$ eindeutig in der Form

$$x = x' + x'' \quad \text{mit} \quad x' \in X' \quad \text{und} \quad x'' \in X''$$

darstellen, wobei $X''$ das eindeutig bestimmte orthogonale Komplement von $X'$ ist. Die Abbildung $P\colon X \to X'$ mit

$$Px = x'\,;\ x \in X,\ x' \in X' \tag{2.11}$$

heißt *Projektionsoperator*. $P$ ist ein linearer Operator (warum?). Ferner gilt nach Satz 1.11 (Pythagoras) für alle $x \in X$

$$\|Px\|^2 = \|x'\|^2 \le \|x'\|^2 + \|x''\|^2 = \|x' + x''\|^2 = 1 \cdot \|x\|^2$$

oder für alle $x \neq 0$

$$\frac{\|Px\|^2}{\|x\|^2} \le 1\,, \quad \text{woraus} \quad \sup_{\substack{x\in X\\ x\neq 0}} \frac{\|Px\|}{\|x\|} \le 1$$

und damit $\|P\| \leq 1$ folgt. Nehmen wir speziell $x \in X'$ $(x \neq 0)$, so erhalten wir wegen $x = x'$

$$\frac{\|Px\|}{\|x\|} = \frac{\|Px'\|}{\|x'\|} = \frac{\|x'\|}{\|x'\|} = 1\,,$$

also $\|P\| = 1$. Zusammenfassend gilt:

Der durch (2.11) erklärte Projektionsoperator $P$ ist ein linearer und beschränkter Operator von $X$ auf $X'$ mit $\|P\| = 1$.

Wir haben den durch (2.7) erklärten Ausdruck $\|T\|$ als Norm von $T$ bezeichnet. Daß wir berechtigt sind, hier von einer Norm zu sprechen, zeigt

**Satz 2.1:**

Es seien $X$ und $Y$ normierte Räume über $\mathbb{K}$, und $L(X, Y)$ bezeichne die Menge aller beschränkten linearen Operatoren von $X$ in $Y$. Dann ist $L(X, Y)$ bezüglich der Operatornorm

$$\|T\| = \sup_{\substack{x \in X \\ x \neq 0}} \frac{\|Tx\|}{\|x\|}$$

ein normierter Raum über $\mathbb{K}$.

**Beweis:**

(a) Wir zeigen zunächst, daß $L(X, Y)$ ein linearer Raum über $\mathbb{K}$ ist: Mit $T_1, T_2 \in L(X, Y)$ und $\alpha \in \mathbb{K}$ folgt, wenn wir $T_1 + T_2$ bzw. $\alpha T_1$ durch

$$(T_1 + T_2)x := T_1x + T_2x \quad \text{bzw.} \quad (\alpha T_1)x := \alpha T_1 x\,, \; x \in X$$

erklären:

$$\begin{aligned} \|(T_1 + T_2)x\| &= \|T_1x + T_2x\| \leq \|T_1x\| + \|T_2x\| \\ &\leq \|T_1\|\|x\| + \|T_2\|\|x\| = (\|T_1\| + \|T_2\|)\|x\|\,, \; x \in X \end{aligned}$$

oder $\|T_1 + T_2\| \leq \|T_1\| + \|T_2\|$, d.h. $T_1 + T_2$ ist beschränkt. Ebenso ist $\alpha T_1$ wegen

$$\|(\alpha T_1)x\| = \|\alpha T_1 x\| = |\alpha|\|T_1x\| \leq |\alpha|\|T_1\|\|x\|$$

beschränkt: $\|\alpha T_1\| \leq |\alpha|\|T_1\|$. Die Linearität von $T_1 + T_2$ und $\alpha T_1$ überträgt sich unmittelbar aus der Linearität von $T_1$ und $T_2$. Also: Mit $T_1, T_2 \in L(X, Y)$ und $\alpha \in \mathbb{K}$, gehören auch $T_1 + T_2$ und $\alpha T_1$ zu $L(X, Y)$. Die Axiome des linearen Raumes (s. Abschn. 1.2.1, Def. 1.6) lassen sich nun sehr einfach nachprüfen. (Durchführen!)

(b) Es bleibt zu zeigen: $\|T\|$ erfüllt die Normaxiome (s. Abschn. 1.2.2).

(i) Wegen

$$\|T\| = \sup_{\substack{x\in X\\ x\neq 0}} \frac{\|Tx\|}{\|x\|} \quad \text{folgt} \quad \|T\| \geq 0\,, \quad \text{und} \quad \|T\| = 0$$

ist genau dann erfüllt, wenn $\|Tx\| = 0$ für alle $x \in X$ (für $x = 0$ trivialerweise erfüllt!) oder $Tx = 0 \in Y$ für alle $x \in X$ oder $T = 0$ (Nulloperator, s. Def. 2.1) gilt.

(ii)

$$\begin{aligned}\|\alpha T\| &= \sup_{\|x\|=1} \|(\alpha T)x\| \quad \text{(Hilfssatz 2.1)}\\ &= \sup_{\|x\|=1} \|\alpha Tx\| = |\alpha| \sup_{\|x\|=1} \|Tx\| = |\alpha|\|T\|\,.\end{aligned}$$

(iii)

$$\begin{aligned}\|T_1 + T_2\| &= \sup_{\|x\|=1} \|(T_1+T_2)x\| = \sup_{\|x\|=1} \|T_1x + T_2x\|\\ &\leq \sup_{\|x\|=1} (\|T_1x\| + \|T_2x\|) \leq \sup_{\|x\|=1} \|T_1x\| + \sup_{\|x\|=1} \|T_2x\|\\ &= \|T_1\| + \|T_2\|\,.\end{aligned}$$

Damit sind die Normeigenschaften von $\|T\|$ nachgewiesen und Satz 2.1 ist bewiesen. □

Ferner gilt

**Satz 2.2:**

Ist $X$ ein normierter Raum und $Y$ ein Banachraum. Dann ist $L(X, Y)$ ein Banachraum.

**Beweis:**
siehe Übung 2.3

Wir zeigen nun, daß bei Hintereinanderschaltung von beschränkten linearen Operatoren auch der »Produktoperator« diese Eigenschaft besitzt. Es gilt nämlich

**Hilfssatz 2.3:**

Es seien $X$, $Y$, $Z$ normierte Räume, $T_1$ und $T_2$ beschränkte lineare Operatoren, $T_1 : X \to Y$ und $T_2 : Y \to Z$. Dann ist auch der durch

$$(T_2 \circ T_1)x := T_2(T_1x) \in Z\,,\ x \in X \tag{2.12}$$

erklärte *Produktoperator* $T_2 \circ T_1 : X \to Z$ linear und beschränkt, und es gilt

$$\|T_2 \circ T_1\| \leq \|T_2\| \cdot \|T_1\|\,. \tag{2.13}$$

**Beweis:**
Aus der Beschränktheit von $T_1$ und $T_2$ ergibt sich mit (2.12)

$$\|(T_2 \circ T_1)x\| = \|T_2(T_1 x)\| \leq \|T_2\| \|T_1 x\| \leq \|T_2\| \|T_1\| \|x\|$$

für alle $x \in X$. Hieraus folgt

$$\|T_2 \circ T_1\| = \sup_{\substack{x \in X \\ x \neq 0}} \frac{\|(T_2 \circ T_1)x\|}{\|x\|} \leq \|T_2\| \|T_1\|$$

und damit die Beschränktheit von $T_2 \circ T_1$. Die Linearität von $T_2 \circ T_1$ folgt sofort aus der Linearität von $T_1$ und $T_2$. □

**Bemerkung:** Ein entsprechendes Resultat gilt bei Hintereinanderschaltung von endlich vielen Operatoren. Insbesondere gilt für $n \in \mathbb{N}$ (fest) und $A \in L(X, X)$, wenn wir $A^n$ durch

$$A^n := \underbrace{A \circ A \circ \cdots \circ A}_{n\text{-mal}}$$

erklären:

$$\|A^n\| \leq \|A\|^n . \tag{2.14}$$

### 2.1.2 Folgen und Reihen von beschränkten Operatoren

Es seien $X$ und $Y$ normierte Räume. Wir betrachten nun Folgen $\{T_n\}$ mit $T_n \in L(X, Y)$. Nach Satz 2.1, Abschnitt 2.1.1 ist $L(X, Y)$ ein bezüglich der Operatornorm (2.7) normierter Raum. Wir unterscheiden zwei wichtige Konvergenzbegriffe:

**Definition 2.5:**
Die Folge $\{T_n\}$ aus $L(X, Y)$ heißt *normkonvergent* (*stark konvergent, gleichmäßig konvergent*) gegen $T$, wenn

$$\|T_n - T\| \to 0 \quad \text{für} \quad n \to \infty \tag{2.15}$$

im Sinne der Operatornorm (2.7) gilt.

Schreibweisen: $T_n \to T$ für $n \to \infty$ oder $\lim\limits_{n\to\infty} T_n = T$.

**Definition 2.6:**
Die Folge $\{T_n\}$ aus $L(X, Y)$ heißt *punktweise konvergent* (*schwach konvergent*) gegen $T$, wenn

$$\|T_n x - T x\| \to 0 \quad \text{für} \quad n \to \infty \quad \text{und} \quad x \in X \tag{2.16}$$

(in der Norm von $Y$) gilt.

Schreibweisen: $T_n \rightharpoonup T$ für $n \to \infty$ oder $\lim\limits_{n\to\infty} T_n x = Tx$.

**Bemerkung:** Wegen

$$\|T_n x - Tx\| = \|(T_n - T)x\| \leq \|T_n - T\|\|x\|$$

folgt aus der Normkonvergenz von $\{T_n\}$ stets die punktweise Konvergenz dieser Folge.

Wie in der Analysis (s. Burg/Haf/Wille [23], Abschn. 1.5.1) wird die Konvergenz von unendlichen Reihen auf die Konvergenz von Folgen zurückgespielt:

Wir sagen, die *unendliche Reihe* $\sum\limits_{k=1}^{\infty} T_k$ *konvergiert punktweise* bzw. *im Sinne der Normkonvergenz* gegen $T$, wenn die Folge $\{S_n\}$ der *Teilsummen*

$$S_n := \sum_{k=1}^{n} T_k \tag{2.17}$$

punktweise bzw. im Sinne der Normkonvergenz gegen $T$ konvergiert.

Welche Eigenschaften hat nun eigentlich der »Grenzoperator« $T$? Es läßt sich zeigen (s. z.B. Heuser [73], S. 248)

**Satz 2.3:**

Es sei $X$ ein Banachraum und $Y$ ein normierter Raum. Ferner konvergiere die Folge $\{T_n\}$ aus $L(X, Y)$ punktweise gegen $T$. Dann ist auch $T$ aus $L(X, Y)$. Außerdem ist die Folge $\{\|T_n\|\}$ beschränkt und es gilt

$$\|T\| \leq \varliminf_{n\to\infty} \|T_n\| . \tag{2.18}$$

### 2.1.3 Die Neumannsche Reihe. Anwendungen

**Vorbemerkung:** Sind $X$ und $Y$ normierte Räume und bildet der lineare Operator $T$ $X$ umkehrbar eindeutig auf $Y$ ab, so läßt sich wie üblich die *Inverse* $T^{-1}$ zu $T$ definieren: $T^{-1}y$ ist dasjenige Element $x$ aus $X$, für das $Tx = y$ gilt. Falls $T^{-1}$ existiert, so ist $T^{-1}$ ein linearer Operator. Dies folgt aus der Linearität von $T$: Für $y_1, y_2 \in Y$ gilt

$$T(T^{-1}y_1 + T^{-1}y_2) = TT^{-1}y_1 + TT^{-1}y_2 = y_1 + y_2$$

oder

$$T^{-1}y_1 + T^{-1}y_2 = T^{-1}(y_1 + y_2),$$

und für $\alpha \in \mathbb{K}$ ($\mathbb{R}$ oder $\mathbb{C}$) und $y \in Y$

$$T(\alpha T^{-1}y) = \alpha TT^{-1}y = \alpha y$$

oder

$$\alpha T^{-1}y = T^{-1}(\alpha y).$$

Gilt für einen Operator $S$ die Beziehung $ST = TS = I$ (Identitätsoperator), so existieren $T^{-1}$ und $S^{-1}$, und es gilt: $S = T^{-1}$ und $T = S^{-1}$ (s. Üb. 2.4).

Der folgende Satz ist häufig von Nutzen:

**Satz 2.4:**
Es sei $K$ ein beschränkter linearer Operator, der den Banachraum $X$ in sich abbildet. Ferner gelte $\|K\| < 1$. Dann existiert der zu $T := I - K$ inverse Operator $T^{-1}$, und es gilt

$$T^{-1} = (I - K)^{-1} = \sum_{j=0}^{\infty} K^j . \tag{2.19}$$

Die Konvergenz dieser Reihe ist hierbei im Sinne der Operatornorm zu verstehen.

**Beweis:**

Wir setzen $S_n := \sum\limits_{j=0}^{n} K^j$ und nehmen o.B.d.A. $m > n$ an. Wegen $\|K\| < 1$ gilt[2]

$$\|S_m - S_n\| = \left\| \sum_{j=n+1}^{m} K^j \right\| \le \sum_{j=n+1}^{m} \|K^j\| \le \sum_{j=n+1}^{m} \|K\|^j$$
$$\le \sum_{j=n+1}^{\infty} \|K\|^j = \frac{\|K\|^{n+1}}{1 - \|K\|} \to 0 \quad \text{für} \quad m, n \to \infty$$

d.h. $\{S_n\}$ ist bezüglich der Operatornorm eine Cauchy-Folge in $L(X, X)$. Da $X$ ein Banachraum ist, ist $L(X, X)$ nach Übung 2.3 ebenfalls ein Banachraum. Daher existiert der Grenzwert

$$S := \lim_{n \to \infty} S_n = \sum_{j=0}^{\infty} K^j .$$

Wir zeigen jetzt: $\|(I - K)S - I\| = 0$, woraus sich $(I - K)S = I$ ergibt. Mit

$$(I - K)S_n = (I - K) \sum_{j=0}^{n} K^j = I - K^{n+1}$$

erhalten wir

$$\|(I - K)S - I\| = \|(I - K)(S - S_n) + (I - K)S_n - I\|$$
$$= \|(I - K)(S - S_n) - K^{n+1}\| \le \|I - K\| \|S - S_n\| + \|K\|^{n+1} .$$

2 s. Burg/Haf/Wille [23], Abschn. 1.5.1 (geometrische Reihe)

Da $I - K$ beschränkt ist, $\|K\| < 1$ und $\|S - S_n\| \to 0$ für $n \to \infty$ gilt, folgt hieraus für $n \to \infty$:

$$\|(I - K)S - I\| = 0\,, \quad \text{also} \quad (I - K)S - I = 0\,.$$

Entsprechend ergibt sich: $S(I - K) = I$, woraus nach der Vorbemerkung zu diesem Abschnitt

$$S = (I - K)^{-1} = \sum_{j=0}^{\infty} K^j$$

folgt, was zu beweisen war. □

**Bemerkung:** Man nennt $\sum\limits_{j=0}^{\infty} K^j$ die *Neumannsche*[3] *Reihe* von $K$.

**Folgerung 2.1:**

Die Operatorgleichung $x - Kx = y$ läßt sich unter den obigen Voraussetzungen für jedes $y \in X$ eindeutig lösen. Die Lösung $x$ ist durch

$$x = \sum_{j=0}^{\infty} K^j y$$

gegeben. (Zeigen!)

Wir behandeln nun einige Anwendungen von Satz 2.4

**I. Anwendung auf eine Fredholmsche Integralgleichung 2-ter Art**

Wir betrachten die Integralgleichung

$$f(x) - \int_D k(x, y) f(y)\,\mathrm{d}y = g(x)\,, \; x \in D\,. \tag{2.20}$$

Dabei sei $D$ eine kompakte $J$-meßbare Menge[4] in $\mathbb{R}^n$. Der Kern $k(x, y)$ des Integraloperators $K$

$$(Kf)(x) := \int_D k(x, y) f(y)\,\mathrm{d}y\,, \; x \in D \tag{2.21}$$

sei stetig auf $D \times D$, $g$ sei stetig auf $D$. Legen wir den Banachraum $C(D)$ mit $\|f\| := \max\limits_{x \in D} |f(x)|$ zugrunde, so bildet $K$ $C(D)$ in sich ab (warum?) und ist beschränkt: Aus

$$|(Kf)(x)| \leq \max_{x \in D} |f(x)| \cdot \max_{x \in D} \int_D |k(x, y)|\,\mathrm{d}y\,, \; x \in D$$

3 C. Neumann (1832–1925), deutscher Mathematiker

4 s. Burg/Haf/Wille [23], Abschn. 7.1.2, Def. 7.3 bzw. Abschn. 7.2.1, Def. 7.7

folgt nämlich

$$\|Kf\| = \max_{x \in D} |(Kf)(x)| \le \|f\| \cdot \max_{x \in D} \int_D |k(x, y)| \, \mathrm{d}y$$

oder

$$\|K\| \le \max_{x \in D} \int_D |k(x, y)| \, \mathrm{d}y \,. \tag{2.22}$$

Aus Satz 2.4 ergibt sich dann unmittelbar

**Satz 2.5:**
Unter den obigen Voraussetzungen an $D$, $k$ und $g$ besitzt die Integralgleichung

$$f(x) - \int_D k(x, y) f(y) \, \mathrm{d}y = g(x) \,, \; x \in D \tag{2.23}$$

für den Fall, daß

$$\max_{x \in D} \int_D |k(x, y)| \, \mathrm{d}y < 1 \tag{2.24}$$

ist, eine eindeutig bestimmte Lösung.

**Bemerkung:** Bedingung (2.24) ist z.B. erfüllt, wenn $\max\limits_{x,y \in D} |k(x, y)|$ oder $d(D) := \sup\limits_{x,y \in D} |x - y|$ hinreichend klein sind.

**II. Anwendung auf die Volterrasche Integralgleichung**

Wir legen wieder den Banachraum $(C(D), \|\,.\,\|_{\max})$ zugrunde, wobei $D$ jetzt das abgeschlossene und beschränkte Intervall $[a, b]$ ist. Die *Volterrasche*[5] *Integralgleichung*

$$f(x) - \int_a^x k(x, y) f(y) \, \mathrm{d}y = g(x) \,, \; x \in [a, b] \tag{2.25}$$

besitze einen auf $[a, b] \times [a, b]$ stetigen Kern. Ferner sei $g$ stetig auf $[a, b]$. Wir gehen vom Integraloperator

$$(Kf)(x) := \int_a^b k(x, y) f(y) \, \mathrm{d}y \,, \; x \in [a, b] \tag{2.26}$$

5 V. Volterra (1860–1940), italienischer Mathematiker

aus und bilden mit Hilfe der *iterierten Kerne*

$$k^{[1]}(x, y) := k(x, y)\,,\; k^{[2]}(x, y) := \int_a^b k(x, z)k(z, y)\,\mathrm{d}zi\,,$$
$$\ldots,\; k^{[j+1]}(x, y) := \int_a^b k(x, z)k^{[j]}k(z, y)\,\mathrm{d}z \tag{2.27}$$

die Potenz $K^n$ von $K$:

$$(K^n f)(x) = \int_a^b k^{[n]}(x, y) f(y)\,\mathrm{d}y\,,\; x \in [a, b]\,. \tag{2.28}$$

Setzen wir

$$u(x, y) := \begin{cases} k(x, y) & \text{für} \quad a \le y \le x \\ 0 & \text{für} \quad x < y \le b\,, \end{cases}$$

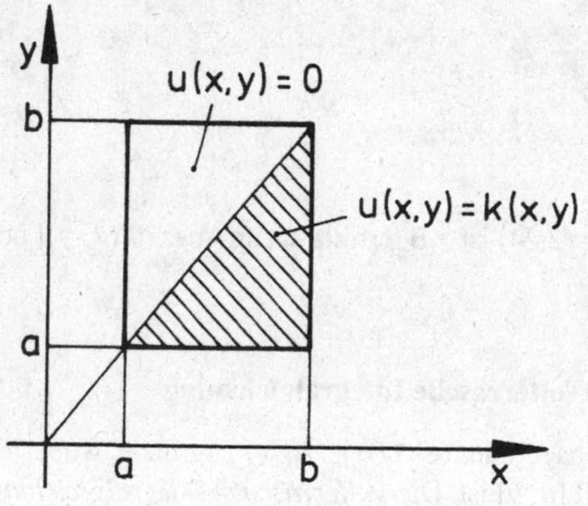


Fig. 2.1: Der Kern $u(x, y)$

so läßt sich die Volterrasche Integralgleichung (2.25) als Fredholmsche Integralgleichung 2-ter Art schreiben:

$$f(x) - \int_a^b u(x, y) f(y)\,\mathrm{d}y = g(x)\,,\; x \in [a, b]$$

oder kurz

$$(I - K)f = g\,. \tag{2.29}$$

Für $K^n$ erhalten wir dann

$$(K^n f)(x) = \int_a^b u^{[n]}(x, y) f(y)\, \mathrm{d}y\,,\ x \in [a, b]\,. \tag{2.30}$$

Mit $M := \max\limits_{x,y\in[a,b]} |k(x, y)|$ folgt: $|u(x, y)| \leq M$, und wegen $u(x, z) = 0$ für $z \geq x$ und $u(z, y) = 0$ für $z \leq y$ folgt

$$u^{[2]}(x, y) = \int_a^b u(x, z)u(z, y)\, \mathrm{d}z = 0 \quad \text{für} \quad x < y$$

oder

$$u^{[2]}(x, y) = \int_y^x u(x, z)u(z, y)\, \mathrm{d}z\,.$$

Hieraus ergibt sich

$$\begin{cases} |u^{[2]}(x, y)| \leq M^2(x - y) & \text{für} \quad x > y \\ u^{[2]}(x, y) = 0 & \text{für} \quad x \leq y\,. \end{cases}$$

Durch vollständige Induktion erhalten wir (s. Üb. 2.5)

$$\begin{cases} |u^{[n]}(x, y)| \leq \dfrac{M^n(x - y)^{n-1}}{(n - 1)!} & \text{für} \quad x > y \\ u^{[n]}(x, y) = 0 & \text{für} \quad x \leq y\,,\ n \in \mathbb{N}\,. \end{cases}$$

Damit ergibt sich für $x \in [a, b]$

$$\begin{aligned} |(K^n f)(x)| &\leq \max_{x\in[a,b]} |f(x)| \int_a^b |u^{[n]}(x, y)|\, \mathrm{d}y \leq \|f\| \frac{M^n}{(n - 1)!} \int_a^x (x - y)^{n-1}\, \mathrm{d}y \\ &\leq \|f\| \frac{M^n}{(n - 1)!} \frac{(x - a)^n}{n} \leq \|f\| \frac{M^n}{n!} (b - a)^n \end{aligned}$$

und somit

$$\|K^n\| \leq \frac{M^n(b - a)^n}{n!}\,.$$

Setzen wir $S := \sum\limits_{i=0}^{\infty} K^i$, $S_n := \sum\limits_{i=0}^{n} K^i$, so folgt für $m < n$, da die Reihe

$$\sum_{i=1}^{\infty} \frac{M^i (b-a)^i}{i!} \quad (= \mathrm{e}^{M(b-a)})$$

konvergiert,

$$\|S_m - S_n\| = \left\| \sum_{i=m+1}^{n} K^i \right\| \le \sum_{i=m+1}^{n} \|K^i\| \le \sum_{i=m+1}^{n} \frac{M^i (b-a)^i}{i!} .$$

Nach dem Cauchy-Konvergenzkriterium für unendliche Reihen (s. Burg/Haf/Wille [23], Abschn. 1.5.2, Satz 1.12) gibt es daher zu jedem $\varepsilon > 0$ eine natürliche Zahl $n_0 = n_0(\varepsilon)$, so daß

$$\|S_n - S_m\| < \varepsilon \quad \text{für} \quad m, n > n_0$$

ist. D.h. $\{S_n\}$ ist eine Cauchy-Folge im Banachraum aller beschränkten linearen Operatoren, die $(C[a,b], \|\,.\,\|_{\max})$ in sich abbilden. Somit existiert

$$\lim_{n\to\infty} S_n = \lim_{n\to\infty} \sum_{i=0}^{n} K^i =: S ,$$

und es gilt: $(I - K)^{-1} = S$. Damit ist bewiesen:

**Satz 2.6:**

Es sei $g(x)$ stetig auf $[a,b]$ und $k(x,y)$ stetig auf $[a,b] \times [a,b]$. Dann besitzt die Volterrasche Integralgleichung

$$f(x) - \int_a^x k(x,y) f(y)\,\mathrm{d}y = g(x)\,, \quad x \in [a,b] \tag{2.31}$$

die auf $[a,b]$ stetige, eindeutig bestimmte Lösung $f = Sg = \sum_{i=0}^{\infty} K^i g$.

### 2.1.4 Lineare Funktionale in normierten Räumen

Es sei $X$ ein normierter Raum. Jeder lineare Operator $F : X \to \mathbb{K}$ ($\mathbb{R}$ oder $\mathbb{C}$) heißt ein *lineares Funktional* auf $X$. Normieren wir $\mathbb{K}$ durch

$$\|\alpha\| := |\alpha|\,, \quad \alpha \in \mathbb{K}\,, \tag{2.32}$$

so ist $\mathbb{K}$ damit ein Banachraum (s. Beisp. 1.18, Abschn. 1.2.2 mit $n = 1$). Nach Satz 2.2, Abschnitt 2.1.1 ist die Menge $L(X, \mathbb{K})$ aller beschränkten linearen Funktionale auf $X$ ein Banachraum. Dabei übertragen sich die bisher eingeführten Grundbegriffe Beschränktheit, Norm,... und die bisherigen Resultate auf diesen Spezialfall.

Wir lernen nun einen wichtigen neuen Begriff kennen:

**Definition 2.7:**
Der Banachraum $L(X, \mathbb{K})$ aller beschränkten linearen Funktionale auf $X$ heißt der zu $X$ *konjugierte* (oder *duale*) *Raum* und wird mit $X^*$ oder $X'$ bezeichnet.

**Beispiel 2.4:**
Es sei $X$ ein Hilbertraum und $y_0$ ein beliebiges (festes) Element aus $X$. Für $x \in X$ wird durch

$$x \mapsto Fx := (x, y_0) \in \mathbb{C} \tag{2.33}$$

ein lineares Funktional $F$ erklärt. (Die Linearität folgt unmittelbar aus der des Skalarproduktes!) Mit Hilfe der Schwarzschen Ungleichung ergibt sich (man beachte (2.32))

$$\|Fx\| = |Fx| = |(x, y_0)| \leq \|x\| \|y_0\| \quad \text{für alle} \quad x \in X\,,$$

d.h. $F$ ist ein beschränktes lineares Funktional: $F \in X^*$, mit $\|F\| \leq \|y_0\|$. Da für $x = y_0$

$$\|Fy_0\| = |(y_0, y_0)| = \|y_0\|^2 = \|y_0\| \|y_0\|$$

gilt, folgt

$$\|F\| = \sup_{\substack{x \in X \\ x \neq 0}} \frac{\|Fx\|}{\|x\|} = \|y_0\|\,. \tag{2.34}$$

**Beispiel 2.5:**
Es sei $C_0^\infty(\mathbb{R}^n)$ der lineare Raum aller in $\mathbb{R}^n$ beliebig oft stetig differenzierbaren reellwertigen Funktionen mit kompaktem Träger (s. Burg/Haf/Wille [24], Abschn. 6.1.2). In $C_0^\infty(\mathbb{R}^n)$ führen wir durch[6]

$$(\varphi, \psi) = \int\limits_{\mathbb{R}^n} \varphi(x)\psi(x)\,\mathrm{d}x \quad \text{für} \quad \varphi, \psi \in C_0^\infty(\mathbb{R}^n) \tag{2.35}$$

ein Skalarprodukt ein und mit seiner Hilfe die Quadratnorm

$$\|\varphi\|_2 = (\varphi, \varphi)^{\frac{1}{2}} = \left( \int\limits_{\mathbb{R}^n} |\varphi(x)|^2\,\mathrm{d}x \right)^{\frac{1}{2}}\,. \tag{2.36}$$

$X = (C_0^\infty(\mathbb{R}^n), \|\,.\,\|_2)$ ist damit ein Skalarproduktraum (kein Hilbertraum!). Ferner sei $f \in C(\mathbb{R}^n)$, und das Integral

$$\int\limits_{\mathbb{R}^n} |f(x)|^2\,\mathrm{d}x$$

6 Im Abschnitt Funktionalanalysis verzichten wir aus Gründen der Übersichtlichkeit bei Integration im $\mathbb{R}^n$ auf die Darstellung der Integrationsvariablen $x$, $y$ im Fettdruck.

existiere. Dann ist das *durch f induzierte Funktional* $F_f$ mit

$$F_f\varphi := \int\limits_{\mathbb{R}^n} f(x)\varphi(x)\,\mathrm{d}x \quad \text{für} \quad \varphi \in C_0^\infty(\mathbb{R}^n) \tag{2.37}$$

ein lineares Funktional auf $C_0^\infty(\mathbb{R}^n)$ (warum?).

Aufgrund der Schwarzschen Ungleichung gilt für alle $\varphi \in C_0^\infty(\mathbb{R}^n)$

$$|F_f\varphi| = \left|\int\limits_{\mathbb{R}^n} f\cdot\varphi\,\mathrm{d}x\right| = |(f,\varphi)| \le \|f\|\|\varphi\|\,,$$

woraus $\|F_f\| \le \|f\|$ folgt, d.h. $F_f$ ist ein beschränktes lineares Funktional auf $C_0^\infty(\mathbb{R}^n)$: $F_f \in (C_0^\infty(\mathbb{R}^n), \|\,.\,\|_2)^*$.

**Bemerkung:** Zu den zentralen Sätzen der Funktionalanalysis zählt der *Fortsetzungssatz von Hahn*[7]*-Banach*. Dieser gewährleistet, daß jedes auf einem Unterraum $X_0$ eines normierten Raumes $X$ erklärte beschränkte lineare Funktional $F$ norminvariant auf ganz $X$ fortgesetzt werden kann. Da wir diesen Satz im folgenden nicht verwenden (was keineswegs seine Bedeutung schmälert!) formulieren und beweisen wir ihn im Anhang (s. Satz I).

### 2.1.5 Der Rieszsche Darstellungssatz

Wir wollen in diesem Abschnitt zeigen, daß sich beschränkte lineare Funktionale eines Hilbertraumes $X$ besonders einfach und elegant darstellen lassen. Aus Beispiel 2.4 in Abschnitt 2.1.4 haben wir gelernt, daß für jedes $x \in X$ durch

$$Fx = (x, y)\,, \quad y \in X \quad \text{fest} \tag{2.38}$$

ein beschränktes lineares Funktional auf $X$ erklärt ist: $F \in X^*$. Daß dieses Beispiel bereits **alle** linearen und beschränkten Funktionale erfaßt, die auf $X$ definiert sind, zeigt

**Satz 2.7:**
(*Darstellungssatz von Riesz*)[8] Es sei $X$ ein Hilbertraum und $F \in X^*$ beliebig. Dann gibt es ein eindeutig bestimmtes $y \in X$, so daß $F$ die Darstellung

$$Fx = (x, y) \quad \text{für alle} \quad x \in X \tag{2.39}$$

besitzt.

**Bemerkung:** Dieser Satz ist das zentrale Ergebnis der Hilbertraum-Theorie. Neben seiner Bedeutung als Darstellungssatz kann er auch als Existenz- und Eindeutigkeitsprinzip aufgefaßt werden: »*es gibt* ein *eindeutig bestimmtes* $y \in X$...«. Diese Bedeutung des Rieszschen Satzes ist

7 H. Hahn (1879–1934), österreichischer Mathematiker
8 F. Riesz (1880–1956), ungarischer Mathematiker

Grundlage für die moderne Theorie der elliptischen partiellen Differentialgleichungen (»Hilbertraummethoden«, s. Kapitel 8).

**Beweis:**
von Satz 2.7: Nach Voraussetzung ist $F \in X^*$ und daher stetig. Wegen Übung 2.6 ist der Nullraum von $F$

$$X_1 := \text{Kern}\, F := \{x \in X \mid Fx = 0\} \tag{2.40}$$

ein abgeschlossener Unterraum von $X$. Wir setzen $X_2 := (X_1)^{\perp}$. Nach Satz 1.16, Abschnitt 1.3.4 läßt sich $X$ in der Form $X = X_1 \oplus X_2$ darstellen, wobei $X_2$ eindeutig bestimmt ist. Wir nehmen an: $\dim X_2 > 1$. Dann muß es aber mindestens zwei (von 0 verschiedene) linear unabhängige Elemente $x_1, x_2 \in X$ geben, die einen Unterraum

$$\tilde{X}_2 := \mathcal{L}(\{x_1, x_2\}) \subset X_2 \subset X \quad \text{mit} \quad \dim \tilde{X}_2 = 2$$

von $X_2$ aufspannen ($\mathcal{L}$: lineare Hülle). Bezeichne $F|_{\tilde{X}_2} : \tilde{X}_2 \to \mathbb{C}$ die Restriktion von $F$ auf $\tilde{X}_2$. Für $x \in \tilde{X}_2$ gilt dann

$$F|_{\tilde{X}_2}(x) = F|_{\tilde{X}_2}(\alpha_1 x_1 + \alpha_2 x_2) = \alpha_1 F|_{\tilde{X}_2}(x_1) + \alpha_2 F|_{\tilde{X}_2}(x_2)$$

mit geeigneten $\alpha_1, \alpha_2 \in \mathbb{C}$. Wir beachten, daß $F|_{\tilde{X}_2}(x_1)$ und $F|_{\tilde{X}_2}(x_2)$ von 0 verschieden sind (warum?). Nun betrachten wir die Gleichung

$$F|_{\tilde{X}_2}(x) = 0\,, \tag{2.41}$$

also eine homogene lineare Gleichung für $\alpha_1$ und $\alpha_2$. Diese besitzt mindestens eine Lösung $(\alpha_1, \alpha_2) \neq (0{,}0)$: Wähle z.B. $\alpha_2 \neq 0$ beliebig und berechne das zugehörige $\alpha_1$ aus

$$\alpha_1 = -\alpha_2 \frac{F|_{\tilde{X}_2}(x_2)}{F|_{\tilde{X}_2}(x_1)}\,.$$

Bilden wir mit diesem Paar $\alpha_1, \alpha_2$ das Element $x = \alpha_1 x_1 + \alpha_2 x_2$, so gilt für dieses

$$x \in \tilde{X}_2 \subset X_2 = (X_1)^{\perp}\,, \quad \text{d.h.} \quad x \in (X_1)^{\perp} \quad \text{mit} \quad x \neq 0\,.$$

Andererseits haben wir für dieses $x$ wegen (2.41): $Fx = 0$, d.h. $x \in X_1$. Dies ist aber ein Widerspruch, so daß $\dim X_2 \leq 1$ gelten muß.

Wir diskutieren nun die verbleibenden beiden Fälle $\dim X_2 = 0$ und $\dim X_2 = 1$:

(i) $\dim X_2 = 0$: Dies hat $X_1 = X$ zur Folge. Wegen (2.40) gilt dann $Fx = 0$ für alle $x \in X$. Also ist $F = 0$ (= Nulloperator)[9]. Wählen wir $y = 0 \in X$, so erhalten wir

$$\underbrace{Fx}_{=0} = \underbrace{(x, y)}_{=0} \quad \text{für alle} \quad x \in X$$

9 Zwei Operatoren $F: X_1 \to Y_1$ und $G: X_2 \to Y_2$ heißen *gleich*, wenn $X_1 = X_2$, $Y_1 = Y_2$ und $Fx = Gx$ für alle $x \in X_1$ gilt. Schreibweise: $F = G$.

und (2.39) ist für diesen Fall nachgewiesen.

(ii) $\dim X_2 = 1$: Es gibt dann ein Element $e \in X_2$ mit $\|e\| = 1$ und $X = X_1 \oplus X_2 = X_1 + \mathcal{L}(\{e\})$. Ist nun $x \in X$ beliebig, so läßt sich ein $\alpha \in \mathbb{C}$ und ein $x_1 \in X_1$ finden mit $x = x_1 + \alpha e$. Ferner gilt

$$Fx = F(x_1 + \alpha e) = Fx_1 + \alpha Fe = 0 + \alpha Fe = \alpha Fe\,,$$

und wegen $(e, e) = \|e\|^2 = 1$ kann $Fx$ auch in der Form

$$Fx = \alpha Fe = \alpha Fe(e, e) = (\alpha e, \overline{(Fe)}e)$$

und wegen $(x_1, e) = 0$ in der Form

$$Fx = (x_1 + \alpha e, \overline{(Fe)}e) = (x, \overline{(Fe)}e)\,, \quad x \in X$$

geschrieben werden. Wählen wir $y := \overline{(Fe)}e$, so besitzt dieses Element die im Satz behauptete Eigenschaft.

Zum Eindeutigkeitsbeweis nehmen wir an, daß zwei Elemente $y_1, y_2 \in X$ existieren mit

$$Fx = (x, y_1) = (x, y_2) \quad \text{für alle} \quad x \in X\,.$$

Hieraus folgt aber $(x, y_1 - y_2) = 0$ für alle $x \in X$, also insbesondere auch für $x := y_1 - y_2$, d.h. es gilt $0 = (y_1 - y_2, y_1 - y_2) = \|y_1 - y_2\|^2$ oder $y_1 = y_2$.

Damit ist der Satz bewiesen. □

### 2.1.6 Adjungierte und symmetrische Operatoren

Wir wollen zwei weitere grundlegende Begriffsbildungen bereitstellen, die wir u.a. in den Abschnitten 2.2 und 2.3 benötigen.

**Definition 2.8:**

Es sei $X$ ein Skalarproduktraum, und $T$ sei ein beschränkter linearer Operator der $X$ in sich abbildet. Dann heißt $T^*$ *adjungiert* zu $T$, wenn

$$(Tx, y) = (x, T^*y) \quad \text{für alle} \quad x, y \in X \tag{2.42}$$

gilt. Ist speziell

$$(Tx, y) = (x, Ty) \quad \text{für alle} \quad x, y \in X\,, \tag{2.43}$$

so heißt $T$ *symmetrisch* (oder *selbstadjungiert*)[10].

10 Nur für den Fall beschränkter linearer Operatoren kann man garantieren, daß die Eigenschaften »symmetrisch« und »selbstadjungiert« übereinstimmen.

**Beispiel 2.6:**
In $X = \mathbb{C}^n = \{\boldsymbol{x} \mid \boldsymbol{x} = (x_1, \ldots, x_n)^{\mathrm{T}},\ x_i \in \mathbb{C}\}$ führen wir für $\boldsymbol{x}, \boldsymbol{y} \in X$ das Skalarprodukt $(\boldsymbol{x}, \boldsymbol{y}) = \sum\limits_{k=1}^{n} x_k \overline{y}_k$ ein. Der Operator $T$ sei durch

$$T\boldsymbol{x} = \left( \sum_{j=1}^{n} a_{1j} x_j, \ldots, \sum_{j=1}^{n} a_{nj} x_j \right)^{\mathrm{T}}, \quad a_{ij} \in \mathbb{C}\ (i, j = 1, \ldots, n) \tag{2.44}$$

definiert. Dann ist $T^*$ durch

$$T^*\boldsymbol{x} = \left( \sum_{j=1}^{n} \overline{a}_{j1} x_j, \ldots, \sum_{j=1}^{n} \overline{a}_{jn} x_j \right)^{\mathrm{T}} \tag{2.45}$$

gegeben (nachrechnen!). Man vertauscht also in der Koeffizientenmatrix $[a_{ik}]_{i,k=1,\ldots,n}$ Zeilen- und Spaltenindizes (Spiegelung an der Hauptdiagonalen) und geht zu den konjugiert komplexen Werten über.

**Beispiel 2.7:**
Es sei $X = C(D)$ die Menge der auf einem kompakten $J$-meßbaren $D \subset \mathbb{R}^n$ stetigen Funktionen. In $X$ führen wir das Skalarprodukt

$$(f, g) = \int\limits_D f \cdot \overline{g}\, \mathrm{d}x \tag{2.46}$$

ein. Dann ist $X$ bezüglich (2.46) ein Skalarproduktraum. Der Operator $T$ sei durch

$$(Tf)(x) := \int\limits_D k(x, y) f(y)\, \mathrm{d}y, \quad x \in D \tag{2.47}$$

erklärt, wobei der Kern $k(x, y)$ dieses Integraloperators in $D \times D$ stetig sei. Ferner sei $f \in C(D)$. Dann ist $T^*$ durch

$$(T^* f)(x) = \int\limits_D \overline{k(y, x)} f(y)\, \mathrm{d}y, \quad x \in D \tag{2.48}$$

gegeben (s. Üb. 2.7). Man gelangt also zu $T^*$, wenn man in $k(x, y)$ die Variablen $x$ und $y$ vertauscht und die konjugiert Komplexe bildet.

Wir zeigen nun

**Hilfssatz 2.4:**
Es sei $X$ ein Skalarproduktraum. Ferner sei $T \in L(X, X)$ und $T^*$ existiere. Dann ist $T^*$ eindeutig bestimmt.

**Beweis:**

Annahme: Für beliebige $x, y \in X$ gelte

$$(Tx, y) = (x, T_1^* y) = (x, T_2^* y) .$$

Dies hat $(x, T_1^* y - T_2^* y) = 0$ zur Folge. Wählen wir speziell $x := T_1^* y - T_2^* y$, so gilt für dieses Element aus $X$

$$0 = (T_1^* y - T_2^* y, T_1^* y - T_2^* y) = \|T_1^* y - T_2^* y\|^2 \quad \text{für alle} \quad y \in X$$

oder

$$T_1^* y = T_2^* y \quad \text{für alle} \quad y \in X .$$

Hieraus folgt aber (s. Fußnote im Beweis von Satz 2.7, Abschn. 2.1.5) $T_1^* = T_2^*$. $T^*$ ist somit eindeutig bestimmt. □

Wann können wir sicher sein, daß wir zu $T$ auch einen adjungierten Operator $T^*$ finden können? Antwort gibt

**Satz 2.8:**

Es sei $X$ ein Hilbertraum und $T : X \to X$ ein beschränkter linearer Operator. Dann gibt es zu $T$ einen eindeutig bestimmten adjungierten Operator $T^*$. $T^*$ ist ebenfalls linear und beschränkt und es gilt: $\|T^*\| = \|T\|$.

**Beweis:**

Für jedes feste $y \in X$ ist der durch $x \mapsto (Tx, y) =: Hx$ definierte Operator $H$ aus $X^*$: Die Linearität ist klar. Die Beschränktheit folgt mit der Schwarzschen Ungleichung:

$$|Hx| = |(Tx, y)| \leq \|Tx\| \|y\| \leq \|T\| \|x\| \|y\| , \quad x \in X$$

oder $\|H\| \leq \|T\| \|y\|$. Nach dem Darstellungssatz von Riesz (s. Abschn. 2.1.5) gibt es ein eindeutig bestimmtes $z \in X$, so daß

$$Hx = (Tx, y) = (x, z) \quad \text{für alle} \quad x \in X$$

gilt. Jedem $y$ entspricht also ein eindeutig bestimmtes $z$. Dadurch ist ein Operator $T^*$ mit $T^* y := z$ definiert, für den $(Tx, y) = (x, T^* y)$ gilt. $T^*$ ist linear (zeigen!) und beschränkt: Aus der Beziehung

$$|(x, T^* y)| = |(Tx, y)| \leq \|Tx\| \|y\| \leq \|T\| \|x\| \|y\| \quad \text{für} \quad x, y \in X$$

folgt, wenn wir $x := T^* y$ wählen

$$\|T^* y\|^2 \leq \|T\| \|T^* y\| \|y\| \quad \text{oder} \quad \|T^* y\| \leq \|T\| \|y\| \quad \text{für} \quad y \in X$$

und hieraus $\|T^*\| \leq \|T\|$, d.h. $T^*$ ist beschränkt. Andererseits gilt für $x, y \in X$: $|(x, T^*y)| \leq \|x\|\|T^*y\|$ und daher für $x \neq 0$, $y \neq 0$

$$\|T^*\| = \sup_{\substack{y \in X \\ y \neq 0}} \frac{\|T^*y\|}{\|y\|} \geq \frac{\|T^*y\|}{\|y\|} \geq \frac{|(x, T^*y)|}{\|y\|\|x\|} = \frac{|(Tx, y)|}{\|y\|\|x\|}.$$

Hieraus ergibt sich, wenn wir $y := Tx$ wählen,

$$\|T^*\| \geq \frac{\|Tx\|^2}{\|Tx\|\|x\|} = \frac{\|Tx\|}{\|x\|}$$

oder

$$\|T^*\| \geq \sup_{\substack{x \in X \\ x \neq 0}} \frac{\|Tx\|}{\|x\|} = \|T\|.$$

Insgesamt erhalten wir $\|T^*\| = \|T\|$. Damit ist alles bewiesen. □

## Übungen

### Übung 2.1*:

Zeige:

(a) Jeder lineare Operator der den $n$-dimensionalen linearen Raum $\mathbb{K}^n$ auf den $m$-dimensionalen linearen Raum $\mathbb{K}^m$ abbildet hat die Form

$$T(x_1, \ldots, x_n) = (y_1, \ldots, y_m) \quad \text{mit} \quad y_j = \sum_{k=1}^{n} t_{jk} x_k.$$

(b) Sind $X$ und $Y$ endlich-dimensionale normierte Räume, so ist jeder lineare Operator $T : X \to Y$ beschränkt.

### Übung 2.2*:

Es sei $D$ eine kompakte $J$-meßbare Menge in $\mathbb{R}^n$ und $X$ der Skalarproduktraum $(C(D), \|.\|_2)$. Ferner sei $T$ der Integraloperator mit

$$(Tf)(x) := \int_D k(x, y) f(y) \, \mathrm{d}y, \quad x \in D,$$

wobei sein Kern $k(x, y)$ in $D \times D$ stetig und $f \in C(D)$ sei. Beweise: $T$ ist ein beschränkter linearer Operator, der $X$ in sich abbildet.

### Übung 2.3*:

Beweise: Ist $X$ ein normierter Raum und $Y$ ein Banachraum, so bildet die Menge aller beschränkten linearen Operatoren $T : X \to Y$ bezüglich der Operatornorm einen Banachraum.

**Übung 2.4*:**

$S$ und $T$ seien Operatoren, die normierte Räume in normierte Räume abbilden. Ferner gelte $ST = TS = I$ (= Identitätsoperator). Zeige: Die inversen Operatoren $T^{-1}$ und $S^{-1}$ existieren, und es gilt $S = T^{-1}$ und $T = S^{-1}$.

**Übung 2.5:**

Zum Abschluß des Beweises von Satz 2.6, Abschnitt 2.1.3 ist mittels vollständiger Induktion zu zeigen

$$\begin{cases} |u^{[n]}(x, y)| \le \dfrac{M^n (x-y)^{n-1}}{(n-1)!} & \text{für} \quad x > y \; (n \in \mathbb{N}) \\ u^{[n]}(x, y) = 0 & \text{für} \quad x \le y \; (n \in \mathbb{N}) . \end{cases}$$

**Übung 2.6*:**

Es sei $X$ ein Hilbertraum und $F$ ein beschränktes lineares Funktional auf $X$. Weise nach, daß

$$\text{Kern } F := \{x \in X \,|\, Fx = 0\}$$

ein abgeschlossener Unterraum von $X$ ist.

**Übung 2.7:**

Rechne nach: Der in Übung 2.2 erklärte Operator $T$ besitzt die Adjungierte $T^*$ mit

$$(T^* f)(x) := \int_D \overline{k(y, x)} f(y) \, \mathrm{d}y \,, \; x \in D .$$

**Übung 2.8:**

Zeige: Für adjungierte Operatoren gelten die Rechenregeln

$$(A + B)^* = A^* + B^* ; \quad (\alpha A)^* = \overline{\alpha} A^* ;$$
$$(A \circ B)^* = B^* \circ A^* ; \quad (A^*)^{-1} = (A^{-1})^* \quad \text{wenn } A^{-1} \text{ existiert.}$$

## 2.2 Fredholmsche Theorie in Skalarprodukträumen

Unser Anliegen ist es, eine möglichst große Klasse von Operatorgleichungen der Form

$$Tx = y \quad \text{bzw.} \quad (I - K)x = y \tag{2.49}$$

($I$: Identitätsoperator) zu lösen. Einige Spezialfälle haben wir bereits mit Hilfe eines Fixpunktsatzes (s. Abschn. 1.1.5, Satz. 1.2) bzw. mittels Neumannscher Reihe (s. Abschn. 2.1.3) untersucht und insbesondere auch Fredholmsche Integralgleichungen 2-ter Art

$$f(x) - \int_D f(y)k(x, y)\,dy = g(x)\,,\ x \in D \tag{2.50}$$

betrachtet. Dabei waren recht einschneidende Voraussetzungen erforderlich: »kleine Kerne $k(x, y)$« bzw. »kleine Integrationsbereiche $D$«. Wir wollen uns nun von diesen Restriktionen lösen. Dies ist auch von den Anwendungen her dringend geboten. So verlangt etwa die Behandlung der Schwingungsgleichung mit Integralgleichungsmethoden (s. Abschn. 5.3.3) größere Allgemeinheit.

Zum Aufbau einer Lösungstheorie benötigen wir geeignete Struktureigenschaften der Operatoren $T$ bzw. $K$ in (2.49). Mit solchen beschäftigen wir uns insbesondere in den nächsten beiden Abschnitten.

### 2.2.1 Vollstetige Operatoren

Die folgende Definition ist grundlegend für die weiteren Untersuchungen.

**Definition 2.9:**
Es sei $X$ ein normierter Raum und $T : X \to X$ ein linearer Operator. $T$ heißt *vollstetig* (oder *kompakt*), wenn jede beschränkte Folge $\{x_n\}$ aus $X$ eine Teilfolge $\{x_{n_k}\}$ enthält, für die die Bildfolge $\{Tx_{n_k}\}$ konvergiert.

**Beispiel 2.8:**
Ist der Raum $X$ endlich-dimensional, so ist jeder lineare Operator $T : X \to X$ beschränkt (s. Üb. 2.1). Für jede beschränkte Folge $\{x_n\}$ aus $X$: $\|x_n\| < C$ $(C > 0)$, gilt dann

$$\|Tx_n\| \le \|T\|\|x_n\| \le C\|T\|\,,\ n \in \mathbb{N}$$

d.h. auch die Bildfolge $\{Tx_n\}$ ist beschränkt. Nach dem Satz von Bolzano-Weierstrass (s. Burg/Haf/Wille [23], Abschn. 6.1.3: Satz 6.2 gilt hier entsprechend) gibt es eine Teilfolge $\{Tx_{n_k}\}$ (Urbildfolge $\{x_{n_k}\}$) die in $X$ konvergiert. $T$ ist somit ein vollstetiger Operator.

**Beispiel 2.9:**
Es sei $D$ eine kompakte $J$-meßbare Menge in $\mathbb{R}^m$ und $X = C(D)$ der Banachraum aller auf $D$ stetigen Funktionen $f$ mit der Eigenschaft $\|f\| = \max\limits_{x\in D} |f(x)|$. Der Operator $T$ sei durch

$$(Tf)(x) := \int_D k(x, y) f(y)\,dy\,,\ x \in D \tag{2.51}$$

erklärt ($T$ ist also ein Integraloperator). Sein Kern $k(x, y)$ sei stetig auf $D \times D$. Zum Vollstetigkeitsnachweis von $T$ sei $\{f_n\}$ eine beliebige beschränkte Folge in $X$. Es gibt dann eine Konstante

$C > 0$ mit

$$\|f_n\| = \max_{x \in D} |f_n(x)| < C \quad \text{für alle} \quad n \in \mathbb{N},$$

d.h. die Folge $\{f_n\}$ ist auf $D$ *gleichmäßig beschränkt*. Wegen

$$\|Tf_n\| \leq \|T\|\|f_n\| < \|T\|C, \ n \in \mathbb{N}$$

ist die Folge $\{Tf_n\}$ ebenfalls beschränkt. (Wir beachten, daß $T$ beschränkt ist: vgl. Beisp. 2.2, Abschn. 2.1.1). Da $k(x, y)$ stetig auf dem Kompaktum $D \times D$ ist, ist $k(x, y)$ dort gleichmäßig stetig (s. Burg/Haf/Wille [23], Abschn. 1.6.5: Satz 1.25 gilt entsprechend auch im $\mathbb{R}^m$). Zu jedem $\varepsilon > 0$ gibt es daher ein $\delta = \delta(\varepsilon) > 0$ mit $|k(x_1, y) - k(x_2, y)| < \varepsilon$ für alle $x_1, x_2, y \in D$ mit $|x_1 - x_2| < \delta$. Hieraus folgt

$$|Tf_n(x_1) - Tf_n(x_2)| = \left| \int_D [k(x_1, y) - k(x_2, y)] f_n(y)\, \mathrm{d}y \right| < \|f_n\| \varepsilon \operatorname{Vol}(D) =: \tilde{\varepsilon}$$

für alle $x_1, x_2 \in D$ mit $|x_1 - x_2| < \delta$ und für alle $n \in \mathbb{N}$, d.h. die Folge $\{Tf_n\}$ ist *gleichgradig stetig* auf $D$. Nach dem Satz von Arzelá-Ascoli (s. z.B. Heuser [75], S. 563–567) existiert dann eine Teilfolge $\{f_{n_k}\}$ von $\{f_n\}$ derart, daß $\{Tf_{n_k}\}$ auf $D$ gleichmäßig konvergiert. Dies besagt aber, daß $\{Tf_{n_k}\}$ bezüglich der Maximumsnorm in $C(D)$ konvergiert (s. Beisp. 1.6, Abschn. 1.1.3). Damit ist die Vollstetigkeit von $T$ gezeigt.

**Bemerkung:** Legen wir in $C(D)$ die Quadratnorm

$$\|f\| = (f, f)^{\frac{1}{2}} = \left( \int_D |f(x)|^2\, \mathrm{d}x \right)^{\frac{1}{2}}$$

zugrunde, so erweist sich $T$ in diesem Skalarproduktraum ebenfalls als vollstetig (s. Üb. 2.10).

Vollstetigkeit ist eine stärkere Struktureigenschaft eines Operators als die Stetigkeit (= Beschränktheit). Dies zeigt

**Hilfssatz 2.5:**

Der Operator $T$ bilde den normierten Raum $X$ in sich ab und sei vollstetig. Dann ist $T$ beschränkt.

**Beweis:**

Wir nehmen an, $T$ sei unbeschränkt. Dann gibt es eine Folge $\{x_n\}$ in $X$ mit $\|Tx_n\| > n$ für alle $n \in \mathbb{N}$. Für jede Teilfolge $\{x_{n_k}\}$ von $\{x_n\}$ gilt daher: $\|Tx_{n_k}\| \to \infty$ für $k \to \infty$, im Widerspruch zur Vollstetigkeit von $T$. Somit ist $T$ beschränkt. □

Dagegen ist z.B. der Identitätsoperator $I$ in einem unendlich-dimensionalen Raum zwar beschränkt, jedoch nicht vollstetig (warum?).

**Hilfssatz 2.6:**

Im normierten Raum $X$ seien die linearen Operationen $T_1 + T_2$ bzw. $\alpha T_1$ für die Operatoren $T_1, T_2 \colon X \to X$ und $\alpha \in \mathbb{C}$ durch

$$(T_1 + T_2)x := T_1 x + T_2 x\,,\ (\alpha T_1)x := \alpha T_1 x\,,\ x \in X$$

erklärt. Sind $T_1$ und $T_2$ vollstetig und $\alpha, \beta \in \mathbb{C}$, so ist auch $\alpha T_1 + \beta T_2 \colon X \to X$ vollstetig.

**Beweis:**

Es sei $\{x_n\}$ eine beliebige beschränkte Folge in $X$. Da $T_1$ vollstetig ist gibt es eine Teilfolge $\{x_n'\}$ von $\{x_n\}$, so daß $\{T x_n'\}$ konvergiert. Ferner ergibt sich aus der Vollstetigkeit von $T_2$ die Existenz einer Teilfolge $\{x_n''\}$ von $\{x_n'\}$, für die $\{T_2 x_n''\}$ konvergiert. Insgesamt ergibt sich die Konvergenz der Folge $\{(\alpha T_1 + \beta T_2)x_n''\}$ und damit die Behauptung des Hilfssatzes. □

**Hilfssatz 2.7:**

Es sei $X$ ein normierter Raum. $S$ und $T$ seien lineare Operatoren, die $X$ in sich abbilden. Ferner sei $S$ beschränkt und $T$ vollstetig. Dann sind auch die Produktoperatoren[11] $S \circ T$ und $T \circ S$ vollstetig.

**Beweis:**

s. Übung 2.9

Schließlich wollen wir noch untersuchen, ob sich die Vollstetigkeit bei Folgen von Operatoren im Falle der Konvergenz auch auf den Grenzoperator überträgt. Es gilt

**Hilfssatz 2.8:**

Es sei $X$ ein Banachraum und $\{T_n\}$ eine Folge von vollstetigen Operatoren, die $X$ in sich abbilden und die (bezgl. der Operatornorm) gegen $T$ konvergieren. Dann ist auch $T$ vollstetig.

**Beweis:**

Es sei $\{x_n\}$ eine beliebige beschränkte Folge in $X$. Da $T_1$ vollstetig ist, können wir eine Teilfolge $\{x_n^1\}$ von $\{x_n\}$ wählen, für die $\{T_1 x_n^1\}$ konvergiert. Nun wählen wir eine Teilfolge $\{x_n^2\}$ von $\{x_n^1\}$, für die $\{T_2 x_n^2\}$ konvergiert ($T_2$ ist vollstetig!) usw. Schließlich wählen wir eine Teilfolge $\{x_n^k\}$ von $\{x_n^{k-1}\}$, für die $\{T_k x_n^k\}$ konvergiert ($T_k$ ist vollstetig!) und setzen $y_k := x_k^k$ (Diagonalelemente!). Die Folge $\{y_n\}$ ist für $n \geq k$ Teilfolge von $\{x_n^k\}$, so daß $\{T_k y_n\}$ konvergiert. $\{T_k y_n\}$ konvergiert damit für alle $k$.

Wir zeigen nun, daß auch die Folge $\{T y_n\}$ konvergiert. Zunächst weisen wir nach: $\{T y_n\}$ ist eine Cauchy-Folge in $X$. Hierzu sei $M > 0$ eine obere Schranke der Folgen $\{\|x_n\|\}$ und $\{\|y_n\|\}$.

11 s. Abschn. 2.1.1, (2.12)

Nach Voraussetzung konvergiert $\{T_k\}$ gegen $T$: Zu jedem $\varepsilon > 0$ gibt es ein $k = k(\varepsilon) \in \mathbb{N}$ mit $\|T_k - T\| < \varepsilon$. Da $\{T_k y_n\}$ konvergiert, existiert zu diesem $\varepsilon > 0$ ein $N = N(\varepsilon) \in \mathbb{N}$ mit

$$\|T_k y_n - T_k y_m\| < \varepsilon \quad \text{für alle} \quad m, n \geq N .$$

(Aus der Konvergenz der Folge $\{T_k y_n\}$ folgt insbesondere ihre Cauchy-Konvergenz!) Insgesamt erhalten wir

$$\begin{aligned}\|T y_n - T y_m\| &\leq \|T y_n - T_k y_n\| + \|T_k y_n - T_k y_m\| + \|T_k y_m - T y_m\| \\ &\leq \|T - T_k\| \|y_n\| + \|T_k y_n - T_k y_m\| + \|T_k - T\| \|y_m\| \\ &< \varepsilon \cdot M + \varepsilon + \varepsilon \cdot M = (2M+1)\varepsilon \quad \text{für} \quad m, n \geq N ,\end{aligned}$$

d.h. $\{T y_n\}$ist eine Cauchy-Folge in $X$. Da $X$ vollständig ist - nach Voraussetzung ist $X$ ein Banachraum - ergibt sich die Konvergenz von $\{T y_n\}$ und somit die Vollstetigkeit von $T$. □

### 2.2.2 Ausgeartete Operatoren

Wir wenden uns einer Klasse von Operatoren zu, die »einfacher gebaut« sind als die vollstetigen. Außerdem wollen wir versuchen, vollstetige Operatoren durch diese »einfacheren« zu approximieren. Wir beschränken uns hierbei auf Skalarprodukträume.

**Definition 2.10:**

Es sei $X$ ein Skalarproduktraum. Der Operator $T: X \to X$ heißt *ausgeartet*, wenn es endlich viele Elemente $a_1, \ldots, a_k; b_1, \ldots, b_k$ aus $X$ gibt, so daß

$$Tx = \sum_{j=1}^{k} (x, a_j) b_j \tag{2.52}$$

für alle $x \in X$ ist.

**Hilfssatz 2.9:**

Jeder ausgeartete Operator $T: X \to X$ ist vollstetig.

**Beweis:**

Es sei $\{x_n\}$ eine durch $C > 0$ beschränkte Folge in $X$. Nach der Schwarzschen Ungleichung gilt dann

$$|(x_n, a_j)| \leq \|x_n\| \|a_j\| < C \max_{1 \leq j \leq k} \|a_j\| ,$$

d.h. die $k$ Folgen $\{(x_n, a_j)\}_{n \in \mathbb{N}}$ sind für $j = 1, \ldots, k$ beschränkt. Nach dem Satz von Bolzano-Weierstrass (s. Burg/Haf/Wille [23], Abschn. 6.1.3, Satz 6.2) läßt sich daher eine Teilfolge $\{x'_n\}$ von $\{x_n\}$ finden, so daß die Folgen $\{(x'_n, a_j)\}$ $(j = 1, \ldots k)$ konvergieren. Wegen

$$\sum_{j=1}^{k}(x_n', a_j)b_j = Tx_n'$$

konvergiert dann auch die Folge $\{Tx_n'\}$, womit die Vollstetigkeit von $T$ bewiesen ist. □

Aus den Hilfssätzen 2.8 und 2.9 ergibt sich unmittelbar

**Hilfssatz 2.10:**
Es sei $X$ ein Hilbertraum. Der Operator $T : X \to X$ lasse sich beliebig genau durch ausgeartete Operatoren approximieren, d.h. es existiere eine Folge $\{A_n\}$ von ausgearteten Operatoren $A_n$ mit $A_n \to T$ im Sinne der Operatornorm. Dann ist $T$ vollstetig.

Für das Weitere ist von Bedeutung, daß auch die Umkehrung von Hilfssatz 2.10 gilt:

**Satz 2.9:**
Es sei $X$ ein Hilbertraum und $T : X \to X$ ein vollstetiger Operator. Dann läßt sich $T$ beliebig genau durch ausgeartete Operatoren approximieren.

**Beweis:**
Wir haben zu zeigen, daß es zu jedem $\varepsilon > 0$ einen ausgearteten Operator $A$ mit $\|T - A\| < \varepsilon$ gibt. Hierzu sei $M$ das Bild der abgeschlossenen Einheitskugel $K := \{x \in X \mid \|x\| \leq 1\}$ unter $T$.

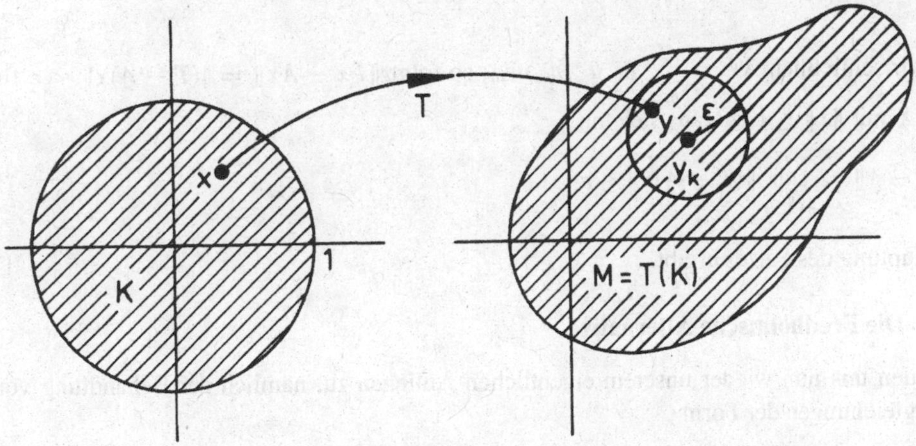


Fig. 2.2: Zum Beweis von Satz 2.9

Es gibt dann endlich viele Elemente $y_1, \ldots, y_m \in M$ mit folgender Eigenschaft: Zu jedem $y \in M$ und $\varepsilon > 0$ existiert mindestens ein $y_k \in M$, $1 \leq k \leq m$ mit $\|y - y_k\| < \varepsilon$. Andernfalls würde es eine unendliche Folge $\{v_k\}$ aus $M$ geben mit $\|v_i - v_j\| \geq \varepsilon$ für $i \neq j$ (warum?). Andererseits gilt aber $v_j = Tx_j$ mit $\|x_j\| \leq 1$, und wegen der Vollstetigkeit von $T$ gibt es eine Teilfolge $\{x_{j_l}\}$ von $\{x_j\}$, so daß $\{Tx_{j_l}\} = \{v_{j_l}\}$ konvergiert, was im Widerspruch zu $\|v_i - v_j\| \geq \varepsilon$

für alle $i \neq j$ steht.
Unter den Elementen $y_1, \dots, y_m$ seien genau $r$ linear unabhängige. Diese lassen sich nach dem Verfahren von E. Schmidt (s. Abschn. 1.3.5, Satz 1.18) orthonormieren: $w_1, \dots, w_r$ seien die so gewonnenen Elemente. Jedes $y_k$ ist dann in der Form $y_k = \sum_{m=1}^{r} c_{km} w_m$, $k = 1, \dots, m$ darstellbar und nach unseren obigen Überlegungen gibt es damit zu jedem $y \in M$ Koeffizienten $c_1, \dots, c_r$ mit $\left\| y - \sum_{m=1}^{r} c_m w_m \right\| < \varepsilon$. Nun benutzen wir die Minimal-Eigenschaft der Fourierkoeffizienten von $y$ aus Abschnitt 1.3.3[12]. Demnach gilt

$$\left\| y - \sum_{m=1}^{r} (y, w_m) w_m \right\| \leq \left\| y - \sum_{m=1}^{r} c_m w_m \right\| < \varepsilon$$

oder, mit $y = Tx$:

$$\left\| Tx - \sum_{m=1}^{r} (Tx, w_m) w_m \right\| < \varepsilon \, .$$

Da $X$ ein Hilbertraum ist, existiert nach Satz 2.8, Abschnitt 2.1.6 der zu $T$ adjungierte Operator $T^*$ mit $(Tx, w_m) = (x, T^* w_m)$, und wir erhalten

$$\left\| Tx - \sum_{m=1}^{r} (x, T^* w_m) w_m \right\| < \varepsilon \, . \tag{2.53}$$

Setzen wir schließlich $Ax := \sum_{m=1}^{r} (x, T^* w_m) w_m$, so folgt $\|Tx - Ax\| = \|(T - A)x\| < \varepsilon$ für alle $x \in X$ mit $\|x\| \leq 1$, woraus sich mit

$$\|T - A\| = \sup_{\|x\| \leq 1} \|(T - A)x\| \leq \varepsilon$$

die Behauptung des Satzes ergibt. □

### 2.2.3 Die Fredholmsche Alternative

Wir wenden uns nun wieder unserem eigentlichen Anliegen zu, nämlich der Behandlung von Operatorgleichungen der Form

$$Tx = y \quad \text{bzw.} \quad (I - K)x = y \, . \tag{2.54}$$

Wir orientieren uns dabei an einem Spezialfall, den linearen Gleichungssystemen

$$\sum_{k=1}^{n} t_{ik} x_k = y_i \; (i = 1, \dots, n) \, . \tag{2.55}$$

12 Diese gilt auch im Falle beliebiger Hilberträume.

Dabei sind die Koeffizienten $t_{ik} \in \mathbb{C}$ und die rechte Seite $y_i \in \mathbb{C}$ vorgegeben $(i, k = 1, \ldots, n)$ und Lösungen $x_k$ von (2.55) zu bestimmen.

Mit der Matrix $\boldsymbol{T} := [t_{ik}]_{i,k=1,\ldots,n}$ und den Vektoren $\boldsymbol{x} = (x_1, \ldots, x_n)^{\mathrm{T}}$ und $\boldsymbol{y} = (y_1, \ldots, y_n)^{\mathrm{T}}$ läßt sich (2.55) in der Form

$$\boldsymbol{T}\boldsymbol{x} = \boldsymbol{y} \tag{2.56}$$

schreiben. Die Theorie der linearen Gleichungssysteme liefert dann den folgenden *Alternativsatz* (s. Burg/Haf/Wille [25], Abschn. 3.6.2, Satz 3.37[13]): Es gilt

*entweder*

(i) Besitzt die homogene Gleichung $\boldsymbol{T}\boldsymbol{x} = \boldsymbol{0}$ nur die triviale Lösung $(\boldsymbol{x} = \boldsymbol{0})$, so ist die inhomogene Gleichung $\boldsymbol{T}\boldsymbol{x} = \boldsymbol{y}$ für jede rechte Seite $\boldsymbol{y}$ eindeutig lösbar.

*oder*

(ii) Der Nullraum Kern $\boldsymbol{T} = \{\boldsymbol{x} | \boldsymbol{T}\boldsymbol{x} = \boldsymbol{0}\}$ und der Nullraum Kern $\boldsymbol{T}^*$ des zu $\boldsymbol{T}$ adjungierten Operators $\boldsymbol{T}^*$ sind endlich-dimensional und haben dieselbe Dimension[14]

$$\dim[\text{Kern } \boldsymbol{T}] = \dim[\text{Kern } \boldsymbol{T}^*] < \infty \tag{2.57}$$

und

(iii) Die inhomogene Gleichung $\boldsymbol{T}\boldsymbol{x} = \boldsymbol{y}$ ist genau dann lösbar, wenn für alle $z \in \text{Kern } \boldsymbol{T}^*$ (d.h. für alle $z$ mit $\boldsymbol{T}^* z = \boldsymbol{0}$)

$$(\boldsymbol{y}, z) = 0 \tag{2.58}$$

gilt.

In der »Sprache der Funktionalanalysis« können wir das lineare Gleichungssystem (2.55) als Operatorgleichung im Hilbertraum $X = \mathbb{C}^n$ mit $\|\boldsymbol{x}\| = (\boldsymbol{x}, \boldsymbol{x})^{\frac{1}{2}} = \left( \sum\limits_{i=1}^{n} |x_i|^2 \right)^{\frac{1}{2}}$ und dem durch

$$\boldsymbol{T}\boldsymbol{x} := \left( \sum_{k=1}^{n} t_{1k} x_k, \ldots, \sum_{k=1}^{n} t_{nk} x_k \right)^{\mathrm{T}}, \quad \boldsymbol{x} \in X$$

erklärten vollstetigen Operator $T: X \to X$ auffassen. (Zum Vollstetigkeitsnachweis siehe Beispiel 2.8).

Der obige Alternativsatz für lineare Gleichungssyteme ist hierbei so formuliert, daß er sich auf allgemeinere Operatorgleichungen in Skalarprodukträumen übertragen läßt. Wir nehmen diesen Sachverhalt zum Anlaß für die folgende

13 Dieser Satz gilt entsprechend auch in $\mathbb{C}^n$ (s. auch Smirnow [139], Teil III,1,§2)

14 Wegen $\boldsymbol{T}^*\boldsymbol{x} = \left( \sum\limits_{k=1}^{n} \bar{t}_{k1} x_1, \ldots, \sum\limits_{k=1}^{n} \bar{t}_{kn} x_n \right)^{\mathrm{T}}$ entspricht dem: Zeilenrang gleich Spaltenrang der Matrix

**Definition 2.11:**
Es sei $X$ ein Skalarproduktraum und $T: X \to X$ ein linearer Operator. Zu $T$ existiere der adjungierte Operator $T^*$. Wir sagen, für $T$ (oder für die Gleichung $Tx = y$) gilt die *Fredholmsche Alternative*, wenn $T$ die obigen Eigenschaften (i) bzw. (ii), (iii) besitzt.

### 2.2.4 Der Fredholmsche Alternativsatz in Hilberträumen

Wir betrachten die Operatorgleichung

$$Tx := (I - K)x = y \quad (I\text{: Identität}) \tag{2.59}$$

zunächst in einem Hilbertraum und zeigen

**Satz 2.10:**
(*Fredholmscher Alternativsatz*) Es sei $K$ ein vollstetiger Operator, der den Hilbertraum $X$ in sich abbildet. Dann gilt für den Operator $T := I - K$ die Fredholmsche Alternative.

**Beweis:**
[15] (Methode von E. Schmidt) $K$ ist nach Voraussetzung vollstetig. Nach Satz 2.9, Abschnitt 2.2.2 gibt es daher zu jedem $\varepsilon > 0$ ($\varepsilon < 1$ gewählt) einen ausgearteten Operator $A$:

$$Ax = \sum_{j=1}^{k} (x, a_j) b_j\,;\ x, a_j, b_j \in X\,, \tag{2.60}$$

so daß sich $K$ in der Form

$$K = A + R \quad \text{mit} \quad \|R\| < 1 \tag{2.61}$$

darstellen läßt. Wegen $\|R\| < 1$ existiert nach Satz 2.4, Abschnitt 2.1.3 der Operator $S := (I - R)^{-1}$, und aus der Gleichung

$$x - Kx = (I - K)x = y \tag{2.62}$$

oder

$$(I - R)x - Ax = y$$

folgt durch Multiplikation mit $S$ von links

$$S(I - R)x - SAx = Sy \quad \text{oder} \quad x - SAx = Sy\,.$$

15 kann beim ersten Lesen übersprungen werden.

Setzen wir in diese Gleichung (2.60) ein, so erhalten wir

$$x - S\left(\sum_{j=1}^{k}(x, a_j)b_j\right) = Sy$$

oder, da $S$ linear ist,

$$x - \sum_{j=1}^{k}(x, a_j)Sb_j = Sy\,, \tag{2.63}$$

also eine Operatorgleichung in $X$ mit ausgeartetem Operator. Da alle diese Schritte umkehrbar sind, sind die Gleichungen (2.63) und (2.62) äquivalent. Sei nun $x$ eine Lösung von (2.63) (und damit auch von (2.62)). Wenden wir auf beide Seiten von (2.63) die *Linearformen* $(\cdot, a_i)$[16] an, so ergibt sich

$$\left(x - \sum_{j=1}^{k}(x, a_j)Sb_j, a_i\right) = (Sy, a_i)\,,\ i = 1, \ldots, k$$

oder, wegen der Linearität des Skalarproduktes

$$(x, a_i) - \sum_{j=1}^{k}(Sb_j, a_i)(x, a_j) = (Sy, a_i)\,,\ i = 1, \ldots, k \tag{2.64}$$

d.h. $(x, a_1), \ldots, (x, a_k)$ ist eine Lösung des linearen Gleichungssystems

$$\xi_i - \sum_{j=1}^{k}(Sb_j, a_i)\xi_j = (Sy, a_i)\,,\ i = 1, \ldots, k\,. \tag{2.65}$$

Es sei umgekehrt $\xi_1, \ldots, \xi_k$ eine Lösung von (2.65). Setzen wir

$$x := Sy + \sum_{j=1}^{k}\xi_j Sb_j \tag{2.66}$$

(vgl. (2.63)!), so folgt mit (2.66)

$$\begin{aligned} x - \sum_{j=1}^{k}(x, a_j)Sb_j &= Sy + \sum_{j=1}^{k}\xi_j Sb_j - \sum_{j=1}^{k}\left(Sy + \sum_{i=1}^{k}\xi_i Sb_i, a_j\right)Sb_j \\ &= Sy + \sum_{j=1}^{k}\left[\xi_j - \sum_{i=1}^{k}\xi_i(Sb_i, a_j)\right]Sb_j - \sum_{j=1}^{k}(Sy, a_j)Sb_j \end{aligned}$$

16 Der Punkt im Ausdruck $(\cdot, a_i)$ ist Platzhalter für die entsprechenden Variablen, auf die die Linearform wirkt

$$= Sy + \sum_{j=1}^{k}(Sy, a_j)Sb_j - \sum_{j=1}^{k}(Sy, a_j)Sb_j = Sy\,,$$

d.h. das durch (2.66) erklärte $x$ löst (2.63) und damit (2.62), und es gilt

$$(x, a_i) = \left( Sy + \sum_{j=1}^{k} \xi_j Sb_j, a_i \right) = (Sy, a_i) + \sum_{j=1}^{k}(Sb_j, a_i)\xi_j\,,$$

$j = 1, \ldots, k$, woraus wegen (2.65)

$$(x, a_i) = \xi_i\,,\ i = 1, \ldots, k \tag{2.67}$$

folgt. Insgesamt ergibt sich folgender Sachverhalt:

**(S)** Durch $\xi_i = (x, a_i)$, $i = 1, \ldots, k$ und $x = Sy + \sum_{j=1}^{k} \xi_j Sb_j$ ist eine umkehrbar eindeutige lineare Zuordnung zwischen den Lösungen $x$ von (2.63) bzw. (2.62) und den Lösungen $(\xi_1, \ldots, \xi_k)$ von (2.65) gegeben.

Das Lösen unserer Operatorgleichung (2.62) ist damit auf das Lösen eines linearen Gleichungssystems, nämlich des Systems (2.65) zurückgeführt. Dafür steht uns aber eine komplette Lösungstheorie zur Verfügung (s. Abschn. 2.2.3), die wir nun anwenden.

**Zu (i):** Die homogene Gleichung

$$x - Kx = 0 \tag{2.68}$$

besitze nur die Lösung $x = 0$. Wegen (S) besitzt dann auch das homogene Gleichungssystem

$$\xi_i - \sum_{j=1}^{k}(Sb_j, a_i)\xi_j = 0\,,\ i = 1, \ldots, k \tag{2.69}$$

nur die Lösung $(\xi_1, \ldots, \xi_k) = (0, \ldots, 0)$ und der Alternativsatz aus Abschnitt 2.2.3 besagt, daß (2.65) eindeutig lösbar ist. Wegen (S) ist damit auch (2.62) eindeutig lösbar.

**Zu (ii):** Ist $r$ der Rang der Koeffizientenmatrix des homogenen Systems (2.69), so besitzt dieses nach Burg/Haf/Wille [25], Abschnitt 3.6.2, Satz 3.37 $k - r$ linear unabhängige Lösungen. Wegen (S) besitzt (2.68) ebenfalls $k - r$ linear unabhängige Lösungen, d.h. $\dim[\text{Kern}(I - K)]$ ist endlich. Wir zeigen:

$$\dim[\text{Kern}(I - K)] = \dim[\text{Kern}(I - K^*)]\,.$$

Nach Satz 2.8, Abschnitt 2.1.6 existiert der zu $R$ adjungierte Operator $R^*$ und es gilt (wir beachten (2.61)) $\|R^*\| = \|R\| < 1$. Zur Diskussion von $K^*$ können wir also von der Zerlegung $K^* = (A + R)^*$ oder, wegen Übung 2.8 von $K^* = A^* + R^*$ mit $\|R^*\| < 1$ ausgehen. Wir zeigen, daß $A^*$ ausgeartet ist: Wegen

$$\begin{aligned}(Ax, y) &= \left(\sum_{j=1}^{k}(x, a_j)b_j, y\right) = \sum_{j=1}^{k}(x, a_j)(b_j, y)\\ &= \left(x, \sum_{j=1}^{k}\overline{(b_j, y)}a_j\right) = \left(x, \sum_{j=1}^{k}(y, b_j)a_j\right) =: (x, A^*y)\end{aligned}$$

folgt

$$A^*y = \sum_{j=1}^{k}(y, b_j)a_j\,, \tag{2.70}$$

d.h. $A^*$ ist ausgeartet.

Wir haben oben $S := (I - R)^{-1}$ gesetzt. Wir zeigen jetzt:

$$S^* = [(I - R)^{-1}]^* = (I - R^*)^{-1}\,. \tag{2.71}$$

Mit $w := (I - R)^{-1}x = Sx$ folgt nämlich mit $I^* = I$

$$\begin{aligned}(x, (I - R^*)^{-1}y) &= ((I - R)w, (I - R^*)^{-1}y)\\ &= (w, (I - R)^*(I - R^*)^{-1}y) = (w, (I - R^*)(I - R^*)^{-1}y)\\ &= (w, y) = ((I - R)^{-1}x, y) = (Sx, y) = (x, S^*y)\end{aligned}$$

oder $(I - R^*)^{-1} = S^*$.

Analog zu den vorigen Überlegungen bei $x - Kx = 0$ ergibt sich: Die Gleichung

$$x - K^*x = 0 \tag{2.72}$$

ist äquivalent zum homogenen Gleichungssystem

$$\xi_i - \sum_{j=1}^{k}(S^*a_j, b_i)\xi_j = 0\,,\ i = 1, \ldots, k$$

bzw. zu

$$\xi_i - \sum_{j=1}^{k}(a_j, Sb_i)\xi_j = 0\,,\ i = 1, \ldots, k\,. \tag{2.73}$$

Dem Übergang von $S$ zu $S^*$ entspricht im linearen Gleichungssystem also der Übergang von $a_j$ zu $b_j$ bzw. von $b_j$ zu $a_j$. (2.73) läßt sich auch in der Form

$$\xi_i - \sum_{j=1}^{k} \overline{(Sb_i, a_j)} \xi_j = 0\,,\ i = 1, \dots, k$$

oder

$$\overline{\xi}_i - \sum_{j=1}^{k} (Sb_i, a_j) \overline{\xi}_j = 0\,,\ i = 1, \dots, k \tag{2.74}$$

schreiben. Damit folgt: Ist $x$ eine Lösung von (2.72) und setzen wir $\xi_i := (x, b_i)$, so löst $(\overline{\xi}_1, \dots, \overline{\xi}_k)$ Gleichung (2.74). Löst umgekehrt $(\overline{\xi}_1, \dots, \overline{\xi}_k)$ Gleichung (2.74), so ist durch $x := \sum_{j=1}^{k} \xi_j S^* a_j$ eine Lösung von (2.72) gegeben. $(\overline{\xi}_1, \dots, \overline{\xi}_k)$ ist aber Lösung des zu (2.69) transponierten Systems und hat somit dieselbe Anzahl linear unabhängiger Lösungen (Zeilenrang = Spaltenrang!). Hieraus ergibt sich (ii).

**Zu (iii):** Aus $x - Kx = y$ und $z - K^*z = 0$ folgt notwendig

$$\begin{aligned}(y, z) &= (x - Kx, z) = (x, z) - (Kx, z) = (x, z) - (x, K^*z) \\ &= (x, z - K^*z) = (x, 0) = 0\,,\end{aligned} \tag{2.75}$$

d.h. $x$ kann nur dann eine Lösung von $x - Kx = y$ sein, wenn $y$ orthogonal zu allen Lösungen $z$ von $z - K^*z = 0$ ist. Wir zeigen: Diese Bedingung ist auch hinreichend für die Lösbarkeit von $x - Kx = y$. Gelte also $(y, z) = 0$ für alle $z$ mit $z - K^*z = 0$. Da (2.62) und (2.65) äquivalent sind, genügt es zu zeigen, daß (2.65):

$$\xi_i - \sum_{j=1}^{k} (Sb_j, a_i) \xi_j = (Sy, a_i)\,,\ i = 1, \dots, k$$

lösbar ist. Hierzu sei $(\overline{\eta}_1, \dots, \overline{\eta}_k)$ eine beliebige Lösung von (2.74), d.h. es gelte

$$\overline{\eta}_i - \sum_{j=1}^{k} (Sb_i, a_j) \overline{\eta}_j = 0\,,\ i = 1, \dots, k\,.$$

Mit $z := \sum_{j=1}^{k} \eta_j S^* a_j$ folgt dann (s. (ii)) $z - K^*z = 0$, und wegen (2.75) gilt

$$(y, z) = (y, \sum_{j=1}^{k} \eta_j S^* a_j) = 0\,. \tag{2.76}$$

Gleichung (2.65) - und damit auch (2.62) - ist dann lösbar (s. Alternativsatz, Abschn. 2.2.3), wenn

$$\underbrace{\begin{bmatrix}(Sy,a_1)\\ \vdots \\ (Sy,a_k)\end{bmatrix}}_{\text{rechte Seite von (2.65)}} \cdot \underbrace{\begin{bmatrix}\overline{\eta}_1\\ \vdots \\ \overline{\eta}_k\end{bmatrix}}_{\text{Lösung von (2.74)}} = 0$$

erfüllt ist. Dies ist aber wegen

$$\sum_{j=1}^{k}(Sy,a_j)\overline{\eta}_j = \sum_{j=1}^{k}(y,S^*a_j)\overline{\eta}_j = \left(y, \sum_{j=1}^{k}\eta_j S^*a_j\right) = 0$$

(s. (2.76)) der Fall. Damit ist alles bewiesen. □

**Bemerkung:** Dieser Satz läßt sich so noch nicht auf Fredholmsche Integralgleichungen 2-ter Art in $X = (C(D), \|\,.\,\|_2)$ anwenden, da $X$ nicht vollständig, also kein Hilbertraum ist. Wir erweitern daher Satz 2.10 auf Skalarprodukträume.

### 2.2.5 Der Fredholmsche Alternativsatz in Skalarprodukträumen

Abweichend vom vorhergehenden Abschnitt benötigen wir für den Fall, daß kein vollständiger Skalarproduktraum vorliegt, zusätzliche Voraussetzungen an den zu $K$ adjungierten Operator $K^*$: Seine Existenz und seine Vollstetigkeit. Es gilt

**Satz 2.11:**

Es sei $K$ ein vollstetiger Operator, der den Skalarproduktraum $X$ in sich abbildet. Ferner existiere der zu $K$ adjungierte Operator $K^*$ und sei vollstetig. Dann gilt für den Operator $T := I - K$ die Fredholmsche Alternative.

**Beweis:**

[17] Bezeichne $\overline{X}$ die Abschließung von $X$. Nach Übung 1.27 ist $\overline{X}$ ein Hilbertraum. Zu jedem $F \in \overline{X}$ gibt es eine Folge $\{f_k\}$ in $X$ mit $\|F - f_k\| \to 0$ für $k \to \infty$. $KF$ definieren wir durch

$$KF := \lim_{k\to\infty} Kf_k\,, \tag{2.77}$$

wobei die Konvergenz im Sinne der Norm von $\overline{X}$ zu verstehen ist. Diese Definition ist sinnvoll: Wegen

$$\|Kf_k - Kf_j\| = \|K(f_k - f_j)\| \le \|K\|\|f_k - f_j\| \to 0 \quad \text{für} \quad k, j \to \infty$$

($K$ ist vollstetig und daher beschränkt; $\{f_k\}$ ist konvergent und daher insbesondere Cauchy-Folge!) ist $\{Kf_k\}$ eine Cauchy-Folge in $\overline{X}$. Da $\overline{X}$ vollständig ist, existiert der Grenzwert (2.77). Außerdem ist er unabhängig von der Wahl der speziellen Folge $\{f_k\}$ die $F$ approximiert (warum?).

17 kann beim ersten Lesen übergangen werden

Zum Nachweis, daß $K$ auch in $\overline{X}$ vollstetig ist, nehmen wir eine beliebige Folge $\{F_k\}$ in $\overline{X}$ mit $\|F_k\| < C$ ($C > 0$). Zu $F_k$ wählen wir ein $f_k \in X$ mit $\|F_k - f_k\| < \frac{1}{k}$ für $k \in \mathbb{N}$. Wegen $\|f_k\| < \|F_k\| + \frac{1}{k} < C + 1$ ist $\{f_k\}$ eine beschränkte Folge in $X$. Da $K$ nach Voraussetzung in $X$ vollstetig ist, gibt es eine Teilfolge $\{f_{k_j}\}$ von $\{f_k\}$, so daß die Folge $\{Kf_{k_j}\}$ in $X$ konvergiert. Insbesondere ist damit $\{Kf_{k_j}\}$ auch eine Cauchy-Folge in $X$. Aus der Abschätzung

$$\|KF_{k_j} - Kf_{k_j}\| \leq \|K\|\|F_{k_j} - f_{k_j}\| < \|K\| \cdot \frac{1}{k_j} \to 0 \quad \text{für} \quad j \to \infty$$

($K$ ist auch als Abbildung von $\overline{X}$ in $\overline{X}$ beschränkt. Warum?) folgt

$$\|KF_{k_j} - KF_{k_i}\| \leq \|KF_{k_j} - Kf_{k_j}\| + \|Kf_{k_j} - Kf_{k_i}\| + \|Kf_{k_i} - KF_{k_i}\| \to 0$$

für $j, i \to \infty$, d.h. $\{KF_{k_j}\}$ ist ein Cauchy-Folge in $\overline{X}$. Da $\overline{X}$ vollständig ist, ist damit $\{KF_{k_j}\}$ in $\overline{X}$ konvergent, $K: \overline{X} \to \overline{X}$ also vollstetig.

Wir zeigen nun: Aus $F - KF = y$, $F \in \overline{X}$ und $y \in X$ (!) folgt sogar $F \in X$.

Hierzu wählen wir eine Folge $\{f_k\}$ in $X$ mit $\|F - f_k\| \to 0$ für $k \to \infty$. Da $K$ in $X$ vollstetig ist, gibt es eine Teilfolge $\{f_{k_j}\}$ von $\{f_k\}$ und ein $g \in X$ mit $\|Kf_{k_j} - g\| \to 0$ für $j \to \infty$. Mit $F - KF = y$ folgt aus

$$f_{k_j} - Kf_{k_j} = y + (f_{k_j} - F) + K(F - f_{k_j})$$

durch Grenzübergang $j \to \infty$: $F - g = y$ oder $F = g + y$. Aus $g, y \in X$ ergibt sich dann $F \in X$.

Nach diesen Vorüberlegungen weisen wir (i) bzw. (ii), (iii) der Fredholmschen Alternative nach:

**Zu (i):** Die Gleichung $f - Kf = 0$ besitze in $X$ nur die Lösung $x = 0$. Sei $F \in \overline{X}$ beliebig mit $F - KF = 0$, und sei $\{f_k\}$ eine Folge in $X$ mit $\|F - f_k\| \to 0$ für $k \to \infty$. Wegen

$$f_k - Kf_k \to F - KF = 0 \quad \text{für} \quad k \to \infty$$

besitzt die Gleichung $F - KF = 0$ in $\overline{X}$ nur die Lösung $F = 0$. Da $0 \in X$ ist, ist nach unseren obigen Überlegungen $F \in X$. Nach Satz 2.10 besitzt dann $F - KF = y$ für jedes $y \in X$ ($\subset \overline{X}$) genau eine Lösung in $\overline{X}$, die wegen $y \in X$ sogar in $X$ liegt. Somit besitzt die Gleichung $f - Kf = y$ für jedes $y \in X$ genau eine Lösung in $X$.

**Zu (ii):** Nach Voraussetzung existiert $K^*$ in $X$ und ist dort vollstetig. Auf dieselbe Weise wie in (2.77) läßt sich $K^*$ eindeutig zu einem vollstetigen Operator auf $\overline{X}$ fortsetzen. Ferner ist $K^*$ auch in $\overline{X}$ zu $K$ adjungiert, denn: Sind $F, G \in \overline{X}$ und sind $\{f_k\}$, $\{g_k\}$ Folgen in $X$ mit $\|F - f_k\| \to 0$, $\|G - g_k\| \to 0$ für $k \to \infty$, so folgt aus der Stetigkeit des Skalarproduktes:

$$(KF, G) = \lim_{k\to\infty} (Kf_k, g_k) = \lim_{k\to\infty} (f_k, K^*g_k) = (F, K^*G)\,.$$

Nach den Überlegungen vor (i) bestehen die Nullräume von $(I - K)$ und $(I - K^*)$ in $\overline{X}$ aus den gleichen Elementen wie die Nullräume von $(I - K)$ und $(I - K^*)$ in $X$. Nach Satz 2.10 ergibt sich damit (ii).

**Zu (iii):** Es sei $(y, z) = 0$ für alle $z \in X$ mit $z - K^*z = 0$ erfüllt. Wegen $0 \in X$ gilt daher auch (s.o.): $(y, Z) = 0$ für alle $Z \in \overline{X}$ mit $Z - K^*Z = 0$ und sogar $Z \in X$. Nach Satz 2.10 besitzt daher $F - KF = y$ mindestens eine Lösung in $\overline{X}$, die wegen $y \in X$ sogar zu $X$ gehört. Die Gleichung $f - Kf = y$ besitzt somit mindestens eine Lösung in $X$. Damit ist (iii) und Satz 2.11 insgesamt bewiesen. □

**Anwendungen**

**A)** Wir wenden Satz 2.11 auf eine Fredholmsche Integralgleichung 2-ter Art an[18]:

$$f(x) - \int_D k(x, y) f(y)\, \mathrm{d}y = g(x)\,, \quad x \in D\,. \tag{2.78}$$

Dabei sei $D \subset \mathbb{R}^n$, $D$ kompakt und $J$-meßbar, $g(x)$ stetig in $D$ und $k(x, y)$ stetig in $D \times D$. $X$ sei der Skalarproduktraum $C(D)$ versehen mit der Quadratnorm

$$\|f\| = (f, f)^{\frac{1}{2}} = \left( \int_D |f(x)|^2\, \mathrm{d}x \right)^{\frac{1}{2}}\,.$$

Nach Übung 2.10 ist der durch

$$(Kf)(x) := \int_D k(x, y) f(y)\, \mathrm{d}y\,, \quad x \in D \tag{2.79}$$

erklärte Operator $K\colon X \to X$ vollstetig, und nach Übung 2.7 ist der zu $K$ adjungierte Operator $K^*$ durch

$$(K^* f)(x) := \int_D \overline{k(y, x)} f(y)\, \mathrm{d}y\,, \quad x \in D \tag{2.80}$$

gegeben. Da der Kern $\overline{k(y, x)}$ des Integraloperators $K^*$ stetig ist, ist $K^*\colon X \to X$ ebenfalls vollstetig. Nach Satz 2.11 ergibt sich daher

**Satz 2.12:**
Es sei $D \subset \mathbb{R}^n$ kompakt und $J$-meßbar, $g(x)$ stetig in $D$ und $k(x, y)$ stetig in $D \times D$. Dann gilt für die Integralgleichung

$$f(x) - \int_D k(x, y) f(y)\, \mathrm{d}y = g(x)\,, \quad x \in D \tag{2.81}$$

die Fredholmsche Alternative.

18 Zur Erinnerung: Im Abschnitt Funktionalanalysis verzichten wir aus Gründen der Übersichtlichkeit bei Integration im $\mathbb{R}^n$ auf die Darstellung der Integrationsvariablen $x$, $y$ im Fettdruck.

**B)** Bei der Behandlung der Schwingungsgleichung mit Integralgleichungsmethoden (s. Abschn. 5.3.3) treten Fredholmsche Integralgleichungen 2-ter Art mit »schwach-singulärem« Kern $k(x, y)$ auf. Dabei heißt $k(x, y)$ *schwach-singulär* in $D \times D$, wenn $k(x, y)$ für $x \neq y$ in $D \times D$ stetig ist und wenn es eine Konstante $C > 0$ gibt mit

$$|k(x, y)| < \frac{C}{|x - y|^{m-\alpha}}, \tag{2.82}$$

wobei $\alpha > 0$ und $m = \dim(D) \leq n$ ($D \subset \mathbb{R}^n$) ist. Steht in (2.82) anstelle von $m - \alpha$ der Ausdruck $\frac{m}{2} - \alpha$, so nennt man den Kern $k(x, y)$ *schwach-polar* in $D \times D$. Erklären wir $X$ wie in Anwendung A) und $K$ mit schwach-polarem Kern $k(x, y)$ durch (2.79), so erweist sich $K : X \to X$ als vollstetig und der zu $K$ adjungierte Operator $K^*$ ist durch

$$(K^* f)(x) := \int_D \overline{k(y, x)} f(y)\, dy\,, \quad x \in D \tag{2.83}$$

gegeben (s. Üb. 2.11). Satz 2.11 liefert dann

**Satz 2.13:**

Es sei $D \subset \mathbb{R}^n$ kompakt und $J$-meßbar, $g(x)$ stetig in $D$ und $k(x, y)$ schwach-polar in $D \times D$. Dann gilt für die Integralgleichung

$$f(x) - \int_D k(x, y) f(y)\, dy = g(x)\,, \quad x \in D \tag{2.84}$$

die Fredholmsche Alternative.

Für beliebige schwach-singuläre Kerne $k(x, y)$ läßt sich Satz 2.11 dagegen nicht anwenden. $K$ ist dann im allgemeinen nicht vollstetig. Hier hilft uns die folgende Variante von Satz 2.11 weiter:

**Satz 2.14:**

Es sei $X$ ein Skalarproduktraum und $V : X \to X$ ein linearer Operator mit den Eigenschaften

(i) $V$ besitzt einen adjungierten Operator $V^*$.

(ii) Die Operatoren $(I - V)^{-1}$ und $(I - V^*)^{-1}$ existieren.

Ferner sei der Operator $K$ durch

$$Kx := \sum_{j=1}^{N} (x, a_j) b_j + Vx\,; \quad x, a_j, b_j \in X \tag{2.85}$$

erklärt. Dann gilt für den Operator $T := I - K$ die Fredholmsche Alternative.

**Beweisskizze:**

Die Gleichung $x - Kx = y$ ist zur Gleichung

$$x - Vx - \sum_{j=1}^{N}(x, a_j)b_j = y$$

äquivalent. Multiplizieren wir diese von links mit $S := (I - V)^{-1}$, so entsteht die hierzu äquivalente Gleichung

$$x - \sum_{j=1}^{N}(x, a_j)Sb_j = Sy\,, \tag{2.86}$$

also eine Operatorgleichung mit ausgeartetem und damit nach Hilfssatz 2.9, Abschnitt 2.2.2 vollstetigem Operator. Auf diesen läßt sich Satz 2.11 anwenden. (Wir beachten: $K^*x = \sum_{j=1}^{N}(x, b_j)a_j + V^*x$). □

Wir wollen diesen Satz nun auf Integraloperatoren mit schwach-singulären Kernen anwenden. Um zu einer Darstellung der Form (2.85) zu gelangen, wenden wir den *Satz von Stone-Weierstrass* (s. z.B. Dunford/Schwarz [42], IV. 6.15–6.17) an:

(a) Ist $k(x, y)$ stetig auf dem Kompaktum $D \times D$ und ist $x = (x_1, \ldots, x_n)^T$, $y = (y_1, \ldots, y_n)^T$, so läßt sich $k(x, y)$ in $D \times D$ gleichmäßig durch Polynome in $x_1, \ldots, x_n, y_1, \ldots, y_n$ approximieren. Jeder Term

$$cx_1^{\alpha_1} \cdot \ldots \cdot x_n^{\alpha_n} \cdot y_1^{\beta_1} \cdot \ldots \cdot y_n^{\beta_n}$$

dieser Polynome kann in der Form $a_j(x) \cdot b_j(y)$ geschrieben werden. Also: Zu jedem $\varepsilon > 0$ gibt es ein $N = N(\varepsilon) \in \mathbb{N}$ sowie in $D$ stetige Funktionen $a_j(x)$ und $b_j(y)$, so daß

$$\left|k(x, y) - \sum_{j=1}^{N} a_j(x)b_j(y)\right| < \varepsilon$$

ist. Setzen wir

$$v(x, y) := k(x, y) - \sum_{j=1}^{N} a_j(x)b_j(y)\,,$$

so folgt für $x \in D$

$$\int_D |v(x, y)|\,\mathrm{d}y = \int_D \left|k(x, y) - \sum_{j=1}^{N} a_j(x)b_j(y)\right| \mathrm{d}y < \mathrm{Vol}(D) \cdot \varepsilon \tag{2.87}$$

(Vol($D$) = Volumen von $D$).

(b) Sei nun $k(x, y)$ schwach-singulär mit $\alpha > 0$ und $m = \dim(D) \leq n$. Mit $\tilde{y} := x - y$ und $d(D) := \sup\limits_{x,y\in D} |x - y|$ (= Durchmesser von $D$) folgt

$$\int\limits_D |k(x, y)|\,\mathrm{d}y < C \int\limits_D \frac{\mathrm{d}y}{|x - y|^{m-\alpha}} < C \int\limits_{|\tilde{y}|<d(D)} \frac{\mathrm{d}\tilde{y}}{|\tilde{y}|^{m-\alpha}}, \; x \in D .$$

Wegen

$$|\tilde{y}|^{m-\alpha} = (\tilde{y}_1^2 + \cdots + \tilde{y}_m^2)^{\frac{m-\alpha}{2}} = \left\{\frac{1}{m}[\tilde{y}_1^2 + \cdots + \tilde{y}_m^2]\right\}^{\frac{m-\alpha}{2}} \cdot m^{\frac{m-\alpha}{2}} \geq (|\tilde{y}_1| \cdot \ldots \cdot |\tilde{y}_m|)^{1-\frac{\alpha}{m}} \cdot m^{\frac{(m-\alpha)}{2}}$$

(wir beachten: $\frac{1}{m}[\tilde{y}_1^2 + \cdots + \tilde{y}_m^2] \geq \sqrt[m]{\tilde{y}_1^2 \cdot \ldots \cdot \tilde{y}_m^2} = (|\tilde{y}_1| \cdot \ldots \cdot |\tilde{y}_m|)^{\frac{2}{m}}$) ergibt sich hieraus

$$\begin{aligned} \int\limits_D |k(x, y)|\,\mathrm{d}y &< C \left(m^{\frac{m-\alpha}{2}}\right)^{-1} \int\limits_{|\tilde{y}|<d(D)} \frac{\mathrm{d}\tilde{y}}{(|\tilde{y}_1| \cdot \ldots \cdot |\tilde{y}_m|)^{1-\frac{\alpha}{m}}} \\ &\leq 2C \left(m^{\frac{m-\alpha}{2}}\right)^{-1} \int\limits_0^{d(D)} \frac{\mathrm{d}\tilde{y}_1}{\tilde{y}_1^{1-\frac{\alpha}{m}}} \cdot \ldots \cdot \int\limits_0^{d(D)} \frac{\mathrm{d}\tilde{y}_m}{\tilde{y}_m^{1-\frac{\alpha}{m}}} . \end{aligned} \tag{2.88}$$

Die einzelnen Integrale auf der rechten Seite von (2.88) existieren (warum?), und daher existiert auch das Integral auf der linken Seite für alle $x \in D$:

$$\max_{x\in D} \int\limits_D |k(x, y)|\,\mathrm{d}y < \infty . \tag{2.89}$$

Aus der Existenz von $\int\limits_D |k(x, y)|\,\mathrm{d}y$ folgt nach dem Cauchyschen Konvergenzkriterium für uneigentliche Integrale[19]: Zu jedem $\varepsilon > 0$ existiert ein $\delta > 0$, so daß

$$\int\limits_{\substack{y\in D \\ |y-x|\leq\delta}} |k(x, y)|\,\mathrm{d}y < \varepsilon \quad \text{für} \quad x \in D \tag{2.90}$$

ist. Setzen wir

$$u(x, y) := \begin{cases} \dfrac{C}{\delta^{m-\alpha}} & \text{für} \quad k(x, y) > \dfrac{C}{\delta^{m-\alpha}} \\ k(x, y) & \text{für} \quad |k(x, y)| \leq \dfrac{C}{\delta^{m-\alpha}} \\ -\dfrac{C}{\delta^{m-\alpha}} & \text{für} \quad k(x, y) < -\dfrac{C}{\delta^{m-\alpha}} , \end{cases} \tag{2.91}$$

19 Satz 4.11 aus Burg/Haf/Wille [23]gilt entsprechend auch für uneigentliche Gebietsintegrale

so folgt: $u(x, y)$ ist stetig in $D \times D$ und es gilt $|u(x, y)| \leq |k(x, y)|$ für $x, y \in D$ und $u(x, y) = k(x, y)$ für $|x - y| > \delta$. Damit ist

$$\int_D |k(x, y) - u(x, y)|\, dy = \int_{\substack{D \\ |y-x|\leq\delta}} |k(x, y) - u(x, y)|\, dy$$
$$\leq \int_{\substack{D \\ |y-x|\leq\delta}} |k(x, y)|\, dy + \int_{\substack{D \\ |y-x|\leq\delta}} |u(x, y)|\, dy \leq 2 \int_{\substack{D \\ |y-x|\leq\delta}} |k(x, y)|\, dy < 2\varepsilon\,. \tag{2.92}$$

Da $u(x, y)$ stetig in $D \times D$ ist, gibt es nach (a) ein $N \in \mathbb{N}$ sowie in $D$ stetige Funktionen $a_j(x)$ und $b_j(y)$ mit

$$\left| u(x, y) - \sum_{j=1}^{N} a_j(x) b_j(y) \right| < \varepsilon\,. \tag{2.93}$$

Setzen wir

$$v(x, y) := k(x, y) - \sum_{j=1}^{N} a_j(x) b_j(y)\,, \tag{2.94}$$

so ergibt sich

$$\int_D |v(x, y)|\, dy = \int_D \left| k(x, y) - u(x, y) + u(x, y) - \sum_{j=1}^{N} a_j(x) b_j(y) \right| dy$$
$$\leq \int_D |k(x, y) - u(x, y)|\, dy + \int_D \left| u(x, y) - \sum_{j=1}^{N} a_j(x) b_j(y) \right| dy\,,$$

woraus mit (2.92) und (2.93)

$$\int_D |v(x, y)|\, dy < 2\varepsilon + \mathrm{Vol}(D) \cdot \varepsilon =: \varepsilon^*$$

folgt. Damit läßt sich der Kern $k(x, y)$ in der Form

$$k(x, y) = \sum_{j=1}^{N} a_j(x) b_j(y) + v(x, y)\,, \quad x, y \in D \tag{2.95}$$

mit in $D$ stetigen Funktionen $a_j(x)$ und $b_j(y)$ und

$$\int_D |v(x, y)|\, dy < \varepsilon^* \quad \text{für alle} \quad x \in D \tag{2.96}$$

darstellen. Bei geeigneter Wahl von $a_j$, $b_j$ und $v$ kann wegen $k(y,x) = \sum_{j=1}^{N} a_j(y)b_j(x) + v(y,x)$ auch zusätzlich

$$\int_D |v(y,x)|\,\mathrm{d}y < \varepsilon^* \quad \text{für alle} \quad x \in D \tag{2.97}$$

erreicht werden. Definieren wir $V$ durch

$$(Vf)(x) := \int_D v(x,y)f(y)\,\mathrm{d}y\,,\ x \in D\,, \tag{2.98}$$

so folgt für $0 < \varepsilon^* < 1$ aus

$$\begin{aligned}\max_{x\in D}\left|\int_D v(x,y)f(y)\,\mathrm{d}y\right| &\le \max_{x\in D}\int_D |v(x,y)|\,\mathrm{d}y \cdot \|f\|_{\max}\\ &< \varepsilon^* \cdot \|f\|_{\max} < 1 \cdot \|f\|_{\max}\end{aligned}$$

die Beziehung $\|Vf\|_{\max} < 1 \cdot \|f\|_{\max}$ oder $\|V\| < 1$. (Dabei ist $\|V\|$ die der Maximumsnorm zugeordnete Operatornorm!) Nach Satz 2.4, Abschnitt 2.1.3 existiert daher $(I - V)^{-1}$. Setzen wir

$$(V^*f)(x) := \int_D \overline{v(y,x)}f(y)\,\mathrm{d}y\,,\ x \in D\,, \tag{2.99}$$

so ist durch $V^*$ der zu $V$ adjungierte Operator gegeben (s. unten), und es folgt entsprechend $\|V^*\| < 1$, d.h. $(I - V^*)^{-1}$ existiert.

Nachweis, daß $V^*$ in (2.99) tatsächlich der zu $V$ adjungierte Operator ist: $f(x)$ ist stetig in $D$, daher ist $v(x,y)\cdot f(x)$ schwach-singulär in $D \times D$. Wir zeigen zunächst, daß für einen beliebigen in $D \times D$ schwach-singulären Kern $L(x,y)$ die Integrationsreihenfolge vertauscht werden darf:

$$\int_D\int_D L(x,y)\,\mathrm{d}y\,\mathrm{d}x = \int_D\int_D L(x,y)\,\mathrm{d}x\,\mathrm{d}y\,. \tag{2.100}$$

Wegen (2.89) existiert das Integral $\int_D L(x,y)\,\mathrm{d}y =: F(x)$. Mit $F_n(x) := \int\limits_{\substack{y\in D\\ |y-x|\ge\frac{1}{n}}} L(x,y)\,\mathrm{d}y$ folgt: $F_n(x) \to F(x)$ für $n \to \infty$. Aus

$$|F_n(x) - F(x)| = \left|\int\limits_{\substack{y\in D\\ |y-x|<\frac{1}{n}}} L(x,y)\,\mathrm{d}y\right| < C \int\limits_{\substack{y\in D\\ |y-x|<\frac{1}{n}}} \frac{\mathrm{d}y}{|y-x|^{m-\alpha}} \to 0$$

gleichmäßig in $x$ für $n \to \infty$ (vgl. (2.89) und (2.90)) folgt, daß $F_n$ auf $D$ gleichmäßig gegen $F$ konvergiert, und wir dürfen Grenzübergang $n \to \infty$ und Integration über $D$ vertauschen:

$$\int_D \int_D L(x,y)\,\mathrm{d}y\,\mathrm{d}x = \int_D F(x)\,\mathrm{d}x = \int_D \lim_{n\to\infty} F_n(x)\,\mathrm{d}x$$

$$\stackrel{!}{=} \lim_{n\to\infty} \int_D F_n(x)\,\mathrm{d}x = \lim_{n\to\infty} \int_D \int_{\substack{y\in D\\ |y-x|\ge \frac{1}{n}}} L(x,y)\,\mathrm{d}y\,\mathrm{d}x\,.$$

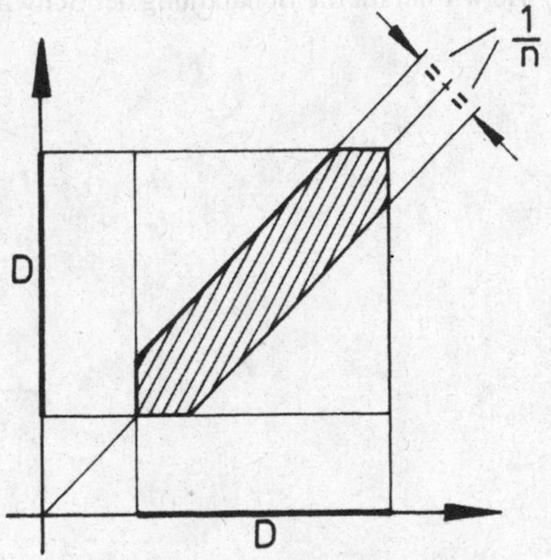


Fig. 2.3: Zur Vertauschung der Integrationsreihenfolge

Da $L$ stetig auf $D \times D \setminus \{(x,y) \mid |x-y| < \frac{1}{n}\}$ ist (s. Fig. 2.3), gilt

$$\int_D \int_{\substack{y\in D\\ |y-x|\ge \frac{1}{n}}} L(x,y)\,\mathrm{d}y\,\mathrm{d}x = \int_D \int_{\substack{x\in D\\ |x-y|\ge \frac{1}{n}}} L(x,y)\,\mathrm{d}x\,\mathrm{d}y\,.$$

Setzen wir

$$G_n(y) := \int_{\substack{x\in D\\ |x-y|\ge \frac{1}{n}}} L(x,y)\,\mathrm{d}x\,, \quad G(y) := \int_D L(x,y)\,\mathrm{d}x\,,$$

so folgt wie oben: $G_n$ konvergiert auf $D$ gleichmäßig gegen $F$, so daß (2.100) bewiesen ist. Damit ergibt sich aber nun sehr rasch, daß das durch (2.99) erklärte $V^*$ leistet, was wir erwarten:

Für beliebige in $D$ stetige $f$ und $g$ folgt

$$(Vf, g) = \int_D \left[ \int_D v(x, y) f(y) \, \mathrm{d}y \right] \overline{g(x)} \, \mathrm{d}x = \int_D f(y) \left[ \int_D v(x, y) \overline{g(x)} \, \mathrm{d}x \right] \mathrm{d}y$$

$$= \int_D f(x) \left[ \int_D v(y, x) \overline{g(y)} \, \mathrm{d}y \right] \mathrm{d}x \quad \text{(Umbenennung von } x \text{ in } y \text{ und } y \text{ in } x\text{)}$$

$$= \int_D f(x) \overline{\left[ \int_D \overline{v(y, x)} g(y) \, \mathrm{d}y \right]} \mathrm{d}x = (f, V^* g) \, .$$

Damit sind nun alle Voraussetzungen von Satz 2.14 erfüllt, und wir erhalten den Fredholmschen Alternativsatz in der Form, wie wir ihn für die Behandlung der Schwingungsgleichung benötigen (s. Abschn. 5.3.3):

**Satz 2.15:**

Es sei $D \subset \mathbb{R}^n$ kompakt und $J$-meßbar. Ferner sei $g(x)$ in $D$ stetig und $k(x, y)$ in $D \times D$ schwach-singulär. Dann gilt für die Integralgleichung

$$f(x) - \int_D k(x, y) f(y) \, \mathrm{d}y = g(x) \, , \quad x \in D \tag{2.101}$$

die Fredholmsche Alternative.

## Übungen

### Übung 2.9*:

Zeige: Ist $X$ ein normierter Raum, $S$ ein beschränkter und $T$ ein vollstetiger Operator mit $S, T: X \to X$ (beide linear), dann sind auch die Produktoperatoren $S \circ T$ und $T \circ S$ vollstetig.

### Übung 2.10:

Es sei $D$ eine kompakte $J$-meßbare Menge in $\mathbb{R}^n$ und $X = C(D)$ mittels Quadratnorm

$$\|f\| = (f, f)^{\frac{1}{2}} = \left( \int_D |f(x)|^2 \, \mathrm{d}x \right)^{\frac{1}{2}}$$

normiert. Ferner sei $T$ der durch

$$(Tf)(x) := \int_D k(x, y) f(y) \, \mathrm{d}y \, , \quad x \in D$$

erklärte Integraloperator. Sein Kern $k(x, y)$ sei in $D \times D$ stetig. Beweise: $T: X \to X$ ist vollstetig.

**Übung 2.11*:**

Es sei $T$ der in Übung 2.10 betrachtete Integraloperator, wobei der Kern $k(x, y)$ nun schwach-polar in $D \times D$ sei. Zeige:

(a) Es gibt ein $M > 0$ mit

$$\int_D |k(x, y)|^2 \, \mathrm{d}y \le M \quad \text{für alle} \quad x \in D .$$

(b) $T$ ist vollstetig.

(c) Der zu $T$ adjungierte Operator $T^*$ ist durch

$$(T^* f)(x) := \int_D \overline{k(y, x)} f(y) \, \mathrm{d}y \, , \ x \in D$$

gegeben.

## 2.3 Symmetrische vollstetige Operatoren

In Abschnitt 2.1.6 haben wir symmetrische Operatoren $T$ als beschränkte lineare Abbildungen eines Skalarproduktraumes $X$ in sich, die

$$(Tx, y) = (x, Ty) \quad \text{für alle} \quad x, y \in X \tag{2.102}$$

erfüllen, definiert. Wir wollen diese Operatoren im folgenden genauer untersuchen. Sie treten in vielen Anwendungen auf, z.B. im Zusammenhang mit dem Schwingungsverhalten einer inhomogenen Saite (s. Abschn. 2.3.4) oder als Impuls- bzw. Energieoperatoren in der Quantenmechanik (s. z.B. Heuser [73], S. 50–52).

Damit die Begriffsbildung »symmetrischer Operator« etwas deutlicher wird, betrachten wir zwei Beispiele.

**Beispiel 2.10:**

Es sei $X = \mathbb{R}^n$ normiert durch $\|\boldsymbol{x}\| = (\boldsymbol{x}, \boldsymbol{x})^{\frac{1}{2}} = \left( \sum\limits_{k=1}^{n} |x_k|^2 \right)^{\frac{1}{2}}$. Lineare Operatoren in $X$ lassen sich als Matrizen $T = [a_{ik}]_{i,k=1,\dots,n}$ mit $a_{ik} \in \mathbb{R}$ auffassen (s. Üb. 2.1). Gilt

$$a_{ik} = a_{ki} \quad \text{für alle} \quad i, k = 1, \dots, n \, , \tag{2.103}$$

so ist $T$ ein symmetrischer Operator auf $X$ (nachrechnen!).

**Beispiel 2.11:**

Es sei $D \subset \mathbb{R}^n$ kompakt und $J$-meßbar, $X = C(D) =$ Menge der reellwertigen stetigen Funktionen auf $D$, normiert durch

$$\|f\| = (f, f)^{\frac{1}{2}} = \left( \int_D |f(x)|^2 \, \mathrm{d}x \right)^{\frac{1}{2}} .$$

Ferner sei $T$ der Integraloperator mit

$$(Tf)(x) := \int_D k(x, y) f(y) \, \mathrm{d}y \, , \; x \in D ,$$

wobei der Kern $k(x, y)$ in $D \times D$ stetig sei und

$$k(x, y) = k(y, x) \quad \text{für alle} \quad x, y \in D \tag{2.104}$$

erfülle. Wir sprechen dann von einem *symmetrischen Kern*. Der Operator $T : X \to X$ ist symmetrisch: Für $f, g \in X$ gilt nämlich, wenn wir die Integrationsreihenfolge vertauschen (Begründung!)

$$\begin{aligned}(Tf, g) &= \int_D \left[ \int_D k(x, y) f(y) \, \mathrm{d}y \right] g(x) \, \mathrm{d}x = \int_D f(y) \left[ \int_D k(x, y) g(x) \, \mathrm{d}x \right] \mathrm{d}y \\ &= \int_D f(y) \left[ \int_D k(y, x) g(x) \, \mathrm{d}x \right] \mathrm{d}y = (f, Tg) .\end{aligned}$$

### 2.3.1 Eigenwerte und -elemente vollstetiger symmetrischer Operatoren. Fourierentwicklung

Bei den folgenden Begriffsbildungen lassen wir uns von der Linearen Algebra (s. Burg/Haf/Wille [25], Abschn. 3.7) leiten.

**Definition 2.12:**

Es sei $X$ ein Skalarproduktraum. Wir nennen $x \in X$ ein zum *Eigenwert* $\lambda \in \mathbb{C}$ gehörendes *Eigenelement* des Operators $T : X \to X$, wenn

$$Tx = \lambda x \quad \text{und} \quad x \neq 0 \tag{2.105}$$

ist.

Im folgenden sei $X$ stets ein Skalarproduktraum.

**Hilfssatz 2.11:**

Ist $T$ ein symmetrischer Operator, der $X$ in sich abbildet, so sind alle Eigenwerte $\lambda$ von $T$ reell.

**Beweis:**
Zum Eigenwert $\lambda$ gibt es ein $x \neq 0$ mit $Tx = \lambda x$, und aus der Symmetrie von $T$ folgt dann

$$(Tx, x) = (\lambda x, x) = \lambda(x, x) = (x, Tx) = (x, \lambda x) = \overline{\lambda}(x, x)\,,$$

also $0 = (\lambda - \overline{\lambda})(x, x)$, woraus $\lambda = \overline{\lambda}$ folgt (wegen $x \neq 0$ ist $(x, x) > 0$). □

Auch das nächste Resultat ist uns für den Spezialfall symmetrischer Matrizen bereits bekannt:[20]

**Hilfssatz 2.12:**
Es seien $x_1$ und $x_2$ zu verschiedenen Eigenwerten $\lambda_1$ und $\lambda_2$ gehörende Eigenelemente des symmetrischen Operators $T$. Dann sind $x_1$ und $x_2$ orthogonal.

**Beweis:**
Nach Hilfssatz 2.11 sind $\lambda_1$ und $\lambda_2$ reell. Ferner gilt

$$(Tx_1, x_2) = (\lambda_1 x_1, x_2) = \lambda_1(x_1, x_2)$$

und

$$(x_1, Tx_2) = (x_1, \lambda_2 x_2) = \lambda_2(x_1, x_2)\,.$$

Da $T$ symmetrisch ist, folgt hieraus

$$\lambda_1(x_1, x_2) = \lambda_2(x_1, x_2) \quad \text{oder} \quad (\lambda_1 - \lambda_2)(x_1, x_2) = 0\,.$$

Wegen $\lambda_1 \neq \lambda_2$ ergibt sich $(x_1, x_2) = 0$, was zu zeigen war. □

Wir betrachten nun für symmetrische Operatoren Ausdrücke der Form

$$(Tx, x) \quad \text{für} \quad x \in X\,, \tag{2.106}$$

die wir als Verallgemeinerung von quadratischen Formen bei symmetrischen Matrizen (s. Burg/Haf/Wille [25], Abschn. 3.5.4) auffassen können. Wegen

$$(Tx, x) = (x, Tx) = \overline{(Tx, x)} \quad \text{für} \quad x \in X$$

ist $(Tx, x)$ stets reell.

Das nächste Resultat zeigt, daß sich die Norm von $T$ durch Optimierung von $(Tx, x)$ gewinnen läßt:

---

20 s. Burg/Haf/Wille [25], Abschn. 3.7.5

**Satz 2.16:**
Es sei $T : X \to X$ ein symmetrischer Operator. Dann gilt

$$\|T\| = \sup_{\|x\|=1} |(Tx, x)| . \tag{2.107}$$

**Beweis:**
Nach Definition von $\|T\|$ gilt

$$\|T\| = \sup_{\substack{x \in X \\ x \neq 0}} \frac{\|Tx\|}{\|x\|} = \sup_{\|x\|=1} \|Tx\| . \tag{2.108}$$

Wir setzen $a := \sup\limits_{\|x\|=1} |(Tx, x)|$ und zeigen: $a = \|T\|$.

(i) Wegen $|(Tx, x)| \leq \|Tx\|\|x\| \leq \|T\|\|x\|\|x\|$ (Schwarzsche Ungleichung!) folgt für $\|x\| = 1$: $|(Tx, x)| \leq \|T\|$ oder $a = \sup\limits_{\|x\|=1} |(Tx, x)| \leq \|T\|$.

(ii) Für beliebiges $c > 0$ gilt

$$\begin{aligned} 4\|Tx\|^2 = 4(Tx, Tx) &= \left(T(cx + \tfrac{1}{c}Tx), cx + \tfrac{1}{c}Tx\right) \\ &\quad - \left(T(cx - \tfrac{1}{c}Tx), cx - \tfrac{1}{c}Tx\right) \\ &\leq a\left(\|cx + \tfrac{1}{c}Tx\|^2 + \|cx - \tfrac{1}{c}Tx\|^2\right) . \end{aligned} \tag{2.109}$$

(Wir beachten: Für $y \neq 0$ ist $(Ty, y) = (T\frac{y}{\|y\|}, \frac{y}{\|y\|})\|y\|^2 \leq a \cdot \|y\|^2$.)

Wenden wir auf die rechte Seite von (2.109) die Parallelogrammgleichung (s. Abschn. 1.3.1, (1.59)) an, so erhalten wir

$$4\|Tx\|^2 \leq 2a(c^2\|x\|^2 + \frac{1}{c^2}\|Tx\|^2) .$$

Für $\|Tx\| \neq 0$ und $c^2 := \frac{\|Tx\|}{\|x\|}$ folgt hieraus

$$4 \cdot \|Tx\|^2 \leq 4a\|Tx\| \cdot \|x\| \quad \text{oder} \quad \|Tx\| \leq a\|x\| .$$

Diese letzte Ungleichung gilt insbesondere auch für den Fall $\|Tx\| = 0$, und wir erhalten $\|T\| \leq a$.

Aus (i) und (ii) folgt dann die Behauptung. □

Nun wenden wir uns unserem eigentlichen Anliegen, der Bestimmung der Eigenwerte von $T$ zu. Satz 2.16 stellt hierfür ein gutes Hilfsmittel dar. Wir zeigen zunächst

**Satz 2.17:**
Es sei $T : X \to X$ ein vollstetiger symmetrischer Operator. Dann besitzt $T$ mindestens einen Eigenwert $\lambda$ mit

$$|\lambda| = \|T\| = \max_{\|x\|=1} |(Tx, x)|\,. \tag{2.110}$$

**Beweis:**
Nach Satz 2.16 gibt es eine Folge $\{x_n\}$ in $X$ mit $\|x_n\| = 1$ und $|(Tx_n, x_n)| \to \|T\|$ für $n \to \infty$. Da die Ausdrücke $(Tx_n, x_n)$ für alle $n \in \mathbb{N}$ reell sind (s.o.) und die Folge $\{|(Tx_n, x_n)|\}$ konvergent ist, kann die Folge $\{(Tx_n, x_n)\}$ höchstens zwei Häufungspunkte, nämlich $\|T\|$ und $-\|T\|$ besitzen. $\{(Tx_n, x_n)\}$ besitzt dann eine konvergente Teilfolge, die wir wieder einfach mit $\{(Tx_n, x_n)\}$ bezeichnen. Für diese gilt: Es existiert der Grenzwert

$$\lim_{n\to\infty} (Tx_n, x_n) =: \lambda_1\,,$$

wobei entweder $\lambda_1 = \|T\|$ oder $\lambda_1 = -\|T\|$ gilt. Wir zeigen: $\lambda_1$ ist Eigenwert von $T$, d.h. es ist $Tx = \lambda_1 x$ mit geeignetem $x \neq 0$. Hierzu bilden wir

$$\begin{aligned}
0 \le \|Tx_n - \lambda_1 x_n\|^2 &= (Tx_n - \lambda_1 x_n, Tx_n - \lambda_1 x_n) \\
&= (Tx_n, Tx_n) - 2\lambda_1 (Tx_n, x_n) + \lambda_1^2 (x_n, x_n) \\
&= \|Tx_n\|^2 - 2\lambda_1 (Tx_n, x_n) + \lambda_1^2 \cdot 1 \\
&\le \|T\|^2 \cdot 1 - 2\lambda_1 (Tx_n, x_n) + \lambda_1^2 = 2\lambda_1^2 - 2\lambda_1 (Tx_n, x_n) \\
&= 2\lambda_1 [\lambda_1 - (Tx_n, x_n)] \to 0 \quad \text{für} \quad n \to \infty\,.
\end{aligned}$$

Daher konvergiert die Folge $\{(Tx_n - \lambda_1 x_n)\}$ für $n \to \infty$ gegen 0. Da $T$ vollstetig ist und $\|x_n\| = 1$ (also beschränkt), gibt es eine Teilfolge $\{x_{n_k}\}$ von $\{x_n\}$ mit $Tx_{n_k} \underset{k\to\infty}{\to} y$, wobei $y$ ein Element aus $X$ ist. Ferner gilt

$$\lambda_1 x_{n_k} = Tx_{n_k} - (Tx_{n_k} - \lambda_1 x_{n_k}) \to y \quad \text{für} \quad k \to \infty\,,$$

d.h. die Folge $\{x_{n_k}\}$ konvergiert gegen $x := \frac{y}{\lambda_1}$ für $k \to \infty$ ($\lambda_1$ ist von Null verschieden angenommen. $\lambda_1 = 0$ hätte den trivialen Fall $T = 0$ zur Folge!). Wegen

$$\|Tx_{n_k} - Tx\| \le \|T\| \|x_{n_k} - x\| \to 0 \quad \text{für} \quad k \to \infty$$

und $x_{n_k} \to x$ für $k \to \infty$ folgt

$$Tx_{n_k} - \lambda_1 x_{n_k} \to Tx - \lambda_1 x \quad \text{für} \quad k \to \infty\,.$$

Andererseits ist der Grenzwert dieser Folge 0, d.h. es gilt $Tx = \lambda_1 x$. Wegen $\|x_{n_k}\| = 1$ ist auch $\|x\| = 1$, also $x \neq 0$, und $x$ ist damit Eigenelement zu $\lambda_1$. Für dieses folgt

$$|(Tx, x)| = |\lambda_1|(x, x) = |\lambda_1|\,,$$

und andererseits ist

$$|\lambda_1| = \sup_{\|z\|=1} |(Tz, z)| = \sup_{\|z\|=1} \|Tz\| = \|T\|,$$

d.h. diese Suprema werden für $z = x$ angenommen. Damit ist alles bewiesen.

□

Es stellt sich die Frage, wie man zu weiteren Eigenwerten gelangt. Die Idee ist überraschend einfach: Man nimmt das eben gewonnene Eigenelement, wir bezeichnen es mit $x_1$, aus $X$ heraus und wiederholt das Verfahren usw.

Sei also $\lambda_1$ der oben genannte Eigenwert und $x_1$ das zugehörige Eigenelement mit $\|x_1\| = 1$. Wir bilden

$$X_1 := \{x \in X \mid (x, x_1) = 0\}.$$

$X_1$ ist Unterraum von $X$ und orthogonal zu $x_1$. Da für $x, y \in X_1$ und $\alpha \in \mathbb{K}$ ($\mathbb{R}$ oder $\mathbb{C}$) auch $x+y$ und $\alpha x$ zu $X_1$ gehören, ist $X_1$ bezüglich der in $X$ erklärten linearen Operationen »Addition« und »skalare Multiplikation« abgeschlossen und damit, da sich das Skalarprodukt von $X$ auf $X_1$ überträgt, ebenfalls ein Skalarproduktraum.

Sei nun $T : X \to X$ ein vollstetiger symmetrischer Operator. Wir zeigen, daß dann $T$ auch ein vollstetiger symmetrischer Operator von $X_1$ in $X_1$ ist.

(1) $T$ ist ein linearer beschränkter Operator von $X_1$ in sich: Für $x \in X_1$ gilt nämlich

$$(Tx, x_1) = (x, Tx_1) = (x, \lambda_1 x_1) = \lambda_1 (x, x_1) = 0,$$

d.h. $Tx \in X_1$. Ferner ist $T : X_1 \to X_1$ wegen

$$\|T\|_{X_1} = \sup_{\substack{x\in X_1\\ x\neq 0}} \frac{\|Tx\|}{\|x\|} \leq \sup_{\substack{x\in X\\ x\neq 0}} \frac{\|Tx\|}{\|x\|} = \|T\|_X$$

beschränkt.

(2) Der Operator $T : X_1 \to X_1$ ist vollstetig: Um dies zu zeigen nehmen wir irgendeine beschränkte Folge $\{w_n\}$ aus $X_1$, die damit auch in $X$ beschränkt ist. Da $T : X \to X$ vollstetig ist, gibt es eine Teilfolge $\{w_{n_k}\}$ von $\{w_n\}$ für die $\{Tw_{n_k}\}$ gegen ein $w \in X$ konvergiert. Da $w_{n_k} \in X_1$ ist, gehört auch $Tw_{n_k}$ zu $X_1$ (wegen (i)), d.h. $(Tw_{n_k}, x_1) = 0$ für alle $k$. Ferner gilt

$$|(w, x_1)| = |(w - Tw_{n_k}, x_1)| \leq \|w - Tw_{n_k}\| \cdot \|x_1\| \to 0 \quad \text{für} \quad k \to \infty,$$

also $(w, x_1) = 0$ und daher $w \in X_1$. Damit ist die Vollstetigkeit von $T : X_1 \to X_1$ gezeigt.

(3) Die Symmetrie von $T$ in $X$ überträgt sich unmittelbar auf die Symmetrie von $T$ in $X_1$.

Damit sind alle Voraussetzungen erfüllt um Satz 2.17 erneut anwenden zu können. Wir haben dabei zwei Fälle zu unterscheiden:

**Fall 1:** $\dim X_1 = 0$, d.h. es gibt kein orthogonales Element zu $x_1$. Dies hat aber $\dim X = 1$ zur Folge, so daß $x_1$ das einzige Eigenelement von $T$ in $X$ mit $\|x_1\| = 1$ ist.

**Fall 2:** $\dim X_1 > 0$. Nach Satz 2.17 gibt es dann einen Eigenwert $\lambda_2$ mit

$$|\lambda_2| = \|T\|_{X_1} \leq \|T\|_X = |\lambda_1|$$

und ein zugehöriges Eigenelement $x_2 \in X_2$ mit $\|x_2\| = 1$ und $(x_2, x_1) = 0$. Ferner gilt

$$|\lambda_2| = \max_{\substack{\|z\|=1 \\ (z,x_1)=0}} |(Tz, z)| = \max_{\substack{\|z\|=1 \\ (z,x_1)=0}} \|Tz\| .$$

Diese Maxima werden für $z = x_2$ angenommen.

Wir gewinnen also den zweiten Eigenwert, indem wir den Ausdruck $|(Tz, z)|$ unter den Nebenbedingungen $\|z\| = 1$ und $(z, x_1) = 0$ optimieren (genauer: maximieren). Ist $X$ ein unendlich-dimensionaler Raum, so läßt sich dieses Verfahren beliebig fortsetzen. Für den Fall, daß $X$ endlich-dimensional ist, bricht das Verfahren nach $n$ Schritten ab: Bei symmetrischen $n \times n$-Matrizen erhalten wir $n$ linear unabhängige Eigenvektoren.

Insgesamt ergibt sich eine Folge $\{\lambda_n\}$ von Eigenwerten mit

$$|\lambda_1| \geq |\lambda_2| \geq \cdots \geq |\lambda_n| \geq \ldots \tag{2.111}$$

und

$$|\lambda_n| = \max_{\substack{\|z\|=1 \\ (z,x_1)=\cdots= \\ (z,x_{n-1})=0}} |(Tz, z)| = \max_{\substack{\|z\|=1 \\ (z,x_1)=\cdots= \\ (z,x_{n-1})=0}} \|Tz\| \tag{2.112}$$

sowie eine Folge $\{x_n\}$ von zugehörigen Eigenelementen. Die Maxima in (2.112) werden für $z = x_n$ angenommen.

Wir zeigen

**Hilfssatz 2.13:**

Ist $\dim X = \infty$, so gilt

$$\lambda_n \to 0 \quad \text{für} \quad n \to \infty . \tag{2.113}$$

**Beweis:**

(indirekt) Wir nehmen an, daß $\lambda_n$ nicht gegen 0 strebt. Da $\|x_n\| = 1$ ist, ist damit die Folge $\left\{\frac{x_n}{\lambda_n}\right\}$ beschränkt, und da $T$ vollstetig ist, besitzt die Folge $\left\{T\left(\frac{x_n}{\lambda_n}\right)\right\}$, die wegen $T\left(\frac{x_n}{\lambda_n}\right) = \frac{1}{\lambda_n} T x_n = \frac{1}{\lambda_n} \lambda_n x_n = x_n$ mit der Folge $\{x_n\}$ identisch ist, eine konvergente Teilfolge $\{x_{n_k}\}$. Dies aber steht im Widerspruch zu

$$\|x_i - x_k\|^2 = \|x_i\|^2 - (x_i, x_k) - (x_k, x_i) + \|x_k\|^2 = 2 ,$$

so daß Hilfssatz 2.13 bewiesen ist. □

Es bleibt die Frage: Gewinnen wir auf diesem Wege *alle* Eigenwerte von $T$ und ein *vollständiges* System von Eigenelementen von $T$ (vollständig in dem Sinne, daß sich jedes weitere Eigenelement als Linearkombination der übrigen schreiben läßt)?

Wir werden sehen, daß dem so ist. Wir zeigen zunächst folgendes interessante Resultat:

**Satz 2.18:**
Jedes in der Form $Tx$ darstellbare Element von $X$ läßt sich in eine Fourierreihe nach Eigenelementen von $T$ entwickeln:

$$Tx = \sum_{k=1}^{\infty} (Tx, x_k)x_k\,, \quad x \in X\,. \tag{2.114}$$

Dabei ist die Konvergenz der Reihe (2.114) im Sinne der durch das Skalarprodukt induzierten Norm $\|u\| = (u, u)^{\frac{1}{2}}$ in $X$ zu verstehen.

**Beweis:**
Für ein beliebiges $x \in X$ setzen wir

$$z_n := x - \sum_{k=1}^{n} (x, x_k)x_k\,.$$

Dann folgt, da $(x_k, x_m) = 0$ für $k \neq m$ ist,

$$(z_n, x_m) = (x, x_m) - \sum_{k=1}^{n} (x, x_k)(x_k, x_m) = (x, x_m) - (x, x_m) = 0$$

für $m = 1, \ldots, n$. Nach (2.112) gilt

$$|\lambda_{n+1}| = \max_{\substack{\|z\|=1 \\ (z,x_1)=\ldots \\ =(z,x_n)=0}} \|Tz\| \tag{2.115}$$

und daher, da $\frac{z_n}{\|z_n\|}$ die Nebenbedingungen in (2.115) erfüllt

$$\left\| T\left(\frac{z_n}{\|z_n\|}\right)\right\| \leq |\lambda_{n+1}| \quad \text{oder} \quad \|Tz_n\| \leq |\lambda_{n+1}|\|z_n\|\,.$$

Mit $z_n = x - \sum\limits_{k=1}^{n} (x, x_k)x_k$ ergibt sich (nachrechnen!)

$$\|z_n\|^2 = \|x\|^2 - \sum_{k=1}^{n} |(x, x_k)|^2\,,$$ [21]

woraus $\|z_n\|^2 \leq \|x\|^2$ oder $\|z_n\| \leq \|x\|$ für alle $n$ folgt, d.h. die Folge $\{\|z_n\|\}$ ist beschränkt. Wegen $\|Tz_n\| \leq |\lambda_{n+1}|\|z_n\|$ (s.o.) und Hilfssatz 2.13 konvergiert die Folge $\{\|Tz_n\|\}$ und damit auch die Folge $\{Tz_n\}$ gegen 0. Hieraus und aus $Tx_k = \lambda_k x_k$ erhalten wir

$$\begin{aligned} \|Tz_n\| &= \left\| Tx - \sum_{k=1}^{n} (x, x_k) Tx_k \right\| = \left\| Tx - \sum_{k=1}^{n} \lambda_k (x, x_k) x_k \right\| \\ &= \left\| Tx - \sum_{k=1}^{n} (x, \lambda_k x_k) x_k \right\| \quad (\lambda_k \text{ ist reell}) \\ &= \left\| Tx - \sum_{k=1}^{n} (x, Tx_k) x_k \right\| = \left\| Tx - \sum_{k=1}^{n} (Tx, x_k) x_k \right\| \to 0 \quad \text{für} \quad n \to \infty \end{aligned}$$

und daraus die Behauptung des Satzes. □

Für unsere weiteren Überlegungen benötigen wir die folgende Begriffsbildung, die uns auch schon in der Linearen Algebra (s. Burg/Haf/Wille [25], Abschn. 3.7.4) begegnet ist:

**Definition 2.13:**

Man nennt $k \in \mathbb{N}$ die *(geometrische) Vielfachheit* des Eigenwertes $\lambda$ von $T$, wenn es zu $\lambda$ genau $k$ linear unabhängige Eigenelemente gibt, also $k = \dim \operatorname{Kern}(T - \lambda I)$ ist.

Nun sind wir in der Lage, unsere oben gestellte Frage nach der Gesamtheit der Eigenwerte bzw. -elemente zu beantworten.

**Satz 2.19:**

In der mittels (2.112) konstruierten Folge $\{\lambda_n\}$ tritt jeder Eigenwert $\lambda \neq 0$ von $T$ auf und zwar so oft, wie es seine Vielfachheit angibt.

**Beweis:**

(indirekt) Wir nehmen an $\lambda \neq 0$ sei ein Eigenwert, der in der Folge $\{\lambda_n\}$

(1) nicht auftritt bzw.

(2) weniger oft, als seine Vielfachheit dies angibt.

Zu (i): Nach Hilfssatz 2.12 gilt für ein zu $\lambda$ gehörendes Eigenelement $x$: $(x, x_k) = 0$ für alle $k$ ($\{x_k\}$ ist hierbei die oben konstruierte Folge der Eigenelemente). Nach Satz 2.18 gilt: $Tx = \sum_{k=1}^{\infty} (Tx, x_k) x_k$, woraus mit $Tx = \lambda x$: $x = \frac{1}{\lambda} \sum_{k=1}^{\infty} (Tx, x_k) x_k = \sum_{k=1}^{\infty} (x, x_k) x_k = 0$ im Widerspruch zu $x \neq 0$ (nach Annahme ist $x$ Eigenelement!) folgt.

21 Hieraus folgt insbesondere die Besselsche Ungleichung

$$\sum_{k=1}^{n} |(x, x_k)|^2 \leq \|x\|^2 . \tag{2.116}$$

Zu (ii): Nach Hilfssatz 2.13 gilt $\lambda_k \to 0$ für $k \to \infty$. Daher gibt es zu jedem $\lambda_k \neq 0$ höchstens endlich viele zugehörige Eigenelemente: $x_{k_1}, \ldots, x_{k_j}$ ($\lambda_k$ tritt höchstens endlich oft auf!). Sei nun $w$ ein zu $\lambda_k$ gehörendes Eigenelement, das von $x_{k_1}, \ldots, x_{k_j}$ linear unabhängig ist. Wir setzen $x := w + \alpha_1 x_{k_1} + \cdots + \alpha_j x_{k_j}$, wobei wir die $\alpha_i$ $(i = 1, \ldots, j)$ so wählen, daß $(x, x_{k_i}) = 0$ für $i = 1, \ldots, j$ ist. (Wähle z.B. $\alpha_1 = -(w, x_{k_1})$ usw.). Wegen

$$\begin{aligned} Tx &= Tw + \alpha_1 T x_{k_1} + \cdots + \alpha_j T x_{k_j} = \lambda_k w + \alpha_1 \lambda_k x_{k_1} + \cdots + \alpha_j \lambda_k x_{k_j} \\ &= \lambda_k (w + \alpha_1 x_{k_1} + \cdots + \alpha_j x_{k_j}) = \lambda_k x \end{aligned}$$

ist $x$ Eigenelement zu $\lambda_k$. Somit gilt nach Hilfssatz 2.12, wenn $\{x_k\}$ die oben konstruierte Folge der Eigenelemente ist, $(x, x_k) = 0$ für alle $k$, und wie in (i) ergibt sich daraus $x = 0$, im Widerspruch zur Annahme. Damit ist der Satz bewiesen. □

### 2.3.2 Zusammenfassung

Der folgende Satz faßt die bisher gewonnenen Resultate zusammen und gibt einen guten Überblick über die Eigenschaften vollstetiger symmetrischer Operatoren.

**Satz 2.20:**

Es ei $X$ ein Skalarproduktraum und $T : X \to X$ ein vollstetiger symmetrischer Operator. Dann gilt

(a) $T$ besitzt mindestens einen Eigenwert $\lambda \neq 0$. Alle übrigen Eigenwerte $\lambda_1, \lambda_2 \ldots$ und die zugehörigen Eigenelemente $x_1, x_2 \ldots$ ergeben sich wie folgt: Man bestimme $x_n$ als das Maximum von $|(Tx, x)|$ unter den Nebenbedingungen

$$\|x\| = 1, (x, x_1) = (x, x_2) = \cdots = (x, x_n) = 0 . \tag{2.117}$$

Der zugehörige Eigenwert $\lambda_n$ ist durch $(Tx_n, x_n)$ gegeben. Die so gewonnene Folge $\{\lambda_n\}$ ist entweder endlich oder sie konvergiert gegen 0. Dabei tritt jeder von 0 verschiedene Eigenwert so oft auf, wie dies seine Vielfachheit angibt.

(b) Jedes $Tx \in X$ läßt sich durch die Fourierreihe

$$Tx = \sum_{k=1}^{\infty} (Tx, x_k) x_k \tag{2.118}$$

darstellen, wobei die Konvergenz dieser Reihe im Sinne der Norm $\|x\| = (x, x)^{\frac{1}{2}}$ zu verstehen ist.

### 2.3.3 Anwendung auf symmetrische Integraloperatoren

Wir gehen vom (reellen) Skalarproduktraum $X = C(D)$ normiert durch

$$\|f\|_2 = (f, f)^{\frac{1}{2}} = \left( \int_D |f(x)|^2 \, \mathrm{d}x \right)^{\frac{1}{2}}, \tag{2.119}$$

aus. Dabei sei $D$ eine kompakte $J$-meßbare Menge in $\mathbb{R}^n$. Wir betrachten den Integraloperator $K$ mit

$$(Kf)(x) := \int_D k(x, y) f(y) \, \mathrm{d}y \,, \quad x \in D \tag{2.120}$$

mit schwach-polarem und symmetrischem Kern $k(x, y)$; $k(x, y)$ ist also stetig für $x, y \in D$ mit $x \neq y$ und es gibt Konstanten $C > 0$ und $\alpha > 0$, so daß

$$|k(x, y)| < \frac{C}{|x - y|^{\frac{m}{2} - \alpha}}, \quad m = \dim(D) \leq n \tag{2.121}$$

ist. Ferner gilt

$$k(x, y) = k(y, x) \quad \text{für alle} \quad x, y \in D \,. \tag{2.122}$$

Nach Übung 2.11 und Übung 2.13 ist der Integraloperator $K : X \to X$ vollstetig und symmetrisch. Damit gilt Satz 2.20, Abschnitt 2.3.2 insbesondere auch für $K$. Aufgrund der speziellen Form von $K$ läßt sich jedoch die Konvergenzaussage bei der Fourierentwicklung von $Kf$ nach Eigenelementen von $K$ (s. (2.118), Konvergenz bezüglich der Quadratnorm!) verbessern und zwar in einer für die Praxis günstigen Form (s. auch Abschn. 2.3.4, Satz 2.22). Wir benötigen hierzu die folgende Begriffsbildung:

**Definition 2.14:**
Eine Funktion $g \in C(D)$ heißt *quellenmäßig darstellbar*, wenn

$$g(x) = (Kf)(x) = \int_D k(x, y) f(y) \, \mathrm{d}y \,, \quad x \in D \tag{2.123}$$

mit einem geeigneten $f \in C(D)$ gilt.

Wir zeigen zunächst

**Satz 2.21:**
Es sei $g$ quellenmäßig darstellbar. Dann läßt sich $g$ in eine gleichmäßig konvergente Reihe nach den Eigenelementen $\{h_k(x)\}$ von $K$ entwickeln, die gegen $g$ konvergiert.

**Beweis:**

Für $f \in C(D)$ folgt aus dem Beweis von Satz 2.18, Abschnitt 2.3.1, Formel (2.116) die Abschätzung

$$\sum_{k=1}^{m} |(f, h_k)|^2 \leq \|f\|_2^2 \quad \text{für} \quad m \in \mathbb{N},$$

woraus sich die Konvergenz von $\sum\limits_{k=1}^{\infty} |(f, h_k)|^2$ ergibt (warum?). Wir untersuchen das Konvergenzverhalten von

$$\sum_{k=1}^{\infty} (Kf, h_k) h_k(x) \quad \text{für} \quad x \in D. \tag{2.124}$$

Wegen $(Kf, h_k) = (f, Kh_k) = (f, \lambda_k h_k) = \lambda_k (f, h_k)$ können wir (2.124) auch in der Form $\sum\limits_{k=1}^{k} \lambda_k (f, h_k) h_k(x)$ schreiben. Nach dem Cauchyschen Konvergenzkriterium für unendliche Reihen (s. Burg/Haf/Wille [23], Abschn. 1.5.2) gibt es dann zu jedem $\varepsilon > 0$ eine natürliche Zahl $N = N(\varepsilon)$ mit

$$\sum_{k=m}^{m+j} |(f, h_k)|^2 < \varepsilon \quad \text{für} \quad m \geq N \quad \text{und} \quad j \in \mathbb{N}.$$

Anwendung der Schwarzschen Ungleichung liefert

$$\begin{aligned} \left| \sum_{k=m}^{m+j} \lambda_k (f, h_k) h_k(x) \right|^2 &\leq \left( \sum_{k=m}^{m+j} |\lambda_k (f, h_k) h_k(x)| \right)^2 \leq \left( \sum_{k=m}^{m+j} |\lambda_k h_k(x)|^2 \right) \left( \sum_{k=m}^{m+j} |(f, h_k)|^2 \right) \\ &< \varepsilon \cdot \sum_{k=m}^{m+j} |\lambda_k h_k(x)|^2 \quad \text{für} \quad m \geq N \quad \text{und} \quad j \in \mathbb{N}. \end{aligned} \tag{2.125}$$

Wegen

$$\lambda_k h_k(x) = K h_k(x) = \int_D k(x, y) h_k(y) \, \mathrm{d}y, \quad x \in D$$

gilt aufgrund von (2.116) und Übung 2.11

$$\sum_{k=m}^{m+j} |\lambda_k h_k(x)|^2 = \sum_{k=m}^{m+j} \left| \int_D k(x, y) h_k(y) \, \mathrm{d}y \right|^2 \leq \int_D |k(x, y)|^2 \, \mathrm{d}y \leq M \quad (M > 0) \text{ für alle } x \in D.$$

Damit ist gezeigt, daß die Reihen

$$\sum_{k=1}^{\infty} \lambda_k (f, h_k) h_k(x) \quad \text{bzw.} \quad \sum_{k=1}^{\infty} (Kf, h_k) h_k(x)$$

gleichmäßig für $x \in D$ konvergieren. Die Grenzfunktion sei $h(x)$. Aus der gleichmäßigen Konvergenz dieser Reihen folgt insbesondere auch die Konvergenz dieser Reihen in der $\| \,.\, \|_2$-Norm gegen $h$. (Wegen der gleichmäßigen Konvergenz dürfen Grenzübergang und Integration vertauscht werden!) Andererseits konvergiert $\sum_{k=1}^{\infty} (Kf, h_k) h_k$ nach (2.116) im Sinne dieser Konvergenz gegen $Kf = g$, woraus $h = g$ und damit die Behauptung des Satzes folgt. □

### 2.3.4 Ein Sturm-Liouvillesches Eigenwertproblem

Als Anwendung der im letzten Abschnitt bereitgestellten Theorie untersuchen wir das Schwingungsverhalten einer inhomogenen Saite.

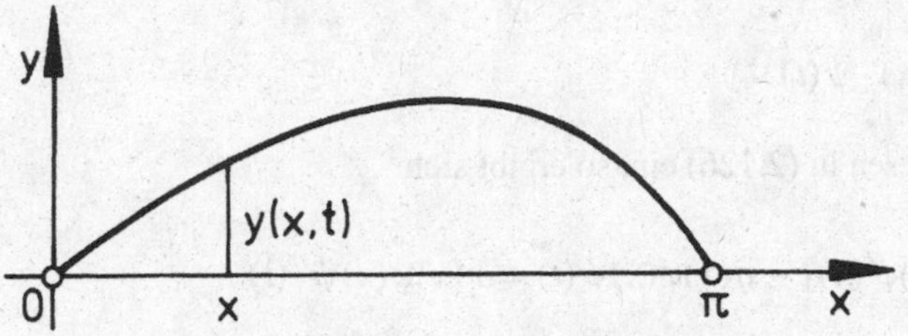


Fig. 2.4: Inhomogene schwingende Saite

Aus Gründen der Bequemlichkeit denken wir uns die Saite an den Stellen $x = 0$ und $x = \pi$ eingespannt. Die Auslenkung $y(x, t)$ der Saite zum Zeitpunkt $t > 0$ an der Stelle $x$ $(0 \le x \le \pi)$ wird durch die *partielle Differentialgleichung*

$$[p(x) y_x(x,t)]_x - q(x) y(x,t) = r(x) y_{tt}(x,t) , \quad 0 \le x \le \pi , t > 0 \tag{2.126}$$ [22]

beschrieben, wobei in den Koeffizienten der Differentialgleichung geometrische Eigenschaften und Materialdaten der Saite erfaßt sind. Wir nehmen diese als vom Ort $x$ abhängig an (inhomogene Saite!). Figur 2.4 stellt eine Momentaufnahme der Saite zum Zeitpunkt $t \ge 0$ dar.

Für den Spezialfall $r(x) = p(x) = 1$, $q(x) = 0$ geht (2.126) in die *Wellengleichung*

$$y_{xx}(x,t) = y_{tt}(x,t) , \quad 0 \le x \le \pi , \; t > 0 \tag{2.127}$$

über. Diesen Fall haben wir bereits in Burg/Haf/Wille [24], Abschnitt 5.2.1 vollständig gelöst.

Um eine eindeutig bestimmte Lösung von (2.126) zu erhalten, sind noch weitere Bedingungen zu stellen:

22 Die Indizes $x, t$ usw. sind Abkürzungen für $\frac{\partial}{\partial x}$, $\frac{\partial}{\partial t}$ usw.

*Randbedingungen*:

$$y(0,t) = y(\pi,t) = 0 \quad \text{für} \quad t \geq 0\,. \tag{2.128}$$

(Keine Auslenkung an den Einspannstellen!)

*Anfangsbedingungen*:

$$\left.\begin{array}{ll} y(x,0) = g(x) & \text{für} \quad 0 \leq x \leq \pi \\ y_t(x,0) = h(x) & \text{für} \quad 0 \leq x \leq \pi \end{array}\right\} \tag{2.129}$$

mit vorgegebener Anfangsauslenkung $g$ und vorgegebener Anfangsgeschwindigkeit $h$.

*Verträglichkeitsbedingungen*:

$$g(0) = g(\pi) = 0\,, \qquad h(0) = h(\pi) = 0\,. \tag{2.130}$$

Analog zu Burg/Haf/Wille [24], Abschnitt 5.2.1 gehen wir vom *Separationsansatz*:

$$y(x,t) = \varphi(x) \cdot \psi(t) \tag{2.131}$$

aus. Setzen wir diesen in (2.126) ein, so ergibt sich

$$\psi(t)\frac{\mathrm{d}}{\mathrm{d}x}[p(x)\varphi'(x)] - q(x)\varphi(x)\psi(t) = r(x)\varphi(x)\psi''(t)$$

oder

$$\frac{\frac{\mathrm{d}}{\mathrm{d}x}[p(x)\cdot\varphi'(x)] - q(x)\varphi(x)}{r(x)\varphi(x)} = \frac{\psi''(t)}{\psi(t)} =: -\lambda = \text{const}\,.$$

(Wir setzen hierbei für diese Überlegung $r$, $\varphi$, $\psi$ als nullstellenfrei voraus.)

Die Funktion $\psi(t)$ genügt der Differentialgleichung

$$\psi''(t) + \lambda\psi(t) = 0\,, \tag{2.132}$$

die sich sofort lösen läßt. Wegen (2.128) gilt

$$y(0,t) = 0 = \varphi(0)\cdot\psi(t) \quad \text{und} \quad y(\pi,t) = 0 = \varphi(\pi)\cdot\psi(t)\,,$$

woraus wir $\varphi(0) = \varphi(\pi) = 0$ schließen können. ($\psi(t) \equiv 0$ würde zur trivialen Lösung $y(x,t) \equiv 0$ führen.) Für die Funktion $\varphi(x)$ ergibt sich damit folgendes Problem:

$$(\mathrm{SL})\left\{\begin{array}{l} \dfrac{\mathrm{d}}{\mathrm{d}x}[p(x)\varphi'(x)] - q(x)\varphi(x) = -\lambda r(x)\varphi(x) \\ \qquad\qquad \varphi(0) = \varphi(\pi) = 0\,, \end{array}\right.$$

ein sogenanntes *Sturm-Liouvillesches Rand- und Eigenwertproblem.* Wie bei dem oben angesprochenen Spezialfall lassen sich die Eigenfunktionen vom Problem (SL) als stehende Wellen unseres ursprünglichen Problems deuten.

Die eigentliche Aufgabe besteht nun darin, die Eigenwerte und -lösungen von Problem (SL) zu bestimmen. Die weitere Behandlung kann dann wie im Spezialfall (s. Burg/Haf/Wille [24], Abschn. 5.2.1) durchgeführt werden.

Zur Lösung von Problem (SL) formen wir dieses in ein äquivalentes Integralgleichungsproblem um. Hierzu benötigen wir eine geeignete »Greensche Funktion«:

**Definition 2.15:**

Eine Funktion $G(x, y)$ heißt *Greensche*[23] *Funktion* des homogenen Sturm-Liouvilleschen Rand- und Eigenwertproblems

$$(SL)_{hom} \begin{cases} \dfrac{d}{dx}[p(x)\varphi'(x)] - q(x)\varphi(x) = 0 \\ \varphi(0) = \varphi(\pi) = 0 \end{cases}$$

Wenn gilt:

(1) $G(x, y)$ ist stetig in $[0, \pi] \times [0, \pi]$ und dort zweimal stetig differenzierbar für $x \neq y$;

(2) $G(0, y) = G(\pi, y) = 0 \quad$ für $\quad 0 \leq y \leq \pi$;

(3) $\dfrac{\partial}{\partial x}\left[p(x)\dfrac{\partial}{\partial x}G(x, y)\right] - q(x)G(x, y) = 0 \quad$ für $\quad x \neq y \quad$ und $0 \leq y \leq \pi$;

(4) $\dfrac{\partial}{\partial x}G(x, y)$ besitzt für $x = y$ eine Sprungstelle mit

$$\frac{\partial}{\partial x}G(y + 0, y) - \frac{\partial}{\partial x}G(y - 0, y) = -\frac{1}{p(y)}.$$

Worin besteht nun der Nutzen von $G(x, y)$? Falls es uns gelingt, eine symmetrische Greensche Funktion von $(SL)_{hom}$ zu bestimmen, so gilt (s.Üb. 2.14): Für jede Funktion $\eta$, die auf $[0, \pi]$ stetig ist, löst

$$\varphi(x) := \int_0^\pi \eta(y)G(x, y)\,dy, \quad x \in [0, \pi] \tag{2.133}$$

das Randwertproblem

$$(R) \begin{cases} \dfrac{d}{dx}[p(x)\varphi'(x)] - q(x)\varphi(x) = -\eta(x), \quad x \in [0, \pi] \\ \varphi(0) = \varphi(\pi) = 0. \end{cases}$$

Wir zeigen: Ist $p(x) > 0$ und $q(x) \geq 0$, so besitzt das Randwertproblem (R) höchstens eine

23 G.G. Green (1793–1841), englischer Mathematiker und Physiker

Lösung. Hierzu nehmen wir an, $\varphi$ und $\psi$ seien Lösungen von (R) und setzen $w := \varphi - \psi$. Wir erhalten dann $w(0) = w(\pi) = 0$, sowie

$$\frac{\mathrm{d}}{\mathrm{d}x}[p(x)w'(x)] - q(x)w(x) = -\eta(x) + \eta(x) = 0\,, \quad x \in [0, \pi]\,.$$

Hieraus folgt (Produktregel!)

$$\begin{aligned}\frac{\mathrm{d}}{\mathrm{d}x}[p(x)w(x)w'(x)] &= w(x)\frac{\mathrm{d}}{\mathrm{d}x}[p(x)w'(x)] + p(x)(w'(x))^2 \\ &= q(x)(w(x))^2 + p(x)(w'(x))^2\end{aligned}$$

und damit wegen $w(0) = w(\pi) = 0$

$$\begin{aligned}\int_0^\pi \frac{\mathrm{d}}{\mathrm{d}x}[p(x)w(x)w'(x)]\,\mathrm{d}x &= p(x)w(x)w'(x)\Big|_{x=0}^{x=\pi} = 0 \\ &= \int_0^\pi \left\{q(x)(w(x))^2 + p(x)(w'(x))^2\right\}\mathrm{d}x\,.\end{aligned}$$

Wegen $p(x) > 0$ und $q(x) \geq 0$ sind die beiden Summanden im letzten Integral nicht negativ und wir können $w'(x) = 0$ oder $w(x) = \text{const.}$ für $x \in [0, \pi]$ schließen. Da $w(0) = 0$ ist, muß $w(x) \equiv 0$ oder $\varphi \equiv \psi$ auf $[0, \pi]$ gelten, d.h. falls eine Lösung von Problem (R) existiert, so ist sie eindeutig bestimmt.

Zu der gewünschten Greenschen Funktion $G(x, y)$ gelangt man auf folgende Weise: Man bestimmt Lösungen $\varphi_1(x)$ bzw. $\varphi_2(x)$ der Gleichung

$$\frac{\mathrm{d}}{\mathrm{d}x}[p(x)\varphi'(x)] - q(x)\varphi(x) = 0 \tag{2.134}$$

die $\varphi_1(0) = 0$, $\varphi_1'(0) \neq 0$ bzw $\varphi_2(\pi) = 0$, $\varphi_2'(\pi) \neq 0$ genügen. Diese Lösungen sind linear unabhängig, bilden also ein Fundamentalsystem von (2.134): Angenommen, sie wären linear abhängig, also $\varphi_2(x) = \alpha\varphi_1(x)$ ($\alpha = \text{const.}$, $\alpha \neq 0$). Dies hätte $\varphi_2(0) = \alpha\varphi_1(0) = 0$ und zusammen mit $\varphi_2(\pi) = 0$ aufgrund der obigen Eindeutigkeitsüberlegung $\varphi_2(x) \equiv 0$ auf $[0, \pi]$ zur Folge. Dies ist aber ein Widerspruch zur Randbedingung $\varphi'(\pi) \neq 0$.

Die Greensche Funktion $G(x, y)$ läßt sich nun folgendermaßen definieren: Wir setzen

$$G(x, y) = \begin{cases} \dfrac{\varphi_1(x)\varphi_2(y)}{C} & \text{für} \quad x < y \\ \dfrac{\varphi_1(y)\varphi_2(x)}{C} & \text{für} \quad x \geq y \end{cases} \tag{2.135}$$

mit der Konstanten $C = \dfrac{\varphi_1'(0)\varphi_2(0)}{p(0)}$. Für das so definierte $G$ lassen sich dann die Bedingungen

(i) bis (iv) aus Definition 2.15 nachrechnen.[24] Die Symmetrie von $G$: $G(x, y) = G(y, x)$, folgt unmittelbar aus (2.135).

Mit den bereitgestellten Hilfsmitteln behandeln wir nun unser Problem (SL) für den Fall $p(x) > 0$ und $q(x) \geq 0$ in $[0, \pi]$. Diese beiden Bedingungen sind physikalisch sinnvoll. Wir zeigen

**Hilfssatz 2.14:**

Das Sturm-Liouville-Problem (SL) mit $p(x) > 0$ und $q(x) \geq 0$ in $[0, \pi]$ und das Integralgleichungsproblem

$$\varphi(x) - \lambda \int_0^\pi r(y)\varphi(y)G(x, y)\,\mathrm{d}y = 0\,, \quad x \in [0, \pi] \tag{2.136}$$

mit der durch (2.135) erklärten symmetrischen Greenschen Funktion sind äquivalent.

**Beweis:**

(1) Sei $\varphi(y)$ Lösung von (SL) für festes $\lambda$ und

$$\psi(x) := \lambda \int_0^\pi r(y)\varphi(y)G(x, y)\,\mathrm{d}y\,, \quad x \in [0, \pi]\,.$$

Dann gilt nach Übung 2.14 für $x \in [0, \pi]$

$$\frac{\mathrm{d}}{\mathrm{d}x}[p(x)\psi'(x)] - q(x)\psi(x) = -\lambda r(x)\varphi(x)\,,$$

und mit $G(0, y) = G(\pi, y) = 0$: $\psi(0) = \psi(\pi) = 0$. Ferner ist nach Voraussetzung $\varphi(0) = \varphi(\pi) = 0$. Setzen wir $w := \psi - \varphi$, so löst $w$ das Problem $(\mathrm{SL})_{\mathrm{hom}}$, und wegen der Eindeutigkeit der Lösung von $(\mathrm{SL})_{\mathrm{hom}}$ (s.o.) folgt $w(x) \equiv 0$ oder $\psi(x) \equiv \varphi(x)$ auf $[0, \pi]$, d.h. die Lösung $\varphi$ von Problem (SL) ist auch Lösung der Integralgleichung (2.136).

(2) Ist umgekehrt $\varphi \in C[0, \pi]$ eine Lösung der Integralgleichung (2.136). Dann ergibt sich mit Hilfe von Übung 2.14: $\varphi$ ist auf $[0, \pi]$ zweimal stetig differenzierbar und es gilt

$$\begin{cases} \frac{\mathrm{d}}{\mathrm{d}x}[p(x)\varphi'(x)] - q(x)\varphi(x) = -\lambda r(x)\varphi(x)\,, & x \in [0, \pi] \\ \varphi(0) = \varphi(\pi) = 0\,, \end{cases}$$

d.h. $\varphi$ löst Problem (SL). Damit ist der Hilfssatz bewiesen. □

---

24 Diese Berechnungen finden sich z.B. in Michlin [117], S. 170–172

Anstelle des Problemes (SL) untersuchen wir jetzt die Integralgleichung (2.136):

$$\varphi(x) - \lambda \int_0^\pi r(y)G(x,y)\varphi(y)\,\mathrm{d}y = 0\,, \quad x \in [0,\pi]\,.$$

Zunächst tritt noch eine kleine Schwierigkeit auf: Zwar ist $G(x,y)$ eine symmetrische Funktion, jedoch nicht der Kern $r(y)G(x,y)$ der Integralgleichung, so daß wir die Ergebnisse für Integralgleichungen mit symmetrischem Kern auf (2.136) nicht anwenden können. Doch läßt sich dieser Mangel leicht beheben: Wir *symmetrisieren* (2.136).Unter der Voraussetzung $r(x) > 0$ (physikalisch sinnvoll) erhalten wir mit

$$\sqrt{r(x)}\varphi(x) =: v(x) \quad \text{und} \quad \sqrt{r(x)r(y)}G(x,y) =: k(x,y) \tag{2.137}$$

die zu (2.136) äquivalente Integralgleichung

$$v(x) - \lambda \int_0^\pi v(y)k(x,y)\,\mathrm{d}y = 0\,, \quad x \in [0,\pi] \tag{2.138}$$

mit symmetrischem Kern $k(x,y)$. Auf diese Integralgleichung lassen sich jetzt die Resultate der Abschnitte 2.3.2 und 2.3.3 voll anwenden: Demnach besitzt der Operator

$$(Kv)(x) := \int_0^\pi v(y)k(x,y)\,\mathrm{d}y\,, \quad x \in [0,\pi] \tag{2.139}$$

eine Folge $\{\mu_k\}$ von Eigenwerten und ein vollständiges System $\{v_k(x)\}$ von zugehörigen Eigenfunktionen. Die Werte $\lambda_k = \frac{1}{\mu_k}$ sind damit Eigenwerte von (2.136) bzw. von Problem (SL) und $\{\varphi_k(x)\}$ mit $\varphi_k(x) = \frac{1}{\sqrt{r(x)}}v_k(x)$ bildet eine vollständiges System zugehöriger Eigenfunktionen. Für dieses gilt

$$(v_i, v_k) = \int_0^\pi v_i(x)v_k(x)\,\mathrm{d}x = \delta_{ik} = \begin{cases} 0 & \text{für} \quad i \neq k \\ 1 & \text{für} \quad i = k \end{cases}$$

bzw.

$$\int_0^\pi r(x)\varphi_i(x)\varphi_k(x) = \delta_{ik}\,. \tag{2.140}$$

Man nennt die Beziehung (2.140) eine *verallgemeinerte Orthogonalitätsrelation mit Gewichtsfaktor* $r(x)$.

Es gilt der folgende

**Satz 2.22:**
(*Entwicklungssatz*) Es sei $u(x)$ eine auf $[0, \pi]$ zweimal stetig differenzierbare Funktion mit $u(0) = u(\pi) = 0$. Ferner sei $\{\varphi_k(x)\}$ ein vollständiges System linear unabhängiger Eigenfunktionen von Problem (SL), für das (2.140) gelte. Dann konvergiert die Fourierreihe von $u$:

$$\sum_{k=1}^{\infty} c_k \varphi_k(x) \tag{2.141}$$

mit den Fourierkoeffizienten

$$c_k = \int_0^{\pi} r(x)u(x)\varphi_k(x)\,\mathrm{d}x \tag{2.142}$$

auf $[0, \pi]$ gleichmäßig gegen $u(x)$.

**Beweis:**
Wir führen den Differentialoperator $L$ durch

$$Lu(x) := \frac{\mathrm{d}}{\mathrm{d}x}[p(x)u'(x)] - q(x)u(x) \tag{2.143}$$

ein und setzen

$$w(x) := u(x) + \int_0^{\pi} Lu(y)G(x, y)\,\mathrm{d}y\,. \tag{2.144}$$

Dann gilt nach Übung 2.14

$$Lw(x) = Lu(x) + L\left[\int_0^{\pi} Lu(y)G(x, y)\,\mathrm{d}y\right] = Lu(x) - Lu(x) = 0\,.$$

Wegen $G(0, y) = G(\pi, y) = 0$ und $u(0) = u(\pi) = 0$ erfüllt $w$ die Bedingungen $w(0) = w(\pi) = 0$, d.h. $w(x)$ ist eine Lösung von Problem $(\mathrm{SL})_{\mathrm{hom}}$. Die identisch verschwindende Funktion ist ebenfalls eine Lösung von $(\mathrm{SL})_{\mathrm{hom}}$ auf $[0, \pi]$ mit verschwindenden Randwerten, so daß sich aufgrund der früher gezeigten Eindeutigkeit $w(x) \equiv 0$ auf $[0, \pi]$ und daher, wegen (2.144)

$$0 = u(x) + \int_0^{\pi} Lu(y)G(x, y)\,\mathrm{d}y\,, \quad x \in [0, \pi]$$

ergibt. Diese Gleichung läßt sich in der Form

$$\sqrt{r(x)}u(x) = -\int_0^\pi \frac{Lu(y)}{\sqrt{r(y)}}\sqrt{r(x)r(y)}G(x,y)\,\mathrm{d}y\,, \quad x \in [0,\pi]$$

schreiben bzw. mit $\sqrt{r(x)r(y)}G(x,y) = k(x,y)$ (s. (2.137)) in der Form

$$\sqrt{r(x)}u(x) = -\int_0^\pi \frac{Lu(y)}{\sqrt{r(y)}}k(x,y)\,\mathrm{d}y\,, \quad x \in [0,\pi]\,, \tag{2.145}$$

d.h. $\sqrt{r(x)}u(x)$ ist quellenmäßig darstellbar (vgl. Def. 2.14, Abschn. 2.3.3). Nach Satz 2.21, Abschnitt 2.3.3 konvergiert daher die Fourierreihe von $\sqrt{r(x)}u(x)$ bezüglich des Systems $\{v_k(x)\}$ auf $[0,\pi]$ gleichmäßig gegen $\sqrt{r(x)}u(x)$, d.h. es gilt

$$\sqrt{r(x)}u(x) = \sum_{k=1}^{\infty}\left(\int_0^\pi \sqrt{r(y)}u(y)\cdot v_k(y)\,\mathrm{d}y\right)v_k(x)$$

oder

$$\begin{aligned} u(x) &= \sum_{k=1}^{\infty}\left(\int_0^\pi r(y)u(y)\frac{v_k(y)}{\sqrt{r(y)}}\,\mathrm{d}y\right)\frac{v_k(x)}{\sqrt{r(x)}} \\ &= \sum_{k=1}^{\infty}\left(\int_0^\pi r(y)u(y)\varphi_k(y)\,\mathrm{d}y\right)\varphi_k(x) = \sum_{k=1}^{\infty} c_k\varphi_k(x)\,, \end{aligned}$$

wobei die Konvergenz gleichmäßig auf $[0,\pi]$ ist. Damit ist der Entwicklungssatz bewiesen. □

Abschließend zeigen wir noch

**Satz 2.23:**

Das Sturm-Liouvillesche Eigenwertproblem (SL) besitzt unendlich viele Eigenwerte. Diese sind alle positiv und von der Vielfachheit 1 und können sich nur im Unendlichen häufen.

**Beweis:**

(indirekt) Wir nehmen an, Problem (SL) besitze nur endlich viele Eigenwerte. Jeder Eigenwert $\lambda \neq 0$ hat nach Abschnitt 2.3.2/3 endliche Vielfachheit. Daher gibt es nur endlich viele Eigenfunktionen von Problem (SL). Nach dem Entwicklungssatz könnte somit *jede* auf $[0,\pi]$ zweimal stetig differenzierbare Funktion $u(x)$ mit $u(0) = u(\pi) = 0$ als Linearkombination von endlich vielen linear unabhängigen Eigenfunktionen dargestellt werden. Dies ist jedoch nicht der Fall (warum ?), so daß sich ein Widerspruch zu unserer Annahme ergibt.

Wir nehmen nun an, daß es einen Eigenwert $\lambda$ von Problem (SL) mit $\lambda \leq 0$ gibt. $\varphi$ sei eine zugehörige Eigenfunktion. Es gilt also

$$0 = \frac{\mathrm{d}}{\mathrm{d}x}[p(x)\varphi'(x)] - q(x)\varphi(x) + \lambda r(x)\varphi(x) = \frac{\mathrm{d}}{\mathrm{d}x}[p(x)\varphi'(x)] - (q(x) - \lambda r(x))\varphi(x)$$

mit $q(x) - \lambda r(x) \geq 0$ und $\varphi(0) = \varphi(\pi) = 0$, d.h. es liegt ein homogenes (SL) Problem mit $\varphi(0) = \varphi(\pi) = 0$ vor. Da solche Probleme eindeutig lösbar sind (s.o.), muß notwendig $\varphi(x) \equiv 0$ auf $[0, \pi]$ gelten. Dies ist ein Widerspruch zur Annahme, daß $\varphi$ eine Eigenfunktion zu $\lambda$ ist.

Da jede Eigenfunktion $\varphi(x)$, die zum Eigenwert $\lambda$ gehört, der linearen Differentialgleichung 2-ter Ordnung

$$\frac{\mathrm{d}}{\mathrm{d}x}[p(x)\varphi'(x)] + q(x)\varphi(x) + \lambda r(x)\varphi(x) = 0\,, \quad x \in [0, \pi] \tag{2.146}$$

genügt, kann die Vielfachheit von $\lambda$ höchstens 2 sein.[25] Angenommen, sie sei gleich 2 und $\varphi_1(x)$ und $\varphi_2(x)$ seien die zugehörigen linear unabhängigen Eigenfunktionen. Dann bilden diese aber ein Fundamentalsystem der Differentialgleichung (2.146). Jede Lösung $w(x)$ von (2.146) läßt sich daher als Linearkombination von $\varphi_1(x)$ und $\varphi_2(x)$ darstellen: $w(x) = \alpha_1\varphi_1(x) + \alpha_2\varphi_2(x)$ mit $\varphi_1(0) = \varphi_1(\pi) = 0$ und $\varphi_2(0) = \varphi_2(\pi) = 0$. Dies hat aber $w(0) = w(\pi) = 0$ zur Folge: Jede Lösung von (2.146) müßte also notwendig an den Randpunkten $x = 0$ und $x = \pi$ verschwinden. Dies ergibt einen Widerspruch zur Annahme, und wir erhalten als Vielfachheit von $\lambda$ den Wert 1. Schließlich erhalten wir nach Hilfssatz 2.13, Abschnitt 2.3.1 für die Eigenwerte $\mu_n$ des Integraloperators (2.139): $\mu_n \to 0$ für $n \to \infty$, also für die Eigenwerte $\lambda_n = \frac{1}{\mu_n}$ von Problem (SL): $\lambda_n \to \infty$ für $n \to \infty$. Damit ist alles bewiesen. □

### 2.3.5 Das Spektrum eines symmetrischen Operators

Lineare Abbildungen $T$ des $n$-dimensionalen Raumes $X = \mathbb{R}^n$ in sich werden durch reelle $(n, n)$-Matrizen beschrieben (s. Üb. 2.1). Diese Abbildungen besitzen höchstens $n$ Eigenwerte, die sich als Nullstellen des charakteristischen Polynoms von $T$

$$\chi_T(\lambda) = \det(T - \lambda I) \tag{2.147}$$

ergeben (s. Burg/Haf/Wille [25], Abschn. 3.7.1 sowie Abschn. 2.4.6, Folg. 2.13). Ist $\lambda$ kein Eigenwert von $T$, so sichert die Bedingung $\det(T - \lambda I) \neq 0$ die eindeutige Lösbarkeit der Gleichung $(T - \lambda I)\boldsymbol{x} = \boldsymbol{y}$ für jedes $\boldsymbol{y} \in X$. Diese Bedingung bringt die Bijektivität von $T - \lambda I$ zum Ausdruck: In diesem Fall existiert $(T - \lambda I)^{-1}$ und ist beschränkt. Liegen dagegen beliebige normierte Räume $X$ und lineare Abbildungen $T\colon X \to X$ vor, so gilt dieser Zusammenhang nicht. Dies gibt Anlaß zu folgender Begriffsbildung:[26]

**Definition 2.16:**

Es sei $X$ ein Skalarproduktraum und $T : X \to X$ ein beschränkter linearer Operator, d.h. $T \in L(X, X)$. Dann heißt $\lambda$ *Spektralpunkt von* $T$, wenn $T - \lambda I$ in $L(X, X)$ keine

25 Nach Burg/Haf/Wille [24], Abschn. 2.4.1 gibt es genau zwei linear unabhängige Lösungen.
26 Wir beschränken uns im folgenden auf Skalarprodukträume $X$.

Inverse besitzt. Andernfalls bezeichnen wir $\lambda$ als *regulären Punkt* von $T$. Die Menge aller Spektralpunkte bilden das *Spektrum* von $T$: $\sigma(T)$. Die Abbildung $R(\lambda, T) := (T - \lambda I)^{-1}$ heißt *Resolvente* von $T$.

Für den Fall, daß $X$ endlich-dimensional ist, besteht $\sigma(T)$ offensichtlich genau aus den Eigenwerten von $T$.

Allgemein besteht zwischen den Eigenwerten und den Spektralpunkten von $T$ folgender Zusammenhang:

**Satz 2.24:**

Jeder Eigenwert eines linearen Operators $T: X \to X$ ist auch Spektralpunkt von $T$.

**Beweis:**

Ist $\lambda$ ein Eigenwert von $T$, so besitzt $(T - \lambda I)x = 0$ eine Lösung $x \neq 0$. Da $x = 0$ ebenfalls eine Lösung dieser Gleichung ist, kann $T - \lambda I$ nicht bijektiv sein, also keine Inverse besitzen. Damit ist $\lambda \in \sigma(T)$. □

Die Umkehrung dieses Satzes ist im allgemeinen nicht gültig, jedoch gilt sie für vollstetige Operatoren:

**Satz 2.25:**

Es sei $X$ ein Skalarproduktraum und $T \in L(X, X)$ vollstetig. Dann ist jeder Spektralpunkt $\lambda$ von $T$ mit $\lambda \neq 0$ ein Eigenwert von $T$.

Zum Beweis dieses Satzes benötigen wir zwei Hilfssätze:

**Hilfssatz 2.15:**

Es sei $X$ ein normierter Raum und $A$ eine lineare Abbildung von $X$ in sich. Dann besitzt $A$ eine auf $A(X)$ erklärte beschränkte Inverse $A^{-1}$ genau dann, wenn

$$m\|x\| \leq \|Ax\| \quad \text{für alle} \quad x \in X \tag{2.148}$$

gilt, mit einem geeigneten $m > 0$.

**Beweis:**

(1) Es gelte (2.148) mit $m > 0$. Aus $Ax = 0$ folgt dann $x = 0$. Da $A$ linear ist, existiert $A^{-1}$ auf $A(X)$. Für beliebiges $y = Ax \in A(X)$ gilt

$$m\|A^{-1}y\| = m\|x\| \leq \|Ax\| = \|y\|$$

oder

$$\|A^{-1}y\| \leq \frac{1}{m}\|y\|, \quad m > 0,$$

d.h. $A^{-1}$ ist beschränkt.

(2) Mit $x = A^{-1}y$ bzw. $y = Ax$ folgt umgekehrt

$$\|x\| = \|A^{-1}y\| \le \|A^{-1}\|\|y\| = \|A^{-1}\|\|Ax\|$$

oder

$$\frac{1}{\|A^{-1}\|}\|x\| \le \|Ax\| .$$

Setzen wir $m := \frac{1}{\|A^{-1}\|}$, so ergibt sich die Behauptung. □

**Hilfssatz 2.16:**
Es sei $X$ ein normierter Raum, und $T \in L(X, X)$ sei vollstetig. Ferner existiere $(I - T)^{-1}$. Dann ist $(I - T)^{-1} \in L(X, X)$.

**Beweis:**
(indirekt) Wir nehmen an, $(I - T)^{-1}$ sei nicht beschränkt. Dann gibt es nach Hilfssatz 2.15 eine Folge $\{x_n\}$ mit $\frac{1}{n}\|x_n\| > \|(I - T)x_n\|$. Setzen wir $y_n := \frac{x_n}{\|x_n\|}$, so folgt $\|y_n\| = 1$ und $(I - T)y_n \to 0$ für $n \to \infty$. Wegen

$$\big|\|y_n\| - \|Ty_n\|\big| \le \|y_n - Ty_n\| \to 0 \quad \text{für} \quad n \to \infty$$

folgt, da $\|y_n\| = 1$ ist: $\|Ty_n\| \to 1$ für $n \to \infty$. Da $T$ vollstetig ist, gibt es eine Teilfolge $\{y_{n_k}\}$ von $\{y_n\}$ mit $Ty_{n_k} \to z$ für $n \to \infty$, wobei $z \in X$ und $\|z\| = 1$ ist. ($\|Ty_n\| \to 1$!). Hieraus folgt

$$y_{n_k} = (I - T)y_{n_k} + Ty_{n_k} \to 0 + z = z \quad \text{für} \quad k \to \infty \tag{2.149}$$

und, da $T$ beschränkt und damit stetig ist,

$$Ty_{n_k} \to Tz \quad \text{für} \quad k \to \infty . \tag{2.150}$$

Aus (2.149) und (2.150) folgt

$$(I - T)y_{n_k} \to (I - T)z \quad \text{für} \quad k \to \infty$$

und wegen $(I - T)y_{n_k} \to 0$ für $k \to \infty$: $0 = (I - T)z$. Da $(I - T)^{-1}$ nach Voraussetzung existiert, ergibt sich hieraus $z = 0$ im Widerspruch zu $\|z\| = 1$. Also ist $(I - T)^{-1}$ beschränkt. Die Linearität von $(I - T)^{-1}$ folgt aus der Existenz von $(I - T)^{-1}$ und der Linearität von $I - T$ (s. Überlegung zu Beginn von Abschn. 2.1.3). □

**Beweis:**
von Satz 2.25: (indirekt) Sei $\lambda \in \sigma(T)$ mit $\lambda \neq 0$. Wir nehmen an, $\lambda$ sei kein Eigenwert von $T$. Dann besitzt die Gleichung $(T - \lambda I)x = 0$ bzw. $(\frac{1}{\lambda}T - I)x = 0$ nur die Lösung $x = 0$. Da $T$ und damit auch $\frac{1}{\lambda}T =: \tilde{T}$ vollstetig ist, folgt nach dem Fredholmschen Alternativsatz (s. Abschn. 2.2.5): Die Gleichung $x - \tilde{T}x = y$ besitzt für jedes $y \in X$ genau eine Lösung. Somit sind die Operatoren $I - \tilde{T}$ bzw. $\frac{1}{\lambda}T - I$ und damit auch $T - \lambda I$ bijektiv. Mit Hilfssatz 2.16 ergibt

sich dann $(T - \lambda I)^{-1} \in L(X, X)$, also $\lambda \notin \sigma(T)$ im Widerspruch zu unserer Voraussetzung, so daß Satz 2.25 bewiesen ist. □

**Bemerkung**: Es läßt sich zeigen, daß die Forderung $\lambda \neq 0$ in Satz 2.25 wesentlich ist.

Nach Abschnitt 2.3.1 beherrschen wir die Eigenwerte eines vollstetigen symmetrischen Operators und aufgrund der Sätze 2.24 und 2.25 das Spektrum dieses Operators. Im folgenden interessieren wir uns für das Spektrum eines beschränkten symmetrischen Operators, wobei wir auf die Vollstetigkeit verzichten. Allerdings verlangen wir nun von unserem Raum $X$ mehr: Wir setzen einen Hilbertraum voraus.

**Hilfssatz 2.17:**

Es sei $X$ ein Hilbertraum und $T \in L(X, X)$ symmetrisch. Der Operator $(T - \lambda I)$ besitzt genau dann eine Inverse $(T - \lambda I)^{-1} \in L(X, X)$, wenn es eine Konstante $C > 0$ gibt mit

$$\|Tx - \lambda x\| \geq C\|x\| \quad \text{für alle} \quad x \in X\,. \tag{2.151}$$

**Beweis:**

Die eine Richtung der Aussage folgt unmittelbar aus Hilfssatz 2.15. In der umgekehrten Richtung wird durch diesen Hilfssatz nur die Existenz von $(T - \lambda I)^{-1}$ als beschränktem linearen Operator auf $(T - \lambda I)(X)$ garantiert. Zu zeigen bleibt noch: $(T - \lambda I)(X) = X$. Hierzu nehmen wir in einem *ersten Schritt* an, $V := (T - \lambda I)(X) \subset X$ liege nicht dicht in $X$, also $X \neq \overline{V}$. $V$ ist Unterraum von $X$. Nach Satz 1.16, Abschnitt 1.3.4 gilt dann $X = \overline{V} \oplus \overline{V}^{\perp}$; $\overline{V}$ abgeschlossener Teilraum von $X$. Es gibt also ein $x_0 \in \overline{V}^{\perp}$ mit $x_0 \neq 0$ (beachte $0 \in \overline{V}^{\perp} \cap V$!), d.h. es ist $x_0 \perp \overline{V}$ und insbesondere $x_0 \perp V$. Damit gilt

$$(x_0, (T - \lambda I)x) = 0 \quad \text{für alle} \quad x \in X\,.$$

Da $T$ symmetrisch ist, folgt dann

$$(Tx_0, x) - (\overline{\lambda} x_0, x) = ((T - \overline{\lambda} I)x_0, x) = 0 \quad \text{für alle} \quad x \in X\,.$$

Wählen wir $x := (T - \overline{\lambda} I)x_0$, so ergibt sich hieraus $(T - \overline{\lambda} I)x_0 = 0$, und da $x_0 \neq 0$ ist, ist $\overline{\lambda}$ somit ein Eigenwert von $T$. Nach Hilfssatz 2.11, Abschnitt 2.3.1 gilt $\overline{\lambda} = \lambda \in \mathbb{R}$, und mit (2.151) erhalten wir

$$0 = \|(T - \lambda I)x_0\| \geq C\|x_0\|\,, \quad C > 0$$

oder $x_0 = 0$ im Widerspruch zur Annahme. Also: $\overline{V} = X$. Im *zweiten Schritt* zeigen wir, daß $V$ abgeschlossen ist in $X$. Hierzu sei $v_0 \in \overline{V}$ beliebig. Dann gibt es eine Folge $\{v_k\}$ in $V$ mit $v_k \to v_0$ für $k \to \infty$. Insbesondere ist $\{v_k\}$ also eine Cauchy-Folge in $V$. Zu $v_k$ gibt es ein $x_k \in X$ mit $v_k = (T - \lambda I)x_k$, $k \in \mathbb{N}$. Wegen

$$\begin{aligned} \|v_i - v_k\| &= \|(T - \lambda I)x_i - (T - \lambda I)x_k\| \\ &= \|T(x_i - x_k) - \lambda(x_i - x_k)\| \geq C\|x_i - x_k\| \end{aligned}$$

ist mit $\{v_k\}$ auch $\{x_k\}$ eine Cauchy-Folge in $X$. Da $X$ vollständig ist, gibt es somit ein $\tilde{x} \in X$ mit $x_k \to \tilde{x}$ für $k \to \infty$. Aus der Stetigkeit von $T$ (=Beschränktheit!) folgt daher

$$(T - \lambda I)\tilde{x} = \lim_{k\to\infty} (T - \lambda I)x_k = \lim_{k\to\infty} v_k = v_0\,,$$

d.h. $v_0 \in V$, und somit ist $V$ abgeschlossen. Insgesamt haben wir damit $V = (T - \lambda I)(X) = X$ gezeigt, so daß wir in $T - \lambda I$ einen surjektiven Operator haben. Aus dem Umkehrsatz von Banach[27] (Hilfssatz 2.16 ist hier nicht anwendbar! Warum?) folgt schließlich $(T - \lambda I)^{-1} \in L(X, X)$, wodurch unser Hilfssatz bewiesen ist. □

Eine unmittelbare Konsequenz dieses Hilfssatzes ist die

**Folgerung 2.2:**
Ist $T$ ein symmetrischer Operator aus $L(X, X)$, so ist $\lambda$ genau dann Spektralpunkt von $T$, wenn es eine Folge $\{x_k\}$ aus $X$ gibt mit

$$\|Tx_k - \lambda x_k\| \leq C_k \|x_k\|\,,$$

wobei $\{C_k\}$ eine Folge mit $C_k > 0$ und $\lim\limits_{k\to\infty} C_k = 0$ ist.

Mit Hilfssatz 2.17 gewinnen wir nun einige interessante Aussagen über das Spektrum von $T$. Als erstes zeigen wir

**Satz 2.26:**
Das Spektrum eines beschränkten symmetrischen Operators, der den Hilbertraum $X$ in sich abbildet, ist reell: $\sigma(T) \subset \mathbb{R}$.

**Beweis:**
(indirekt) Wir nehmen an: $\lambda \in \sigma(T)$ mit $\lambda = a + \mathrm{i}\,b$, $a, b \in \mathbb{R}$, $b \neq 0$. Da $T$ symmetrisch ist, gilt für alle $x \in X$

$$\begin{aligned}&(x, Tx - \lambda x) - (Tx - \lambda x, x)\\ &= (x, Tx) - \bar{\lambda}(x, x) - (Tx, x) + \lambda(x, x) = \mathrm{i}\,2b(x, x)\,.\end{aligned}$$

Mit der Schwarzschen Ungleichung folgt hieraus

$$\begin{aligned}&|(x, Tx - \lambda x) - (Tx - \lambda x, x)| = 2b\|x\|^2\\ &\leq |(x, Tx - \lambda x)| + |(Tx - \lambda x, x)| \leq 2\|x\|\|Tx - \lambda x\|\end{aligned}$$

oder $\|Tx - \lambda x\| \geq b\|x\|$ für alle $x \in X$. Mit Hilfssatz 2.17 ergibt sich damit $(T - \lambda I)^{-1} \in L(X, X)$, also $\lambda \notin \sigma(T)$, im Widerspruch zur Annahme. □

27 Dieser besagt: Sind $X$ und $Y$ Banachräume und ist $A\colon X \to Y$ ein bijektiver stetiger linearer Operator, dann ist auch der Umkehroperator $A^{-1}$ stetig (s. z.B. Heuser [73], S. 243).

Der nächste Satz liefert uns eine untere und eine obere Schranke für das Spektrum von $T$:

**Satz 2.27:**

Es sei $X$ ein Hilbertraum und $T: X \to X$ ein beschränkter symmetrischer Operator. Ferner sei

$$m := \inf_{\|x\|=1} (Tx, x) \quad \text{und} \quad M := \sup_{\|x\|=1} (Tx, x). \tag{2.152}$$

Dann gilt: $\sigma(T) \subset [m, M] \subset \mathbb{R}$, und die Randpunkte des Intervalls $[m, M]$: $m$ und $M$, gehören zum Spektrum von $T$.

**Beweis:**

Wegen $|(Tx, x)| \leq \|Tx\|\|x\| \leq \|T\|\|x\|^2 = \|T\|$ für $x \in X$ mit $\|x\| = 1$ existieren $m$ und $M$ (wir beachten, daß $(Tx, x)$ reell ist!). Nun nehmen wir an, für ein $\lambda$ mit $\lambda = m - \varepsilon$ ($\varepsilon > 0$) gelte $\lambda \in \sigma(T)$. Wegen (2.152) gilt dann für $\|x\| = 1$

$$(Tx, x) \geq m\|x\|^2 = (\lambda + \varepsilon)\|x\|^2$$

oder

$$(Tx, x) - \lambda\|x\|^2 = (Tx, x) - \lambda(x, x) = (Tx - \lambda x, x) \geq \varepsilon\|x\|^2 ,$$

woraus $|(Tx - \lambda x, x)| \geq \varepsilon\|x\|^2$ folgt ($\varepsilon > 0$!), und die Schwarzsche Ungleichung liefert

$$\|Tx - \lambda x\|\|x\| \geq |(Tx - \lambda x, x)| \geq \varepsilon\|x\|^2$$

oder $\|Tx - \lambda x\| \geq \varepsilon$ für alle $x \in X$ mit $\|x\| = 1$. Hieraus folgt für $y \in X$ mit $y \neq 0$ $\|(T - \lambda I)y\| = \|(T - \lambda I)\frac{y}{\|y\|}\| \cdot \|y\| \geq \varepsilon\|y\|$ oder $\|(T - \lambda I)y\| \geq \varepsilon\|y\|$ für alle $y \in X$ (für $y = 0$ ist die Aussage trivial!). Nach Hilfssatz 2.17 ergibt sich damit $(T - \lambda I)^{-1} \in L(X, X)$, im Widerspruch zur Annahme $\lambda \in \sigma(T)$.

Entsprechend zeigt man, daß es kein $\lambda \in \sigma(T)$ mit $\lambda = M + \varepsilon$ ($\varepsilon > 0$) geben kann. Damit erhalten wir: $\sigma(T) \subset [m, M] \subset \mathbb{R}$, und wir haben nur noch zu zeigen, daß $m$ und $M$ aus $\sigma(T)$ sind:

Ersetzen wir $T$ durch $T - \lambda I$, so verschiebt sich $\sigma(T)$ um $\lambda$ nach links und $m$ bzw. $M$ gehen in $m - \lambda$ bzw. $M - \lambda$ über. Ohne Beschränkung der Allgemeinheit dürfen wir $M \geq m \geq 0$ annehmen. Nach Satz 2.16, Abschnitt 2.3.1 gilt $M = \|T\| = \sup\limits_{\|x\|=1} (Tx, x)$. Daher gibt es eine Folge $\{x_k\}$ aus $X$ mit $\|x_k\| = 1$ und $(Tx_k, x_k) = M - \varepsilon_k$ mit $\varepsilon_k \to 0$ für $k \to \infty$ ($\varepsilon_k \geq 0$). Ferner gilt: $\|Tx_k\| \leq \|T\|\|x_k\| = \|T\| = M$ und damit

$$\begin{aligned}\|Tx_k - Mx_k\|^2 &= \|Tx_k\|^2 - 2M(Tx_k, x_k) + M^2\|x_k\|^2 \\ &\leq M^2 - 2M(M - \varepsilon_k) + M^2 = 2M\varepsilon_k =: C_k^2 .\end{aligned}$$

Hieraus folgt

$$\|Tx_k - Mx_k\| \leq C_k = C_k \cdot \|x_k\| \quad (\|x_k\| = 1) \tag{2.153}$$

mit $C_k > 0$ und $C_k \to 0$ für $k \to \infty$. Nach Folgerung 2.2 ist $M$ somit aus $\sigma(T)$. Entsprechend zeigt man: $m \in \sigma(T)$, womit alles bewiesen ist. □

**Folgerung 2.3:**

Unter den Voraussetzungen von Satz 2.27 ergibt sich, daß das Spektrum von $T$ nicht leer ist. Dabei ist der Fall $m = M$ möglich. Ist $T$ zusätzlich ein *positiver Operator*, d.h. gilt

$$(Tx, x) \geq 0 \quad \text{für alle} \quad x \in X\,, \tag{2.154}$$

so ist das Spektrum von $T$ nicht negativ.

**Beweis:**

Nach (2.152) und (2.154) gilt $m \geq 0$. □

**Übungen**

**Übung 2.12:**

Es seien $T_1$ und $T_2$ symmetrische Operatoren. Zeige: $T_1 + T_2$ und $\lambda T$ mit $\lambda \in \mathbb{R}$ sind ebenfalls symmetrische Operatoren.

**Übung 2.13*:**

Es sei $T$ ein Integraloperator mit in $D \times D$ schwach-polarem Kern $k(x, y)$ (s. Üb. 2.11). Zusätzlich gelte nun

$$k(x, y) = \overline{k(y, x)} \quad \text{für alle} \quad x, y \in D\,.$$

Zeige: $T$ ist ein symmetrischer Operator.

**Übung 2.14*:**

Es sei (SL) das Sturm-Liouvillesche Rand- und Eigenwertproblem aus Abschnitt 2.3.4 und $G(x, y)$ eine symmetrische Greensche Funktion von $(\text{SL})_{\text{hom}}$. Beweise: Für jedes $\eta \in C[0, \pi]$ löst

$$\varphi(x) := \int_0^\pi \eta(y) G(x, y)\,\mathrm{d}y\,, \quad x \in [0, \pi]$$

das Randwertproblem

$$\begin{cases} \dfrac{\mathrm{d}}{\mathrm{d}x}[p(x)\varphi'(x)] - q(x)\varphi(x) = -\eta(x)\,, & x \in [0, \pi] \\ \varphi(0) = \varphi(\pi) = 0\,. \end{cases}$$

Hinweis: Zerlege $\int_0^\pi$ in der Form $\int_0^x + \int_x^\pi$ und verwende die Eigenschaften (i) bis (iv) von $G(x, y)$.

**Übung 2.15*:**

Es sei $X = C[0,2\pi]$ der mit

$$(f,g) = \int_0^{2\pi} f(x)\overline{g(x)}\,\mathrm{d}x \quad \text{für} \quad f,g \in C[0,2\pi]$$

versehene Skalarproduktraum.

(a) Bestimme sämtliche Eigenwerte und -funktionen des Integraloperators $T$ mit

$$(Tf)(x) := \int_0^{2\pi} \sin(x+y) f(y)\,\mathrm{d}y\,, \quad x \in [0,2\pi]\,.$$

(b) Für welche Parameterwerte $\alpha$ ist die Integralgleichung

$$f(x) - \frac{1}{\pi}\int_0^{2\pi} \sin(x+y) f(y)\,\mathrm{d}y = \sin x + \alpha \cos x\,,\ x \in [0,2\pi]$$

lösbar? Berechne für diese $\alpha$-Werte die allgemeine Lösung der Integralgleichung.

Hinweis: $T$ ist ein ausgearteter Operator (warum?).

# 3 Der Hilbertraum $L_2(\Omega)$ und zugehörige Sobolevräume

Zielsetzung dieses Abschnittes[1] ist eine Einführung in die Theorie des bekannten Hilbertraumes $L_2(\Omega)$ und der mit diesem Raum verbundenen Sobolevräume $H_m(\Omega)$ und $\mathring{H}_m(\Omega)$, die sich ebenfalls als interessante Hilberträume erweisen. Wir wählen hierbei einen funktionalanalytischen Zugang, der ohne die Lebesguesche Maß- und Integrationstheorie auskommt und der sich an Denkweisen der Distributionentheorie (s. auch Burg/Haf/Wille [24], Abschn. 6 und 7) orientiert. Dieser Weg weicht vom allgemein üblichen ab. Er geht auf P. Werner [158] zurück, an dessen Originalarbeit wir uns halten. Die hierfür erforderlichen Hilfsmittel aus der Funktionalanalysis stehen uns bereits zur Verfügung.

Für die Anwendungen ist dieser Abschnitt von besonderer Bedeutung: Er liefert uns u.a. die Grundlage zur Behandlung von elliptischen Differentialgleichungen (Hilbertraummethoden; s. Abschn. 10).

## 3.1 Der Hilbertraum $L_2(\Omega)$

### 3.1.1 Motivierung

Wie bisher sei $\mathbb{R}^n$ der $n$-dimensionale euklidische Raum. Seine Elemente schreiben wir wieder in der Form

$$x = (x_1, \dots, x_n)^{\mathrm{T}}, \quad x_i \in \mathbb{R} \quad (i = 1, \dots, n).$$

Ferner sei $\Omega$ eine beliebige (nichtleere) offene Menge in $\mathbb{R}^n$. Mit $C(\Omega)$ bezeichnen wir die Menge aller komplexwertigen stetigen Funktionen auf $\Omega$. Für $f \in C(\Omega)$ definieren wir analog zu Burg/Haf/Wille [24], Abschnitt 6.1.2 den *Träger* (oder *Support*) von f durch

$$\operatorname{Tr} f := \overline{\{x \in \mathbb{R}^n \mid f(x) \neq 0\}}, \tag{3.1}$$

wobei wir wie üblich mit $\overline{A}$ die Abschließung einer Menge $A \subset \mathbb{R}^n$ bezeichnen. Für die Menge aller in $\mathbb{R}^n$ komplexwertigen stetigen Funktionen *mit beschränktem Träger in* $\Omega$ verwenden wir die Schreibweise $C_0(\Omega)$. Mit den linearen Operationen

$$(f + g)(x) := f(x) + g(x) \quad \text{und} \quad (\alpha f)(x) := \alpha f(x), \quad \alpha \in \mathbb{C}$$

ist $C_0(\Omega)$ ein linearer Raum (s. Abschn. 1.2.1). Ferner existiert für $f \in C_0(\Omega)$ das Integral

$$\int_\Omega f(x)\,\mathrm{d}x \quad \left( = \int_\Omega f(x_1, \dots, x_n)\,\mathrm{d}x_1 \dots \mathrm{d}x_n \right), \tag{3.2}$$

---

1 er wendet sich an mathematisch besonders interessierte Leser

wobei wir dieses Integral - wie auch alle nachfolgenden - *im Riemannschen Sinne* (s. Burg/-Haf/Wille [23], Abschn. 7) verstehen. Das auf den ersten Blick recht kompliziert aussehende Gebietsintegral (3.2) erweist sich für Funktionen $f \in C_0(\Omega)$ als äußerst harmlos (dies ist auch der Grund, warum wir $C_0(\Omega)$ verwenden!): Wählen wir $a > 0$ hinreichend groß, so gilt nämlich

$$\int\limits_{\Omega} f(x)\,\mathrm{d}x = \int\limits_{-a}^{a} \left[ \ldots \int\limits_{-a}^{a} \left\{ \int\limits_{-a}^{a} f(x_1, \ldots, x_n)\,\mathrm{d}x_1 \right\} \mathrm{d}x_2 \ldots \right] \mathrm{d}x_n\,. \tag{3.3}$$

Der Wert des Integrals kann also durch Integration über einen hinreichend großen Quader berechnet werden: Dies bedeutet: $n$-fach hintereinander ausgeführte 1-dimensionale Integrationen.

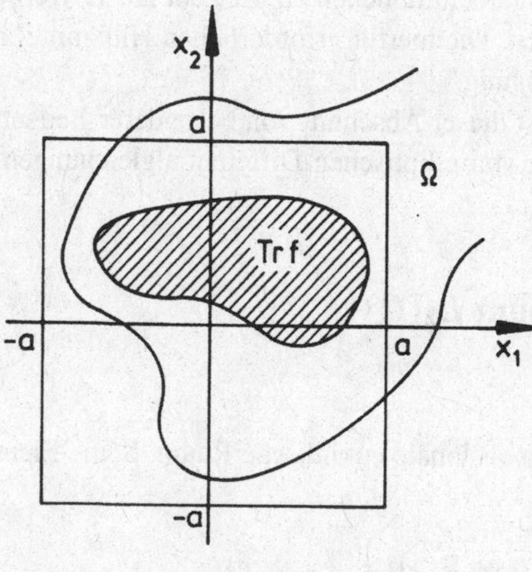


Fig. 3.1: Zur Berechnung von $\int\limits_{\Omega} f(x)\,\mathrm{d}x$ für $n = 2$

**Vereinbarung**: Für das Integral (3.2) schreiben wir im folgenden kurz

$$\int f\,\mathrm{d}x\,. \tag{3.4}$$

Nun führen wir in $C_0(\Omega)$ das Skalarprodukt

$$(f, g) = \int f\overline{g}\,\mathrm{d}x \tag{3.5}$$

ein, wobei $\overline{g}$ wie üblich die zu $g$ konjugiert komplexe Funktion bezeichnet. Mittels (3.5) definieren wir

$$\|f\|_2 := (f, f)^{\frac{1}{2}} = \left( \int |f|^2\,\mathrm{d}x \right)^{\frac{1}{2}}\,. \tag{3.6}$$

Der auf diese Weise gebildete normierte Raum $(C_0(\Omega), \|\,.\,\|_2)$ besitzt, wie wir auch schon bei dem hierzu verwendeten Gegenbeispiel in Abschnitt 1.1.3 gesehen haben, einen schwerwiegenden Mangel: er ist nicht vollständig, also kein Hilbertraum. Der bekannteste Ausweg aus diesem Dilemma wurde von H. Lebesgue[2] erschlossen. Man gelangt hierbei zu einem vollständigen Raum, dem Hilbertraum $L_2(\Omega)$, wenn man die Klasse der stetigen Funktionen auf die der quadratisch Lebesgue-integrierbaren Funktionen erweitert und das Integral (3.6) nicht im Riemannschen, sondern im Lebesgueschen Sinne interpretiert (s. z.B. Heuser [74], Kap. XVI).

Wie schon erwähnt wählen wir im folgenden einen anderen Weg zur Vervollständigung von $(C_0(\Omega), \|\,.\,\|_2)$, der auf einer funktionalanalytischen Denkweise beruht und sich von der Distributionentheorie leiten läßt.

### 3.1.2 Definition von $L_2(\Omega)$

Wir benötigen neben dem linearen Raum $C_0(\Omega)$ noch die folgenden Unterräume von $C(\Omega)$:

$C^m(\Omega)$ $(m \in \mathbb{N}_0)$ besteht aus allen $f \in C(\Omega)$, für die alle Ableitungen $\left(\frac{\partial}{\partial x_1}\right)^{p_1} \cdots \left(\frac{\partial}{\partial x_n}\right)^{p_n} f$ der Ordnung $p_1 + p_2 + \cdots + p_n \leq m$ in $\Omega$ existieren und stetig sind $(p_i \in \mathbb{N}_0,\ i = 1, \ldots, n)$.

$C_0^m(\Omega)$ besteht aus allen Funktionen, die zu $C_0(\Omega)$ und zu $C^m(\Omega)$ gehören: $C_0^m(\Omega) := C_0(\Omega) \cap C^m(\Omega)$.

$C_0^\infty(\Omega)$ besteht aus allen Funktionen, die in $\Omega$ beliebig oft stetig differenzierbar sind und die einen beschränkten in $\Omega$ enthaltenen Träger besitzen.

Wir wählen $C_0^\infty(\Omega)$ wegen seiner Vorzüge im Hinblick auf Differentiation und Integration als Ausgangspunkt für unsere weiteren Überlegungen und sprechen vom *Grundraum* $C_0^\infty(\Omega)$.

Die folgende Definition steht im Zentrum dieses Abschnittes:

**Definition 3.1:**

Mit der durch (3.6) erklärten Quadratnorm $\|\,.\,\|_2$ definieren wir $L_2(\Omega)$ als den zu $(C_0^\infty(\Omega), \|\,.\,\|_2)$ konjugierten Raum [3]:

$$L_2(\Omega) := (C_0^\infty(\Omega), \|\,.\,\|_2)^* \,. \tag{3.7}$$

Mit den linearen Operationen

$$(F_1 + F_2)\varphi := F_1\varphi + F_2\varphi\,, \quad (\alpha F)\varphi := \alpha F\varphi\,, \quad \alpha \in \mathbb{C}$$

ist $L_2(\Omega)$ also der lineare Raum aller komplexwertigen linearen Funktionale $F$ auf $C_0^\infty(\Omega)$, die bezüglich der Operatornorm

$$\|F\| := \sup\{|F\varphi| \mid \varphi \in C_0^\infty(\Omega)\,, \|\varphi\|_2 = 1\} \tag{3.8}$$

beschränkt sind. Die Elemente von $L_2(\Omega)$ nennen wir *$L_2$-Funktionale*.

**Bemerkung:** Lineare Funktionale auf $C_0^\infty(\Omega)$ nennt man auch *Distributionen im weiteren Sinne*

2 H. Lebesgue (1875–1941), französischer Mathematiker

3 zu dieser Begriffsbildung s. Abschn. 2.1.4, Def. 2.7

(s. hierzu auch Burg/Haf/Wille [24], Abschn. 6.1.3). Es läßt sich zeigen (s. Werner [158]), daß die $L_2$-Funktionale sogar Distributionen im engeren Sinne, d.h. im Sinne von L. Schwartz sind.

Wie üblich (Gleichheitsbegriff bei linearen Operatoren) sehen wir zwei $L_2$-Funktionale als *gleich* an: $F_1 = F_2$, wenn

$$F_1\varphi = F_2\varphi \quad \text{für alle} \quad \varphi \in C_0^\infty(\Omega) \tag{3.9}$$

gilt.

Mit der Norm (3.8) versehen, ist $L_2(\Omega)$ ein normierter Raum (s. Satz 2.1, Abschn 2.1.1). Als konjugierter Raum des normierten Raumes $(C_0^\infty(\Omega), \|\,.\,\|_2)$ ist $L_2(\Omega)$ vollständig, also ein Banachraum (s. Satz 2.2, Abschn. 2.1.1). Ist $\{F_k\}$ eine Folge in $L_2(\Omega)$ mit $\|F_j - F_k\| \to 0$ für $j, k \to \infty$ (Cauchy-Folge!), dann gibt es somit ein $F \in L_2(\Omega)$ mit $\|F - F_k\| \to 0$ für $k \to \infty$. Wegen

$$|F\varphi - F_k\varphi| \le \|F - F_k\|\|\varphi\| \quad \text{für} \quad \varphi \in C_0^\infty(\Omega)$$

gilt

$$F\varphi = \lim_{k\to\infty} F_k\varphi\,. \tag{3.10}$$

### 3.1.3 Einbettung von $C_0^\infty(\Omega)$ in $L_2(\Omega)$

Wir zeigen nun, daß sich die klassischen Funktionen aus $C_0^\infty(\Omega)$ in $L_2(\Omega)$ »wiederfinden«, genauer, daß wir $C_0^\infty(\Omega)$ als Unterraum von $L_2(\Omega)$ auffassen können. Unsere Vorgehensweise ist hierbei im wesentlichen dieselbe, wie wir sie bereits in Burg/Haf/Wille [24], Abschnitt 6.2.1 kennengelernt haben. Wir betrachten hierzu zunächst

**Beispiel 3.1:**

[4] Es sei $\psi \in C_0^\infty(\Omega)$ beliebig (also eine klassische Funktion!). Mit Hilfe von $\psi$ bilden wir *das durch $\psi$ induzierte Funktional*

$$F_\psi\varphi := \int \varphi \cdot \psi \,\mathrm{d}x \quad \text{für} \quad \varphi \in C_0^\infty(\Omega)\,, \tag{3.11}$$

das offensichtlich linear ist. Anwendung der Schwarzschen Ungleichung liefert für $\varphi \in C_0^\infty(\Omega)$

$$|F_\psi\varphi| = \left|\int \varphi \cdot \psi \,\mathrm{d}x\right| = |(\varphi, \overline{\psi})| \le \|\varphi\|_2 \cdot \|\overline{\psi}\|_2 = \|\varphi\|_2 \cdot \|\psi\|_2\,,$$

also

$$F_\psi \in L_2(\Omega) \quad \text{und} \quad \|F_\psi\| \le \|\psi\|_2\,. \tag{3.12}$$

---

4 s. auch Beisp. 2.5, Abschn. 2.1.4

Wählen wir für $\varphi$ speziell $\varphi := \frac{\overline{\psi}}{\|\psi\|_2}$, so ist $\varphi \in C_0^\infty(\Omega)$ und $\|\varphi\| = 1$, und es folgt

$$|F_\psi \varphi| = \left| \int \overline{\psi} \psi \, \mathrm{d}x \right| \cdot \frac{1}{\|\psi\|_2} = \|\psi\|_2^2 \cdot \frac{1}{\|\psi\|_2} = \|\psi\|_2 \cdot 1 = \|\psi\|_2 \cdot \|\varphi\|_2 \,.$$

Hieraus ergibt sich für $F_\psi$ die Beziehung

$$\|F_\psi\| = \|\psi\|_2 \,. \tag{3.13}$$

Hieraus folgt: $F_\psi = 0$ zieht $\psi = 0$ nach sich. Damit ist gezeigt (wir beachten, daß $F_\psi$ linear ist!)

Durch die Zuordnung

$$\psi \mapsto F_\psi \tag{3.14}$$

ist eine umkehrbar eindeutige lineare isometrische[5] Abbildung von $C_0^\infty(\Omega)$ *in* $L_2(\Omega)$ gegeben.

Dieser Sachverhalt gibt uns die Möglichkeit, jede Funktion $\psi \in C_0^\infty(\Omega)$ mit dem durch (3.11) definierten linearen Funktional $F_\psi$ zu *identifizieren*: Wir sehen $\psi$ und $F_\psi$ als zwei Seiten ein und derselben Sache an und bringen dies durch die Schreibweise

$$\psi = F_\psi \tag{3.15}$$

zum Ausdruck. In diesem Sinne kann $C_0^\infty(\Omega)$ als Unterraum von $L_2(\Omega)$ aufgefaßt und $C_0^\infty(\Omega)$ in $L_2(\Omega)$ *eingebettet* werden:

$$C_0^\infty(\Omega) \subset L_2(\Omega) \tag{3.16}$$

**Bemerkung:** Im folgenden schreiben wir, wenn der Kontext Verwechslungen ausschließt, anstelle von $F_\psi$ einfach $\psi$, etwa für $F \in L_2(\Omega)$ und $\psi \in C_0^\infty(\Omega)$

$$F - \psi \quad \text{und} \quad \|F - \psi\| \,.$$

Auch verwenden wir nun statt $\|\,.\,\|_2$ (s. (3.6)) die einfachere Bezeichnung $\|\,.\,\|$, die dann allerdings in zweifacher Bedeutung auftritt: einmal als Operatornorm (3.8), zum anderen in der Bedeutung (3.6). Im Zusammenhang wird jeweils deutlich, welche dieser Normen gemeint ist.

Unser nächstes Anliegen ist es zu zeigen, daß $C_0^\infty(\Omega)$ *dicht* in $L_2(\Omega)$ liegt. Hierzu betrachten wir die Abschließung von $C_0^\infty(\Omega)$ innerhalb von $L_2(\Omega)$:

$$\begin{aligned} \overline{C_0^\infty(\Omega)} := \big\{ F \in L_2(\Omega) \;\big|\; & \text{es existiert eine Folge } \{f_k\} \\ & \text{in } C_0^\infty(\Omega) \text{ mit } \|F - f_k\| \to 0 \text{ für } k \to \infty \big\} \,. \end{aligned} \tag{3.17}$$

5 Zum Isometriebegriff s. Abschn. 1.1.3

**Hilfssatz 3.1:**
$\overline{C_0^\infty(\Omega)}$ ist vollständig.

**Beweis:**
Sei $\{F_k\}$ eine Cauchy-Folge in $\overline{C_0^\infty(\Omega)}$. Wegen (3.17) gibt es zu jedem $F_k$ ein $f_k \in C_0^\infty(\Omega)$ mit $\|F_k - f_k\| < \frac{1}{k}$ und wir erhalten

$$\begin{aligned}\|f_l - f_k\| &\leq \|F_k - f_k\| + \|f_l - F_l\| + \|F_l - F_k\| \\ &< \frac{1}{k} + \frac{1}{l} + \|F_l - F_k\| \to 0 \quad \text{für} \quad l, k \to \infty ,\end{aligned}$$

da $\{F_k\}$ eine Cauchy-Folge ist. Daher ist auch $\{f_k\}$ eine Cauchy-Folge in $L_2(\Omega)$. Da $L_2(\Omega)$ vollständig ist (s. Abschn. 3.1.2), gibt es ein $F \in L_2(\Omega)$ mit $\|F - f_k\| \to 0$ für $k \to \infty$. Wegen (3.17) gilt $F \in \overline{C_0^\infty(\Omega)}$, und aus

$$\|F - F_k\| \leq \|F - f_k\| + \|f_k - F_k\| < \|F - f_k\| + \frac{1}{k} \to 0 \quad \text{für} \quad k \to \infty$$

folgt die Konvergenz der Folge $\{F_k\}$ gegen $F \in \overline{C_0^\infty(\Omega)}$, womit der Hilfssatz bewiesen ist. □

Als nächstes übertragen wir das Skalarprodukt (3.5) von $C_0^\infty(\Omega)$ auf $\overline{C_0^\infty(\Omega)}$. Wir benutzen hierbei, daß $C_0^\infty(\Omega)$ dicht ist in $\overline{C_0^\infty(\Omega)}$ (wegen (3.17)).

**Definition 3.2:**
Es seien $F, G \in \overline{C_0^\infty(\Omega)}$ und $\{f_k\}$, $\{g_k\}$ zwei Folgen aus $C_0^\infty(\Omega)$ mit $\|F - f_k\| \to 0$, $\|G - g_k\| \to 0$ für $k \to \infty$. Wir erklären in $\overline{C_0^\infty(\Omega)}$ ein *Skalarprodukt* $(F, G)$ durch

$$(F, G) = \lim_{k\to\infty} (f_k, g_k) = \lim_{k\to\infty} \int f_k \cdot \overline{g_k} \, dx . \tag{3.18}$$

Wir zeigen: Diese Definition ist »vernünftig«, d.h. der Grenzwert (3.18) existiert und ist unabhängig von der Wahl der Folgen $\{f_k\}$ und $\{g_k\}$, die $F$ und $G$ approximieren.

(i) Der Grenzwert (3.18) existiert: Aus der Konvergenz der Folgen $\{f_k\}$ und $\{g_k\}$ folgt insbesondere, daß diese Folgen Cauchy-Folgen in $\overline{C_0^\infty(\Omega)}$ sind und daß die Folgen $\{\|f_k\|\}$ und $\{\|g_k\|\}$ beschränkt sind (warum?). Mit der Schwarzschen Ungleichung ergibt sich daher

$$\begin{aligned}|(f_k, g_k) - (f_l, g_l)| &= |(f_k - f_l, g_k) + (f_l, g_k - g_l)| \leq |(f_k - f_l, g_k)| \\ &+ |(f_l, g_k - g_l)| \leq \|f_k - f_l\|\|g_k\| + \|f_l\|\|g_k - g_l\| \to 0 \quad \text{für} \quad k, l \to \infty .\end{aligned}$$

Die Folge $\{(f_k, g_k)\}$ ist somit eine Cauchy-Folge in $\mathbb{C}$. Da $\mathbb{C}$ bezüglich der euklidischen Norm vollständig ist (s. Beispiel 1.18, Abschn. 1.2.2) ergibt sich die Existenz des Grenzwertes $\lim\limits_{k\to\infty} (f_k, g_k)$.

(ii) Der Grenzwert (3.18) ist unabhängig von der speziellen Wahl von $\{f_k\}$ und $\{g_k\}$: Es seien

$\{\tilde{f}_k\}$ und $\{\tilde{g}_k\}$ weitere Folgen aus $C_0^\infty(\Omega)$ mit $\|F - \tilde{f}_k\| \to 0$ und $\|G - \tilde{g}_k\| \to 0$ für $k \to \infty$. Dann gilt

$$\|f_k - \tilde{f}_k\| \leq \|f_k - F\| + \|F - \tilde{f}_k\| \to 0 \quad \text{für} \quad k \to \infty$$

und entsprechend: $\|g_k - \tilde{g}_k\| \to 0$ für $k \to \infty$, und wir erhalten mit der Schwarzschen Ungleichung wie in (i):

$$|(f_k, g_k) - (\tilde{f}_k, \tilde{g}_k)| \leq \|f_k - \tilde{f}_k\| \|g_k\| + \|\tilde{f}_k\| \|g_k - \tilde{g}_k\| \to 0 \quad \text{für} \quad k \to \infty .$$

Unsere Definition des Skalarproduktes ist also sinnvoll.

Zwischen der durch (3.8) erklärten Norm in $L_2(\Omega)$ und dem Skalarprodukt (3.18) besteht der Zusammenhang

$$\|F\| = (F, F)^{\frac{1}{2}} \quad \text{für} \quad F \in \overline{C_0^\infty(\Omega)} . \tag{3.19}$$

Denn: Ist $\{f_k\}$ eine Folge in $C_0^\infty(\Omega)$ mit $\|F - f_k\| \to 0$ für $k \to \infty$, so folgt wegen $\|F - f_k\| \geq \big|\|F\| - \|f_k\|\big|$ (s. Üb. 1.16): $\|f_k\| \to \|F\|$ für $k \to \infty$ und daher mit (3.18)

$$\|F\|^2 = \lim_{k\to\infty} \|f_k\|^2 = \lim_{k\to\infty} (f_k, f_k) = (F, F) .$$

Aus (3.19) ergibt sich unmittelbar: $(F, F) \geq 0$ und $(F, F) = 0$ genau dann, wenn $F = 0$ ist. Ebenso lassen sich die übrigen Eigenschaften des Skalarproduktes aus (3.18) herleiten (Durchführen!). Ferner zeigt (3.19), daß die Norm in $L_2(\Omega)$ durch das Skalarprodukt (3.18) induziert ist. Da $\overline{C_0^\infty(\Omega)}$ nach Hilfssatz 3.1 bezüglich der Norm (3.8) vollständig ist, ergibt sich: Mit dem Skalarprodukt (3.18) ist $\overline{C_0^\infty(\Omega)}$ ein Hilbertraum.

Nun zeigen wir, daß die Räume $L_2(\Omega)$ und $\overline{C_0^\infty(\Omega)}$ identisch sind:

**Hilfssatz 3.2:**
Es gilt $L_2(\Omega) = \overline{C_0^\infty(\Omega)}$.

**Beweis:**
Es sei $F \in L_2(\Omega)$, d.h. ein beschränktes lineares Funktional auf $(C_0^\infty(\Omega), \|.\|_2)$. Da $C_0^\infty(\Omega)$ dicht ist in $\overline{C_0^\infty(\Omega)}$, liegt es nahe, $F$ auf folgende Weise zu einem beschränkten linearen Funktional auf $\overline{C_0^\infty(\Omega)}$ fortzusetzen: Für $G \in \overline{C_0^\infty(\Omega)}$ und $\{g_k\}$ aus $C_0^\infty(\Omega)$ mit $\|G - g_k\| \to 0$ für $k \to \infty$ definieren wir

$$FG := \lim_{k\to\infty} F g_k . \tag{3.20}$$

Dieser Grenzwert existiert und ist unabhängig von der Wahl der approximierenden Folge $\{g_k\}$. Dies folgt wie beim Nachweis, daß Definition 3.2 sinnvoll ist. Da $\overline{C_0^\infty(\Omega)}$ ein Hilbertraum ist, gibt es nach dem Rieszschen Darstellungssatz (s. Abschn. 2.1.5) ein $H \in \overline{C_0^\infty(\Omega)}$ mit

$$FG = (G, H) \quad \text{für alle} \quad G \in \overline{C_0^\infty(\Omega)} . \tag{3.21}$$

Wegen $H \in \overline{C_0^\infty(\Omega)}$ existiert eine Folge $\{h_k\}$ aus $C_0^\infty(\Omega)$ mit $\|H - h_k\| \to 0$ für $k \to \infty$. Aus (3.21) folgt insbesondere für $\varphi \in C_0^\infty(\Omega)$

$$F\varphi = (\varphi, H), \tag{3.22}$$

und wegen

$$|(\varphi, H) - (\varphi, h_k)| = |(\varphi, H - h_k)| \leq \|\varphi\| \|H - h_k\| \to 0 \quad \text{für} \quad k \to \infty$$

ergibt sich

$$F\varphi = (\varphi, H) = \lim_{k\to\infty} (\varphi, h_k) \quad \text{für} \quad \varphi \in C_0^\infty(\Omega).$$

Damit gilt mit (3.8)

$$\begin{aligned} \|F - \overline{h}_l\| &= \sup_{\|\varphi\|=1} |(F - \overline{h}_l)\varphi| = \sup_{\|\varphi\|=1} \left| F\varphi - \int \varphi \cdot \overline{h}_l \, dx \right| \\ &= \sup_{\|\varphi\|=1} | \lim_{k\to\infty} (\varphi, h_k) - (\varphi, h_l)| = \sup_{\|\varphi\|=1} | \lim_{k\to\infty} (\varphi, h_k - h_l)| . \end{aligned} \tag{3.23}$$

Da $\{h_k\}$ als konvergente Folge insbesondere auch eine Cauchy-Folge im Raum $C_0^\infty(\Omega)$ ist, erhalten wir aus (3.23) mit Hilfe der Schwarzschen Ungleichung

$$\|F - \overline{h}_l\| \leq \sup_{\|\varphi\|=1} \Big| \lim_{k\to\infty} \|\varphi\| \|h_k - h_l\| \Big| = \lim_{k\to\infty} \|h_k - h_l\| \to 0$$

für $l \to \infty$, d.h. $F = \lim_{l\to\infty} \overline{h}_l$, wobei $\{\overline{h}_l\}$ eine Folge aus $C_0^\infty(\Omega)$ ist. Damit ist $F \in \overline{C_0^\infty(\Omega)}$ nachgewiesen. □

Insgesamt ergibt sich der folgende

**Satz 3.1:**

Identifizieren wir die Funktionen $\psi \in C_0^\infty(\Omega)$ mit den durch sie induzierten Funktionalen $F_\psi \in L_2(\Omega)$ (s. (3.11)), so erweist sich der durch (3.6) normierte Raum $C_0^\infty(\Omega)$ als isometrische Einbettung in den durch (3.8) normierten Raum $L_2(\Omega)$. $C_0^\infty(\Omega)$ ist bezüglich der Norm (3.8) dicht in $L_2(\Omega)$. Ferner ist für $F, G \in L_2(\Omega)$ durch

$$(F, G) = \lim_{k\to\infty} (f_k, g_k) = \lim_{k\to\infty} \int f_k \overline{g}_k \, dx \tag{3.24}$$

ein Skalarprodukt in $L_2(\Omega)$ erklärt. Dabei sind $\{f_k\}$ und $\{g_k\}$ Folgen in $C_0^\infty(\Omega)$ mit $\|F - f_k\| \to 0$ und $\|G - g_k\| \to 0$ für $k \to \infty$. $L_2(\Omega)$ ist bezüglich des Skalarproduktes (3.24) ein Hilbertraum.

**Bemerkung:** Dieser Satz besagt, daß $L_2(\Omega)$ die Vervollständigung des Skalarproduktraumes $(C_0^\infty(\Omega), \|\,.\,\|_2)$ ist. Damit haben wir unser Ziel auf funktionalanalytischem Wege, also ohne

Verwendung der Lebesgueschen Theorie, erreicht. Es läßt sich zeigen (s. Werner [158]), daß $L_2(\Omega)$ isometrisch ist zum Raum $L_2(\Omega)$ im Sinne von Lebesgue.

Aus Satz 3.1 ergibt sich die nützliche

**Folgerung 3.1:**

Es sei $F \in L_2(\Omega)$. Dann gilt für alle $\varphi \in C_0^\infty(\Omega)$ die Beziehung

$$F\varphi = (F, \overline{\varphi}) . \tag{3.25}$$

**Beweis:**

Nach Satz 3.1 gibt es zu $F \in L_2(\Omega)$ eine Folge $\{f_k\}$ aus $C_0^\infty(\Omega)$ mit $\|F - f_k\| \to 0$ für $k \to \infty$. Für $\varphi \in C_0^\infty(\Omega)$ folgt hieraus (s. (3.10), Abschn. 3.1.2)

$$F\varphi = \lim_{k\to\infty} \int f_k\varphi \,\mathrm{d}x = \lim_{k\to\infty} (f_k, \overline{\varphi}) .$$

Aus der Stetigkeit des Skalarproduktes ergibt sich dann

$$F\varphi = (\lim_{k\to\infty} f_k, \overline{\varphi}) = (F, \overline{\varphi}) .$$

□

Wir wenden uns noch kurz der Frage zu, ob bzw. unter welchen Voraussetzungen Funktionen $u$ aus $C_0(\Omega)$ bzw. $C(\Omega)$ zu $L_2(\Omega)$ gehören. Für $u \in C(\Omega)$ definieren wir das durch $u$ induzierte lineare Funktional $F_u$ analog zu (3.11) durch

$$F_u\varphi := \int u\varphi \,\mathrm{d}x \quad \text{für} \quad \varphi \in C_0^\infty(\Omega) . \tag{3.26}$$

Wir sagen, $u \in C(\Omega)$ *gehört zu* $L_2(\Omega)$, wenn $F_u \in L_2(\Omega)$ ist. Wir schreiben dann

$$u \in C(\Omega) \cap L_2(\Omega) . \tag{3.27}$$

Es läßt sich zeigen, daß für $u \in C_0(\Omega)$ das durch $u$ induzierte Funktional $F_u$ zu $L_2(\Omega)$ gehört, d.h. es ist $C_0(\Omega) \subset L_2(\Omega)$ und es gilt

$$(u, v) = (F_u, F_v) = \int u\overline{v} \,\mathrm{d}x \tag{3.28}$$

für $u, v \in C_0(\Omega)$ (s. Üb. 3.2). Für $u \in C(\Omega)$ hingegen gehört $F_u$ nur unter Zusatzbedingungen zu $L_2(\Omega)$, z.B. für den Fall, daß $\Omega$ ein beschränktes Gebiet mit hinreichend glattem Rand $\partial\Omega$ und $u \in C(\overline{\Omega})$ ist.

### 3.1.4 Restriktion und norminvariante Erweiterung von $L_2$-Funktionalen

Es seien $\Omega$ und $\Omega'$ offene Mengen in $\mathbb{R}^n$ mit $\Omega \subset \Omega'$. Für $F \in L_2(\Omega')$ definieren wir die *Restriktion* $F^r$ *von* $F$ *auf* $C_0^\infty(\Omega)$ durch

$$F^r\varphi := F\varphi \quad \text{für} \quad \varphi \in C_0^\infty(\Omega) . \tag{3.29}$$

Es gilt dann: $F^r \in L_2(\Omega)$ und

$$\|F^r\|_{L_2(\Omega)} \le \|F\|_{L_2(\Omega')} \tag{3.30}$$

(warum?). Umgekehrt läßt sich jedes Funktional aus $L_2(\Omega)$ zu einem Funktional aus $L_2(\Omega')$ erweitern: Zu $F \in L_2(\Omega)$ gibt es eine Folge $\{f_k\}$ aus $C_0^\infty(\Omega)$ mit $\|F - f_k\| \to 0$ für $k \to \infty$ ($C_0^\infty(\Omega)$ ist dicht in $L_2(\Omega)$!). Wir definieren $F^e$ durch

$$F^e\varphi := \lim_{k\to\infty} \int f_k\varphi \, \mathrm{d}x \quad \text{für} \quad \varphi \in C_0^\infty(\Omega') \,. \tag{3.31}$$

Dieser Grenzwert existiert und ist unabhängig von der speziellen Approximationsfolge $\{f_k\}$ (zeigen!). Für beliebige $\varphi \in C_0^\infty(\Omega')$ mit $\|\varphi\| = 1$ gilt (da $\{f_k\}$ konvergent ist, ist $\{f_k\}$ insbesondere eine Cauchy-Folge!)

$$\begin{aligned}\left|F^e\varphi - \int f_l\varphi \, \mathrm{d}x\right| &= \left|\lim_{k\to\infty} \int f_k\varphi \, \mathrm{d}x - \int f_l\varphi \, \mathrm{d}x\right| \\ &\le \lim_{k\to\infty} \|f_k - f_l\| \cdot 1 \to 0 \quad \text{für} \quad l \to \infty \,.\end{aligned}$$

Hieraus folgt

$$\|F^e - f_l\|_{L_2(\Omega')} = \sup_{\substack{\varphi\in C_0^\infty(\Omega') \\ \|\varphi\|=1}} |(F^e - f_l)\varphi| \to 0 \quad \text{für} \quad l \to \infty \,.$$

Damit erhalten wir: $F^e \in L_2(\Omega')$ und

$$\|F^e\|_{L_2(\Omega')} = \lim_{k\to\infty} \|f_k\| = \|F\|_{L_2(\Omega)} \,, \tag{3.32}$$

und wegen (3.31) bzw. (3.29): $F^e\varphi = F\varphi$ für alle $\varphi \in C_0^\infty(\Omega)$ bzw.

$$(F^e)^r = F \,. \tag{3.33}$$

$F^e$ heißt die *norminvariante Erweiterung* von $F$ auf $L_2(\Omega')$. Der Abbildung $F \mapsto F^e$ entspricht die Erweiterung einer (im Sinne von Riemann) quadratisch integrierbaren Funktion $u$ von $\Omega$ auf $\Omega'$: Setze $u(x) = 0$ für $x \in \Omega' - \Omega$.

### 3.1.5 Produkt von $L_2$-Funktionalen mit stetigen Funktionen

Für $F \in L_2(\Omega)$ und $g \in C_0^\infty(\Omega)$ definieren wir das *Produkt* $gF$ analog zu Burg/Haf/Wille [24], Abschnitt 7.1.1 durch

$$(gF)\varphi := F(g\varphi) \quad \text{für} \quad \varphi \in C_0^\infty(\Omega) \tag{3.34}$$

Wegen Folgerung 3.1, Abschnitt 3.1.3 läßt sich (3.34) in der Form

$$(gF)\varphi = F(g\varphi) = (F, \overline{g\varphi}) \quad \text{für} \quad \varphi \in C_0^\infty(\Omega) \tag{3.35}$$

darstellen. (Wir beachten dabei: $g\varphi \in C_0^\infty(\Omega)$!) Ferner ist $(F, \overline{g\varphi})$ in (3.35) bereits für $g \in C(\Omega)$ erklärt. Denn: Aus $g \in C(\Omega)$ und $\varphi \in C_0^\infty(\Omega)$ folgt $g\varphi \in C_0(\Omega)$. Nach unserem Ausblick am Ende von Abschnitt 3.1.3 ist $g\varphi \in C(\Omega) \cap L_2(\Omega)$ und das Skalarprodukt $(F, \overline{g\varphi})$ (im Sinne von (3.18)) damit definiert.

Dies gibt Anlaß zu der folgenden

**Definition 3.3:**

Es sei $g \in C(\Omega)$ und $F \in L_2(\Omega)$. Dann erklären wir das *Produktfunktional* $gF$ durch

$$(gF)\varphi := (F, \overline{g\varphi}) \quad \text{für} \quad \varphi \in C_0^\infty(\Omega). \tag{3.36}$$

Wann gilt nun aber $gF \in L_2(\Omega)$? Zur Beantwortung dieser Frage führen wir den linearen Raum $C_b(\Omega)$ aller beschränkten Funktionen $u \in C(\Omega)$ ein. Normieren wir $C_b(\Omega)$ durch

$$\|u\|_\infty := \sup_{x\in\Omega} |u(x)|, \tag{3.37}$$

so ist dieser Raum vollständig, also ein Banachraum (s. Beisp. 1.21, Abschn. 1.2.2). Wir zeigen

**Hilfssatz 3.3:**

Für $g \in C_b(\Omega)$ und $F \in L_2(\Omega)$ ist $gF \in L_2(\Omega)$ und es gilt

$$\|gF\| \leq \|g\|_\infty \|F\|. \tag{3.38}$$

**Beweis:**

Es ist $g\varphi \in C_0(\Omega)$ und daher $g\varphi \in C(\Omega) \cap L_2(\Omega)$ (s. Abschn. 3.1.3). Ferner gilt

$$\|g\varphi\| = \left(\int |g\varphi|^2\,\mathrm{d}x\right)^{\frac{1}{2}} \leq \sup_{x\in\Omega} |g(x)| \left(\int |\varphi|^2\,\mathrm{d}x\right)^{\frac{1}{2}} = \|g\|_\infty \|\varphi\|.$$

Hieraus erhalten wir mit (3.36) und der Schwarzschen Ungleichung

$$\begin{aligned} |(gF)\varphi| &= |(F, \overline{g\varphi})| \leq \|F\|\|g\varphi\| \\ &\leq \|g\|_\infty \|F\| \|\varphi\| \quad \text{für} \quad \varphi \in C_0^\infty(\Omega), \end{aligned}$$

woraus sich (3.38) ergibt. □

Falls $F$ durch eine klassische Funktion $u$ induziert ist: $F = F_u$, hängt $gF$ mit dem klassischen Produkt $g \cdot u$ in folgender Weise zusammen:

**Hilfssatz 3.4:**

Es sei $g \in C(\Omega)$ und $u \in C(\Omega) \cap L_2(\Omega)$. Dann gilt

$$F_{g\cdot u} = gF_u, \tag{3.39}$$

wobei $F_u$ das durch $u$ und $F_{g\cdot u}$ das durch $g \cdot u$ induzierte Funktional ist. Für den Fall, daß $g \in C_b(\Omega)$ ist, gilt $g \cdot u \in C(\Omega) \cap L_2(\Omega)$.

**Beweis:**

S. Werner [158], Lemma 5.2

### 3.1.6 Differentiation in $L_2(\Omega)$

Analog zu Burg/Haf/Wille [24], Abschnitt 7.1.2 orientieren wir uns bei der Einführung eines geeigneten Ableitungsbegriffes für $L_2$-Funktionale an den speziellen Funktionalen $F_u \in L_2(\Omega)$, die durch Funktionen $u \in C^1(\Omega)$ (also durch in $\Omega$ stetig differenzierbare Funktionen) induziert sind:

$$F_u\varphi = \int u\varphi \, \mathrm{d}x \quad \text{für} \quad \varphi \in C_0^\infty(\Omega).$$

Durch das *Permanenzprinzip*

$$\frac{\partial}{\partial x_i} F_u = F_{\frac{\partial u}{\partial x_i}}, \, i = 1, \ldots, n \tag{3.40}$$

stellen wir sicher, daß die zu definierende Ableitung $\frac{\partial}{\partial x_i} F_u$ mit dem klassischen Ableitungsbegriff (s. Burg/Haf/Wille [23], Abschn. 6.3) verträglich ist. Für $\varphi \in C_0^\infty(\Omega)$ gilt aufgrund partieller Integration

$$F_{\frac{\partial u}{\partial x_i}} \varphi = \int \frac{\partial u}{\partial x_i} \varphi \, \mathrm{d}x = \int \frac{\partial}{\partial x_i}(u\varphi) \, \mathrm{d}x - \int u \frac{\partial \varphi}{\partial x_i} \, \mathrm{d}x. \tag{3.41}$$

Da der Träger von $\varphi$: $\operatorname{Tr}\varphi$, beschränkt ist ($\varphi \in C_0^\infty(\Omega)$!), gibt es ein $a > 0$ mit

$$\varphi(x) = 0 \quad \text{für alle} \quad x = (x_1, \ldots, x_n)^{\mathrm{T}} \quad \text{mit} \quad |x_i| \geq a.$$

Daher gilt für das erste Integral auf der rechten Seite von (3.41)

$$\int \frac{\partial}{\partial x_i}(u\varphi) \, \mathrm{d}x = \int\limits_{\mathbb{R}^{n-1}} \left\{ \int\limits_{-a}^{a} \frac{\partial}{\partial x_i}(u\varphi) \, \mathrm{d}x_i \right\} \mathrm{d}x_1 \ldots \mathrm{d}x_{i-1} \, \mathrm{d}x_{i+1} \ldots \mathrm{d}x_n$$

$$= \int\limits_{\mathbb{R}^{n-1}} \underbrace{\left\{ u \cdot \varphi \Big|_{x_i=-a}^{x_i=a} \right\}}_{=0} \mathrm{d}x_1 \ldots \mathrm{d}x_{i-1} \, \mathrm{d}x_{i+1} \ldots \mathrm{d}x_n = 0.$$

Wir erhalten damit aus (3.41)

$$F_{\frac{\partial u}{\partial x_i}} \varphi = -F_u \left( \frac{\partial \varphi}{\partial x_i} \right) \quad \text{für} \quad \varphi \in C_0^\infty(\Omega). \tag{3.42}$$

Dieser Sachverhalt gibt Anlaß zu folgender

**Definition 3.4:**
(a) Unter der *partiellen Ableitung* $\frac{\partial}{\partial x_i}F$ des $L_2$-Funktionals $F$ nach $x_i$ ($i = 1, \dots, n$) verstehen wir dasjenige lineare Funktional, das jedem $\varphi \in C_0^\infty(\Omega)$ den Zahlenwert $-F\left(\frac{\partial}{\partial x_i}\varphi\right)$ zuordnet:

$$\left(\frac{\partial}{\partial x_i}F\right)\varphi := -F\left(\frac{\partial}{\partial x_i}\varphi\right) \quad \text{für} \quad \varphi \in C_0^\infty(\Omega). \tag{3.43}$$

(b) Entsprechend lassen sich höhere Ableitungen im Funktionalsinne erklären:

$$\begin{aligned}&\left(\frac{\partial^{p_1+p_2+\dots+p_n}}{\partial {x_1}^{p_1}\partial {x_2}^{p_2}\dots\partial {x_n}^{p_n}}F\right)\varphi := \\ &(-1)^{p_1+\dots+p_n}F\left(\frac{\partial^{p_1+p_2+\dots+p_n}}{\partial {x_1}^{p_1}\partial {x_2}^{p_2}\dots\partial {x_n}^{p_n}}\varphi\right) \quad \text{für} \quad \varphi \in C_0^\infty(\Omega).\end{aligned} \tag{3.44}$$

Diese Definition ist sinnvoll: Mit $\varphi$ gehören auch

$$\frac{\partial}{\partial x_i}\varphi \quad \text{und} \quad \frac{\partial^{p_1+p_2+\dots+p_n}}{\partial {x_1}^{p_1}\partial {x_2}^{p_2}\dots\partial {x_n}^{p_n}}\varphi$$

zu $C_0^\infty(\Omega)$, so daß die rechte Seite in (3.43) bzw. (3.44) wohldefiniert ist.[6] Mit $\boldsymbol{x} = (x_1, \dots, x_n)^T \in \mathbb{R}^n$, dem *Multiindex* $p = (p_1, \dots, p_n)$, $p_i \in \mathbb{N}_0$ ($i = 1, \dots, n$) und den Abkürzungen

$$\begin{aligned}&\boldsymbol{x}^p := {x_1}^{p_1} \cdot {x_2}^{p_2} \cdot \dots \cdot {x_n}^{p_n}, \quad D^p := \left(\frac{\partial}{\partial x_1}\right)^{p_1}\left(\frac{\partial}{\partial x_2}\right)^{p_2}\dots\left(\frac{\partial}{\partial x_n}\right)^{p_n} \\ &|p| := p_1 + p_2 + \dots + p_n, \quad \boldsymbol{x}^{(0,\dots,0)} := 1, \quad D^{(0,\dots,0)} := 1\end{aligned}$$

läßt sich (3.44) kurz und einprägsam in der Form

$$(D^pF)\varphi = (-1)^{|p|}F(D^p\varphi) \quad \text{für} \quad \varphi \in C_0^\infty(\Omega) \tag{3.45}$$

schreiben. Unter Beachtung der letzten Fußnote können die folgenden *Rechenregeln* für die partiellen Ableitungen bewiesen werden (s. Üb. 3.4): Für $F, G \in L_2(\Omega)$, $\alpha_1, \alpha_2 \in \mathbb{C}$ und $\psi \in C^\infty(\Omega)$ gilt

(i) $\frac{\partial}{\partial x_i}(\alpha_1 F + \alpha_2 G) = \alpha_1\frac{\partial}{\partial x_i}F + \alpha_2\frac{\partial}{\partial x_i}G$;

(ii) $\frac{\partial}{\partial x_i}(\psi F) = \frac{\partial\psi}{\partial x_i}F + \psi\frac{\partial}{\partial x_i}F$; (*Produktregel*)

6 Def. 3.4 ist aus diesem Grunde sogar für beliebige lineare Funktionale auf $C_0^\infty(\Omega)$ (also nicht nur für $L_2$-Funktionale) sinnvoll.

(iii) $\dfrac{\partial^m}{\partial x_i{}^m}(\psi F) = \sum\limits_{k=0}^{m} \binom{m}{k} \dfrac{\partial^k}{\partial x_i{}^k}\psi \dfrac{\partial^{m-k}}{\partial x_i{}^{m-k}} F$; (*Leibnizregel*)

wobei das Produktfunktional $\psi F$ im Sinne von Definition 3.3 zu verstehen ist.

Von besonderer Bedeutung ist die Frage: Gehört mit $F$ auch $D^p F$ zu $L_2(\Omega)$? Anders formuliert: Ist $L_2(\Omega)$ bezüglich dieser Differentiation abgeschlossen? Diese Frage ist zu verneinen! Dies zeigt das folgende

**Gegenbeipiel:** Es sei $n = 1$, $\Omega = (0,1)$, und das Funktional $F$ sei durch

$$F\varphi := \int\limits_0^1 \frac{1}{x^\alpha}\varphi(x)\,\mathrm{d}x \quad \text{für} \quad \varphi \in C_0^\infty(0,1) \tag{3.46}$$

mit $0 < \alpha < \frac{1}{2}$ erklärt. Mit der Schwarzschen Ungleichung folgt aus (3.46)

$$|F\varphi| \le \left( \int\limits_0^1 \frac{1}{x^{2\alpha}}\,\mathrm{d}x \right)^{\frac{1}{2}} \|\varphi\| . \tag{3.47}$$

Das Integral in (3.47) existiert, da $2\alpha < 1$ ist. Damit ist $F$ beschränkt und daher aus $L_2(0,1)$. Nun bestimmen wir $\frac{\mathrm{d}}{\mathrm{d}x}F$: Für $\varphi \in C_0^\infty(0,1)$ erhalten wir aufgrund von Definition 3.4 nach partieller Integration

$$\left(\frac{\mathrm{d}}{\mathrm{d}x}F\right)\varphi = \left| -\frac{1}{x^\alpha}\varphi(x)\right|_{x=0}^{x=1} - \alpha \int\limits_0^1 \frac{1}{x^{1+\alpha}}\varphi(x)\,\mathrm{d}x = -\alpha \int\limits_0^1 \frac{1}{x^{1+\alpha}}\varphi(x)\,\mathrm{d}x .$$

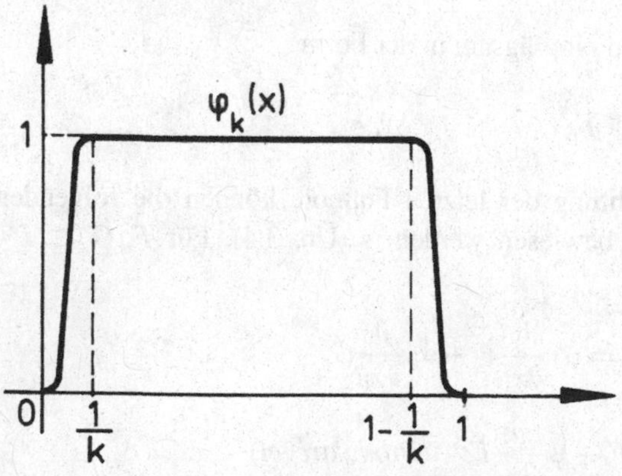


Fig. 3.2: Konstruktion einer $C_0^\infty(0,1)$-Folge

Nun benutzen wir, daß es eine Folge $\{\varphi_k\}$ in $C_0^\infty(0,1)$ gibt mit $0 \le \varphi_k \le 1$ in $(0,1)$ und $\varphi_k = 1$ in $\left[\frac{1}{k}, 1 - \frac{1}{k}\right]$ für $k = 2,3,\ldots$ (s. Üb. 3.6). Für diese Folge gilt

$$\|\varphi_k\| = \left(\int_0^1 |\varphi_k(x)|^2 \,\mathrm{d}x\right)^{\frac{1}{2}} < 1$$

und

$$\left|\left(\frac{\mathrm{d}}{\mathrm{d}x}F\right)\varphi_k\right| > \alpha \int_{\frac{1}{k}}^{1-\frac{1}{k}} \frac{\mathrm{d}x}{x^{1+\alpha}} = k^\alpha - \frac{1}{\left(1-\frac{1}{k}\right)^\alpha} \to \infty \quad \text{für} \quad k \to \infty .$$

D.h.: $\frac{\mathrm{d}}{\mathrm{d}x}F$ ist als Funktional auf $C_0^\infty(0,1)$ *nicht* beschränkt und daher gilt: $\frac{\mathrm{d}}{\mathrm{d}x}F \notin L_2(0,1)$.

## Übungen

### Übung 3.1*:

Die Funktion $h\colon \mathbb{R}^n \to \mathbb{R}$ sei durch

$$h(\boldsymbol{x}) = \begin{cases} c \cdot \exp \frac{-1}{1-|\boldsymbol{x}|^2} & \text{für} \quad |\boldsymbol{x}| < 1 \\ 0 & \text{für} \quad |\boldsymbol{x}| \ge 1 \end{cases}$$

erklärt. Dabei sei die Konstante $c$ so gewählt, daß $\int h \,\mathrm{d}\boldsymbol{x} = 1$ ist. Offensichtlich ist $h \ge 0$, $h \in C_0^\infty(\mathbb{R}^n)$ und $\operatorname{Tr} h = \{\boldsymbol{x} \mid |\boldsymbol{x}| \le 1\}$. Nun sei $\Omega$ eine beliebige offene Menge in $\mathbb{R}^n$. Beweise:

(a) Bei geeigneter Wahl von $\delta_0 > 0$ gehört die Funktion

$$h_\delta(\boldsymbol{x}) := \frac{1}{\delta^n} h\left(\frac{\boldsymbol{x}-\boldsymbol{x}_0}{\delta}\right)$$

für $\delta < \delta_0$ zu $C_0^\infty(\Omega)$.

(b) Ist $u \in C(\Omega)$ und gilt

$$F_u\varphi = \int u\varphi \,\mathrm{d}x = 0 \quad \text{für alle} \quad \varphi \in C_0^\infty(\Omega),$$

so verschwindet $u$ in $\Omega$ identisch. Begründe, daß im Falle $F_u \in L_2(\Omega)$ die Funktion $u$ mit dem $L_2$-Funktional $F_u$ identifiziert werden darf. Hinweis: Untersuche $F_u h_\delta$ für $\delta \to 0$.

**Übung 3.2*:**

Es seien $u, v \in C_0(\Omega)$; $h$ sei die in Übung 3.1 erklärte Funktion, und die Folge $\{u_k\}$ sei durch

$$u_k(x) := k^n \int u(y)h(k(y-x))\,\mathrm{d}y = \int u\left(x + \frac{y}{k}\right) h(y)\,\mathrm{d}y$$

definiert. Dann gehört $u_k$ (und entsprechend $v_k$) für $k > \frac{1}{\delta}$ zu $C_0^\infty(\Omega)$, wobei $\delta := \mathrm{dist}(\mathrm{Tr}\,u, \partial\Omega)$ ist.

(i) Zeige: Es gilt

$$\int |u - u_k|^2\,\mathrm{d}x \to 0 \quad \text{und} \quad \int |v - v_k|^2\,\mathrm{d}x \to 0 \quad \text{für} \quad k \to \infty\,.$$

(ii) Folgere mit Hilfe von (a)

$$\|F_u - u_k\| \to 0 \quad \text{und} \quad \|F_v - v_k\| \to 0 \quad \text{für} \quad k \to \infty\,.$$

Leite hieraus und aus der Definition des Skalarproduktes die Beziehung

$$(u, v) = (F_u, F_v) = \lim_{k\to\infty} (u_k, v_k) = \lim_{k\to\infty} \int u_k \overline{v}_k\,\mathrm{d}x = \int u\overline{v}\,\mathrm{d}x$$

her.

**Übung 3.3*:**

Zeige, daß für $F, G \in L_2(\Omega)$ und $g \in C_b(\Omega)$ die Beziehung

$$(gF, G) = (F, \overline{g}G)$$

gilt.

**Übung 3.4*:**

Beweise die folgenden Rechenregeln für partielle Ableitungen: Für beliebige lineare Funktionale $F, G$ auf $C_0^\infty(\Omega)$, $\alpha_1, \alpha_2 \in \mathbb{C}$ und $\psi \in C^\infty(\Omega)$ gilt

(i) $\dfrac{\partial}{\partial x_i}(\alpha_1 F + \alpha_2 G) = \alpha_1 \dfrac{\partial}{\partial x_i} F + \alpha_2 \dfrac{\partial}{\partial x_i} G$;

(ii) $\dfrac{\partial}{\partial x_i}(\psi F) = \dfrac{\partial \psi}{\partial x_i} F + \psi \dfrac{\partial}{\partial x_i} F$ (*Produktregel*);

(iii) $\dfrac{\partial^m}{\partial x_i^m}(\psi F) = \displaystyle\sum_{k=0}^{m} \binom{m}{k} \dfrac{\partial^k}{\partial x_i^k} \psi \dfrac{\partial^{m-k}}{\partial x_i^{m-k}} F$ (*Leibnizregel*).

**Übung 3.5*:**

Es sei $u \in C^m(\Omega) \cap L_2(\Omega)$. Ferner sei $h$ die in Übung 3.1 (a) erklärte Funktion und $u_\delta(x) := \int u(x+\delta y)h(y)\,dy$. Beweise: Für $x \in \Omega$ mit $\operatorname{dist}(x, \partial\Omega) > \delta > 0$ gilt

$$D^p u_\delta = (D^p u)_\delta\,, \quad |p| \le m\,.$$

**Übung 3.6*:**

Weise nach: Ist $\Omega$ eine offene Menge in $\mathbb{R}^n$ und $K$ ein kompakte Menge mit $K \subset \Omega$. Dann gibt es eine Funktion $\varphi \in C_0^\infty(\Omega)$ mit $\varphi = 1$ auf $K$ und $0 \le \varphi \le 1$ in $\Omega$.

## 3.2 Sobolevräume

### 3.2.1 Der Sobolevraum $H_m(\Omega)$

Wir betrachten nun solche Unterräume von $L_2(\Omega)$, deren Elemente Ableitungen bis zu einer bestimmten Ordnung besitzen, die wieder zu $L_2(\Omega)$ gehören. Wir benötigen diese Räume z.B. bei der Behandlung von elliptischen Differentialgleichungen mit Hilbertraummethoden (s. Abschn. 8).

**Definition 3.5:**

Unter dem *Sobolevraum*[7] $H_m(\Omega)$ versteht man den linearen Raum aller linearen Funktionale $F$ auf $C_0^\infty(\Omega)$, für die $F$ und sämtliche Ableitungen $D^pF$ der Ordnung $|p| \le m$[8] zu $L_2(\Omega)$ gehören:

$$H_m(\Omega) := \{F \in L_2(\Omega) \mid D^pF \in L_2(\Omega)\,, \quad |p| \le m\}\,. \tag{3.48}$$

Offensichtlich ist $C_0^\infty(\Omega)$ ein Unterraum von $H_m(\Omega)$: $C_0^\infty(\Omega) \subset H_m(\Omega)$. (Beachte Abschn. 3.1.3!) In $H_m(\Omega)$ erklären wir das Skalarprodukt $(F, G)_m$ durch

$$(F, G)_m := \sum_{0 \le |p| \le m} (D^pF, D^pG) \quad \text{für} \quad F, G \in H_m(\Omega)\,, \tag{3.49}$$

wobei das Skalarprodukt auf der rechten Seite von (3.49) im Sinne von Abschnitt 3.1.3, (3.24) zu verstehen ist. Damit uns (3.49) etwas deutlicher wird, schreiben wir die Summanden für den Spezialfall $m = 2$ und $n = 2$ explizit auf:

$$\begin{aligned}(F, G)_2 =& (F, G) + \left(\frac{\partial}{\partial x_1}F, \frac{\partial}{\partial x_1}G\right) + \left(\frac{\partial}{\partial x_2}F, \frac{\partial}{\partial x_2}G\right) + \left(\frac{\partial^2}{\partial x_1^2}F, \frac{\partial^2}{\partial x_1^2}G\right)\\ &+ \left(\frac{\partial^2}{\partial x_2^2}F, \frac{\partial^2}{\partial x_2^2}G\right) + \left(\frac{\partial^2}{\partial x_1 \partial x_2}F, \frac{\partial^2}{\partial x_1 \partial x_2}G\right).\end{aligned}$$

8 S.L. Sobolev (1908–1989), russischer Mathematiker

9 Wir erinnern daran, daß $|p| = p_1 + \cdots + p_n$, $p_i \in \mathbb{N}_0$ der Betrag des Multiindex $p = (p_1, \ldots, p_n)$ ist.

Das Skalarprodukt (3.49) induziert in $H_m(\Omega)$ die *Norm*

$$\|F\|_m = (F, F)_m^{\frac{1}{2}} = \Big( \sum_{0\le|p|\le m} \|D^p F\|^2 \Big)^{\frac{1}{2}}, \tag{3.50}$$

wobei die Norm $\| \, . \, \|$ in (3.50) im Sinne von Abschnitt 3.1.2, (3.8) zu verstehen ist.

Wie schon $L_2(\Omega)$ ist auch $H_m(\Omega)$ erfreulicherweise ein Hilbertraum: Wir zeigen

**Satz 3.2:**

$H_m(\Omega)$ ist bezüglich des Skalarproduktes (3.49) ein Hilbertraum.

**Beweis:**

Es sei $\{F_k\}$ eine Cauchy-Folge in $H_m(\Omega)$, d.h. $\|F_k - F_l\|_m \to 0$ für $k, l \to \infty$. Aus (3.50) ergibt sich damit: $\{D^p F_k\}$ ist eine Cauchy-Folge in $L_2(\Omega)$ für jedes $p$ mit $|p| \le m$. Da $L_2(\Omega)$ vollständig ist, gibt es ein $F^p \in L_2(\Omega)$ mit $\|D^p F_k - F^p\| \to 0$ für $k \to \infty$. Für $F^{(0,\dots,0)}$ schreiben wir kurz $F$ und zeigen: $F^p = D^p F$. Für $\varphi \in C_0^\infty(\Omega)$ gilt nämlich wegen Abschnitt 3.1.6, (3.45)

$$(D^p F)\varphi = (-1)^{|p|} F(D^p \varphi), \quad |p| \le m$$

und es folgt

$$\begin{aligned}
|F^p\varphi - (D^p F)\varphi| &= |F^p\varphi - (-1)^{|p|}F(D^p\varphi)| \\
&\le |F^p\varphi - (D^p F_k)\varphi| + |(D^p F_k)\varphi - (-1)^{|p|}F(D^p\varphi)| \\
&= |(F^p - D^p F_k)\varphi| + |(-1)^{|p|}F_k(D^p\varphi) - (-1)^{|p|}F(D^p\varphi)| \\
&\le \|F^p - D^p F_k\|\|\varphi\| + \|F_k - F\|\|D^p\varphi\| \to 0 \quad \text{für} \quad k \to \infty
\end{aligned}$$

oder: $F^p\varphi = (D^p F)\varphi$ für alle $\varphi \in C_0^\infty(\Omega)$ und $|p| \le m$. Hieraus ergibt sich $F^p = D^p F$ für alle $p$ mit $|p| \le m$. Wegen $F^p \in L_2(\Omega)$ ist damit $D^p F \in L_2(\Omega)$ oder $F \in H_m(\Omega)$ gezeigt. Ferner gilt

$$\|D^p F_k - D^p F\| = \|D^p F_k - F^p\| \to 0 \quad \text{für} \quad k \to \infty, \quad |p| \le m.$$

Mit (3.50) erhalten wir schließlich $\|F_k - F\|_m \to 0$ für $k \to \infty$, womit die Vollständigkeit von $H_m(\Omega)$ bewiesen ist. □

### 3.2.2 Der Sobolevraum $\mathring{H}_m(\Omega)$

Zur Untersuchung von Dirichletschen Randwertaufgaben (s. Abschn. 8.2) benötigen wir den folgenden Raum:

**Definition 3.6:**

Unter dem *Sobolevraum* $\mathring{H}_m(\Omega)$ versteht man denjenigen Unterraum von $H_m(\Omega)$, der aus allen $F \in H_m(\Omega)$ besteht, zu denen es eine Folge $\{f_k\}$ in $C_0^\infty(\Omega)$ gibt mit

$\|F - f_k\|_m \to 0$ für $k \to \infty$, d.h.

$$\mathring{H}_m(\Omega) = \{F \in H_m(\Omega) \mid \text{es existiert } \{f_k\} \subset C_0^\infty(\Omega) \text{ mit } \|F - f_k\|_m \to 0 \text{ für } k \to \infty\}. \tag{3.51}$$

$\mathring{H}_m(\Omega)$ ist also die Vervollständigung von $C_0^\infty(\Omega)$ innerhalb von $H_m(\Omega)$. Von besonderer Bedeutung ist, daß wir auch hier wieder einen Hilbertraum vorliegen haben:

**Satz 3.3:**
$\mathring{H}_m(\Omega)$ ist bezüglich des Skalarproduktes (3.49) ein Hilbertraum.

**Beweis:**
Dieser verläuft völlig analog zum Beweis von Hilfssatz 3.1, Abschnitt 3.1.3 (s. Üb. 3.8). □

**Hilfssatz 3.5:**
$C_0^m(\Omega)$ ist ein Unterraum von $\mathring{H}_m(\Omega)$, d.h. $C_0^m(\Omega) \subset \mathring{H}_m(\Omega)$.

**Beweisskizze:**
Es sei $u \in C_0^m(\Omega)$ beliebig und $\{u_k\}$ die durch

$$u_k(x) = \int u\left(x + \frac{y}{k}\right) h(y)\,\mathrm{d}y$$

mit

$$h(y) = \begin{cases} 0 & \text{für } |y| \geq 1 \\ C\,\mathrm{e}^{-\frac{1}{1-|y|^2}} & \text{für } |y| < 1 \end{cases}$$

definierte Folge ($C$ so gewählt, daß $\int h\,\mathrm{d}y = 1$; s. auch Burg/Haf/Wille [24], Abschn. 6.1.2). $\partial\Omega$ bezeichne den Rand von $\Omega$, und es sei $\delta := \operatorname{dist}(\partial\Omega, \operatorname{Tr} u)$.[9] Dann gilt: $\delta > 0$, $u_k \in C_0^\infty(\Omega)$ für $k > \frac{1}{\delta}$ und

$$D^p u_k(x) = D^p \int u\left(x + \frac{y}{k}\right) h(y)\,\mathrm{d}y = \int D_x^p u\left(x + \frac{y}{k}\right) h(y)\,\mathrm{d}y$$

für $|p| \leq m$. (Zeigen!) Hieraus folgt dann

$$\|D^p u - D^p u_k\|^2 = \int |D^p u - D^p u_k|^2\,\mathrm{d}x \to 0 \quad \text{für} \quad k \to \infty$$

und $|p| \leq m$ (warum?). D.h. $u$ läßt sich in $H_m(\Omega)$ durch die Folge $\{u_k\}$ aus $C_0^\infty(\Omega)$ approximieren. □

9 Der Abstand zweier Mengen $A$ und $B$ ist durch $\operatorname{dist}(A, B) := \inf\{|x - x'| \mid x \in A, x' \in B\}$ erklärt.

Für die Anwendungen nützlich ist der folgende

**Satz 3.4:**
Es seien $F, D^p F \in L_2(\Omega)$ und $G \in \mathring{H}_{|p|}(\Omega)$. Dann gilt

$$(D^p F, G) = (-1)^{|p|}(F, D^p G). \tag{3.52}$$

Diese Beziehung ist insbesondere für $F \in H_m(\Omega)$, $G \in \mathring{H}_m(\Omega)$ und $|p| \leq m$ gültig.

**Bemerkung**: Mit Hilfe von (3.52) können wir Ableitungen von $F$ auf $G$ »überwälzen«.

**Beweis:**
von Satz 3.4 $G \in \mathring{H}_{|p|}(\Omega)$. Daher gibt es eine Folge $\{g_k\}$ in $C_0^\infty(\Omega)$ mit $\|G - g_k\| \to 0$ und $\|D^p G - D^p g_k\| \to 0$ für $k \to \infty$. Wegen Abschnitt 3.1.3, (3.24) und Folgerung 3.1 gilt

$$\begin{aligned}(F, D^p G) &= \lim_{k\to\infty} (F, D^p g_k) = \lim_{k\to\infty} F(\overline{D^p g_k}) \\ &= \lim_{k\to\infty} F(D^p \overline{g}_k) = (-1)^{|p|} \lim_{k\to\infty} (D^p F)\overline{g}_k \\ &= (-1)^{|p|} \lim_{k\to\infty} (D^p F, g_k) = (-1)^{|p|}(D^p F, G).\end{aligned}$$

□

### 3.2.3 Ergänzungen

Wir beenden Abschnitt 3 mit zwei Ergebnissen über Produktfunktionale $gF$ (s. Abschn. 3.1.5). Für Multiindizes $p = (p_1, \dots, p_n)$ und $q = (q_1, \dots, q_n)$ $(p_i, q_i \in \mathbb{N}_0)$ vereinbaren wir zunächst:

$$p! := p_1! \cdot \dots \cdot p_n!, \quad p - q := (p_1 - q_1, \dots, p_n - q_n),$$

$$q \leq p \quad \text{falls} \quad q_1 \leq p_1, \dots, q_n \leq p_n, \quad \binom{p}{q} := \frac{p!}{q!(p-q)!} \quad \text{für} \quad q \leq p.$$

Wir zeigen

**Satz 3.5:**
Es sei $D^q F \in L_2(\Omega)$, $q \leq p$ und $g \in C^{|p|}(\Omega)$. Dann gilt

$$D^p(gF) = \sum_{0 \leq q \leq p} \binom{p}{q} (D^q g)(D^{p-q} F). \tag{3.53}$$

Ist insbesondere $F \in H_m(\Omega)$ und $g \in C_b^m(\Omega)$, so ist $gF \in H_m(\Omega)$.

**Beweis:**
Wir führen diesen für $m = 1$. Der Rest kann dann mittels vollständiger Induktion gezeigt werden. Es seien $F$, $\frac{\partial}{\partial x_i} F \in L_2(\Omega)$ $(i = 1, \dots, n)$ und $g \in C^1(\Omega)$. Nach Definition der Ableitung und

des Produktfunktionals und wegen Folgerung 3.1, Abschnitt 3.1.3 gilt dann für $\varphi \in C_0^\infty(\Omega)$

$$\begin{aligned}\left[\frac{\partial}{\partial x_i}(gF)\right]\varphi &= -(gF)\left(\frac{\partial}{\partial x_i}\varphi\right) = -\left(F, \overline{g\frac{\partial}{\partial x_i}\varphi}\right) \\ &= -\left(F, \frac{\partial}{\partial x_i}\overline{(g\varphi)}\right) + \left(F, \overline{\varphi\frac{\partial}{\partial x_i}g}\right).\end{aligned} \tag{3.54}$$

Da $g \in C^1(\Omega)$ und $\varphi \in C_0^\infty(\Omega)$ ist, gilt $g\varphi \in C_0^1(\Omega)$, und wegen $C_0^1(\Omega) \subset \mathring{H}_1(\Omega)$ (Hilfssatz 3.5, Abschnitt 3.2.2) ergibt sich $g\varphi \in \mathring{H}_1(\Omega)$. Satz 3.4, Abschnitt 3.2.2 liefert dann

$$-\left(F, \frac{\partial}{\partial x_i}\overline{(g\varphi)}\right) = \left(\frac{\partial}{\partial x_i}F, \overline{g\varphi}\right).$$

Damit lautet (3.54) jetzt

$$\left[\frac{\partial}{\partial x_i}(gF)\right]\varphi = \left(\frac{\partial}{\partial x_i}F, \overline{g\varphi}\right) + \left(F, \overline{\varphi\frac{\partial}{\partial x_i}g}\right).$$

Verwenden wir nochmals die Definition des Produktfunktionals, so folgt für alle $\varphi \in C_0^\infty(\Omega)$

$$\left[\frac{\partial}{\partial x_i}(gF)\right]\varphi = \left(g\frac{\partial}{\partial x_i}F\right)\varphi + \left(\frac{\partial g}{\partial x_i}F\right)\varphi$$

und daher

$$\frac{\partial}{\partial x_i}(gF) = g\frac{\partial}{\partial x_i}F + \frac{\partial g}{\partial x_i}F.$$

Dies ist aber gerade die Beziehung (3.53) für den Fall $m = 1$. Wir setzen sie nun für beliebiges $m \in \mathbb{N}$ voraus (den Induktionsschritt ersparen wir uns!). Es seien jetzt $F \in H_m(\Omega)$, $g \in C_b^m(\Omega)$ und $|p| \leq m$. Für die Ausdrücke $D^p g$ und $D^{p-q}F$ in (3.53) gilt dann: $D^p g \in C_b(\Omega)$ und $D^{p-q}F \in L_2(\Omega)$, und wegen Hilfssatz 3.3 ist $(D^p g)(D^{p-q}F) \in L_2(\Omega)$. Hieraus ergibt sich aus (3.53): $D^p(gF) \in L_2(\Omega)$ für $|p| \leq m$. Dies hat aber $gF \in H_m(\Omega)$ zur Folge. □

Als eine Konsequenz dieses Satzes erhalten wir

**Satz 3.6:**
Für $F \in \mathring{H}_m(\Omega)$ und $g \in C_b^m(\Omega)$ ist das Produktfunktional $gF$ aus $\mathring{H}_m(\Omega)$.

**Beweis:**
Da $F \in \mathring{H}_m(\Omega)$ ist, gibt es eine Folge $\{f_k\}$ in $C_0^\infty(\Omega)$ mit

$$\|F - f_k\|_m \to 0 \quad \text{für} \quad k \to \infty \quad (\text{Definition von } \mathring{H}_m(\Omega)!).$$

Für $|p| \leq m$ folgt dann nach Satz 3.5

$$D^p(gF) - D^p(gf_k) = \sum_{0 \leq q \leq p} \binom{p}{q} D^q g \cdot D^{p-q}(F - f_k)$$

und hieraus mit Hilfssatz 3.3, Abschnitt 3.1.5

$$\begin{aligned} \|D^p(gF) - D^p(gf_k)\| &\leq \sum_{0 \leq q \leq p} \binom{p}{q} \|D^q g \cdot D^{p-q}(F - f_k)\| \\ &\leq \sum_{0 \leq q \leq p} \binom{p}{q} \|D^q g\|_\infty \|D^{p-q}(F - f_k)\| \leq K\|F - f_k\|_m \to 0 \end{aligned} \tag{3.55}$$

für $k \to \infty$. Dabei ist $K > 0$ eine geeignete Konstante. Wegen $g \in C_b^m(\Omega)$ und $f_k \in C_0^\infty(\Omega)$ ist $gf_k \in C_0^m(\Omega)$. Da $C_0^m(\Omega)$ Unterraum von $\mathring{H}_m(\Omega)$ ist, existiert eine Folge $\{h_k\}$ in $C_0^\infty(\Omega)$ mit $\|gf_k - h_k\|_m < \frac{1}{k}$ für $k = 1,2,\ldots$. Wegen (3.55) ergibt sich daher

$$\|gF - h_k\|_m \leq \|g(F - f_k)\|_m + \|gf_k - h_k\|_m \to 0 \quad \text{für} \quad k \to \infty$$

und damit $gF \in \mathring{H}_m(\Omega)$. □

**Bemerkung:** Mit Abschnitt 3 steht uns nun das Rüstzeug zur Verfügung, das wir zur Behandlung von elliptischen Differentialgleichungen benötigen (s. Abschn. 8).

## Übungen

**Übung 3.7*:**

Es seien $\Omega$ und $\Omega'$ offene Mengen in $\mathbb{R}^n$ mit $\Omega \subset \Omega'$, und $p$ sei ein Multiindex mit $|p| \leq m$. Zeige:

(a) Ist $F \in \mathring{H}_m(\Omega)$ und sind $F^e$ und $(D^pF)^e$ die norm-invarianten Erweiterungen von $F$ und $D^pF$ auf $L_2(\Omega')$, dann gilt

$$D^pF^e = (D^pF)^e\,.$$

Ferner ist $F^e \in \mathring{H}_m(\Omega')$ und erfüllt

$$\|F^e\|_{m,\Omega'} = \|F\|_{m,\Omega}\,.$$

(b) Ist $F \in H_m(\Omega')$ und sind $F^r$ und $(D^pF)^r$ die Restriktionen von $F$ und $D^pF$ auf $C_0^\infty(\Omega)$, so gilt

$$D^pF^r = (D^pF)^r\,.$$

Insbesondere ist $F^r \in H_m(\Omega)$ und erfüllt

$$\|F^r\|_{m,\Omega} \leq \|F\|_{m,\Omega'} .$$

**Übung 3.8:**

Zeige analog zum Beweis von Hilfssatz 3.1, Abschnitt 3.1.3: $\mathring{H}_m(\Omega)$ ist bezüglich des Skalarproduktes

$$(F, G)_m = \sum_{0 \leq |p| \leq m} (D^p F, D^p G), \quad F, G \in H_m(\Omega)$$

ein Hilbertraum.

# Teil II

# Partielle Differentialgleichungen

# 4 Einführung

Bei zahlreichen Fragestellungen der Technik und der Naturwissenschaften haben wir es mit partiellen Differentialgleichungen zu tun. So etwa, wenn wir nach dem Schwingungsverhalten von Platten, dem elektrostatischen Potential eines geladenen Körpers oder nach der Stabilität von Flugzeugtragflügeln (Flatterrechnung) fragen. Die Bestimmung von Dichteverteilungen bei Strömungen (Kontinuitätsgleichung!), von Temperaturverteilungen in vorgegebenen Medien (Wärmeleitungsgleichung!) oder von elektrischen bzw. magnetischen Feldern (Maxwellsche Gleichungen!) führt uns mitten in die Theorie der partiellen Differentialgleichungen. Auch bei der Beschreibung von Wellenausbreitungsvorgängen in flüssigen oder gasförmigen Medien, z.B. in der Akustik, stoßen wir auf solche Gleichungen (Wellengleichung!).

Es zeigt sich, daß die Theorie der partiellen Differentialgleichungen ein recht umfangreiches mathematisches Gebiet darstellt, bei dem sehr unterschiedliche Verfahren und Methoden Verwendung finden und das auch unter Gesichtspunkten der mathematischen Forschung Aktualität besitzt. Dies macht die Entwicklung in den letzten Jahrzehnten deutlich. Wir wollen dies insbesondere im Zusammenhang mit den »Integralgleichungsmethoden« (s. Abschn. 5.3.3) und den »Hilbertraummethoden« (s. Abschn. 8) aufzeigen. Dabei finden die im vorhergehenden Kapitel »Funktionalanalysis« erarbeiteten Hilfsmittel besonders schöne Anwendungen.

## 4.1 Was ist eine partielle Differentialgleichung?

### 4.1.1 Partielle Differentialgleichungen beliebiger Ordnung

Es sei $D$ ein Gebiet in $\mathbb{R}^n$ und $\boldsymbol{x} = (x_1, \ldots, x_n) \in D$. Unter einer *partiellen Differentialgleichung der Ordnung k* für eine Funktion $u(\boldsymbol{x})$ in $D$ versteht man eine Gleichung der Form

$$F\left(\boldsymbol{x}, u(\boldsymbol{x}), \frac{\partial u(\boldsymbol{x})}{\partial x_1}, \ldots, \frac{\partial u(\boldsymbol{x})}{\partial x_n}, \ldots, \frac{\partial^k u(\boldsymbol{x})}{\partial x_n^k}\right) = 0\,. \tag{4.1}$$

In $u$ treten also mehrere unabhängige Veränderliche, nämlich $x_1, \ldots, x_n$ auf, und in (4.1) neben $\boldsymbol{x}$ und $u$ partielle Ableitungen von $u$ bis zur Ordnung $k$. Im Spezialfall $n = 1$ liegt mit (4.1) eine gewöhnliche Differentialgleichung vor (s. Burg/Haf/Wille [24]). Die partielle Differentialgleichung (4.1) heißt *linear*, wenn der durch $L[u] := F(\ldots)$ erklärte Operator $L$ bezüglich $u$ (im Sinne von Abschnitt 2) linear ist.[1]

Um zu eindeutig bestimmten Lösungen von (4.1) zu gelangen, sind zusätzliche Bedingungen zu stellen, etwa Rand- und/oder Anfangsbedingungen oder Abklingbedingungen im Unendlichen.

Von einer Lösungstheorie erwarten wir Antworten auf die folgenden Fragen:

(i) Gibt es überhaupt eine Lösung des Problems, gegebenenfalls unter welchen Voraussetzungen? (*Existenzproblem*)

---

1 Wir behandeln in diesem Band ausschließlich den linearen Fall

(ii) Falls es eine Lösung gibt, ist diese auch eindeutig bestimmt? (*Eindeutigkeitsproblem*) Man möchte sicher sein, daß man keine weiteren Lösungen des Problems übersehen hat.

(iii) Wirken sich geringe Meßungenauigkeiten bei den Anfangsdaten bzw. Randdaten nur geringfügig auf die Lösung aus?

Diese Forderungen haben wir auch schon bei der Behandlung gewöhnlicher Differentialgleichungen gestellt (s. Burg/Haf/Wille [24], Abschn. 1.2.3/1.3.2). Wir werden uns vorrangig mit (i) und (ii) beschäftigen.

Neben der Klärung dieser Grundsatzfragen interessiert sich der Ingenieur und Naturwissenschaftler vor allem für Methoden zur Gewinnung von Lösungen der entsprechenden Probleme. Wir wollen versuchen, diesem Anliegen Rechnung zu tragen. Allerdings ist dies hier nur in begrenztem Maße möglich, da dieses Buch nicht die umfangreiche Literatur der numerischen Mathematik zu partiellen Differentialgleichungen ersetzen kann. Literaturhinweise finden sich bei den einzelnen Differentialgleichungstypen.

Partielle Differentialgleichungen sind uns sowohl in Abschnitt 2.3.4, als auch in Burg/Haf/-Wille [24](Abschn. 5.2/3, 8.4) sowie in Burg/Haf/Wille [21] (Abschn. 3.4) und in Burg/Haf/Wille [22] (Abschn. 4.2 und 5.3) begegnet. Wir streben jetzt eine systematischere und allgemeinere Behandlung von partiellen Differentialgleichungen an.

### 4.1.2 Beispiele

Im folgenden bezeichne $\Delta$ bzw. $\nabla$ wie üblich den Laplace- bzw. den Nablaoperator im $\mathbb{R}^n$:

$$\Delta := \frac{\partial^2}{\partial x_1^2} + \cdots + \frac{\partial^2}{\partial x_n^2}\,; \quad \nabla := \left(\frac{\partial}{\partial x_1}, \ldots, \frac{\partial}{\partial x_n}\right)^{\mathrm{T}}\,. \tag{4.2}$$

**Beispiel 4.1:**
Die *Wärmeleitungsgleichung*

$$\Delta u(\boldsymbol{x}, t) = \frac{\partial u(\boldsymbol{x}, t)}{\partial t}\,, \quad \boldsymbol{x} \in \mathbb{R}^n\,,\ t \in [0, \infty) \tag{4.3}$$

ist eine lineare partielle Differentialgleichung 2-ter Ordnung für $u(\boldsymbol{x}, t)$. Sie beschreibt den Temperaturausgleich in Leitern bzw. die Diffusion von Teilchen in Abhängigkeit vom Ort $\boldsymbol{x}$ und der Zeit $t$.

**Beispiel 4.2:**
Die *Wellengleichung*

$$c^2 \Delta u(\boldsymbol{x}, t) = \frac{\partial^2 u(\boldsymbol{x}, t)}{\partial t^2}\,, \quad \boldsymbol{x} \in \mathbb{R}^n\,,\ t \in [0, \infty) \tag{4.4}$$

($c$ : Phasengeschwindigkeit) ist eine lineare partielle Differentialgleichung 2-ter Ordnung für $u(\boldsymbol{x}, t)$. Durch sie wird die Ausbreitung von Wellen in homogenen flüssigen oder gasförmigen Medien beschrieben.

**Beispiel 4.3:**

Die *Helmholtzsche Schwingungsgleichung* [2] (kurz *Schwingungsgleichung* genannt)

$$\Delta U(\boldsymbol{x}) + k^2 U(\boldsymbol{x}) = 0, \quad \boldsymbol{x} \in \mathbb{R}^n, \ k \in \mathbb{C} \tag{4.5}$$

ist eine lineare partielle Differentialgleichung 2-ter Ordnung für $U(\boldsymbol{x})$. Sie enthält für $k = 0$ den Spezialfall der *Potentialgleichung*

$$\Delta U(\boldsymbol{x}) = 0, \quad \boldsymbol{x} \in \mathbb{R}^n \tag{4.6}$$

die z.B. in der Elektrostatik eine entscheidende Rolle spielt.

**Bemerkung:** Auf die Schwingungsgleichung stößt man, wenn man zur Gewinnung einer Lösung der Wärmeleitungsgleichung bzw. der Wellengleichung einen Separationsansatz $u(\boldsymbol{x}, t) = U(\boldsymbol{x}) \cdot V(t)$ durchführt (s. Abschn. 4.3.2). In beiden Fällen genügt $U$ dann der Schwingungsgleichung. Damit kommt dieser Gleichung in der Theorie der partiellen Differentialgleichungen eine gewisse Schlüsselstellung zu.

**Beispiel 4.4:**

Die *Kontinuitätsgleichung*

$$\frac{\partial \varrho(\boldsymbol{x}, t)}{\partial t} + \nabla \cdot (\varrho(\boldsymbol{x}, t)\boldsymbol{v}(\boldsymbol{x}, t)) = 0, \quad \boldsymbol{x} \in \mathbb{R}^n, \ t \in [0, \infty) \tag{4.7}$$

mit einem vorgegebenen Vektorfeld $\boldsymbol{v}(\boldsymbol{x}, t)$ ist eine lineare partielle Differentialgleichung 1-ter Ordnung für die Funktion $\varrho(\boldsymbol{x}, t)$. Mit Hilfe von (4.7) läßt sich in der Hydromechanik aus einem gegebenen Geschwindigkeitsfeld $\boldsymbol{v}(\boldsymbol{x}, t)$ die Entwicklung der Dichteverteilung $\varrho(\boldsymbol{x}, t)$ einer Strömung als Lösung eines Anfangswertproblems berechnen.

**Beispiel 4.5:**

Die *Telegraphengleichung*

$$\alpha \frac{\partial^2 u(\boldsymbol{x}, t)}{\partial t^2} + \beta \frac{\partial u(\boldsymbol{x}, t)}{\partial t} + \gamma u(\boldsymbol{x}, t) = \Delta u(\boldsymbol{x}, t), \quad \boldsymbol{x} \in \mathbb{R}^n, \ t \in [0, \infty) \tag{4.8}$$

mit vorgegebenen Konstanten $\alpha, \beta, \gamma$ ist eine lineare partielle Differentialgleichung 2-ter Ordnung für die Funktion $u(\boldsymbol{x}, t)$. Sie enthält als Spezialfälle die Wellengleichung ($\beta = \gamma = 0, \alpha = \frac{1}{c^2}$), die Wärmeleitungsgleichung ($\alpha = \gamma = 0, \beta = 1$) und die Schwingungsgleichung ($\alpha = \beta = 0, \gamma = -k^2$). Außerdem tritt sie im Zusammenhang mit unserem nächsten Beispiel auf.

**Beispiel 4.6:**

Die *Maxwellschen Gleichungen* [3]

---

2 H. Helmholtz (1821–1894), deutscher Physiker

3 J.C. Maxwell (1831-1879) englischer Physiker

$$\begin{cases} \nabla \times \boldsymbol{E}(\boldsymbol{x},t) = -\mu \dfrac{\partial}{\partial t}\boldsymbol{H}(\boldsymbol{x},t) \\ \nabla \times \boldsymbol{H}(\boldsymbol{x},t) = \varepsilon \dfrac{\partial}{\partial t}\boldsymbol{E}(\boldsymbol{x},t) + \sigma \boldsymbol{E}(\boldsymbol{x},t) \end{cases} \quad \boldsymbol{x} \in \mathbb{R}^3, \; t \in [0,\infty) \tag{4.9}$$

mit den positiven Konstanten $\varepsilon$ (Dielektrizität), $\mu$ (Permeabilität) und $\sigma$ (elektrische Leitfähigkeit) stellen ein lineares *System* von partiellen Differentialgleichungen 1-ter Ordnung für die elektrische Feldstärke $\boldsymbol{E}(\boldsymbol{x},t)$ und die magnetische Feldstärke $\boldsymbol{H}(\boldsymbol{x},t)$ dar. Die Komponenten von $\boldsymbol{E}$ und $\boldsymbol{H}$ genügen der Telegraphengleichung (s. Beisp. 4.5) und im Falle $\sigma = 0$ der Wellengleichung (s. Üb. 4.2).

Die Maxwellschen Gleichungen stehen in Zentrum der Elektrodynamik.

**Beispiel 4.7:**
Die *Schrödingergleichung*

$$\mathrm{i}\,h\frac{\partial\psi(\boldsymbol{x},t)}{\partial t} = -\frac{h^2}{2m}\Delta\psi(\boldsymbol{x},t) + U(\boldsymbol{x})\psi(\boldsymbol{x},t) \quad \boldsymbol{x} \in \mathbb{R}^3, \; t \in [0,\infty) \tag{4.10}$$

mit den Konstanten $h$ (Plancksche Konstante), $m$ (Teilchenmasse), i (imaginäre Einheit) und dem vorgegebenen Potential $U(\boldsymbol{x})$ ist eine lineare partielle Differentialgleichung 2-ter Ordnung für die Wellenfunktion $\psi(\boldsymbol{x},t)$. Die Schrödingergleichung spielt eine führende Rolle in der Quantenmechanik. Sie beschreibt das Verhalten von Elementarteilchen.

### 4.1.3 Herleitung von partiellen Differentialgleichungen

Wie gelangt man eigentlich zu den im vorigen Abschnitt betrachteten partiellen Differentialgleichungen? Wie schon bei den gewöhnlichen Differentialgleichungen (s. Burg/Haf/Wille [24], Abschn. 1.1.1) erfordert die Erstellung entsprechender mathematischer Modelle auch hier sowohl solide mathematische Grundkenntnisse, als auch gute Kenntnisse aus dem jeweiligen Anwendungsgebiet (z.B. die Beherrschung physikalischer Gesetze). So benötigt man zur Herleitung der Kontinuitätsgleichung (s. Beisp. 4.4), der Wärmeleitungsgleichung (s. Beisp. 4.1) und der Maxwellschen Gleichungen (s. Beisp. 4.6) wesentlich die Integralsätze von Gauß und Stokes (s. Burg/Haf/Wille [21], Abschn. 3). Daneben müssen die jeweiligen physikalischen Zusammenhänge bekannt sein (z.B. das Induktionsgesetz im Falle von Beisp. 4.6). Zur Verdeutlichung der Methoden leiten wir die Kontinuitätsgleichung und die Maxwellschen Gleichungen her.

**(I) Die Kontinuitätsgleichung**

Es sei $\boldsymbol{v}(\boldsymbol{x},t)$ ein vorgegebenes Geschwindigkeitsfeld und $\varrho(\boldsymbol{x},t)$ die zugehörige Dichtefunktion. Ferner sei $D$ ein Gebiet im $\mathbb{R}^3$ mit glatter Randfläche[4] $\partial D$. Unser Ziel ist es, die Kontinuitätsgleichung mit Hilfe einer Massenbilanz zu gewinnen: Zum Zeitpunkt $t$ ist die Masse der Flüssigkeit in $D$ durch

$$m(t) = \int_D \varrho(\boldsymbol{x},t)\,\mathrm{d}\tau \tag{4.11}$$

4 s. hierzu Burg/Haf/Wille [21], Abschn. 3.1.2, Def. 3.2

gegeben, während der Fluß $\Phi(t')$ zum Zeitpunkt $t'$ der Strömung durch die Randfläche $\partial D$ von innen nach außen

$$\Phi(t') := \int_{\partial D} \varrho(\boldsymbol{x}, t')\boldsymbol{v}(\boldsymbol{x}, t)\cdot\boldsymbol{n}(\boldsymbol{x})\,\mathrm{d}\sigma \tag{4.12}$$

ist; $\boldsymbol{n}$ ist hierbei der in das Äußere von $\partial D$ weisende Normaleneinheitsvektor der Fläche $\partial D$. Durch Integration von $\Phi(t')$ über das Intervall $[t_0, t]$ erhalten wir die Flüssigkeitsmasse, die in diesem Zeitintervall aus $D$ herausströmt. Sie ist andererseits gerade durch $m(t_0) - m(t)$ gegeben, d.h. es gilt

$$m(t_0) - m(t) = \int_{t_0}^{t} \Phi(t')\,\mathrm{d}t',$$

woraus sich durch Differentiation nach $t$

$$-m'(t) = \Phi(t) \tag{4.13}$$

ergibt. Ebenfalls durch Differentiation nach $t$ erhalten wir aus (4.11)

$$m'(t) = \frac{\mathrm{d}}{\mathrm{d}t}\int_{D} \varrho(\boldsymbol{x}, t)\,\mathrm{d}\tau$$

und nach Vertauschung von Differentiation und Integration (erlaubt, wenn wir z.B. $\varrho$ als stetig differenzierbar voraussetzen; vgl. Burg/Haf/Wille [23], Satz 7.19)

$$m'(t) = \int_{D} \frac{\partial}{\partial t}\varrho(\boldsymbol{x}, t)\,\mathrm{d}\tau\,. \tag{4.14}$$

Nun formen wir das Integral in (4.12) mittels Satz von Gauß (s. Burg/Haf/Wille [21], Abschn.3.1.2, Satz 3.2) in ein Gebietsintegral um. Dabei setzen wir $\boldsymbol{v}$ als stetig differenzierbar voraus. Es ergibt sich dann

$$\Phi(t) = \int_{\partial D} \varrho(\boldsymbol{x}, t)\boldsymbol{v}(\boldsymbol{x}, t)\cdot\boldsymbol{n}(\boldsymbol{x})\,\mathrm{d}\sigma = \int_{D} \nabla\cdot\left[\varrho(\boldsymbol{x}, t)\boldsymbol{v}(\boldsymbol{x}, t)\right]\mathrm{d}\tau$$ [5]

und hieraus mit (4.13) und (4.14)

$$\int_{D} \left\{\frac{\partial}{\partial t}\varrho(\boldsymbol{x}, t) + \nabla\cdot\left[\varrho(\boldsymbol{x}, t)\boldsymbol{v}(\boldsymbol{x}, t)\right]\right\}\mathrm{d}\tau = 0\,. \tag{4.15}$$

---

5 Das Integral über das Gebiet $D$ ist aufzufassen als Integral über $\overline{D}$ (im Sinne von Burg/Haf/Wille [23], Abschn. 7.1.3), wobei stillschweigend vorausgesetzt wird, daß der Integrand stetig auf den Rand $\partial D$ von $D$ fortgesetzt ist.

Dieses Integral verschwindet für *alle* Gebiete $D$ mit glatter Berandung, die im Definitionsbereich der Funktionen $\varrho$ und $\boldsymbol{v}$ liegen. Daher muß auch der Integrand überall verschwinden. Denn: Nehmen wir an, es gelte $\{\dots\} \neq 0$ in einem inneren Punkt $(\boldsymbol{x}, t)$, in dem $\varrho$ und $\boldsymbol{v}$ erklärt sind. Dann muß aber $\{\dots\} \neq 0$ in einer hinreichend kleinen Kugel $K_\varepsilon(\boldsymbol{x})$ um den Punkt $\boldsymbol{x}$ (bei festgehaltenem $t$) gelten. Da (4.15) auch für $D = K_\varepsilon(\boldsymbol{x})$ gilt und in $\{\dots\}$ kein Vorzeichenwechsel auftritt, führt unsere Annahme zu einem Widerspruch. Damit ist gezeigt:

$$\frac{\partial}{\partial t}\varrho(\boldsymbol{x}, t) + \nabla \cdot \left[\varrho(\boldsymbol{x}, t)\boldsymbol{v}(\boldsymbol{x}, t)\right] = 0 \tag{4.16}$$

Dies ist aber gerade die Kontinuitätsgleichung. Eine weitere Möglichkeit der Herleitung unter Ausnutzung des in Abschnitt 4.4 vorgestellten Reynoldschen Transportsatzes findet der interessierte Leser im Rahmen der Euler-Gleichungen, siehe Abschnitt 9.

## (II) Die Maxwellschen Gleichungen

Es bezeichne $\boldsymbol{E}(\boldsymbol{x}, t)$ das elektrische Feld, $\boldsymbol{H}(\boldsymbol{x}, t)$ das magnetische Feld und $\mu$ die Permeabilitätskonstante des Mediums. Die magnetische Induktion ist durch das Feld $\mu\boldsymbol{H}(\boldsymbol{x}, t)$ erklärt. Durch das *Induktionsgesetz* wird dann ein Zusammenhang zwischen dem elektrischen und dem magnetischen Feld hergestellt: Ist $F$ ein glatt berandetes Flächenstück (s. Burg/Haf/Wille [21], Abschn. 3.2.1) mit der (positiv orientierten) Randkurve $C$, so besagt das Induktionsgesetz, daß die Zirkulation des elektrischen Feldes längs $C$ bis auf das Vorzeichen mit der Ableitung des Induktionsflusses durch $F$ übereinstimmt:

$$\oint_C \boldsymbol{E}(\boldsymbol{x}, t) \cdot \mathrm{d}\boldsymbol{x} = -\frac{\mathrm{d}}{\mathrm{d}t}\int_F \mu\boldsymbol{H}(\boldsymbol{x}, t) \cdot \mathrm{d}\boldsymbol{\sigma}\,.^6 \tag{4.17}$$

Die Felder $\boldsymbol{E}$ und $\boldsymbol{H}$ seien stetig differenzierbar. Dann läßt sich das rechte Integral in (4.17) zu

$$-\int_F \mu\frac{\partial}{\partial t}\boldsymbol{H}(\boldsymbol{x}, t) \cdot \mathrm{d}\boldsymbol{\sigma}$$

umformen (Begründung!) und das linke mittels Satz von Stokes (s. Burg/Haf/Wille [21], Abschn. 3.2, Satz 3.7) zu

$$\int_F \nabla \times \boldsymbol{E}(\boldsymbol{x}, t) \cdot \mathrm{d}\boldsymbol{\sigma}\,,$$

so daß sich aus (4.17) die Beziehung

$$\int_F \left\{\nabla \times \boldsymbol{E}(\boldsymbol{x}, t) + \mu\frac{\partial}{\partial t}\boldsymbol{H}(\boldsymbol{x}, t)\right\} \cdot \mathrm{d}\boldsymbol{\sigma} = 0 \tag{4.18}$$

6 Die Bezeichnungen $\mathrm{d}\boldsymbol{x}$ und $\mathrm{d}\boldsymbol{\sigma}$ sind im Sinne von Burg/Haf/Wille [21], Abschn. 3.2 zu verstehen

für *jedes* glatt berandete Flächenstück $F$ ergibt. Eine entsprechende Schlußweise, wie wir sie bei der Herleitung von (4.16) benutzt haben, liefert uns die erste Maxwellsche Gleichung

$$\nabla \times \boldsymbol{E}(\boldsymbol{x}, t) = -\mu \frac{\partial}{\partial t} \boldsymbol{H}(\boldsymbol{x}, t) . \tag{4.19}$$

Die zweite läßt sich ganz entsprechend herleiten.

**Bemerkung:** Zur Herleitung der Wärmeleitungsgleichung sei auf Übung 4.3 verwiesen.

## Übungen

**Übung 4.1:**

Berechne die allgemeinen Lösungen der folgenden partiellen Differentialgleichungen in $\mathbb{R}^2$:

(a) $u_{xy} = 0$ ; (b) $u_{xxyy} = 0$.

**Übung 4.2*:**

Folgere aus den Maxwellschen Gleichungen

$$\nabla \times \boldsymbol{E} = -\mu \frac{\partial \boldsymbol{H}}{\partial t}, \quad \nabla \times \boldsymbol{H} = \varepsilon \frac{\partial \boldsymbol{E}}{\partial t} + \sigma \boldsymbol{E} \quad (\varepsilon, \sigma, \mu > 0)$$

und den Anfangsbedingungen

$$\boldsymbol{E}(\boldsymbol{x},0) = \boldsymbol{E}_0(\boldsymbol{x}), \ \boldsymbol{H}(\boldsymbol{x},0) = \boldsymbol{H}_0(\boldsymbol{x}) \text{ mit } \nabla \cdot \boldsymbol{E}_0 = 0, \ \nabla \cdot \boldsymbol{H}_0 = 0 :$$

(a) $\nabla \cdot \boldsymbol{E} = 0$ und $\nabla \cdot \boldsymbol{H} = 0$ für alle $t$.

(b) Für $\boldsymbol{E}$ und $\boldsymbol{H}$ gilt

$$\Delta \boldsymbol{E} - \mu \left( \varepsilon \frac{\partial^2 \boldsymbol{E}}{\partial t^2} + \sigma \frac{\partial \boldsymbol{E}}{\partial t} \right) = \boldsymbol{0}, \ \Delta \boldsymbol{H} - \mu \left( \varepsilon \frac{\partial^2 \boldsymbol{H}}{\partial t^2} + \sigma \frac{\partial \boldsymbol{H}}{\partial t} \right) = \boldsymbol{0};$$

d.h. die Komponenten von $\boldsymbol{E}$ und $\boldsymbol{H}$ genügen der Telegraphengleichung. Welche Sonderfälle ergeben sich bei entsprechender Wahl der Konstanten?

**Hinweis:** Setze $\nabla \cdot \boldsymbol{E} := f(\boldsymbol{x}, t)$, $\nabla \cdot \boldsymbol{H} := g(\boldsymbol{x}, t)$, und leite Anfangswertprobleme mit gewöhnlichen Differentialgleichungen für $f$ und $g$ her. Benutze außerdem aus der Vektoranalysis (s. Burg/Haf/Wille [21], Abschn. 3.3.2), daß für zweimal stetig differenzierbare Vektorfelder $\boldsymbol{V}$ die Beziehungen

$$\nabla \cdot (\nabla \times \boldsymbol{V}) = 0 , \ \nabla \times (\nabla \times \boldsymbol{V}) = \nabla (\nabla \cdot \boldsymbol{V}) - \Delta \boldsymbol{V}$$

gelten.

**Übung 4.3*:**

Es sei $u(\boldsymbol{x}, t)$ die Temperatur eines Mediums im Punkt $\boldsymbol{x} \in \mathbb{R}^3$ zum Zeitpunkt $t$. Ferner sei $\varrho(\boldsymbol{x})$ die Dichte und $c(\boldsymbol{x})$ die spezifische Wärmekapazität im Punkte $\boldsymbol{x}$. Die Wärmemenge $Q(t)$, die sich zum Zeitpunkt $t$ in einem Teilgebiet $D \subset \mathbb{R}^3$ des Mediums befindet, ist durch

$$Q(t) = \int_D \varrho(\boldsymbol{x})c(\boldsymbol{x})u(\boldsymbol{x}, t)\, \mathrm{d}\tau$$

gegeben. $\boldsymbol{S}(\boldsymbol{x}, t)$ sei der Wärmestromvektor. Der Wärmefluss durch den Rand $\partial D$ von $D$ (als glatt vorausgesetzt) von innen nach außen zum Zeitpunkt $t'$ ist

$$\phi(t') = \int_{\partial D} \boldsymbol{S}(\boldsymbol{x}, t')\cdot\boldsymbol{n}(\boldsymbol{x})\, \mathrm{d}\sigma\,.$$

(a) Leite mittels einer Wärmebilanz die Gleichung

$$\varrho c \frac{\partial u}{\partial t} + \nabla\cdot\boldsymbol{S} = 0$$

her.

(b) Es sei $\lambda(\boldsymbol{x})$ (= Wärmeleitfähigkeit im Punkt $\boldsymbol{x}$) eine positive Funktion mit

$$\boldsymbol{S}(\boldsymbol{x}, t) = -\lambda(\boldsymbol{x})\nabla u(\boldsymbol{x}, t)$$

(d.h. wir nehmen an, daß der Wärmestromvektor $\boldsymbol{S}$ entgegengesetzt zum Gradienten $\nabla u$ der Temperatur gerichtet ist). Zeige, daß sich mit (a) die Wärmeleitungsgleichung

$$\varrho c \frac{\partial u}{\partial t} = \nabla\cdot(\lambda\nabla u)$$

ergibt. Welche Gleichung erhält man hieraus für den Fall, daß $\varrho$, $c$ und $\lambda$ konstant sind (also ein homogenes Medium vorliegt) und $\frac{\varrho c}{\lambda}$ zu 1 normiert ist? Wie lautet die Gleichung bei stationärer Temperaturverteilung ($u$ hängt nur von $\boldsymbol{x}$ ab)?

## 4.2 Lineare partielle Differentialgleichungen 1-ter Ordnung

### 4.2.1 Zurückführung auf Systeme gewöhnlicher Differentialgleichungen

Die allgemeine Form einer *linearen partiellen Differentialgleichung* 1*-ter Ordnung* für $u(x_1, \dots, x_n)$ liegt durch

$$\sum_{i=1}^{n} a_i(x_1, \dots, x_n)\frac{\partial u(x_1, \dots, x_n)}{\partial x_i} + b(x_1, \dots, x_n)u(x_1, \dots, x_n) = 0 \tag{4.20}$$

vor. Solche Differentialgleichungen lassen sich stets auf Systeme von gewöhnlichen Differentialgleichungen zurückführen. Wir wollen im folgenden die Grundidee hierzu aufzeigen. Zur Vereinfachung nehmen wir an, daß einer der Koeffizienten $a_i$ nirgends Null wird: o.B.d.A. verlangen wir dies von $a_n$. Nun multiplizieren wir (4.20) mit $\frac{1}{a_n}$ durch. Setzen wir außerdem

$$\frac{a_i}{a_n} =: \alpha_i \quad (i = 1, \dots, n-1)\,, \quad \frac{b}{a_n} =: \beta \tag{4.21}$$

und fassen wir die ersten $n-1$ Veränderlichen zum Vektor $\boldsymbol{x} = (x_1, \ldots, x_{n-1})^{\mathrm{T}}$ zusammen, so erhalten wir aus (4.20)

$$\frac{\partial u(\boldsymbol{x}, x_n)}{\partial x_n} + \sum_{i=1}^{n-1} \alpha_i(\boldsymbol{x}, x_n) \frac{\partial u(x_1, \ldots, x_{n-1}, x_n)}{\partial x_i} + \beta(\boldsymbol{x}, x_n) u(\boldsymbol{x}, x_n) = 0 .$$

Mit dem Vektor $\boldsymbol{v} := (\alpha_1, \ldots, \alpha_{n-1})^{\mathrm{T}}$ läßt sich diese Gleichung in der Form

$$\frac{\partial u(\boldsymbol{x}, x_n)}{\partial x_n} + \boldsymbol{v}(\boldsymbol{x}, x_n) \cdot \nabla_{\boldsymbol{x}} u(\boldsymbol{x}, x_n) + \beta(\boldsymbol{x}, x_n) u(\boldsymbol{x}, x_n) = 0 \tag{4.22}$$

schreiben. $\nabla_{\boldsymbol{x}}$ bedeutet hierbei, daß sich die Gradientenbildung auf die Variablen $x_1, \ldots, x_{n-1}$ bezieht.

Zur Bestimmung einer Lösung der Differentialgleichung (4.20) bzw. (4.22) geben wir noch die *Anfangsbedingung*

$$u(\boldsymbol{x}, 0) = u_0(\boldsymbol{x}) \tag{4.23}$$

vor. Ferner betrachten wir die Funktion

$$\boldsymbol{x} = \boldsymbol{x}(x_n) = (x_1(x_n), \ldots, x_{n-1}(x_n))^{\mathrm{T}} \tag{4.24}$$

und ordnen der partiellen Differentialgleichung (4.22) das *charakteristische System*

$$\boldsymbol{x}'(x_n) = \boldsymbol{v}\left(\boldsymbol{x}(x_n), x_n\right) \tag{4.25}$$

mit der Anfangsbedingung

$$\boldsymbol{x}(0) = (x_1(0), \ldots, x_{n-1}(0))^{\mathrm{T}} =: \boldsymbol{x}_0 \tag{4.26}$$

zu. Man nennt die Lösung dieses Anfangswertproblems *Charakteristik* der Gleichung (4.22) durch den Punkt $(\boldsymbol{x}_0, 0)$.

Um die Rolle, die das charakteristische System spielt, zu verdeutlichen, betrachten wir die Funktion

$$w(x_n) := u\left(\boldsymbol{x}(x_n), x_n\right) . \tag{4.27}$$

Mit Hilfe der Kettenregel (s. Burg/Haf/Wille [23], Abschn. 6.3.3, Satz 6.9) ergibt sich für die Ableitung von $w$ nach $x_n$

$$w'(x_n) = \nabla_{\boldsymbol{x}} u(\boldsymbol{x}(x_n), x_n)) \cdot \boldsymbol{x}'(x_n) + \frac{\partial}{\partial x_n} u(\boldsymbol{x}(x_n), x_n) , \tag{4.28}$$

wobei $\frac{\partial}{\partial x_n}$ die partielle Ableitung von $u(\boldsymbol{x}, x_n)$ nach der letzten Variablen ($= x_n$) bedeutet. Sei nun $\boldsymbol{x}(x_n)$ eine Lösung des charakteristischen Systems (4.25), (4.26). Dann folgt aus (4.28)

$$w'(x_n) = \nabla_{\boldsymbol{x}} u(\boldsymbol{x}(x_n), x_n) \cdot \boldsymbol{v}(\boldsymbol{x}(x_n), x_n) + \frac{\partial}{\partial x_n} u(\boldsymbol{x}(x_n), x_n)$$

und hieraus mit (4.22) und (4.27)

$$w'(x_n) = -\beta(\boldsymbol{x}(x_n), x_n) u(\boldsymbol{x}(x_n), x_n) = -\beta(\boldsymbol{x}(x_n), x_n) w(x_n)\,,$$

d.h. die durch (4.27) erklärte Funktion löst das Anfangswertproblem

$$\begin{cases} w'(x_n) = -\beta(\boldsymbol{x}(x_n), x_n) w(x_n) \\ w(0) = u(\boldsymbol{x}(0), 0) = u_0(\boldsymbol{x}_0) = u(\boldsymbol{x}_0, 0)\,. \end{cases} \tag{4.29}$$

Aus (4.29) ergibt sich sofort (Trennung der Veränderlichen!)

$$w(x_n) = w(0) \exp\left\{ -\int\limits_0^{x_n} \beta(\boldsymbol{x}(s), s)\, \mathrm{d}s \right\}$$

oder mit (4.27)

$$u(\boldsymbol{x}(x_n), x_n) = u_0(\boldsymbol{x}_0) \exp\left\{ -\int\limits_0^{x_n} \beta(\boldsymbol{x}(s), s)\, \mathrm{d}s \right\}, \tag{4.30}$$

wobei $\exp y$ für $e^y$ steht. Damit wird nun auch die Bedeutung der Charakteristiken klar:

(4.30) liefert die Lösung von (4.20) auf der Charakteristik $\boldsymbol{x}(x_n)$ durch den Punkt $(\boldsymbol{x}_0, 0)$.

Wie läßt sich nun aber die Lösung $u(\boldsymbol{x}, x_n)$ im Punkt $(\boldsymbol{x}, x_n)$ berechnen? Die Beantwortung dieser Frage ist jetzt recht einfach:

Man bestimmt die durch $(\boldsymbol{x}, x_n)$ verlaufende Charakteristik $\boldsymbol{z} = \boldsymbol{z}(s)$ durch Lösung des Anfangswertproblems

$$\begin{cases} \boldsymbol{z}'(s) = \boldsymbol{v}(\boldsymbol{z}(s), s) \\ \boldsymbol{z}(x_n) = \boldsymbol{x} \end{cases} \tag{4.31}$$

und berechnet $\boldsymbol{z}(0) =: \boldsymbol{x}_0$. Zur Gewinnung von $u(\boldsymbol{x}, x_n)$ wird dann die Charakteristik vom Punkt $(\boldsymbol{x}_0, 0)$ zum Punkt $(\boldsymbol{x}, x_n)$ durchlaufen. Mit (4.30) erhält man die Lösung im Punkt $(\boldsymbol{x}, x_n)$:

$$u(\boldsymbol{x}, x_n) = u_0(\boldsymbol{z}(0)) \exp\left\{ -\int\limits_0^{x_n} \beta(\boldsymbol{z}(s), s)\, \mathrm{d}s \right\}. \tag{4.32}$$

**Bemerkung:** Die Lösungsbestimmung für das Anfangswertproblem (4.20), (4.23) läuft also im wesentlichen auf die Berechnung einer Lösung des charakteristischen Systems hinaus. Zur theoretischen Absicherung sind jedoch weitergehende Untersuchungen[7] nötig, auf die wir hier nicht eingehen wollen. Die dabei zu bewältigenden Probleme haben ihre Ursache in folgendem Umstand: Obgleich die partielle Differentialgleichung (4.20) in $u$ und den partiellen Ableitungen erster Ordnung von $u$ linear ist, haben wir es beim charakteristischen System (4.25) im allgemeinen mit einem nichtlinearen System von gewöhnlichen Differentialgleichungen zu tun. Im Gegensatz zu den linearen Systemen stehen uns hier aber aufgrund der Theorie (s. Burg/Haf/Wille [24], Abschn. 1.3.1, Satz 1.7) nur *lokale* Existenzaussagen zur Verfügung. Dadurch ist nicht immer gesichert, daß sich die Lösung des Anfangswertproblems (4.31) bis zum Wert $s = 0$, für den $u$ bekannt ist, fortsetzen läßt. Diese lokale Lösungssicherung überträgt sich auf unser Anfangswertproblem (4.20), (4.23).

### 4.2.2 Anwendung auf die Kontinuitätsgleichung

Wir betrachten das Anfangswertproblem

$$\begin{cases} \dfrac{\partial \varrho(\boldsymbol{x},t)}{\partial t} + \nabla\cdot(\varrho(\boldsymbol{x},t)\boldsymbol{v}(\boldsymbol{x},t)) = 0 \\ \varrho(\boldsymbol{x},0) = \varrho_0(\boldsymbol{x}) \end{cases} \tag{4.33}$$

für die Kontinuitätsgleichung. Hierbei ist $\boldsymbol{x} = (x_1, x_2, x_3)^{\mathrm{T}}$ die Ortskoordinate und $t$ die Zeitkoordinate. Das Geschwindigkeitsfeld $\boldsymbol{v}(\boldsymbol{x}, t)$ und die Dichteverteilung $\varrho_0(\boldsymbol{x})$ zum Zeitpunkt $t = 0$ seien vorgegeben. (4.33) ist offensichtlich ein Spezialfall des im vorigen Abschnitt behandelten allgemeinen Falles. Um dies zu erkennen schreiben wir die Kontinuitätsgleichung in der Form

$$\frac{\partial \varrho(\boldsymbol{x},t)}{\partial t} + \nabla\varrho(\boldsymbol{x},t)\cdot\boldsymbol{v}(\boldsymbol{x},t) + \varrho(\boldsymbol{x},t)\nabla\cdot\boldsymbol{v}(\boldsymbol{x},t) = 0\,. \tag{4.34}$$

Ein Vergleich von (4.34) und (4.22) zeigt, daß sich (4.34) aus (4.22) ergibt, wenn wir in (4.22) $u = \varrho$, $n = 4$, $\boldsymbol{x} = (x_1, x_2, x_3)^{\mathrm{T}}$, $x_4 = t$ und $\beta = \nabla\cdot\boldsymbol{v}$ setzen. Aus (4.32) ergibt sich dann die Lösungsformel

$$\varrho(\boldsymbol{x},t) = \varrho_0(\boldsymbol{z}(0)) \exp\left\{ -\int\limits_0^t \nabla\cdot\boldsymbol{v}(\boldsymbol{z}(s),s)\,\mathrm{d}s \right\} \tag{4.35}$$

für die Dichteverteilung $\varrho(\boldsymbol{x}, t)$. Dabei ist $z(s)$ die Lösung des Anfangswertproblems

$$\begin{cases} z'(s) = \boldsymbol{v}(z(s), s) \\ z(t) = \boldsymbol{x}\,. \end{cases} \tag{4.36}$$

**Bemerkung:** Die Charakteristiken der Kontinuitätsgleichung, also die Lösungen des der Kontinuitätsgleichung zugeordneten charakteristischen Systems

$$\boldsymbol{x}'(t) = \boldsymbol{v}(\boldsymbol{x}(t), t)\,, \quad \boldsymbol{x}(0) = \boldsymbol{x}_0\,,$$

7 solche finden sich z.B. in Smirnow [138] Teil II/21, IV/Kap. III. Dort werden auch nichtlineare Fälle behandelt

lassen sich als Stromlinien des Geschwindigkeitsfeldes $\boldsymbol{v}(\boldsymbol{x}, t)$ interpretieren.

**Beispiel 4.8:**
Gegeben sei das Anfangswertproblem

$$\begin{cases} \dfrac{\partial \varrho(x,t)}{\partial t} + \dfrac{\partial}{\partial x}(\varrho(x,t)x) = 0 \\ \varrho(x,0) = x^3 =: \varrho_0(x)\,. \end{cases} \tag{4.37}$$

Das zugehörige charakteristische System

$$z'(s) = z(s)\,, \quad z(t) = x$$

besitzt die Lösung $z(s) = x\,\mathrm{e}^{s-t}$. Hieraus folgt: $z(0) = x\,\mathrm{e}^{-t}$. Damit erhalten wir aus (4.35) (wir beachten: $v(x,t) = x$) die Dichteverteilung

$$\varrho(x,t) = \left(x\,\mathrm{e}^{-t}\right)^3 \exp\left\{-\int_0^t 1\,\mathrm{d}s\right\} = x^3\,\mathrm{e}^{-4t}\,. \tag{4.38}$$

**Übungen**

**Übung 4.4*:**

Bestimme die Lösung des Anfangswertproblems

$$x\frac{\partial u(x,t)}{\partial x} + \frac{\partial u(x,t)}{\partial t} = tu(x,t)\,, \quad u(x,0) = x^2\,;\ x, t \in \mathbb{R}\,.$$

## 4.3 Lineare partielle Differentialgleichungen 2-ter Ordnung

Wie wir in Abschnitt 4.1.2 gesehen haben, führen wichtige in den Anwendungen auftretende Probleme auf lineare partielle Differentialgleichungen 2-ter Ordnung. Wir wollen in diesem Abschnitt einige allgemeine Fragen klären und dabei insbesondere einen Überblick über die verschiedenen Typen dieser Gleichungen gewinnen

### 4.3.1 Klassifikation

Die allgemeinste Form einer *linearen partiellen Differentialgleichung 2-ter Ordnung* für $u(\boldsymbol{x})$, $\boldsymbol{x} = (x_1, \ldots, x_n)$ in einem Gebiet $D \subset \mathbb{R}^n$ ist gegeben durch die Gleichung

$$\sum_{i,k=1}^{n} a_{ik}(\boldsymbol{x})\frac{\partial^2 u}{\partial x_i \partial x_k} + \sum_{i=1}^{n} b_i(\boldsymbol{x})\frac{\partial u}{\partial x_i} + c(\boldsymbol{x})u + d(\boldsymbol{x}) = 0\,,\ \boldsymbol{x} \in D\,. \tag{4.39}$$

Dabei sind wir von variablen Koeffizienten $a_{ik}$, $b_i$ und $c$ ausgegangen, ebenso von einer im allgemeinen nichtkonstanten »Inhomogenität« $d$. Wie schon bei den gewöhnlichen Differentialgleichungen (s. Burg/Haf/Wille [24], Abschn. 2) sprechen wir auch hier im Falle $d \not\equiv 0$ von einer *inhomogenen* Differentialgleichung, andernfalls von einer *homogenen*. Da wir an zweimal stetig differenzierbaren Lösungen $u$ von (4.39) interessiert sind, also nach dem Satz über die Vertauschung der Reihenfolge partieller Ableitungen (s. Burg/Haf/Wille [23], Abschn. 6.3.5, Satz 6.10)

$$\frac{\partial^2 u}{\partial x_i \partial x_k} = \frac{\partial^2 u}{\partial x_k \partial x_i}$$

gilt, können wir in (4.39) o.B.d.A.

$$a_{ik}(\boldsymbol{x}) = a_{ki}(\boldsymbol{x}), \quad \boldsymbol{x} \in D \tag{4.40}$$

annehmen. Damit lassen sich die Koeffizienten $a_{ik}$ bei den partiellen Ableitungen 2-ter Ordnung von $u$ zu einer symmetrischen Matrix

$$[a_{ik}(\boldsymbol{x})]_{i,k=1,\ldots,n} \quad \text{mit } a_{ik}(\boldsymbol{x}) = a_{ki}(\boldsymbol{x}) \tag{4.41}$$

zusammenfassen. Dies ermöglicht eine Klassifikation der linearen partiellen Differentialgleichungen 2-ter Ordnung: Wir ordnen der Differentialgleichung (4.39), (4.40) die *quadratische Form*

$$Q(\boldsymbol{\xi}) := \sum_{i,k=1}^{n} a_{ik}(\boldsymbol{x})\xi_i\xi_k\,, \quad \boldsymbol{\xi} = (\xi_1, \ldots, \xi_n)^{\mathrm{T}} \tag{4.42}$$

zu. Halten wir $\boldsymbol{x}$ fest, so liegt eine quadratische Form mit festen Zahlen $a_{ik}$ vor, wie sie uns in Burg/Haf/Wille [25], Abschnitt 3.5.4/5 begegnet ist und die sich nach Satz 3.4.1 auf Hauptachsenform transformieren läßt. $Q$ geht hierbei in

$$P(\boldsymbol{\eta}) := \sum_{i=1}^{n} \alpha_i(\boldsymbol{x})\eta_i^2\,, \quad \boldsymbol{\eta} = (\eta_1, \ldots, \eta_n)^{\mathrm{T}} \tag{4.43}$$

über. Man nennt die quadratische Form $Q$ *positiv* (bzw. *negativ*) *definit*, wenn alle $\alpha_i$ positiv (bzw. negativ) sind; man nennt sie *indefinit*, wenn sowohl positive als auch negative $\alpha_i$ auftreten. Schließlich spricht man von *semi*-definitem $Q$, wenn wenigstens ein $\alpha_i$ verschwindet und die restlichen $\alpha_i$ dasselbe Vorzeichen besitzen (s. auch Burg/Haf/Wille [25], Abschn. 3.5.6/7). Diese Klassifikation der quadratischen Formen ermöglicht nun eine *Klassifikation der linearen* partiellen Differentialgleichungen 2-ter Ordnung:

**Definition 4.1:**
Die lineare partielle Differentialgleichung 2-ter Ordnung für $u(\boldsymbol{x})$ in $D$:

$$\sum_{i,k=1}^{n} a_{ik}(\boldsymbol{x})\frac{\partial^2 u}{\partial x_i \partial x_k} + \sum_{i=1}^{n} b_i(\boldsymbol{x})\frac{\partial u}{\partial x_i} + c(\boldsymbol{x})u + d(\boldsymbol{x}) = 0 \tag{4.44}$$

mit $a_{ik}(\boldsymbol{x}) = a_{ki}(\boldsymbol{x})$ heißt im Punkt $\boldsymbol{x} \in D$

(i) *e*lliptisch;

(ii) *h*yperbolisch;

(iii) *p*arabolisch,

wenn die zugehörige quadratische Form

$$Q(\boldsymbol{\xi}) = \sum_{i,k=1}^{n} a_{ik}(\boldsymbol{x})\xi_i\xi_k \,, \quad \boldsymbol{\xi} = (\xi_1, \ldots, \xi_n)^{\mathrm{T}} \tag{4.45}$$

in diesem Punkt

(i) positiv (oder negativ) definit;

(ii) indefinit;

(iii) semidefinit

ist. Man sagt, diese Eigenschaften sind im Gebiet $\tilde{D} \subseteq D$ erfüllt, wenn sie für jedes $\boldsymbol{x} \in \tilde{D}$ gelten.

**Bemerkung:** Wir beachten, daß bei der Klassifikation der Differentialgleichung (4.44) nur die Koeffizienten $a_{ik}$, also die Koeffizienten bei den Ableitungen 2-ter Ordnung von $u$ eine Rolle spielen.

**Beispiel 4.9:**
Die *Helmholtzsche Schwingungsgleichung*

$$\Delta U(\boldsymbol{x}) + k^2 U(\boldsymbol{x}) = 0\,, \quad \boldsymbol{x} = (x_1, \ldots, x_n)^{\mathrm{T}}\,,\ k \in \mathbb{C} \tag{4.46}$$

und die *Potentialgleichung* ($k = 0$)

$$\Delta U(\boldsymbol{x}) = 0\,, \quad \boldsymbol{x} = (x_1, \ldots, x_n)^{\mathrm{T}} \tag{4.47}$$

sind in jedem Gebiet $D \subset \mathbb{R}^n$ vom *elliptischen* Typ: Wegen

$$a_{ik} = \begin{cases} 0\,, & \text{für} \quad i \neq k \\ 1\,, & \text{für} \quad i = k \end{cases}$$

lautet die zugehörige quadratische Form

$$Q(\boldsymbol{\xi}) = \xi_1^2 + \cdots + \xi_n^2 = \sum_{i=1}^{n} 1 \cdot \xi_i^2\,.$$

Sie hat damit also bereits die Hauptachsenform (4.43) mit $\alpha_1 = \alpha_2 = \cdots = \alpha_n = 1 = \text{const.}$ und ist daher überall positiv definit. Nach Definition 4.1 (i) sind die Gleichungen (4.46) und (4.47) somit überall elliptisch.

**Beispiel 4.10:**
Die *Wellengleichung*

$$c^2 \Delta u(\boldsymbol{x}, t) - \frac{\partial^2 u(\boldsymbol{x}, t)}{\partial t^2} = 0\,, \quad \boldsymbol{x} = (x_1, \dots, x_n)^{\mathrm{T}}\,,\ t \in [0, \infty) \tag{4.48}$$

ist für alle $(x_1, \dots, x_n, t)^{\mathrm{T}} \in \mathbb{R}^n \times [0, \infty)$ *hyperbolisch*: Auch die quadratische Form

$$Q(\boldsymbol{\xi}) = c^2\xi_1^2 + \cdots + c^2\xi_n^2 - \xi_{n+1}^2 = \sum_{i=1}^{n} c^2\xi_i^2 + (-1)\xi_{n+1}^2$$

hat bereits Hauptachsenform mit $\alpha_1 = \cdots = \alpha_n = c^2 > 0$ und $\alpha_{n+1} = -1$, ist also indefinit. Nach Definition 4.1 (ii) ist damit (4.48) überall hyperbolisch.

**Beispiel 4.11:**
Die *Wärmeleitungsgleichung*

$$\Delta u(\boldsymbol{x}, t) - \frac{\partial u(\boldsymbol{x}, t)}{\partial t} = 0\,, \quad \boldsymbol{x} = (x_1, \dots, x_n)^{\mathrm{T}}\,,\ t \in [0, \infty) \tag{4.49}$$

ist für alle $(x_1, \dots, x_n, t)^{\mathrm{T}} \in \mathbb{R}^n \times [0, \infty)$ *parabolisch* (s. Üb. 4.5).

**Bemerkung 1:** Die partielle Differentialgleichung

$$(x^2 - 1)\frac{\partial^2 u}{\partial x^2} + 2xy\frac{\partial^2 u}{\partial x \partial y} + (y^2 - 1)\frac{\partial^2 u}{\partial y^2} = x\frac{\partial u}{\partial x} + y\frac{\partial u}{\partial y}\,, \quad x, y \in \mathbb{R} \tag{4.50}$$

für die Funktion $u(x, y)$ zeigt, daß ein und dieselbe Differentialgleichung für verschiedene Gebiete durchaus von unterschiedlichem Typ sein kann (s. Üb. 4.6).

**Bemerkung 2:** Die Behandlung von elliptischen, hyperbolischen und parabolischen Differentialgleichungen erfordert sehr unterschiedliche Lösungsmethoden. Wir werden sie daher in den nachfolgenden Abschnitten getrennt untersuchen.

### 4.3.2 Separationsansätze

Sowohl bei der Wellengleichung

$$\Delta u(\boldsymbol{x}, t) = \frac{\partial^2 u(\boldsymbol{x}, t)}{\partial t^2} \tag{4.51}$$

als auch bei der Wärmeleitungsgleichung

$$\Delta u(\boldsymbol{x}, t) = \frac{\partial u(\boldsymbol{x}, t)}{\partial t} \tag{4.52}$$

kann man zur Gewinnung von Lösungen einen *Separationsansatz* der Form

$$u(\boldsymbol{x}, z) = v(\boldsymbol{x})w(t) \tag{4.53}$$

durchführen. Auf diese Weise gelangt man insbesondere bei Rand- und Anfangswertproblemen zum Ziel (s. Abschn. 6.1.4 und 7.1.5).

Im Falle der Wellengleichung ergibt sich dann nach Trennung der Veränderlichen die Beziehung

$$\frac{w''(t)}{w(t)} = \frac{\Delta v(\boldsymbol{x})}{v(\boldsymbol{x})} =: -\lambda = \text{const.} \tag{4.54}$$

Wir erhalten also für $w(t)$ die gewöhnliche Differentialgleichung

$$w''(t) + \lambda w(t) = 0 \tag{4.55}$$

mit den Fundamentallösungen $\mathrm{e}^{\mathrm{i}\sqrt{\lambda}t}$ und $\mathrm{e}^{-\mathrm{i}\sqrt{\lambda}t}$ (oder $\cos\sqrt{\lambda}t$ und $\sin\sqrt{\lambda}t$). Zur Bestimmung von $v$ ist dagegen die Schwingungsgleichung

$$\Delta v(\boldsymbol{x}) + \lambda v(\boldsymbol{x}) = 0\,, \tag{4.56}$$

also eine wesentlich anspruchsvollere Aufgabe, zu lösen (s. Abschn. 5.4) Nur bei eindimensionaler Ortsabhängigkeit liegt mit (4.56) eine gewöhnlich Differentialgleichung vor, die sich sofort lösen läßt. Lösungen von (4.51) ergeben sich dann zu

$$u(\boldsymbol{x}, t) = \text{const.} \cdot \mathrm{e}^{\pm\mathrm{i}\sqrt{\lambda}t}\, v(\boldsymbol{x})\,. \tag{4.57}$$

Entsprechend erhält man im Falle der Wärmeleitungsgleichung

$$\frac{w'(t)}{w(t)} = \frac{\Delta v(\boldsymbol{x})}{v(\boldsymbol{x})} =: -\lambda = \text{const.}\,, \tag{4.58}$$

also für $w(t)$ die gewöhnliche Differentialgleichung

$$w'(t) + \lambda w(t) = 0 \tag{4.59}$$

mit der Lösung $\mathrm{e}^{-\lambda t}$, während zur Bestimmung von $v$ wieder die Helmholtzsche Schwingungsgleichung (4.56) zu lösen ist. Es ergeben sich dann für (4.52) Lösungen der Form

$$u(\boldsymbol{x}, t) = \text{const.} \cdot \mathrm{e}^{-\lambda t}\, v(\boldsymbol{x})\,. \tag{4.60}$$

**Bemerkung 1:** Im Zusammenhang mit der »schwingenden Saite« bzw. der »schwingenden Membran« sind wir bereits früher mit Hilfe von Separationsansätzen zu Lösungen entsprechender Rand- und Anfangswertprobleme für die Wellengleichung gelangt (s. Burg/Haf/Wille [24], Abschn. 5.2.1/2 bzw. Burg/Haf/Wille [22], Abschn. 5.3.2). Außerdem haben wir uns auf diese Weise in Abschnitt 2.3.4 dieses Bandes Lösungen der »inhomogenen schwingenden Saite« unter Verwendung der Theorie symmetrischer Integraloperatoren verschafft. Ganz entsprechend läßt sich bei eindimensionaler Ortsabhängigkeit (Wärmeleitung in einem unendlich langen Stab!) die Wärmeleitungsgleichung behandeln. Wir verzichten daher auf die Durchführung dieses Programms. Es kann z.B. in Smirnow [138], Teil II, Kap. VII, Abschn. 203-206 nachgelesen werden.

**Bemerkung 2:** Auch bei den zeitabhängigen Maxwellschen Gleichungen kommt man mit einem Separationsansatz weiter (s. Üb. 4.7). Dieser führt auf die stationären Maxwellschen Gleichungen, die sich dann wiederum auf die vektorielle Schwingungsgleichung für die elektrische bzw. magnetische Feldstärke zurückführen lassen.

## Übungen

### Übung 4.5:

Zeige: Die Wärmeleitungsgleichung

$$\Delta u(\boldsymbol{x}, t) = \frac{\partial u(\boldsymbol{x}, t)}{\partial t}, \quad \boldsymbol{x} \in \mathbb{R}^n, \ t \geq 0$$

ist in ganz $\mathbb{R}^n \times [0, \infty)$ parabolisch.

### Übung 4.6*:

Von welchem Typ (ggf. in welchem Gebiet) ist die partielle Differentialgleichung

$$(x^2-1)\frac{\partial^2 u}{\partial x^2} + 2xy\frac{\partial^2 u}{\partial x \partial y} + (y^2-1)\frac{\partial^2 u}{\partial y^2} = x\frac{\partial u}{\partial x} + y\frac{\partial u}{\partial y}, \quad x, y \in \mathbb{R}\,?$$

### Übung 4.7*:

Leite mit Hilfe der Separationsansätze

$$\boldsymbol{E}(\boldsymbol{x}, t) = f(t)\boldsymbol{E}^*(\boldsymbol{x}), \ \boldsymbol{H}(\boldsymbol{x}, t) = f(t)\boldsymbol{H}^*(\boldsymbol{x})$$

aus den zeitabhängigen Maxwellschen Gleichungen (s. Üb. 4.2) die stationären Maxwellschen Gleichungen

$$\nabla \times \boldsymbol{E}^* - \mathrm{i}\,\omega\mu\boldsymbol{H}^* = \boldsymbol{0}, \ \nabla \times \boldsymbol{H}^* + (\mathrm{i}\,\omega\varepsilon - \sigma)\boldsymbol{E}^* = \boldsymbol{0}$$

her

**Hinweis:** Benutze die entsprechenden Telegraphengleichungen (s. Üb. 4.2), wähle die Separationskonstante $-k^2$ und suche Lösungen der Form

$$\boldsymbol{E}(\boldsymbol{x}, t) = \mathrm{e}^{-\mathrm{i}\,\omega t}\,\boldsymbol{E}^*(\boldsymbol{x}), \ \boldsymbol{H}(\boldsymbol{x}, t) = \mathrm{e}^{-\mathrm{i}\,\omega t}\,\boldsymbol{H}^*(\boldsymbol{x}).$$

Welcher Zusammenhang zwischen $\omega$ und $k$ besteht?

## 4.4 Der Reynoldssche Transportsatz

Innerhalb des 9. Kapitels werden wir uns mit den sogenannten Euler-Gleichungen[8] der Gasdynamik als einen der prominentesten Vertreter hyperbolischer Blianzgleichungen befassen. Die Herleitung dieser fundamentalen mathematischen Beschreibung reibungsfreier Fluidbewegungen basiert in zentraler Weise auf dem Reynoldsschen Transportsatz[9], dem wir uns in diesem Abschnitt zuwenden wollen. Dabei ist es uns wichtig, neben dem mathematisch präzisen Beweis dieser aus formaler Sicht gesehenen Grenzwertvertauschung auch die physikalische Interpretation der Aussage nicht aus den Augen zu verlieren. Bereits die in der Newtonschen Mechanik vorgenommene Beschreibung der zeitlichen Impulsänderung basiert auf der Berücksichtigung der vorliegenden Fluidbewegung. Daher werden wir neben der klassischen Eulerschen Koordinatenbetrachtung auch die von Lagrange[10] einführen[11].

Sei $t \in \mathbb{R}_0^+$ die Zeit und $\boldsymbol{x} = (x_1, \ldots, x_d)^{\mathrm{T}} \in \mathbb{R}^d$ der Ort, dann bezeichnen wir

$$(\boldsymbol{x}, t) \in \mathbb{R}^d \times \mathbb{R}_0^+$$

als *Eulersches Koordinatensystem*. Innerhalb der im Folgenden betrachteten Strömungsfelder gilt für die räumliche Dimension $d$ dabei stets $d \in \{1,2,3\}$. Die Eulersche Koordinatendarstellung verwendet eine zeitunabhängige Basis des räumlichen Anteils. Wir sprechen daher von einem starren System. Die Bewegung eines Objektes (beispielsweise eines Fluidteilchens oder eines Rennwagens) wird in diesem System als zeitlich unbewegter Beobachter durch eine Abbildung[12]

$$\begin{aligned} \boldsymbol{\Phi} : \mathbb{R}^d \times \mathbb{R}_0^+ &\to \mathbb{R}^d \\ (\boldsymbol{x}, t) &\mapsto \boldsymbol{x}(t) := \boldsymbol{\Phi}(\boldsymbol{x}, t) \end{aligned} \tag{4.61}$$

wahrgenommen. Dabei gehen wir im Weiteren davon aus, daß der gesamte Raum $\mathbb{R}^d$ mit Teilchen ausgefüllt ist und sich zu jedem Zeitpunkt $t \in \mathbb{R}_0^+$ immer nur ein Teilchen an einem Ort befindet. Demzufolge stellt die durch

$$\boldsymbol{\Phi}^t(\boldsymbol{x}) := \boldsymbol{\Phi}(\boldsymbol{x}, t)$$

gegebene Zuweisung für jedes feste $t \in \mathbb{R}_0^+$ eine bijektive Abbildung des $\mathbb{R}^d$ in sich dar.

Auf dieser Grundlage ist das *Lagrange-Koordinatensystem* durch

$$(\boldsymbol{x}(t), t) \in \mathbb{R}^d \times \mathbb{R}_0^+$$

gegeben. Dieses System bewegt sich folglich mit jedem Teilchen mit und die Abbildung

$$t \mapsto \varphi(\boldsymbol{x}(t), t)$$

beschreibt die zeitliche Veränderung der Größe $\varphi$ entlang der durch $\boldsymbol{x}(t)$ beschriebenen Kurve.

---

8 Leonhard Euler (1707 – 1783), schweizer Mathematiker

9 Osborne Reynolds (1842 – 1912), englischer Physiker

10 Joseph-Louis Lagrange (1736 – 1813), italienischer Mathematiker

11 Bereits in Burg/Haf/Wille [23] hat sich die Nutzung unterschiedlicher Koordinatensysteme (Polarkoordninaten, Kugelkoordinaten, Zylinderkoordinaten) als hilfreich erwiesen.

12 In der Fluiddynamik bezeichnet man $\boldsymbol{\Phi}$ auch als Strömungsabbildung.

Häufig sind wir dabei an der zeitlichen Variation entlang einer Teilchenbahn interessiert. In diesem Fall, den wir in den anschließenden Abschnitten zugrundelegen werden, ist die zeitliche Änderung des Ortes bekanntermaßen die Geschwindigkeit $\boldsymbol{v}$ des Teilchens und es gilt

$$\boldsymbol{v}(\boldsymbol{\Phi}(\boldsymbol{x},t),t) = \boldsymbol{v}(\boldsymbol{x}(t),t) = \frac{\mathrm{d}\boldsymbol{x}}{\mathrm{d}t}(t) = \frac{\partial \boldsymbol{\Phi}}{\partial t}(\boldsymbol{x},t)\,. \tag{4.62}$$

Bevor wir uns dem Reynoldsschen Transportsatz zuwenden, betrachten wir zunächst folgende hilfreiche Aussage zur Teilchenabbildung $\boldsymbol{\Phi}$. Zur Vorbereitung ist die vorliegende Übung gedacht.

**Übung 4.8*:**

(a) Zeige, daß für die zeitabhängige Matrix $\boldsymbol{A}(t) = \begin{bmatrix} a_{11}(t) & a_{12}(t) \\ a_{21}(t) & a_{22}(t) \end{bmatrix}$ mit $a_{ij} \in C^1(\mathbb{R})$, $i, j = 1,2$, die Eigenschaft

$$\frac{\mathrm{d}}{\mathrm{d}t} \det \boldsymbol{A}(t) = \det \begin{bmatrix} a'_{11}(t) & a'_{12}(t) \\ a_{21}(t) & a_{22}(t) \end{bmatrix} + \det \begin{bmatrix} a_{11}(t) & a_{12}(t) \\ a'_{21}(t) & a'_{22}(t) \end{bmatrix}$$

gilt.

(b) Verallgemeinere die Aussage auf den Fall einer $d \times d$-Matrix $\boldsymbol{A}(t)$.

**Hilfssatz 4.1:**

Für die Komponentenfunktionen $\Phi_i$ der Abbildung der Teilchenbewegung gemäß (4.61) gelte $\Phi_i \in C^2(\mathbb{R}^d \times \mathbb{R}_0^+)$, $i = 1, \ldots, d$. Dann gilt für die Funktionaldeterminante

$$J(\boldsymbol{x},t) := \det\left(\frac{\partial \boldsymbol{\Phi}}{\partial \boldsymbol{x}}(\boldsymbol{x},t)\right)$$

die Eigenschaft

$$\frac{\partial}{\partial t} J(\boldsymbol{x},t) = J(\boldsymbol{x},t) \cdot (\nabla \cdot \boldsymbol{v})(\boldsymbol{x}(t),t) \tag{4.63}$$

mit

$$\boldsymbol{x}(t) = \boldsymbol{\Phi}(\boldsymbol{x},t) \quad \text{und} \quad \boldsymbol{v}(\boldsymbol{x}(t),t) = \frac{\mathrm{d}\boldsymbol{x}}{\mathrm{d}t}(t)\,.$$

**Beweis:**

Mit $\partial_t \boldsymbol{\Phi}(\boldsymbol{x},t) = \partial_t \begin{bmatrix} \Phi_1(\boldsymbol{x},t) \\ \vdots \\ \Phi_d(\boldsymbol{x},t) \end{bmatrix} \overset{(4.62)}{=} \begin{bmatrix} v_i(\boldsymbol{x}(t),t) \\ \vdots \\ v_d(\boldsymbol{x}(t),t) \end{bmatrix}$ erhalten wir unter Ausnutzung des Satzes zur Vertauschbarkeit partieller Ableitungen (siehe Burg/Haf/Wille [23]) die Darstellung

$$\partial_t \partial_{x_j} \Phi_i(\boldsymbol{x},t) = \partial_{x_j} \partial_t \Phi_i(\boldsymbol{x},t) = \partial_{x_j} v_i(\boldsymbol{x}(t),t)\,.$$

Mit der Übungsaufgabe 4.8 b) ergibt sich

$$\partial_t \det \begin{bmatrix} \frac{\partial \Phi_1}{\partial x_1} & \dots & \frac{\partial \Phi_1}{\partial x_d} \\ \vdots & & \vdots \\ \frac{\partial \Phi_d}{\partial x_1} & \dots & \frac{\partial \Phi_d}{\partial x_d} \end{bmatrix}$$

$$= \det \begin{bmatrix} \frac{\partial}{\partial t}\frac{\partial \Phi_1}{\partial x_1} & \dots & \frac{\partial}{\partial t}\frac{\partial \Phi_1}{\partial x_d} \\ \frac{\partial \Phi_2}{\partial x_1} & \dots & \frac{\partial \Phi_2}{\partial x_d} \\ \vdots & & \vdots \\ \frac{\partial \Phi_d}{\partial x_1} & \dots & \frac{\partial \Phi_d}{\partial x_d} \end{bmatrix} + \dots + \det \begin{bmatrix} \frac{\partial \Phi_1}{\partial x_1} & \dots & \frac{\partial \Phi_1}{\partial x_d} \\ \vdots & & \vdots \\ \frac{\partial \Phi_{d-1}}{\partial x_1} & \dots & \frac{\partial \Phi_{d-1}}{\partial x_d} \\ \frac{\partial}{\partial t}\frac{\partial \Phi_d}{\partial x_1} & \dots & \frac{\partial}{\partial t}\frac{\partial \Phi_d}{\partial x_d} \end{bmatrix}. \tag{4.64}$$

Nutzen wir für die Matrixeinträge die Umformung

$$\begin{aligned} \frac{\partial}{\partial t}\frac{\partial \Phi_i}{\partial x_j}(\boldsymbol{x}, t) &= \frac{\partial}{\partial x_j} v_i(\boldsymbol{x}(t), t) = \frac{\partial}{\partial x_j} v_i(\boldsymbol{\Phi}(\boldsymbol{x}, t), t) \\ &= \frac{\partial v_i}{\partial \Phi_1}(\boldsymbol{x}(t), t) \cdot \frac{\partial \Phi_1}{\partial x_j}(\boldsymbol{x}, t) + \dots + \frac{\partial v_i}{\partial \Phi_d}(\boldsymbol{x}(t), t) \cdot \frac{\partial \Phi_d}{\partial x_j}(\boldsymbol{x}, t), \end{aligned}$$

so wird deutlich, daß für alle Zeilen $i = 1, \dots, d$ die $(i, j)$-te Komponente den Term

$$\frac{\partial v_i}{\partial \Phi_i}\frac{\partial \Phi_i}{\partial x_j} \tag{4.65}$$

beinhaltet und zudem für $k = 1, \dots, d$, $k \neq i$, das $\frac{\partial v_i}{\partial \Phi_k}$-fache der $k$-ten Zeile additiv in der $i$-ten Zeile erscheint. Aufgrund der Multilinearität der Determinante braucht folglich nur der Term (4.65) weiter berücksichtigt werden. Wir erhalten hiermit unter Verwendung von (4.64) die Formulierung

$$\begin{aligned} \partial_t J(\boldsymbol{x}, t) &= \sum_{j=1}^{d} \begin{bmatrix} \frac{\partial \Phi_1}{\partial x_1}(\boldsymbol{x}, t) & \dots & \frac{\partial \Phi_1}{\partial x_d}(\boldsymbol{x}, t) \\ \vdots & & \vdots \\ \frac{\partial v_j}{\partial \Phi_j}(\boldsymbol{x}(t), t) \cdot \frac{\partial \Phi_j}{\partial x_1}(\boldsymbol{x}, t) & \dots & \frac{\partial v_j}{\partial \Phi_j}(\boldsymbol{x}(t), t) \cdot \frac{\partial \Phi_j}{\partial x_d}(\boldsymbol{x}, t) \\ \vdots & & \vdots \\ \frac{\partial \Phi_d}{\partial x_1}(\boldsymbol{x}, t) & \dots & \frac{\partial \Phi_d}{\partial x_d}(\boldsymbol{x}, t) \end{bmatrix} \\ &= J(\boldsymbol{x}, t) \cdot \sum_{j=1}^{d} \frac{\partial v_j}{\partial \Phi_j}(\boldsymbol{x}(t), t) = J(\boldsymbol{x}, t) \cdot (\nabla \cdot \boldsymbol{v})(\boldsymbol{x}(t), t). \end{aligned}$$

□

Der Reynoldssche Transportsatz beschreibt die zeitliche Veränderung eines Integralwertes einer abstrakten physikalischen Größe bezogen auf ein sich mit der Strömung bewegendes Volumen. Wir bezeichnen daher mit $\Omega(t) \subset \mathbb{R}^d$ ein sogenanntes *materielles Volumen*, das sich mit der Strömung bewegt und stets aus den gleichen Fluidteilchen besteht. Sei $\Omega(0) \subset \mathbb{R}^d$ das

Volumen zum Zeitpunkt $t = 0$, dann gilt demzufolge

$$\Omega(t) = \boldsymbol{\Phi}^t(\Omega(0)) = \boldsymbol{\Phi}(\Omega(0), t) := \{\boldsymbol{y} \in \mathbb{R}^d \mid \exists\, \boldsymbol{x} \in \Omega(0) \text{ mit } \boldsymbol{y} = \boldsymbol{\Phi}(\boldsymbol{x}, t)\}, \tag{4.66}$$

wobei $\boldsymbol{\Phi}$ der Gleichung (4.62) genügt.

**Satz 4.1:**
(*Reynoldsscher Transportsatz*) Sei $\varphi : \mathbb{R}^d \times \mathbb{R}_0^+ \to \mathbb{R}$ eine differenzierbare Funktion und $\Omega(t)$ ein materielles Volumen, dessen gemäß (4.66) zugehörige Strömungsabbildung $\boldsymbol{\Phi}$ den Voraussetzungen des Hilfssatzes 4.1 genügt. Dann gilt

$$\frac{\mathrm{d}}{\mathrm{d}t} \int_{\Omega(t)} \varphi(\boldsymbol{x}, t)\, \mathrm{d}\boldsymbol{x} = \int_{\Omega(t)} \left( \frac{\partial \varphi}{\partial t} + \nabla \cdot (\varphi \boldsymbol{v}) \right)(\boldsymbol{x}, t)\, \mathrm{d}\boldsymbol{x}\,. \tag{4.67}$$

**Beweis:**
Zum Nachweis dieser Grenzwertvertauschung von Differentiation und Integration werden wir zunächst das zeitabhängige Integrationsgebiet auf ein Referenzvolumen transformieren, dann die Vertauschung vornehmen und abschließend eine Rücktransformation auf das Ausgangsgebiet durchführen. Da $\boldsymbol{\Phi}^t : \mathbb{R}^d \to \mathbb{R}^d$ eine bijektive Abbildung mit $\boldsymbol{\Phi}^t(\Omega(0)) = \Omega(t)$ darstellt, ergibt sich unter Verwendung der Transformationsformel für Integrale im $\mathbb{R}^d$ (siehe Burg/Haf/Wille [23]) die Darstellung

$$\begin{aligned}
\frac{\mathrm{d}}{\mathrm{d}t} \int_{\Omega(t)} \varphi(\boldsymbol{x}, t)\, \mathrm{d}\boldsymbol{x} &= \frac{\mathrm{d}}{\mathrm{d}t} \int_{\Omega(0)} \varphi(\underbrace{\boldsymbol{\Phi}^t(\boldsymbol{x})}_{=\boldsymbol{x}(t)}\, t) \underbrace{\left| \det \frac{\partial \boldsymbol{\Phi}^t}{\partial \boldsymbol{x}}(\boldsymbol{x}, t) \right|}_{=J(\boldsymbol{x},t)} \mathrm{d}\boldsymbol{x} \\
&= \int_{\Omega(0)} \operatorname{sgn}(J(\boldsymbol{x}, t)) \frac{\mathrm{d}}{\mathrm{d}t} (\varphi(\boldsymbol{x}(t), t) J(\boldsymbol{x}, t))\, \mathrm{d}\boldsymbol{x} \\
&= \int_{\Omega(0)} \operatorname{sgn}(J(\boldsymbol{x}, t)) \left( J(\boldsymbol{x}, t) \frac{\mathrm{d}\varphi}{\mathrm{d}t}(\boldsymbol{x}(t), t) + \varphi(\boldsymbol{x}(t), t) \frac{\partial J}{\partial t}(\boldsymbol{x}, t) \right) \mathrm{d}\boldsymbol{x} \\
&\overset{(4.63)}{=} \int_{\Omega(0)} \operatorname{sgn}(J(\boldsymbol{x}, t)) \left( \frac{\mathrm{d}\varphi}{\mathrm{d}t}(\boldsymbol{x}(t), t) + \underbrace{\frac{\mathrm{d}\boldsymbol{x}}{\mathrm{d}t}(t)}_{=\boldsymbol{v}(\boldsymbol{x}(t),t)} \cdot \nabla_{\boldsymbol{x}} \varphi(\boldsymbol{x}(t), t) \right. \\
&\qquad \left. + \varphi(\boldsymbol{x}(t), t) \cdot (\nabla \cdot \boldsymbol{v})(\boldsymbol{x}(t), t) \right) J(\boldsymbol{x}, t)\, \mathrm{d}\boldsymbol{x} \\
&= \int_{\Omega(0)} \left( \frac{\partial \varphi}{\partial t}(\boldsymbol{x}(t), t) + \nabla \cdot (\varphi \boldsymbol{v})(\boldsymbol{x}(t), t) \right) |J(\boldsymbol{x}, t)|\, \mathrm{d}\boldsymbol{x} \\
&= \int_{\Omega(t)} \left( \frac{\partial \varphi}{\partial t} + \nabla \cdot (\varphi \boldsymbol{v}) \right)(\boldsymbol{x}, t)\, \mathrm{d}\boldsymbol{x}\,.
\end{aligned}$$

□

Der durch die Vertauschung der Zeitableitung mit dem Integral über das materielle Volumen entstehende Zusatzterm der Form $\nabla \cdot (\varphi \boldsymbol{v})$ läßt sich auch physikalisch interpretieren. Betrachten wir ein, bezogen auf das Eulersche Koordinatensystem, stationäres Strömungsfeld, d.h. es gilt $\frac{\partial \varphi}{\partial t} \equiv 0$ für jede abstrakte physikalische Größe $\varphi$, so folgt

$$\frac{\mathrm{d}}{\mathrm{d}t} \int\limits_{\Omega(t)} \varphi(\boldsymbol{x}, t)\, \mathrm{d}\boldsymbol{x} = \int\limits_{\Omega(t)} \nabla \cdot (\varphi \boldsymbol{v})(\boldsymbol{x}, t)\, \mathrm{d}\boldsymbol{x} \,.$$

Unter Verwendung des Gaußschen Integralsatzes Burg/Haf/Wille [21]ergibt sich somit

$$\frac{\mathrm{d}}{\mathrm{d}t} \int\limits_{\Omega(t)} \varphi(\boldsymbol{x}, t)\, \mathrm{d}\boldsymbol{x} = \int\limits_{\partial\Omega(t)} \varphi \boldsymbol{v} \cdot \boldsymbol{n}\, \mathrm{d}\sigma \,, \tag{4.68}$$

wobei $\partial\Omega(t)$ den Rand des Volumens $\Omega(t)$, $\boldsymbol{n}$ den nach außen gerichteten Einheitsnormalenvektor an $\partial\Omega(t)$ und $\mathrm{d}\sigma$ das Flächenelement darstellt. Da die physikalische Größe $\varphi$ ausschließlich räumlich variiert, erkennt der externe Beobachter trotz der vorliegenden Strömungsgeschwindigkeit ein zeitlich gleichbleibendes Strömungsbild. Stellen wir uns nun $\Omega(t)$ als ein von der Form gleichbleibendes Fenster vor, durch das wir das Strömungsfeld betrachten. In dieser Situation spiegelt die Gleichung (4.68) nachdrücklich unsere intuitiye Vorstellung wider, die besagt, das die zeitliche Veränderung des Integralwertes $\int\limits_{\Omega(t)} \varphi(\boldsymbol{x}, t)\, \mathrm{d}\boldsymbol{x}$ dadurch bestimmt ist, wieviel bei der Bewegung des Fensters durch die Ränder hinein- respektive herausfließt. Die Veränderungsrate hängt dabei ganz offensichtlich einerseits von der Geschwindigkeit $\boldsymbol{v}$ ab, mit der das Fenster sich bewegt und ist anderseits duch die räumliche Variation der Größe $\varphi$ über den Rand $\partial\Omega(t)$ bestimmt.

Es sei an dieser Stelle jedoch bemerkt, daß in der Regel das Volumen $\Omega(t)$ in der Zeit seine Form und im Fall sogenannter kompressible Strömungen sogar sein Volumen

$$|\Omega(t)| = \int\limits_{\Omega(t)} 1\, \mathrm{d}\boldsymbol{x}$$

ändert. Wie wir in Kapitel 9 näher betrachten werden, sind inkompressible Strömungen durch $\frac{\mathrm{d}}{\mathrm{d}t}|\Omega(t)| = 0$ charakterisiert. In diesem Kontext kann wegen

$$\underbrace{\frac{\mathrm{d}}{\mathrm{d}t} \frac{1}{|\Omega(t)|} \int\limits_{\Omega(t)} \varphi(\boldsymbol{x}, t)\, \mathrm{d}\boldsymbol{x}}_{=\tilde{\varphi}(t)} = \frac{1}{|\Omega(t)|} \frac{\mathrm{d}}{\mathrm{d}t} \int\limits_{\Omega(t)} \varphi(\boldsymbol{x}, t)\, \mathrm{d}\boldsymbol{x}$$

durch (4.67) die zeitliche Änderung des Mittelwertes $\tilde{\varphi}$ beschrieben werden.

# 5 Helmholtzsche Schwingungsgleichung und Potentialgleichung

Der letzte Abschnitt hat uns gezeigt, daß sich etliche für die Anwendungen wichtige partielle Differentialgleichungen mit Hilfe von Separationsansätzen auf die *Schwingungsgleichung*

$$\Delta U(\boldsymbol{x}) + k^2 U(\boldsymbol{x}) = 0\,, \quad \boldsymbol{x} \in \mathbb{R}^n\,,\ k \in \mathbb{C} \tag{5.1}$$

zurückführen lassen. Dies unterstreicht die besondere Bedeutung dieser Gleichung. Wir wollen sie im folgenden ausführlich behandeln; insbesondere den wichtigen Spezialfall $k = 0$ in (5.1): die *Potentialgleichung*

$$\Delta U(\boldsymbol{x}) = 0\,, \quad \boldsymbol{x} \in \mathbb{R}^n\,. \tag{5.2}$$

Schwerpunkte sind hierbei die Ganzraumprobleme (s. Abschn. 5.2) und die Randwertprobleme (s. Abschn. 5.3). Neben dem Anliegen, allgemeine theoretische Einsichten und Erkenntnisse zu gewinnen, sind wir besonders an konkreten Lösungsformeln bzw. -verfahren interessiert.

## 5.1 Grundlagen

### 5.1.1 Hilfsmittel aus der Vektoranalysis

In den nachfolgenden Abschnitten haben wir es häufig mit Volumen- und Flächenintegralen im $\mathbb{R}^n$ zu tun. Daher stellen wir nun einige Hilfsmittel aus der Integralrechnung für Funktionen mehrerer Veränderlicher zusammen, wobei der Integralsatz von Gauß und die Greenschen Formeln für unsere weiteren Belange besonders wichtig sind. Eine ausführliche Behandlung dieser Themen findet sich in Burg/Haf/Wille [23], Abschnitt 7 und Burg/Haf/Wille [21], Abschnitte 2–4.

Von den betrachteten Gebieten $D \subset \mathbb{R}^n$ verlangen wir, daß sie beschränkt sind. Ferner seien ihre Randflächen $\partial D$ glatt (im Sinne von Burg/Haf/Wille [21], Abschn. 4.2.4). $\boldsymbol{n}(\boldsymbol{x})$ bezeichne den in das Äußere von $D$ weisenden Normaleneinheitsvektor von $\partial D$ im Punkte $\boldsymbol{x} \in \partial D$. Wie üblich verstehen wir unter

$$\nabla = \left(\frac{\partial}{\partial x_1}, \ldots, \frac{\partial}{\partial x_n}\right)^{\mathrm{T}} \quad \text{bzw.} \quad \Delta = \frac{\partial^2}{\partial x_1^2} + \cdots + \frac{\partial^2}{\partial x_n^2} \tag{5.3}$$

den Nabla- bzw. Laplaceoperator. Für jede in $\overline{D} = D \cup \partial D$ stetig differenzierbare Funktion $U(\boldsymbol{x})$ lautet der *Integralsatz von Gauß* in Gradientenform

$$\int\limits_D \nabla U(\boldsymbol{x})\,\mathrm{d}\tau = \int\limits_{\partial D} U(\boldsymbol{x}) \cdot \boldsymbol{n}(\boldsymbol{x})\,\mathrm{d}\sigma\,. \tag{5.4}$$

Ist außerdem $V(\boldsymbol{x})$ eine in $\overline{D}$ zweimal stetig differenzierbare Funktion, so ergibt sich aus dem

Satz von Gauß die *erste Greensche Formel* (wir beachten Fußnote 59)

$$\int_D \left[U(\boldsymbol{x})\Delta V(\boldsymbol{x}) + \nabla U(\boldsymbol{x})\cdot\nabla V(\boldsymbol{x})\right] \mathrm{d}\tau = \int_{\partial D} U(\boldsymbol{x})\frac{\partial V(\boldsymbol{x})}{\partial \boldsymbol{n}}\,\mathrm{d}\sigma \tag{5.5}$$

und, falls $U(\boldsymbol{x})$ und $V(\boldsymbol{x})$ in $\overline{D}$ zweimal stetig differenzierbar sind, die *zweite Greensche Formel*[1]

$$\int_D \left[U(\boldsymbol{x})\Delta V(\boldsymbol{x}) - V(\boldsymbol{x})\Delta U(\boldsymbol{x})\right] \mathrm{d}\tau = \int_{\partial D} \left[U(\boldsymbol{x})\frac{\partial V(\boldsymbol{x})}{\partial \boldsymbol{n}} - V(\boldsymbol{x})\frac{\partial U(\boldsymbol{x})}{\partial \boldsymbol{n}}\right] \mathrm{d}\sigma\,. \tag{5.6}$$

In den Formeln (5.5) und (5.6) bedeutet $\frac{\partial}{\partial \boldsymbol{n}}$ die Richtungsableitung der entsprechenden Funktionen im Punkt $\boldsymbol{x} \in \partial D$ in Richtung der äußeren Normalen $\boldsymbol{n}$. Für $\frac{\partial U(\boldsymbol{x})}{\partial \boldsymbol{n}}$ (und entsprechend für $\frac{\partial V(\boldsymbol{x})}{\partial \boldsymbol{n}}$) gilt die Beziehung

$$\frac{\partial U(\boldsymbol{x})}{\partial \boldsymbol{n}} = \nabla U(\boldsymbol{x})\cdot\boldsymbol{n}(\boldsymbol{x})\,. \tag{5.7}$$

Schließlich geben wir noch Formeln für das Volumen $v_n(r)$ und die Oberfläche $\omega_n(r)$ der Kugel vom Radius $r$ im $\mathbb{R}^n$ an: Es gilt

$$v_n(r) = \frac{2(\sqrt{\pi})^n r^n}{n\Gamma(\frac{n}{2})} = \begin{cases} \dfrac{(2\pi)^{\frac{n}{2}}}{2\cdot 4\cdot 6\cdot \cdots \cdot (n-2)\cdot n} r^n & \text{für gerades } n \\[2ex] \dfrac{2^{\frac{n+1}{2}}\pi^{\frac{n-1}{2}}}{1\cdot 3\cdot 5\cdot \cdots \cdot (n-2)\cdot n} r^n & \text{für ungerades } n \end{cases} \tag{5.8}$$

und

$$\omega_n(r) = \frac{2(\sqrt{\pi})^n r^{n-1}}{\Gamma(\frac{n}{2})} = \begin{cases} \dfrac{(2\pi)^{\frac{n}{2}}}{2\cdot 4\cdot 6\cdot \cdots \cdot (n-2)} r^{n-1} & \text{für gerades } n \\[2ex] \dfrac{2^{\frac{n+1}{2}}\pi^{\frac{n-1}{2}}}{1\cdot 3\cdot 5\cdot \cdots \cdot (n-2)} r^{n-1} & \text{für ungerades } n. \end{cases} \tag{5.9}$$

(Zum Beweis s. z.B. Smirnow [138] Teil II, Abschn. 99 u. 173). Das Volumen bzw. die Oberfläche der Einheitskugel im $\mathbb{R}^n$ ($r = 1$ gesetzt in den obigen Formeln) bezeichnen wir mit $v_n$ bzw $\omega_n$. Insbesondere ergeben sich die Beziehungen

$$v_n(r) = r^n v_n \quad \text{und} \quad \omega_n(r) = r^{n-1}\omega_n\,. \tag{5.10}$$

1 Die Formeln (5.5) bzw. (5.6) bleiben gültig, wenn $V$ bzw. und $U$ und $V$ nur einmal stetig differenzierbare Fortsetzungen bis $\partial D$ besitzen und die Integrale über $D$ existieren. Entsprechendes gilt für (5.4) (s. z.B. Hellwig [70], S. 11–13).

### 5.1.2 Radialsymmetrische Lösungen

Dieser Abschnitt stellt eine Zusammenfassung von Resultaten dar, die wir in Burg/Haf/Wille [22], Abschnitt 5 gewonnen haben.

*Radialsymmetrische Lösungen* der Schwingungsgleichung werden diejenigen Lösungen genannt, die nur vom Abstand[2] $r = |\boldsymbol{x}| = \sqrt{x_1^2 + \cdots + x_n^2}$ des Punktes $\boldsymbol{x} = (x_1, \ldots, x_n)^{\mathrm{T}}$ vom Nullpunkt abhängen:

$$U(\boldsymbol{x}) =: f(r) . \tag{5.11}$$

Die Bestimmung dieser radialsymmetrischen Lösungen führt auf die Besselsche Differentialgleichung

$$f''(r) + \frac{n-1}{r} f'(r) + k^2 f(r) = 0 \tag{5.12}$$

mit den Fundamentallösungen

$$r^{-\frac{n-2}{2}} H^1_{\frac{n-2}{2}}(kr) \quad \text{und} \quad r^{-\frac{n-2}{2}} H^2_{\frac{n-2}{2}}(kr) \quad \text{für } n = 3,4,5,\ldots \tag{5.13}$$

bzw.

$$H^1_0(kr) \quad \text{und} \quad H^2_0(kr) \quad \text{für } n = 2 \tag{5.14}$$

und für $k \neq 0$. Dabei bezeichnen $H^1$ und $H^2$ die in Burg/Haf/Wille [22], Abschnitt 5.1.2 erklärten Hankelschen Funktionen. Für den Fall, daß $k = 0$ ist, gewinnen wir aus (5.12) sehr einfach die Fundamentallösungen

$$r^{-(n-2)} \quad \text{und} \quad c = \text{const.} \quad \text{für } n = 3,4,5,\ldots \tag{5.15}$$

bzw.

$$\ln r \quad \text{und} \quad c = \text{const.} \quad \text{für } n = 2. \tag{5.16}$$

(s. Üb. 5.1)

Mit diesen Fundamentallösungen ergibt sich die Gesamtheit der radialsymmetrischen Lösungen der Schwingungsgleichung (5.1) zu

$$U(\boldsymbol{x}) = \begin{cases} c_1 |\boldsymbol{x}|^{-\frac{n-2}{2}} H^1_{\frac{n-2}{2}}(k|\boldsymbol{x}|) + c_2 |\boldsymbol{x}|^{-\frac{n-2}{2}} H^2_{\frac{n-2}{2}}(k|\boldsymbol{x}|) & \text{für } n = 3,4,5,\ldots \\ c_1 H^1_0(k|\boldsymbol{x}|) + c_2 H^2_0(k|\boldsymbol{x}|) & \text{für } n = 2 \end{cases} \tag{5.17}$$

2 Zur Erinnerung: Wir verwenden neben der Darstellung $\|.\|$ auch die im eindimensionalen Fall gängige Bezeichnung $|.|$ für eine beliebige Norm.

bzw. der Potentialgleichung (5.2) zu

$$U(x) = \begin{cases} c_1|x|^{-(n-2)} + c_2 & \text{für } n = 3,4,5,\ldots \\ c_1 \ln|x| + c_2 & \text{für } n = 2\,. \end{cases} \tag{5.18}$$

Dabei sind $c_1$ und $c_2$ beliebige Konstanten. Insbesondere erhalten wir für die Spezialfälle $n = 3$:

$$U(x) = \begin{cases} c_1 \dfrac{e^{ik|x|}}{|x|} + c_2 \dfrac{e^{-ik|x|}}{|x|} & \text{für } k \neq 0 \\ c_1 \dfrac{1}{|x|} + c_2 & \text{für } k = 0\,. \end{cases} \tag{5.19}$$

und $n = 2$:

$$U(x) = \begin{cases} c_1 H_0^1(k|x|) + c_2 H_0^2(k|x|) & \text{für } k \neq 0 \\ c_1 \ln|x| + c_2 & \text{für } k = 0. \end{cases} \tag{5.20}$$

Wir erinnern daran, daß die Hankelschen Funktionen $H_0^1$ und $H_0^2$ im Nullpunkt eine logarithmische Singularität besitzen (s. Burg/Haf/Wille [22], Abschn. 5.3.1).

**Bemerkung:** Man bezeichnet die obigen radialsymmetrischen Lösungen auch als *Grundlösungen* der Schwingungsgleichung bzw. der Potentialgleichung. Sie spielen beim Aufbau der Theorie eine wichtige Rolle, wie uns die nachfolgenden Abschnitte zeigen werden. Dabei ist es wesentlich, daß wir aufgrund von Burg/Haf/Wille [22], Abschnitt 5 ihr asymptotisches Verhalten sowohl in einer Umgebung von $x = 0$ als auch für große $|x|$ vollständig beherrschen.

### 5.1.3 Die Darstellungsformel für Innengebiete

Es sei $D$ ein beschränktes Gebiet im $\mathbb{R}^n$ mit glatter Randfläche $\partial D$. Sind dann $U$ und $V$ in $\overline{D} = D \cup \partial D$ einmal und in $D$ zweimal stetig differenzierbare Lösungen von (5.1), so folgt aus der zweiten Greenschen Formel ((5.6), Abschn. 5.1.1) wegen $\Delta V = -k^2 V$ und $\Delta U = -k^2 U$ die Beziehung

$$0 = \int_D \left[U \cdot (-k^2 V) - V \cdot (-k^2 U)\right] \mathrm{d}\tau = \int_{\partial D} \left(U \frac{\partial V}{\partial n} - V \frac{\partial U}{\partial n}\right) \mathrm{d}\sigma\,. \tag{5.21}$$

Nun betrachten wir zunächst den Fall $k \neq 0$ und $n \geq 3$. Mit Hilfe der Grundlösung

$$|x|^{-\frac{n-2}{2}} H^1_{\frac{n-2}{2}}(k|x|)$$

aus Abschnitt 5.1.2 bilden wir die Funktion

$$\Phi_1(x, y) := \frac{i}{4}\left(\frac{k}{2\pi}\right)^{\frac{n-2}{2}} \frac{H^1_{\frac{n-2}{2}}(k|x-y|)}{|x-y|^{\frac{n-2}{2}}}\,, \quad x \neq y\,. \tag{5.22}$$

Diese Funktion ist für jedes feste $\boldsymbol{y} \in \mathbb{R}^n$ als Funktion von $\boldsymbol{x}$ ebenfalls eine Lösung der Schwingungsgleichung (Nachrechnen!). Dasselbe gilt, wenn wir anstelle der Hankelschen Funktionen $H^1_{\frac{n-2}{2}}$ die Hankelsche Funktion $H^2_{\frac{n-2}{2}}$ verwenden. Die analog zu (5.22) gebildete Funktion bezeichnen wir dann entsprechend mit $\Phi_2(\boldsymbol{x}, \boldsymbol{y})$. In (5.21) wählen wir nun o.B.d.A. $V(\boldsymbol{y}) := \Phi_1(\boldsymbol{x}, \boldsymbol{y})$, $\boldsymbol{x} \in D$ fest. Da $D$ ein Gebiet, also eine offene zusammenhängende Punktmenge ist, gibt es zu $\boldsymbol{x} \in D$ eine abgeschlossene Kugel

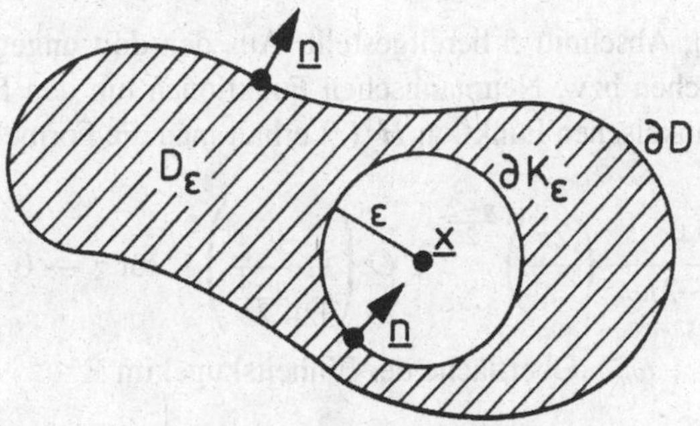


Fig. 5.1: Zur Darstellungsformel

$K_\varepsilon(\boldsymbol{x}) = \{\boldsymbol{y} \mid |\boldsymbol{y} - \boldsymbol{x}| \leq \varepsilon\}$, die ganz in $D$ liegt. Diese nehmen wir aus $D$ heraus und bezeichnen das verbleibende Gebiet mit $D_\varepsilon$. Die (5.21) entsprechende Formel für $D_\varepsilon$ lautet dann (wir beachten, daß der Rand $\partial D_\varepsilon$ von $D_\varepsilon$ aus $\partial D$ und der Kugelfläche $\partial K_\varepsilon = \{\boldsymbol{y} \mid |\boldsymbol{y} - \boldsymbol{x}| = \varepsilon\}$ besteht!):

$$\begin{aligned} 0 &= \int\limits_{\partial D + \partial K_\varepsilon} \left\{ U(\boldsymbol{y}) \frac{\partial}{\partial \boldsymbol{n}_{\boldsymbol{y}}} \Phi_1(\boldsymbol{x}, \boldsymbol{y}) - \Phi_1(\boldsymbol{x}, \boldsymbol{y}) \frac{\partial}{\partial \boldsymbol{n}} U(\boldsymbol{y}) \right\} \mathrm{d}\sigma_{\boldsymbol{y}} \\ &= \int\limits_{\partial D} \{\dots\} \, \mathrm{d}\sigma_{\boldsymbol{y}} + \int\limits_{\partial K_\varepsilon} \{\dots\} \, \mathrm{d}\sigma_{\boldsymbol{y}} . \end{aligned} \tag{5.23}$$

Dabei ist $\boldsymbol{n}$ im letzten Integral gemäß Figur 5.1 genommen. Der Index $\boldsymbol{y}$ in den Ausdrücken $\frac{\partial}{\partial \boldsymbol{n}_{\boldsymbol{y}}}$ bzw. $\mathrm{d}\sigma_{\boldsymbol{y}}$ bedeutet, daß die Normalableitung bzw. Integration bezüglich $\boldsymbol{y}$ durchzuführen sind.

Wir untersuchen nun das Integral über $\partial K_\varepsilon$ in (5.23). Dabei wollen wir insbesondere den Grenzübergang $\varepsilon \to 0$ durchführen. Das Integral über $\partial D$ in (5.23) ist unabhängig von $\varepsilon$, von diesem Grenzübergang also nicht berührt. Durch die Transformation $\boldsymbol{y} := \boldsymbol{x} + \varepsilon \boldsymbol{z}$ (die neue Variable ist $\boldsymbol{z}$!) wird $\partial K_\varepsilon$ auf die Einheitskugel $\{\boldsymbol{z} \mid |\boldsymbol{z}| = 1\}$ abgebildet; $U(\boldsymbol{y})$ geht dabei in $U(\boldsymbol{x} + \varepsilon \boldsymbol{z})$ und $\Phi_1(\boldsymbol{x}, \boldsymbol{y})$ wegen (5.22) in

$$\frac{\mathrm{i}}{4} \left( \frac{k}{2\pi} \right)^{\frac{n-2}{2}} \varepsilon^{-\frac{n-2}{2}} H^1_{\frac{n-2}{2}}(k\varepsilon)$$

über; ferner $\frac{\partial}{\partial \boldsymbol{n}} U(\boldsymbol{y})$ in $-\frac{\partial}{\partial \varepsilon} U(\boldsymbol{x} + \varepsilon \boldsymbol{z})$ (warum?) und $\frac{\partial}{\partial \boldsymbol{n}_y} \Phi(\boldsymbol{x}, \boldsymbol{y})$ in

$$\frac{\mathrm{i}}{4} \left( \frac{k}{2\pi} \right)^{\frac{n-2}{2}} \frac{\partial}{\partial \varepsilon} \left[ \varepsilon^{-\frac{n-2}{2}} H^1_{\frac{n-2}{2}}(k\varepsilon) \right].$$

Schließlich beachten wir noch die Beziehung $\mathrm{d}\sigma_y = \varepsilon^{n-1}\,\mathrm{d}\sigma_z$ (s. (5.10), Abschn. 5.1.1).

Zur weiteren Behandlung unseres Integrals ist es nötig, das Verhalten der Hankelfunktion $H^1_{\frac{n-2}{2}}(z)$ in einer Umgebung von $z = 0$ zu kennen. Die Hilfsmittel, die wir brauchen, wurden in Burg/Haf/Wille [22], Abschnitt 5 bereitgestellt: Aus den dort angegebenen Reihenentwicklungen für die Besselschen bzw. Neumannschen Funktionen um den Punkt $z = 0$ und deren Zusammenhang zur Hankelschen Funktion $H^1_\lambda(z)$ erhält man die Formeln

$$H^1_{\frac{n-2}{2}}(z) = \frac{4}{\mathrm{i}(n-2)\omega_n} \left( \frac{2\pi}{z} \right)^{\frac{n-2}{2}} + \mathcal{O}\left( \frac{1}{|z|^{\frac{n-4}{2}}} \right) \quad \text{für } z \to 0 \tag{5.24}$$

$n = 3,4,5,\ldots$ ; $\omega_n$ : Oberfläche der Einheitskugel im $\mathbb{R}^n$

bzw. für $n = 2$

$$H^1_0(z) = \frac{2\,\mathrm{i}}{\pi} \left( \log \frac{z}{2} + C - \frac{\pi\,\mathrm{i}}{2} \right) + \mathcal{O}\left( |z|^2 \ln \frac{1}{|z|} \right) \quad \text{für } z \to 0 \tag{5.25}$$

(s. Üb. 5.2). Dabei ist $\mathcal{O}$ das Landau-Symbol:

$$f(\boldsymbol{x}) = \mathcal{O}(g(\boldsymbol{x})) \quad \text{für } |\boldsymbol{x}| \to 0$$

bedeutet: Es gibt eine Konstante $\tilde{C} > 0$ mit $|f(\boldsymbol{x})| < \tilde{C}|g(\boldsymbol{x})|$ für hinreichend kleine $|\boldsymbol{x}|$.

Ferner ist $C$ in (5.25) die Eulersche Konstante. Die in diesen asymptotischen Formeln auftretenden komplexen Logarithmus- und Potenzfunktionen sind im Sinne von Burg/Haf/Wille [22], Abschnitt 2.1.4 und 2.3.5 zu verstehen.

Mit (5.22) und (5.24) gewinnen wir für unsere Grundlösung $\Phi_1(\boldsymbol{x}, \boldsymbol{y})$ der Schwingungsgleichung die asymptotische Darstellung

$$\Phi_1(\boldsymbol{x}, \boldsymbol{y}) = \frac{1}{(n-2)\omega_n} \frac{1}{|\boldsymbol{x} - \boldsymbol{y}|^{n-2}} + \mathcal{O}\left( \frac{1}{|\boldsymbol{x} - \boldsymbol{y}|^{n-3}} \right) \tag{5.26}$$
$$\text{für } |\boldsymbol{x} - \boldsymbol{y}| \to 0;\ n = 3,4,5,\ldots .$$

Das entscheidende singuläre Verhalten von $\Phi_1$ kommt hierbei durch den Anteil $\frac{1}{|\boldsymbol{x}-\boldsymbol{y}|^{n-2}}$, $n = 3,4,5,\ldots$ in (5.26) zum Ausdruck.

Neben der asymptotischen Formel (5.26) benötigen wir im Zusammenhang mit dem Ausdruck

$\frac{\partial}{\partial n_y}\Phi_1(\boldsymbol{x},\boldsymbol{y})$ noch eine asymptotische Formel für

$$\frac{\mathrm{i}}{4}\left(\frac{k}{2\pi}\right)^{\frac{n-2}{2}}\frac{\partial}{\partial r}\left[r^{-\frac{n-2}{2}}H^1_{\frac{n-2}{2}}(kr)\right], \quad r=|\boldsymbol{x}-\boldsymbol{y}|. \tag{5.27}$$

Hierzu benutzen wir aus der Theorie der Hankelfunktionen die Beziehung

$$\frac{\mathrm{d}}{\mathrm{d}z}\left[z^{-\lambda}H^1_\lambda(z)\right]=-z^{-\lambda}H^1_{\lambda+1}(z), \tag{5.28}$$

die sich mit den in Burg/Haf/Wille [22], Abschnitt 5 bereitgestellten Hilfsmitteln beweisen läßt. Aus (5.28) folgt mit $z:=kr$ und $\lambda:=\frac{n-2}{2}$

$$\begin{aligned}\frac{\partial}{\partial r}\left[r^{-\frac{n-2}{2}}H^1_{\frac{n-2}{2}}(kr)\right]&=k^{\frac{n-2}{2}}\frac{\partial}{\partial r}\left[(kr)^{-\frac{n-2}{2}}H^1_{\frac{n-2}{2}}(kr)\right]\\&=k^{\frac{n-2}{2}}\frac{\mathrm{d}}{\mathrm{d}z}\left[z^{-\frac{n-2}{2}}H^1_{\frac{n-2}{2}}(z)\right]\frac{\partial z}{\partial r}=-r^{-\frac{n-2}{2}}H^1_{\frac{n}{2}}(kr).\end{aligned} \tag{5.29}$$

Aus (5.29) und (5.24) ($n$ durch $n+2$ ersetzt!) erhalten wir, wenn wir die Beziehung $\omega_{n+2}=\frac{2\pi}{n}\omega_n$ beachten, die sich aus (5.9), Abschnitt 5.1.1 ergibt ($r=1$!), nach einfacher Rechnung die asymptotische Formel

$$\frac{\mathrm{i}}{4}\left(\frac{k}{2\pi}\right)^{\frac{n-2}{2}}\frac{\partial}{\partial r}\left[r^{-\frac{n-2}{2}}H^1_{\frac{n-2}{2}}(kr)\right]=-\frac{1}{\omega_n r^{n-1}}+\mathcal{O}\left(\frac{1}{r^{n-2}}\right) \tag{5.30}$$
$$\text{für } r=|\boldsymbol{x}-\boldsymbol{y}|\to 0;\ n=3,4,5,\ldots.$$

Wenden wir uns wieder dem Integral über $\partial K_\varepsilon$ in (5.23) zu: Mit (5.26), (5.30) und unseren obigen Überlegungen ergibt sich für $\varepsilon\to 0$

$$\begin{aligned}\int\limits_{\partial K_\varepsilon}\{\ldots\}\,\mathrm{d}\sigma_y&=\int\limits_{|z|=1}\Bigg\{U(\boldsymbol{x}+\varepsilon\boldsymbol{z})\left[\frac{1}{\omega_n\varepsilon^{n-1}}+\mathcal{O}\left(\frac{1}{\varepsilon^{n-2}}\right)\right]\\&\quad-\left[\frac{1}{(n-2)\omega_n}\frac{1}{\varepsilon^{n-2}}+\mathcal{O}\left(\frac{1}{\varepsilon^{n-3}}\right)\right]\frac{\partial}{\partial\varepsilon}U(\boldsymbol{x}+\varepsilon\boldsymbol{z})\Bigg\}\varepsilon^{n-1}\,\mathrm{d}\sigma_z\\&=\int\limits_{|z|=1}\left\{U(\boldsymbol{x}+\varepsilon\boldsymbol{z})\left[\frac{1}{\omega_n\varepsilon^{n-1}}\right]-\frac{1}{(n-2)\omega_n\varepsilon^{n-2}}\frac{\partial}{\partial\varepsilon}U(\boldsymbol{x}+\varepsilon\boldsymbol{z})\right\}\varepsilon^{n-1}\,\mathrm{d}\sigma_z+\mathcal{O}(\varepsilon).\end{aligned}$$

Wir spalten das letzte Integral in zwei Integrale auf: Wegen

$$\frac{1}{(n-2)\omega_n\varepsilon^{n-2}}\varepsilon^{n-1}\int\limits_{|z|=1}\frac{\partial}{\partial\varepsilon}U(\boldsymbol{x}+\varepsilon\boldsymbol{z})\,\mathrm{d}\sigma_z=\frac{1}{(n-2)\omega_n}\varepsilon\int\limits_{|z|=1}\frac{\partial}{\partial\varepsilon}U(\boldsymbol{x}+\varepsilon\boldsymbol{z})\,\mathrm{d}\sigma_z\to 0 \text{ für } \varepsilon\to 0$$

liefert das zweite Integral für $\varepsilon\to 0$ keinen Beitrag. (Da $U$ stetig differenzierbar in $\overline{D}$ vorausgesetzt wurde, ist $\int\limits_{|z|=1} \frac{\partial}{\partial\varepsilon} U(\boldsymbol{x}+\varepsilon \boldsymbol{z})\,\mathrm{d}\sigma_z$ für hinreichend kleine $\varepsilon$ beschränkt.) Für das erste Integral gilt (vgl. Burg/Haf/Wille [23], Abschn. 7.3.1)

$$\frac{1}{\omega_n \varepsilon^{n-1}}\varepsilon^{n-1} \int\limits_{|z|=1} U(\boldsymbol{x}+\varepsilon \boldsymbol{z})\,\mathrm{d}\sigma_z = \frac{1}{\omega_n} \int\limits_{|z|=1} U(\boldsymbol{x}+\varepsilon \boldsymbol{z})\,\mathrm{d}\sigma_z$$

$$\to \frac{1}{\omega_n} U(\boldsymbol{x}) \int\limits_{|z|=1} \mathrm{d}\sigma_z = U(\boldsymbol{x}) \quad \text{für } \varepsilon \to 0\,.$$

Insgesamt ergibt sich damit der folgende

**Satz 5.1:**

Es sei $D$ ein beschränktes Gebiet im $\mathbb{R}^n$ $(n = 3,4,5,\ldots)$ mit glatter Randfläche $\partial D$. Ferner sei $U$ in $D$ zweimal und in $\overline{D} = D \cup \partial D$ einmal stetig differenzierbar und genüge der Schwingungsgleichung (5.1). Dann gilt für $\boldsymbol{x} \in D$

$$U(\boldsymbol{x}) = \int\limits_{\partial D} \left[ \Phi_1(\boldsymbol{x},\boldsymbol{y}) \frac{\partial}{\partial \boldsymbol{n}} U(\boldsymbol{y}) - U(\boldsymbol{y}) \frac{\partial}{\partial \boldsymbol{n}_y} \Phi_1(\boldsymbol{x},\boldsymbol{y}) \right] \mathrm{d}\sigma_y\,. \tag{5.31}$$

(*Darstellungsformel für Innengebiete*)

Dabei ist $\Phi_1(\boldsymbol{x},\boldsymbol{y})$ die durch (5.22) erklärte Grundlösung der Schwingungsgleichung.

Jede Lösung $U$ der Schwingungsgleichung im Gebiet $D$ ist also bereits durch die Werte von $U$ und der Normalableitung $\frac{\partial}{\partial \boldsymbol{n}} U$ auf dem Rand $\partial D$ von $D$ festgelegt. Dabei können $U$ und $\frac{\partial}{\partial \boldsymbol{n}} U$ im allgemeinen nicht unabhängig voneinander vorgegeben werden. Man sieht dies besonders einfach im Falle der Potentialtheorie ($k = 0$), wo (5.31) entsprechend gilt (s. unten): Setzt man in (5.21) $V \equiv 1$, so ergibt sich als Bedingung an $U$, die von jeder Potentialfunktion $U$ erfüllt werden muß:

$$\int\limits_{\partial D} \frac{\partial}{\partial \boldsymbol{n}} U\,\mathrm{d}\sigma = 0 \tag{5.32}$$

**Bemerkung 1:** Durch Formel (5.31) kommt eine interessante Analogie zur Cauchyschen Integralformel der Funktionentheorie (s. Burg/Haf/Wille [22], Abschn. 2.2.3, III) zum Ausdruck. Etliche Konsequenzen aus der Cauchyschen Integralformel lassen sich mit Hilfe von (5.31) entsprechend auch für Lösungen $U$ der Schwingungsgleichung nachweisen. So kann in Analogie zu Satz 2.3.6 aus Burg/Haf/Wille [22]gezeigt werden, daß sich $U$ in einer Umgebung eines beliebigen Punktes $\boldsymbol{x}_0 \in D$ in eine Potenzreihe nach den Koordinaten von $\boldsymbol{x} - \boldsymbol{x}_0$ entwickeln läßt. Insbesondere ist $U$ in jedem Punkt $\boldsymbol{x} \in D$ beliebig oft stetig differenzierbar.

**Bemerkung 2:** Im *Spezialfall* $n = 3$ steht in der Darstellungsformel (5.31) wegen $H^1_{\frac{1}{2}}(z) = \frac{1}{\mathrm{i}}\sqrt{\frac{2}{\pi z}}\,\mathrm{e}^{\mathrm{i}z}$ (s. Burg/Haf/Wille [22], (5.55)) die Grundlösung

$$\Phi_1(\boldsymbol{x}, \boldsymbol{y}) = \frac{1}{4\pi} \frac{\mathrm{e}^{\mathrm{i}k|\boldsymbol{x}-\boldsymbol{y}|}}{|\boldsymbol{x} - \boldsymbol{y}|} \tag{5.33}$$

der Schwingungsgleichung. Gehen wir im *Falle* $n = 2$ anstelle von (5.22) von der Grundlösung

$$\Phi_1(\boldsymbol{x}, \boldsymbol{y}) := \frac{1}{\mathrm{i}} H_0^1(k|\boldsymbol{x} - \boldsymbol{y}|) \tag{5.34}$$

der Schwingungsgleichung aus, so gelangen wir mit diesem $\Phi_1$ ebenfalls zur Darstellungsformel (5.31). Die Herleitung erfolgt analog zum Fall $n \geq 3$ unter Verwendung der asymptotischen Formel (5.25). Wir beachten, daß $H_0^1(k|\boldsymbol{x} - \boldsymbol{y}|)$ für $|\boldsymbol{x} - \boldsymbol{y}| \to 0$ wie $\ln|\boldsymbol{x} - \boldsymbol{y}|$ singulär wird.

Alle in diesem Abschnitt durchgeführten Überlegungen gelten entsprechend auch für die Grundlösungen $\Phi_2(\boldsymbol{x}, \boldsymbol{y})$, die mit Hilfe der Hankelfunktionen $H_\lambda^2$ gebildet werden.

Für $k = 0$, also für die Potentialgleichung $\Delta U = 0$, gewinnen wir auf dieselbe Weise Darstellungsformeln der Gestalt (5.31). Diese haben mit den Grundlösungen der Potentialgleichung

$$\Phi(\boldsymbol{x}, \boldsymbol{y}) = \begin{cases} \dfrac{1}{(n-2)\omega_n} \dfrac{1}{|\boldsymbol{x} - \boldsymbol{y}|^{n-2}} & \text{für } n = 3,4,5,\ldots \\[2ex] -\dfrac{1}{2\pi} \ln|\boldsymbol{x} - \boldsymbol{y}| & \text{für } n = 2 \end{cases} \tag{5.35}$$

besonders einfache Gestalt, etwa für $n = 2$:

$$U(\boldsymbol{x}) = \frac{1}{2\pi} \int\limits_{\partial D} \left[ U(\boldsymbol{y}) \frac{\partial}{\partial \boldsymbol{n}_{\boldsymbol{y}}} \ln|\boldsymbol{x} - \boldsymbol{y}| - \ln|\boldsymbol{x} - \boldsymbol{y}| \cdot \frac{\partial}{\partial \boldsymbol{n}} U(\boldsymbol{y}) \right] \mathrm{d}\sigma_{\boldsymbol{y}} . \tag{5.36}$$

### 5.1.4 Mittelwertformel und Maximumprinzip

In Analogie zur Funktionentheorie (s. Burg/Haf/Wille [22], Abschn. 2.2.5) weisen wir im folgenden nach, daß im Falle der Potentialtheorie ($k = 0$ in der Schwingungsgleichung) ein Maximum- bzw. Minimumprinzip gilt. Hierzu leiten wir aus der Darstellungsformel (5.31), Abschnitt 5.1.3 zunächst eine Mittelwertformel her. Zu $\boldsymbol{x} \in D$ wählen wir eine Kugel $K_r(\boldsymbol{x}) \subset D$ mit Radius $r$ und Mittelpunkt $\boldsymbol{x}$. Nach den Überlegungen des vorherigen Abschnittes gilt dann für $n \geq 3$ und mit der durch (5.35) erklärten Grundlösung $\Phi(\boldsymbol{x}, \boldsymbol{y})$

$$U(\boldsymbol{x}) = \frac{1}{(n-2)\omega_n} \int\limits_{\partial K_r(\boldsymbol{x})} \left[ \frac{1}{|\boldsymbol{x} - \boldsymbol{y}|^{n-2}} \frac{\partial}{\partial \boldsymbol{n}} U(\boldsymbol{y}) - U(\boldsymbol{y}) \frac{\partial}{\partial \boldsymbol{n}_{\boldsymbol{y}}} \frac{1}{|\boldsymbol{x} - \boldsymbol{y}|^{n-2}} \right] \mathrm{d}\sigma_{\boldsymbol{y}} .$$

Wie in den früheren Untersuchungen ergibt sich hieraus mit Hilfe der Transformation $\boldsymbol{y} =: \boldsymbol{x}+r\boldsymbol{z}$

$$U(\boldsymbol{x}) = \frac{1}{(n-2)\omega_n} \left[ \frac{1}{r^{n-2}} \int\limits_{|z|=r} \frac{\partial}{\partial r} U(\boldsymbol{x}+r\boldsymbol{z}) \cdot r^{n-1} \, \mathrm{d}\sigma_z \right.$$

$$\left. - \int\limits_{|z|=r} U(\boldsymbol{x}+r\boldsymbol{z}) \cdot \frac{\partial}{\partial r} \frac{1}{r^{n-2}} \cdot r^{n-1} \, \mathrm{d}\sigma_z \right] \tag{5.37}$$

$$= \frac{1}{(n-2)\omega_n} \left[ \frac{1}{r^{n-2}} \int\limits_{\partial K_r(\boldsymbol{x})} \frac{\partial}{\partial \boldsymbol{n}} U(\boldsymbol{y}) \, \mathrm{d}\sigma_{\boldsymbol{y}} + \frac{(n-2)}{r^{n-1}} \int\limits_{\partial K_r(\boldsymbol{x})} U(\boldsymbol{y}) \, \mathrm{d}\sigma_{\boldsymbol{y}} \right].$$

Wegen

$$\int\limits_{\partial K_r(\boldsymbol{x})} \frac{\partial}{\partial \boldsymbol{n}} U(\boldsymbol{y}) \, \mathrm{d}\sigma_{\boldsymbol{y}} = 0$$

(s. (5.32), Abschn. 5.1.3) verschwindet der erste Summand auf der rechten Seite von (5.37), und wir erhalten die *Mittelwertformel*

$$U(\boldsymbol{x}) = \frac{1}{\omega_n r^{n-1}} \int\limits_{\partial K_r(\boldsymbol{x})} U(\boldsymbol{y}) \, \mathrm{d}\sigma_{\boldsymbol{y}} \tag{5.38}$$

**Bemerkung:** Diese Formel gilt auch für $n = 2$ (s. Üb. 5.3). Dabei ist $\partial K_r(\boldsymbol{x})$ der Kreis um $\boldsymbol{x}$ mit dem Radius $r$ und $\omega_2 = 2\pi$ der Umfang des Einheitskreises.

Die Mittelwertformel ermöglicht uns einen einfachen Beweis des folgenden

**Satz 5.2:**
(*Maximumprinzip*) Jede nichtkonstante Funktion $U$, die in $D$ der Potentialgleichung $\Delta U = 0$ genügt, kann im Inneren von $D$ kein Maximum besitzen.

**Beweis:**
(indirekt) Annahme: In einem Punkt $\boldsymbol{x}_0 \in D$ werde das Maximum $M$ von $U$ angenommen. Es gilt dann $U(\boldsymbol{x}) = M$ für alle $\boldsymbol{x}$ aus einer beliebigen Kugel um $\boldsymbol{x}_0$, die ganz in $D$ liegt. Andernfalls würde ein $r > 0$ und ein Punkt $\boldsymbol{x}_1$ mit $|\boldsymbol{x}_1 - \boldsymbol{x}_0| = r$ existieren, so daß $K_r(\boldsymbol{x}_0) \subset D$ und $U(\boldsymbol{x}_1) < M$ ist. Dies aber hätte wegen (5.38)

$$M = U(\boldsymbol{x}_0) = \frac{1}{\omega_n r^{n-1}} \int\limits_{\partial K_r(\boldsymbol{x}_0)} U(\boldsymbol{x}) \, \mathrm{d}\sigma_{\boldsymbol{x}} < \frac{M}{\omega_n r^{n-1}} \int\limits_{\partial K_r(\boldsymbol{x}_0)} \mathrm{d}\sigma_{\boldsymbol{x}} = M\,,$$

also einen Widerspruch, zur Folge. Nach Voraussetzung ist $U$ nicht konstant in $D$. Daher gibt es einen Punkt $\boldsymbol{x}_2 \in D$ mit $U(\boldsymbol{x}_2) \neq M$. Nun verbinden wir $\boldsymbol{x}_0$ mit $\boldsymbol{x}_2$ durch eine ganz in $D$ liegende Kurve $C$ und definieren die Menge $A$ durch $A = \{\boldsymbol{x} \in C \mid U(\boldsymbol{x}) = M\}$.

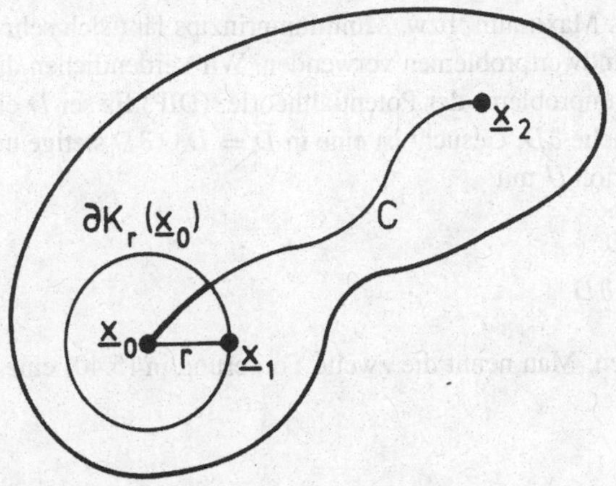


Fig. 5.2: Zum Beweis des Maximumprinzips

$A$ ist eine offene Menge (warum?). Andererseits ist $A$ in $C$ abgeschlossen: Ist $\{\boldsymbol{x}_i\}$ eine Folge in $A$, d.h. $U(\boldsymbol{x}_i) = M$ mit $\boldsymbol{x}_i \to \boldsymbol{x} \in C$, so folgt aus der Stetigkeit von $U$

$$U(\boldsymbol{x}) = \lim_{i\to\infty} U(\boldsymbol{x}_i) = \lim_{i\to\infty} M = M\,,$$

also $\boldsymbol{x} \in A$.

Da $A$ eine bezüglich $C$ offene und abgeschlossene Menge ist, folgt $A = C$ im Widerspruch zu $U(\boldsymbol{x}_2) \neq M$. Damit ist der Satz bewiesen. □

**Bemerkung:** Entsprechend läßt sich ein Minimumprinzip beweisen.

Wir wenden uns nun der Frage zu, ob auch für die Schwingungsgleichung ein Maximum- und Minimumprinzip gilt. Daß dies im allgemeinen nicht der Fall ist, zeigt folgendes

**Gegenbeispiel:** Es sei $D$ die Kugel $K_{\frac{\pi}{k}}(\mathbf{0})$ um den Punkt $\boldsymbol{x}_0 = \mathbf{0}$ mit Radius $\frac{\pi}{k}$. Die Funktion

$$U(\boldsymbol{x}) = \begin{cases} \dfrac{\sin k|\boldsymbol{x}|}{|\boldsymbol{x}|} & \text{für } \boldsymbol{x} \neq \mathbf{0} \\ k & \text{für } \boldsymbol{x} = 0 \end{cases}$$

genügt offensichtlich in $D$ der Schwingungsgleichung (beachte: $\frac{\sin k|\boldsymbol{x}|}{|\boldsymbol{x}|} = \operatorname{Im} \frac{e^{ik|\boldsymbol{x}|}}{|\boldsymbol{x}|}$!) und auf dem Rand $\partial D$ von $D$, also auf der Kugelfläche $|\boldsymbol{x}| = \frac{\pi}{k}$ gilt $U = 0$. Das Maximum von $U$ in $D$ wird somit nicht auf $\partial D$ angenommen.

In Spezialfällen gilt jedoch auch für die Schwingungsgleichung ein Maximumprinzip: Nach Übung 5.4 für die Gleichung

$$\Delta U - k^2 U = 0 \quad \text{für } k \in \mathbb{R} \ (n = 3)\,. \tag{5.39}$$

Das Bestehen eines Maximum- bzw. Minimumprinzips läßt sich sehr vorteilhaft für *Eindeutigkeitsbeweise* bei Randwertproblemen verwenden. Wir verdeutlichen dies am Beispiel des Dirichletschen[3] Innenraumproblems der Potentialtheorie: (DIP) Es sei $D$ ein beschränktes Gebiet im $\mathbb{R}^n$ mit der Randfläche $\partial D$. Gesucht ist eine in $\overline{D} = D \cup \partial D$ stetige und in $D$ zweimal stetig differenzierbare Funktion $U$ mit

$$\begin{cases} \Delta U = 0 & \text{in } D\,; \\ U = f & \text{auf } \partial D\,. \end{cases} \tag{5.40}$$

Dabei ist $f$ vorgegeben. Man nennt die zweite Forderung in (5.40) eine Dirichletsche Randbedingung. Wir zeigen:

**Satz 5.3:**

(*Eindeutigkeitssatz*) Falls das Problem (DIP) eine Lösung besitzt, so ist diese eindeutig bestimmt.

**Beweis:**

Wir nehmen an, $U_1$ und $U_2$ seien Lösungen von (DIP). Dann genügt $V := U_1 - U_2$ der Potentialgleichung $\Delta V = 0$ in $D$ und der homogenen Dirichletbedingung $V = 0$ auf $\partial D$. Da $V$ als Differenz von zwei stetigen Funktionen in $\overline{D}$ stetig ist, nimmt $V$ in $\overline{D}$ (= Kompaktum) sein Maximum an, etwa an der Stelle $\boldsymbol{x}_0$. Nach Satz 5.2 liegt dieses Maximum auf dem Rand von $D$: $\boldsymbol{x}_0 \in \partial D$. Daher gilt $V(\boldsymbol{x}_0) = 0$. Entsprechend ergibt sich durch Anwendung des Minimumprinzips: Es gibt ein $\boldsymbol{y}_0 \in \partial D$, so daß $V(\boldsymbol{y}_0)$ minimal ist und $V(\boldsymbol{y}_0) = 0$ gilt. Maximum und Minimum von $V$ haben also den Wert 0, d.h. $V$ verschwindet in $\overline{D}$ identisch, woraus $U_1 \equiv U_2$ in $\overline{D}$ und damit die Behauptung des Satzes folgt. □

**Bemerkung:** Bei der Beantwortung der Frage, ob es überhaupt eine Lösung von (DIP) gibt, spielt die Beschaffenheit des Randes $\partial D$ von $D$ eine Rolle (s. Abschn. 5.3).

### 5.1.5 Flächen- und Volumenpotentiale

In der in Abschnitt 5.1.3 hergeleiteten Darstellungsformel für Innengebiete

$$U(\boldsymbol{x}) = \int\limits_{\partial D} \left[ \Phi(\boldsymbol{x}, \boldsymbol{y}) \frac{\partial}{\partial \boldsymbol{n}} U(\boldsymbol{y}) - U(\boldsymbol{y}) \frac{\partial}{\partial \boldsymbol{n}_y} \Phi(\boldsymbol{x}, \boldsymbol{y}) \right] \mathrm{d}\sigma_y$$

3 Peter Gustav Lejeune Dirichlet (1805–1859), deutscher Mathematiker

treten Flächenintegrale der Form

$$M(\boldsymbol{x}) := \int\limits_{\partial D} \mu(\boldsymbol{y})\Phi(\boldsymbol{x}, \boldsymbol{y})\,\mathrm{d}\sigma_{\boldsymbol{y}}\,, \tag{5.41}$$

sogenannte *einfache Potentiale* mit der Belegung $\mu$ und

$$N(\boldsymbol{x}) := \int\limits_{\partial D} \nu(\boldsymbol{y})\frac{\partial}{\partial \boldsymbol{n}_{\boldsymbol{y}}}\Phi(\boldsymbol{x}, \boldsymbol{y})\,\mathrm{d}\sigma_{\boldsymbol{y}}\,, \tag{5.42}$$

man nennt sie *Doppelpotentiale* mit der Belegung $\nu$, auf. Sind $\mu$ und $\nu$ auf $\partial D$ stetige Funktionen, so lösen diese beiden Potentiale für $\boldsymbol{x} \notin \partial D$ die Schwingungsgleichung. Man sieht dies recht einfach: Wir wissen bereits aus Abschnitt 5.1.3, daß $\Phi(\boldsymbol{x}, \boldsymbol{y})$ $(\boldsymbol{x} \neq \boldsymbol{y})$ für jedes feste $\boldsymbol{y} \in \mathbb{R}^n$ als Funktion von $\boldsymbol{x}$ der Schwingungsgleichung genügt. Nach Burg/Haf/Wille [23], Abschnitt 7.3.2 dürfen wir im Ausdruck

$$\Delta M(\boldsymbol{x}) + k^2 M(\boldsymbol{x}) = \Delta \int\limits_{\partial D} \mu(\boldsymbol{y})\Phi(\boldsymbol{x}, \boldsymbol{y})\,\mathrm{d}\sigma_{\boldsymbol{y}} + k^2 \int\limits_{\partial D} \mu(\boldsymbol{y})\Phi(\boldsymbol{x}, \boldsymbol{y})\,\mathrm{d}\sigma_{\boldsymbol{y}}$$

$\Delta$ und $\int\limits_{\partial D}$ vertauschen und erhalten daher

$$\Delta M(\boldsymbol{x}) + k^2 M(\boldsymbol{x}) = \int\limits_{\partial D} \mu(\boldsymbol{y}) \left[ \Delta_{\boldsymbol{x}}\Phi(\boldsymbol{x}, \boldsymbol{y}) + k^2\Phi(\boldsymbol{x}, \boldsymbol{y}) \right] \mathrm{d}\sigma_{\boldsymbol{y}} = 0\,.$$

Entsprechendes gilt für $N(\boldsymbol{x})$, wobei wir zusätzlich noch den Satz über die Vertauschung der Reihenfolge der Differentiation (Burg/Haf/Wille [23], Abschn. 6.3.5, Satz 6.10) anwenden.

Im folgenden benötigen wir neben den beiden Flächenpotentialen noch sogenannte *Volumenpotentiale*

$$H(\boldsymbol{x}) := \int\limits_{D} \eta(\boldsymbol{y})\Phi(\boldsymbol{x}, \boldsymbol{y})\,\mathrm{d}\tau_{\boldsymbol{y}}\,. \tag{5.43}$$

Ist $\eta$ eine in $\overline{D} = D \cup \partial D$ stetige Belegungsfunktion, so genügt $H(\boldsymbol{x})$ für alle $\boldsymbol{x} \notin \overline{D}$ ebenfalls der Schwingungsgleichung. (Begründung wie bei $M(\boldsymbol{x})$).

**Bemerkung:** Mit den oben betrachteten Potentialen liegen uns Lösungen der Schwingungsgleichung vor, die über die Belegungsfunktionen »Freiheitsgrade« enthalten. Diesen Umstand werden wir später im Zusammenhang mit Randwertproblemen nutzen und solche Belegungsfunktionen suchen, für die unsere Potentiale außerdem ein vorgeschriebenes Randverhalten besitzen (s. Abschn. 5.3.3).

## Übungen

### Übung 5.1*:

Bestimme ein System von Fundamentallösungen für die Besselsche Differentialgleichung

$$f''(r) + \frac{n-1}{r} f'(r) + k^2 f(r) = 0$$

für den Fall $k = 0$ und für beliebiges $n \geq 2$ ($n \in \mathbb{N}$).

### Übung 5.2:

Beweise mit den Hilfsmitteln aus Burg/Haf/Wille [22], Abschnitt 5 die für $z \to 0$ geltenden asymptotischen Formeln

$$H^1_{\frac{n-2}{2}}(z) = \frac{4}{\mathrm{i}(n-2)\omega_n} \left(\frac{2\pi}{z}\right)^{\frac{n-2}{2}} + \mathcal{O}\left(\frac{1}{|z|^{\frac{n-4}{2}}}\right) \quad \text{für } n = 3,4,5,\ldots$$

und

$$H^1_0(z) = \frac{2\,\mathrm{i}}{\pi}\left(\log\frac{z}{2} + C - \frac{\pi\,\mathrm{i}}{2}\right) + \mathcal{O}\left(|z|^2 \ln\frac{1}{|z|}\right) \quad \text{für } n = 2\,.$$

### Übung 5.3:

Leite analog zu Abschnitt 5.1.4 für den Fall $n = 2$ die Mittelwertformel der Potentialtheorie her.

### Übung 5.4*:

Weise das Maximumprinzip für die Gleichung

$$\Delta U - k^2 U = 0\,, \quad k \in \mathbb{R}\ (n = 3)$$

nach.

*Hinweis:* Zeige: Für die Schwingungsgleichung $\Delta U + \tilde{k}^2 U = 0$ mit $\tilde{k} \in \mathbb{C}$ gilt die Mittelwertformel

$$U(\boldsymbol{x})\frac{\sin\tilde{k}r}{\tilde{k}r} = \frac{1}{4\pi r^2} \int\limits_{\partial K_r(\boldsymbol{x})} U(\boldsymbol{y})\,\mathrm{d}\sigma_{\boldsymbol{y}}\,.$$

### Übung 5.5*:

Es sei $D$ ein beschränktes Gebiet im $\mathbb{R}^3$ mit der Randfläche $\partial D$. $D_a$ bezeichne das Äußere von $D$. Zeige: Das Dirichletsche Außenraumproblem mit

(i) $\Delta U(\boldsymbol{x}) - k^2 U(\boldsymbol{x}) = 0\,, \quad \boldsymbol{x} \in D_a\,,\ k \in \mathbb{R}\,;$

(ii) $U(\boldsymbol{x}) = f(\boldsymbol{x})\,, \quad \boldsymbol{x} \in \partial D\,;$

(iii) $U(x) = \mathcal{O}\left(\frac{1}{|x|}\right)$ für $|x| \to \infty$

besitzt höchstens eine Lösung.

## 5.2 Ganzraumprobleme

Wir sind an Lösungen der inhomogenen Schwingungsgleichung

$$\Delta U + k^2 U = f \quad \text{in ganz } \mathbb{R}^n \tag{5.44}$$

interessiert. Um zu eindeutig bestimmten Lösungen dieser Gleichung zu gelangen, sind geeignete Abklingbedingungen im Unendlichen erforderlich (»Sommerfeldsche Ausstrahlungsbedingung«, Abschn. 5.2.2). Solche »Ganzraumprobleme« treten z.B. bei der Diskussion von akustischen Wellenfeldern bei zeitharmonischer Störung (= vorgegebene Kraftdichteverteilung) auf. Die Störung drückt sich hierbei durch die Inhomogenität $f$ in (5.44) aus (s. auch Abschn. 7.2.3).

### 5.2.1 Volumenpotentiale und inhomogene Schwingungsgleichung

Es sei $D$ ein beschränktes Gebiet im $\mathbb{R}^n$ mit glatter Randfläche $\partial D$. Im vorhergehenden Abschnitt haben wir gesehen, daß das Volumenpotential

$$H(x) = \int_D \eta(y)\Phi(x, y)\,\mathrm{d}\tau_y \tag{5.45}$$

für $x \notin \overline{D} = D \cup \partial D$ die Schwingungsgleichung $\Delta U + k^2 U = 0$ erfüllt, wenn $\eta$ in $\overline{D}$ stetig ist.

Wie aber verhält sich $H$ und wie verhalten sich die Ableitungen von $H$ in den Punkten $x \in D$? Da die jeweiligen Grundlösungen $\Phi(x, y)$ für $x = y$ singulär sind (s. Abschn. 5.1.3), müssen wir das Volumenintegral in (5.45) als *uneigentliches Integral* in folgendem Sinne auffassen: Es sei $\{D_i\}$ eine beliebige Folge von Teilgebieten von $D$ mit glatten Randflächen $\partial D_i$. Der Punkt $x$ liege für jedes $i$ in $D_i$, und für den Durchmesser

$$d(D_i) = \sup_{y,z \in D_i} |y - z| \tag{5.46}$$

von $D_i$ gelte $d(D_i) \to 0$ für $i \to \infty$. Wir sagen, das uneigentliche Integral in (5.45) existiert und besitzt den Wert $H(x)$ ($x$ fest!), falls

$$\int_{D-D_i} \eta(y)\Phi(x, y)\,\mathrm{d}\tau_y \to H(x) \quad \text{für } i \to \infty \tag{5.47}$$

gilt. Wir zeigen:

**Hilfssatz 5.1:**

Unter den obigen Voraussetzungen an $D$ und $\eta$ existiert das Volumenpotential (5.45) für alle Punkte $x \in D$ und ist eine in ganz $\mathbb{R}^n$ stetige Funktion.

**Beweis:**

Für $n \geq 3$ und $k \neq 0$ gilt wegen (5.26), Abschnitt 5.1.3

$$\Phi(\boldsymbol{x}, \boldsymbol{y}) = \frac{1}{(n-2)\omega_n} \frac{1}{|\boldsymbol{x}-\boldsymbol{y}|^{n-2}} + \mathcal{O}\left(\frac{1}{|\boldsymbol{x}-\boldsymbol{y}|^{n-3}}\right) \quad \text{für } |\boldsymbol{x}-\boldsymbol{y}| \to 0$$

bzw. für $k = 0$ wegen (5.35)

$$\Phi(\boldsymbol{x}, \boldsymbol{y}) = \frac{1}{(n-2)\omega_n} \frac{1}{|\boldsymbol{x}-\boldsymbol{y}|^{n-2}} .$$

In beiden Fällen ist $\eta(\boldsymbol{y})\Phi(\boldsymbol{x}, \boldsymbol{y})$ eine für $\boldsymbol{x} \neq \boldsymbol{y}$, $\boldsymbol{x} \in \mathbb{R}^n$ und $\boldsymbol{y} \in \overline{D}$ stetige Funktion, und es gibt Konstanten $B > 0$ und $1 > r_0 > 0$ mit

$$|\eta(\boldsymbol{y})\Phi(\boldsymbol{x}, \boldsymbol{y})| < \frac{B}{|\boldsymbol{x}-\boldsymbol{y}|^{n-2}} \tag{5.48}$$

für alle $\boldsymbol{x}, \boldsymbol{y}$ mit $|\boldsymbol{x}-\boldsymbol{y}| < r_0$. Zum Nachweis der Existenz des Volumenintegrals in (5.45) genügt es zu zeigen, daß

$$\int\limits_{r_1<|\boldsymbol{y}-\boldsymbol{x}|<r_2} |\eta(\boldsymbol{y})\Phi(\boldsymbol{x}, \boldsymbol{y})| \, \mathrm{d}\tau_{\boldsymbol{y}} \to 0 \quad \text{für } 0 < r_1 < r_2 \text{ und } r_2 \to 0$$

($\boldsymbol{y} \in D$) gilt. Wegen (5.48) haben wir also das Integral

$$\int\limits_{r_1<|\boldsymbol{y}-\boldsymbol{x}|<r_2} \frac{\mathrm{d}\tau_{\boldsymbol{y}}}{|\boldsymbol{x}-\boldsymbol{y}|^{n-2}} \quad \text{bzw.} \quad \int\limits_{r_1<|\boldsymbol{z}|<r_2} \frac{\mathrm{d}\tau_{\boldsymbol{z}}}{|\boldsymbol{z}|^{n-2}} , \tag{5.49}$$

wenn wir die Transformation $\boldsymbol{x} - \boldsymbol{y} =: \boldsymbol{z}$ verwenden, zu untersuchen. Mit den Beziehungen (5.9) und (5.10), Abschnitt 5.1.1 ergibt sich

$$\begin{aligned} \int\limits_{r_1<|\boldsymbol{z}|<r_2} \frac{\mathrm{d}\tau_{\boldsymbol{z}}}{|\boldsymbol{z}|^{n-2}} &= \int\limits_{r_1}^{r_2} \frac{\omega_n(r)\,\mathrm{d}r}{r^{n-2}} = \omega_n \int\limits_{r_1}^{r_2} \frac{r^{n-1}}{r^{n-2}}\,\mathrm{d}r \\ &= \omega_n \int\limits_{r_1}^{r_2} r\,\mathrm{d}r = \frac{\omega_n}{2}(r_2^2 - r_1^2) \to 0 \quad \text{für } r_2 \to 0 \text{ und } 0 < r_1 < r_2 , \end{aligned} \tag{5.50}$$

d.h. das Volumenintegral in (5.45) existiert. Außerdem folgt aus unseren obigen Überlegungen, wenn wir den Grenzübergang $r_1 \to 0$ durchführen, die Abschätzung

$$\int\limits_{|\boldsymbol{y}-\boldsymbol{x}|<r_2} |\eta(\boldsymbol{y})\Phi(\boldsymbol{x}, \boldsymbol{y})| \, \mathrm{d}\tau_{\boldsymbol{y}} \leq \frac{\omega_n}{2} B r_2^2 \tag{5.51}$$

mit $0 < r_2 < 1$. Wir benutzen (5.51) beim Stetigkeitsnachweis von $H$: Demnach gibt es zu jedem $\varepsilon > 0$ ein $\delta > 0$, so daß

$$\int\limits_{|y-x|<3\delta} |\eta(y)\Phi(x, y)|\,\mathrm{d}\tau_y < \frac{\varepsilon}{3}$$

für $y \in D$ und beliebiges $x \in \mathbb{R}^n$ ist. Für $|x' - x| < \delta$ liegt die Kugel $|y - x| < 2\delta$ ganz in der Kugel $|y - x'| < 3\delta$. Daher gilt für $|x' - x| < \delta$ und $y \in D$

$$\begin{aligned} |H(x') - H(x)| &\le \int\limits_{|y-x|\ge 2\delta} |\eta(y)\Phi(x', y) - \eta(y)\Phi(x, y)|\,\mathrm{d}\tau_y \\ &\quad + \int\limits_{|y-x|<2\delta} |\eta(y)\Phi(x', y)|\,\mathrm{d}\tau_y + \int\limits_{|y-x|<2\delta} |\eta(y)\Phi(x, y)|\,\mathrm{d}\tau_y \qquad (5.52) \\ &\le \int\limits_{|y-x|\ge 2\delta} |\eta(y)\Phi(x', y) - \eta(y)\Phi(x, y)|\,\mathrm{d}\tau_y + \frac{\varepsilon}{3} + \frac{\varepsilon}{3}. \end{aligned}$$

Das Integral

$$H_\delta(x') := \int\limits_{|y-x|>2\delta} \eta(y)\Phi(x', y)\,\mathrm{d}\tau_y$$

hängt für $|x' - x| < \delta$ stetig vom Parameter $x'$ ab (s. Burg/Haf/Wille [23], Abschn. 7.3.1). Es gibt also ein $\tilde{\delta}$ mit $0 < \delta < \tilde{\delta}$, so daß

$$|H_\delta(x') - H_\delta(x)| < \frac{\varepsilon}{3} \quad \text{für } |x' - x| < \tilde{\delta},$$

ist. Hieraus und aus (5.52) ergibt sich

$$|H(x') - H(x)| < \varepsilon \quad \text{für } |x' - x| < \delta,$$

also die Stetigkeit von $H$. □

**Bemerkung 1:** Für den Fall $n = 2$ gilt Hilfssatz 5.1 entsprechend. Anstelle der Singularität $\frac{1}{|x-y|^{n-2}}$ für $n \ge 3$ tritt hier die Singularität $\ln|x - y|$ der Hankelschen Funktion $H_0^1$ auf.

**Bemerkung 2:** Als Verschärfung der Aussage von Hilfssatz 5.1 läßt sich zeigen, daß $H(x)$ in $\mathbb{R}^n$ sogar stetig differenzierbar ist und

$$\frac{\partial}{\partial x_j} H(x) = \int\limits_D \eta(y) \frac{\partial}{\partial x_j} \Phi(x, y)\,\mathrm{d}\tau_y \qquad (5.53)$$

erfüllt (s. Üb. 5.6 für den Fall $n = 3$).

Wir interessieren uns nun für die partiellen Ableitungen zweiter Ordnung von $H(\boldsymbol{x})$. Naheliegend ist die Überlegung, zur Berechhung von $\frac{\partial^2}{\partial x_j \partial x_l} H(\boldsymbol{x})$ erneut (5.53) anzuwenden. Dieses Vorgehen scheitert aber, weil die Singularität von $\frac{\partial^2}{\partial x_j \partial x_l} \Phi(\boldsymbol{x}, \boldsymbol{y})$ zu hoch ist. Wir schlagen daher einen anderen Weg ein und setzen dabei eine in $\overline{D}$ stetig differenzierbare Belegung $\eta$ voraus. Aus der Definiton von $\Phi$ ergibt sich

$$\frac{\partial}{\partial x_l} \Phi(\boldsymbol{x}, \boldsymbol{y}) = -\frac{\partial}{\partial y_l} \Phi(\boldsymbol{x}, \boldsymbol{y}) . \tag{5.54}$$

Hieraus und aus (5.53) folgt

$$\begin{aligned} \tfrac{\partial}{\partial x_l} H(\boldsymbol{x}) &= -\int_D \eta(\boldsymbol{y}) \tfrac{\partial}{\partial y_l} \Phi(\boldsymbol{x}, \boldsymbol{y})\, \mathrm{d}\tau_{\boldsymbol{y}} \\ &= -\int_D \tfrac{\partial}{\partial y_l} \left[\eta(\boldsymbol{y}) \Phi(\boldsymbol{x}, \boldsymbol{y})\right] \mathrm{d}\tau_{\boldsymbol{y}} + \int_D \tfrac{\partial}{\partial y_l} \eta(\boldsymbol{y}) \cdot \Phi(\boldsymbol{x}, \boldsymbol{y})\, \mathrm{d}\tau_{\boldsymbol{y}} . \end{aligned} \tag{5.55}$$

Nach dem Integralsatz von Gauß (s. Abschn. 5.1.1) läßt sich das erste Integral auf der rechten Seite von (5.55) in ein Flächenintegral umformen: Zu $\boldsymbol{x} \in D$ gibt es, da $D$ eine offene Menge ist, eine Kugel $K_r(\boldsymbol{x}) := \{\boldsymbol{y} \mid |\boldsymbol{y} - \boldsymbol{x}| \le r\} \subset D$. Wenden wir nun den Satz von Gauß auf das Gebiet $D - K_r(\boldsymbol{x})$ an, so ergibt sich mit dem in das Äußere von $D - K_r(\boldsymbol{x})$ weisenden Normaleneinheitsvektor $\boldsymbol{n} = (n_1, \ldots, n_n)$

$$\begin{aligned} \int\limits_{D - K_r(\boldsymbol{x})} \frac{\partial}{\partial y_l} \left[\eta(\boldsymbol{y}) \Phi(\boldsymbol{x}, \boldsymbol{y})\right] \mathrm{d}\tau_{\boldsymbol{y}} &= \int\limits_{\partial D + \partial K_r} n_l(\boldsymbol{y}) \eta(\boldsymbol{y}) \Phi(\boldsymbol{x}, \boldsymbol{y})\, \mathrm{d}\sigma_{\boldsymbol{y}} \\ &= \int\limits_{\partial D} \cdots + \int\limits_{\partial K_r} \cdots . \end{aligned} \tag{5.56}$$

$\Phi(\boldsymbol{x}, \boldsymbol{y})$ ist, wie wir gesehen haben, für $n \ge 3$ wie $|\boldsymbol{x} - \boldsymbol{y}|^{-n+2}$ singulär. Daher ergibt sich wie im Beweis von Hilfssatz 5.1

$$\int\limits_{\partial K_r} n_l(\boldsymbol{y}) \eta(\boldsymbol{y}) \Phi(\boldsymbol{x}, \boldsymbol{y})\, \mathrm{d}\sigma_{\boldsymbol{y}} \to 0 \quad \text{für } r \to 0 \tag{5.57}$$

und folglich mit (5.56) für $r \to 0$

$$\int\limits_D \frac{\partial}{\partial y_l} \left[\eta(\boldsymbol{y}) \Phi(\boldsymbol{x}, \boldsymbol{y})\right] \mathrm{d}\tau_{\boldsymbol{y}} = \int\limits_{\partial D} n_l(\boldsymbol{y}) \eta(\boldsymbol{y}) \Phi(\boldsymbol{x}, \boldsymbol{y})\, \mathrm{d}\sigma_{\boldsymbol{y}} .$$

Aus (5.55) folgt damit

$$\frac{\partial}{\partial x_l} H(\boldsymbol{x}) = -\int\limits_{\partial D} n_l(\boldsymbol{y}) \eta(\boldsymbol{y}) \Phi(\boldsymbol{x}, \boldsymbol{y})\, \mathrm{d}\sigma_{\boldsymbol{y}} + \int\limits_D \frac{\partial}{\partial y_l} \eta(\boldsymbol{y}) \cdot \Phi(\boldsymbol{x}, \boldsymbol{y})\, \mathrm{d}\tau_{\boldsymbol{y}} . \tag{5.58}$$

Nun können wir entsprechend der Bemerkung 2 schließen, daß $H(\boldsymbol{x})$ in $D$ zweimal stetig differenzierbar ist und

$$\frac{\partial^2}{\partial x_j \partial x_l} H(\boldsymbol{x}) = -\int_{\partial D} n_l(\boldsymbol{y})\eta(\boldsymbol{y}) \frac{\partial}{\partial x_j}\Phi(\boldsymbol{x},\boldsymbol{y})\,\mathrm{d}\sigma_{\boldsymbol{y}} + \int_D \frac{\partial}{\partial y_l}\eta(\boldsymbol{y}) \cdot \frac{\partial}{\partial x_j}\Phi(\boldsymbol{x},\boldsymbol{y})\,\mathrm{d}\tau_{\boldsymbol{y}} \tag{5.59}$$

für $\boldsymbol{x} \in D$ gilt. Wir beachten, daß in (5.59) keine partiellen Ableitungen zweiter Ordnung von $\Phi$ auftreten. Nun untersuchen wir das Flächenintegral über $\partial D$ in (5.59). Wie oben (vgl. (5.56)) ergibt sich nach dem Satz von Gauß

$$\begin{aligned} &\int_{D-K_r(\boldsymbol{x})} \frac{\partial}{\partial y_l}\left[\eta(\boldsymbol{y})\frac{\partial}{\partial x_j}\Phi(\boldsymbol{x},\boldsymbol{y})\right]\mathrm{d}\tau_{\boldsymbol{y}} \\ &= \int_{\partial D+\partial K_r} n_l(\boldsymbol{y})\eta(\boldsymbol{y})\frac{\partial}{\partial x_j}\Phi(\boldsymbol{x},\boldsymbol{y})\,\mathrm{d}\sigma_{\boldsymbol{y}} = \int_{\partial D}\cdots + \int_{\partial K_r}\cdots\,. \end{aligned} \tag{5.60}$$

Durch die Transformation $\boldsymbol{y} =: \boldsymbol{x} + r\boldsymbol{z}$ bilden wir $\partial K_r$ auf die Einheitskugelfläche $|\boldsymbol{z}| = 1$ ab (s. auch Beweis der Darstellungsformel (5.31), Abschn. 5.1.3). Mit $\mathrm{d}\sigma_{\boldsymbol{y}} = r^{n-1}\,\mathrm{d}\sigma_{\boldsymbol{z}}$, $\boldsymbol{n}(\boldsymbol{y}) = -\boldsymbol{z}$, $n_l(\boldsymbol{y}) = -z_l$ und (5.30), Abschnitt 5.1.3:

$$\begin{aligned} \frac{\partial}{\partial x_j}\Phi(\boldsymbol{x},\boldsymbol{y}) &= \frac{\mathrm{i}}{4}\left(\frac{k}{2\pi}\right)^{\frac{n-2}{2}} \frac{\partial}{\partial r}\left[r^{-\frac{n-2}{2}} H^1_{\frac{n-2}{2}}(kr)\right]\frac{\partial r}{\partial x_i} \\ &= \frac{1}{\omega_n|\boldsymbol{x}-\boldsymbol{y}|^{n-1}}\frac{x_j-y_j}{|\boldsymbol{x}-\boldsymbol{y}|} + \mathcal{O}\left(\frac{1}{|\boldsymbol{x}-\boldsymbol{y}|^{n-2}}\right) \\ &= -\frac{1}{\omega_n r^{n-1}} z_j + \mathcal{O}\left(\frac{1}{r^{n-2}}\right) \quad \text{für } r = |\boldsymbol{x}-\boldsymbol{y}| \to 0 \end{aligned}$$

erhalten wir

$$\begin{aligned} \int_{\partial K_r} n_l(\boldsymbol{y})\eta(\boldsymbol{y})\frac{\partial}{\partial x_j}\Phi(\boldsymbol{x},\boldsymbol{y})\,\mathrm{d}\sigma_{\boldsymbol{y}} &= -\frac{1}{\omega_n}\int_{|\boldsymbol{z}|=1}\eta(\boldsymbol{x}+r\boldsymbol{z})z_l z_j \frac{1}{r^{n-1}} r^{n-1}\,\mathrm{d}\sigma_{\boldsymbol{z}} + \mathcal{O}(r) \\ &\to -\frac{1}{\omega_n}\eta(\boldsymbol{x})\int_{|\boldsymbol{z}|=1} z_l z_j\,\mathrm{d}\sigma_{\boldsymbol{z}} \quad \text{für } r \to 0\,. \end{aligned} \tag{5.61}$$

Für $j \neq l$ gilt nach dem Satz von Gauß

$$\begin{aligned} \int_{|\boldsymbol{z}|=1} z_l z_j\,\mathrm{d}\sigma_{\boldsymbol{z}} &= \frac{1}{r^{n-1}}\int_{|\boldsymbol{x}-\boldsymbol{y}|=r} n_l(\boldsymbol{y})\cdot n_j(\boldsymbol{y})\,\mathrm{d}\sigma_{\boldsymbol{y}} = \frac{1}{r^{n-1}}\int_{|\boldsymbol{x}-\boldsymbol{y}|<r}\frac{\partial}{\partial y_l} n_j(\boldsymbol{y})\,\mathrm{d}\sigma_{\boldsymbol{y}} \\ &= \frac{1}{r^{n-1}}\int_{|\boldsymbol{x}-\boldsymbol{y}|<r}\frac{\partial}{\partial y_l}\frac{y_j-x_j}{r}\,\mathrm{d}\sigma_{\boldsymbol{y}} = 0 \end{aligned}$$

bzw. für $j = l$

$$\begin{aligned}\int\limits_{|z|=1} z_l z_l \, \mathrm{d}\sigma_z &= \frac{1}{r^{n-1}} \int\limits_{|x-y|=r} n_l(\boldsymbol{y}) n_l(\boldsymbol{y}) \, \mathrm{d}\sigma_{\boldsymbol{y}} = \frac{1}{r^{n-1}} \int\limits_{|x-y|<r} \frac{\partial}{\partial y_l} n_l(\boldsymbol{y}) \, \mathrm{d}\sigma_{\boldsymbol{y}} \\ &= \frac{1}{r^{n-1}} \int\limits_{|x-y|<r} \frac{\partial}{\partial y_l} \frac{y_l - x_l}{r} \, \mathrm{d}\sigma_{\boldsymbol{y}} = \frac{1}{r^{n-1}} \frac{1}{r} \int\limits_{|x-y|<r} \mathrm{d}\sigma_{\boldsymbol{y}} = \frac{1}{r^n} v_n(r)\end{aligned} \tag{5.62}$$

($v_n(r)$: Volumen der Kugel mit Radius $r$ im $\mathbb{R}^n$). Aus (5.8) und (5.9), Abschnitt 5.1.1 folgt $\frac{1}{r^n} v_n(r) = \frac{1}{n}\omega_n$ und daher wegen (5.62) und (5.61)

$$\int\limits_{\partial K_r} n_l(\boldsymbol{y}) \eta(\boldsymbol{y}) \frac{\partial}{\partial x_j} \Phi(\boldsymbol{x}, \boldsymbol{y}) \, \mathrm{d}\sigma_{\boldsymbol{y}} \to -\frac{\delta_{lj}}{n} \eta(\boldsymbol{x}) \quad \text{für } r \to 0\,, \tag{5.63}$$

wobei

$$\delta_{lj} = \begin{cases} 1 & \text{für } l = j \\ 0 & \text{für } l \neq j \end{cases}$$

ist. Hieraus und aus (5.60) ergibt sich für $r \to 0$

$$\begin{aligned}&\int\limits_{\partial D} n_l(\boldsymbol{y}) \eta(\boldsymbol{y}) \frac{\partial}{\partial x_j} \Phi(\boldsymbol{x}, \boldsymbol{y}) \, \mathrm{d}\sigma_{\boldsymbol{y}} \\ &= \frac{\delta_{lj}}{n} \eta(\boldsymbol{x}) + \text{C. H.} \int\limits_D \frac{\partial}{\partial y_l} \left[ \eta(\boldsymbol{y}) \frac{\partial}{\partial x_j} \Phi(\boldsymbol{x}, \boldsymbol{y}) \right] \mathrm{d}\tau_{\boldsymbol{y}}\,.\end{aligned} \tag{5.64}$$

Dabei bedeutet C. H. $\int \ldots$ den Cauchyschen Hauptwert des Integrals.[4] Wegen (5.64) existiert dieser. Zusammen mit (5.59) ergibt sich

$$\begin{aligned}\frac{\partial^2}{\partial x_j \partial x_l} H(\boldsymbol{x}) &= -\frac{\delta_{lj}}{n} \eta(\boldsymbol{x}) - \text{C. H.} \int\limits_D \frac{\partial}{\partial y_l} \left[ \eta(\boldsymbol{y}) \frac{\partial}{\partial x_j} \Phi(\boldsymbol{x}, \boldsymbol{y}) \right] \mathrm{d}\tau_{\boldsymbol{y}} \\ &\quad + \text{C. H.} \int\limits_D \frac{\partial}{\partial y_l} \eta(\boldsymbol{y}) \cdot \frac{\partial}{\partial x_j} \Phi(\boldsymbol{x}, \boldsymbol{y}) \, \mathrm{d}\tau_{\boldsymbol{y}} \\ &= -\frac{\delta_{lj}}{n} \eta(\boldsymbol{x}) - \text{C. H.} \int\limits_D \eta(\boldsymbol{y}) \frac{\partial}{\partial y_l} \frac{\partial}{\partial x_j} \Phi(\boldsymbol{x}, \boldsymbol{y}) \, \mathrm{d}\tau_{\boldsymbol{y}}\,.\end{aligned}$$

4 Anders als beim uneigentlichen Integral wird beim C. H. zum Ausschluß der Singularität $\boldsymbol{x}$ eine Folge von Kugeln mit Mittelpunkt $\boldsymbol{x}$ benutzt. Existiert das uneigentliche Integral, so auch der C. H. und beide stimmen überein. Dagegen kann aus der Existenz des C. H. nicht auf die des uneigentlichen Integrals geschlossen werden.

Benutzen wir noch (5.54), so erhalten wir für $\boldsymbol{x} \in D$

$$\frac{\partial^2}{\partial x_j \partial x_l} H(\boldsymbol{x}) = -\frac{\delta_{lj}}{n}\eta(\boldsymbol{x}) + \text{C.H.} \int_D \eta(\boldsymbol{y}) \frac{\partial}{\partial x_l} \frac{\partial}{\partial x_j} \Phi(\boldsymbol{x}, \boldsymbol{y})\, \mathrm{d}\tau_y \tag{5.65}$$

Beachten wir, daß $\Delta_{\boldsymbol{x}} \Phi(\boldsymbol{x}, \boldsymbol{y}) + k^2 \Phi(\boldsymbol{x}, \boldsymbol{y}) = 0$ für $\boldsymbol{x} \neq \boldsymbol{y}$ gilt, so ergibt sich aus (5.65) wegen $\sum\limits_{l=1}^{n} \delta_{ll} = n$ die Beziehung

$$\Delta H(\boldsymbol{x}) + k^2 H(\boldsymbol{x}) = -\eta(\boldsymbol{x}) \quad \text{für } \boldsymbol{x} \in D\,, \tag{5.66}$$

d.h. durch das Volumenpotential (5.45) ist eine Lösung der inhomogenen Schwingungsgleichung $\Delta U + k^2 U = -\eta$ gegeben.

Entsprechendes gilt für den Fall $n = 2$. Damit sind wir in der Lage, sofort spezielle Lösungen der inhomogenen Gleichung $\Delta U + k^2 U = f$ bei vorgegebenem $f$ anzugeben:

**Satz 5.4:**
Es sei $D$ ein beschränktes Gebiet im $\mathbb{R}^n$ $(n \geq 2)$ mit glatter Randfläche $\partial D$ und $f$ eine in $\overline{D} = D \cup \partial D$ stetig differenzierbare Funktion. Bezeichnet dann $\Phi$ irgendeine der in Abschnitt 5.1.3 betrachteten Grundlösungen der Schwingungsgleichung im $\mathbb{R}^n$, dann ist durch

$$U(\boldsymbol{x}) := -\int_D f(\boldsymbol{y}) \Phi(\boldsymbol{x}, \boldsymbol{y})\, \mathrm{d}\tau_y \tag{5.67}$$

eine in $D$ zweimal stetig differenzierbare Lösung der inhomogenen Schwingungsgleichung

$$\Delta U + k^2 U = f \tag{5.68}$$

gegeben.

**Beweis:**
Ersetze $\eta$ in (5.45) durch $-f$. □

Im Falle $n = 3$ stehen uns die beiden Grundlösungen

$$\Phi_1(\boldsymbol{x}, \boldsymbol{y}) = \frac{1}{4\pi} \frac{\mathrm{e}^{\mathrm{i}k|\boldsymbol{x}-\boldsymbol{y}|}}{|\boldsymbol{x} - \boldsymbol{y}|}, \quad \Phi_2(\boldsymbol{x}, \boldsymbol{y}) = \frac{1}{4\pi} \frac{\mathrm{e}^{-\mathrm{i}k|\boldsymbol{x}-\boldsymbol{y}|}}{|\boldsymbol{x} - \boldsymbol{y}|} \tag{5.69}$$

zur Verfügung (s. Abschn. 5.1.3), und wir erhalten

**Folgerung 5.1:**
Unter den Voraussetzungen von Satz 5.4 sind für $n = 3$ und $k \in \mathbb{C}$ ($\operatorname{Im} k \geq 0$) durch

$$U_{1,2}(\boldsymbol{x}) = -\frac{1}{4\pi} \int_D f(\boldsymbol{y}) \frac{\mathrm{e}^{\pm \mathrm{i} k |\boldsymbol{x}-\boldsymbol{y}|}}{|\boldsymbol{x}-\boldsymbol{y}|} \, \mathrm{d}\tau_{\boldsymbol{y}} \tag{5.70}$$

Lösungen von (5.68) in $D$ gegeben.

Durch Linearkombinationen von $U_1$ und $U_2$

$$\alpha U_1 + \beta U_2 \quad \text{mit } \alpha + \beta = 1 \tag{5.71}$$

lassen sich beliebig viele weitere Lösungen von (5.68) konstruieren, denn es gilt

$$(\Delta + k^2)(\alpha U_1 + \beta U_2) = \alpha(\Delta + k^2)U_1 + \beta(\Delta + k^2)U_2 = \alpha f + \beta f = (\alpha + \beta) f = f \,.$$

Die Frage, wie man zu eindeutig bestimmten und von den Anwendungen her interessanten Lösungen von (5.68) gelangt, wird uns in den folgenden Abschnitten beschäftigen.

### 5.2.2 Die Sommerfeldsche Ausstrahlungsbedingung

Wir suchen nach Bedingungen, mit deren Hilfe sich aus der Fülle der Lösungen der inhomogenen Schwingungsgleichung eine eindeutig bestimmte und physikalisch relevante Lösung »herausfiltern« läßt. Zunächst betrachten wir den Fall $n = 3$ und untersuchen das Verhalten der beiden Grundlösungen.

$$\frac{\mathrm{e}^{\mathrm{i} kr}}{r} \quad \text{und} \quad \frac{\mathrm{e}^{-\mathrm{i} kr}}{r} \quad (r = |\boldsymbol{x}|) \tag{5.72}$$

der Schwingungsgleichung $\Delta U + k^2 U = 0$. Hierzu stellen wir einen Zusammenhang zur Wellengleichung her: Ist $U(\boldsymbol{x})$ eine Lösung der Schwingungsgleichung und ist $\varphi(\boldsymbol{x}, t)$ durch

$$\varphi(\boldsymbol{x}, t) = \operatorname{Re}\{U(\boldsymbol{x})\, \mathrm{e}^{-\mathrm{i}\omega t}\} \tag{5.73}$$

erklärt, so gilt mit $k = \frac{\omega}{c}$, daß $\varphi$ der Wellengleichung

$$c^2 \Delta\varphi(\boldsymbol{x}, t) = \frac{\partial^2 \varphi(\boldsymbol{x}, t)}{\partial t^2} \tag{5.74}$$

genügt[5] (s. Üb. 5.7). Wählen wir für $U$ die Grundlösungen (5.72), so lauten die zugeordneten zeitharmonischen Lösungen von (5.74)

$$\varphi_1(\boldsymbol{x}, t) = \mathrm{Re}\left\{\frac{\mathrm{e}^{\mathrm{i}kr}}{r}\,\mathrm{e}^{-\mathrm{i}\omega t}\right\} = \frac{1}{r}\cos(kr - \omega t) \tag{5.75}$$

bzw.

$$\varphi_2(\boldsymbol{x}, t) = \mathrm{Re}\left\{\frac{\mathrm{e}^{-\mathrm{i}kr}}{r}\,\mathrm{e}^{-i\omega t}\right\} = \frac{1}{r}\cos(-kr - \omega t) \tag{5.76}$$

mit $r = |\boldsymbol{x}|$. Durch $\varphi_1$ und $\varphi_2$ werden Wellenfelder beschrieben, die im Nullpunkt singulär sind und deren Amplitude $\frac{1}{r}$ (also ortsabhängig) ist. Die Punkte gleicher Phase lauten

$$\text{für } \varphi_1: \quad kr - \omega t = \text{const} \quad \text{oder} \quad r = \frac{\omega}{k}t + \text{const} \quad \text{bzw.}$$

$$\text{für } \varphi_2: \quad -kr - \omega t = \text{const} \quad \text{oder} \quad r = -\frac{\omega}{k}t + \text{const}\,.$$

Dies sind Kugelflächen, deren Radien sich mit der Geschwindigkeit $\frac{\omega}{k} = c$ mit wachsender Zeit $t$ vergrößern bzw. verkleinern. $\varphi_1$ beschreibt also eine vom Nullpunkt nach außen auslaufende, $\varphi_2$ eine aus dem Unendlichen zum Nullpunkt einlaufende Welle. Ein physikalisches Modell für den ersten Vorgang ist eine Punktstörung im Nullpunkt, während der zweite physikalisch wenig sinnvoll ist: Ein damit verbundener Energietransport aus dem Unendlichen entspricht nicht den physikalischen Vorstellungen.

Durch welche Bedingungen lassen sich nun die einlaufenden Wellen aussondern, so daß nur noch die auslaufenden übrig bleiben? Die Antwort wurde von A. Sommerfeld[6] gefunden. Wir wollen seine Argumentationen nachvollziehen: Sommerfeld suchte für $k > 0$ nach Bedingungen, die aus allen Lösungen der Form

$$\alpha\frac{\mathrm{e}^{\mathrm{i}kr}}{r} + \beta\frac{\mathrm{e}^{-\mathrm{i}kr}}{r} \tag{5.77}$$

diejenige herausgreift, die $\beta = 0$ erfüllt. Offensichtlich gilt für $k > 0$

$$\frac{\mathrm{e}^{\pm\mathrm{i}kr}}{r} = \mathcal{O}\left(\frac{1}{r}\right) \quad \text{für } r \to \infty\,, \tag{5.78}$$

d.h. beide Grundlösungen klingen wie $\frac{1}{r}$ für $r \to \infty$ ab Zur Unterscheidung dieser Lösungen

5 Auch die allgemeine Wellengleichung

$$c^2\Delta\varphi = \frac{\partial^2\varphi}{\partial t^2} + a\frac{\partial\varphi}{\partial t} \quad (a \geq 0,\ \text{Dämpfungszahl})$$

kann mit $k^2 = \omega(\omega + \mathrm{i}\,a)/c^2$ auf die Schwingungsgleichung mit komplexem $k$ zurückgeführt werden. Es ist daher sinnvoll, in der Schwingungsgleichung auch komplexe $k$ zuzulassen.

6 A. Sommerfeld (1868–1951), deutscher Physiker

zog Sommerfeld auch ihre Ableitung in radialer Richtung heran und untersuchte die Ausdrücke

$$\frac{\partial}{\partial r}\frac{e^{\pm ikr}}{r} - ik\frac{e^{\pm ikr}}{r}. \tag{5.79}$$

Für das positive Vorzeichen ergibt sich

$$\begin{aligned}\frac{\partial}{\partial r}\frac{e^{ikr}}{r} - ik\frac{e^{ikr}}{r} &= ik\frac{e^{ikr}}{r} - \frac{e^{ikr}}{r^2} - ik\frac{e^{ikr}}{r}\\ &= -\frac{e^{ikr}}{r^2} = \mathcal{O}\left(\frac{1}{r^2}\right) \quad \text{für } r \to \infty.\end{aligned} \tag{5.80}$$

Dagegen erhält man für das negative Vorzeichen

$$\begin{aligned}\frac{\partial}{\partial r}\frac{e^{-ikr}}{r} - ik\frac{e^{-ikr}}{r} &= -ik\frac{e^{-ikr}}{r} - \frac{e^{-ikr}}{r^2} - ik\frac{e^{-ikr}}{r}\\ &= -2ik\frac{e^{-ikr}}{r} - \frac{e^{-ikr}}{r^2} = \mathcal{O}\left(\frac{1}{r}\right) \quad \text{für } r \to \infty.\end{aligned} \tag{5.81}$$

Die Bedingung

$$\frac{\partial U}{\partial r} - ikU = \mathcal{O}\left(\frac{1}{r^2}\right) \quad \text{für } r \to \infty \tag{5.82}$$

ist für die Lösungen $U(\boldsymbol{x}) = \alpha\frac{e^{ikr}}{r} + \beta\frac{e^{-ikr}}{r}$ nur im Falle $\beta = 0$ erfüllt.

Sei nun $k = k_1 + ik_2$ mit $0 \le \arg k < \pi$ (d.h. $k_2 = \operatorname{Im} k \ge 0$). Wegen $\arg k < \pi$ entspricht $k_2 = \operatorname{Im} k = 0$ dem Fall $k \ge 0$. $k > 0$ ist aber bereits erledigt; zu $k = 0$ siehe Bemerkung 2 am Ende dieses Abschnittes. Bleibt noch die Untersuchung des Falles $k_2 = \operatorname{Im} k > 0$: Es gilt

$$\left|\frac{e^{ikr}}{r}\right| = \frac{e^{-k_2 r}}{r} \to 0 \quad \text{für } r = |\boldsymbol{x}| \to \infty$$

und

$$\left|\frac{e^{-ikr}}{r}\right| = \frac{e^{k_2 r}}{r} \to \infty \quad \text{für } r = |\boldsymbol{x}| \to \infty,$$

d.h. die erste Grundlösung strebt exponentiell für $r \to \infty$ gegen 0 (also erst recht wie $\frac{1}{r}$), die zweite exponentiell gegen unendlich.

Diese Erkenntnisse führten Sommerfeld dazu, die Bedingungen (5.78)

$$U = \mathcal{O}\left(\frac{1}{r}\right) \quad \text{und} \quad \frac{\partial U}{\partial r} - ikU = \mathcal{O}\left(\frac{1}{r^2}\right) \quad \text{für } r \to \infty$$

für **alle** Lösungen der Schwingungsgleichung außerhalb einer hinreichend großen Kugel zu fordern (also nicht nur für die speziellen radialsymmetrischen Lösungen):

**Definition 5.1:**
Es sei $U$ eine Lösung der Schwingungsgleichung $\Delta U + k^2 U = 0$ im $\mathbb{R}^3$, $k \in \mathbb{C}$ mit $0 \leq \arg k < \pi$. Wir sagen, $U$ erfüllt die *Sommerfeldsche Ausstrahlungsbedingung* (kurz SAB), wenn

$$U = \mathcal{O}\left(\frac{1}{r}\right) \quad \text{und} \quad \left(\frac{\partial}{\partial r} - \mathrm{i}\,k\right) U = \mathcal{O}\left(\frac{1}{r^2}\right) \quad \text{für } r = |x| \to \infty \tag{5.83}$$

gilt.

Wir werden sehen, daß sich mit diesen Abklingbedingungen eindeutig bestimmte Lösungen nachweisen lassen. Zunächst jedoch wollen wir noch klären, wie eine (5.83) entsprechende SAB allgemein im $\mathbb{R}^n$ lautet. Hierzu betrachten wir anstelle von (5.69), Abschnitt 5.2.1 die Grundlösungen $\Phi_1$ und $\Phi_2$ aus Abschnitt 5.1.3. Die $\frac{\mathrm{e}^{\pm \mathrm{i} kr}}{r}$ entsprechenden Lösungen lauten dann für $n = 3,4,5,\ldots\ldots$

$$\frac{H^1_{\frac{n-2}{2}}(kr)}{r^{\frac{n-2}{2}}} \quad \text{und} \quad \frac{H^2_{\frac{n-2}{2}}(kr)}{r^{\frac{n-2}{2}}} \quad (r = |\boldsymbol{x}|)\,. \tag{5.84}$$

Wir untersuchen das Verhalten dieser Lösungen für große $r$ und benutzen hierzu die asymptotischen Formeln für die Hankelschen Funktionen:

$$H^{1/2}_{\lambda}(z) = \sqrt{\frac{2}{\pi z}}\,\mathrm{e}^{\pm \mathrm{i}\left(z - \frac{\lambda\pi}{2} - \frac{\pi}{4}\right)}\left[1 + \mathcal{O}\left(|z|^{-1}\right)\right] \quad \text{für } |z| \to \infty^7 \tag{5.85}$$

(s. Burg/Haf/Wille [22], Abschn. 5: Benutze $H^{1/2}_{\lambda}(z) = J_{\lambda}(z) \pm \mathrm{i}\,N_{\lambda}(z)$ und die Reihenentwicklungen für $J_{\lambda}$ und $N_{\lambda}$). Mit (5.85) ergibt sich für $k > 0$

$$\begin{aligned} \frac{H^{1/2}_{\frac{n-2}{2}}(kr)}{r^{\frac{n-2}{2}}} &= \sqrt{\frac{2}{\pi k}}\,\frac{\mathrm{e}^{\pm \mathrm{i}\left(kr - \frac{n-2}{2}\frac{\pi}{2} - \frac{\pi}{4}\right)}}{r^{\frac{n-2}{2}}\, r^{\frac{1}{2}}}\left[1 + \mathcal{O}\left(\frac{1}{r}\right)\right] \\ &= \mathcal{O}\left(\frac{1}{r^{\frac{n-1}{2}}}\right) \quad \text{für } r \to \infty\,. \end{aligned} \tag{5.86}$$

Benutzen wir ferner die Beziehung

$$\frac{\mathrm{d}}{\mathrm{d}z}\left[z^{-\lambda} H^{1/2}_{\lambda}(z)\right] = -z^{-\lambda} H^{1/2}_{\lambda+1}(z)$$

---

7 $H^{1/2}$ bedeutet im folgenden: $H^1$ und $H^2$

(s. Abschn. 5.1.3, (5.28)), so folgt

$$\frac{\partial}{\partial r}\frac{H^{1/2}_{\frac{n-2}{2}}(kr)}{r^{\frac{n-2}{2}}} = -\frac{k}{r^{\frac{n-2}{2}}}H^{1/2}_{\frac{n}{2}}(kr)\,. \tag{5.87}$$

Mit Hilfe der asymptotischen Formel (5.86) und (5.87) erhalten wir dann

$$\begin{aligned}\left(\frac{\partial}{\partial r}-\mathrm{i}\,k\right)\frac{H^{1/2}_{\frac{n-2}{2}}(kr)}{r^{\frac{n-2}{2}}} &= -\frac{k}{r^{\frac{n-2}{2}}}H^{1/2}_{\frac{n}{2}}(kr) - \mathrm{i}\,k\frac{1}{r^{\frac{n-2}{2}}}H^{1/2}_{\frac{n-2}{2}}(kr)\\ &= -\frac{k}{r^{\frac{n-2}{2}}}\left[H^{1/2}_{\frac{n}{2}}(kr)+\mathrm{i}\,H^{1/2}_{\frac{n-2}{2}}(kr)\right]\\ &= -\frac{k}{r^{\frac{n-2}{2}}}\sqrt{\frac{2}{\pi k}}\frac{1}{r^{\frac{1}{2}}}\left[\mathrm{e}^{\pm\mathrm{i}\left(kr-\frac{n\pi}{4}-\frac{\pi}{4}\right)}\left(1+\mathcal{O}\left(\frac{1}{r}\right)\right)\right.\\ &\qquad \left. +\,\mathrm{i}\,\mathrm{e}^{\pm\mathrm{i}\left(kr-\frac{(n-2)\pi}{4}-\frac{\pi}{4}\right)}\left(1+\mathcal{O}\left(\frac{1}{r}\right)\right)\right]\\ &= -\frac{k}{r^{\frac{n-2}{2}}}\sqrt{\frac{2}{\pi k}}\frac{1}{r^{\frac{1}{2}}}\left[\mathrm{e}^{\pm\mathrm{i}\left(kr-\frac{n\pi}{4}-\frac{\pi}{4}\right)}+\mathrm{i}\,\mathrm{e}^{\pm\mathrm{i}\left(kr+\frac{(n-2)\pi}{4}-\frac{\pi}{4}\right)}+\mathrm{e}^{\pm\mathrm{i}(\dots)}\mathcal{O}\left(\frac{1}{r}\right)\right.\\ &\qquad \left.+\,\mathrm{i}\,\mathrm{e}^{\pm\mathrm{i}(\dots)}\mathcal{O}\left(\frac{1}{r}\right)+\mathcal{O}\left(\frac{1}{r^2}\right)\right] \quad \text{für } r=|\boldsymbol{x}|\to\infty\,.\end{aligned} \tag{5.88}$$

Für das positive Vorzeichen gilt wegen $\mathrm{e}^{\mathrm{i}\,\frac{\pi}{2}}=\mathrm{i}$

$$\mathrm{e}^{\mathrm{i}\left(kr-\frac{n\pi}{4}-\frac{\pi}{4}\right)}+\mathrm{i}\,\mathrm{e}^{\mathrm{i}\left(kr-\frac{(n-2)\pi}{4}-\frac{\pi}{4}\right)} = \mathrm{e}^{\mathrm{i}\,kr}\,\mathrm{e}^{-\mathrm{i}\,\frac{n\pi}{4}}\,\mathrm{e}^{-\mathrm{i}\,\frac{\pi}{4}}\left(1+\mathrm{i}\,\mathrm{e}^{\mathrm{i}\,\frac{\pi}{2}}\right)=0\,.$$

Für das negative Vorzeichen hingegen ergibt sich wegen $\mathrm{e}^{-\mathrm{i}\,\frac{\pi}{2}}=-i$ der Wert

$$\mathrm{e}^{-\mathrm{i}\,kr}\,\mathrm{e}^{\mathrm{i}\,\frac{n\pi}{4}}\,\mathrm{e}^{\mathrm{i}\,\frac{\pi}{4}}\left(1+\mathrm{i}\,\mathrm{e}^{-\mathrm{i}\,\frac{\pi}{2}}\right)\neq 0\,,$$

d.h. $\frac{H^1_{\frac{n-2}{2}}(kr)}{r^{\frac{n-2}{2}}}$ erfüllt im Gegensatz zu $H^2\dots$ die Bedingung

$$\left(\frac{\partial}{\partial r}-\mathrm{i}\,k\right)\frac{H^1_{\frac{n-2}{2}}(kr)}{r^{\frac{n-2}{2}}} = \mathcal{O}\left(\frac{1}{r^{\frac{n+1}{2}}}\right) \quad \text{für } r=|\boldsymbol{x}|\to\infty\,.$$

Dem Fall $n=3$ entsprechend gelangen wir daher zu der folgenden

**Definition 5.2:**
Es sei $U$ eine Lösung der Schwingungsgleichung $\Delta U + k^2 U = 0$ im $\mathbb{R}^n$ ($n \geq 3$) und $k \in \mathbb{C}$ mit $0 \leq \arg k < \pi$. Wir sagen, $U$ erfüllt die *Sommerfeldsche Ausstrahlungsbedingung* (kurz SAB), falls die beiden Abklingbedingungen

$$U = \mathcal{O}\left(\frac{1}{r^{\frac{n-1}{2}}}\right), \quad \left(\frac{\partial}{\partial r} - \mathrm{i}\,k\right) U = \mathcal{O}\left(\frac{1}{r^{\frac{n+1}{2}}}\right) \quad \text{für } r = |\boldsymbol{x}| \to \infty \tag{5.89}$$

gelten.

**Bemerkung 1**. Anstelle der zweiten Bedingung in (5.89) wird häufig auch die Bedingung

$$\left(\frac{\partial}{\partial r} - \mathrm{i}\,k\right) U = o\left(\frac{1}{r^{\frac{n-1}{2}}}\right) \quad \text{für } r = |\boldsymbol{x}| \to \infty \tag{5.90}$$

verwendet. Das Landau-Symbol $o$ bedeutet hierbei, daß

$$r^{\frac{n-1}{2}} \left| \left(\frac{\partial}{\partial r} - \mathrm{i}\,k\right) U \right| \to 0 \quad \text{für } r \to \infty \tag{5.91}$$

gilt. Allgemein bedeutet

$$f(r) = o(g(r)) \quad \text{für } r \to a \;:\; \lim_{r \to a} \frac{f(r)}{g(r)} = 0\,. \tag{5.92}$$

**Bemerkung 2**: Für den Fall $n = 2$ und $0 \leq \arg k < \pi$ führen analoge Betrachtungen zu der SAB

$$U = \mathcal{O}\left(\frac{1}{\sqrt{r}}\right), \quad \left(\frac{\partial}{\partial r} - \mathrm{i}\,k\right) U = o\left(\frac{1}{\sqrt{r}}\right) \quad \text{für } r = |\boldsymbol{x}| \to \infty\,. \tag{5.93}$$

Für $k = 0$ (Potentialgleichung) und $n \geq 2$ liegen einfachere Verhältnisse vor: Für die Eindeutigkeitsnachweise steht uns das Maximumprinzip (s. Abschn. 5.1.4) zur Verfügung, so daß die Forderung

$$U(\boldsymbol{x}) \to 0 \quad \text{für } |\boldsymbol{x}| \to \infty \tag{5.94}$$

ausreicht.

Abschließend wollen wir noch klären, wie sich die Grundlösung

$$\Phi_1(\boldsymbol{x}, \boldsymbol{y}) = \frac{\mathrm{i}}{4} \left(\frac{k}{2\pi}\right)^{\frac{n-2}{2}} \frac{H^1_{\frac{n-2}{2}}(k|\boldsymbol{x} - \boldsymbol{y}|)}{|\boldsymbol{x} - \boldsymbol{y}|^{\frac{n-2}{2}}}, \quad n \geq 3 \tag{5.95}$$

der Schwingungsgleichung und die Richtungsableitung $\frac{\partial}{\partial \boldsymbol{n}_y} \Phi_1(\boldsymbol{x}, \boldsymbol{y})$ von $\Phi_1$ in Richtung eines vorgegebenen Normaleneinheitsvektors $\boldsymbol{n} = \boldsymbol{n}(\boldsymbol{y})$ im Hinblick auf die Ausstrahlungsbedingung verhalten.

Es gilt

**Hilfssatz 5.2:**

Die durch

$$U(\boldsymbol{x}) := \Phi_1(\boldsymbol{x}, \boldsymbol{y}) \quad \text{und} \quad V(\boldsymbol{x}) := \frac{\partial}{\partial \boldsymbol{n}_y} \Phi_1(\boldsymbol{x}, \boldsymbol{y}) \tag{5.96}$$

erklärten Funktionen $U$ und $V$ erfüllen für festes $\boldsymbol{y} \in \mathbb{R}^n$ die Sommerfeldsche Ausstrahlungsbedingung.

**Beweis:**

Es genügt,

$$\tilde{U}(\boldsymbol{x}) := \frac{H^1_{\frac{n-2}{2}}(k|\boldsymbol{x} - \boldsymbol{y}|)}{|\boldsymbol{x} - \boldsymbol{y}|^{\frac{n-2}{2}}}$$

bzw. ein entsprechendes $\tilde{V}$ zu untersuchen. Es sei $\boldsymbol{x} = r\boldsymbol{x}_0$, $|\boldsymbol{x}_0| = 1$. Ferner setzen wir $k_2 = \operatorname{Im} k \geq 0$ voraus.

(i) Wegen (5.85) gilt: Es gibt eine Konstante $C > 0$ mit

$$|\tilde{U}(\boldsymbol{x})| = \sqrt{\frac{2}{\pi k}} \frac{\mathrm{e}^{-k_2|\boldsymbol{x}-\boldsymbol{y}|}}{|\boldsymbol{x} - \boldsymbol{y}|^{\frac{n-1}{2}}} < \frac{2}{\sqrt{\pi k}} \frac{1}{|\boldsymbol{x} - \boldsymbol{y}|^{\frac{n-1}{2}}} < \frac{C}{|\boldsymbol{x}|^{\frac{n-1}{2}}}$$

für hinreichend großes $|\boldsymbol{x}|$, d.h.

$$\tilde{U} = \mathcal{O}\left(\frac{1}{r^{\frac{n-1}{2}}}\right) \quad \text{für } r = |\boldsymbol{x}| \to \infty .$$

Zum Nachweis der zweiten Abklingbedingung benutzen wir (5.87): Es gilt

$$\frac{\partial}{\partial x_j} \tilde{U}(\boldsymbol{x}) = -\frac{k}{|\boldsymbol{x} - \boldsymbol{y}|^{\frac{n-2}{2}}} H^1_{\frac{n}{2}}(k|\boldsymbol{x} - \boldsymbol{y}|) \frac{x_j - y_j}{|\boldsymbol{x} - \boldsymbol{y}|} \tag{5.97}$$

oder

$$\nabla \tilde{U}(\boldsymbol{x}) = -\frac{k}{|\boldsymbol{x} - \boldsymbol{y}|^{\frac{n-2}{2}}} H^1_{\frac{n}{2}}(k|\boldsymbol{x} - \boldsymbol{y}|) \frac{\boldsymbol{x} - \boldsymbol{y}}{|\boldsymbol{x} - \boldsymbol{y}|} . \tag{5.98}$$

Hieraus folgt

$$\begin{aligned}&\nabla \tilde{U}(\boldsymbol{x}) - \mathrm{i}\,k\tilde{U}(\boldsymbol{x})\frac{\boldsymbol{x}-\boldsymbol{y}}{|\boldsymbol{x}-\boldsymbol{y}|}\\ &= -\frac{k}{|\boldsymbol{x}-\boldsymbol{y}|^{\frac{n-2}{2}}}\left[H^1_{\frac{n}{2}}(k|\boldsymbol{x}-\boldsymbol{y}|) + \mathrm{i}\,H^1_{\frac{n-2}{2}}(k|\boldsymbol{x}-\boldsymbol{y}|)\right]\frac{\boldsymbol{x}-\boldsymbol{y}}{|\boldsymbol{x}-\boldsymbol{y}|}\,.\end{aligned} \tag{5.99}$$

Wegen (5.88) ergibt sich

$$\nabla \tilde{U}(\boldsymbol{x}) - \mathrm{i}\,k\tilde{U}(\boldsymbol{x})\frac{\boldsymbol{x}-\boldsymbol{y}}{|\boldsymbol{x}-\boldsymbol{y}|} = -\frac{k}{|\boldsymbol{x}-\boldsymbol{y}|^{\frac{n-2}{2}}}\sqrt{\frac{2}{\pi k}}\frac{\mathrm{e}^{\mathrm{i}\,k|\boldsymbol{x}-\boldsymbol{y}|}}{|\boldsymbol{x}-\boldsymbol{y}|^{\frac{1}{2}}}\mathcal{O}\left(\frac{1}{|\boldsymbol{x}-\boldsymbol{y}|}\right)$$

und hieraus mit

$$\frac{\boldsymbol{x}-\boldsymbol{y}}{|\boldsymbol{x}-\boldsymbol{y}|} = \frac{\boldsymbol{x}}{|\boldsymbol{x}|} + \mathcal{O}\left(\frac{1}{|\boldsymbol{x}|}\right) \quad \text{für } |\boldsymbol{x}| \to \infty$$

die Beziehung

$$\nabla \tilde{U}(\boldsymbol{x}) - \mathrm{i}\,k\tilde{U}(\boldsymbol{x})\left[\frac{\boldsymbol{x}}{|\boldsymbol{x}|} + \mathcal{O}\left(\frac{1}{|\boldsymbol{x}|}\right)\right] = \mathcal{O}\left(\frac{1}{|\boldsymbol{x}|^{\frac{n+1}{2}}}\right) \quad \text{für } |\boldsymbol{x}| \to \infty\,. \tag{5.100}$$

Multiplizieren wir (5.100) (im Sinne des Skalarproduktes) mit $\boldsymbol{x}_0$, so ergibt sich wegen $\boldsymbol{x}_0 \cdot \boldsymbol{x}_0 = 1$

$$\boldsymbol{x}_0 \cdot \nabla \tilde{U}(\boldsymbol{x}) = \frac{\partial}{\partial r}\tilde{U}(r\boldsymbol{x}_0) = \mathrm{i}\,k\tilde{U}(r\boldsymbol{x}_0)\cdot 1 + \mathcal{O}\left(\frac{1}{r^{\frac{n+1}{2}}}\right) \quad \text{oder}$$

$$\left(\frac{\partial}{\partial r} - \mathrm{i}\,k\right)\tilde{U} = \mathcal{O}\left(\frac{1}{r^{\frac{n+1}{2}}}\right) \quad \text{für } r = |\boldsymbol{x}| \to \infty\,.$$

(ii) Zum Nachweis für $\tilde{V}$ wählen wir ein rechtwinkliges Koordinatensystem $(x_1, \ldots, x_n)$ im $\mathbb{R}^n$ so, daß die $x_1$-Achse mit der Richtung von $\boldsymbol{n}$ übereinstimmt. Wegen (5.97) gilt dann

$$\begin{aligned}\tilde{V}(\boldsymbol{x}) &= \frac{\partial}{\partial y_1}\frac{H^1_{\frac{n-2}{2}}(k|\boldsymbol{x}-\boldsymbol{y}|)}{|\boldsymbol{x}-\boldsymbol{y}|^{\frac{n-2}{2}}}\cdot 1 + 0 + 0 + \ldots + 0\\ &= \frac{k}{|\boldsymbol{x}-\boldsymbol{y}|^{\frac{n-2}{2}}}H^1_{\frac{n}{2}}(k|\boldsymbol{x}-\boldsymbol{y}|)\frac{x_1-y_1}{|\boldsymbol{x}-\boldsymbol{y}|}\,.\end{aligned} \tag{5.101}$$

Hieraus folgt mit (5.85) wie in (i)

$$\tilde{V} = \mathcal{O}\left(\frac{1}{r^{\frac{n-1}{2}}}\right) \quad \text{für } r = |\boldsymbol{x}| \to \infty\,.$$

Mit (5.101), (5.87) und dem Kroneckersymbol $\delta_{lj}$ gilt

$$\begin{aligned}\frac{\partial}{\partial x_j}\tilde{V}(\boldsymbol{x}) &= k\frac{\partial}{\partial x_j}\left[\frac{H^1_{\frac{n}{2}}(k|\boldsymbol{x}-\boldsymbol{y}|)}{|\boldsymbol{x}-\boldsymbol{y}|^{\frac{n}{2}}}(x_1-y_1)\right]\\ &= -k\delta_{1j}\frac{H^1_{\frac{n}{2}}(k|\boldsymbol{x}-\boldsymbol{y}|)}{|\boldsymbol{x}-\boldsymbol{y}|^{\frac{n}{2}}} + k\frac{\partial}{\partial x_j}\frac{H^1_{\frac{n}{2}}(k|\boldsymbol{x}-\boldsymbol{y}|)}{|\boldsymbol{x}-\boldsymbol{y}|^{\frac{n}{2}}}\cdot(x_1-y_1)\\ &= -k\delta_{1j}\frac{H^1_{\frac{n}{2}}(k|\boldsymbol{x}-\boldsymbol{y}|)}{|\boldsymbol{x}-\boldsymbol{y}|^{\frac{n}{2}}} - k^2\frac{H^1_{\frac{n+2}{2}}(k|\boldsymbol{x}-\boldsymbol{y}|)}{|\boldsymbol{x}-\boldsymbol{y}|^{\frac{n}{2}}}\frac{x_j-y_j}{|\boldsymbol{x}-\boldsymbol{y}|}(x_1-y_1)\,,\end{aligned}$$

woraus sich

$$\nabla\tilde{V}(\boldsymbol{x}) = -k\frac{H^1_{\frac{n}{2}}(k|\boldsymbol{x}-\boldsymbol{y}|)}{|\boldsymbol{x}-\boldsymbol{y}|^{\frac{n}{2}}}\begin{bmatrix}1\\0\\\vdots\\0\end{bmatrix} - k^2\frac{H^1_{\frac{n+2}{2}}(k|\boldsymbol{x}-\boldsymbol{y}|)}{|\boldsymbol{x}-\boldsymbol{y}|^{\frac{n}{2}}}\frac{\boldsymbol{x}-\boldsymbol{y}}{|\boldsymbol{x}-\boldsymbol{y}|}(x_1-y_1)$$

ergibt. Analog zu (i) folgt dann mit der asymptotischen Formel (5.85)

$$\begin{aligned}\nabla\tilde{V}(\boldsymbol{x}) - \mathrm{i}k\tilde{V}(\boldsymbol{x})\frac{\boldsymbol{x}-\boldsymbol{y}}{|\boldsymbol{x}-\boldsymbol{y}|} &= -k\frac{H^1_{\frac{n}{2}}(k|\boldsymbol{x}-\boldsymbol{y}|)}{|\boldsymbol{x}-\boldsymbol{y}|^{\frac{n}{2}}}\begin{bmatrix}1\\0\\\vdots\\0\end{bmatrix} - \\ &\frac{k^2}{|\boldsymbol{x}-\boldsymbol{y}|^{\frac{n}{2}}}\left[H^1_{\frac{n+2}{2}}(k|\boldsymbol{x}-\boldsymbol{y}|) + \mathrm{i}\,H^1_{\frac{n}{2}}(k|\boldsymbol{x}-\boldsymbol{y}|)\right]\frac{\boldsymbol{x}-\boldsymbol{y}}{|\boldsymbol{x}-\boldsymbol{y}|}(x_1-y_1)\,,\end{aligned}$$

und wir können dann wie in (i)

$$\left(\frac{\partial}{\partial r} - \mathrm{i}k\right)\tilde{V} = \mathcal{O}\left(\frac{1}{r^{\frac{n+1}{2}}}\right) \quad \text{für } r = |\boldsymbol{x}| \to \infty$$

schließen, wenn wir

$$\frac{H^1_{\frac{n}{2}}(k|\boldsymbol{x}-\boldsymbol{y}|)}{|\boldsymbol{x}-\boldsymbol{y}|^{\frac{n}{2}}} = \mathcal{O}\left(\frac{1}{|\boldsymbol{x}|^{\frac{n+1}{2}}}\right)$$

für $|\boldsymbol{x}| \to \infty$ beachten. Damit ist alles bewiesen. □

**Bemerkung**: Der Fall $n = 2$ läßt sich entsprechend behandeln.

Als unmittelbare Konsequenz für Flächen und Volumenpotentiale (s. Abschn. 5.1.5) ergibt sich

**Folgerung 5.2:**

Es sei $D$ ein beschränktes Gebiet im $\mathbb{R}^n$ ($n \geqq 2$) mit glatter Randfläche $\partial D$. Ferner seien die Belegungen $\mu$, $\nu$ auf $\partial D$ und $\eta$ in $\overline{D} = D \cup \partial D$ stetig. Dann erfüllen die Flächenpotentiale

$$M(\boldsymbol{x}) = \int\limits_{\partial D} \mu(\boldsymbol{y})\Phi_1(\boldsymbol{x}, \boldsymbol{y})\,\mathrm{d}\sigma_{\boldsymbol{y}}\,, \quad N(\boldsymbol{x}) = \int\limits_{\partial D} \nu(\boldsymbol{y})\frac{\partial}{\partial \boldsymbol{n}_{\boldsymbol{y}}}\Phi_1(\boldsymbol{x}, \boldsymbol{y})\,\mathrm{d}\sigma_{\boldsymbol{y}} \tag{5.102}$$

und das Volumenpotential

$$H(\boldsymbol{x}) = \int\limits_{D} \eta(\boldsymbol{y})\Phi_1(\boldsymbol{x}, \boldsymbol{y})\,\mathrm{d}\sigma_{\boldsymbol{y}} \tag{5.103}$$

die Sommerfeldsche Ausstrahlungsbedingung. (Begründung!)

**Bemerkung**: Für $\boldsymbol{x} \notin \partial D$ genügen die Potentiale (5.102) außerdem der Schwingungsgleichung, da

$$\Delta_{\boldsymbol{x}}\Phi_1(\boldsymbol{x}, \boldsymbol{y}) + k^2\Phi_1(\boldsymbol{x}, \boldsymbol{y}) = 0 \quad \text{für } \boldsymbol{x} \neq \boldsymbol{y}$$

erfüllt ist; dasselbe gilt für $\boldsymbol{x} \notin \overline{D}$ für das Volumenpotential (5.103). Letzteres genügt für $\boldsymbol{x} \in D$ nach Satz 5.4, Abschnitt 5.2.1 der inhomogenen Schwingungsgleichung $\Delta H + k^2 H = -\eta$.

### 5.2.3 Die Darstellungsformel für Außengebiete

Unter Verwendung der Sommerfeldschen Ausstrahlungsbedingung leiten wir nun analog zu Abschnitt 5.1.3 eine Darstellungsformel für das Außengebiet von $D$ her. $\Phi_1(\boldsymbol{x}, \boldsymbol{y})$ sei dabei im folgenden die Grundlösung aus dem vorigen Abschnitt. Wir zeigen:

**Satz 5.5:**

Es sei $D$ ein beschränktes Gebiet im $\mathbb{R}^n$ ($n \geq 2$) mit glatter Randfläche $\partial D$. $D_a$ bezeichne das Äußere von $D$. Die Funktion $U$ sei stetig differenzierbar in $D_a \cup \partial D$, zweimal stetig differenzierbar in $D_a$ und es gelte $\Delta U + k^2 U = 0$ in $D_a$. Ferner erfülle $U$ die Sommerfeldsche Ausstrahlungsbedingung. Dann gilt für $\boldsymbol{x} \in D_a$:

$$U(\boldsymbol{x}) = \int\limits_{\partial D}\left[\Phi_1(\boldsymbol{x}, \boldsymbol{y})\frac{\partial}{\partial \boldsymbol{n}}U(\boldsymbol{y}) - U(\boldsymbol{y})\frac{\partial}{\partial \boldsymbol{n}_{\boldsymbol{y}}}\Phi_1(\boldsymbol{x}, \boldsymbol{y})\right]\mathrm{d}\sigma_{\boldsymbol{y}}\,. \tag{5.104}$$

*(Darstellungsformel für Außengebiete)*

**Beweis:**

Es sei $\boldsymbol{x} \in D_a$ beliebig gewählt. Ferner wählen wir eine Kugel $K_r(0)$ um den Nullpunkt mit Radius $r$, die $\boldsymbol{x}$ und $\partial D$ enthält. Nun wenden wir die Darstellungsformel für Innengebiete (Satz 5.1,

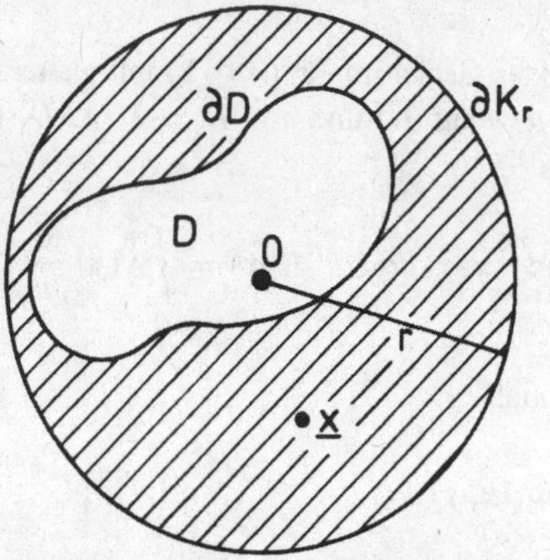


Fig. 5.3: Zur Darstellungsformel

Abschn. 5.1.3) auf das in Figur 5.3 schraffiert gezeichnete Gebiet an und erhalten

$$\begin{aligned} U(\boldsymbol{x}) &= \int\limits_{\partial D} \left[ \Phi_1(\boldsymbol{x}, \boldsymbol{y}) \frac{\partial}{\partial \boldsymbol{n}} U(\boldsymbol{y}) - U(\boldsymbol{y}) \frac{\partial}{\partial \boldsymbol{n}_{\boldsymbol{y}}} \Phi_1(\boldsymbol{x}, \boldsymbol{y}) \right] \mathrm{d}\sigma_{\boldsymbol{y}} \\ &\quad - \int\limits_{\partial K_r} \left[ \Phi_1(\boldsymbol{x}, \boldsymbol{y}) \frac{\partial}{\partial \boldsymbol{n}} U(\boldsymbol{y}) - U(\boldsymbol{y}) \frac{\partial}{\partial \boldsymbol{n}_{\boldsymbol{y}}} \Phi_1(\boldsymbol{x}, \boldsymbol{y}) \right] \mathrm{d}\sigma_{\boldsymbol{y}} \,. \end{aligned} \tag{5.105}$$

Da $\Phi_1$, und nach Voraussetzung auch $U$, die Sommerfeldsche Ausstrahlungsbedingung erfüllt, gilt: Es gibt Konstanten $C > 0$ und $r_0 > |\boldsymbol{x}|$, mit

$$|U(\boldsymbol{y})| < \frac{C}{|\boldsymbol{y}|^{\frac{n-1}{2}}} \,, \quad \left| \left( \frac{\partial}{\partial r} - \mathrm{i}\,k \right) U(\boldsymbol{y}) \right| < \frac{C}{|\boldsymbol{y}|^{\frac{n+1}{2}}}$$

bzw.

$$|\Phi_1(\boldsymbol{x}, \boldsymbol{y})| < \frac{C}{|\boldsymbol{y}|^{\frac{n-1}{2}}} \,, \quad \left| \left( \frac{\partial}{\partial r_{\boldsymbol{y}}} - \mathrm{i}\,k \right) \Phi_1(\boldsymbol{x}, \boldsymbol{y}) \right| < \frac{C}{|\boldsymbol{y}|^{\frac{n+1}{2}}}$$

für alle $\boldsymbol{y}$ mit $|\boldsymbol{y}| > r_0$. Damit ergibt sich für das letzte Integral in (5.105) die Abschätzung

$$\begin{aligned} \left| \int\limits_{\partial K_r} [\ldots]\, \mathrm{d}\sigma_{\boldsymbol{y}} \right| &= \left| \int\limits_{\partial K_r} \left[ \Phi_1(\boldsymbol{x}, \boldsymbol{y}) \left( \frac{\partial}{\partial r} U(\boldsymbol{y}) - ikU(\boldsymbol{y}) \right) \right. \right. \\ &\quad \left. \left. - U(\boldsymbol{y}) \left( \frac{\partial}{\partial r_{\boldsymbol{y}}} \Phi_1(\boldsymbol{x}, \boldsymbol{y}) - \mathrm{i}\,k \Phi_1(\boldsymbol{x}, \boldsymbol{y}) \right) \right] \mathrm{d}\sigma_{\boldsymbol{y}} \right| \\ &\leq \frac{2C^2}{r^n} \int\limits_{\partial K_r} \mathrm{d}\sigma_{\boldsymbol{y}} \quad \text{für } r > r_0 \,. \end{aligned}$$

Mit

$$\int\limits_{\partial K_r} \mathrm{d}\sigma_y = \omega_n(r) = \frac{2(\sqrt{\pi})^n}{\Gamma\left(\frac{n}{2}\right)} r^{n-1}$$

(s. (5.9), Abschn. 5.1.1) folgt hieraus

$$\left| \int\limits_{\partial K_r} [\ldots]\, \mathrm{d}\sigma_y \right| \leq \frac{4\left(\sqrt{\pi}\right)^n C^2}{\Gamma\left(\frac{n}{2}\right)} \frac{1}{r} \to 0 \quad \text{für } r \to \infty\,. \tag{5.106}$$

Damit ist Satz 5.5 bewiesen. □

Aus der Darstellungsformel und der Tatsache, daß die Grundlösung $\Phi_1(\boldsymbol{x}, \boldsymbol{y})$ und ihre Normalableitung $\frac{\partial}{\partial \boldsymbol{n}_y} \Phi_1(\boldsymbol{x}, \boldsymbol{y})$ für beliebiges (festes) $\boldsymbol{y} \in \mathbb{R}^n$ der Sommerfeldschen Ausstrahlungsbedingung genügt, ergeben sich folgende Konsequenzen:

**Folgerung 5.3:**

(a) Die Sommerfeldsche Ausstrahlungsbedingung SAB ist unabhängig von der Wahl des Koordinatensystems und insbesondere von der Wahl des Nullpunktes.

(b) Es sei $U$ eine Lösung von $\Delta U + k^2 U = 0$, die die SAB erfüllt. Dann genügen auch die partiellen Ableitungen $\frac{\partial}{\partial x_j} U$ (und entsprechend die höheren Ableitungen) dieser Gleichung und der SAB.

(c) Im Falle $\operatorname{Im} k > 0$ klingt jede Lösung $U$ der Schwingungsgleichung (ebenso alle Ableitungen von $U$) die der SAB genügt für $|\boldsymbol{x}| \to \infty$ sogar exponentiell ab. Für $\operatorname{Im} k > 0$ läßt sich die SAB somit durch Abklingbedingungen für $U$ und $\nabla U$ im Unendlichen ersetzen, z.B. durch

$$U = o\left(\frac{1}{r}\right), \quad \nabla U = o\left(\frac{1}{r}\right) \quad \text{für } r \to \infty\,. \tag{5.107}$$

Wir überlassen die einfachen Begründungen bzw. Nachweise dem Leser.

### 5.2.4 Ganzraumprobleme

Nach Abschnitt 5.2.1 lassen sich mit Hilfe von Volumenpotentialen beliebig viele Lösungen der inhomogenen Schwingungsgleichung $\Delta U + k^2 U = f$ angeben. Aufgrund der Sommerfeldschen Ausstrahlungsbedingung sind wir nunmehr in der Lage, eine eindeutige Charakterisierung der physikalisch relevanten Lösung zu erreichen. Zur Vereinfachung nehmen wir an, daß die Funktion $f$ außerhalb einer genügend großen Kugel verschwindet. Es gilt

**Satz 5.6:**

(*Ganzraumproblem*) Es sei $f$ eine in ganz $\mathbb{R}^n$ ($n \geq 3$) stetig differenzierbare Funktion mit $f(\boldsymbol{x}) = 0$ für $|\boldsymbol{x}| > R$. Dann gibt es eindeutig bestimmte in $\mathbb{R}^n$ zweimal stetig differenzierbare Funktion $U$, die der Sommerfeldschen Ausstrahlungsbedingung (5.89) genügt und die

$$\Delta U + k^2 U = f \quad \text{in ganz } \mathbb{R}^n \tag{5.108}$$

erfüllt. Diese Funktion $U$ ist durch

$$U(x) = - \int\limits_{|y|<R} f(y)\Phi_1(x, y)\, d\tau_y \tag{5.109}$$

gegeben, wobei

$$\Phi_1(x, y) = \frac{i}{4}\left(\frac{k}{2\pi}\right)^{\frac{n-2}{2}} \frac{H^1_{\frac{n-2}{2}}(k|x-y|)}{|x-y|^{\frac{n-2}{2}}} \tag{5.110}$$

ist.

**Beweis:**
Daß durch (5.109) eine Lösung des Ganzraumproblems gegeben ist, wissen wir bereits aus Abschnitt 5.2.1. Wir zeigen nun, daß es keine weiteren Lösungen gibt. Hierzu nehmen wir an, $U_1$ sei neben $U$ ebenfalls eine Lösung mit den verlangten Eigenschaften. Die Funktion $V := U - U_1$ löst dann die homogene Schwingungsgleichung: $\Delta V + k^2 V = 0$ und genügt ebenfalls der SAB

$$V = \mathcal{O}\left(\frac{1}{r^{\frac{n-1}{2}}}\right), \quad \left(\frac{\partial}{\partial r} - i k\right) V = \mathcal{O}\left(\frac{1}{r^{\frac{n+1}{2}}}\right) \quad \text{für } r = |x| \to \infty .$$

Aus der Darstellungsformel für Innengebiete (s. Abschn. 5.1.3) folgt dann für alle $x$ mit $|x| < r$

$$V(x) = \int\limits_{\partial K_r} \left[\Phi_1(x, y)\frac{\partial}{\partial r}V(y) - V(y)\frac{\partial}{\partial r_y}\Phi_1(x, y)\right] d\sigma_y$$

und hieraus wie im Beweis von Satz 5.5, Abschnitt 5.2.3

$$|V(x)| \le \frac{4\left(\sqrt{\pi}\right)^n C^2}{\Gamma\left(\frac{n}{2}\right)}\frac{1}{r} \to 0 \quad \text{für } r \to \infty .$$

Da wir $x$ beliebig wählen können, ergibt sich hieraus $V = 0$ für alle $x$, d.h. die beiden Funktionen $U$ und $U_1$ sind identisch. □

**Bemerkung**: Im Falle $n = 3$ lautet (5.109)

$$U(x) = -\frac{1}{4\pi} \int\limits_{|y|<R} f(y)\frac{e^{i k|x-y|}}{|x-y|}\, d\tau_y . \tag{5.111}$$

Die entsprechende Formel für $n = 2$, die sich analog zu unseren Untersuchungen für $n \geq 3$ ergibt, ist

$$U(\boldsymbol{x}) = - \int\limits_{|\boldsymbol{y}|<R} f(\boldsymbol{y}) \left[ \frac{1}{\mathrm{i}} H_0^1(k|\boldsymbol{x} - \boldsymbol{y}|) \right] \mathrm{d}\tau_{\boldsymbol{y}} \,, \tag{5.112}$$

wobei die Hankelsche Funktion $H_0^1$ wie $\ln |\boldsymbol{x} - \boldsymbol{y}|$ für $|\boldsymbol{x} - \boldsymbol{y}| \to 0$ singulär wird.

Für $k = 0$ geht die inhomogene Schwingungsgleichung in die *Poissonsche Gleichung*

$$\Delta U = f \tag{5.113}$$

über. Es gilt dann

**Satz 5.7:**

Es sei $f$ eine in ganz $\mathbb{R}^n$ stetig differenzierbare Funktion mit $f(\boldsymbol{x}) = 0$ für $|\boldsymbol{x}| > R$. Dann gibt es eine eindeutig bestimmte in $\mathbb{R}^n$ zweimal stetig differenzierbare Funktion $U$ mit $U(\boldsymbol{x}) \to 0$ für $|\boldsymbol{x}| \to \infty$, die

$$\Delta U = f \quad \text{in ganz } \mathbb{R}^n \tag{5.114}$$

erfüllt. $U$ ist im Falle $n \geq 3$ gegeben durch

$$U(\boldsymbol{x}) = -\frac{1}{(n-2)\omega_n} \int\limits_{|\boldsymbol{y}|<R} f(\boldsymbol{y}) \frac{1}{|\boldsymbol{x} - \boldsymbol{y}|^{n-2}} \mathrm{d}\tau_{\boldsymbol{y}} \tag{5.115}$$

und im Falle $n = 2$ durch

$$U(\boldsymbol{x}) = \frac{1}{2\pi} \int\limits_{|\boldsymbol{y}|<R} f(\boldsymbol{y}) \ln |\boldsymbol{x} - \boldsymbol{y}| \, \mathrm{d}\tau_{\boldsymbol{y}} \,. \tag{5.116}$$

**Beweis:**

Der noch erforderliche Eindeutigkeitsnachweis ergibt sich unmittelbar aus dem Maximumprinzip der Potentialtheorie (s. Abschn. 5.1.4). □

**Bemerkung**: Wir weisen am Ende dieses Abschnittes noch einmal auf die besondere Bedeutung des asymptotischen Verhaltens der Grundlösungen (bzw. der entsprechenden Hankelschen Funktionen, aus denen die Grundlösung aufgebaut sind) hin. Wir haben gesehen, daß deren Verhalten für »kleine« Argumente beim Lösungsnachweis von Ganzraumproblemen wichtig ist (s. Formel (5.58), Abschn. 5.2.1), während ihr Verhalten für »große« Argumente über die Sommerfeldsche Ausstrahlungsbedingung zur eindeutigen Charakterisierung einer Lösung gebraucht wird. Ein wichtiger Grund, weshalb wir unsere Untersuchungen ganz allgemein im $\mathbb{R}^n$ $(n = 2,3,4,\ldots)$

geführt haben, war, diese Zusammenhänge auf der Grundlage der Theorie der Hankelschen Funktionen (s. Burg/Haf/Wille [22], Abschn. 5) zu verdeutlichen und um zu geeigneten Abklingbedingungen, die ja von $n$ abhängen, zu gelangen.

In den folgenden Abschnitten beschränken wir uns im allgemeinen auf den Fall $n = 3$.

## Übungen

### Übung 5.6*:

Es sei $D$ ein beschränktes Gebiet in $\mathbb{R}^3$ mit glatter Randfläche $\partial D$ und $\eta$ eine in $\overline{D} = D \cup \partial D$ stetige Funktion. Zeige, daß dann die durch

$$H(\boldsymbol{x}) = \int_D \eta(\boldsymbol{y}) \Phi(\boldsymbol{x}, \boldsymbol{y}) \, \mathrm{d}\tau_{\boldsymbol{y}}$$

erklärte Funktion $H$ in ganz $\mathbb{R}^3$ stetig differenzierbar ist und

$$\frac{\partial}{\partial x_j} H(\boldsymbol{x}) = \int_D \eta(\boldsymbol{y}) \frac{\partial}{\partial x_j} \Phi(\boldsymbol{x}, \boldsymbol{y}) \, \mathrm{d}\tau_{\boldsymbol{y}}$$

erfüllt. ($\Phi$ ist eine Grundlösung der Schwingungsgleichung.)

### Übung 5.7:

Zeige: Ist $U(\boldsymbol{x})$ eine Lösung der Schwingungsgleichung $\Delta U + k^2 U = 0$ und ist $\varphi(\boldsymbol{x}, t)$ durch

$$\varphi(\boldsymbol{x}, t) = \mathrm{Re}\{U(\boldsymbol{x}) \, \mathrm{e}^{-\mathrm{i}\omega t}\}$$

erklärt, so gilt mit $k = \frac{\omega}{c}$, daß $\varphi(\boldsymbol{x}, t)$ der Wellengleichung

$$c^2 \Delta\varphi(\boldsymbol{x}, t) = \frac{\partial^2 \varphi(\boldsymbol{x}, t)}{\partial t^2}$$

genügt.

### Übung 5.8:

Rechne nach: Für $k \in \mathbb{C}$ mit $0 \leq \arg k < \pi$ erfüllt $\frac{\mathrm{e}^{\mathrm{i}kr}}{r}$, nicht aber $\frac{\mathrm{e}^{-\mathrm{i}kr}}{r}$, die Sommerfeldsche Ausstrahlungsbedingung.

## 5.3 Randwertprobleme

Im Gegensatz zu den im vorigen Abschnitt behandelten Ganzraumproblemen suchen wir nun nach Lösungen der Schwingungsgleichung in einem Teilgebiet des $\mathbb{R}^3$. Dabei schreiben wir zusätzlich das Verhalten dieser Lösungen auf dem Rand des Gebietes vor. Diese Art von Problemstellung tritt in Technik und Naturwissenschaften besonders Häufig auf. Beispiele hierfür sind die Reflexion einer Welle an einer Fläche oder die stationäre Temperaturverteilung in einem Gebiet, wenn auf dem Rand des Gebietes die Temperatur vorgegeben wird.

Bei Randwertproblemen unterscheidet man grundsätzlich zwischen *Innen- und Außenraumproblemen*: Es sei $\partial D$ eine glatte Fläche, die den gesamten $\mathbb{R}^3$ eindeutig in ein beschränktes Inneres $D_i$ und ein zusammenhängendes Äußeres $D_a$ zerlegt.[8]

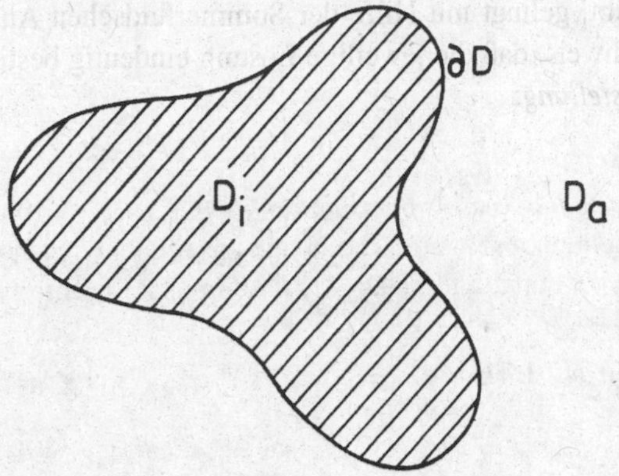


Fig. 5.4: Innen- und Außengebiete

Bei *Innenraumproblemen* suchen wir nach Lösungen $U$ der Schwingungsgleichung in $D_i$, bei *Außenraumproblemen* in $D_a$.

Bei Vorgabe von $U$ auf $\partial D$:

$$U = f \quad \text{auf } \partial D \quad (f \text{ gegeben}) \tag{5.117}$$

spricht man von einem *Dirichletschen Randwertproblem*. Bei Vorgabe der Normalableitung von $U$ auf $\partial D$:

$$\frac{\partial U}{\partial \boldsymbol{n}} = f \quad \text{auf } \partial D \quad (f \text{ gegeben}) \tag{5.118}$$

($\boldsymbol{n}$ ist die in das Äußere von $D_i$ bzw. $D_a$ weisende Normale von $\partial D$) nennt man die Aufgabe ein *Neumannsches*[9] *Randwertproblem*. Daneben tritt noch das *dritte* oder *gemischte Randwertproblem* mit einer Randbedingung der Form

$$\frac{\partial U}{\partial \boldsymbol{n}} + hU = f \quad \text{auf } \partial D \quad (h, f \text{ gegeben}) \tag{5.119}$$

auf. Wir gehen auf diese letzte Randwertaufgabe nur gelegentlich ein.

**Bemerkung**: Im Falle $n = 2$ (also bei ebenen Randwertproblemen) haben wir sowohl Dirichletsche als auch Neumannsche Innenraumprobleme der Potentialtheorie ($k = 0$) bereits in Burg/Haf/Wille [22], Abschnitt 4.2 mit funktionentheoretischen Methoden behandelt.

8 $\partial D$ darf sich dabei aus endlich vielen getrennten Flächen zusammensetzen.
9 C.G. Neumann (1832–1925), deutscher Mathematiker

### 5.3.1 Problemstellungen und Eindeutigkeitsfragen

#### (A) Außenraumprobleme

Unter der Voraussetzung, daß es überhaupt Lösungen des Dirichletschen bzw. Neumannschen Außenraumproblems gibt, gelingt mit Hilfe der Sommerfeldschen Ausstrahlungsbedingung (s. Abschn. 5.2.2) der Nachweis, daß die jeweilige Lösung eindeutig bestimmt ist. Wir präzisieren zunächst die *Aufgabenstellung*:

*Dirichletsches bzw. Neumannsches Außenraumproblem*: Es sei $\partial D$ eine glatte Fläche, die den $\mathbb{R}^3$ eindeutig in ein beschränktes Inneres $D_i$ und ein zusammenhängendes Äußeres $D_a$ zerlegt. Gesucht ist eine in $D_a$ zweimal und in $D_a \cup \partial D$ einmal stetig differenzierbare Funktion $U$ mit

(i) $\Delta U + k^2 U = 0$ in $D_a$, $\operatorname{Im} k \geq 0$;

(ii) $U = \mathcal{O}\left(\frac{1}{r}\right)$, $\left(\frac{\partial}{\partial r} - \mathrm{i}k\right)U = \mathcal{O}\left(\frac{1}{r^2}\right)$ für $r \to \infty$;

(iii) $U = f$ auf $\partial D$ bzw. $\frac{\partial U}{\partial n} = f$ auf $\partial D$ ($f$ stetig auf $\partial D$).

Wir zeigen:

**Satz 5.8:**

(*Eindeutigkeitssatz*) Das Dirichletsche und das Neumannsche Außenraumproblem für die Schwingungsgleichung $\Delta U + k^2 U = 0$ besitzen für alle $k$ mit $\operatorname{Im} k \geq 0$ höchstens eine Lösung.

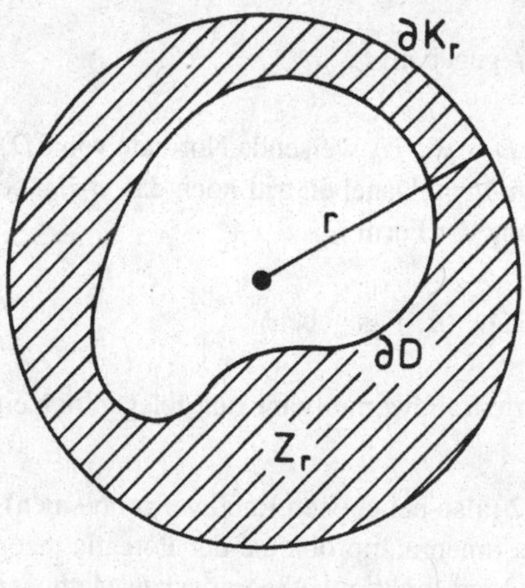


Fig. 5.5: Zum Eindeutigkeitsbeweis

**Beweis:**

Wir nehmen an, $U_1$ und $U_2$ seien Lösungen des entsprechenden Problems. Dann ist $V := U_1 - U_2$ eine Lösung des Dirichletschen bzw. Neumannschen Außenraumproblems mit homogenen Randdaten:

$$V = 0 \quad \text{auf } \partial D \quad \text{bzw.} \quad \frac{\partial V}{\partial \boldsymbol{n}} = 0 \quad \text{auf } \partial D\,. \tag{5.120}$$

Wir betrachten nun das *Energieintegral*[10]

$$\int\limits_{\partial K_r} \overline{V}\frac{\partial V}{\partial r}\,\mathrm{d}\sigma\,, \tag{5.121}$$

wobei $\overline{V}$ die zu $V$ konjugiert komplexe Funktion und $\partial K_r$ die Kugelfläche $\{\boldsymbol{x} \mid |\boldsymbol{x}| = r\}$ bezeichnet. Wir wählen $r$ so groß, daß $\partial D$ ganz im Inneren von $\partial K_r$ liegt und bezeichnen das gemäß Figur 5.5 schraffiert dargestellte Gebiet mit $Z_r$: $Z_r = \{\boldsymbol{x} \in D_a \mid |\boldsymbol{x}| < r\}$. Wegen (5.120) gilt $\int\limits_{\partial D} \overline{V}\frac{\partial V}{\partial \boldsymbol{n}}\,\mathrm{d}\sigma = 0$, und daher ist

$$\int\limits_{\partial Z_r} \overline{V}\frac{\partial V}{\partial \boldsymbol{n}}\,\mathrm{d}\sigma = \int\limits_{\partial K_r + \partial D} \overline{V}\frac{\partial V}{\partial \boldsymbol{n}}\,\mathrm{d}\sigma = \int\limits_{\partial K_r} \overline{V}\frac{\partial V}{\partial r}\,\mathrm{d}\sigma\,.$$

Nach dem Integralsatz von Gauß (s. Abschn. 5.1.1) folgt hieraus

$$\int\limits_{\partial K_r} \overline{V}\frac{\partial V}{\partial r}\,\mathrm{d}\sigma = \int\limits_{\partial K_r} (\overline{V}\nabla V)\cdot\boldsymbol{n}\,\mathrm{d}\sigma = \int\limits_{Z_r} \nabla\cdot(\overline{V}\nabla V)\,\mathrm{d}\tau = \int\limits_{Z_r} \left[|\nabla V|^2 + \overline{V}\Delta V\right]\mathrm{d}\tau$$

und wegen $\Delta V = -k^2 V$

$$\int\limits_{\partial K_r} \overline{V}\frac{\partial V}{\partial r}\,\mathrm{d}\sigma = \int\limits_{Z_r} \left[|\nabla V|^2 - k^2|V|^2\right]\mathrm{d}\tau\,. \tag{5.122}$$

Da mit $U_1$ und $U_2$ auch $V$ und $\overline{V}$ der Sommerfeldschen Ausstrahlungsbedingung genügen, also

$$\overline{V} = \mathcal{O}\left(\frac{1}{r}\right), \quad \frac{\partial V}{\partial r} = \mathrm{i}kV + \mathcal{O}\left(\frac{1}{r^2}\right) \quad \text{für } r \to \infty$$

gilt, ergibt sich andererseits

$$\int\limits_{\partial K_r} \overline{V}\frac{\partial V}{\partial r}\,\mathrm{d}\sigma = \mathrm{i}k \int\limits_{\partial K_r} |V|^2\,\mathrm{d}\sigma + \mathcal{O}\left(\frac{1}{r}\right) \quad \text{für } r \to \infty$$

---

10 Dieses beschreibt im wesentlichen den mittleren Energiefluß durch die Kugelfläche $\partial K_r$

(wir beachten: $\int\limits_{\partial K_r} \mathrm{d}\sigma = \omega_3(r) = 4\pi r^2$). Zusammen mit (5.122) erhalten wir damit

$$\mathrm{i}\,k \int\limits_{\partial K_r} |V|^2 \,\mathrm{d}\sigma + \mathcal{O}\left(\frac{1}{r}\right) = \int\limits_{Z_r} \left[ |\nabla V|^2 - k^2 |V|^2 \right] \mathrm{d}\tau \quad \text{für } r \to \infty\,. \tag{5.123}$$

Durch Imaginärteilbildung liefert (5.123) wegen $\operatorname{Im}(\mathrm{i}\,k) = \operatorname{Re} k$ die Beziehung

$$\operatorname{Re} k \int\limits_{\partial K_r} |V|^2 \,\mathrm{d}\sigma + \mathcal{O}\left(\frac{1}{r}\right) = -\operatorname{Im}(k^2) \int\limits_{Z_r} |V|^2 \,\mathrm{d}\tau \quad \text{für } r \to \infty\,. \tag{5.124}$$

Nun haben wir verschiedene Fälle zu diskutieren.

**Fall 1**: $k \neq 0$, $0 < \arg k < \frac{\pi}{2}$: Dies hat $\operatorname{Re} k > 0$ und $\operatorname{Im}(k^2) > 0$ zur Folge, und (5.124) liefert

$$\int\limits_{Z_r} |V|^2 \,\mathrm{d}\tau = \mathcal{O}\left(\frac{1}{r}\right) \quad \text{für } r \to \infty\,. \tag{5.125}$$

(Wir beachten das unterschiedliche Vorzeichen der beiden Seiten in (5.124)). Da das Integral in (5.125) nichtnegativ ist und monoton mit $r$ wächst, gibt es ein $r_0 > 0$, so daß

$$\int\limits_{Z_r} |V|^2 \,\mathrm{d}\tau = 0 \quad \text{für alle } r \geq r_0$$

ist. Daraus folgt $V \equiv 0$ oder $U_1 \equiv U_2$, also die behauptete Eindeutigkeit.

**Fall 2**: $k \neq 0$, $\frac{\pi}{2} < \arg k < \pi$: Dies hat $\operatorname{Re} k < 0$ und $\operatorname{Im}(k^2) < 0$ zur Folge, und mit Hilfe von (5.124) ergibt sich wie im Fall 1 die Eindeutigkeit der Lösung.

**Fall 3**: $k \neq 0$, $\arg k = \frac{\pi}{2}$ ($k$ ist also rein imaginär): Damit ist $\mathrm{i}\,k < 0$ und $-k^2 > 0$. Die Beziehung (5.123) liefert daher

$$\int\limits_{Z_r} |V|^2 \,\mathrm{d}\tau = \mathcal{O}\left(\frac{1}{r}\right) \quad \text{für } r \to \infty\,,$$

woraus wie im Fall 1 die Eindeutigkeit folgt.

**Fall 4**: $k = 0$ (Potentialtheorie) Aus (5.123) ergibt sich

$$\int\limits_{Z_r} |\nabla V|^2 \,\mathrm{d}\tau = \mathcal{O}\left(\frac{1}{r}\right) \quad \text{für } r \to \infty$$

und hieraus wie oben: $\nabla V = 0$ in $D_a$ oder $V = \text{const}$ in $D_a$. Zusammen mit $V = \mathcal{O}\left(\frac{1}{r}\right)$ für $r \to \infty$ folgt $V \equiv 0$ oder $U_1 \equiv U_2$, also die Eindeutigkeit der Lösung.

**Fall 5**: $k \neq 0$, $k$ reell: Dieser Fall ist der schwierigste. Da die linke Seite von (5.123) für hinreichend große $r$ rein imaginär ist und die rechte Seite reell ist, gilt für $r \to \infty$

$$\int\limits_{\partial K_r} |V|^2 \, d\sigma = \mathcal{O}\left(\frac{1}{r}\right) \quad \text{und} \quad \int\limits_{Z_r} \left[|\nabla V|^2 - k^2 V^2\right] d\tau = \mathcal{O}\left(\frac{1}{r}\right). \tag{5.126}$$

Um den Beweis abschließen zu können, benötigen wir den erst 1942 bewiesenen

**Hilfssatz 5.3:**

(*Lemma von Rellich*) [11] Es sei $V$ zweimal stetig differenzierbar in $D_a$ und einmal stetig differenzierbar in $D_a \cup \partial D$. Ferner gelte

$$\Delta V + k^2 V = 0 \quad \text{in } D_a \text{ für } k \in \mathbb{R} \quad (k \neq 0)$$

und

$$\int\limits_{\partial K_r} |V|^2 \, d\sigma = \mathcal{O}\left(\frac{1}{r}\right) \quad \text{für } r \to \infty .$$

Dann verschwindet $V$ in $D_a$ identisch.

**Beweis:**

Dieser ist kompliziert und findet sich z.B. in Leis [101], S. 161–165.

Mit dem Rellichschen Lemma folgt aus (5.126) auch für den Fall 5 die Eindeutigkeitsaussage. Damit ist der Satz bewiesen. □

## (B) Innenraumprobleme

Wir präzisieren zunächst die *Aufgabenstellung*.

*Dirichletsches bzw. Neumannsches Innenraumproblem*: Es sei $D_i$ ein beschränktes Gebiet im $\mathbb{R}^3$ mit glatter Randfläche $\partial D$. Gesucht ist eine in $D_i$ zweimal und in $D_i \cup \partial D$ einmal stetig differenzierbare Funktion $U$ mit

(i) $\Delta U + k^2 U = 0$ in $D_i$, $\operatorname{Im} k \geq 0$;

(ii) $U = f$ auf $\partial D$ bzw. $\frac{\partial U}{\partial n} = f$ auf $\partial D$.

Für $k = 0$ (Potentialtheorie) besitzt das Dirichletsche Innenraumproblem nach dem Maximumprinzip höchstens eine Lösung (s. Abschn. 5.1.4), während das Neumannsche Innenraumproblem

11 F. Rellich (1906–1955), deutscher Mathematiker

nur bis auf eine additive Konstante eindeutig bestimmt ist: Offensichtlich ist jede Konstante $c$ eine Lösung des homogenen Neumannschen Problems

$$\begin{cases} \Delta U = 0 \quad \text{in } D_i\,; \\ \dfrac{\partial U}{\partial \boldsymbol{n}} = 0 \quad \text{auf } \partial D\,. \end{cases} \tag{5.127}$$

Daher ist mit jeder Lösung $U_0$ des Neumannschen Innenraumproblems auch $U_0 + c$ eine Lösung. Seien nun $U_1$ und $U_2$ zwei beliebige Lösungen dieser Aufgabe. Dann folgt aus der ersten Greenschen Formel (s. Abschn. 5.1.1, (5.5)) für $V := U_1 - U_2$ wegen $\frac{\partial V}{\partial \boldsymbol{n}} = 0$ auf $\partial D$ und $\Delta V = 0$ in $D_i$

$$0 = \int\limits_{\partial D} V \frac{\partial V}{\partial \boldsymbol{n}}\, \mathrm{d}\sigma = \int\limits_{D_i} \nabla \cdot [V(\nabla V)]\, \mathrm{d}\tau = \int\limits_{D_i} |\nabla V|^2\, \mathrm{d}\tau\,.$$

Hieraus ergibt sich $\nabla V = \mathbf{0}$ in $D_i$ oder $V = \text{const}$ in $D_i$, d.h.:

Für $k = 0$ ist jede Lösung des Neumannschen Innenraumproblems nur bis auf eine additive Konstante eindeutig bestimmt.

Seien nun $k = k_1 + \mathrm{i}\, k_2$ und $k_2 = \operatorname{Im} k \neq 0$. Ist dann $V$ wieder die Differenz von zwei Lösungen, so erhalten wir für

(1) $k_1 \neq 0$ mit der zweiten Greenschen Formel (s. Abschn. 5.1.1, (5.6)):

$$\int\limits_{\partial D} \left( V \frac{\partial \overline{V}}{\partial \boldsymbol{n}} - \overline{V} \frac{\partial V}{\partial \boldsymbol{n}} \right) \mathrm{d}\sigma = \int\limits_{D_i} \left( V \Delta \overline{V} - \overline{V} \Delta V \right) \mathrm{d}\tau\,.$$

Wegen $V = \overline{V} = 0$ bzw. $\frac{\partial V}{\partial \boldsymbol{n}} = \frac{\partial \overline{V}}{\partial \boldsymbol{n}} = 0$ auf $\partial D$, $\Delta V = -k^2 V$ und $\Delta \overline{V} = -\overline{k}^2 \overline{V}$ folgt hieraus die Beziehung

$$0 = \left( -\overline{k}^2 + k^2 \right) \int\limits_{D_i} |V|^2\, \mathrm{d}\tau = 2\,\mathrm{i}\, k_1 k_2 \int\limits_{D_i} |V|^2\, \mathrm{d}\tau\,,$$

aus der sich $V = 0$ in $D_i$ ergibt.

(2) $k_1 = 0$ mit der ersten Greenschen Formel und $\Delta \overline{V} = -\overline{k}^2 \overline{V} = k_2^2 \overline{V}$:

$$0 = \int\limits_{\partial D} V \frac{\partial \overline{V}}{\partial \boldsymbol{n}}\, \mathrm{d}\sigma = \int\limits_{D_i} \left[ |\nabla V|^2 + V \Delta \overline{V} \right] \mathrm{d}\tau = \int\limits_{D_i} \left[ |\nabla V|^2 + k_2^2 |V|^2 \right] \mathrm{d}\tau\,, \quad k_2 \neq 0\,.$$

Da der Integrand des letzten Integrals nicht negativ ist, muß damit $|\nabla V|^2 + k_2^2 |V|^2 = 0$ in $D_i$ oder $|\nabla V| = |V| = 0$ in $D_i$ gelten, d.h. es ist $V = 0$ in $D_i$. Damit ist gezeigt

**Satz 5.9:**
(*Eindeutigkeitssatz*) Das Dirichletsche und das Neumannsche Innenraumproblem für die Schwingungsgleichung $\Delta U + k^2 U = 0$ besitzen für $\operatorname{Im} k > 0$ höchstens eine Lösung. Im Falle des Dirichletproblems gilt die Eindeutigkeitsaussage auch für $k = 0$.

**Bemerkung**: In den Anwendungen charakterisiert der Anteil $\operatorname{Im} k$ von $k$ häufig den Einfluß der Dämpfung (s. auch erste Fußnote in Abschn. 5.2.2). In diesen Fällen kann man also stets davon ausgehen, daß die entsprechenden Innenraumprobleme höchstens eine Lösung besitzen.

Für reelle $k$ sind die beiden Innenraumprobleme im allgemeinen nicht eindeutig lösbar. Ein Standardbeispiel hierfür ist das folgende

**Beispiel 5.1:**
Es sei $k > 0$. Ferner sei $D_i$ eine Kugel um den Nullpunkt mit Radius $\frac{\pi}{k}$: $D_i = \{\boldsymbol{x} \mid |\boldsymbol{x}| < \frac{\pi}{k}\}$. Dann besitzt das Dirichletsche Innenraumproblem

$$\begin{cases} \Delta U + k^2 U = 0 & \text{in } D_i\,; \\ U = 0 & \text{auf } \partial D := \{\boldsymbol{x} \mid |\boldsymbol{x}| = \dfrac{\pi}{k}\} \end{cases}$$

neben der trivialen Lösung ($U = 0$) noch die Lösung

$$U(\boldsymbol{x}) = \frac{\sin k|\boldsymbol{x}|}{|\boldsymbol{x}|}\,. \tag{5.128}$$

## 5.3.2 Sprungrelationen

Nachdem wir im vorhergehenden Abschnitt die Eindeutigkeitsfrage bei den Randwertproblemen der Schwingungsgleichung beantwortet haben, wollen wir nun untersuchen, unter welchen Voraussetzungen mit der Lösung dieser Probleme zu rechnen ist und wie sich diese Lösungen gegebenenfalls konstruieren lassen. Bei der Behandlung dieser Frage wollen wir eine Methode verwenden, die in den letzten Jahrzehnten entwickelt wurde: die sogenannte »Integralgleichungsmethode«. Durch die nachfolgenden Überlegungen sollen einige wichtige Voraussetzungen dafür geschaffen werden.

In den Abschnitten 5.1.5 und 5.2.2 haben wir gesehen, daß mit den Flächenpotentialen

$$M(\boldsymbol{x}) := \frac{1}{4\pi} \int\limits_{\partial D} \mu(\boldsymbol{y}) \frac{\mathrm{e}^{\mathrm{i}k|\boldsymbol{x}-\boldsymbol{y}|}}{|\boldsymbol{x}-\boldsymbol{y}|}\,\mathrm{d}\sigma_{\boldsymbol{y}} \tag{5.129}$$

und

$$N(\boldsymbol{x}) := \frac{1}{4\pi} \int\limits_{\partial D} \nu(\boldsymbol{y}) \frac{\partial}{\partial \boldsymbol{n}_{\boldsymbol{y}}} \frac{\mathrm{e}^{\mathrm{i}k|\boldsymbol{x}-\boldsymbol{y}|}}{|\boldsymbol{x}-\boldsymbol{y}|}\,\mathrm{d}\sigma_{\boldsymbol{y}} \tag{5.130}$$

bereits Lösungen der Schwingungsgleichung $\Delta U + k^2 U = 0$ in $D_i$ bzw. $D_a$ vorliegen, wenn $\mu$

und $\nu$ beliebige auf $\partial D$ stetige Funktionen sind. Diese Potentiale genügen außerdem der Sommerfeldschen Ausstrahlungsbedingung. Um zusätzlich noch die Dirichletsche bzw. Neumannsche Randbedingung zu realisieren, versuchen wir, $\mu$ bzw. $\nu$ geeignet festzulegen. Wir wollen dies durch Zurückführung unserer Probleme auf Integralgleichungen erreichen, auf die sich die Fredholmschen Alternativsätze (s. Abschn. 2.2) anwenden lassen. Um zu diesen Integralgleichungen zu gelangen ist es erforderlich, das Verhalten der Potentiale (5.129) bzw (5.130) bei Annäherung an die Randfläche $\partial D$ zu studieren. Bei diesen Annäherungen werden die Integranden der beiden Potentiale singulär. Die entsprechenden Untersuchungen führen in die »Theorie der Flächenpotentiale«, auf die wir hier nicht eingehen können: sie sind umfangreich und schwierig. Stattdessen verweisen wir auf die einschlägige Literatur (z.B. Leis [101], S. 26–43 oder Colton und Kress [27], Kap. 2, S. 46–59).

Für die zu bildenden Grenzwerte von innen bzw. außen zum Rand $\partial D$ hin vereinbaren wir die Abkürzungen

$$
\begin{aligned}
M_i(\boldsymbol{x}) &:= \lim_{h\to+0} M(\boldsymbol{x} - h\boldsymbol{n}(\boldsymbol{x}))\,, \quad \boldsymbol{x} \in \partial D \\
&\quad \text{bzw.} \\
M_a(\boldsymbol{x}) &:= \lim_{h\to+0} M(\boldsymbol{x} + h\boldsymbol{n}(\boldsymbol{x}))\,, \quad \boldsymbol{x} \in \partial D\,.
\end{aligned}
\tag{5.131}
$$

Entsprechend verwenden wir $N_i$, $N_a$ usw. Dabei ist $\boldsymbol{n}(\boldsymbol{x})$ die in das Äußere des Gebietes weisende Normale von $\partial D$ im Punkt $\boldsymbol{x} \in \partial D$. Wie in früheren Abschnitten verwenden wir für die uns interessierende Grundlösung die Bezeichnung $\Phi(\boldsymbol{x}, \boldsymbol{y})$:

$$
\Phi(\boldsymbol{x}, \boldsymbol{y}) = \frac{1}{2\pi} \frac{\mathrm{e}^{\mathrm{i}k|\boldsymbol{x}-\boldsymbol{y}|}}{|\boldsymbol{x} - \boldsymbol{y}|}\,,
\tag{5.132}
$$

wobei wir aus später ersichtlichen Gründen anstelle von $\frac{1}{4\pi}$ den Faktor $\frac{1}{2\pi}$ gewählt haben.

Schließlich führen wir noch das Flächenpotential

$$
P(\boldsymbol{x}) := \int_{\partial D} \mu(\boldsymbol{y}) \frac{\partial}{\partial \boldsymbol{n}_x} \Phi(\boldsymbol{x}, \boldsymbol{y})\, \mathrm{d}\sigma_y
\tag{5.133}
$$

ein, das sich von (5.130) dadurch unterscheidet, daß die Normalableitung von $\Phi$ bezüglich $\boldsymbol{x}$ gebildet wird.

Wir stellen das Verhalten der obigen Flächenpotentiale in Tabelle 5.1 zusammen. Dabei benutzen wir die folgenden Bezeichnungen: Es ist $C(D)$ bzw. $C^m(D)$ $(m \in \mathbb{N})$ wie üblich die Menge aller in $D$ stetigen bzw. $m$-mal stetig differenzierbaren Funktionen. Die Menge aller in $\overline{D}$ *hölderstetigen Funktionen* mit dem Exponenten $\alpha > 0$ bezeichnen wir mit $C_\alpha(\overline{D})$. Das sind solche Funktionen $f$, zu denen es eine Konstante $A > 0$ gibt, so daß

$$
|f(\boldsymbol{x}_1) - f(\boldsymbol{x}_2)| \le A|\boldsymbol{x}_1 - \boldsymbol{x}_2|^\alpha
\tag{5.134}
$$

für alle $\boldsymbol{x}_1, \boldsymbol{x}_2 \in \overline{D}$ gilt. Entsprechend verstehen wir unter $C_{m+\alpha}(\overline{D})$ die Menge aller $m$-mal stetig differenzierbaren Funktionen, deren $m$-te Ableitung hölderstetig mit Exponent $\alpha > 0$ ist.

Tabelle 5.1:

| $M(\boldsymbol{x}) = \int\limits_{\partial D} \mu(\boldsymbol{y}) \Phi(\boldsymbol{x}, \boldsymbol{y})\, d\sigma_y$ | $N(\boldsymbol{x}) = \int\limits_{\partial D} \nu(\boldsymbol{y}) \frac{\partial}{\partial \boldsymbol{n_y}} \Phi(\boldsymbol{x}, \boldsymbol{y})\, d\sigma_{\boldsymbol{y}}$ |
|---|---|
| $\mu \in C(\partial D)$: Dann ist $M \in C(\mathbb{R}^3)$, und für $\boldsymbol{x} \in \partial D$ gilt $$M_a - M_i = 0\,.$$ | $\nu \in C(\partial D)$: Dann ist $N \in C_\alpha(\partial D)$, $N \in C(D_a + \partial D)$, $N \in C(D_i + \partial D)$, und für $\boldsymbol{x} \in \partial D$ gilt $$N_a - N_i = 2\nu$$ und $$N_a = \nu + N\,; \quad N_i = -\nu + N\,.$$ |
| $\mu \in C_\alpha(\partial D)$: Dann ist $M \in C^1(D_a + \partial D)$, $M \in C^1(D_i + \partial D)$, und für $\boldsymbol{x} \in \partial D$ gilt $$\frac{\partial}{\partial \boldsymbol{n}} M_a - \frac{\partial}{\partial \boldsymbol{n}} M_i = -2\mu$$ und $$\frac{\partial}{\partial \boldsymbol{n}} M_a = -\mu + P\,; \quad \frac{\partial}{\partial \boldsymbol{n}} M_i = \mu + P\,.$$ | $\nu \in C_{1+\alpha}(\partial D)$: Dann ist $N \in C^1(D_a + \partial D)$, $N \in C^1(D_i + \partial D)$, und für $\boldsymbol{x} \in \partial D$ gilt $$\frac{\partial}{\partial \boldsymbol{n}} N_a - \frac{\partial}{\partial \boldsymbol{n}} N_i = 0\,.$$ Für $\nu \in C_\alpha(\partial D)$ gilt $$N \in C_{1+\alpha}(\partial D)\,.$$ |

Tabelle 5.1 entnehmen wir, daß für

$$M \quad \text{und} \quad \frac{\partial}{\partial \boldsymbol{n}} N$$

ein *stetiger* Durchgang durch die Randfläche $\partial D$ vorliegt, während

$$N \quad \text{und} \quad \frac{\partial}{\partial \boldsymbol{n}} M$$

*»springen«* (Sprung zu $2\nu$ bzw. $-2\mu$). Diese springenden Anteile sind bei der Herleitung von Integralgleichungen für $\nu$ bzw. $\mu$, die die entsprechenden Randbedingungen gewährleisten, von entscheidender Bedeutung.

### 5.3.3 Lösungsnachweise mit Integralgleichungsmethoden

#### (A) Außenraumprobleme

Zur Lösung des **Dirichletschen Außenraumproblems** (s. Abschn. 5.3.1, (A)) gehen wir vom *Lösungsansatz*

$$U(\boldsymbol{x}) = \int\limits_{\partial D} \nu(\boldsymbol{y}) \frac{\partial}{\partial \boldsymbol{n_y}} \Phi(\boldsymbol{x}, \boldsymbol{y})\, d\sigma_y\,, \quad \boldsymbol{x} \in D_a \tag{5.135}$$

mit $\Phi(\boldsymbol{x}, \boldsymbol{y}) = \frac{1}{2\pi} \frac{e^{ik|\boldsymbol{x}-\boldsymbol{y}|}}{|\boldsymbol{x}-\boldsymbol{y}|}$ aus. Dieser Ansatz genügt, wie wir gesehen haben, bereits der Schwingungsgleichung und der Sommerfeldschen Ausstrahlungsbedingung. Wir wollen nun $\nu$ so bestimmen, daß auch

$$U = f \quad \text{auf} \quad \partial D \tag{5.136}$$

erfüllt ist. Nach Tabelle 5.1, Abschnitt 5.3.2 ist diese Randbedingung zu der Integralgleichung für $\nu$

$$\nu(\boldsymbol{x}) + \int\limits_{\partial D} \nu(\boldsymbol{y}) \frac{\partial}{\partial \boldsymbol{n}_{\boldsymbol{y}}} \Phi(\boldsymbol{x}, \boldsymbol{y}) \, d\sigma_{\boldsymbol{y}} = f(\boldsymbol{x}), \quad \boldsymbol{x} \in \partial D \tag{5.137}$$

äquivalent. Wegen

$$|\Phi(\boldsymbol{x}, \boldsymbol{y})| \leq \frac{1}{2\pi |\boldsymbol{x} - \boldsymbol{y}|}$$

für $\operatorname{Im} k \geq 0$ gilt

$$\Phi(\boldsymbol{x}, \boldsymbol{y}) = \mathcal{O}\left(\frac{1}{|\boldsymbol{x} - \boldsymbol{y}|}\right) \quad \text{für} \quad \boldsymbol{x} \to \boldsymbol{y} \quad (\boldsymbol{x}, \boldsymbol{y} \in \partial D). \tag{5.138}$$

Für die Normalableitung $\frac{\partial}{\partial \boldsymbol{n}_{\boldsymbol{y}}} \Phi$ gilt dasselbe asymptotische Verhalten:

$$\frac{\partial}{\partial \boldsymbol{n}_{\boldsymbol{y}}} \Phi(\boldsymbol{x}, \boldsymbol{y}) = \mathcal{O}\left(\frac{1}{|\boldsymbol{x} - \boldsymbol{y}|}\right) \quad \text{für} \quad \boldsymbol{x} \to \boldsymbol{y} \quad (\boldsymbol{x}, \boldsymbol{y} \in \partial D). \tag{5.139}$$

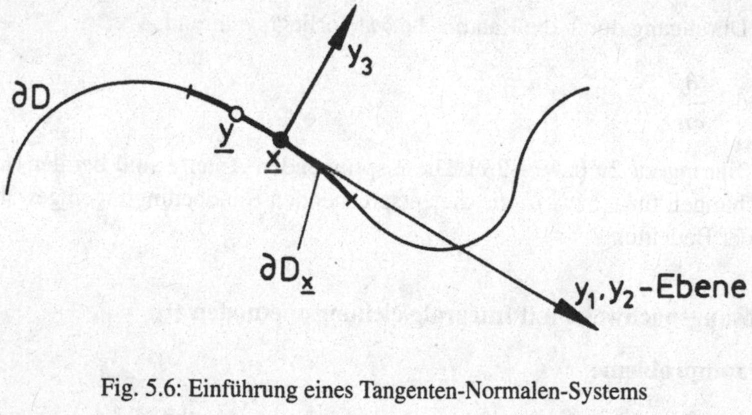


Fig. 5.6: Einführung eines Tangenten-Normalen-Systems

Zum Nachweis führen wir ein Tangenten-Normalen-System $(y_1, y_2, y_3)$ im Punkt $\boldsymbol{x} \in \partial D$ gemäß Figur 5.6 ein. Die Fläche $\partial D$ ist nach Voraussetzung glatt und besitzt damit in einer Umgebung $\partial D_{\boldsymbol{x}}$ von $\boldsymbol{x}$ auf $\partial D$ eine Darstellung der Form $(y_1, y_2, f(y_1, y_2))$ mit zweimal stetig differenzierbarem $f$ und

$$\left.\frac{\partial f}{\partial y_1}\right|_{(0,0)} = \left.\frac{\partial f}{\partial y_2}\right|_{(0,0)} = f(0,0) = 0\,. \tag{5.140}$$

Es gilt dann für $\boldsymbol{y} \in \partial D_{\boldsymbol{x}}$ und $\operatorname{Im} k \geq 0$

$$\begin{aligned}\frac{\partial}{\partial \boldsymbol{n}_y}\Phi(\boldsymbol{x},\boldsymbol{y}) &= \frac{1}{2\pi}\left[\frac{\partial}{\partial \boldsymbol{n}_y}\,\mathrm{e}^{\mathrm{i}k|\boldsymbol{x}-\boldsymbol{y}|}\cdot\frac{1}{|\boldsymbol{x}-\boldsymbol{y}|} + \mathrm{e}^{\mathrm{i}k|\boldsymbol{x}-\boldsymbol{y}|}\cdot\frac{\partial}{\partial \boldsymbol{n}_y}\frac{1}{|\boldsymbol{x}-\boldsymbol{y}|}\right]\\ &= \frac{1}{2\pi}\frac{\partial}{\partial \boldsymbol{n}_y}\frac{1}{|\boldsymbol{x}-\boldsymbol{y}|} + \mathcal{O}\left(\frac{1}{|\boldsymbol{x}-\boldsymbol{y}|}\right) = \frac{1}{2\pi}\nabla_y\frac{1}{|\boldsymbol{x}-\boldsymbol{y}|}\cdot\boldsymbol{n}(\boldsymbol{y}) + \mathcal{O}\left(\frac{1}{|\boldsymbol{x}-\boldsymbol{y}|}\right)\\ &= \frac{1}{2\pi}\nabla_y\frac{1}{|\boldsymbol{x}-\boldsymbol{y}|}\cdot\boldsymbol{n}(\boldsymbol{x}) + \frac{1}{2\pi}\nabla_y\frac{1}{|\boldsymbol{x}-\boldsymbol{y}|}\cdot[\boldsymbol{n}(\boldsymbol{y})-\boldsymbol{n}(\boldsymbol{x})] + \mathcal{O}\left(\frac{1}{|\boldsymbol{x}-\boldsymbol{y}|}\right)\end{aligned}$$

für $\boldsymbol{x} \to \boldsymbol{y}$.

Wegen $\boldsymbol{n}(\boldsymbol{y}) - \boldsymbol{n}(\boldsymbol{x}) = \mathcal{O}(|\boldsymbol{x}-\boldsymbol{y}|)$ für $\boldsymbol{x} \to \boldsymbol{y}$ (warum?), gilt mit $\boldsymbol{n}(\boldsymbol{y}) = (0{,}0{,}1)$, $y_3 = f(y_1, y_2)$ und $x_3 = 0$ für $\boldsymbol{x} \to \boldsymbol{y}$:

$$\frac{\partial}{\partial \boldsymbol{n}_y}\Phi(\boldsymbol{x},\boldsymbol{y}) = \frac{1}{2\pi}\frac{y_3 - x_3}{|\boldsymbol{x}-\boldsymbol{y}|^3} + \mathcal{O}\left(\frac{1}{|\boldsymbol{x}-\boldsymbol{y}|}\right) = \frac{1}{2\pi}\frac{f(y_1,y_2)}{|\boldsymbol{x}-\boldsymbol{y}|^3} + \mathcal{O}\left(\frac{1}{|\boldsymbol{x}-\boldsymbol{y}|}\right). \tag{5.141}$$

Entwickeln wir $f(y_1, y_2)$ in eine Taylorreihe um den Punkt (0,0) (s. Burg/Haf/Wille [23], Abschn. 6.3.6), so folgt wegen (5.140): $f(y_1, y_2) = \mathcal{O}(y_1^2 + y_2^2)$, woraus sich mit $y_1^2 + y_2^2 < |\boldsymbol{x}-\boldsymbol{y}|^2$ dann $f(y_1, y_2) = \mathcal{O}(|\boldsymbol{x}-\boldsymbol{y}|^2)$ und damit wegen (5.141) die Beziehung (5.139) ergibt.

Mit der Abkürzung

$$(T\nu)(\boldsymbol{x}) := \int_{\partial D} \nu(\boldsymbol{y})\frac{\partial}{\partial \boldsymbol{n}_y}\Phi(\boldsymbol{x},\boldsymbol{y})\,\mathrm{d}\sigma_y\,, \quad \boldsymbol{x} \in \partial D \tag{5.142}$$

läßt sich die Integralgleichung (5.137) kurz in der Form

$$\nu + T\nu = f \tag{5.143}$$

schreiben. Wir setzen im folgenden stets

$$f \in C_{1+\alpha}(\partial D) \tag{5.144}$$

voraus und zeigen zunächst:

**Satz 5.10:**
Es sei $\nu$ eine stetige Lösung der Integralgleichung (5.143). Dann löst

$$U(\boldsymbol{x}) = \int_{\partial D} \nu(\boldsymbol{y})\frac{\partial}{\partial \boldsymbol{n}_y}\Phi(\boldsymbol{x},\boldsymbol{y})\,\mathrm{d}\sigma_y \tag{5.145}$$

das Dirichletsche Außenraumproblem.

**Beweis:**

Nach Voraussetzung ist $\nu \in C(\partial D)$ Lösung von (5.143). Daher gilt: $\nu = f - T\nu$. Da $f \in C_{1+\alpha}(\partial D)$ und nach Tabelle 5.1 $T\nu \in C_\alpha(\partial D)$ ist, folgt hieraus $\nu \in C_\alpha(\partial D)$ und Tabelle 5.1 liefert (Sprungverhalten des Doppelpotentials!)

$$U_a(\boldsymbol{x}) = \nu(\boldsymbol{x}) + U(\boldsymbol{x}) = \nu(\boldsymbol{x}) + T\nu(\boldsymbol{x}) = f(\boldsymbol{x}), \quad \boldsymbol{x} \in \partial D$$

($\nu$ ist Lösung von (1.143)!), d.h. $U$ erfüllt die Dirichletsche Randbedingung. Aus früheren Untersuchungen (s. Abschn. 5.1.5 und 5.2.2) wissen wir bereits: $U \in C^2(D_a)$, $U$ genügt in $D_a$ der Schwingungsgleichung und erfüllt die Sommerfeldsche Ausstrahlungsbedingung. Es bleibt zu zeigen: $U \in C^1(D_a + \partial D)$. Dies folgt aber wieder mit Tabelle 5.1: Wegen $\nu \in C_{1+\alpha}(\partial D)$, also insbesondere $\nu \in C_\alpha(\partial D)$ folgt $T\nu \in C^1(D_a + \partial D)$ (und $T\nu \in C^1(D_i + \partial D)$). Damit ist der Satz bewiesen. □

Unser Dirichletsches Außenraumproblem reduziert sich damit auf die Diskussion der Integralgleichung (5.143). Die hierzu benötigten Hilfsmittel stehen uns erfreulicherweise aus Abschnitt 2.2 zur Verfügung:

Wegen (5.139) ist $T$ ein Integraloperator mit schwach-singulärem Kern ($n = 3$; Dimension des kompakten Integrationsbereiches $\partial D$: $m = 2 \leq n$; $\alpha = 1$; s. auch (2.82)). Nach Satz 2.15, Abschnitt 2.2.5 gilt daher für die Integralgleichung (5.143) die Fredholmsche Alternative. Diese besagt: Wenn die homogene Integralgleichung

$$\eta + T\eta = 0 \tag{5.146}$$

nur die triviale Lösung $\eta = 0$ besitzt, dann besitzt die inhomogene Integralgleichung (5.143) für jede stetige Funktion $f$ genau eine stetige Lösung $\nu$.

Es genügt also, die homogene Integralgleichung (5.146) zu untersuchen. Hierzu sei $\eta \in C(\partial D)$ eine Lösung von (5.146). Ferner sei

$$V(\boldsymbol{x}) := \int\limits_{\partial D} \eta(\boldsymbol{y}) \frac{\partial}{\partial \boldsymbol{n}_{\boldsymbol{y}}} \Phi(\boldsymbol{x}, \boldsymbol{y})\, \mathrm{d}\sigma_{\boldsymbol{y}}, \quad \boldsymbol{x} \in \mathbb{R}^3. \tag{5.147}$$

Wie im Beweis von Satz 5.10 ergibt sich: $V \in C^1(D_a + \partial D)$, $V \in C^1(D_i + \partial D)$, und der Tabelle 5.1 entnehmen wir: $V_a(\boldsymbol{x}) = \eta(\boldsymbol{x}) + V(\boldsymbol{x})$, woraus wegen $V(\boldsymbol{x}) = T\eta(\boldsymbol{x})$ und (5.146)

$$V_a(\boldsymbol{x}) = \eta(\boldsymbol{x}) + T\eta(\boldsymbol{x}) = 0, \quad \boldsymbol{x} \in \partial D \tag{5.148}$$

folgt. Außerdem genügt $V$ in $D_a$ der Schwingungsgleichung und der Sommerfeldschen Ausstrahlungsbedingung (Begründung wie früher). Nach Abschnitt 5.3.1 ist das Dirichletsche Außenraumproblem (auch das homogene) eindeutig lösbar. Demnach ist $V \equiv 0$ in $D_a$. Dies zieht $\frac{\partial}{\partial \boldsymbol{n}} V_a = 0$ auf $\partial D$ nach sich (warum?). Nach Tabelle 5.1 gilt $\frac{\partial}{\partial \boldsymbol{n}} V_a - \frac{\partial}{\partial \boldsymbol{n}} V_i = 0$ auf $\partial D$, so daß sich $\frac{\partial}{\partial n} V_i = 0$ auf $\partial D$ ergibt. $V$ löst also das homogene Neumannsche Innenraumproblem

$$\begin{cases} \Delta V + k^2 V = 0 & \text{in } D_i\,; \\ \dfrac{\partial V}{\partial \boldsymbol{n}} = 0 & \text{auf } \partial D\,. \end{cases} \tag{5.149}$$

(a) Ist $\eta \not\equiv 0$ auf $\partial D$, so ist $V \not\equiv 0$ in $D_i$: Andernfalls würde aus $V \equiv 0$ in $D_i$ auch $V_i \equiv 0$ auf $\partial D$ folgen (stetige Fortsetzbarkeit des Doppelpotentials von $D_i$ auf $D_i + \partial D$, s. Tabelle. 5.1). Wegen $V_a = 0$ (s.o.) und der Sprungrelation für das Doppelpotential (Tab. 5.1) hätte dies $\eta = \frac{1}{2}(V_a - V_i) \equiv 0$ zur Folge.

(b) Wir zeigen nun umgekehrt: Ist $V \not\equiv 0$ eine Lösung des homogenen Neumannschen Innenraumproblems (5.149), so besitzt die homogene Integralgleichung (5.146) eine Lösung $\eta \not\equiv 0$.

Sei $V \not\equiv 0$ also Lösung von (5.149). Aus der Darstellungsformel für Innengebiete (s. Abschn. 5.1.3) folgt dann wegen $\frac{\partial}{\partial n} V_i = 0$

$$V(\boldsymbol{x}) = -\frac{1}{2} \int\limits_{\partial D} V_i(\boldsymbol{y}) \frac{\partial}{\partial \boldsymbol{n}_y} \Phi(\boldsymbol{x}, \boldsymbol{y})\, d\sigma_y\,, \quad \boldsymbol{x} \in D_i \tag{5.150}$$

und wegen $\frac{\partial}{\partial n} V_a - \frac{\partial}{\partial n} V_i = 0$ (s. Tab. 5.1): $\frac{\partial}{\partial n} V_a = 0$ auf $\partial D$.

Ferner gilt mit

$$V(\boldsymbol{x}) := -\frac{1}{2} \int\limits_{\partial D} V_i(\boldsymbol{y}) \frac{\partial}{\partial \boldsymbol{n}_y} \Phi(\boldsymbol{x}, \boldsymbol{y})\, d\sigma_y\,, \quad \boldsymbol{x} \in D_a\,, \tag{5.151}$$

daß $V$ der Schwingungsgleichung und der Sommerfeldschen Ausstrahlungsbedingung genügt. Aufgrund des Eindeutigkeitssatzes für das Neumannsche Außenraumproblem (s. Abschn. 5.3.1) ist daher $V \equiv 0$ in $D_a$. Da sich die durch (5.151) erklärte Funktion $V$ stetig von außen auf $\partial D$ fortsetzen läßt (Doppelpotential!), gilt auch $V_a \equiv 0$ auf $\partial D$ und daher mit der Sprungrelation für das Doppelpotential

$$0 = V_a(\boldsymbol{x}) = -\frac{1}{2} V_i(\boldsymbol{x}) - \frac{1}{2} \int\limits_{\partial D} V_i(\boldsymbol{y}) \frac{\partial}{\partial \boldsymbol{n}_y} \Phi(\boldsymbol{x}, \boldsymbol{y})\, d\sigma_y\,, \quad \boldsymbol{x} \in \partial D$$

oder mit (5.142)

$$0 = V_i(\boldsymbol{x}) + T V_i(\boldsymbol{x})\,, \quad \boldsymbol{x} \in \partial D\,.$$

Die Funktion $\eta(\boldsymbol{x}) := V_i(\boldsymbol{x})$, $\boldsymbol{x} \in \partial D$ genügt somit der homogenen Integralgleichung $\eta + T\eta = 0$. Für dieses $\eta$ gilt: $\eta \not\equiv 0$. Denn: $\eta \equiv 0$ auf $\partial D$ hätte $V_i \equiv 0$ auf $\partial D$ und daher wegen (5.150) $V \equiv 0$ in $D_i$ zur Folge, im Widerspruch zu der in (b) gemachten Voraussetzung. Damit ist gezeigt:

Die homogene Integralgleichung (5.146) besitzt nichttriviale Lösungen $\eta$ genau dann, wenn das homogene Neumannsche Innenraumproblem (5.149) nichttriviale Lösungen $V$ besitzt.

Die Frage nach der Lösbarkeit des Dirichletschen Außenraumproblems wird also zurückgespielt auf die Frage nach der Lösbarkeit des homogenen Neumannschen Innenraumproblems. Dieses besitzt nach dem Eindeutigkeitssatz (s. Abschn. 5.1.3) für $\operatorname{Im} k > 0$ nur die Lösung $V = 0$. Somit besitzt auch die homogene Integralgleichung (5.146) nur die Lösung $\eta = 0$ und (nach dem Fredholmschen Alternativsatz) die inhomogene Integralgleichung (5.143) eine eindeutig bestimmte Lösung $\nu$. Zusammen mit Satz 5.10 ergibt sich daher

**Satz 5.11:**
Das Dirichletsche Außenraumproblem besitzt für $\operatorname{Im} k > 0$ genau eine Lösung $U(\boldsymbol{x})$. Diese läßt sich in der Form

$$U(\boldsymbol{x}) = \int\limits_{\partial D} \nu(\boldsymbol{y}) \frac{\partial}{\partial \boldsymbol{n}_{\boldsymbol{y}}} \Phi(\boldsymbol{x}, \boldsymbol{y}) \, \mathrm{d}\sigma_{\boldsymbol{y}} , \quad \boldsymbol{x} \in D_a \tag{5.152}$$

darstellen, wobei $\nu$ die eindeutig bestimmte Lösung der Integralgleichung

$$\nu(\boldsymbol{x}) + \int\limits_{\partial D} \nu(\boldsymbol{y}) \frac{\partial}{\partial \boldsymbol{n}_{\boldsymbol{y}}} \Phi(\boldsymbol{x}, \boldsymbol{y}) \, \mathrm{d}\sigma_{\boldsymbol{y}} = f(\boldsymbol{x}) , \quad \boldsymbol{x} \in \partial D \tag{5.153}$$

ist.

**Bemerkung**: Dieser Lösungsweg über die Integralgleichung (5.153) läßt sich auch zur *numerischen Behandlung* des Dirichletschen Außenraumproblems verwenden (s. Greenspan und Werner [61]). Dabei wird das Integral in (5.153) mit Hilfe geeigneter Quadraturformeln angenähert.

Bleibt noch die Behandlung des Falles reeller $k$ ($\operatorname{Im} k = 0$). Hier führt der obige Weg wieder auf das homogene Neumannsche Innenraumproblem (5.149), das jetzt aber nichttriviale Lösungen besitzt (für $k = 0$ genau die Konstanten; s. Abschn. 5.3.1, (B)). Diese Schwierigkeit läßt sich dadurch meistern, daß man anstelle des Lösungsansatzes (5.135) einen *modifizierten Lösungsansatz* verwendet, der auf Werner und Brakhage [12] bzw. Leis [100] zurückgeht: Für $\operatorname{Im} k \geq 0$ geht man dabei vom Ansatz

$$U(\boldsymbol{x}) = \int\limits_{\partial D} \nu(\boldsymbol{y}) \left( \frac{\partial}{\partial \boldsymbol{n}_{\boldsymbol{y}}} - \mathrm{i}\varphi \right) \Phi(\boldsymbol{x}, \boldsymbol{y}) \, \mathrm{d}\sigma_{\boldsymbol{y}} \tag{5.154}$$

aus, also von einer Kombination aus einem Einfach- und einem Doppelpotential. Hierbei ist $\varphi$ die Vorzeichenfunktion

$$\varphi = \begin{cases} 1 & \text{für } \operatorname{Re} k \geq 0 \\ -1 & \text{für } \operatorname{Re} k < 0 . \end{cases} \tag{5.155}$$

Die Anwendung der Sprungrelationen führt dann wieder auf eine Fredholmsche Integralgleichung 2-ter Art mit schwach-singulärem Kern:

$$\nu + T\nu = f\,, \tag{5.156}$$

wobei $T$ jetzt durch

$$(T\nu)(\boldsymbol{x}) := \int\limits_{\partial D} \nu(\boldsymbol{y}) \left( \frac{\partial}{\partial \boldsymbol{n}_{\boldsymbol{y}}} - \mathrm{i}\,\varphi \right) \Phi(\boldsymbol{x}, \boldsymbol{y})\, \mathrm{d}\sigma_{\boldsymbol{y}} \tag{5.157}$$

erklärt ist. Ein zum Fall $\operatorname{Im} k > 0$ analoges Vorgehen liefert nun anstelle des homogenen Neumannschen Innenraumproblems (5.149) das homogene Problem

$$\begin{cases} \Delta V + k^2 V = 0 & \text{in } D_i\,; \\ \dfrac{\partial V}{\partial \boldsymbol{n}} - \mathrm{i}\,\varphi V = 0 & \text{auf } \partial D \end{cases} \tag{5.158}$$

mit gemischter Randbedingung. Von diesem läßt sich zeigen (s. Üb. 5.9), daß es nur die triviale Lösung $V = 0$ besitzt, und es ergibt sich entsprechend der folgende

**Satz 5.12:**
Das Dirichletsche Außenraumproblem besitzt für $\operatorname{Im} k \geq 0$ genau eine Lösung $U(\boldsymbol{x})$. Diese läßt sich in der Form

$$U(\boldsymbol{x}) = \int\limits_{\partial D} \nu(\boldsymbol{y}) \left( \frac{\partial}{\partial \boldsymbol{n}_{\boldsymbol{y}}} - \mathrm{i}\,\varphi \right) \Phi(\boldsymbol{x}, \boldsymbol{y})\, \mathrm{d}\sigma_{\boldsymbol{y}} \quad \boldsymbol{x} \in D_a \tag{5.159}$$

darstellen, wobei $\nu$ die eindeutig bestimmte Lösung der Integralgleichung

$$\nu(\boldsymbol{x}) + \int\limits_{\partial D} \nu(\boldsymbol{y}) \left( \frac{\partial}{\partial \boldsymbol{n}_{\boldsymbol{y}}} - \mathrm{i}\,\varphi \right) \Phi(\boldsymbol{x}, \boldsymbol{y})\, \mathrm{d}\sigma_{\boldsymbol{y}} = f(\boldsymbol{x})\,, \quad \boldsymbol{x} \in \partial D \tag{5.160}$$

ist.

Das **Neumannsche Außenraumproblem** (s. Abschn. 5.3.1, (A)), für das wir jetzt

$$f \in C_\alpha(\partial D)\,, \tag{5.161}$$

also Hölderstetigkeit von $f$ auf dem Rand $\partial D$, voraussetzen, soll im folgenden nur skizzenhaft behandelt werden. Hier liefert der *Ansatz*

$$U(\boldsymbol{x}) = \int\limits_{\partial D} \mu(\boldsymbol{y}) \Phi(\boldsymbol{x}, \boldsymbol{y})\, \mathrm{d}\sigma_{\boldsymbol{y}} \tag{5.162}$$

unter Verwendung der Sprungrelationen die Integralgleichung

$$-\mu(\boldsymbol{x}) + \int\limits_{\partial D} \mu(\boldsymbol{y}) \frac{\partial}{\partial \boldsymbol{n}_{\boldsymbol{x}}} \Phi(\boldsymbol{x}, \boldsymbol{y}) \, \mathrm{d}\sigma_{\boldsymbol{y}} = f(\boldsymbol{x}), \quad \boldsymbol{x} \in \partial D. \tag{5.163}$$

Analog zum Dirichletschen Außenraumproblem kann gezeigt werden:

Die homogene Integralgleichung

$$-\eta(\boldsymbol{x}) + \int\limits_{\partial D} \eta(\boldsymbol{y}) \frac{\partial}{\partial \boldsymbol{n}_{\boldsymbol{x}}} \Phi(\boldsymbol{x}, \boldsymbol{y}) \, \mathrm{d}\sigma_{\boldsymbol{y}} = 0, \quad \boldsymbol{x} \in \partial D \tag{5.164}$$

besitzt nichttriviale Lösungen $\eta$ genau dann, wenn das homogene Dirichletsche Innenraumproblem

$$\begin{cases} \Delta V + k^2 V = 0 & \text{in } D_i\,; \\ V = 0 & \text{auf } \partial D \end{cases} \tag{5.165}$$

nichttriviale Lösungen $V$ besitzt.

Nach dem Eindeutigkeitssatz für Dirichletsche Innenraumprobleme (s. Abschn. 5.3.1) ist (5.165) für $\operatorname{Im} k > 0$ und für $k = 0$ eindeutig lösbar: $V = 0$, so daß auch das Neumannsche Außenraumproblem eindeutig lösbar ist. Für reelle $k$ ($\operatorname{Im} k = 0$) besitzt (5.165) nichttriviale Lösungen, so daß sich der erste Teil des Fredholmschen Alternativsatzes nicht anwenden läßt. Hier führt wieder ein *modifizierter Ansatz* von P. Werner [156] zum Ziel: Der Ansatz

$$U(\boldsymbol{x}) = \int\limits_{\partial D} \mu(\boldsymbol{y}) \Phi(\boldsymbol{x}, \boldsymbol{y}) \, \mathrm{d}\sigma_{\boldsymbol{y}} + \frac{1}{2} \int\limits_{D_i} \eta(\boldsymbol{y}) \Phi(\boldsymbol{x}, \boldsymbol{y}) \, \mathrm{d}\tau_{\boldsymbol{y}}, \tag{5.166}$$

der sich aus einem Einfachpotential und einem Volumenpotential zusammensetzt, führt auf ein System von Integralgleichungen für das Funktionenpaar $(\mu, \eta)$:

$$\begin{cases} -\mu(\boldsymbol{x}) + \displaystyle\int\limits_{\partial D} \mu(\boldsymbol{y}) \frac{\partial}{\partial \boldsymbol{n}_{\boldsymbol{x}}} \Phi(\boldsymbol{x}, \boldsymbol{y}) \, \mathrm{d}\sigma_{\boldsymbol{y}} \\ \quad + \dfrac{1}{2} \displaystyle\int\limits_{D_i} \eta(\boldsymbol{y}) \frac{\partial}{\partial \boldsymbol{n}_{\boldsymbol{x}}} \Phi(\boldsymbol{x}, \boldsymbol{y}) \, \mathrm{d}\tau_{\boldsymbol{y}} = f(\boldsymbol{x}), \quad \boldsymbol{x} \in \partial D \\ -\eta(\boldsymbol{x}) + \mathrm{i}\varphi\psi(\boldsymbol{x}) \displaystyle\int\limits_{\partial D} \mu(\boldsymbol{y}) \Phi(\boldsymbol{x}, \boldsymbol{y}) \, \mathrm{d}\sigma_{\boldsymbol{y}} \\ \quad + \dfrac{1}{2} \mathrm{i}\varphi\psi(\boldsymbol{x}) \displaystyle\int\limits_{D_i} \eta(\boldsymbol{y}) \Phi(\boldsymbol{x}, \boldsymbol{y}) \, \mathrm{d}\tau_{\boldsymbol{y}} = 0, \quad \boldsymbol{x} \in D_i\,. \end{cases} \tag{5.167}$$

Dabei ist $\varphi$ die Vorzeichenfunktion

$$\varphi = \begin{cases} 1 & \text{für} \quad \operatorname{Re} k \geq 0 \\ -1 & \text{für} \quad \operatorname{Re} k < 0 \end{cases} \tag{5.168}$$

und $\psi(\boldsymbol{x})$ eine zweimal stetig differenzierbare Funktion mit $\psi = 0$ auf $\partial D$ und $\psi > 0$ in $D_i$. In der oben zitierten Arbeit von P. Werner findet sich der Beweis von

**Satz 5.13:**

Das Neumannsche Außenraumproblem besitzt für $\operatorname{Im} k \geq 0$ genau eine Lösung, die sich in der Form (5.166) darstellen läßt. Dabei sind $\mu$ und $\eta$ die eindeutig bestimmten Lösungen des Integralgleichungssystems (5.167).

**Bemerkung**: Numerische Untersuchungen von Neumannschen Außenraumproblemen auf der Grundlage entsprechender Integralgleichungen wurden von Kussmaul [95] durchgeführt. Wie schon beim Dirichletschen Außenraumproblem werden auch hier die auftretenden Integrale durch geeignete Quadraturformeln angenähert. Dabei hat man es infolge der stärkeren Singularität der Integraloperatoren mit zusätzlichen Schwierigkeiten zu tun.

### (B) Innenraumprobleme

Wir beginnen mit dem **Dirichletschen Innenraumproblem** (s. Abschn. 5.3.1, (B)), wobei wir jetzt

$$f \in C_{1+\alpha}(\partial D) \tag{5.169}$$

in der Randbedingung voraussetzen. Daneben betrachten wir das zugehörige homogene Dirichletsche Innenraumproblem mit

$$\begin{cases} \Delta V + k^2 V = 0 & \text{in } D_i\,; \\ V = 0 & \text{auf } \partial D\,. \end{cases} \tag{5.170}$$

Ist $U$ eine Lösung des Dirichletschen Innenraumproblems und $V$ eine Lösung von (5.170), so gilt nach der zweiten Greenschen Formel (s. Abschn. 5.1.1, (5.6))

$$\int\limits_{\partial D} \left[ U \frac{\partial V}{\partial \boldsymbol{n}} - V \frac{\partial U}{\partial \boldsymbol{n}} \right] \mathrm{d}\sigma = \int\limits_{D_i} [U \Delta V - V \Delta U] \, \mathrm{d}\tau\,,$$

woraus sich wegen $\Delta V = -k^2 V$, $\Delta U = -k^2 U$ in $D_i$, $V = 0$ auf $\partial D$ und $U = f$ auf $\partial D$

$$\int\limits_{\partial D} f \frac{\partial V}{\partial \boldsymbol{n}} \, \mathrm{d}\sigma = 0 \tag{5.171}$$

ergibt. Dies ist eine *notwendige Bedingung* für die Lösbarkeit des Dirichletschen Innenraumproblems. Wir können also $f$ im allgemeinen nicht beliebig vorgeben, sondern dürfen nur solche $f$

zulassen, die für alle Lösungen $V$ von (5.170) der Bedingung (5.171) genügen. Wir zeigen, daß diese Bedingung auch *hinreichend* ist. Hierzu gehen wir vom *Ansatz*

$$U(\boldsymbol{x}) = \int\limits_{\partial D} \nu(\boldsymbol{y}) \frac{\partial}{\partial \boldsymbol{n}_y} \Phi(\boldsymbol{x}, \boldsymbol{y}) \, \mathrm{d}\sigma_y , \quad \boldsymbol{x} \in D_i \tag{5.172}$$

aus. Aus der Sprungrelation für das Doppelpotential (s. Abschn. 5.3.2, Tabelle. 5.1) folgt dann, daß die Dirichletsche Randbedingung zu der Integralgleichung für $\nu$:

$$-\nu(\boldsymbol{x}) + \int\limits_{\partial D} \nu(\boldsymbol{y}) \frac{\partial}{\partial \boldsymbol{n}_y} \Phi(\boldsymbol{x}, \boldsymbol{y}) \, \mathrm{d}\sigma_y = f(\boldsymbol{x}) , \quad \boldsymbol{x} \in \partial D \tag{5.173}$$

äquivalent ist. Mit

$$(T\nu)(\boldsymbol{x}) := \int\limits_{\partial D} \nu(\boldsymbol{y}) \frac{\partial}{\partial \boldsymbol{n}_y} \Phi(\boldsymbol{x}, \boldsymbol{y}) \, \mathrm{d}\sigma_y , \quad \boldsymbol{x} \in \partial D \tag{5.174}$$

läßt sich (5.173) kurz in der Form

$$-\nu + T\nu = f \tag{5.175}$$

schreiben. Für diese Integralgleichung gilt wieder der Fredholmsche Alternativsatz (Abschn. 2.2.5, Satz 2.15). Da wir jetzt für gewisse reelle $k$ mit nichttrivialen Lösungen der homogenen Integralgleichung

$$-\eta + T\eta = 0 \tag{5.176}$$

rechnen müssen, benötigen wir den zweiten Teil des Fredholmschen Alternativsatzes. Hierzu führen wir in $C(\partial D)$ durch

$$(u, v) := \int\limits_{\partial D} u\bar{v} \, \mathrm{d}\sigma \tag{5.177}$$

ein Skalarprodukt ein. Der zu $T$ adjungierte Operator $T^*$ (s. Abschn. 2.1.6) ist durch

$$(T^*\mu)(\boldsymbol{x}) := \int\limits_{\partial D} \mu(\boldsymbol{y}) \overline{\frac{\partial}{\partial \boldsymbol{n}_x} \Phi(\boldsymbol{x}, \boldsymbol{y})} \, \mathrm{d}\sigma_y , \quad \boldsymbol{x} \in \partial D \tag{5.178}$$

gegeben (nachrechnen!). Der zweite Teil des Fredholmschen Alternativsatzes (s. Abschn. 2.1.3 und 2.1.6) besagt:

(1) Die Gleichung $-\eta + T\eta = 0$ besitzt höchstens endlich viele linear unabhängige Lösungen; ebenso die Gleichung $-\mu + T^*\mu = 0$. Die Anzahl dieser Lösungen stimmt in beiden Fällen überein.

(2) Die inhomogene Gleichung $-\nu + T\nu = f$ ist genau dann lösbar, wenn für alle Lösungen

$\mu$ der Gleichung $-\mu + T^*\mu = 0$

$$(f, \mu) = \int_{\partial D} f\overline{\mu}\, d\sigma = 0 \tag{5.179}$$

gilt.

Wir wollen diesen Satz anwenden und betrachten hierzu die Gleichung

$$-\mu + T^*\mu = 0\,. \tag{5.180}$$

Durch Übergang zur konjugiert komplexen Gleichung folgt hieraus

$$\overline{-\mu + T^*\mu} = -\overline{\mu} + \overline{T^*\mu} = 0$$

oder mit (5.178)

$$-\overline{\mu(\boldsymbol{x})} + \int_{\partial D} \overline{\mu(\boldsymbol{y})} \frac{\partial}{\partial \boldsymbol{n_x}} \Phi(\boldsymbol{x}, \boldsymbol{y})\, d\sigma_{\boldsymbol{y}} = 0\,, \quad \boldsymbol{x} \in \partial D\,. \tag{5.181}$$

Wir setzen

$$W(\boldsymbol{x}) := \int_{\partial D} \overline{\mu(\boldsymbol{y})} \Phi(\boldsymbol{x}, \boldsymbol{y})\, d\sigma_{\boldsymbol{y}}\,. \tag{5.182}$$

Aus (5.181) und der entsprechenden Sprungrelation (s. Abschn 5.3.2, Tabelle. 5.1) folgt dann $\frac{\partial}{\partial \boldsymbol{n}} W_a = 0$; ferner: $W \in C^1(D_i + \partial D)$ und $W \in C^1(D_a + \partial D)$. Nach dem Eindeutigkeitssatz für das Neumannsche Außenraumproblem (s. Abschn. 5.3.1) gilt daher $W = 0$ in $D_a$. Aufgrund der Stetigkeit des Einfachpotentials folgt $W_i = W_a = 0$ auf $\partial D$, d.h. $W$ löst das homogene Dirichletsche Innenraumproblem. Ferner liefert die Sprungrelation für die Normalableitung des Einfachpotentials (s. Tab. 5.1) $\frac{\partial}{\partial \boldsymbol{n}} W_i - \frac{\partial}{\partial \boldsymbol{n}} W_a = 2\overline{\mu}$, oder wegen $\frac{\partial}{\partial \boldsymbol{n}} W_a = 0$: $\frac{\partial}{\partial \boldsymbol{n}} W_i = 2\overline{\mu}$. Das Skalarprodukt $(f, \mu)$ läßt sich damit durch

$$(f, \mu) = \int_{\partial D} f\overline{\mu}\, d\sigma = \frac{1}{2} \int_{\partial D} f \frac{\partial W_i}{\partial \boldsymbol{n}}\, d\sigma \tag{5.183}$$

ausdrücken. Wegen (5.179) ist $-\nu + T\nu = f$ genau dann lösbar, wenn $(f, \mu) = 0$ für alle Lösungen $\mu$ von $-\mu + T^*\mu = 0$ ist. Diese Bedingung ist aber wegen $\int_{\partial D} f \frac{\partial W_i}{\partial \boldsymbol{n}}\, d\sigma = 0$ (die notwendige Bedingung (5.178) soll erfüllt sein!) und (5.183) erfüllt. Damit ist $-\nu + T\nu = f$ für alle $f$, die (5.171) genügen, lösbar. Wie in Teil (A) folgt aus $f \in C_{1+\alpha}(\partial D)$ wegen $\nu = -f + T\nu$ auch $\nu \in C_{1+\alpha}(\partial D)$. Mit diesem $\nu$ löst

$$U(\boldsymbol{x}) = \int_{\partial D} \nu(\boldsymbol{y}) \frac{\partial}{\partial \boldsymbol{n_y}} \Phi(\boldsymbol{x}, \boldsymbol{y})\, d\sigma_{\boldsymbol{y}}$$

(s. (5.172)) unser Problem. Damit ist gezeigt:

**Satz 5.14:**

Das Dirichletsche Innenraumproblem ist genau dann lösbar, wenn für jede Lösung $W$ des zugehörigen homogenen Dirichletschen Innenraumproblems (5.170) die Bedingung

$$\int_{\partial D} f \frac{\partial W}{\partial \boldsymbol{n}} \, d\sigma = 0 \tag{5.184}$$

erfüllt ist.

**Bemerkung**: Im Fall reeller Werte $k$ können endlich viele linear unabhängige Lösungen $W_1, \ldots, W_m$ des homogenen Dirichletschen Innenraumproblems (5.170) auftreten. Erfüllt $f$ dann für diese Lösungen (5.184), so ist das (inhomogene) Dirichletsche Innenraumproblem zwar lösbar, jedoch nicht eindeutig: Ist $U(\boldsymbol{x})$ irgendeine Lösung, so sind durch

$$U(\boldsymbol{x}) + \sum_{j=1}^{m} c_j W_j(\boldsymbol{x}) \,, \quad c_j \text{ : beliebige Konstanten} \tag{5.185}$$

weitere Lösungen gegeben.

Als Folgerung von Satz 5.14 ergibt sich

**Satz 5.15:**

Besitzt das homogene Dirichletsche Innenraumproblem (5.170) nur die Lösung $W = 0$, so besitzt das (inhomogene) Dirichletsche Innenraumproblem für jedes $f \in C(\partial D)$ genau eine Lösung. Dies trifft insbesondere für die Fälle

$$\operatorname{Im} k > 0 \quad \text{und} \quad k = 0 \text{ (Potentialtheorie)}$$

zu.

Das **Neumannsche Innenraumproblem** (s. Abschn. 5.3.1, (B)) mit

$$f \in C_\alpha(\partial D) \tag{5.186}$$

läßt sich ganz entsprechend behandeln: Neben diesem Problem betrachtet man das zugehörige homogene Neumannsche Innenraumproblem mit

$$\begin{cases} \Delta V + k^2 V = 0 \quad \text{in} \quad D_i\,; \\ \dfrac{\partial V}{\partial \boldsymbol{n}} = 0 \quad \text{auf} \quad \partial D\,. \end{cases} \tag{5.187}$$

Als notwendige Bedingung für die Lösbarkeit des inhomogenen Problems erhält man die (5.171) entsprechende Bedingung

$$\int_{\partial D} f V \, d\sigma = 0 \tag{5.188}$$

für alle Lösungen $V$ von (5.187). Man geht in diesem Fall von dem *Ansatz*

$$U(\boldsymbol{x}) = \int_{\partial D} \nu(\boldsymbol{y}) \Phi(\boldsymbol{x}, \boldsymbol{y}) \, d\sigma_{\boldsymbol{y}}, \quad \boldsymbol{x} \in D_i \tag{5.189}$$

aus und erhält mittels Sprungrelation eine zur Neumannschen Randbedingung $\frac{\partial U}{\partial \boldsymbol{n}} = f$ auf $\partial D$ äquivalente Integralgleichung, von der man wie oben zeigt, daß sie für jedes $f$, das (5.188) genügt, lösbar ist. So gelangt man zu dem folgenden

**Satz 5.16:**

Das Neumannsche Innenraumproblem ist genau dann lösbar, wenn für jede Lösung $W$ des zugehörigen homogenen Neumannschen Innenraumproblems (5.187) die Bedingung

$$\int_{\partial D} f W \, d\sigma = 0 \tag{5.190}$$

erfüllt ist.

**Bemerkung**: Im Falle der Potentialtheorie ($k = 0$) sind, wie wir gesehen haben, die Konstanten die einzigen Lösungen des homogenen Neumannschen Innenraumproblems, so daß anstelle von (5.190) die Bedingung

$$\int_{\partial D} f \, d\sigma = 0 \tag{5.191}$$

auftritt.

Als Folgerung von Satz 5.16 ergibt sich

**Satz 5.17:**

Besitzt das homogene Neumannsche Innenraumproblem (5.187) nur die Lösung $W = 0$, so besitzt das (inhomogene) Neumannsche Innenraumproblem für jedes $f \in C(\partial D)$ genau eine Lösung. Dies trifft insbesondere für alle Werte $k$ mit

$$\operatorname{Im} k > 0$$

zu.

Insgesamt haben wir damit eine vollständige Übersicht über das Lösungsverhalten der beiden wichtigsten Randwertprobleme für die Helmholtzsche Schwingungsgleichung gewonnen.

## Übungen

### Übung 5.9*:

Beweise den folgenden Eindeutigkeitssatz: Es sei $D$ ein beschränktes Gebiet im $\mathbb{R}^3$ mit glatter Randfläche $\partial D$ und $V$ eine in $D$ zweimal stetig differenzierbare und in $\overline{D} = D \cup \partial D$ einmal stetig differenzierbare Funktion mit

$$\begin{cases} \Delta V + k^2 V = 0 \quad \text{in} \quad D\,,\ k \in \mathbb{R}\,; \\ \dfrac{\partial V}{\partial \boldsymbol{n}} - \mathrm{i}\beta V = 0 \quad \text{auf} \quad \partial D\,, \quad \beta \in \mathbb{R}\ (\beta \neq 0)\,. \end{cases}$$

Dann verschwindet $V$ in $D$ identisch.

### Übung 5.10*:

Gegeben sei das gemischte Innenraumproblem für die Schwingungsgleichung im $\mathbb{R}^3$: Gesucht ist eine in $D$ ($D$ wie in Üb. 5.9) zweimal stetig differenzierbare und in $\overline{D}$ einmal stetig differenzierbare Funktion $U$ mit

$$\begin{cases} \Delta U + k^2 U = 0 \quad \text{in} \quad D\,,\ \operatorname{Im} k > 0 \text{ bzw. } k = 0\,; \\ \dfrac{\partial U}{\partial \boldsymbol{n}} + hU = f \quad \text{auf} \quad \partial D\,, \end{cases}$$

wobei $h \in C(\partial D)$, $h > 0$ und $f \in C_\alpha(\partial D)$, $\alpha > 0$ sind.

(a) Leite mit Hilfe des Ansatzes

$$U(\boldsymbol{x}) = \frac{1}{2\pi} \int\limits_{\partial D} \mu(\boldsymbol{y}) \frac{\mathrm{e}^{\mathrm{i}k|\boldsymbol{x}-\boldsymbol{y}|}}{|\boldsymbol{x}-\boldsymbol{y}|}\,\mathrm{d}\sigma_{\boldsymbol{y}}\,, \quad \boldsymbol{x} \in D$$

unter Beachtung der Sprungrelationen eine Integralgleichung für $\mu(\boldsymbol{x})$ auf $\partial D$ her (Integralgleichungstyp?).

(b) Zeige: Die Integralgleichung aus Teil (a) besitzt für jede stetige Funktion $f$ genau eine stetige Lösung $\mu$.

(c) Es sei $\mu$ die nach (b) eindeutig bestimmte Lösung der Integralgleichung. Setze $\mu$ in den Lösungsansatz für $U$ ein und beweise, daß dadurch eine eindeutig bestimmte Lösung des gemischten Innenraumproblems gewonnen ist.

### Übung 5.11*:

Die *Kelvintransformation* an einer Kugel im $\mathbb{R}^3$ mit dem Radius $R$ um den Nullpunkt (wir bezeichnen sie mit $K$) ist wie folgt erklärt: Jedem $\boldsymbol{x} \in K$ wird ein Punkt $\boldsymbol{x}'$ zugeordnet, der auf der Halbgeraden liegt, die vom Nullpunkt durch den Punkt $\boldsymbol{x}$ verläuft und für den

$$|\boldsymbol{x}'| \cdot |\boldsymbol{x}| = R^2$$

gilt.

(a) Drücke $\boldsymbol{x}'$ durch $\boldsymbol{x}$ bzw. $\boldsymbol{x}$ durch $\boldsymbol{x}'$ aus: $\boldsymbol{x}' = \varphi(\boldsymbol{x})$ bzw. $\boldsymbol{x} = \psi(\boldsymbol{x}')$. $(\varphi, \psi = ?)$

(b) Zeige: Ist $U$ eine zweimal stetig differenzierbare Funktion, und ist $V$ durch

$$V(\boldsymbol{x}') = \frac{R}{|\boldsymbol{x}'|} U(\psi(\boldsymbol{x}'))$$

erklärt, so gilt

$$\Delta U(\boldsymbol{x}) = \frac{|\boldsymbol{x}'|^5}{R^5} \Delta V(\boldsymbol{x}') .$$

Welche Konsequenzen ergeben sich aus dieser Formel, wenn $U$ in $K$ der Potentialgleichung genügt?

**Hinweis**: Verwende räumliche Polarkoordinaten:

$$\boldsymbol{x} = (r \cos\varphi \cdot \cos\vartheta, r \sin\varphi \cdot \cos\vartheta, r \sin\vartheta) .$$

## 5.4 Ein Eigenwertproblem der Potentialtheorie

### 5.4.1 Die Greensche Funktion zum Dirichletschen Innenraumproblem

Die Darstellungsformel für Innengebiete

$$U(\boldsymbol{x}) = \int_{\partial D} \left[ \Phi(\boldsymbol{x}, \boldsymbol{y}) \frac{\partial}{\partial \boldsymbol{n}} U(\boldsymbol{y}) - U(\boldsymbol{y}) \frac{\partial}{\partial \boldsymbol{n}_y} \Phi(\boldsymbol{x}, \boldsymbol{y}) \right] \mathrm{d}\sigma_y , \quad \boldsymbol{x} \in D \tag{5.192}$$

(s. Abschn. 5.1.3) legt im Falle $n = 3$ der Potentialtheorie ($k = 0$) folgenden Gedanken nahe: Falls es uns gelingen würde, anstelle der betrachteten Grundlösung $\Phi(\boldsymbol{x}, \boldsymbol{y})$ der Potentialgleichung eine andere, etwa $G(\boldsymbol{x}, \boldsymbol{y})$, zu finden, die auf dem Rand $\partial D$ von $D$ (d.h. für $\boldsymbol{x} \in \partial D$) verschwindet, so könnte man erwarten, mit Hilfe von $G$ und der Dirichletschen Randbedingung $U(\boldsymbol{x}) = f(\boldsymbol{x})$ für $\boldsymbol{x} \in \partial D$ aus (5.192) unmittelbar eine Lösung des Dirichletschen Innenraumproblems mit

$$\begin{cases} \Delta U = 0 & \text{in} \quad D ; \\ U = f & \text{auf} \quad \partial D \end{cases} \tag{5.193}$$

zu gewinnen. Zur Realisierung dieser Idee suchen wir eine Funktion $\varphi(\boldsymbol{x}, \boldsymbol{y})$ mit

$$\Delta_x \varphi(\boldsymbol{x}, \boldsymbol{y}) = 0 \quad \text{in } D \quad \text{für } \boldsymbol{y} \in D \tag{5.194}$$

und

$$\frac{1}{|\boldsymbol{x} - \boldsymbol{y}|} + \varphi(\boldsymbol{x}, \boldsymbol{y}) = 0 \quad \text{für } \boldsymbol{x} \in \partial D . \tag{5.195}$$

Man nennt die durch

$$G(\boldsymbol{x}, \boldsymbol{y}) := \frac{1}{|\boldsymbol{x} - \boldsymbol{y}|} + \varphi(\boldsymbol{x}, \boldsymbol{y}) \tag{5.196}$$

erklärte Funktion $G$ die *Greensche Funktion* des Dirichletschen Innenraumproblems für das Gebiet $D$.

Gibt es überhaupt eine solche Funktion $G$? Zur Beantwortung dieser Frage lösen wir für beliebiges (festes) $\boldsymbol{y} \in D$ das Dirichletsche Innenraumproblem mit

$$\begin{cases} \Delta_{\boldsymbol{x}} \varphi(\boldsymbol{x}, \boldsymbol{y}) = 0 \quad \text{in} \quad D\,; \\ \varphi(\boldsymbol{x}, \boldsymbol{y}) = -\dfrac{1}{|\boldsymbol{x} - \boldsymbol{y}|} \quad \text{auf} \quad \partial D\,. \end{cases} \tag{5.197}$$

Nach Abschnitt 5.3.3 besitzt dieses Problem eine eindeutig bestimmte Lösung. Wegen (5.196) ist damit auch $G$ eindeutig bestimmt. Da $\frac{1}{|\boldsymbol{x}-\boldsymbol{y}|}$ für $\boldsymbol{x} \neq \boldsymbol{y}$ als Funktion von $\boldsymbol{x}$ der Potentialgleichung genügt, trifft dies auch für die Greensche Funktion zu. Außerdem hat $G(\boldsymbol{x}, \boldsymbol{y})$ dieselbe Singularität wie die uns bekannte Grundlösung $\Phi(\boldsymbol{x}, \boldsymbol{y})$ der Potentialgleichung (s. Abschn. 5.1.3, (5.35)) und leistet das, was wir anstreben:

$$G(\boldsymbol{x}, \boldsymbol{y}) = 0 \quad \text{für} \quad \boldsymbol{x} \in \partial D\,. \tag{5.198}$$

Des weiteren ist $G(\boldsymbol{x}, \boldsymbol{y})$ eine symmetrische Funktion:

$$G(\boldsymbol{x}, \boldsymbol{y}) = G(\boldsymbol{y}, \boldsymbol{x}) \quad \text{für} \quad \boldsymbol{x}, \boldsymbol{y} \in D\,. \tag{5.199}$$

Dies sieht man so: Wir wählen Punkte $\boldsymbol{y}_1$ und $\boldsymbol{y}_2$ aus $D$, $\boldsymbol{y}_1 \neq \boldsymbol{y}_2$ und wenden die zweite Greensche Formel (s. Abschn. 5.1.1, (5.6)) auf das gemäß Figur 5.7 schraffiert gezeichnete Gebiet und auf die Funktionen $G(\boldsymbol{x}, \boldsymbol{y}_1)$ und $G(\boldsymbol{x}, \boldsymbol{y}_2)$ an. (Wir beachten, daß beide auf $\partial D$ verschwinden!). Wir erhalten

$$\begin{aligned} 0 &= \int\limits_{\partial D} \left[ G(\boldsymbol{x}, \boldsymbol{y}_1) \frac{\partial}{\partial \boldsymbol{n}_{\boldsymbol{x}}} G(\boldsymbol{x}, \boldsymbol{y}_2) - G(\boldsymbol{x}, \boldsymbol{y}_2) \frac{\partial}{\partial \boldsymbol{n}_{\boldsymbol{x}}} G(\boldsymbol{x}, \boldsymbol{y}_1) \right] \mathrm{d}\sigma_{\boldsymbol{x}} \\ &= \int\limits_{\partial K_1(r)} [\ldots]\, \mathrm{d}\sigma_{\boldsymbol{x}} + \int\limits_{\partial K_2(r)} [\ldots]\, \mathrm{d}\sigma_{\boldsymbol{x}}\,. \end{aligned} \tag{5.200}$$

Wie im Beweis der Darstellungsformel (s. Abschn. 5.1.3) ergibt sich wegen (5.196) für $r \to 0$:

$$\int\limits_{\partial K_1(r)} [\ldots]\, \mathrm{d}\sigma_{\boldsymbol{x}} = -4\pi G(\boldsymbol{y}_1, \boldsymbol{y}_2) + \mathcal{O}(r) \tag{5.201}$$

und entsprechend

$$\int\limits_{\partial K_2(r)} [\ldots]\, \mathrm{d}\sigma_{\boldsymbol{x}} = 4\pi G(\boldsymbol{y}_2, \boldsymbol{y}_1) + \mathcal{O}(r)\,. \tag{5.202}$$

Aus (5.200), (5.201) und (5.202) folgt damit für $r \to 0$ die Symmetrie der Greenschen Funktion.

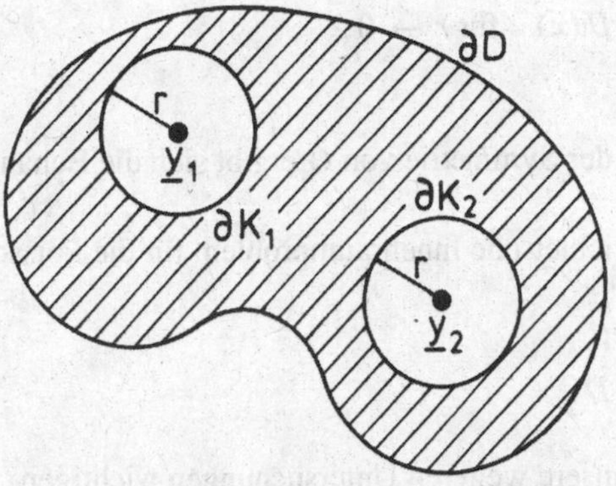


Fig. 5.7: Zum Symmetrienachweis von $G(x, y)$

Die Greensche Funktion (falls bekannt!)[12] ermöglicht uns eine direkte Darstellung der Lösung des Dirichletschen Innenraumproblems:

**Satz 5.18:**
Es sei $D$ ein beschränktes Gebiet im $\mathbb{R}^3$ mit glatter Randfläche $\partial D$ und $f$ eine auf $\partial D$ stetige Funktion. Dann läßt sich die (eindeutig bestimmte) Lösung des Dirichletschen Innenraumproblems mit

$$\begin{cases} \Delta U = 0 & \text{in} \quad D\,; \\ U = f & \text{auf} \quad \partial D \end{cases} \tag{5.203}$$

in der Form

$$U(\boldsymbol{x}) = -\frac{1}{4\pi} \int\limits_{\partial D} f(\boldsymbol{y}) \frac{\partial}{\partial \boldsymbol{n}_y} G(\boldsymbol{x}, \boldsymbol{y})\, \mathrm{d}\sigma_y \tag{5.204}$$

darstellen.

**Beweis:**
Wenden wir die zweite Greensche Formel (s. Abschn. 5.1.1, (5.6)) auf das Gebiet $D - K_r(\boldsymbol{x})$ mit $K_r(\boldsymbol{x}) := \{\boldsymbol{y} \mid |\boldsymbol{y} - \boldsymbol{x}| \leq r\}$, $\boldsymbol{x} \in D$, $r$ hinreichend klein an, so gilt

$$\begin{aligned} 0 &= \int\limits_{\partial D \cup \partial K_r} \left[ U(\boldsymbol{y}) \frac{\partial}{\partial \boldsymbol{n}_y} G(\boldsymbol{y}, \boldsymbol{x}) - G(\boldsymbol{y}, \boldsymbol{x}) \frac{\partial}{\partial \boldsymbol{n}} U(\boldsymbol{y}) \right] \mathrm{d}\sigma_y \\ &= \int\limits_{\partial D} f(\boldsymbol{y}) \frac{\partial}{\partial \boldsymbol{n}_y} G(\boldsymbol{y}, \boldsymbol{x})\, \mathrm{d}\sigma_y + \int\limits_{\partial K_r} [\ldots]\, \mathrm{d}\sigma_{\boldsymbol{y}}\,. \end{aligned} \tag{5.205}$$

12 Zur Greenschen Funktion für die Kugel bzw. den Halbraum s. Üb. 5.12 bzw. Üb. 5.16

Wie beim Nachweis von (5.201) folgt

$$\int\limits_{\partial K_r} [\ldots]\,\mathrm{d}\sigma_y \to 4\pi U(\boldsymbol{x}) \quad \text{für } r \to 0\,. \tag{5.206}$$

Aus (5.205), (5.206) und der Symmetrie von $G$ ergibt sich die Behauptung von Satz 5.18. □

Für das homogene Dirichletsche Innenraumproblem für die Poissonsche Gleichung:

$$\begin{cases} \Delta U = g & \text{in} \quad D\,; \\ U = 0 & \text{auf} \quad \partial D \end{cases} \tag{5.207}$$

zeigen wir noch den für unsere weiteren Untersuchungen wichtigen

**Satz 5.19:**

Es sei $D$ ein beschränktes Gebiet im $\mathbb{R}^3$ mit glatter Randfläche $\partial D$. Die Funktion $g$ sei in $\overline{D} = D \cup \partial D$ stetig differenzierbar. Dann ist

$$U(\boldsymbol{x}) = -\frac{1}{4\pi} \int\limits_D g(\boldsymbol{y}) G(\boldsymbol{x}, \boldsymbol{y})\,\mathrm{d}\tau_y \tag{5.208}$$

die (eindeutig bestimmte) Lösung des Problems (5.207).

**Beweis:**
Mit (5.196) schreiben wir (5.208) in der Form

$$U(\boldsymbol{x}) = -\frac{1}{4\pi} \int\limits_D g(\boldsymbol{y}) \frac{1}{|\boldsymbol{x}-\boldsymbol{y}|}\,\mathrm{d}\tau_y - \frac{1}{4\pi} \int\limits_D g(\boldsymbol{y}) \varphi(\boldsymbol{x}, \boldsymbol{y})\,\mathrm{d}\tau_y\,.$$

Wegen Folgerung 5.1, Abschnitt 5.2.1 ($k = 0!$) und $\Delta_x \varphi(\boldsymbol{x}, \boldsymbol{y}) = 0$ für $\boldsymbol{x} \in D$ folgt

$$\begin{aligned} \Delta U(\boldsymbol{x}) &= \Delta \left( -\frac{1}{4\pi} \int\limits_D g(\boldsymbol{y}) \frac{1}{|\boldsymbol{x}-\boldsymbol{y}|}\,\mathrm{d}\tau_y \right) - \frac{1}{4\pi} \int\limits_D g(\boldsymbol{y}) \Delta_x \varphi(\boldsymbol{x}, \boldsymbol{y})\,\mathrm{d}\tau_y \\ &= g(\boldsymbol{x}) + 0 = g(\boldsymbol{x}) \quad \text{für} \quad \boldsymbol{x} \in D\,. \end{aligned}$$

Die Beziehung $U(\boldsymbol{x}) = 0$ für $\boldsymbol{x} \in \partial D$ ergibt sich aus $G(\boldsymbol{x}, \boldsymbol{y}) = 0$ für $\boldsymbol{x} \in \partial D$. Damit ist alles bewiesen. □

### 5.4.2 Eigenwerte und Eigenfunktionen des Laplace-Operators

Es sei $D$ wieder ein beschränktes Gebiet im $\mathbb{R}^3$ mit glatter Randfläche $\partial D$. Wir sind an den Eigenwerten und Eigenfunktionen des Eigenwertproblems

$$\begin{cases} \Delta U + \lambda U = 0 & \text{in} \quad D\,; \\ U = 0 & \text{auf} \quad \partial D \end{cases} \tag{5.209}$$

interessiert. Dabei bezeichnet man als *Eigenwerte* von Problem (5.209) diejenigen Werte $\lambda \in \mathbb{C}$, für die (5.209) von $U \equiv 0$ verschiedene Lösungen $U$ besitzt. Die zugehörigen Lösungen $U$ nennt man *Eigenfunktionen*. Man benötigt diese zum Beispiel bei der Konstruktion von Lösungen von Rand- und Anfangswertproblemen der Wärmeleitungsgleichung (s. Abschn. 6.1.3) und der Wellengleichung (s. Abschn. 7.1.5).

Wir zeigen zunächst: Es gibt keine Eigenwerte $\lambda$ mit $\lambda \leq 0$. Dies folgt für $\lambda < 0$ aus (5.209) und dem Integralsatz von Gauß:

$$\begin{aligned} 0 &= \int\limits_{\partial D} \overline{U} \frac{\partial}{\partial \boldsymbol{n}} U \,\mathrm{d}\sigma = \int\limits_{\partial D} \overline{U} \nabla U \cdot \boldsymbol{n} \,\mathrm{d}\sigma = \int\limits_{D} \nabla \cdot \left[ \overline{U} \nabla U \right] \mathrm{d}\tau \\ &= \int\limits_{D} \left[ \nabla \overline{U} \cdot \nabla U + \overline{U} \Delta U \right] \mathrm{d}\tau = \int\limits_{D} \left[ |\nabla U|^2 - \lambda |U|^2 \right] \mathrm{d}\tau \,. \end{aligned}$$

Aufgrund dieser Beziehung kann es für $\lambda < 0$ kein nichttriviales $U$ geben, das $\Delta U + \lambda U = 0$ genügt. $\lambda = 0$ kann ebenfalls kein Eigenwert von (5.209) sein, da das homogene Dirichletsche Innenraumproblem der Potentialtheorie nach Abschnitt 5.3.1 nur die Lösung $U = 0$ besitzt.

Um zu weitergehenden Aussagen über die Eigenwerte und -funktionen von Problem (5.209) zu gelangen, ziehen wir die in Abschnitt 2.3.3 entwickelte Theorie symmetrischer Integraloperatoren heran. Hierzu formen wir das Eigenwertproblem (5.209) in ein äquivalentes Eigenwertproblem für eine Integralgleichung um: nach Satz 5.19 in das Problem

$$U(\boldsymbol{x}) = \frac{\lambda}{4\pi} \int\limits_{D} U(\boldsymbol{y}) G(\boldsymbol{x}, \boldsymbol{y}) \,\mathrm{d}\tau_{\boldsymbol{y}} \,, \quad \boldsymbol{x} \in \partial D \,. \tag{5.210}$$

Der Integraloperator in (5.210) besitzt mit $G(\boldsymbol{x}, \boldsymbol{y})$ einen symmetrischen, schwach-polaren Kern (vgl. Abschn. 2.3.3, (2.121): $n = 3$, $m = \dim(D) = 3 = n$, $\alpha = \frac{1}{2}$). Mit den Ergebnissen von Abschnitt 2.3.2, Satz 2.20 und Abschnitt 2.3.3, Satz 2.22 und der Tatsache, daß keine Eigenwerte $\lambda$ mit $\lambda \leq 0$ auftreten können (s.o.) ergibt sich unmittelbar:[13]

13 Wir beachten den Unterschied zwischen $\lambda$ in (5.210) und $\lambda$ in den genannten Sätzen: Wir haben hier $\lambda$ durch $\frac{1}{\lambda}$ ersetzt.

**Satz 5.20:**

(a) Zum Eigenwertproblem (5.209) gibt es eine monoton wachsende Folge $\{\lambda_n\}$ von positiven Eigenwerten mit $\lambda_n \to \infty$ für $n \to \infty$, die sich in $\mathbb{R}^+$ nirgends häufen können und ein zugehöriges abzählbar unendliches vollständiges Orthonormalsystem $\{U_n\}$ von Eigenfunktionen. Dabei gibt es zu jedem Eigenwert höchstens endlich viele orthonormierte Eigenfunktionen.

(b) Jede in $\overline{D} = D \cup \partial D$ zweimal stetig differenzierbare Funktion $h$ mit $h(x) = 0$ auf $\partial D$ läßt sich in eine in $\overline{D}$ gleichmäßig konvergente Reihe nach den Eigenfunktionen $\{U_n\}$ entwickeln:

$$h(x) = \sum_{n=1}^{\infty} c_n U_n(x)\text{1} \tag{5.211}$$

mit den Koeffizienten

$$c_n = (h, U_n) = \int_D hU_n \,\mathrm{d}\tau\,. \tag{5.212}$$

**Bemerkung**: Zur numerischen Lösung des Eigenwertproblems (5.209) siehe z.B. Hackbusch [66], Kap. 11, S. 227–245. Dort werden Finite-Elemente-Diskretisierung und Diskretisierung durch Differenzenverfahren herangezogen.

## Übungen

### Übung 5.12*:

Berechne die Greensche Funktion $G(\boldsymbol{x}, \boldsymbol{y})$ für das Dirichletsche Randwertproblem der Potentialtheorie für die Kugel $K := \{\boldsymbol{x} \in \mathbb{R}^3 \mid |\boldsymbol{x}| < R\}$.

**Hinweis**: Benutze den Ansatz

$$G(\boldsymbol{x}, \boldsymbol{y}) = \frac{1}{|\boldsymbol{x} - \boldsymbol{y}|} - \frac{a}{|\boldsymbol{x} - b\boldsymbol{y}|}$$

und bestimme $a$ und $b$ so, daß $G(\boldsymbol{x}, \boldsymbol{y})$ für $|\boldsymbol{x}| = R$ verschwindet.

### Übung 5.13*:

Setze die in Übung 5.12 gewonnene Greensche Funktion in die Lösungsformel (5.204) für das Dirichletsche Problem ein und leite die *Poissonsche Integralformel*

$$U(\boldsymbol{x}) = \frac{1}{4\pi}\frac{R^2 - |\boldsymbol{x}|^2}{R} \int_{|\boldsymbol{y}|=R} \frac{f(\boldsymbol{y})}{|\boldsymbol{x} - \boldsymbol{y}|^3}\,\mathrm{d}\sigma_{\boldsymbol{y}}\,, \quad |\boldsymbol{x}| < R$$

her.

**Übung 5.14*:**

(a) Es sei $K := \{x \in \mathbb{R}^3 \mid |x| < R\}$. Ferner sei $U(x)$ nicht negativ und stetig in $\overline{K}$, und $U(x)$ genüge der Potentialgleichung in $K$. Weise mit Hilfe der Poissonschen Integralformel (s. Üb. 5.13) und der Mittelwertformel (s. Abschn. 5.1.4) die *Harnacksche Ungleichung*

$$\frac{R(R-|x|)}{(R+|x|)^2}U(0) \le U(x) \le \frac{R(R+|x|)}{(R-|x|)^2}U(0), \quad |x| < R$$

nach.

(b) Zeige: Ist $u(x)$ eine in ganz $\mathbb{R}^3$ zweimal stetig differenzierbare Funktion, die dort $u(x) \le C$ und $\Delta u(x) = 0$ erfüllt, dann ist $u(x)$ eine Konstante. (Vgl. auch den Satz von Liouville der Funktionentheorie, Burg/Haf/Wille [22], Abschn. 2.2.5)

**Hinweis**: Betrachte die Funktion $U(x) := C - u(x)$ und verwende die Harnacksche Ungleichung.

**Übung 5.15:**

Beweise ein dem Satz 5.18 entsprechendes Resultat für den Fall $n = 2$.

**Hinweis**: Definiere die Greensche Funktion $G(x, y)$ durch

$$G(x, y) = \ln\frac{1}{|x-y|} + \varphi(x, y),$$

wobei $\varphi(x, y)$ für festes $y \in \partial D$ (=Randkurve von $D \subset \mathbb{R}^2$) die Lösung von

$$\begin{cases} \Delta_x\varphi(x, y) = 0 \quad \text{in} \quad D; \\ \varphi(x, y) = -\ln\dfrac{1}{|x-y|} \quad \text{auf} \quad \partial D \end{cases}$$

ist. Wie lautet die Poissonsche Integralformel für den Kreis?

**Übung 5.16:**

Gegeben sei das Dirichletsche Innenraumproblem der Potentialtheorie mit

$$\begin{cases} \Delta U = 0 \quad \text{in} \quad D; \\ U = f \quad \text{auf} \quad \partial D, \end{cases}$$

wobei $D$ der Halbraum $D = \{x \in \mathbb{R}^3 \mid x = (x, y, z)^{\mathrm{T}} \text{ mit } z > 0\}$ ist.

(a) Bestätige, daß die Greensche Funktion dieses Problems durch

$$G(x, y) = \frac{1}{4\pi}\left(\frac{1}{|x-y|} - \frac{1}{|x'-y|}\right)$$

gegeben ist. Dabei ist $x'$ der Punkt, der durch Spiegelung von $x = (x, y, z)^{\mathrm{T}}$ an der $x$, $y$-Ebene entsteht: $x' = (x, y, -z)^{\mathrm{T}}$.

(b) Zeige mit Hilfe der Formel (5.204), daß die Lösung des obigen Problems

$$U(\boldsymbol{x}) = \frac{z}{2\pi} \int\limits_{-\infty}^{\infty} \int\limits_{-\infty}^{\infty} f(x_1, y_1, 0) \frac{1}{\sqrt{(x-x_1)^2 + (y-y_1)^2 + z^2}} \, \mathrm{d}x_1 \, \mathrm{d}x_2$$

lautet.

## 5.5 Einführung in die Finite-Elemente-Methode

In diesem Abschnitt behandeln wir Randwertprobleme für die (elliptische) Differentialgleichung

$$\Delta u + gu = w$$

im $\mathbb{R}^2$ mit der Finite-Elemente-Methode. Dabei wird das Definitionsgebiet von $u$ in kleine Teile (finite Elemente) zerlegt (z.B. Dreiecke im $\mathbb{R}^2$) und die Lösung durch Zusammensetzen der Teillösungen auf den »finiten Elementen« gewonnen.

Um so vorgehen zu können, erläutern wir zuerst allgemein Differenzierbarkeit von Operatoren auf Banachräumen (»Fréchet-Ableitung«)[14] und erörtern allgemein Variationsprobleme auf Banachräumen. Dann wird die Äquivalenz gewisser elliptischer Randwertprobleme mit Variationsproblemen aufgezeigt und erläutert, wie diese Variationsprobleme mit der Finite-Elemente-Methode (kurz FEM) näherungsweise gelöst werden.

### 5.5.1 Die Fréchet-Ableitung

Für reelle Funktionen $f(x)$ einer reellen Variablen ist uns der Begriff der Ableitung $f'(x)$ wohlbekannt. Wir wollen ihn hier auf Abbildungen zwischen Banachräumen ausdehnen. Wie ist dies zu tun?

In Banachräumen kann man i.a. (leider) nicht dividieren, wohl aber addieren und mit reellen (oder komplexen) Zahlen multiplizieren. Folglich verbietet sich die Bildung eines Differenzenquotienten

$$\frac{f(x) - f(x_0)}{x - x_0},$$

um durch Grenzübergang $x \to x_0$ zur Ableitung $f'(x_0)$ zu gelangen.

Wir knüpfen daher besser an die (totale) Differenzierbarkeit im $\mathbb{R}^n$ an (s. Burg/Haf/Wille [23], Abschn. 6.3.2). Dort heißt eine Abbildung $\boldsymbol{f}: D \subset \mathbb{R}^n \to \mathbb{R}^m$ genau dann (total) differenzierbar in $\boldsymbol{x}_0 \in \mathring{D}$[15], wenn sich $\boldsymbol{f}(\boldsymbol{x})$ in einer Umgebung von $\boldsymbol{x}_0$ in folgender Form darstellen läßt:

$$\boldsymbol{f}(\boldsymbol{x}) = \boldsymbol{f}(\boldsymbol{x}_0) + \boldsymbol{A}(\boldsymbol{x} - \boldsymbol{x}_0) + \boldsymbol{k}(\boldsymbol{x}), \tag{5.213}$$

14 R.M. Fréchet (1878-1973), französischer Mathematiker

15 $\mathring{D}$ bezeichnet das Innere von $D$

wobei $\boldsymbol{A}$ eine reelle $(m, n)$-Matrix ist und $\boldsymbol{k}: D \to \mathbb{R}^m$ eine Funktion mit der Eigenschaft

$$\lim_{x \to x_0} \frac{\boldsymbol{k}(\boldsymbol{x})}{|\boldsymbol{x} - \boldsymbol{x}_0|} = 0\,. \tag{5.214}$$

Die Matrix $\boldsymbol{A}$ hängt von $\boldsymbol{x}_0$ ab, wie auch die Funktion $\boldsymbol{k}$. Durch

$$\boldsymbol{A}\boldsymbol{h} =: \boldsymbol{L}(\boldsymbol{h}) \quad (\boldsymbol{h} := \boldsymbol{x} - \boldsymbol{x}_0 \in \mathbb{R}^n) \tag{5.215}$$

ist eine stetige lineare Abbildung $\boldsymbol{L}: \mathbb{R}^n \to \mathbb{R}^m$ gegeben.

**Bemerkung**: Man kann leicht beweisen, daß $A$ gleich der Funktionalmatrix in $\boldsymbol{x}_0$ ist:

$$\boldsymbol{A} = \boldsymbol{f}'(\boldsymbol{x}_0) = \left(\frac{\partial f_i}{\partial x_k}(\boldsymbol{x}_0)\right)_{m,n} \tag{5.216}$$

(s. Burg/Haf/Wille [23], Abschn. 6.3.2, Üb. 6.19). Im Falle $n = m = 1$ reduziert sich $A$ auf die gewöhnliche Ableitung $f'(x_0)$. Hier besteht also kein Unterschied zur wohlbekannten eindimensionalen Differentialrechnung, und so muß es ja auch sein.

Liegt nun eine Abbildung $f: D \to Y$ $(D \subset X)$ vor, wobei $X$ und $Y$ Banachräume sind, so läßt sich an den Begriff der (totalen) Differenzierbarkeit im $\mathbb{R}^n$, also an (5.213), (5.214) und (5.215) mühelos anknüpfen:

**Definition 5.3:**

Es sei $f: D \to Y$ $(D \subset X)$ eine Abbildung, wobei $X$ und $Y$ Banachräume sind. Man nennt $f$ in $x_0 \in \mathring{D}$ *Fréchet-differenzierbar*, wenn $f$ in einer Umgebung von $x_0$ folgendermaßen dargestellt werden kann:

$$f(x) = f(x_0) + L[x_0](x - x_0) + k(x)\,. \tag{5.217}$$

Dabei ist $L[x_0]$ ein linearer stetiger Operator von $X$ in $Y$, und $k: D \to Y$ besitzt die Eigenschaft

$$\lim_{x \to x_0} \frac{1}{\|x - x_0\|} k(x) = 0\,. \tag{5.218}$$

In diesem Falle schreibt man den Operator $L[x_0]$ in der Form

$$L[x_0] =: f'[x_0] \tag{5.219}$$

und nennt ihn die *Fréchet-Ableitung* von $f$ in $x_0$. $f: D \to Y$ heißt *Fréchet-differenzierbar in D*, wenn $f$ in jedem Punkt $x \in D$ Fréchet-differenzierbar ist.

Jedem Punkt $x \in D$ ist also ein stetiger linearer Operator $f'[x]: X \to Y$ zugeordnet. Die zugehörige Funktionsgleichung hat dann die Form

$$v = f'[x]h\,.$$

Hierbei ist $f'[x]$ das Funktionssymbol (bei festem $x$), $h$ die unabhängige Variable und $v$ die abhängige Variable.

**Beispiel 5.2:**
Wir betrachten das Integral

$$f(u) := \iint\limits_B u^2(x, y)\,\mathrm{d}x\,\mathrm{d}y \tag{5.220}$$

auf einem kompakten $J$-meßbaren Bereich $B$ in $\mathbb{R}^2$. Man kann $f$ auffassen als eine Abbildung

$$f\colon C(B) \to \mathbb{R},$$

also vom Banachraum aller stetigen reellwertigen Funktionen in den Raum der reellen Zahlen. Die Norm in $C(B)$ ist dabei $\|u\| = \max\limits_{(x,y)\in B} |u(x, y)|$.

Für eine fest gewählte stetige Funktion $u_0\colon B \to \mathbb{R}$ soll die Fréchet-Ableitung von $f$ ermittelt werden. Dazu rechnen wir $f(u) - f(u_0)$ explizit aus, wobei $u = u_0 + h$ gesetzt wird, mit beliebigem $h \not\equiv 0$ ($h \in C(B)$). Es folgt durch einfache Rechnung

$$\begin{aligned} f(u_0 + h) - f(u_0) &= \iint\limits_B (u_0 + h)^2\,\mathrm{d}x\,\mathrm{d}y - \iint\limits_B u_0^2\,\mathrm{d}x\,\mathrm{d}y \\ &= \iint\limits_B \left[(u_0 + h)^2 - u_0^2\right]\mathrm{d}x\,\mathrm{d}y = \iint\limits_B \left[u_0^2 + 2u_0h + h^2 - u_0^2\right]\mathrm{d}x\,\mathrm{d}y \text{ [16]} \\ &= \iint\limits_B \left[2u_0h + h^2\right]\mathrm{d}x\,\mathrm{d}y\,. \end{aligned}$$

Das letzte Integral wird in zwei Integrale aufgespalten. Man erhält also

$$f(u_0 + h) = f(u_0) + 2\iint\limits_B u_0h\,\mathrm{d}x\,\mathrm{d}y + \underbrace{\iint\limits_B h^2\,\mathrm{d}x\,\mathrm{d}y}_{=:k(u_0+h)}\,. \tag{5.221}$$

Für das rechte Glied gilt

$$\frac{1}{\|h\|}k(u_0 + h) \to 0 \quad \text{für } \|h\| \to 0,$$

denn man schätzt folgendermaßen ab:

$$\frac{\|k(u_0 + h)\|}{\|h\|} = \frac{1}{\|h\|}\left|\iint\limits_B h^2\,\mathrm{d}x\,\mathrm{d}y\right| \le \frac{1}{\|h\|}\iint\limits_B \|h\|^2\,\mathrm{d}x\,\mathrm{d}y = \|h\|\iint\limits_B \mathrm{d}x\,\mathrm{d}y \to 0 \text{ für } \|h\| \to 0\,.$$

16 Die Variablenangaben $(x, y)$ werden der besseren Übersichtlichkeit wegen weggelassen.

Ferner erkennt man, daß das erste Integral in (5.221) linear und stetig von $h$ abhängt. Folglich liefert der Vergleich mit (5.217) und (5.219)

$$f'[u_0]h = 2 \iint\limits_B u_0 h \,\mathrm{d}x\,\mathrm{d}y\,, \quad h \in C(B)\,, \tag{5.222}$$

womit die Fréchet-Ableitung von $f$ berechnet ist (und gleichzeitig die Fréchet-Differenzierbarkeit von $f$ bewiesen ist).

**Bemerkung**: Im Falle $X = \mathbb{R}^n$ und $Y = \mathbb{R}^m$ ist die Fréchet-Differenzierbarkeit mit der totalen Differenzierbarkeit identisch. Denn jede lineare Abbildung $L\colon \mathbb{R}^n \to \mathbb{R}^m$ läßt sich mit einer geeigneten $(n, m)$-Matrix $A$ so beschreiben:

$$L(\boldsymbol{x}) = \boldsymbol{A}\boldsymbol{x}\,.$$

(Sind $\boldsymbol{e}_1, \ldots, \boldsymbol{e}_n$ die Koordinateneinheitsvektoren im $\mathbb{R}^n$, so ist $\boldsymbol{A} = (L\boldsymbol{e}_1, \ldots, L\boldsymbol{e}_n)$; vgl. Burg/-Haf/Wille [25], Abschn. 3.2.3.)

### 5.5.2 Variationsprobleme

Wir betrachten reellwertige Funktionen auf Banachräumen (also Funktionale) und interessieren uns für ihre Minima und Maxima, also kurz für ihre Extrema. Genauer: Es sei $f : D \to \mathbb{R}$ ein Fréchet-differenzierbares Funktional auf einer offenen Menge $D \subset X$, wobei $X$ ein Banachraum ist. Wir beweisen nun, daß in Extremalstellen $u_0$ die Ableitung $f'[u_0]$ verschwindet, wir wir es aus dem 1-dimensionalen gewohnt sind.

**Satz 5.21:**

Ist $f : D \to \mathbb{R}$ ein Fréchet-differenzierbares Funktional auf einer Teilmenge $D$ eines reellen Banachraumes $X$, und ist $u_0 \in \mathring{D}$ eine (lokale) Extremalstelle von $f$, so gilt

$$f'[u_0] = 0\,.$$

**Beweis:**

Wir nehmen o.B.d.A. an, daß $u_0$ eine (lokale) Minimalstelle von $f$ ist. (Wäre $u_0$ eine Maximalstelle, so würden wir $-f$ statt $f$ betrachten.) In einer Umgebung $U$ von $u_0$ gilt also

$$f(u) \geq f(u_0) \quad \text{für alle } u \in U\,. \tag{5.223}$$

Wir schreiben $u$ in der Form $u = u_0 + th$ mit $t > 0$ und $\|h\| = 1$. Wegen der Fréchet-Differenzierbarkeit können wir $f(u)$ damit so ausdrücken:

$$f(u_0 + th) = f(u_0) + f'[u_0](th) + k(u_0 + th)$$

mit

$$\frac{k(u_0 + th)}{\|th\|} \to 0 \quad \text{für } t \to 0\,.$$

Umstellung und Division durch $t > 0$ liefert

$$0 \leq \frac{f(u_0 + th) - f(u_0)}{t} = f'[u_0]h + \frac{k(u_0 + th)}{t}\,. \tag{5.224}$$

Der linke Quotient ist $\geq 0$ wegen (5.223). Das rechte Glied $\frac{k(u_0+th)}{t}$ strebt mit $t \to 0$ gegen Null (wegen $t = \|th\|$), also folgt

$$0 \leq f'[u_0]h \quad \text{für alle } h \in X \text{ mit } \|h\| = 1\,. \tag{5.225}$$

Setzen wir hier $-h$ statt $h$ ein, so erhalten wir wegen $\|-h\| = 1$ auch

$$0 \leq f'[u_0](-h) = -f'[u_0]h$$

und somit

$$f'[u_0]h = 0 \quad \text{für } \|h\| = 1\,. \tag{5.226}$$

Damit gilt (5.226) überhaupt für alle $h \in X$, da man diese durch Multiplikation mit geeigneten $\lambda \in \mathbb{R}$ aus den Elementen mit Einheitslänge gewinnt. Das heißt aber, es ist $f'[u_0] = 0$. □

Unter den Punkten $u_0$ mit $f'[u_0] = 0$ sind also alle Extremalstellen enthalten. Folglich trachtet man danach, die Nullstellen von $f'$ zu finden. Dies ist — allgemein gesprochen — das »Variationsproblem«. Also:

Unter einem *Variationsproblem* (auf einem Banachraum) verstehen wir folgendes:

Ist $f : D \to \mathbb{R}$ $(D \subset X)$ ein Fréchet-differenzierbares Funktional, wobei $X$ ein reeller Banachraum ist, so sind die Punkte $u_0 \in \mathring{D}$ gesucht, deren Ableitung verschwindet:

$$f'[u_0] = 0\,.$$

Die Punkte $u_0 \in \mathring{D}$ mit $f'[u_0] = 0$ nennt man *stationäre Punkte* von $f$. Somit lautet das *Variationsproblem* kurz:

Gesucht sind die stationären Punkte von $f$.

Diejenigen stationären Punkte von $f$, die keine (lokalen) Extremalpunkte sind, heißen *Sattelpunkte* von $f$.

**Beispiel 5.3:**
Es sei $H$ ein reeller Hilbertraum. Auf $H$ betrachten wir das Funktional

$$f(x) = \frac{1}{2}(Ax, x) + (b, x) + c\,, \quad x \in H\,, \tag{5.227}$$

wobei $A: H \to H$ ein linearer, stetiger, selbstadjungierter (= symmetrischer) Operator ist, sowie $b \in H$ und $c \in \mathbb{R}$. Zur Ermittlung der Fréchet-Ableitung berechnen wir mit beliebigem $x, h \in H$ die Differenz

$$\begin{aligned} f(x+h) - f(x) &= \frac{1}{2}(A(x+h), x+h) + (b, x+h) + c \\ &\quad - \frac{1}{2}(Ax, x) - (b, x) - c \\ &= \frac{1}{2}[(Ax, x) + (Ax, h) + (Ah, x) + (Ah, h)] \\ &\quad + (b, x) + (b, h) - \frac{1}{2}(Ax, x) - (b, x) \\ &= \frac{1}{2}[(Ax, h) + (Ah, x)] + (b, h) + \frac{1}{2}(Ah, h)\,. \end{aligned}$$

Wegen $(Ah, x) = (Ax, h)$ (warum?) folgt dann

$$f(x+h) - f(x) = (Ax, h) + (b, h) + \frac{1}{2}(Ah, h) = (Ax + b, h) + \frac{1}{2}(Ah, h)\,. \tag{5.228}$$

Es gilt offenbar

$$\frac{|(Ah, h)|}{\|h\|} \leq \frac{\|A\|\|h\|^2}{\|h\|} \to 0 \quad \text{für } \|h\| \to 0$$

$(h \neq 0)$. Damit repräsentiert das Glied $(Ax + b, h)$ in (5.228) die Fréchet-Ableitung von $f$:

$$f'[x]h = (Ax + b, h)\,.$$

Der Fall $f'[x] = 0$, d.h. $f'[x]h = 0$ für alle $h \in H$, ist folglich gleichbedeutend mit $Ax + b = 0$. Somit gewinnen wir das

**Ergebnis**: Die stationären Punkte $x$ von $f$ sind die Lösungen der linearen Gleichung

$$Ax = -b\,.$$

### Variationsprobleme auf linearen Mannigfaltigkeiten

Oftmals liegen auch *Variationsprobleme mit Nebenbedingungen* vor. Wir betrachten hier folgenden Fall:

Es sei $f: X \to \mathbb{R}$ ein Fréchet-differenzierbares Funktional auf dem reellen Banachraum $X$, $V$ ein Unterraum von $X$ und $u^*$ ein beliebiger fester Punkt aus $X$. Durch

$$M = u^* + V := \{u^* + v \mid v \in V\}$$

ist damit eine *lineare Mannigfaltigkeit* gegeben. (Jede Gerade, jede Ebene, jede Hyperebene ist z.B. eine lineare Mannigfaltigkeit.)

Man betrachtet nun die Einschränkung $f|_M$ von $f$ auf $M$ und sucht deren Extremalstellen. Anders ausgedrückt: Es sind die Extremalstellen $u_0$ von $f$ gesucht unter der *Nebenbedingung* $u_0 \in M$. Hierfür gilt ein ähnlicher Satz wie Satz 5.21:

**Satz 5.22:**
Es seien $f: X \to Y$, $V$ (Unterraum) und $M = u^* + V$ (lineare Mannigfaltigkeit) wie oben erklärt. Hat die Einschränkung $f|_M$ in $u_0$ ein Extremum, so gilt dort

$$f'[u_0]h = 0 \quad \text{für alle } h \in V\,. \tag{5.229}$$

**Beweis:**
Wir definieren $\hat{f}(v) := f(u^* + v)$ für alle $v \in V$. Es ist also $\hat{f}: V \to \mathbb{R}$ auf dem Unterraum $V$ definiert. Es folgt für $v, h \in V$ über die Fréchet-Differenzierbarkeit von $f$:

$$\hat{f}(v+h) = f(u^* + v + h) = f(u^* + v) + f'[u^* + v]h + k(u^* + v + h)$$

mit der üblichen Eigenschaft

$$\frac{k(u^* + v + h)}{\|h\|} \to 0 \quad \text{für } \|h\| \to 0\,.$$

Mit $\hat{k}(v) := k(u^* + v)$ haben wir also

$$\hat{f}(v+h) = \hat{f}(v) + f'[u^* + v]h + \hat{k}(v+h)\,, \quad h \in V\,.$$

Daraus folgt, daß $f'[u^* + v]h = \hat{f}'[v]h$ zu setzen ist. Nach Satz 5.21 gilt aber für jede Extremalstelle $v_0 \in V$ von $\hat{f}$ die Gleichung $\hat{f}'[v_0] = 0$, d.h. $f'[u^* + v_0]h = 0$ für alle $h \in V$. Mit $u_0 := u^* + v_0$ ist dies gerade die Behauptung (5.229). □

Damit gelangen wir zum folgenden *Variationsproblem auf einer linearen Mannigfaltigkeit*:

Es sei $f: X \to \mathbb{R}$ Fréchet-differenzierbar auf dem reellen Banachraum $X$, und es sei $M = u^* + V$ eine lineare Mannigfaltigkeit in $X$ ($V \subset X$ Unterraum, $u^* \in X$). Gesucht sind die Punkte $u_0 \in M$ mit

$$f'[u_0]h = 0 \quad \text{für alle } h \in V\,. \tag{5.230}$$

Diese Punkte $u_0$ heißen *stationäre Punkte von $f$ mit der Nebenbedingung $u_0 \in M$*. Nach ihnen wird gefahndet.

**Beispiel 5.4:**
Eindimensionale Variationsprobleme gehen oft von dem Integral

$$I(u) = \int_a^b F(x, u(x), u'(x))\,\mathrm{d}x \tag{5.231}$$

aus, wobei $w = F(x, y, z)$ eine zweimal stetig differenzierbare Funktion auf $[a, b] \times \mathbb{R} \times \mathbb{R}$ ist, und wobei $u(a) = u_a$ und $u(b) = u_b$ vorgegeben sind (z.B. Brachistochrone-Problem). Es ist eine stetig differenzierbare Funktion $u : [a, b] \to \mathbb{R}$ gesucht, die $I$ stationär macht, also $I'[u] = 0$ erfüllt. Wir berechnen $I'[u]$ aus der Differenz $I(u + h) - I(u)$ mit $h(a) = h(b) = 0$:

$$I(u+h) - I(u) = \int_a^b \left[F(x, u+h, u'+h') - F(x, u, u')\right] \mathrm{d}x$$

$$= \int_a^b [F'(x, u, u') \begin{bmatrix} 0 \\ h \\ h' \end{bmatrix} + k(x, h, h')]\, \mathrm{d}x$$

$$= \int_a^b [F_y(x, u, u')h + F_z(x, u, u')h']\, \mathrm{d}x + \int_a^b k(x, h, h')\, \mathrm{d}x\,,$$

wobei

$$\frac{k(x, h, h')}{\|h\|} \to 0 \quad \text{für } \|h\| \to 0 \quad (\|h\| := \max_{x \in [a,b]} |h(x)| + \max_{x \in [a,b]} |h'(x)|)\,.$$

(Die Konvergenz ist gleichmäßig!) Damit gilt auch für das zweite Integral

$$\frac{1}{\|h\|} \int_a^b k(x, h, h')\, \mathrm{d}x \to 0 \quad \text{für } \|h\| \to 0\,.$$

Da das erste Integral bezüglich $h$ linear und stetig ist, folgt

$$I'[u]h = \int_a^b [F_y(x, u, u')h + F_z(x, u, u')h']\, \mathrm{d}x\,.$$

Zur Vereinfachung der Gleichung $I'[u]h = 0$ formen wir den zweiten Teil mittels partieller Integration um:

$$\int_a^b F_z h'\, \mathrm{d}x = h(b)F_z(b, h(b), h'(b)) - h(a)F_z(a, h(a), h'(a))$$

$$- \int_a^b \frac{\mathrm{d}}{\mathrm{d}x} F_z(x, u(x), u'(x)) \cdot h(x)\, \mathrm{d}x$$

also

$$I'[u]h = \int_a^b [F_y(x, u, u') - \frac{\mathrm{d}}{\mathrm{d}x} F_z(x, u, u')]h \,\mathrm{d}x \,. \tag{5.232}$$

Dieses Integral verschwindet für alle $h$ genau dann, wenn der Integrand 0 ist, also für

$$F_y(x, u, u') - \frac{\mathrm{d}}{\mathrm{d}x} F_z(x, u, u') = 0 \,. \tag{5.233}$$

Dies ist die *Eulersche Differentialgleichung* zum Variationsproblem für $I(u)$ (s. (5.231)). Die Lösungen dieser Differentialgleichung sind die gesuchten stationären Punkte, unter der Nebenbedingung $u(a) = u_a$, $u(b) = u_b$.

Bei diesem Beispiel liegt der Banachraum $C^1[a, b]$ zu Grunde. Darin bilden die Funktionen $u$ mit vorgegebenen $u(a) = u_a$ und $u(b) = u_b$ eine lineare Mannigfaltigkeit $M$. Es liegt also ein Variationsproblem mit der Nebenbedingung $u \in M$ vor.

Bei der im folgenden beschriebenen Finite-Elemente-Methode für elliptische Randwertprobleme haben wir es auch mit einem Variationsproblem auf einer linearen Mannigfaltigkeit zu tun. Es ähnelt dem obigen Beispiel. Der Definitionsbereich der Funktion $u$ ist in dem von uns betrachteten Falle allerdings 2-dimensional.

### 5.5.3 Elliptische Randwertprobleme und äquivalente Variationsprobleme

In der Ebene $\mathbb{R}^2$ sei $G$ ein beschränktes Gebiet, welches stückweise glatt berandet ist. Letzteres besagt, daß der Rand $\partial G$ von $G$ aus endlich vielen glatten Kurven[17] zusammengesetzt ist (s. Fig. 5.8)

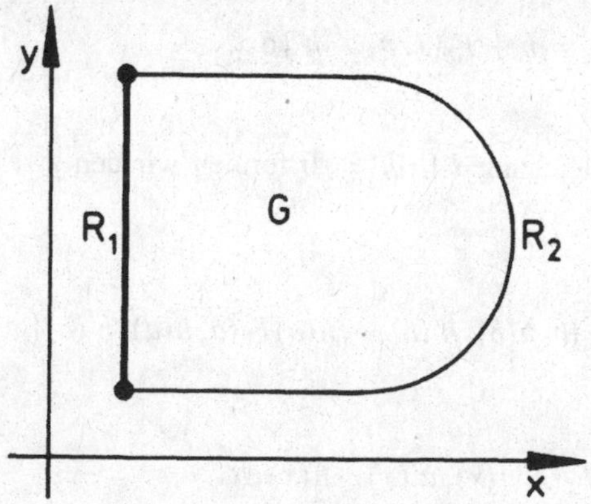


Fig. 5.8: Definitionsbereich $\overline{G}$

17 Eine Kurve im $\mathbb{R}^2$ heißt glatt, wenn sie eine Parameterdarstellung $\boldsymbol{x} = \boldsymbol{f}(t)$ $(a \leq t \leq b)$ besitzt, wobei $\boldsymbol{f}$ stetig differenzierbar ist und $\dot{\boldsymbol{f}}(t) \neq \boldsymbol{0}$ in $[a, b]$ gilt.

Auf $G$ bzw. $\partial G$ betrachten wir den Integralausdruck

$$I(u) := \iint\limits_G \left[\frac{1}{2}(u_x^2 + u_y^2) - \frac{1}{2}g(x, y)u^2 + w(x, y)u\right] \mathrm{d}x\,\mathrm{d}y$$
$$+ \int\limits_{\partial G} \left[\frac{1}{2}\alpha(s)u^2 - \beta(s)u\right] \mathrm{d}s\,. \tag{5.234}$$

Hierbei sei $u$ aus der Menge $C^2(\overline{G})$ aller Funktionen $u\colon \overline{G} \to \mathbb{R}$, die auf $\overline{G}$ zweimal stetig differenzierbar sind.[18] (Statt $u$ ist im ersten Integral ausführlicher $u(x, y)$ zu schreiben, und für $u_x$, $u_y$ gilt entsprechendes. Die vereinfachte Schreibweise wurde der besseren Übersichtlichkeit wegen gewählt.) Im zweiten Integral $\int\limits_{\partial G} \ldots$ ist $s$ die laufende Bogenlänge (der »natürliche Parameter«) der Randkurve. D.h. wir denken uns den Rand $\partial G$ aus glatten Kurven $K_i\colon \boldsymbol{f}_i\colon [a_i, b_i] \to \mathbb{R}^2$ $(i = 1, \ldots, m)$ zusammengesetzt. Damit ist

$$\int\limits_{\partial G} \left[\frac{\alpha(s)}{2}u^2 - \beta(s)u\right] \mathrm{d}s = \sum_{i=1}^{m} \int\limits_{a_i}^{b_i} \left[\frac{\alpha(s)}{2}u^2(\boldsymbol{f}_i(s)) - \beta(s)u(\boldsymbol{f}_i(s))\right] \mathrm{d}s\,.$$

Schließlich sind $g, w\colon \overline{G} \to \mathbb{R}$ und $\alpha, \beta\colon \bigcup\limits_{i=1}^{m} [a_i, b_i] \to \mathbb{R}$ stetige Funktionen. (Die Intervalle $[a_i, b_i]$ sind paarweise durchschnittsfremd.) $\alpha$, $\beta$ sind also als Funktionen auf dem Rand $\partial G$ aufzufassen. Ferner denken wir uns auf einem Teil $R_1$ des Randes $\partial G$ die Werte von $u$ vorgegeben, also

$$u|_{R_1} = \varphi \tag{5.235}$$

mit gegebener stetiger Funktion $\varphi$ auf $R_1$. $R_1$ bestehe aus endlich vielen glatten Kurven. Dabei sind auch die Fälle $R_1 = \partial G$ und $R_1 = \emptyset$ möglich. Diese Funktionen $u$ bilden im Raum $C^2(\overline{G})$ eine *lineare Mannigfaltigkeit*, genannt $C^2(\overline{G}; R_1, \varphi)$. Denn jedes $u$, welches (5.235) erfüllt, läßt sich in der Form

$$u = u^* + h$$

schreiben, wobei $u^*$ eine festgewählte Funktion aus $C^2(\overline{G})$ mit $u^*|_{R_1} = \varphi$ ist und $h \in C^2(\overline{G})$ eine geeignete Funktion mit $h|_{R_1} = 0$. $h$ ist also aus dem Unterraum $V = C^2(\overline{G}; R_1, 0)$ von $C^2(\overline{G})$. In $C^2(\overline{G})$ verwenden wir die Norm

$$\|u\| := \|u\|_\infty + \|u_x\|_\infty + \|u_y\|_\infty + \|u_{xx}\|_\infty + 2\|u_{xy}\|_\infty + \|u_{yy}\|_\infty$$

($\|\ \|_\infty$ bezeichnet die Maximumsnorm). $C^2(\overline{G})$ ist damit ein reeller Banachraum.

Wir beschäftigen uns im folgenden mit dem

18 D.h. $\overline{G}$ ist in einer offenen Menge $G_0 \subset \mathbb{R}^2$ enthalten, auf die man $f$ zweimal stetig differenzierbar erweitern kann.

**Variationsproblem (VP)**: Gesucht sind die zweimal stetig differenzierbaren Funktionen $u\colon \overline{G} \to \mathbb{R}$, die $I(u)$ (s. (5.234)) stationär machen. Dabei soll die Nebenbedingung $u(x, y) = \varphi(x, y)$ auf dem Randstück $R_1 \subset \partial G$ erfüllt sein.

Ein gut gestelltes Problem ist schon halb gelöst! Was haben wir also zu tun? Wir müssen offenbar $I'[u]$ berechnen und gleich Null setzen. Zu diesem Zweck rechnen wir die folgende Differenz aus:

$$
\begin{aligned}
&I(u+h) - I(u) = \\
&\iint_G \left[\frac{1}{2}\left((u_x + h_x)^2 + (u_y + h_y)^2\right) - \frac{1}{2}g \cdot (u+h)^2 + w \cdot (u+h)\right] \mathrm{d}x\,\mathrm{d}y \\
&+ \int_{\partial G} \left[\frac{1}{2}\alpha \cdot (u+h)^2 - \beta \cdot (u+h)\right] \mathrm{d}s \\
&- \iint_G \left[\frac{1}{2}(u_x^2 + u_y^2) - \frac{1}{2}gu^2 + wu\right] \mathrm{d}x\,\mathrm{d}y - \int_{\partial G} \left[\frac{\alpha}{2}u^2 - \beta u\right] \mathrm{d}s\,.
\end{aligned}
$$

Ausmultiplizieren der Binome $(u_x + h_y)^2, \ldots$ sowie Zusammenfassung unter den Integralen und Umstellung liefert sofort

$$
\begin{aligned}
&I(u+h) - I(u) = \\
&\iint_G \left[u_x h_x + u_y h_y - guh + wh\right] \mathrm{d}x\,\mathrm{d}y + \int_{\partial G} [\alpha uh - \beta h]\,\mathrm{d}s \\
&+ \iint_G \left[\frac{1}{2}(h_x^2 + h_y^2) - \frac{g}{2}h^2\right] \mathrm{d}x\,\mathrm{d}y + \int_{\partial G} \frac{\alpha}{2}h^2\,\mathrm{d}s\,.
\end{aligned}
\tag{5.236}
$$

Die letzte Zeile schreiben wir kurz als $k(u+h)$. Für sie gilt

$$
\begin{aligned}
\frac{|k(u+h)|}{\|h\|} \le \frac{1}{\|h\|} &\left\{ \iint_G \left(\frac{1}{2}\left[\|h\|^2 + \|h\|^2\right] - \frac{g}{2}\|h\|^2\right) \mathrm{d}x\,\mathrm{d}y \right. \\
&\left. + \int_{\partial G} \frac{\alpha}{2}\|h\|^2\,\mathrm{d}s \right\} \to 0 \quad \text{für } \|h\| \to 0\,.
\end{aligned}
$$

Die mittlere Zeile in (5.236) hängt linear und stetig von $h$ ab (bei festem $u$). Sie stellt damit die Fréchet-Ableitung von $I$ dar, d.h. es ist

$$I'[u]h = \iint_G \left( [u_x h_x + u_y h_y] - guh + wh \right) \mathrm{d}x\,\mathrm{d}y + \int_{\partial G} [\alpha u h - \beta h]\,\mathrm{d}s\,. \tag{5.237}$$

Unser Variationsproblem lautet nun: Gesucht sind Funktionen $u_0 \in C^2(\overline{G})$ mit $u_0|_{R_1} = \varphi$, die folgendes erfüllen:

$$I'[u_0]h = 0 \quad \text{für alle } h \in C^2(\overline{G}) \text{ mit } h|_{R_1} = 0.$$

Sehen wir uns die letzte Zeile in (5.236) nochmals an (wir haben sie kurz $k(u+h)$ geschrieben). Man sieht ihr unmittelbar folgendes an: Ist $g(x, y) \leq 0$ in ganz $G$ und $\alpha(s) \geq 0$ auf $\partial G$, so sind alle Integranden $\geq 0$, also $k(u+h) \geq 0$, ja sogar $k(u+h) > 0$ falls $h \not\equiv 0$. Verschwindet nun für ein $u = u_0$ die mittlere Zeile in (5.236), d.h. gilt $I'[u_0] = 0$, so folgt $I(u_0 + h) - I(u_0) > 0$ für alle $h \neq 0$, d.h. $u_0$ ist Minimalstelle, und zwar die einzige. Somit gilt

**Folgerung 5.4:**

Im Integralausdruck $I(u)$ sei $g(x, y) \leq 0$ auf $\overline{G}$ und $\alpha(s) \geq 0$ auf $\partial G$ erfüllt. Dann folgt: $I(u)$ nimmt für höchstens eine Funktion $u_0 \in C^2(\overline{G}; R_1, \varphi)$ ihr *Minimum* an. Diese ist bestimmt durch

$$I'[u_0]h = 0 \quad \text{für alle } h \in C^2(\overline{G}; R_1, 0)\,.$$

**Bemerkung**: In Anwendungen wird $I(u)$ häufig als Energie gedeutet. Das Lösen unseres Variationsproblems nennt man daher auch *Energiemethode*. Die gesuchte Lösung $u$ zeichnet sich also dadurch aus, daß das Energieintegral $I(u)$ minimal ist.

**Zusammenhang des Variationsproblems (VP) mit elliptischen Differentialgleichungen**

Es ist $I'[u] = 0$ zu lösen. Zunächst geben wir $I'[u]$ eine andere Gestalt, und zwar wenden wir die erste Greensche Formel (s. Abschn. 5.1.1) an:

$$\iint_G \underbrace{\nabla u \cdot \nabla h}_{= u_x h_x + u_y h_y} \,\mathrm{d}x\,\mathrm{d}y = -\iint_G (u_{xx} + u_{yy}) h \,\mathrm{d}x\,\mathrm{d}y + \int_{\partial G} \frac{\partial u}{\partial \boldsymbol{n}} h \,\mathrm{d}s\,. \tag{5.238}$$

Dabei ist $\frac{\partial u}{\partial n}$ die Ableitung von $u$ in Richtung der äußeren Normalen $\boldsymbol{n}$ auf $\partial G$. (Da $\partial G$ stückweise glatt ist, gibt es nur endlich viele Punkte (»Ecken«) auf $\partial G$, in denen $\frac{\partial u}{\partial n}$ nicht definiert ist. Hier setzen wir einfach $\frac{\partial u}{\partial n} = 0$. Für die Integration ist dies ohne Bedeutung!) Einsetzen von (5.238) in (5.237) liefert

$$I'[u]h = -\iint_G \left[ (u_{xx} + u_{yy}) + gu - w \right] h \,\mathrm{d}x\,\mathrm{d}y + \int_{\partial G} \left[ \frac{\partial u}{\partial \boldsymbol{n}} + \alpha u - \beta \right] h \,\mathrm{d}s\,. \tag{5.239}$$

Angenommen, $u \in C^2(\overline{G}; R_1, \varphi)$ sei eine Funktion, die $I'[u] = 0$ erfüllt, also $I'[u]h = 0$ für alle $h \in C^2(\overline{G})$ mit $h|_{R_1} = 0$. Wählt man hierbei $h$ so, daß $h(x, y) = 0$ auf ganz $\partial G$ gilt, so ist das zweite Integral in (5.239) gleich 0, und damit auch das erste: Da $h$ im übrigen beliebig aus $C^2(\overline{G}; \partial G, 0)$ ist, muß der Integrand im ersten Integral verschwinden, d.h. es ist

$$u_{xx} + u_{yy} + g(x, y)u = w(x, y) \quad \text{in } G. \tag{5.240}$$

Somit ist auch das rechte Integral in (5.239) gleich 0 für alle $h \in C^2(\overline{G}; R_1, 0)$. Da $h(x, y) = 0$ auf $R_1 \subset \partial G$ ist, reduziert sich diese Aussage zu

$$\int\limits_{\partial G \setminus R_1} \left[ \frac{\partial u}{\partial \boldsymbol{n}} + \alpha u - \beta \right] h \, ds = 0 .$$

Die Funktionen $h$ sind aber im übrigen beliebig wählbar, folglich ist

$$\frac{\partial u}{\partial n} + \alpha u = \beta \quad \text{auf } R_2 = \partial G \setminus R_1 . \tag{5.241}$$

Man nennt dies die *natürliche Randbedingung*. Hinzu kommt die *»künstliche Randbedingung«*

$$u = \varphi \quad \text{auf } R_1 . \tag{5.242}$$

Die Gleichungen (5.240), (5.241), (5.242) stellen ein *gemischtes elliptisches Randwertproblem* dar. Jede Lösung des Variationsproblems **(VP)** ist also eine Lösung des gemischten elliptischen Randwertproblems. Daß auch die Umkehrung gilt, sieht man unmittelbar ein. Also

**Folgerung 5.5:**
Das Variationsproblem **(VP)** (s.o.) und das elliptische Randwertproblem (5.240), (5.241), (5.242) sind äquivalent.

**Bemerkung 1**: Der Nachweis der Existenz einer Lösung des Variationsproblems **(VP)** und ähnlicher Variationsprobleme erweist sich als kompliziert, und zahlreiche bedeutende Mathematiker haben sich damit beschäftigt (so z.B. Dirichlet, Riemann, Weierstrass u.a.). Die Ursache für die auftretenden Schwierigkeiten liegen darin begründet, daß zwar das Infimum des Energieintegrals $I(u)$ existiert, dieses aber nicht notwendig von einer Funktion aus dem betrachteten Raum (mit der entsprechenden Nebenbedingung) angenommen zu werden braucht. Diese Schwierigkeiten lassen sich vermeiden, wenn man die Lösung $u$ in einem geeigneten Sobolevraum sucht (s. hierzu auch Abschn. 8 und Hackbusch [66], Kap. 7).

Wir wollen im folgenden annehmen, daß eine Lösung des Variationsproblems **(VP)** existiert.

**Bemerkung 2**: Die Gleichung (5.240) geht durch Spezialisierung in folgende elliptische Differentialgleichungen über:

$$\begin{aligned} g = w = 0: &\quad u_{xx} + u_{yy} = 0 \quad (\textit{Laplace-Gleichung}) \\ g = 0: &\quad u_{xx} + u_{yy} = w(x, y) \quad (\textit{Poisson-Gleichung}) \\ w = 0: &\quad u_{xx} + u_{yy} + g(x, y)u = 0 \quad (\textit{Helmholtz-Gleichung}) \end{aligned}$$

Bei den Randbedingungen erhalten wir im Falle $\alpha = 0$, $R_1 = \emptyset$ die *Neumann-Bedingung*, im Falle $R_1 = \partial G$ die *Dirichlet-Bedingung*. All dies ist in unserem Variationsproblem **(VP)** enthalten. Im Spezialfall

$$\begin{cases} -\Delta u + u = -u_{xx} - u_{yy} + u = f(x,y) & \text{in } G \\ u = 0 & \text{auf } \partial G \end{cases}$$

lautet das zugehörige Variationsproblem **(VP)**

$$I'[u]h = \iint_G \left[-u_{xx} - u_{yy} + u - f\right] h \,\mathrm{d}x\,\mathrm{d}y = 0$$

bzw. wenn wir das Integral aufspalten und (5.238) beachten (das letzte Integral in (5.238) verschwindet in unserem Falle!)

$$\iint_G hf \,\mathrm{d}x\,\mathrm{d}y = \iint_G hu \,\mathrm{d}x\,\mathrm{d}y + \iint_G (h_x u_x + h_y u_y) \,\mathrm{d}x\,\mathrm{d}y\,. \tag{5.243}$$

In Abschnitt 8.1 werden wir die Existenz von »schwachen Lösungen« für dieses Problem nachweisen. Dem Variationsproblem in der Form (5.243) entspricht dort das »schwache Problem« (8.14) (s. auch Bemerkung in Abschn. 8.1.3). Der Zusammenhang zwischen »schwachen« und »klassischen« Lösungen wird in Abschnitt 8.4 behandelt.

### 5.5.4 Prinzip der Finite-Elemente-Methode (FEM)

Unsere Aufgabe besteht darin, die stationären Punkte des Integralausdruckes $I(u)$ (s. Abschn. 5.5.3, (5.234)) zu berechnen, unter der Dirichletschen Nebenbedingung $u|_{R_1} = \varphi$, $R_1 \subset \partial G$. Auf dieses *Variationsproblem* — und nichts anderes — konzentrieren wir uns in den folgenden zwei Abschnitten.

Zur näherungsweisen Lösung der Aufgabe wird der Definitionsbereich $\overline{G}$ von $u$ in Dreiecke zerlegt (s. Fig. 5.9), wobei allerdings gekrümmte Randteile durch Streckenzüge angenähert werden. $\overline{G}$ wird also näherungsweise durch ein dreieckszerlegtes Polygon $\overline{G}_p$ ersetzt. Die *Dreieckszerlegung*[19] sei dabei so beschaffen, daß zwei verschiedene Dreiecke entweder in einer ganzen Seite übereinstimmen, oder nur einen Eckpunkt gemeinsam haben oder elementfremd sind. Jedes dieser Dreiecke nennt man ein (finites) *Element* der Zerlegung.

Auf jedem der Dreiecke $D_i$ wählt man für $u$ einen bestimmten Polynomansatz, also z.B.

$$u(x,y) = g_0 + g_1 x + g_2 y \quad \text{(linearer Ansatz)}$$
$$u(x,y) = g_0 + g_1 x + g_2 y + g_{11} x^2 + 2 g_{12} xy + g_{22} y^2 \quad \text{(quadratischer Ansatz)}$$

oder höhergradig. In unserem Falle arbeiten wir mit dem quadratischen Ansatz.

19 auch »Triangulierung« genannt.

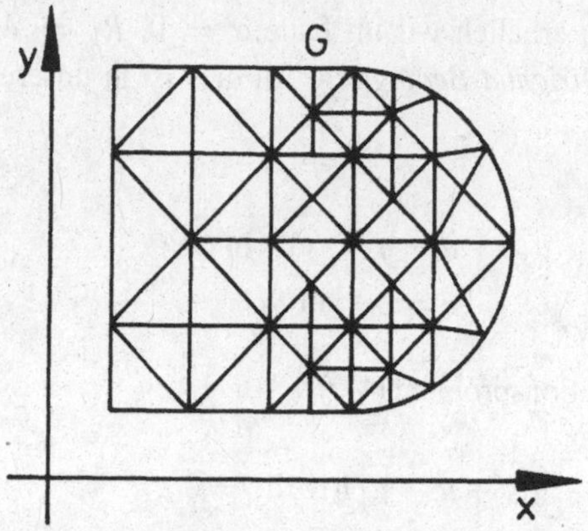


Fig. 5.9: Dreieckszerlegung des Definitionsbereiches $\overline{G}$

Als sogenannte *Knotenpunkte* wählen wir die Eckpunkte der Dreiecke und ihre Seitenmitten. Jedes Dreieck hat also auf seinem Rand sechs Knotenpunkte, s. Fig. 5.10.

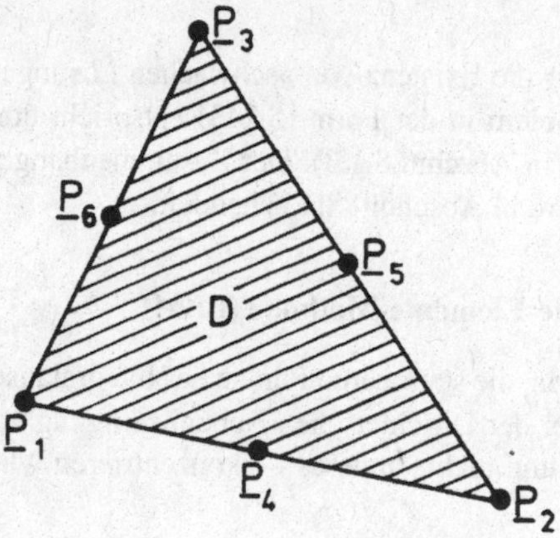


Fig. 5.10: Finites Dreieckselement mit Knotenpunkten

Alle Knotenpunkte der Dreieckszerlegung werden durchnumeriert und entsprechend die Werte $u_i$ von $u$ in diesen Punkten ($i = 1, \ldots, m$). Man kann nun die quadratische Ansatzfunktion $u(x, y)$ auf $D_k$ durch ihre sechs Werte $u_i$ in den Knoten des Randes ausdrücken (die $g_j$, $g_{jl}$ lassen sich aus den $u_i$ berechnen).

Die Ansatzfunktionen $u$ auf $D_k$ bilden zusammen eine Funktion auf dem Polygon $\overline{G}_p$. Man nennt sie eine »stückweise quadratische« Funktion oder auch *quadratische Spline-Funktion* auf $\overline{G}_p$. Wir bezeichnen sie wieder mit $u$.

Bildet man mit $u$ den Integralausdruck $I(u)$, wobei man elementweise integriert und dann summiert, so erhält man eine quadratische Form

$$I(u) = \frac{1}{2}\boldsymbol{u}^{\mathrm{T}}\boldsymbol{A}\boldsymbol{u} + \boldsymbol{b}^{\mathrm{T}}\boldsymbol{u} + c\,, \tag{5.244}$$

wobei $\boldsymbol{u}$ ein Vektor aus $\mathbb{R}^n$ ist, der als Koordinaten diejenigen $u_i$ besitzt, die nicht durch die Dirichletsche Randbedingung festgelegt sind.

Die stationären Punkte dieses Funktionals (auf der Menge der quadratischen Spline-Funktionen) sind die Lösungen des Gleichungssystems

$$A\boldsymbol{u} = \boldsymbol{b}$$

analog zu Beispiel 5.3, Abschnitt 5.5.2. $A$ ist hier eine symmetrische Matrix. Sie ist überdies positiv definit. Das Gleichungssystem kann dann z.B. mit dem Cholesky-Verfahren gelöst werden. Damit sind alle $u_i$ berechnet, womit $u(x, y)$ auf $\overline{G}_p$ bekannt ist.

Die so berechnete Spline-Funktion $u$ ist eine Näherungslösung der eigentlichen Lösung aus $C^2(\overline{G})$. Durch Verfeinerung der Dreieckszerlegung kann man (unter bestimmten Voraussetzungen) der wahren Lösung beliebig nahe kommen. Für Konvergenzfragen und Fehlerabschätzungen hierzu verweisen wir auf die Spezialliteratur (s. z.B. Hackbusch [66], Kap. 8.2, 8.4).

### 5.5.5 Diskretes Variationsproblem

Wir knüpfen an den vorigen Abschnitt an und führen den dort beschriebenen Plan aus.

Es sei $D$ ein Dreieck der Triangulierung in $\overline{G}$ (s. Fig. 5.10). Mit $\boldsymbol{p}_1, \boldsymbol{p}_2, \boldsymbol{p}_3$ bezeichnen wir die Ecken des Dreiecks und mit $\boldsymbol{p}_4, \boldsymbol{p}_5, \boldsymbol{p}_6$ die Mittelpunkte der Seiten, wie in Figur. 5.10 skizziert. Diese sechs Punkte

$$\boldsymbol{p}_i = \begin{bmatrix} x_i \\ y_i \end{bmatrix}, \quad i = 1, 2, \ldots, 6$$

heißen *Knotenpunkte*. Wir suchen nun eine quadratische Funktion

$$u(x, y) = c_0 + c_1 x + c_2 y + c_{11} x^2 + 2c_{12} xy + c_{22} y^2 \tag{5.245}$$

auf $D$, deren Werte $u(x_i, y_i) =: u_i$ in den Punkten $\boldsymbol{p}_i$ $(i = 1, 2, \ldots, 6)$ vorgeschrieben sind. Dieses geschieht am einfachsten mit Hilfe von *Formfunktionen* $N_i(x, y)$ $(i = 1, 2, \ldots, 6)$. Die Funktion $N_i$ habe dabei in $\boldsymbol{p}_i$ den Wert 1 und in den anderen Knotenpunkten den Wert 0:

$$N_i(x_k, y_k) = \begin{cases} 1 & \text{für } i = k \\ 0 & \text{für } i \neq k \end{cases} \quad (i, k = 1, \ldots, 6). \tag{5.246}$$

Man gewinnt $N_i$ explizit über die Hilfsfunktionen

$$g_{ik}(x, y) = (x - x_k)(y_i - y_k) - (y - y_k)(x_i - x_k)^{20} \quad (i \neq k)$$

und zwar auf folgende Weise (mit $\boldsymbol{x} = \left[\begin{smallmatrix} x \\ y \end{smallmatrix}\right]$):

20 $g_{ik}(x, y) = 0$ ist die Geradengleichung für die Gerade durch $\boldsymbol{p}_i$ und $\boldsymbol{p}_k$.

$$\begin{aligned} N_1(x) &:= \frac{g_{23}(x)g_{46}(x)}{g_{23}(p_1)g_{46}(p_1)}; & N_4(x) &:= \frac{g_{13}(x)g_{23}(x)}{g_{13}(p_4)g_{23}(p_4)} \\ N_2(x) &:= \frac{g_{13}(x)g_{45}(x)}{g_{13}(p_2)g_{45}(p_2)}; & N_5(x) &:= \frac{g_{12}(x)g_{13}(x)}{g_{12}(p_5)g_{13}(p_5)} \\ N_3(x) &:= \frac{g_{12}(x)g_{56}(x)}{g_{12}(p_3)g_{56}(p_3)}; & N_6(x) &:= \frac{g_{12}(x)g_{23}(x)}{g_{12}(p_6)g_{23}(p_6)}. \end{aligned} \tag{5.247}$$

Alle $N_i$ sind quadratische Funktionen in $x$ und $y$. Unser gesuchtes $u(x, y)$ hat damit die Gestalt

$$u(x, y) = \sum_{i=1}^{6} u_i N_i(x, y) \tag{5.248}$$

Mit $\boldsymbol{u}_D = (u_1, \ldots, u_6)^{\mathrm{T}}$ und $\boldsymbol{N} = (N_1, \ldots, N_6)^{\mathrm{T}}$ erhält $u$ die prägnante Form

$$u = \boldsymbol{u}_D^{\mathrm{T}} \boldsymbol{N} \tag{5.249}$$

Für diese Funktion wollen wir die Flächenintegrale in $I(u)$ bilden (s. Abschn. 5.5.3, (5.234)), jedoch mit $D$ statt $G$ als Integrationsbereich. Es ist also zu berechnen:

$$I_D(u) = \iint\limits_D \left\{ \left[ \frac{u_x^2}{2} + \frac{u_y^2}{2} \right] - \frac{g}{2} u^2 + wu \right\} \mathrm{d}x \, \mathrm{d}y \,. \tag{5.250}$$

Der Einfachheit halber seien hier $g$ und $w$ konstante reelle Zahlen. Zur Integration über $D$ wird $D$ auf das Normaldreieck $D_0$ mit den Ecken

$$\begin{bmatrix} 0 \\ 0 \end{bmatrix}, \begin{bmatrix} 1 \\ 0 \end{bmatrix}, \begin{bmatrix} 0 \\ 1 \end{bmatrix}$$

transformiert. Dies geschieht durch

$$\begin{aligned} x &= x_1 + (x_2 - x_1)\xi + (x_3 - x_1)\eta =: \tau_1(\xi, \eta) \\ y &= y_1 + (y_2 - y_1)\xi + (y_3 - y_1)\eta =: \tau_2(\xi, \eta) \end{aligned}$$

und durch Verwendung der Transformationsformel für Bereichsintegrale:

$$\iint\limits_D F(x, y) \, \mathrm{d}x \, \mathrm{d}y = \iint\limits_{D_0} F(\tau_1(\xi, \eta), \tau_2(\xi, \eta)) \left| \frac{\partial(x, y)}{\partial(\xi, \eta)} \right| \mathrm{d}\xi \, \mathrm{d}\eta$$

(s. Burg/Haf/Wille [23], Abschn. 2.1.7). Eine längere, aber elementare Rechnung liefert dann folgendes Resultat:

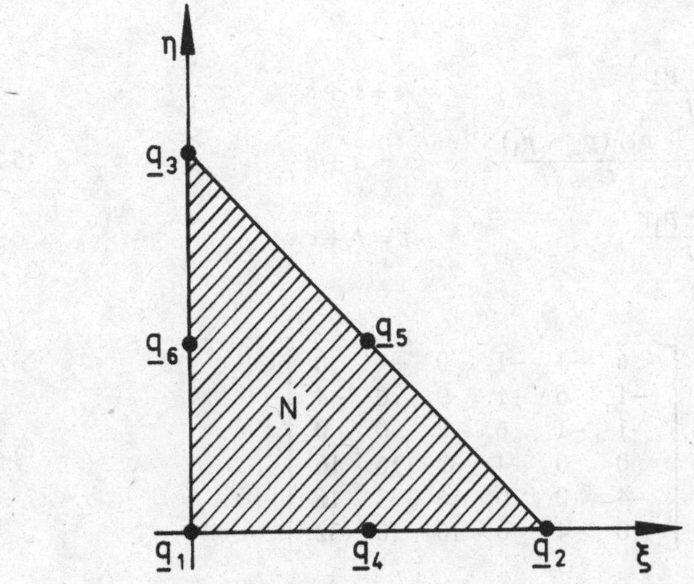


Fig. 5.11: Normaldreieck $D_0$

**Satz 5.23:**

Für die quadratische Funktion $u(x, y)$ aus (5.248) gilt

$$I_1 := \iint\limits_D (u_x^2 + u_y^2)\, \mathrm{d}x\, \mathrm{d}y = \boldsymbol{u}_D^{\mathrm{T}} \boldsymbol{A}_D \boldsymbol{u}_D \tag{5.251}$$

$$I_2 := \iint\limits_D u^2\, \mathrm{d}x\, \mathrm{d}y = \boldsymbol{u}_D^{\mathrm{T}} \boldsymbol{B}_D \boldsymbol{u}_D \tag{5.252}$$

$$I_3 := \iint\limits_D u\, \mathrm{d}x\, \mathrm{d}y = \frac{J}{6}[u_4 + u_5 + u_6] \tag{5.253}$$

mit

$$\boldsymbol{u}_D = \begin{bmatrix} u_1 \\ u_2 \\ u_3 \\ u_4 \\ u_5 \\ u_6 \end{bmatrix}, \quad \boldsymbol{A}_D = \frac{1}{6} \begin{bmatrix} 3\,(s+t) & s & t & -4s & 0 & -4t \\ s & 3a & -b & -4s & 4b & 0 \\ t & -b & 3c & 0 & 4b & -4t \\ -4s & -4s & 0 & 8r & -8t & 8b \\ 0 & 4b & 4b & -8t & 8r & -8s \\ -4t & 0 & -4t & 8b & -8s & 8r \end{bmatrix}, \tag{5.254}$$

wobei

$$J = \begin{vmatrix} x_2 - x_1 & x_3 - x_1 \\ y_2 - y_1 & y_3 - y_1 \end{vmatrix} = (x_2 - x_1)(y_3 - y_1) - (x_3 - x_1)(y_2 - y_1) \quad [21] \tag{5.255}$$

und

$$
\begin{aligned}
a &= \frac{|\boldsymbol{p}_3 - \boldsymbol{p}_1|^2}{J}, & r &= a + b + c \\
b &= -\frac{(\boldsymbol{p}_3 - \boldsymbol{p}_1)\cdot(\boldsymbol{p}_2 - \boldsymbol{p}_1)}{J}, & s &= a + b \qquad (5.256) \\
c &= \frac{|\boldsymbol{p}_2 - \boldsymbol{p}_1|^2}{J}, & t &= b + c
\end{aligned}
$$

sowie

$$
\boldsymbol{B}_D = \frac{J}{360}\begin{bmatrix} 6 & -1 & -1 & 0 & -4 & 0 \\ -1 & 6 & -1 & 0 & 0 & -4 \\ -1 & -1 & 6 & -4 & 0 & 0 \\ 0 & 0 & -4 & 32 & 16 & 16 \\ -4 & 0 & 0 & 16 & 32 & 16 \\ 0 & -4 & 0 & 16 & 16 & 32 \end{bmatrix}. \qquad (5.257)
$$

Die Randintegrale in $I(u)$ über dem Rand $\partial G$ setzen sich nach Triangulierung aus den Integralen über die Dreieckseiten zusammen, die $\partial G$ approximieren. Die Dreieckseiten in unserer Triangulierung nennen wir auch *Kanten*. Das Integral

$$
I_K(u) := \int\limits_K \left[\frac{\alpha}{2}u^2 - \beta u\right] \mathrm{d}s \qquad (5.258)
$$

($\alpha, \beta \in \mathbb{R}$ konstant, $s$ Bogenlängenparameter)

stehe stellvertretend für diese Kantenintegrale, wobei wir die Endpunkte der Kante $K$ mit $\boldsymbol{p}$ und $\boldsymbol{q}$ bezeichnen, sowie den Mittelpunkt mit $\boldsymbol{m}$. Dies sind wiederum die *Knoten* (s. Fig. 5.12)

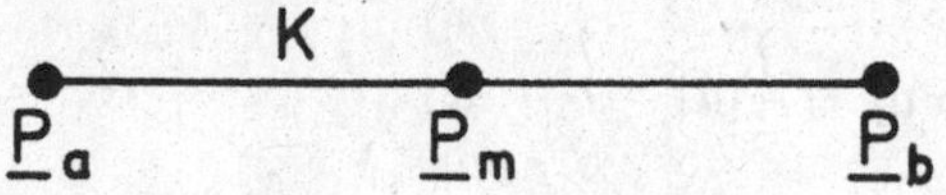


Fig. 5.12: Kante mit Knoten

Damit erhalten wir — über elementare Rechnungen — den folgenden

**Satz 5.24:**

Für eine quadratische Funktion

$$
u(x, y) = c_0 + c_1 x + c_2 y + c_{11} x^2 + 2c_{12} xy + c_{22} y^2 ,
$$

21 $J$ ist die Funktionaldeterminante $J = \frac{\partial(x,y)}{\partial(\xi,\eta)}$; geometrisch bedeutet $|J|$ den doppelten Flächeninhalt des Dreiecks $D$.

deren Werte in den Knotenpunkten der Kante $K$ durch

$$u_p := u(\boldsymbol{p}), \quad u_q := u(\boldsymbol{q}), \quad u_m := u(\boldsymbol{m})$$

bezeichnet sind, ergeben sich folgende Integralausdrücke

$$I_4 := \int_K u^2 \, \mathrm{d}s = \boldsymbol{u}_K^{\mathrm{T}} \boldsymbol{C}_K \boldsymbol{u}_K , \tag{5.259}$$

$$I_5 := \int_K u \, \mathrm{d}s = \frac{L}{6} \left[ u_p + 4u_m + u_q \right] \tag{5.260}$$

mit

$$\boldsymbol{u}_K = \begin{bmatrix} u_p \\ u_m \\ u_q \end{bmatrix}, \quad L = |\boldsymbol{p} - \boldsymbol{q}|, \quad \boldsymbol{C}_k = \frac{L}{30} \begin{bmatrix} 4 & -1 & 2 \\ -1 & 4 & 2 \\ 2 & 2 & 16 \end{bmatrix}. \tag{5.261}$$

**Bemerkung**: Sind $g$, $w$, $\alpha$ oder $\beta$ nicht konstant, so lassen sich diese Funktionen bei den Integralen in (5.250) bzw. (5.258) natürlich berücksichtigen. Es entstehen nur wenig kompliziertere Ausdrücke als in Satz 5.23 und Satz 5.24.

### Zusammensetzen der Element-Integrale. Lösungsberechnung

Man denkt sich nun die Knotenpunkte $\boldsymbol{p}_i$ der Triangulierung von $\overline{G}$ durchnumeriert von 1 bis $m$. Dabei sollte man so verfahren, daß die Nummern an einem Element $D$ möglichst eng zusammenliegen. (Hierfür gibt es effektive Algorithmen. Auf diese Weise entstehen später Bandmatrizen.) Mit dieser Numerierung bildet man entsprechend zu Satz 5.23 die Integrale $I_D$ für jedes Element $D$ und summiert sie auf. Ferner addiert man alle Kantenintegrale $I_K$ dazu, die Randkanten von $D$ entsprechen. Es entsteht eine Funktion der Form

$$\hat{F}(\hat{\boldsymbol{u}}) = \frac{1}{2} \hat{\boldsymbol{u}}^{\mathrm{T}} \hat{\boldsymbol{A}} \hat{\boldsymbol{u}} + \hat{\boldsymbol{b}}^{\mathrm{T}} \hat{\boldsymbol{u}} \quad \text{mit } \hat{\boldsymbol{u}} = \begin{bmatrix} u_1 \\ \vdots \\ u_m \end{bmatrix},$$

wobei $u_i = u(\boldsymbol{p}_i)$ ist. Anschließend werden entsprechend der Dirichletschen Randbedingung $u|_{R_1} = \varphi$ die Zahlen $u_i = \varphi_i$ in den zugehörigen Randpunkten $\boldsymbol{p}_i \in R_1$ eingesetzt. Diese »Unbekannten« entfallen also. Bezeichnet nun $\boldsymbol{u}$ den Vektor, bestehend aus den verbleibenden $n$ Unbekannten $u_i$, so erhält unsere Integralsumme die Gestalt

$$F(\boldsymbol{u}) = \frac{1}{2} \boldsymbol{u}^{\mathrm{T}} \boldsymbol{A} \boldsymbol{u} + \boldsymbol{b}^{\mathrm{T}} \boldsymbol{u} + c . \tag{5.262}$$

Dabei ist $\boldsymbol{u} \in \mathbb{R}^n$, $\boldsymbol{b} \in \mathbb{R}^n$, $c \in \mathbb{R}$ und $A$ eine symmetrische $(n, n)$-Matrix. Die stationären Punkte dieser Funktion auf $\mathbb{R}^n$ sind die Lösungen des Gleichungssystems

$$A\boldsymbol{u} + \boldsymbol{b} = \boldsymbol{0} \tag{5.263}$$

(vgl. Beisp. 5.3 in Abschn. 5.5.2. Man sieht dies aber auch direkt ein, denn $A\boldsymbol{u}+\boldsymbol{b}$ ist der Gradient von $F(\boldsymbol{u})$, und der Gradient muß ja in stationären Punkten verschwinden.)

Oft ist $A$ positiv definit. Dann kann das Cholesky-Verfahren zur Lösungsbestimmung benutzt werden (s. Burg/Haf/Wille [25], Abschn. 3.6.3, oder Schwarz [135], Abschn. 1.3.1). Ist $n$ groß, so werden mit Erfolg auch iterative Verfahren zur Lösung von (5.263) verwendet (s. z.B. das Einzelschritt-Verfahren, s. Burg/Haf/Wille [25], Abschn. 3.6.5). Für weitere effektive Methoden sehe man die Spezialliteratur ein (z.B. Schwarz [137]). Hat man auf diese Weise die Funktionswerte $u_i = u(\boldsymbol{p}_i)$ berechnet, so erhält man aus (5.248) sofort $u(x, y)$ (wobei die geänderte Numerierung der $u_i$ zu berücksichtigen ist). Damit ist näherungsweise eine Lösung $u(x, y)$ berechnet.

### 5.5.6 Beispiele

Das folgende Beispiel ist einfach gewählt, damit der Leser es gut nachvollziehen und sich so mit der Finite-Elemente-Methode praktisch vertraut machen kann.

**Beispiel 5.5:**

Wir wollen das folgende elliptische Randwertproblem lösen: Gesucht ist eine Funktion $u: D \to \mathbb{R}$ ($D$ s. Fig. 5.13), die

$$u_{xx} + u_{yy} = 0 \tag{5.264}$$

erfüllt, sowie die folgenden Randbedingungen:

$$\begin{cases} u(x, y) = 0 & \text{auf den Strecken } [p_1, p_4] \text{ und } [p_1, p_6] & (5.265) \\ u(x, y) = 1 & \text{auf den Strecken } [p_{20}, p_{25}] \text{ und } [p_{22}, p_{25}] & (5.266) \\ \dfrac{\partial u}{\partial \boldsymbol{n}} = 0 & \text{auf den Strecken } [p_4, p_{20}] \text{ und } [p_6, p_{22}]. & (5.267) \end{cases}$$

Hierbei soll $u$ zweimal stetig differenzierbar sein. Die Punkte $p_1, p_2, \ldots, p_{25}$ sind in Figur 5.13 der Einfachheit halber mit den Zahlen 1,2, ...,25 markiert.

Das äquivalente Variationsproblem zum obigen Randwertproblem fußt (nach Abschn. 5.5.3, (5.234)) auf dem Integralausdruck

$$I(u) := \iint\limits_D (u_x^2 + u_y^2)\,\mathrm{d}x\,\mathrm{d}y \quad ^{22} \tag{5.268}$$

22 Der unwesentliche Faktor $\frac{1}{2}$ wird hier weggelassen.

unter der Dirichletschen Nebenbedingung (5.265), (5.266). Wir berechnen approximative Lösungen $u$, die stetige quadratische Spline-Funktionen auf $D$ sind, wobei $D$ wie in Figur 5.7 trianguliert sei. Dabei ziehen wir zunächst Satz 5.23 (s. Abschn. 5.5.5) heran und berechnen nach (5.251), (5.254) das Integral

$$I_1(u) := \iint\limits_{D_1} (u_x^2 + u_y^2)\,\mathrm{d}x\,\mathrm{d}y = \boldsymbol{u}_{D_1}^{\mathrm{T}} \boldsymbol{A}_{D_1} \boldsymbol{u}_{D_1} \,. \tag{5.269}$$

Hier ist also die $6 \times 6$-Matrix $\boldsymbol{A}_{D_1}$ zu berechnen. (Dreieck $D_1 = [p_1, p_4, p_6]$ wie in Fig. 5.13). Zunächst ergeben (5.255), (5.256) die Werte $J = 4$ und

$$a = 1\,, \quad b = 0\,, \quad c = 1\,, \quad r = 2\,, \quad s = 1\,, \quad t = 1\,. \tag{5.270}$$

Formel (5.254) liefert damit

$$\boldsymbol{A}_{D_1} = \frac{1}{6}\begin{bmatrix} 6 & -4 & -4 & 1 & 0 & 1 \\ -4 & 16 & 0 & -4 & -8 & 0 \\ -4 & 0 & 16 & 0 & -8 & -4 \\ 1 & -4 & 0 & 3 & 0 & 0 \\ 0 & -8 & -8 & 0 & 16 & 0 \\ 1 & 0 & -4 & 0 & 0 & 3 \end{bmatrix}, \quad \boldsymbol{u}_{D_1} = \begin{bmatrix} u_1 \\ u_2 \\ u_3 \\ u_4 \\ u_5 \\ u_6 \end{bmatrix}. \tag{5.271}$$

Für die übrigen Dreiecke $D_2, D_3, \ldots, D_8$ in Figur 5.13 erhalten wir jeweils die gleiche Matrix $\boldsymbol{A}_{D_1}$ (wegen »Ähnlichkeit«), wobei wir die Eckennumerierung analog zu $D_1$ wählen, also

$$\boldsymbol{A}_{D_i} = \boldsymbol{A}_{D_1} \quad \text{für alle } i = 2,3,\ldots,8$$

und

$$\underset{=}{\boldsymbol{u}_{D_2}} = \begin{bmatrix} u_{11} \\ u_{13} \\ u_4 \\ u_{12} \\ u_8 \\ u_7 \end{bmatrix} \quad \underset{=}{\boldsymbol{u}_{D_3}} = \begin{bmatrix} u_{13} \\ u_6 \\ u_4 \\ u_9 \\ u_5 \\ u_8 \end{bmatrix} \quad \underset{=}{\boldsymbol{u}_{D_4}} = \begin{bmatrix} u_{15} \\ u_6 \\ u_{13} \\ u_{10} \\ u_9 \\ u_{14} \end{bmatrix} \quad \underset{=}{\boldsymbol{u}_{D_5}} = \begin{bmatrix} u_{11} \\ u_{20} \\ u_{13} \\ u_{16} \\ u_{17} \\ u_{12} \end{bmatrix} \quad \underset{=}{\boldsymbol{u}_{D_6}} = \begin{bmatrix} u_{13} \\ u_{20} \\ u_{22} \\ u_{17} \\ u_{21} \\ u_{18} \end{bmatrix} \quad \underset{=}{\boldsymbol{u}_{D_7}} = \begin{bmatrix} u_{15} \\ u_{13} \\ u_{22} \\ u_{14} \\ u_{18} \\ u_{19} \end{bmatrix} \quad \underset{=}{\boldsymbol{u}_{D_8}} = \begin{bmatrix} u_{25} \\ u_{22} \\ u_{20} \\ u_{24} \\ u_{21} \\ u_{23} \end{bmatrix}.$$

Wir bilden damit die Summe über alle $I_i(u) = \boldsymbol{u}_{D_i}^{\mathrm{T}} \boldsymbol{A}_{D_i} \boldsymbol{u}_{D_i}$ und erhalten

$$I_D(u) := \sum_{i=1}^{8} I_i(u) = \sum_{i=1}^{8} \boldsymbol{u}_{D_i}^{\mathrm{T}} \boldsymbol{A}_{D_i} \boldsymbol{u}_{D_i} =: \frac{1}{2} \hat{\boldsymbol{u}}^{\mathrm{T}} \hat{\boldsymbol{A}} \hat{\boldsymbol{u}}\,. \tag{5.272}$$

mit

$$\hat{\boldsymbol{u}} = \begin{bmatrix} u_1 \\ u_2 \\ \vdots \\ u_{25} \end{bmatrix} \quad \text{und } \hat{\boldsymbol{A}} = \frac{1}{3}$$

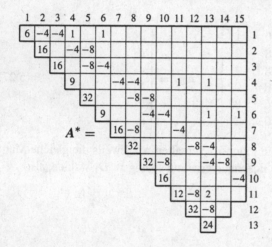

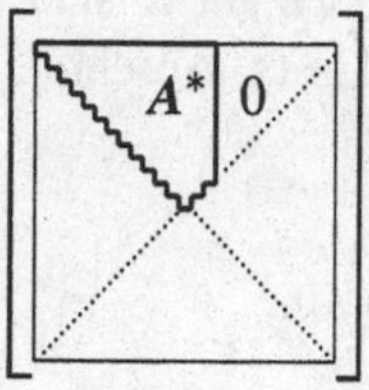


. (25 × 25-Matrix)

wobei $\hat{\boldsymbol{A}} = [\hat{a}_{ik}]_{25,25}$ symmetrisch bezüglich *beider* Diagonalen ist, d.h.

$$\hat{a}_{ik} = \hat{a}_{ki} \quad \text{und} \quad \hat{a}_{ik} = \hat{a}_{26-k,26-i} \quad (i,k = 1,2,\ldots,25)\,.$$

Für den Teil $\boldsymbol{A}^*$ im obigen Schema ergeben sich folgende Werte (Leerfelder=0):

$\boldsymbol{A}^* =$

| | 1 | 2 | 3 | 4 | 5 | 6 | 7 | 8 | 9 | 10 | 11 | 12 | 13 | 14 | 15 |
|---|---|---|---|---|---|---|---|---|---|---|---|---|---|---|---|
| 1 | 6 | −4 | −4 | 1 | | 1 | | | | | | | | | |
| 2 | | 16 | | −4 | −8 | | | | | | | | | | |
| 3 | | | 16 | | −8 | −4 | | | | | | | | | |
| 4 | | | | 9 | | | −4 | −4 | | | 1 | | 1 | | |
| 5 | | | | | 32 | | | −8 | −8 | | | | | | |
| 6 | | | | | | 9 | | | −4 | −4 | | | 1 | | 1 |
| 7 | | | | | | | 16 | −8 | | | −4 | | | | |
| 8 | | | | | | | | 32 | | | | −8 | −4 | | |
| 9 | | | | | | | | | 32 | −8 | | | −4 | −8 | |
| 10 | | | | | | | | | | 16 | | | | | −4 |
| 11 | | | | | | | | | | | 12 | −8 | 2 | | |
| 12 | | | | | | | | | | | | 32 | −8 | | |
| 13 | | | | | | | | | | | | | 24 | | |

(Die Symmetrie bezüglich der Nebendiagonalen von $\hat{\boldsymbol{A}}$ resultiert aus geometrischen Symmetrien in Fig. 5.13, während die Symmetrie zur Hauptdiagonalen $\hat{a}_{1,1},\ldots,\hat{a}_{25,25}$ stets vorliegt, da $\hat{\boldsymbol{A}}$ Matrix zu einer quadratischen Form ist.)

Wir legen nun wegen der »Dirichletschen Randbedingungen« (5.265), (5.266) folgendes fest (vgl. Figur 5.13):

$$u_1 = u_2 = u_3 = u_4 = u_6 = 0\,, \quad u_{20} = u_{22} = u_{23} = u_{24} = u_{25} = 1\,.$$

Setzen wir dies in die quadratische Form (5.272)

$$I_D(u) = \frac{1}{2}\boldsymbol{u}^{\mathrm{T}}\hat{\boldsymbol{A}}\hat{\boldsymbol{u}} \tag{5.273}$$

ein, so erhält sie folgende Gestalt:

$$I_D(u) = \frac{1}{2}\boldsymbol{u}^{\mathrm{T}}\boldsymbol{A}\boldsymbol{u} + \boldsymbol{b}^{\mathrm{T}}\boldsymbol{u} + c \tag{5.274}$$

mit $c = 56$,

$$\boldsymbol{u} = (u_5, u_7, u_8, u_9, u_{10}, u_{11}, u_{12}, u_{13}, u_{14}, u_{15}, u_{16}, u_{17}, u_{18}, u_{19}, u_{21})^{\mathrm{T}}$$

und

$$\boldsymbol{A} = \frac{1}{3}\left[\begin{array}{|c|c|c|c|c|c|c|c|c|c|c|c|c|c|c|}
\hline
32 & & -8 & -8 & & & & & & & & & & & \\ \hline
 & 16 & -8 & & & -4 & & & & & & & & & \\ \hline
-8 & -8 & 32 & & & & -8 & -4 & & & & & & & \\ \hline
-8 & & & 32 & -8 & & & -4 & -8 & & & & & & \\ \hline
 & & & -8 & 16 & & & & & -4 & & & & & \\ \hline
 & -4 & & & & 12 & -8 & 2 & & & -4 & & & & \\ \hline
 & & -8 & & & -8 & 32 & -8 & & & & -8 & & & \\ \hline
 & & -4 & -4 & & 2 & -8 & 24 & -8 & 2 & & -4 & -4 & & \\ \hline
 & & & -8 & & & & -8 & 32 & -8 & & & -8 & & \\ \hline
 & & & & -4 & & & 2 & -8 & 12 & & & & -4 & \\ \hline
 & & & & & -4 & & & & & 16 & -8 & & & \\ \hline
 & & & & & & -8 & -4 & & & -8 & 32 & & & -8 \\ \hline
 & & & & & & & -4 & -8 & & & & 32 & -8 & -8 \\ \hline
 & & & & & & & & & -4 & & & -8 & 16 & \\ \hline
 & & & & & & & & & & & -8 & -8 & & 32 \\ \hline
\end{array}\right], \quad \boldsymbol{b} = \frac{1}{3}\left[\begin{array}{|c|}
\hline
 \\ \hline
 \\ \hline
 \\ \hline
 \\ \hline
 \\ \hline
-1 \\ \hline
 \\ \hline
-2 \\ \hline
 \\ \hline
-1 \\ \hline
4 \\ \hline
4 \\ \hline
4 \\ \hline
4 \\ \hline
16 \\ \hline
\end{array}\right]$$

(Leerfelder = 0)

Man erhält $\boldsymbol{A}$ und $\boldsymbol{b}$ aus $\hat{\boldsymbol{A}}$ auf folgende Weise: In $\hat{\boldsymbol{A}}$ streicht man alle Zeilen und Spalten durch, die zu Indizes festgelegter $u_k$ gehören. In unserem Falle werden also alle Spalten und Zeilen mit den Indizes 1, 2, 3, 4, 6, 20, 22, 23, 24, 25 durchgestrichen. Die übrigen, nicht durchgestrichenen Elemente bilden die Matrix $\boldsymbol{A}$.

Man nimmt nun die durchgestrichenen Zeilen endgültig heraus, multipliziert dann in jeder durchgestrichenen Spalte die verbliebenen Elemente mit dem entsprechenden festgelegten $u_k$ (also $k$-te Spalte mit $u_k$), und addiert die so entstandenen Spaltenvektoren auf. Das Ergebnis ist der Vektor $\boldsymbol{b}$. (Auf $c$ kommt es nicht an, da stationäre Werte gesucht werden.)

Den stationären Punkt von $I_D(u)$ erhält man nun als Lösung des linearen Gleichungssystems

$$\boldsymbol{Au} = -\boldsymbol{b}\,. \tag{5.275}$$

Tabelle 5.2:

| | | | | | |
|---|---|---|---|---|---|
| $u_5$ | 0.1458333 | $u_{11}$ | 0.5000000 | $u_{16}$ | 0.7291667 |
| $u_7$ | 0.2708333 | $u_{12}$ | 0.5000000 | $u_{17}$ | 0.7083333 |
| $u_8$ | 0.2916667 | $u_{13}$ | 0.5000000 | $u_{18}$ | 0.7083333 |
| $u_9$ | 0.2916667 | $u_{14}$ | 0.5000000 | $u_{19}$ | 0.7291667 |
| $u_{10}$ | 0.2708333 | $u_{15}$ | 0.5000000 | $u_{21}$ | 0.8541667 |

Die Lösung $\boldsymbol{u}$ ist in der obigen Tabelle angegeben (gerundete Werte). Mit diesen Zahlen ge-

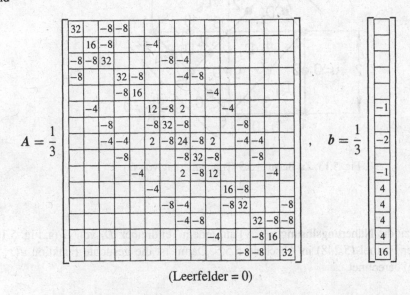

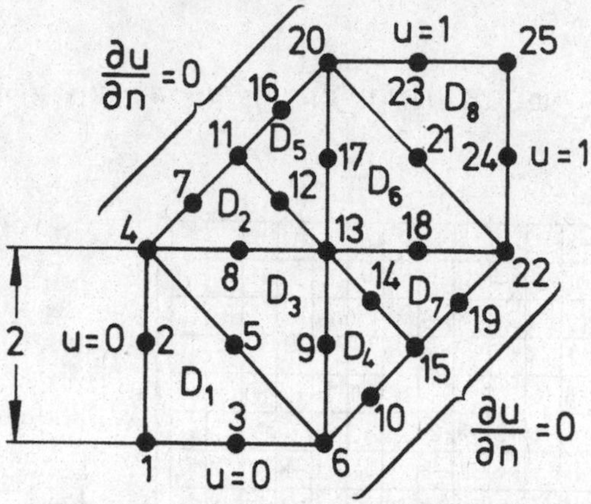


Fig. 5.13: Zu Beispiel 5.5 (Triangulierung von $D$)

winnt man explizit die Näherungslösung $u(x, y)$ auf jedem Teildreieck $D_i$ von $D$ (s. Fig. 5.13), und zwar aus der Formel (5.248) in Abschnitt 5.5.5. Damit ist die gesuchte Funktion $u(x, y)$ (näherungsweise) berechnet.

**Beispiel 5.6:**
Wir wandeln das Beispiel 5.5 geringfügig ab, und zwar wird lediglich die Neumannsche Randbedingung (5.267) folgendermaßen geändert:

$$\frac{\partial u}{\partial \boldsymbol{n}} + u = 0 \quad \text{auf der Strecke } [p_6, p_{22}] \tag{5.276}$$

$$\frac{\partial u}{\partial n} = 0 \quad \text{auf der Strecke } [p_4, p_{20}] \quad \text{(wie bisher).}$$

Im übrigen bleibt alles beim Alten, d.h. es wird ein $u(x, y)$ gesucht mit $u_{xx} + u_{yy} = 0$ und den Dirichletschen Bedingungen (5.265), (5.266) (vgl. Fig. 5.13), sowie (5.276). Dieses Randwertproblem entspricht dem Variationsproblem für den Integralausdruck

$$I(u) := \iint_D (u_x^2 + u_y^2)\,\mathrm{d}x\,\mathrm{d}y + \int_{\partial D} u^2\,\mathrm{d}s\,. \tag{5.277}$$

Auf (5.277) stoßen wir, wenn wir in Abschnitt 5.5.3 $\alpha = 1$ setzen, wobei wir auch hier auf den unwesentlichen Faktor $\frac{1}{2}$ verzichtet haben. Nach Satz 5.24, (5.259) in Abschnitt 5.5.5 ist folgendes zu setzen (mit den Strecken $S_1 = [p_6, p_{15}]$, $S_2 = [p_{15}, p_{22}]$):

$$\int_{\partial D} u^2\,\mathrm{d}s = \int_{S_1} u^2\,\mathrm{d}s + \int_{S_2} u^2\,\mathrm{d}s = \boldsymbol{u}_1^{\mathrm{T}} \boldsymbol{C}_1 \boldsymbol{u}_1 + \boldsymbol{u}_2^{\mathrm{T}} \boldsymbol{C}_2 \boldsymbol{u}_2$$

mit

$$\boldsymbol{u}_1 = \begin{bmatrix} u_6 \\ u_{10} \\ u_{15} \end{bmatrix}, \quad \boldsymbol{u}_2 = \begin{bmatrix} u_{15} \\ u_{11} \\ u_{22} \end{bmatrix}, \quad \boldsymbol{C}_1 = \boldsymbol{C}_2 = \frac{\sqrt{2}}{30} \begin{bmatrix} 4 & 2 & -1 \\ 2 & 16 & 2 \\ -1 & 2 & 4 \end{bmatrix}.$$

Addiert man dies zu (5.272), also zu

$$I_D(u) = \iint\limits_D (u_x^2 + u_y^2)\,\mathrm{d}x\,\mathrm{d}y = \frac{1}{2}\boldsymbol{u}^{\mathrm{T}}\boldsymbol{A}\boldsymbol{u} + \boldsymbol{b}\,\boldsymbol{u} + c\,,$$

wobei noch $u_6 = 0$ und $u_{22} = 1$ (Randbedingung) eingesetzt wird, so wird (5.277) zu

$$I(u) = \frac{1}{2}\boldsymbol{u}^{\mathrm{T}}\boldsymbol{A}_0\boldsymbol{u} + \boldsymbol{b}_0^{\mathrm{T}}\boldsymbol{u} + c_0\,, \tag{5.278}$$

mit leicht zu berechnenden Matrizen $\boldsymbol{A}_0$ und $\boldsymbol{b}$. Zum Auffinden stationärer Punkte muß man also

$$\boldsymbol{A}_0\boldsymbol{u} = -\boldsymbol{b}_0$$

lösen.

Tabelle 5.3:

| | | | | | |
|---|---|---|---|---|---|
| $u_5$ | 0.1096699 | $u_{11}$ | 0.4561808 | $u_{16}$ | 0.6958793 |
| $u_7$ | 0.2383919 | $u_{12}$ | 0.4436661 | $u_{17}$ | 0.6636682 |
| $u_8$ | 0.2486934 | $u_{13}$ | 0.4061018 | $u_{18}$ | 0.5846581 |
| $u_9$ | 0.1899861 | $u_{14}$ | 0.3419048 | $u_{19}$ | 0.4815953 |
| $u_{10}$ | 0.1053188 | $u_{15}$ | 0.1868732 | $u_{21}$ | 0.8120816 |

Das Ergebnis ist in der obigen Tabelle angegeben. Mit Formel (5.248) in Abschnitt 5.5.5 erhält man daraus die Näherungslösung $u(x, y)$.

**Bemerkung**: Je kleiner die Maschenweite der Triangulierung eines Bereiches $D$ ist, desto dichter liegt (normalerweise) die berechnete Lösung an der wahren Lösung. Konvergenzfragen und Fehlerabschätzungen wollen wir hier aber nicht behandeln, da sie den Rahmen des Buches sprengen würden.

Ein Beispiel aus der Praxis sei noch aus dem Buch von H.R. Schwarz [137] kurz zitiert:

Zur Berechnung der Spannungen im Schlüssel wurde die in Figur 5.14 skizzierte Triangulierung gewählt. Für technische Zwecke reicht die gewählte Maschenweite hier aus. Es wurden hier allerdings kubische Spline-Funktionen verwendet, die noch genauere Resultate liefern als die quadratischen Splines.

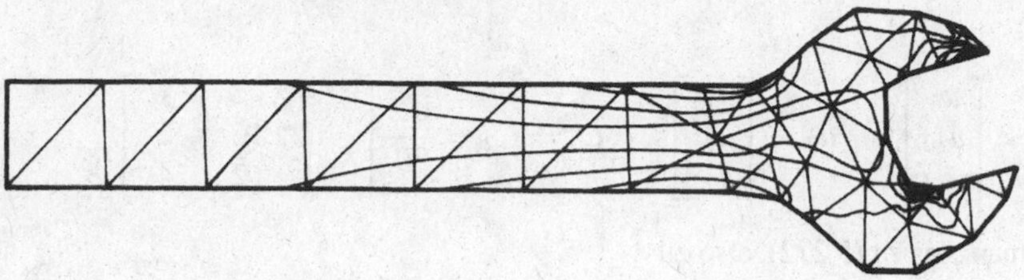

Fig. 5.14: Gabelschlüssel mit Triangulierung und Linien gleicher Hauptspannungsdifferenzen

### 5.5.7 Ausblick auf weitere Möglichkeiten der Finite-Elemente-Methode

An Hand des Variationsproblems für das Funktional

$$I(u) = \iint_G \left[ \frac{u_x^2 + u_y^2}{2} - \frac{g}{2} u^2 + wu \right] \mathrm{d}x\, \mathrm{d}y + \int_{\partial G} \left[ \frac{\alpha}{2} u^2 - \beta u \right] \mathrm{d}s \tag{5.279}$$

(s. Abschn, 5.5.3, (5.234)) haben wir die Finite-Elemente-Methode erklärt. Wie in Abschnitt 5.5.3 beschrieben, ist dieses Variationsproblem äquivalent zu dem elliptischen Randwertproblem

$$u_{xx} + u_{yy} + gu = w \quad \text{in } G\,; \qquad \frac{\partial u}{\partial \boldsymbol{n}} + \alpha u = \beta \quad \text{auf } R_2 \subset \partial G\,, \tag{5.280}$$

wobei in beiden Fällen (Variations- und Randwertproblem) noch eine »Dirichletsche Randbedingung« $u = \varphi$ auf $R_1 = \overline{\partial G \setminus R_2}$ vorgeschrieben ist. (Die Grenzfälle $R_1 = \emptyset$ oder $R_1 = \partial G$ sind mit gemeint.)

Die hier exemplarisch beschriebene Methode läßt sich selbstverständlich verallgemeinern, und zwar auf andere Funktionale und Differentialgleichungen, auf andere Dimensionen (nicht nur 2) und auf andere Formen der finiten Elemente, nämlich Rechtecke, Parallelogramme, Polygone im $\mathbb{R}^2$, sowie Tetraeder, Prismen, Quader, Parallelflachs und andere Polyeder im $\mathbb{R}^3$.

Ferner kann man statt quadratischer Ansatzfunktionen auf den finiten Elementen auch lineare, bilineare, allgemeiner multilineare, kubische und andere Polynome verwenden, ja auch Funktionen von völlig anderem Typ.

In jedem Fall geht man aber nach folgendem *Arbeitsablauf* vor:

**Finite-Elemente-Methode (allgemeine Beschreibung)**

(1) Liegt eine *Differentialgleichung* vor (evtl. mit *Randbedingungen*), so wird sie zunächst in eine *Variationsaufgabe*

$$I(u) = \int_G F\, \mathrm{d}V + \int_{\partial G} H\, \mathrm{d}s = \text{stationär!} \tag{5.281}$$

verwandelt (falls möglich). $F$ und $H$ hängen von mehreren Variablen ab (die hier nicht explizit aufgeführt werden).

(2) Ausgangspunkt ist das *Variationsproblem* (5.281). Der Integrationsbereich wird in *finite Elemente* $D_1, D_2, \ldots, D_m$ zerlegt (evtl. angenähert bei krummen Rändern) und $I(u)$ aufgespalten in

$$I(u) = \sum_{i=1}^{m} \int_{D_i} F \,\mathrm{d}V + \sum_{k=1}^{q} \int_{\partial S_k} H \,\mathrm{d}s \tag{5.282}$$

mit geeigneten Randstücken $S_k \subset \partial G$, die zusammen $\partial G$ ergeben.

(3) Auf jedem Element $D_i$ $(i = 1, \ldots, m)$ werden $n_i$ *Knotenpunkte* $p_1^i, p_2^i, \ldots, p_{n_i}^i$ festgelegt[23] (sie liegen zumeist auf dem Rand $\partial D_i$, doch mag es auch welche im Inneren von $\partial D_i$ geben).

(4) Auf jedem Element $D_i$ werden *Formfunktionen*

$$N_1^i, N_2^i, N_3^i, \ldots, N_{n_i}^i$$

festgelegt, und zwar aus einer geeignet gewählten Funktionenklasse (z.B. der quadratischen Polynome). Dabei ist für die $N_{ik}$ charakteristisch, daß sie

$$N_k^i(p_s^i) = \begin{cases} 1 & \text{für } k = s \\ 0 & \text{für } k \neq s \end{cases} \tag{5.283}$$

erfüllen. Mit ihnen wird der Lösungsansatz

$$u(\boldsymbol{x}) = \sum_{k=1}^{n_i} u_k^i N_k^i(\boldsymbol{x}) \quad \text{für } x \in D_i \tag{5.284}$$

gemacht. Dabei sind die Zahlen $u_k^i$[24] die Funktionswerte von $u$ in den Knoten $p_k^i$, also $u(p_k^i) = u_k^i$.

(5) Die Integranden $F$ und $H$ sind abhängig von $\boldsymbol{x} = (x, y, z, \ldots)^{\mathrm{T}}, u, u_x, u_y, u_z, \ldots, u_{xx}, u_{yy}, u_{zz}, \ldots, u_{xy}, \ldots$ usw. Die Funktion $u$ und ihre Ableitungen werden in jedem Element $D_i$ durch die folgenden Summen ersetzt:

$$\left.\begin{aligned} u &= \sum_{k=1}^{n_i} u_k^i N_k^i \\ u_x &= \sum_{k=1}^{n_i} u_k^i \frac{\partial}{\partial x} N_k^i \\ u_y &= \sum_{k=1}^{n_i} u_k^i \frac{\partial}{\partial y} N_k^i \end{aligned}\right\} \quad \text{in } D_i \tag{5.285}$$

23 Das hochgestellte $i$ ist ein (oberer) Index
24 $i$ ist hier oberer Index

usw. Damit bilden wir das Integral $I(u)$ in (5.282). Gemeinsame Knoten $p_k^i$, $p_r^j$ zweier verschiedener Elemente werden natürlich identifiziert: $p_k^i = p_r^j$ und dasselbe gilt für die entsprechenden Funktionswerte: $u_k^i = u_s^j$. Nach dieser Identifizierung werden die $u_k^i$ neu durchnumeriert, sie erscheinen einfach als $u_1, u_2, u_3, \ldots, u_M$. Zusammen bilden sie den Vektor

$$\boldsymbol{Au} + \boldsymbol{b} = \boldsymbol{0} \quad \text{mit } \boldsymbol{u}, \boldsymbol{b} \in \mathbb{R}^M, \ \boldsymbol{A} = (a_{ik})_{n,n}. \tag{5.288}$$

Entsprechend werden die $p_k^i$ neu numeriert: $p_1, p_2, \ldots, p_M$.
Es folgt, daß der Integralausdruck $I(u)$ nur noch von $u_1, u_2, \ldots, u_M$ abhängt, also:

$$I(u) =: \hat{f}(u_1, \ldots, u_M). \tag{5.286}$$

(6) In $\hat{f}(u_1, \ldots, u_M)$ werden nun alle $u_k$ konstant gesetzt, die der *Dirichletschen Randbedingung* $u = \varphi$ auf $R_1 \subset \partial G$ entsprechen: $u_k = \varphi(p_k)$ für $p_k \in R_1$. Ohne Beschränkung der Allgemeinheit seien dies die Werte $u_{n+1}, u_{n+2}, \ldots, u_M$. Damit hängt $\hat{f}$ nur echt von $u_1, \ldots, u_n$ ab. Wir schreiben

$$f(u_1, \ldots, u_n) := \hat{f}(u_1, \ldots, u_n, \underbrace{u_{n+1}, \ldots, u_M}_{\text{konstant}}).$$

(7) Es sind nun die stationären Punkte von

$$I(u) = f(u_1, \ldots, u_n)$$

zu berechnen. Dazu ist das Gleichungssystem

$$\frac{\partial f}{\partial u_i}(u_1, \ldots, u_n) = 0 \quad (i = 1, \ldots, n). \tag{5.287}$$

zu lösen. Ist die Differentialgleichung, von der ausgegangen wurde, linear, so ist auch (5.287) ein lineares System. (Dies ist der Hauptfall). (5.287) besitzt damit die Form

$$\boldsymbol{Au} + \boldsymbol{b} = \boldsymbol{0} \quad \text{mit } \boldsymbol{u}, \boldsymbol{b} \in \mathbb{R}^M, \ \boldsymbol{A} = (a_{ik})_{n,n}. \tag{5.288}$$

Die (üblicherweise) eindeutig bestimmte Lösung $\boldsymbol{u}$ von (5.288) liefert die gesuchte (Näherungs-) Lösung $u$ unseres Variationsproblems (5.281). Man hat die Komponenten von $\boldsymbol{u}$ nur in (5.284) einzusetzen (nach entsprechender Rücknumerierung).

(8) Durch Verkleinerung der Durchmesser der finiten Elemente oder durch Wahl geeigneter Ansatzfunktionen (z.B. höherer Polynomgrad) kann man verbesserte Näherungslösungen $u$ erreichen.

**Bemerkung 1**: Die Verwendung unterschiedlichster finiter Elemente (Polygone im $\mathbb{R}^2$, Polyeder im $\mathbb{R}^3$, krummlinig berandete Elemente usw.) wird ausführlich in H.R. Schwarz [137] beschrieben. Technische Anwendungen findet der Bauingenieur und Maschinenbau-Ingenieur in dem Standard-Werk von Link [104]. Beide Bücher werden dem Leser empfohlen.

**Bemerkung 2**: Die beschriebene Finite-Elemente-Methode ist weitgehend auf Computern automatisiert. Insbesondere gibt es Programme für günstige *Numerierungen der Knoten* $p_1, p_2, \ldots$ und zur Lösung der *großen linearen Gleichungssysteme.*

Tabelle 5.4:

| Variationsproblem | Differentialgleichung | »natürliche« Randbedingung |
|---|---|---|
| $\int_a^b F(x,u,u')\,\mathrm{d}x = $ stationär! | $F_u - \frac{\mathrm{d}}{\mathrm{d}x}F_{u'} = 0$ [25] | $F_{u'} = 0$ für $x = a$ und $x = b$ |
| speziell: $\int_a^b \underbrace{(u' + x^3\,\mathrm{e}^{u'} + x\ln u)}_{F(x,u,u')}\,\mathrm{d}x$ = stationär! | $(F_u = \frac{x}{u},\ F_{u'} = 1 + x^3\,\mathrm{e}^{u'},$ $\frac{\mathrm{d}}{\mathrm{d}x}F_{u'} = 3x^2\,\mathrm{e}^{u'} + x^3\,\mathrm{e}^{u'}\,u'')$ $\Rightarrow \frac{x}{u} - 3x^2\,\mathrm{e}^{u'} + x^3\,\mathrm{e}^{u'}\,u'' = 0$ | $1 + x^3\,\mathrm{e}^{u'(x)} = 0$ für $x = a$ und $x = b$ |
| $\int_a^b F(x,u,u',u'')\,\mathrm{d}x$ = stationär! | $\frac{\mathrm{d}^2}{\mathrm{d}x^2}F_{u''} - \frac{\mathrm{d}}{\mathrm{d}x}F_{u'} + F_u = 0$ | $F_{u'} - \frac{\mathrm{d}}{\mathrm{d}x}F_{u''} = 0,$ $F_{u''} = 0$ für $x = a$ und $x = b$ |
| $\int_a^b F(x,u,v,u',v')\,\mathrm{d}x$ = stationär! | $F_u - \frac{\mathrm{d}}{\mathrm{d}x}F_{u'} = 0$ $F_v - \frac{\mathrm{d}}{\mathrm{d}x}F_{v'} = 0$ | $F_{u'} = 0,\ F_{v'} = 0$ für $x = a$ und $x = b$ |

[25] $F_u = \frac{\partial F}{\partial u},\ F_{u'} = \frac{\partial F}{\partial u'}$

Tabelle 5.5:

| $F(x,u,u_x,\ldots) =$ | Differentialgleichung |
|---|---|
| $a(u_x)^2 + 2bu_xu_y + c(u_y)^2 + fu^2 + 2gu$ | $(au_x + bu_y)_x + (cu_y + bu_x)_y = fu + g$ |
| $[(u_x)^2 + (u_y)^2 + au^2 + 2bu]\,\mathrm{e}^{\alpha x + \beta y}$ $(\alpha, \beta \in \mathbb{R})$ | $u_{xx} + u_{yy} + \alpha u_x + \beta u_y = au + b$ $(\alpha, \beta \in \mathbb{R})$ |
| $a(u_x)^2 + b(u_y)^2 + c(u_z)^2 + fu^2 + 2gu$ | $(au_x)_x + (bu_y)_y + (cu_z)_z = fu + g$ |

## Kleine Liste von Variationsaufgaben und äquivalenten Differentialgleichungen

**(a) Eindimensionale Funktionen $u$, $v$ (siehe Tabelle 5.4)** Sind $u(a)$ und/oder $u(b)$ beim Variationsproblem von vorne herein festgelegt, so gilt das auch für das äquivalente Randwertproblem. Es entfallen dann die jeweiligen natürlichen Randbedingungen in $x = a$ bzw. $x = b$.

Zur Lösung der Variationsprobleme in der linken Spalte von Tabelle 5.4 wird $[a, b]$ in kleine Teilintervalle $[x_{i-1}, x_i]$ zerlegt $(a = x_0 < x_1 < \cdots < x_n = b)$. Dies sind die finiten Elemente. Hier wird erfolgreich mit kubischen Spline-Funktionen $u$ als Ansatzfunktionen gearbeitet. (Eine kubische Spline-Funktion $u$ ist auf jedem Teilintervall $[x_{i-1}, x_i]$ ein Polynom höchstens dritten Grades. In den Teilungspunkten wird die Funktion stetig differenzierbar gemacht.)

**(b) Zwei- und dreidimensionale Funktionen *u* (siehe Tabelle 5.5)**

Wir ordnen den Variationsproblemen

$$\int_G F(x, u, u_x, u_y, \ldots, u_{xx}, u_{xy}, u_{yy}, \ldots)\, \mathrm{d}(x, y, \ldots) = \text{stationär!}$$

die äquivalenten Differentialgleichungen gemäß Tabelle 5.5 zu. Hierbei sind $a, b, c$ stetig differenzierbare Funktionen von $x, y, \ldots$ und $f, g$ stetige Funktionen.

Tabelle 5.5 läßt sich fortsetzen. Mit ihrer Hilfe kann die Lösungsberechnung schwieriger Randwertprobleme durch die *hochelastische Finite-Elemente-Methode* durchgeführt werden, wie in den vorigen Abschnitten beschrieben.

**Hinweis**: Ausführliche und vertiefende Darstellungen numerischer Methoden von elliptischen Problemen (insbesondere die Methode der finiten Elemente, das Differenzenverfahren, das Ritz-Galerkinverfahren, die Randelementemethode und die Lösung über die Integralgleichungsmethoden) finden sich z.B. in Forsythe, G./Wasow, W.R. [55] p 146–377; Greenspan, D./Werner, P. [61]; Hackbusch, W. [66] S. 147–187 bzw. S. 43–104; Hackbusch, W. [65] S. 72–217 bzw. S. 339–363; Köckler, N. [96]; Kussmaul, R. [95]; Marsal, D. [108] S. 67–88; Meis, Th./Marcowitz, U. [112] S. 165–263; Mitchell, A.R./Griffiths, D.F. [120] p 102–163; Reutersberg, H. [128]; Smith, G.D. [140] p 239–330; Törnig, W./Spelluci, P. [151] S. 371–419; Törnig, W./Gipser, M./Kaspar, B. [150]; Schwarz, H.R. [135] S. 418–451; Varga, R.S. [152] p 161–208; Vichnevetsky, R. [153] p 73–108.

## Übungen

### Übung 5.17*:

Berechne die Fréchet-Ableitungen der folgenden Abbildungen in $u_0$:

(a) $$f(u) = \iint_G u^3(x, y)\, \mathrm{d}x\, \mathrm{d}y\,, \quad G\ J\text{-meßbar in } \mathbb{R}^2,\ f: C(G) \to \mathbb{R}.$$

(b) $$(f(u))(x) = \int_0^1 \mathrm{e}^{xt}\, u^2(t)\, \mathrm{d}t\,, \quad f: C[0,1] \to C[0,1]\,.$$

### Übung 5.18*:

Für welche stetig differenzierbaren Funktionen $u: [0,1] \to \mathbb{R}$ wird

$$I(u) := \int_a^b (2xu(x) + u(x)^2 + u'(x)^2)\, \mathrm{d}x \quad \text{mit } u(0) = 1\,,\ u(1) = 0$$

stationär? (Hinweis: Man orientiere sich an Beisp. 5.4)

**Übung 5.19:**

Behandle das folgende Randwertproblem mit der Methode der finiten Elemente, wobei der Bereich $G$ in Figur 5.15 zugrunde liegt (samt der skizzierten Triangulierung):

$$u_{xx} + u_{yy} = 0 \quad \text{auf } G$$
$$u = 0 \quad \text{auf } [A, B], \qquad u = 2 \quad \text{auf } \widehat{CD}$$
$$\frac{\partial u}{\partial n} = 0 \quad \text{auf } [B, C], \qquad \frac{\partial u}{\partial n} + u = 0 \quad \text{auf } [A, D].$$

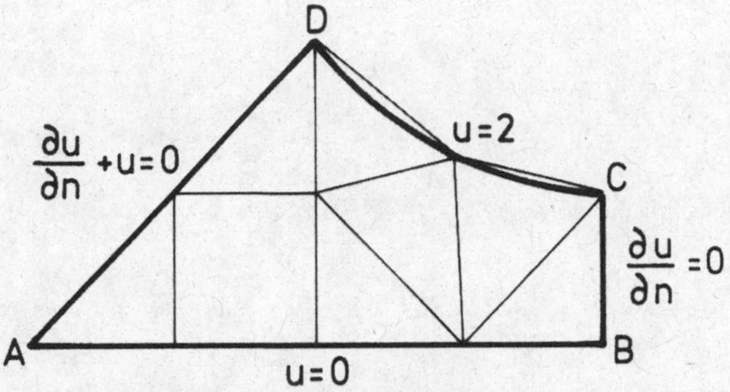


Fig. 5.15: Zu Übung 5.19

Figur 5.15 kann als Teil eines Quadrates mit kreisförmigem Loch angesehen werden. Acht solcher Teile ergeben diese Gestalt. Wir stellen uns vor, daß aus Symmetriegründen nur ein solches Achtel explizit behandelt werden muß.

# 6 Die Wärmeleitungsgleichung

Die Wärmeleitungsgleichung

$$\Delta u(\boldsymbol{x},t) - \frac{\partial u(\boldsymbol{x},t)}{\partial t} = 0\,, \quad \boldsymbol{x} \in \mathbb{R}^n\,,\ t > 0 \tag{6.1}$$

ist, wie wir aus Abschnitt 4.3.1 wissen, ein typischer Vertreter der parabolischen Differentialgleichungen. Wie schon bei der Schwingungsgleichung, zeigt es sich auch hier, daß im Hinblick auf Lösungen und Lösungsmethoden keine wesentliche Dimensionsabhängigkeit auftritt. Wir beschränken uns daher im folgenden zumeist auf die Behandlung des Falles $n = 3$. Zur eindeutigen Charakterisierung einer Lösung benötigt man auch bei der Wärmeleitungsgleichung zusätzliche Bedingungen. In den Anwendungen treten dabei sowohl Rand- und Anfangswertprobleme als auch reine Anfangswertprobleme auf.

## 6.1 Rand- und Anfangswertprobleme

Wir interessieren uns für die Temperaturverteilung in einem homogenen Körper $D$ im $\mathbb{R}^3$ mit (glatter) Randfläche $\partial D$ bei vorgegebener Anfangstemperaturverteilung

$$u(\boldsymbol{x},0) = g(\boldsymbol{x})\,, \quad \boldsymbol{x} \in D \tag{6.2}$$

(*Anfangsbedingung*). Zusätzlich werden noch Forderungen an die Lösung bezüglich des Verhaltens auf dem Rand $\partial D$ von $D$ gestellt. Die folgenden drei Randbedingungen stellen hierbei besonders interessante und anwendungsrelevante Möglichkeiten dar:

(i) Bei der *Dirichletsche Randbedingung* wird die Temperaturverteilung auf dem Rand $\partial D$ von $D$ vorgeschrieben:

$$u(\boldsymbol{x},t) = f(\boldsymbol{x})\,, \quad \boldsymbol{x} \in \partial D\,,\ t \geq 0 \quad (f \text{ vorgegeben})\,. \tag{6.3}$$

(ii) Mit einer (homogenen) *Neumannschen Randbedingung*

$$\frac{\partial}{\partial \boldsymbol{n}} u(\boldsymbol{x},t) = 0\,, \quad \boldsymbol{x} \in \partial D\,,\ t \geq 0 \tag{6.4}$$

haben wir es z.B. zu tun, wenn ein vollständig wärmeisolierender Rand $\partial D$ vorliegt, wenn also keine Wärmestrahlung an ein umgebendes Medium auftritt.

(iii) Die *gemischte Randbedingung*

$$\frac{\partial}{\partial \boldsymbol{n}} u(\boldsymbol{x},t) = \alpha(\boldsymbol{x})\,[u(\boldsymbol{x},t) - u_0] \tag{6.5}$$

stellt eine Ausgleichsbedingung bei Wärmeausstrahlung des Körpers an ein umgebendes Medium der Temperatur $u_0$ dar. Die Wärmeübergangsfunktion $\alpha(\boldsymbol{x})$ ist hierbei vorgegeben.

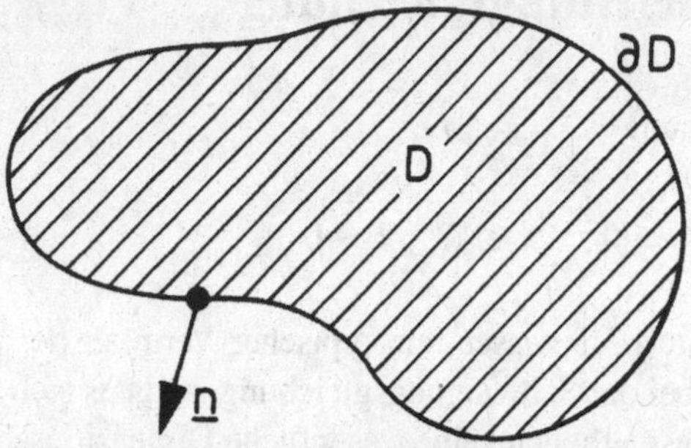


Fig. 6.1: Vorgaben auf dem Rand $\partial D$

Im folgenden beschränken wir uns auf die Behandlung des Falles (i). Die übrigen finden sich z.B. in Smirnow [138], Teil II, S. 547 ff.

### 6.1.1 Ein Rand- und Anfangswertproblem mit Dirichletscher Randbedingung

Wir formulieren zunächst die Aufgabenstellung:

**(RAP)** Es sei $D$ ein beschränktes Gebiet im $\mathbb{R}^3$ mit glatter Randfläche. $I$ bezeichne das Intervall $(0, \infty)$. Zu bestimmen ist eine in $D \times I$ zweimal stetig differenzierbare und in $\overline{D} \times \overline{I}$ stetige Funktion $u(\boldsymbol{x}, t)$, die der *Wärmeleitungsgleichung*

$$\Delta u(\boldsymbol{x}, t) - \frac{\partial u(\boldsymbol{x}, t)}{\partial t} = 0\,, \quad \boldsymbol{x} \in D\,,\ t \in I\,, \tag{6.6}$$

der *Anfangsbedingung*

$$u(\boldsymbol{x}, 0) = g(\boldsymbol{x})\,, \quad \boldsymbol{x} \in D \tag{6.7}$$

mit der (vorgegebenen) Funktion $g$ und der *Randbedingung*

$$u(\boldsymbol{x}, t) = f(\boldsymbol{x})\,, \quad \boldsymbol{x} \in \partial D\,,\ t \in I \tag{6.8}$$

mit der (vorgegebenen) Funktion $f$ genügt. Ferner gelte

$$g(\boldsymbol{x}) = f(\boldsymbol{x}) \quad \text{für} \quad \boldsymbol{x} \in \partial D\,. \tag{6.9}$$

Die Funktionen $f$ und $g$ sind hierbei noch zu präzisieren.

Problem **(RAP)** läßt sich durch die folgende Überlegung vereinfachen: Wir lösen zuerst das Dirichletsche Innenraumproblem der Potentialtheorie mit

$$\begin{cases} \Delta v = 0 & \text{in} \quad D\,; \\ v = f & \text{auf} \quad \partial D\,. \end{cases} \tag{6.10}$$

Dieses besitzt nach Abschnitt 5.3.3, Satz 5.15 für $f \in C(\partial D)$ eine eindeutig bestimmte Lösung $v(\boldsymbol{x})$. Mit

$$w(\boldsymbol{x}, t) := u(\boldsymbol{x}, t) - v(\boldsymbol{x}) \tag{6.11}$$

und (6.6) ergibt sich dann für $\boldsymbol{x} \in D$ und $t \in I$

$$\Delta w(\boldsymbol{x}, t) = \Delta u(\boldsymbol{x}, t) - \Delta v(\boldsymbol{x}) = \frac{\partial u(\boldsymbol{x}, t)}{\partial t} = \frac{\partial w(\boldsymbol{x}, t)}{\partial t}\,. \tag{6.12}$$

Ferner folgt mit (6.8) und (6.10)

$$w(\boldsymbol{x}, t) = u(\boldsymbol{x}, t) - v(\boldsymbol{x}) = f(\boldsymbol{x}) - f(\boldsymbol{x}) = 0\,, \quad \boldsymbol{x} \in \partial D \tag{6.13}$$

und mit (6.7)

$$w(\boldsymbol{x},0) = u(\boldsymbol{x},0) - v(\boldsymbol{x}) = g(\boldsymbol{x}) - v(\boldsymbol{x}) =: h(\boldsymbol{x})\,, \quad \boldsymbol{x} \in D\,, \tag{6.14}$$

wobei die so definierte Funktion $h(\boldsymbol{x})$ wegen (6.9) und (6.10) die Bedingung

$$h(\boldsymbol{x}) = g(\boldsymbol{x}) - v(\boldsymbol{x}) = f(\boldsymbol{x}) - f(\boldsymbol{x}) = 0 \quad \text{für} \quad \boldsymbol{x} \in \partial D \tag{6.15}$$

erfüllt.

Wir können uns daher im weiteren o.B.d.A. auf die Behandlung eines Rand- und Anfangswertproblems mit der Anfangsbedingung $u(\boldsymbol{x},0) = h(\boldsymbol{x})$ und der *homogenen* Randbedingung

$$u(\boldsymbol{x}, t) = 0\,, \quad \boldsymbol{x} \in \partial D\,,\ t \in I \tag{6.16}$$

beschränken. Wir bezeichnen dieses Problem dann mit **$(\widetilde{\mathbf{RAP}})$**.

### 6.1.2 Die Eindeutigkeitsfrage

Wir zeigen

**Satz 6.1:**
Das Problem **$(\widetilde{\mathbf{RAP}})$** besitzt höchstens eine Lösung.

**Beweis:**
Es seien $u_1$ und $u_2$ Lösungen von **$(\widetilde{\mathbf{RAP}})$**. Wir setzen $u := u_1 - u_2$. Dann löst $u$ Problem **$(\widetilde{\mathbf{RAP}})$** mit homogener Anfangsbedingung $u(\boldsymbol{x},0) = 0$ für $\boldsymbol{x} \in D$. Nun betrachten wir das

*Energieintegral*

$$\int_D (\nabla u)^2 \, d\tau =: E(t).^1 \tag{6.17}$$

Offensichtlich ist $E(t) \geq 0$ für alle $t \geq 0$. Aus (6.17) folgt durch Differentiation

$$\begin{aligned} E'(t) &= \frac{\partial}{\partial t} \int_D (\nabla u)^2 \, d\tau = \int_D \frac{\partial}{\partial t} (\nabla u)^2 \, d\tau \\ &= 2 \int_D \nabla u \cdot \frac{\partial}{\partial t} (\nabla u) \, d\tau = 2 \int_D \nabla u \cdot \nabla \left( \frac{\partial u}{\partial t} \right) d\tau \\ &= 2 \int_D \nabla \cdot \left[ \frac{\partial u}{\partial t} \nabla u \right] d\tau - 2 \int_D \Delta u \frac{\partial u}{\partial t} \, d\tau . \end{aligned}$$

(Begründungen!) Wenden wir auf das vorletzte Integral den Integralsatz von Gauß an, und beachten wir $u(\boldsymbol{x}, t) = 0$ für $\boldsymbol{x} \in \partial D$ und $t \geq 0$, so erhalten wir

$$E'(t) = 2 \int_{\partial D} \frac{\partial u}{\partial t} \nabla u \cdot \boldsymbol{n} \, d\sigma - 2 \int_D \Delta u \frac{\partial u}{\partial t} \, d\tau = -2 \int_D \Delta u \frac{\partial u}{\partial t} \, d\tau ,$$

woraus sich wegen $\Delta u = \frac{\partial u}{\partial t}$

$$E'(t) = -2 \int_D \left( \frac{\partial u}{\partial t} \right)^2 d\tau \tag{6.18}$$

ergibt. $E'(t)$ ist also stets $\leq 0$. Zusammen mit $E(0) = 0$ (warum?) hat dies $E(t) \leq 0$ für alle $t \geq 0$ zur Folge. Andererseits gilt $E(t) \geq 0$ für alle $t \geq 0$ (s.o.). Somit ist $E(t) = 0$ für alle $t \geq 0$. Aus (6.17) ergibt sich daher $\nabla u = \boldsymbol{0}$, d.h. $u(\boldsymbol{x}, t)$ hängt nur von $t$ ab. Zusammen mit (6.16) erhalten wir $u(\boldsymbol{x}, t) = 0$ oder $u_1(\boldsymbol{x}, t) = u_2(\boldsymbol{x}, t)$ für alle $\boldsymbol{x} \in \overline{D}$ und alle $t \geq 0$. Damit ist der Eindeutigkeitsnachweis erbracht. □

### 6.1.3 Lösungsbestimmung mittels Eigenwerttheorie

Nach Abschnitt 4.3.2 ist es sinnvoll, zur Gewinnung einer Lösung von Problem $(\widetilde{\textbf{RAP}})$ vom Separationsansatz

$$u(\boldsymbol{x}, t) = U(\boldsymbol{x}) \cdot V(t) \tag{6.19}$$

1 $\nabla u$ bedeutet hierbei $\nabla_{\boldsymbol{x}} u(\boldsymbol{x}, t)$ und $(\nabla u)^2 = \nabla u \cdot \nabla u$.

auszugehen. Für $V$ erhalten wir dann, wie wir gesehen haben,

$$V(t) = e^{-\lambda t}, \quad \lambda = \text{const. (beliebig)}, \tag{6.20}$$

während wir für $U$ das homogene Dirichletsche Innenraumproblem

$$\begin{cases} \Delta U + \lambda U = 0 & \text{in} \quad D; \\ \quad\quad\;\; U = 0 & \text{auf} \quad \partial D \end{cases} \tag{6.21}$$

zu lösen haben. Die homogene Dirichletsche Randbedingung in (6.21) ergibt sich hierbei aus der Forderung (6.16) und dem Ansatz (6.19). Aus der Sicht von Abschnitt 5.4.2 handelt es sich bei (6.21) um ein Eigenwertproblem der Potentialtheorie, das wir dort vollständig gelöst haben: Es sei $\{\lambda_n\}$ die in Satz 5.20, Abschnitt 5.4.2 nachgewiesene Folge von Eigenwerten des Problems (6.21) mit $\lambda_n \to \infty$ für $n \to \infty$. $\{U_n\}$ sei das zugehörige vollständige Orthonormalsystem von Eigenfunktionen. Nach Teil (b) dieses Satzes gilt für $U$ die Reihenentwicklung

$$U(\boldsymbol{x}) = \sum_{n=1}^{\infty} c_n U_n(\boldsymbol{x}) \tag{6.22}$$

mit den Koeffizienten

$$c_n = (h, U_n) = \int_D h U_n \, d\tau . \tag{6.23}$$

Dabei konvergiert die Reihe in (6.22) gleichmäßig in $\overline{D} = D + \partial D$. Mit (6.19), (6.20) und (6.22) gelangen wir dann zu dem (formalen) Lösungsausdruck

$$u(\boldsymbol{x}, t) = \sum_{n=1}^{\infty} c_n e^{-\lambda_n t} U_n(\boldsymbol{x}), \quad \boldsymbol{x} \in \overline{D}, \; t \geq 0 \tag{6.24}$$

für unser Problem ($\widetilde{\textbf{RAP}}$). Ein Nachweis, daß (6.24) tatsächlich dieses Problem löst, findet sich unter der zusätzlichen Voraussetzung

$$h \in C_{4+\alpha}(\overline{D})$$

z.B. in Leis [101], S. 196–199.

**Bemerkung**: Zur numerischen Lösung des Eigenwertproblems (6.21) siehe z.B. Hackbusch [66], Kap. 11, S. 227–245. ß

## Übungen

**Übung 6.1*:**

Eine kreisförmige dünne homogene Scheibe mit Radius 1 wird an ihrem oberen Rand auf der konstanten Temperatur $u_1$ und an ihrem unteren Rand auf der konstanten Temperatur $u_2$ gehalten. Bestimme eine (formale) Lösung eines entsprechenden Problems für die Temperaturverteilung der Kreisscheibe.

**Hinweis**: Die Temperaturverteilung, die sich nach einer gewissen Zeit einstellt, wird durch die Potentialgleichung $\Delta u = 0$ beschrieben. Wie lautet sie in Polarkoordinaten? Führe zur Lösung des Problems einen Separationsansatz durch und benutze die Fouriermethode (s. Burg/-Haf/Wille [24], Abschn. 5.2.1).

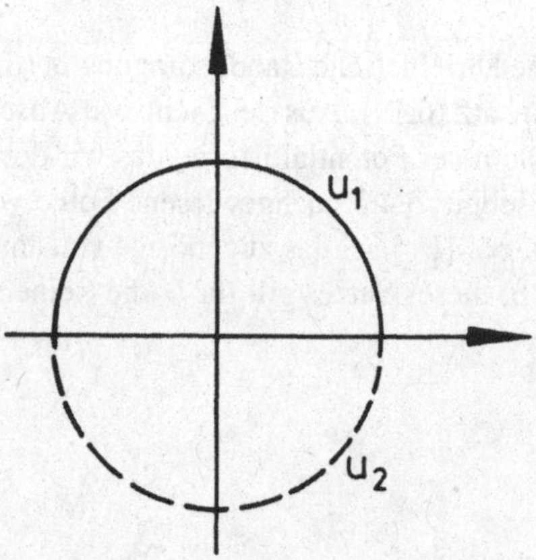


Fig. 6.2: Temperaturverteilung einer Kreisscheibe

**Übung 6.2*:**

Es sei $D$ das Gebiet gemäß Figur 6.3 mit Rand $\partial D$, $I$ ein offenes Intervall parallel zur $x$-Achse und $C$ die abgeschlossene Kurve $\partial D - I$. Ferner sei $u(x,t)$ eine in $D + I$ zweimal stetig differenzierbare und in $\overline{D} = D + \partial D$ stetige Funktion, die in $D + I$ der Wärmeleitungsgleichung $u_{xx} = u_t$ genüge. Beweise: $u(x,t)$ nimmt auf $C$ sein Maximum (und sein Minimum) an.

**Hinweis**: Betrachte die Funktion

$$v(x,t) := u(x,t) - \varepsilon t \quad (\varepsilon > 0 \text{ beliebig})$$

und führe die Annahme, das Maximum von $v$ werde in $D + I$ angenommen, zu einem Widerspruch.

## 6.2 Ein Anfangswertproblem

Da wir Anfangswertprobleme für die Wärmeleitungsgleichung bereits in Burg/Haf/Wille [24], Abschnitt 7.2.1 und Abschnitt 8.4.1 behandelt haben, beschränken wir uns auf eine kurze Wiederholung bzw. Ergänzung der wichtigsten Gesichtspunkte. Da keine entscheidende Dimensionsabhängigkeit auftritt, ist es ausreichend, den bezüglich des Ortes 1-dimensionalen Fall zu untersuchen.

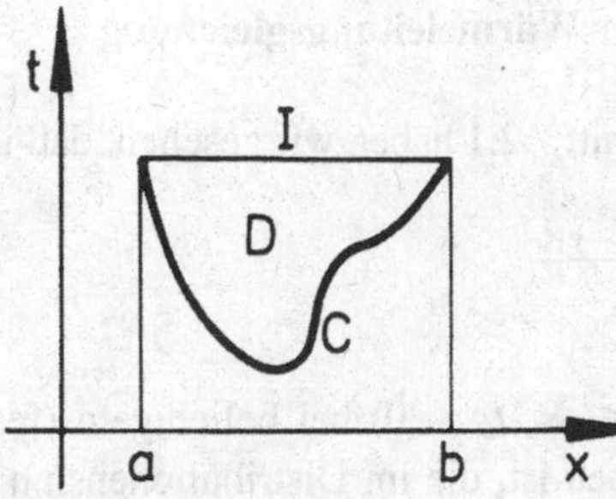


Fig. 6.3: Zum Maximumprinzip

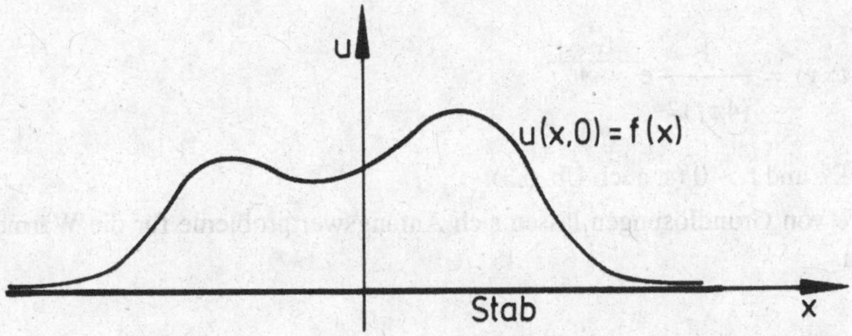


Fig. 6.4: Anfangstemperaturverteilung des Stabes

### 6.2.1 Aufgabenstellung

Wir denken uns (idealisiert) einen unendlich langen homogenen Stab ($x$-Achse), dessen Temperaturverteilung zum Zeitpunkt $t = 0$ vorgegeben sei. Wir fragen nach der Temperaturverteilung $u(x, t)$ zum Zeitpunkt $t > 0$. Dies führt uns auf folgendes *Anfangswertproblem* für die Wärmeleitungsgleichung:

**(A)** Es sei $f(x)$ eine in $\mathbb{R}$ stetige Funktion. Gesucht ist eine in $\mathbb{R} \times [0, \infty)$ stetige Funktion $u(x, t)$, deren Ableitungen[2] $u_x$, $u_{xx}$ und $u_t$ in $\mathbb{R} \times (0, \infty)$ stetig sind und die *Wärmeleitungsgleichung*

$$u_{xx}(x, t) - u_t(x, t) = 0\,, \quad x \in \mathbb{R}\,,\ t > 0 \tag{6.25}$$

erfüllt und die der *Anfangsbedingung*

$$u(x,0) = f(x)\,, \quad x \in \mathbb{R} \tag{6.26}$$

genügt.

2 $u_x$, steht für $\frac{\partial u}{\partial x}$, $u_{xx}$ für $\frac{\partial^2 u}{\partial x^2}$ usw.

### 6.2.2 Die Grundlösung der Wärmeleitungsgleichung

In Burg/Haf/Wille [24], Abschnitt 7.2.1 haben wir gesehen, daß im 1-dimensionalen Fall durch

$$u_0(x, t; y) = \frac{1}{2\sqrt{\pi t}} \mathrm{e}^{-\frac{(x-y)^2}{4t}} \tag{6.27}$$

als Funktion von $x$ und $t$ ($x \in \mathbb{R}$, $t > 0$) bei beliebigem (festen) $y \in \mathbb{R}$ eine Lösung der Wärmeleitungsgleichung gegeben ist, die im Distributionensinn für $t \to 0+$ gegen die Diracsche Deltafunktion $\delta_y$ strebt. Man nennt diese Lösung von (6.25) *Grundlösung der Wärmeleitungsgleichung*. Sie läßt eine interessante physikalische Deutung zu (s. Burg/Haf/Wille [24], Abschn. 7.2.1).

Im $n$-dimensionalen Fall lautet die entsprechende Grundlösung

$$u_0(\boldsymbol{x}, t; \boldsymbol{y}) = \frac{1}{(4\pi t)^{\frac{n}{2}}} \mathrm{e}^{-\frac{|\boldsymbol{x}-\boldsymbol{y}|^2}{4t}} \tag{6.28}$$

mit $\boldsymbol{x}, \boldsymbol{y} \in \mathbb{R}^n$ und $t > 0$ (s. auch Üb. 6.3).

Mit Hilfe von Grundlösungen lassen sich Anfangswertprobleme für die Wärmeleitungsgleichung lösen.

### 6.2.3 Lösungsbestimmung mittels Fouriertransformation

Durch Verwendung des Hilfsmittels »Fouriertransformation« gelangt man auf recht elegante Weise zu einer (formalen) Lösung des Anfangswertproblems **(A)**. Sie lautet für $x \in \mathbb{R}$ und $t > 0$

$$u(x, t) = \int\limits_{-\infty}^{\infty} u_0(x, t; y) f(y)\,\mathrm{d}y = \frac{1}{2\sqrt{\pi t}} \int\limits_{-\infty}^{\infty} \mathrm{e}^{-\frac{(x-y)^2}{4t}} f(y)\,\mathrm{d}y \tag{6.29}$$

(s. Burg/Haf/Wille [24], Abschn. 8.4.1). Wir zeigen: Ist $f(x)$ in $\mathbb{R}$ stetig, beschränkt und absolut integrierbar (d.h. $\int_{-\infty}^{\infty} |f(x)|\,\mathrm{d}x$ existiert), so erfüllt die durch (6.29) definierte Funktion $u(x, t)$ die Wärmeleitungsgleichung (6.25) und die Anfangsbedingung (6.26). Im Integral in (6.29) dürfen wir nämlich $\frac{\partial}{\partial t}$ (bzw. $\frac{\partial}{\partial x}$ bzw. $\frac{\partial^2}{\partial x^2}$) und $\int\limits_{-\infty}^{\infty}$ vertauschen. (Begründung! Verwende Satz 2 im Anhang von Burg/Haf/Wille [24].) Zusammen mit der Tatsache, daß die Grundlösung $u_0$ eine Lösung der Wärmeleitungsgleichung ist, ergibt sich dann (6.25). Zum Nachweis der Anfangsbedingung setzen wir $z := \frac{y-x}{2\sqrt{t}}$. Damit lautet (6.29)

$$u(x, t) = \frac{1}{\sqrt{\pi}} \int\limits_{-\infty}^{\infty} f(x + 2\sqrt{t}z)\,\mathrm{e}^{-z^2}\,\mathrm{d}z\,. \tag{6.30}$$

Verwenden wir die Beziehung

$$1 = \frac{1}{\sqrt{\pi}} \int_{-\infty}^{\infty} e^{-z^2}\, dz \tag{6.31}$$

(s. Burg/Haf/Wille [23], Abschn. 7.1.7, (7.56)), so ergibt sich

$$u(x,t) - f(x) = \frac{1}{\sqrt{\pi}} \int_{-\infty}^{\infty} \left[ f(x + 2\sqrt{t}z) - f(x) \right] e^{-z^2}\, dz$$

und hieraus

$$|u(x,t) - f(x)| \le \frac{1}{\sqrt{\pi}} \int_{-\infty}^{\infty} |f(x + 2\sqrt{t}z) - f(x)|\, e^{-z^2}\, dz\,. \tag{6.32}$$

Nach Voraussetzung ist $f$ beschränkt. Es gibt daher eine Konstante $A > 0$ mit $|f(x)| \le A$ für alle $x$ und

$$|f(x + 2\sqrt{t}z) - f(x)| \le 2A \quad \text{für alle } x, t \text{ und } z. \tag{6.33}$$

Aus der Existenz des Integrals in (6.31) ergibt sich: Zu beliebigem $\varepsilon > 0$ gibt es ein $R = R(\varepsilon) > 0$ mit

$$\int_{-\infty}^{-R} e^{-z^2}\, dz \le \varepsilon \quad \text{und} \quad \int_{R}^{\infty} e^{-z^2}\, dz \le \varepsilon\,. \tag{6.34}$$

Daher folgt aus (6.32) nach entsprechender Zerlegung des Integrals

$$|u(x,t) - f(x)| \le \frac{1}{\sqrt{\pi}} \left\{ \int_{-\infty}^{-R} \cdots + \int_{-R}^{R} \cdots + \int_{R}^{\infty} \cdots \right\} \le 4A\varepsilon + \frac{1}{\sqrt{\pi}} \int_{-R}^{R} |f(x + 2\sqrt{t}z) - f(x)|\, e^{-z^2}\, dz\,. \tag{6.35}$$

Da $f$ in $\mathbb{R}$ stetig ist, gibt es zu obigem $\varepsilon > 0$ ein $t_0 = t_0(\varepsilon)$, so daß für alle $t \le t_0$ und $|z| \le R$

$$|f(x + 2\sqrt{t}z) - f(x)| < \varepsilon$$

ist. Damit erhalten wir aus (6.35) für $t \le t_0$

$$|u(x,t) - f(x)| \le 4A\varepsilon + \varepsilon \frac{1}{\sqrt{\pi}} \int_{-R}^{R} e^{-z^2}\, dz \le 4A\varepsilon + \varepsilon \frac{1}{\sqrt{\pi}} \int_{-\infty}^{\infty} e^{-z^2}\, dz = (4A+1)\varepsilon$$

und somit: $u(x, t) \to f(x)$ für $t \to +0$. Damit ist bewiesen:

**Satz 6.2:**
Unter den obigen Voraussetzungen an $f$ löst die durch (6.29) definierte Funktion $u$ das Anfangswertproblem (**A**).

**Bemerkung**: Ist $f$ nach unten durch $c_1$ und nach oben durch $c_2$ beschränkt, so folgt aus (6.30) und (6.31), daß $c_1$ und $c_2$ auch Schranken für $u$ sind: $c_1 \leq u(x, t) \leq c_2$, d.h. die Temperatur $u(x, t)$ des Stabes kann nicht tiefer und nicht höher als seine Anfangstemperatur $f(x)$ werden, was physikalisch ja auch zu erwarten ist.

Wir geben noch ein schärferes Resultat an, das 1938 von dem russischen Mathematiker Tychonow erzielt wurde: Die Funktion $f$ erfülle die Bedingung

$$|f(x)| \leq M \, \mathrm{e}^{Ax^2}, \quad x \in \mathbb{R} \tag{6.36}$$

mit Konstanten $M, A \geq 0$. Suchen wir dann nach einer solchen Lösung $u(x, t)$ ($x \in \mathbb{R}$, $t \in (0, T]$), die einer Abschätzung der Form

$$|u(x, t)| \leq \tilde{M} \, \mathrm{e}^{\tilde{A}x^2}, \quad x \in \mathbb{R}, \; t \in [0, T] \tag{6.37}$$

mit Konstanten $\tilde{M}, \tilde{A} \geq 0$ genügt, so läßt sich zeigen:

**Satz 6.3:**
Das Anfangswertproblem (**A**) für die Wärmeleitungsgleichung besitzt für $T < \frac{1}{4A}$ die eindeutig bestimmte Lösung

$$u(x, t) = \begin{cases} \dfrac{1}{2\sqrt{\pi t}} \displaystyle\int_{-\infty}^{\infty} \mathrm{e}^{-\frac{(x-y)}{4t}} f(y) \, \mathrm{d}y & \text{für} \quad 0 < t \leq T \\[2ex] f(x) & \text{für} \quad t = 0 \end{cases} \tag{6.38}$$

mit den oben verlangten Eigenschaften.

**Beweis:**
S. z.B. Hellwig [70], S. 46–52.

**Hinweis**: Numerische Methoden zur Lösung von parabolischen Problemen finden sich in mehr oder weniger ausführlicher Darstellung z.B in Bathe, K.J. [9] S. 447–472; Douglas, J./Dupont, T. [38]; Forsythe, G./Wasow, W.R. [55] p 88–145; Marsal, D. [108] S. 49–66, 112–156; Meis, Th./Marcowitz, U. [112] S. 1–164; Mitchell, A.R./Griffiths, D.F. [120] p 17–101; Rosenberg v. D.U. [130] p 16–33, 84–103; Smith, G.D. [140] p 111–174; Schwarz, H.R. [135] S. 451–468; Varga, R.S. [152] p 250–282.

## Übungen

### Übung 6.3:

Zeige: Die Funktion

$$u_0(\boldsymbol{x}, t; \boldsymbol{y}) = \frac{1}{(4\pi t)^{\frac{n}{2}}} \mathrm{e}^{-\frac{|\boldsymbol{x}-\boldsymbol{y}|^2}{4t}}, \quad \boldsymbol{x}, \boldsymbol{y} \in \mathbb{R}^n$$

genügt der Wärmeleitungsgleichung im $\mathbb{R}^n$.

### Übung 6.4*:

Es liege das Anfangswertproblem (A) für die Wärmeleitungsgleichung vor (s. Abschn. 6.2.1). Gib geeignete Abklingbedingungen für die Lösung $u(x, t)$ für $x \to \pm\infty$ an, so daß sich mit Hilfe des Energieintegrals

$$E(t) := \frac{1}{2} \int_{-\infty}^{\infty} [u(x, t)]^2 \, \mathrm{d}x$$

ein Eindeutigkeitsnachweis für Problem (A) führen läßt.

# 7 Die Wellengleichung

Mit der *Wellengleichung*

$$c^2 \Delta u(\boldsymbol{x},t) = \frac{\partial^2 u(\boldsymbol{x},t)}{\partial t^2}, \quad \boldsymbol{x} \in \mathbb{R}^n \,,\ t > 0 \tag{7.1}$$

($c$: Phasengeschwindigkeit) liegt ein typischer und besonders interessanter Fall einer hyperbolischen Differentialgleichung vor. Sie tritt z.B. im Zusammenhang mit der Ausbreitung akustischer Wellen auf. Auch bei der Beschreibung elektromagnetischer Schwingungen haben wir es mit (7.1) zu tun: Nach Übung 4.2 genügen die Komponenten der elektrischen Feldstärke $\boldsymbol{E}(\boldsymbol{x},t)$ und der magnetischen Feldstärke $\boldsymbol{H}(\boldsymbol{x},t)$ der Wellengleichung.

Im Gegensatz zur Schwingungsgleichung und zur Wärmeleitungsgleichung zeigt sich bei der Wellengleichung eine charakteristische Dimensionsabhängigkeit bezüglich der Ortskoordinate $\boldsymbol{x}$ (also eine Abhängigkeit von $n$). Wir verdeutlichen dies anhand der Fälle $n = 1$, $n = 3$ und $n = 2$, wobei wir bei unseren Untersuchungen den Schwerpunkt auf Anfangswertprobleme legen.[1] Auf Rand- und Anfangswertprobleme, die sich ähnlich wie die entsprechenden Probleme der Wärmeleitungsgleichung behandeln lassen (s. Abschn. 6.1), gehen wir kurz in Abschnitt 7.1.5 ein.

## 7.1 Die homogene Wellengleichung

### 7.1.1 Anfangswertprobleme im $\mathbb{R}^1$

Wir verwenden zur Lösung von Anfangswertproblemen im $\mathbb{R}^1$ eine Methode, die auf d'Alembert[2] zurückgeht. Zunächst präzisieren wir die Aufgabenstellung:

**($A_1$)** Es sei $I$ das Intervall $[0,\infty)$. Zu bestimmen ist eine in $\mathbb{R}^1 \times I$ zweimal stetig differenzierbare Funktion $u(x,t)$, die der 1-*dimensionalen Wellengleichung*

$$c^2 \frac{\partial^2 u(x,t)}{\partial x^2} = \frac{\partial^2 u(x,t)}{\partial t^2}, \quad (x,t) \in \mathbb{R}^1 \times I \tag{7.2}$$

genügt und die die *Anfangsbedingungen*

$$u(x,0) = u_0(x)\,, \quad \frac{\partial}{\partial t} u(x,0) = u_1(x)\,, \quad x \in \mathbb{R}^1 \tag{7.3}$$

mit vorgegebenen Funktionen $u_0 = C^2(\mathbb{R}^1)$ und $u_1 \in C^1(\mathbb{R}^1)$ erfüllt.

Die Voraussetzungen an $u_0$ und $u_1$ sind durch die nachfolgenden Überlegungen begründet. Problem **($A_1$)** stellt in idealisierter Weise ein mathematisches Modell für die unendlich lange schwingende Saite dar.

---

1 Wir orientieren uns dabei an Kirchgässner; Ritter; Werner [89]

2 J.L. d'Alembert (1717–1783), französischer Mathematiker

(i) Durch einfaches Nachrechnen stellen wir fest: Die durch

$$u(x,t) := v(x-ct) + w(x+ct) \tag{7.4}$$

erklärte Funktion $u$ mit beliebigen Funktionen $v,\, w \in C^2(\mathbb{R}^1)$ löst die Wellengleichung (7.2).

(ii) Nun zeigen wir: *Sämtliche* Lösungen von (7.2) sind von der Form (7.4). Hierzu transformieren wir (7.2) mittels

$$\xi = \xi(x,t) := x - ct\,, \quad \eta = \eta(x,t) := x + ct\,. \tag{7.5}$$

Die hierzu inverse Abbildung lautet:

$$x = x(\xi,\eta) := \frac{1}{2}(\xi+\eta)\,, \quad t = t(\xi,\eta) := \frac{1}{2c}(\eta-\xi)\,. \tag{7.6}$$

Wir nehmen an, $u(x,t)$ sei eine Lösung von (7.2) und setzen

$$u^*(\xi,\eta) := u(x(\xi,\eta), t(\xi,\eta))\,. \tag{7.7}$$

Für $\eta \ge \xi$ (nach (7.6) ist dann $t \ge 0$) gilt nach der Kettenregel

$$\frac{\partial u^*}{\partial \xi} = \frac{\partial u}{\partial x}\frac{\partial x}{\partial \xi} + \frac{\partial u}{\partial t}\frac{\partial t}{\partial \xi} = \frac{1}{2}\frac{\partial u}{\partial x} - \frac{1}{2c}\frac{\partial u}{\partial t}$$

und (wir beachten: $u$ löst (7.2))

$$\begin{aligned}
\frac{\partial^2 u^*}{\partial \xi \partial \eta} &= \frac{\partial}{\partial x}\left(\frac{1}{2}\frac{\partial u}{\partial x} - \frac{1}{2c}\frac{\partial u}{\partial t}\right)\frac{\partial x}{\partial \eta} + \frac{\partial}{\partial t}\left(\frac{1}{2}\frac{\partial u}{\partial x} - \frac{1}{2c}\frac{\partial u}{\partial t}\right)\frac{\partial t}{\partial \eta} \\
&= \left(\frac{1}{2}\frac{\partial^2 u}{\partial x^2} - \frac{1}{2c}\frac{\partial^2 u}{\partial t \partial x}\right)\frac{1}{2} + \left(\frac{1}{2}\frac{\partial^2 u}{\partial x \partial t} - \frac{1}{2c}\frac{\partial^2 u}{\partial t^2}\right)\frac{1}{2c} \\
&= \frac{1}{4c^2}\left(c^2\frac{\partial^2 u}{\partial x^2} - \frac{\partial^2 u}{\partial t^2}\right) = 0\,.
\end{aligned} \tag{7.8}$$

Aus (7.8) ergibt sich, daß $\frac{\partial u^*}{\partial \xi}$ auf allen Parallelen zur $\eta$-Achse konstant ist, d.h. es gilt

$$\frac{\partial u^*(\xi,\eta)}{\partial \xi} = \frac{\partial u^*(\xi,\xi)}{\partial \xi} =: h(\xi)\,, \quad \eta \ge \xi\,.$$

Sei nun $H$ eine Stammfunktion von $h$. Dann gilt für $\eta \ge \xi$

$$u^*(\xi,\eta) = u^*(\eta,\eta) - \int_\xi^\eta h(s)\,\mathrm{d}s = u^*(\eta,\eta) - H(\eta) + H(\xi)\,. \tag{7.9}$$

Setzen wir schließlich noch $v(\xi) := H(\xi)$ und $w(\eta) := u^*(\eta,\eta) - H(\eta)$, so erhalten wir $v,\, w \in$

$C^2(\mathbb{R}^1)$ und (mit (7.9)) $u^*(\xi, \eta) = v(\xi) + w(\eta)$ bzw. mit (7.7) und (7.5) für $t \geq 0$:

$$u(x,t) = v(x-ct) + w(x+ct)\,.$$

Es stellt sich nun die Frage: Wie sind die Funktionen $v$ und $w$ zu wählen, damit auch die Anfangsbedingungen (7.3) erfüllt sind?
Aus (7.3) und (7.4) ergeben sich die beiden Gleichungen

$$u(x,0) = v(x) + w(x) = u_0(x)\,, \qquad \frac{\partial u(x,0)}{\partial t} = -cv'(x) + cw'(x) = u_1(x)\,.$$

Differenzieren wir die erste dieser Gleichungen, so erhalten wir zusammen mit der zweiten für $v'$ und $w'$ das Gleichungssystem

$$\begin{cases} v' + w' = u_0' \\ v' - w' = -\dfrac{1}{c}u_1\,. \end{cases} \tag{7.10}$$

Die Lösung von (7.10) lautet:

$$v' = \frac{1}{2}\left(u_0' - \frac{1}{c}u_1\right), \quad w' = \frac{1}{2}\left(u_0' + \frac{1}{c}u_1\right),$$

woraus sich durch Integration

$$v(x) = v(0) + \frac{1}{2}(u_0(x) - u_0(0)) - \frac{1}{2c}\int\limits_0^x u_1(s)\,\mathrm{d}s$$

$$w(x) = w(0) + \frac{1}{2}(u_0(x) - u_0(0)) + \frac{1}{2c}\int\limits_0^x u_1(s)\,\mathrm{d}s$$

ergibt. Wegen $u(x,t) = v(x-ct) + w(x+ct)$ gilt somit

$$u(x,t) = v(0) + w(0) - u_0(0) + \frac{1}{2}(u_0(x-ct) + u_0(x+ct)) + \frac{1}{2c}\int\limits_{x-ct}^{x+ct} u_1(s)\,\mathrm{d}s\,. \tag{7.11}$$

Mit (7.4) und (7.3) folgt $u(0,0) = v(0) + w(0) = u_0(0)$, und mit (7.11) erhalten wir die *Lösung* von Problem $(\boldsymbol{A_1})$:

$$u(x,t) = \frac{1}{2}(u_0(x-ct) + u_0(x+ct)) + \frac{1}{2c}\int\limits_{x-ct}^{x+ct} u_1(s)\,\mathrm{d}s \tag{7.12}$$

**Bemerkung**: Da jede Lösung von Problem $(\boldsymbol{A_1})$ die Gestalt (7.12) haben muß, ist sie zwangsläufig *eindeutig* bestimmt.

**Physikalische Deutung**

Bereits aus der Darstellung $u(x,t) = v(x-ct)+w(x+ct)$ (s. (7.4)) wird folgendes deutlich: Der Anteil $v(x-ct)$ beschreibt eine Bewegung des Wellenprofils $v(x)$ ($t = 0$!) mit der Geschwindigkeit $c$ nach rechts, denn $v(x-ct)$ geht aus $v(x)$ durch Parallelverschiebung um $ct$ nach rechts hervor:

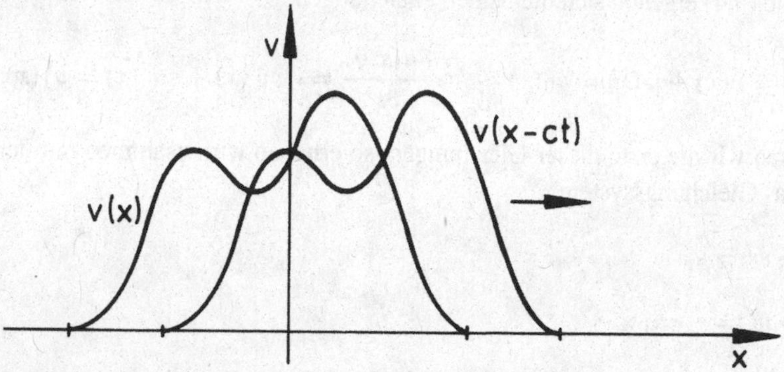


Fig. 7.1: Nach rechts verlaufender Wellenprozess mit Geschwindigkeit $c$.

Entsprechend beschreibt $w(x+ct)$ einen mit der Geschwindigkeit $c$ nach links verlaufenden Wellenprozess.

Wir betrachten jetzt die *spezielle Situation*

$$u(x,0) = u_0(x)\,, \qquad \frac{\partial u(x,0)}{\partial t} = u_1(x) = 0\,. \tag{7.13}$$

Wegen (7.12) gilt dann

$$u(x,t) = \frac{1}{2}(u_0(x-ct) + u_0(x+ct))\,. \tag{7.14}$$

Es sei $u_0$ gemäß Figur 7.2 gewählt. Mit den obigen Überlegungen ergibt sich dann folgender Sachverhalt:

Die Welle mit dem »Startprofil« $u_0(x)$ »zerfällt« also in zwei Wellen mit dem Profil $\frac{1}{2}u_0(x)$, die sich mit der Geschwindigkeit $c$ nach rechts bzw. links ausbreiten, und wir sehen: Räumlich begrenzte Anfangsstörungen (im $x$-Bereich) führen zu räumlich begrenzten Ausbreitungsbereichen der Welle, die allerdings von der Zeit $t$ abhängen.

### 7.1.2 Anfangswertprobleme im $\mathbb{R}^3$

Wir präzisieren zunächst wieder die Aufgabenstellung:

**($A_3$)**: Es sei $I$ das Intervall $[0,\infty)$. Zu bestimmen ist eine in $\mathbb{R}^3 \times I$ zweimal stetig differenzierbare Funktion $u(\boldsymbol{x},t)$, die der 3-*dimensionalen Wellengleichung*

$$c^2 \Delta u(\boldsymbol{x},t) = \frac{\partial^2 u(\boldsymbol{x},t)}{\partial t^2}\,, \qquad (\boldsymbol{x},t) \in \mathbb{R}^3 \times I \tag{7.15}$$

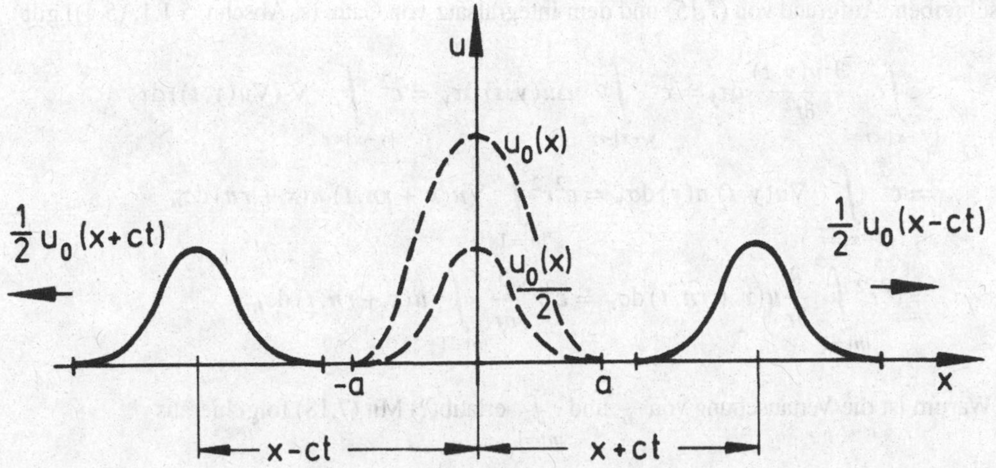


Fig. 7.2: Zerfall des Ausgangsprofils

genügt und die die *Anfangsbedingungen*

$$u(\boldsymbol{x},0) = u_0(\boldsymbol{x}), \quad \frac{\partial}{\partial t}u(\boldsymbol{x},0) = u_1(\boldsymbol{x}), \quad \boldsymbol{x} \in \mathbb{R}^3 \tag{7.16}$$

mit vorgegebenen Funktionen $u_0 \in C^3(\mathbb{R}^3)$ und $u_1 \in C^2(\mathbb{R}^3)$ erfüllt.

Unser Ziel ist es, Problem $(A_3)$ durch geeignete Mittelwertbildung auf ein 1-dimensionales Anfangswertproblem zurückzuführen. Hierzu sei $u(\boldsymbol{x}, t)$ eine Lösung unseres Problems. Wir betrachten für festes $\boldsymbol{x} \in \mathbb{R}^3$ den *Mittelwert*

$$\tilde{u}(r, t; \boldsymbol{x}) = \frac{1}{4\pi r^2} \int\limits_{|\boldsymbol{y}-\boldsymbol{x}|=r} u(\boldsymbol{y}, t)\, \mathrm{d}\sigma_{\boldsymbol{y}} \tag{7.17}$$

von $u(\boldsymbol{y}, t)$ über die Kugel um $\boldsymbol{x}$ mit dem Radius $r$.

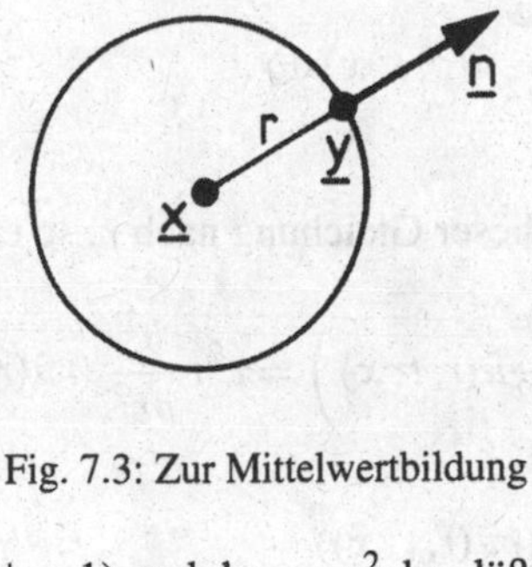


Fig. 7.3: Zur Mittelwertbildung

Mit $\boldsymbol{y} = \boldsymbol{x} + r\boldsymbol{n}$ ($\boldsymbol{n} = \boldsymbol{n}(\boldsymbol{y})$, $|\boldsymbol{n}| = 1$) und $\mathrm{d}\sigma_{\boldsymbol{y}} = r^2\, \mathrm{d}\sigma_{\boldsymbol{n}}$ läßt sich (7.17) in der Form

$$\tilde{u}(r, t; \boldsymbol{x}) = \frac{1}{4\pi} \int\limits_{|\boldsymbol{n}|=1} u(\boldsymbol{x} + r\boldsymbol{n}, t)\, \mathrm{d}\sigma_{\boldsymbol{n}} \tag{7.18}$$

schreiben. Aufgrund von (7.15) und dem Integralsatz von Gauß (s. Abschn. 5.1.1, (5.4)) gilt

$$\int\limits_{|\boldsymbol{y}-\boldsymbol{x}|<r} \frac{\partial^2 u(\boldsymbol{y},t)}{\partial t^2}\,\mathrm{d}\tau_{\boldsymbol{y}} = c^2 \int\limits_{|\boldsymbol{y}-\boldsymbol{x}|<r} \Delta u(\boldsymbol{y},t)\,\mathrm{d}\tau_{\boldsymbol{y}} = c^2 \int\limits_{|\boldsymbol{y}-\boldsymbol{x}|<r} \nabla\cdot(\nabla u(\boldsymbol{y},t))\,\mathrm{d}\tau_{\boldsymbol{y}}$$

$$= c^2 \int\limits_{|\boldsymbol{y}-\boldsymbol{x}|=r} \nabla u(\boldsymbol{y},t)\cdot\boldsymbol{n}(\boldsymbol{y})\,\mathrm{d}\sigma_{\boldsymbol{y}} = c^2 r^2 \int\limits_{|\boldsymbol{n}|=1} \nabla u(\boldsymbol{x}+r\boldsymbol{n},t)\cdot\boldsymbol{n}(\boldsymbol{x}+r\boldsymbol{n})\,\mathrm{d}\sigma_{\boldsymbol{n}}$$

$$= c^2 r^2 \int\limits_{|\boldsymbol{n}|=1} \frac{\partial}{\partial r} u(\boldsymbol{x}+r\boldsymbol{n},t)\,\mathrm{d}\sigma_{\boldsymbol{n}} = c^2 r^2 \frac{\partial}{\partial r} \int\limits_{|\boldsymbol{n}|=1} u(\boldsymbol{x}+r\boldsymbol{n},t)\,\mathrm{d}\sigma_{\boldsymbol{n}}\,.$$

(Warum ist die Vertauschung von $\frac{\partial}{\partial r}$ und $\int\limits_{|\boldsymbol{n}|=1}$ erlaubt?) Mit (7.18) folgt hieraus

$$\int\limits_{|\boldsymbol{y}-\boldsymbol{x}|<r} \frac{\partial^2 u(\boldsymbol{y},t)}{\partial t^2}\,\mathrm{d}\tau_{\boldsymbol{y}} = c^2 r^2 \frac{\partial}{\partial r}(4\pi \tilde{u}(r,t;\boldsymbol{x})) = 4\pi c^2 r^2 \frac{\partial}{\partial r}\tilde{u}(r,t;\boldsymbol{x})\,. \tag{7.19}$$

Auf der anderen Seite gilt (begründen!)

$$\int\limits_{|\boldsymbol{y}-\boldsymbol{x}|<r} \frac{\partial^2 u(\boldsymbol{y},t)}{\partial t^2}\,\mathrm{d}\tau_{\boldsymbol{y}} = \frac{\partial^2}{\partial t^2} \int\limits_{|\boldsymbol{y}-\boldsymbol{x}|<r} u(\boldsymbol{y},t)\,\mathrm{d}\tau_{\boldsymbol{y}} = \frac{\partial^2}{\partial t^2} \int\limits_0^r \Bigg\{ \int\limits_{|\boldsymbol{y}-\boldsymbol{x}|=\varrho} u(\boldsymbol{y},t)\,\mathrm{d}\sigma_{\boldsymbol{y}} \Bigg\}\,\mathrm{d}\varrho$$

bzw. mit (7.17)

$$\int\limits_{|\boldsymbol{y}-\boldsymbol{x}|<r} \frac{\partial^2 u(\boldsymbol{y},t)}{\partial t^2}\,\mathrm{d}\tau_{\boldsymbol{y}} = \frac{\partial^2}{\partial t^2} \int\limits_0^r \left\{4\pi\varrho^2 \tilde{u}(\varrho,t;\boldsymbol{x})\right\}\mathrm{d}\varrho = 4\pi \int\limits_0^r \varrho^2 \frac{\partial^2}{\partial t^2}\tilde{u}(\varrho,t;\boldsymbol{x})\,\mathrm{d}\varrho\,. \tag{7.20}$$

Aus (7.19) und (7.20) ergibt sich

$$c^2 r^2 \frac{\partial}{\partial r}\tilde{u}(r,t;\boldsymbol{x}) = \int\limits_0^r \varrho^2 \frac{\partial^2}{\partial t^2}\tilde{u}(\varrho,t;\boldsymbol{x})\,\mathrm{d}\varrho\,. \tag{7.21}$$

Differenzieren wir beide Seiten dieser Gleichung nach $r$, so erhalten wir

$$c^2\left(2r\frac{\partial}{\partial r}\tilde{u}(r,t;\boldsymbol{x}) + r^2\frac{\partial^2}{\partial r^2}\tilde{u}(r,t;\boldsymbol{x})\right) = c^2 r \frac{\partial^2}{\partial r^2}\,(r\tilde{u}(r,t;\boldsymbol{x}))$$

$$= r^2 \frac{\partial^2}{\partial t^2}\tilde{u}(r,t;\boldsymbol{x}) = r\frac{\partial^2}{\partial t^2}\,(r\tilde{u}(r,t;\boldsymbol{x}))$$

oder

$$c^2 \frac{\partial^2(r\tilde{u})}{\partial r^2} = \frac{\partial^2(r\tilde{u})}{\partial t^2}, \quad (r,t) \in (0,\infty) \times I\,. \tag{7.22}$$

D.h.

$$r\tilde{u}(r,t;\boldsymbol{x}) = \frac{r}{4\pi} \int\limits_{|\boldsymbol{n}|=1} u(\boldsymbol{x}+r\boldsymbol{n},t)\,\mathrm{d}\sigma_{\boldsymbol{n}} =: U(r,t) \tag{7.23}$$

genügt der 1-dimensionalen Wellengleichung

$$c^2 \frac{\partial^2 U}{\partial r^2} = \frac{\partial^2 U}{\partial t^2}\,. \tag{7.24}$$

Dabei haben wir $\boldsymbol{x} \in \mathbb{R}^3$ festgehalten. Wegen $u \in C^2(\mathbb{R}^3 \times I)$ gilt insbesondere $\tilde{u} \in C^2(I \times I)$, und wir erhalten: $U = r\tilde{u} \in C^2(I \times I)$. (7.22) gilt somit auch für $r = 0$.

Aus (7.23) und (7.16) folgen für $U$ die Randbedingung

$$U(0,t) = 0 \tag{7.25}$$

und die Anfangsbedingungen

$$\left\{\begin{aligned} U(r,0) &= \frac{r}{4\pi} \int\limits_{|\boldsymbol{n}|=1} u_0(\boldsymbol{x}+r\boldsymbol{n})\,\mathrm{d}\sigma_{\boldsymbol{n}} =: U_0(r) \\ \frac{\partial}{\partial t}U(r,0) &= \frac{r}{4\pi} \int\limits_{|\boldsymbol{n}|=1} u_1(\boldsymbol{x}+r\boldsymbol{n})\,\mathrm{d}\sigma_{\boldsymbol{n}} =: U_1(r)\,. \end{aligned}\right. \tag{7.26}$$

Unser ursprüngliches Problem $(A_3)$ ist damit auf ein Rand- und Anfangswertproblem für $U$ zurückgeführt. Wir wollen dieses 1-dimensionale Problem lösen. Dabei gehen wir wie in Abschnitt 7.1.1 vor: Wir benutzen die Abbildung $\xi = r - ct$, $\eta = r + ct$ bzw. die Umkehrabbildung $r = \frac{1}{2}(\xi + \eta)$, $t = \frac{1}{2c}(\eta - \xi)$, durch die der abgeschlossene Quadrant $I \times I$ auf den abgeschlossenen Winkelbereich $\eta \geq 0$, $-\eta \leq \xi \leq \eta$ abgebildet wird (und umgekehrt).

Setzen wir $U(r(\xi,\eta), t(\xi,\eta)) =: U^*(\xi,\eta)$, so ergibt sich wie in Abschnitt 7.1.1: $\frac{\partial^2}{\partial\xi\partial\eta}U^* = 0$, woraus

$$\frac{\partial U^*(\xi,\eta)}{\partial \xi} = \frac{\partial U^*(\xi,|\xi|)}{\partial \xi} =: h(\xi) \quad \text{für } 0 \leq |\xi| \leq \eta$$

folgt. Mit der Stammfunktion $H$ von $h$ ergibt sich für $0 \leq |\xi| \leq \eta$ entsprechend, wenn wir $V(\xi) := H(\xi)$ und $W(\eta) := U^*(\eta,\eta) - H(\eta)$ setzen:

$$U^*(\xi,\eta) = V(\xi) + W(\eta)\,.$$

Dabei ist $V \in C^1(\mathbb{R})$ und $W \in C^1(I)$. Wir beachten, daß $U^*(\eta,\eta)$ nur für $\eta \geq 0$ erklärt ist.

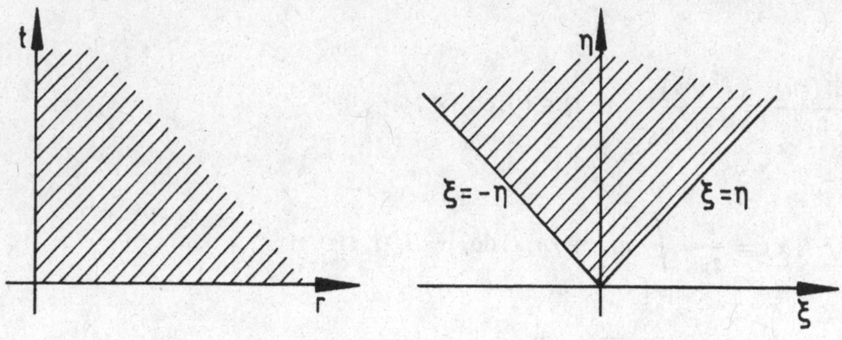


Fig. 7.4: Abbildung von $I \times I$ auf einen Winkelbereich

Damit erhalten wir

$$U(r,t) = V(r-ct) + W(r+ct)\,, \quad (r,t) \in I \times I\,. \tag{7.27}$$

Mit (7.25) folgt hieraus für $r = 0$: $V(-ct) = -W(ct)$, woraus sich mit (7.27)

$$U(r,t) = -W(ct-r) + W(ct+r)\,, \quad 0 \le r \le ct \tag{7.28}$$

und nach Differentiation nach $r$

$$\frac{\partial}{\partial r} U(r,t) = W'(ct-r) + W'(ct+r)\,, \quad 0 \le r \le ct \tag{7.29}$$

ergibt. Aus (7.23) erhalten wir durch Differentiation nach $r$

$$\frac{\partial}{\partial r} U(r,t) = \frac{1}{4\pi} \int\limits_{|\boldsymbol{n}|=1} u(\boldsymbol{x} + r\boldsymbol{n}, t)\, \mathrm{d}\sigma_{\boldsymbol{n}} + \frac{r}{4\pi} \frac{\partial}{\partial r} \int\limits_{|\boldsymbol{n}|=1} u(\boldsymbol{x} + r\boldsymbol{n}, t)\, \mathrm{d}\sigma_{\boldsymbol{n}}\,. \tag{7.30}$$

Aus (7.29) und (7.30) folgt durch Grenzübergang $r \to 0$

$$2W'(ct) = \frac{1}{4\pi} \int\limits_{|\boldsymbol{n}|=1} u(\boldsymbol{x}, t)\, \mathrm{d}\sigma_{\boldsymbol{n}} = u(\boldsymbol{x}, t) \frac{1}{4\pi} \int\limits_{|\boldsymbol{n}|=1} \mathrm{d}\sigma_{\boldsymbol{n}}$$

oder

$$u(\boldsymbol{x}, t) = 2W'(ct)\,. \tag{7.31}$$

Unter der Voraussetzung, daß $u$ Problem $(A_3)$ löst, läßt sich diese Lösung also aus (7.31) mit Hilfe von $W'$ gewinnen. Wir wollen $W'$ nun ermitteln: Aus (7.27) erhalten wir durch Differentiation nach $r$ bzw. $t$ und Grenzübergang $t \to +0$

$$\frac{\partial}{\partial r} U(r,0) = V'(r) + W'(r)\,, \quad \frac{\partial}{\partial t} U(r,0) = -cV'(r) + cW'(r)\,.$$

Mit den Anfangsbedingungen (7.26) ergibt sich hieraus, wenn wir $V'(r)$ eliminieren: $W'(r) = \frac{1}{2}\left[U_0'(r) + \frac{1}{c}U_1(r)\right]$. Nach (7.31) gilt (wir beachten die Definition der Funktionen $U_0$ und $U_1$ in (7.26))

$$u(\boldsymbol{x}, t) = 2W'(ct) = U_0'(ct) + \frac{1}{c}U_1(ct) = \frac{1}{c}\left[\frac{\mathrm{d}}{\mathrm{d}t}U_0(ct) + U_1(ct)\right]$$

$$= \frac{\partial}{\partial t}\left[\frac{t}{4\pi}\int\limits_{|\boldsymbol{n}|=1} u_0(\boldsymbol{x} + ct\boldsymbol{n})\,\mathrm{d}\sigma_{\boldsymbol{n}}\right] + \frac{t}{4\pi}\int\limits_{|\boldsymbol{n}|=1} u_1(\boldsymbol{x} + ct\boldsymbol{n})\,\mathrm{d}\sigma_{\boldsymbol{n}}\,.$$

Hieraus ergibt sich mit $\boldsymbol{y} = \boldsymbol{x} + r\boldsymbol{n}$ und $\mathrm{d}\sigma_{\boldsymbol{y}} = c^2t^2\,\mathrm{d}\sigma_{\boldsymbol{n}}$: Ist $u(\boldsymbol{x}, t)$ eine Lösung des Anfangswertproblems $(A_3)$, so ist sie eindeutig bestimmt und durch die *Poissonsche*[3] *Formel*

$$u(\boldsymbol{x}, t) = \frac{\partial}{\partial t}\left[\frac{1}{4\pi c^2 t}\int\limits_{|\boldsymbol{y}-\boldsymbol{x}|=ct} u_0(\boldsymbol{y})\,\mathrm{d}\sigma_{\boldsymbol{y}}\right] + \frac{1}{4\pi c^2 t}\int\limits_{|\boldsymbol{y}-\boldsymbol{x}|=ct} u_1(\boldsymbol{y})\,\mathrm{d}\sigma_{\boldsymbol{y}} \tag{7.32}$$

gegeben. Mit Hilfe einer zu (7.17) analogen Mittelwertbildung läßt sich (7.32) kurz in der Form

$$u(\boldsymbol{x}, t) = \frac{\partial}{\partial t}\left[t\tilde{u}_0(ct; \boldsymbol{x})\right] + t\tilde{u}_1(ct; \boldsymbol{x}) \tag{7.33}$$

schreiben.

Es bleibt noch zu zeigen: Unter den obigen Voraussetzungen an $U_0$ und $U_1$ ist die durch (7.33) erklärte Funktion $u(\boldsymbol{x}, t)$ tatsächlich eine Lösung von Problem $(A_3)$. Wir skizzieren die hierzu erforderlichen Schritte. Für $\tilde{u}_0$ (und entsprechend auch für $\tilde{u}_1$) zeigt man mit Hilfe des Integralsatzes von Gauß:

$$\frac{\partial}{\partial t}\tilde{u}_0(ct; \boldsymbol{x}) = \frac{1}{4\pi ct^2}\int\limits_0^{ct}\left\{\int\limits_{|\boldsymbol{y}-\boldsymbol{x}|=\varrho} \Delta u_0(\boldsymbol{y})\,\mathrm{d}\sigma_{\boldsymbol{y}}\right\}\mathrm{d}\varrho\,.$$

Hieraus ergibt sich durch Differentiation nach $t$ (Produktregel!)

$$\frac{\partial^2}{\partial t^2}\tilde{u}_0(ct; \boldsymbol{x}) = -\frac{1}{2\pi ct^3}\int\limits_0^{ct}\left\{\int\limits_{|\boldsymbol{y}-\boldsymbol{x}|=\varrho} \Delta u_0(\boldsymbol{y})\,\mathrm{d}\sigma_{\boldsymbol{y}}\right\}\mathrm{d}\varrho + \frac{1}{4\pi t^2}\int\limits_{|\boldsymbol{y}-\boldsymbol{x}|=ct} \Delta u_0(\boldsymbol{y})\,\mathrm{d}\sigma_{\boldsymbol{y}}\,.$$

$\tilde{u}_0$ genügt also der Differentialgleichung

$$\frac{\partial^2 \tilde{u}_0}{\partial t^2} + \frac{2}{t}\frac{\partial \tilde{u}_0}{\partial t} = c^2\Delta\tilde{u}_0\,. \tag{7.34}$$

3 S.D. Poisson (1781–1840), französischer Mathematiker und Physiker

Hieraus erhalten wir

$$c^2 \Delta(t\tilde{u}_0) = c^2 t \Delta \tilde{u}_0 = t \frac{\partial^2 \tilde{u}_0}{\partial t^2} + 2 \frac{\partial^2 \tilde{u}_0}{\partial t} = \frac{\partial^2}{\partial t^2}(t\tilde{u}_0) \tag{7.35}$$

und eine entsprechende Formel auch für $\tilde{u}_1$ (in (7.35) kann $\tilde{u}_0$ durch $\tilde{u}_1$ ersetzt werden). Aus (7.35) folgt dann durch Differentiation nach $t$ und Vertauschung der Reihenfolge der Differentiationen

$$c^2 \frac{\partial}{\partial t} \Delta \left[t\tilde{u}_0(ct; \boldsymbol{x})\right] = c^2 \Delta \left[\frac{\partial}{\partial t}(t\tilde{u}_0(ct; \boldsymbol{x}))\right] = \frac{\partial^2}{\partial t^2} \left[\frac{\partial}{\partial t}(t\tilde{u}_0(ct; \boldsymbol{x}))\right] \tag{7.36}$$

und entsprechend für $\tilde{u}_1$

$$c^2 \Delta[t\tilde{u}_1(ct; \boldsymbol{x})] = \frac{\partial^2}{\partial t^2}[t\tilde{u}_1(ct; \boldsymbol{x})]\,. \tag{7.37}$$

Aus (7.33), (7.36) und (7.37) ergibt sich dann, daß die durch (7.33) erklärte Funktion $u(\boldsymbol{x}, t)$ der Wellengleichung genügt.

Führen wir in (7.33) der Grenzübergang $t \to +0$ durch, so folgt

$$\begin{aligned} u(\boldsymbol{x}, t) &= \tilde{u}_0(ct; \boldsymbol{x}) + t \left[\frac{\partial}{\partial t}\tilde{u}_0(ct; \boldsymbol{x}) + \tilde{u}_1(ct; \boldsymbol{x})\right] \\ &\to \tilde{u}_0(0; \boldsymbol{x}) + 0 = u_0(\boldsymbol{x})\,, \end{aligned} \tag{7.38}$$

also $u(\boldsymbol{x},0) = u_0(\boldsymbol{x})$. Zum Nachweis der zweiten Anfangsbedingung bilden wir $\frac{\partial}{\partial t}u(\boldsymbol{x}, t)$:

$$\frac{\partial}{\partial t}u(\boldsymbol{x}, t) = 2\frac{\partial}{\partial t}\tilde{u}_0(ct; \boldsymbol{x}) + \tilde{u}_1(ct; \boldsymbol{x}) + t\frac{\partial^2}{\partial t^2}\tilde{u}_0(ct; \boldsymbol{x}) + t\frac{\partial}{\partial t}\tilde{u}_1(ct; \boldsymbol{x})\,.$$

Wegen (7.34) folgt hieraus

$$\begin{aligned} \frac{\partial}{\partial t}u(\boldsymbol{x}, t) &= \tilde{u}_1(ct; \boldsymbol{x}) + t \left[c^2 \Delta \tilde{u}_0(ct; \boldsymbol{x}) + \frac{\partial}{\partial t}\tilde{u}_1(ct; \boldsymbol{x})\right] \\ &\to \tilde{u}_1(0; \boldsymbol{x}) + 0 = u_1(\boldsymbol{x}) \quad \text{für } t \to +0. \end{aligned} \tag{7.39}$$

Wir fassen zusammen:

**Satz 7.1:**
Das Anfangswertproblem $(A_3)$ für die 3-dimensionale Wellengleichung besitzt eine eindeutig bestimmte Lösung. Diese ist durch die Poissonsche Formel (7.32) bzw. (7.33) gegeben.

Wir geben in Abschnitt 7.1.4 eine physikalische Interpretation der Lösungsformel.

**Bemerkung**: Das in diesem Abschnitt behandelte Lösungsverfahren läßt sich allgemein auch für den $n$-dimensionalen Fall ($n$ ungerade) anwenden. Außerdem ist bemerkenswert, daß keine Abklingbedingungen für die Lösung im Unendlichen benötigt werden.

### 7.1.3 Anfangswertprobleme im $\mathbb{R}^2$ (»Method of descent«)

Wir betrachten das folgende Anfangswertproblem im $\mathbb{R}^2$:

**($A_2$)**: Es sei $I$ das Intervall $[0, \infty)$. Zu bestimmen ist eine in $\mathbb{R}^2 \times I$ zweimal stetig differenzierbare Funktion $u(\boldsymbol{x}, t)$, die der *2-dimensionalen Wellengleichung*

$$c^2 \Delta u(\boldsymbol{x}, t) = \frac{\partial^2 u(\boldsymbol{x}, t)}{\partial t^2}, \quad (\boldsymbol{x}, t) \in \mathbb{R}^2 \times I \tag{7.40}$$

genügt und die die *Anfangsbedingungen*

$$u(\boldsymbol{x},0) = u_0(\boldsymbol{x}), \quad \frac{\partial}{\partial t} u(\boldsymbol{x},0) = u_1(\boldsymbol{x}), \quad \boldsymbol{x} \in \mathbb{R}^2 \tag{7.41}$$

mit vorgegebenen Funktionen $u_0 \in C^3(\mathbb{R}^2)$ und $u_1 \in C^2(\mathbb{R}^2)$ erfüllt.

Wir lösen Problem ($A_2$) durch Zurückführung auf ein 3-dimensionales Anfangswertproblem, das wir aufgrund des vorhergehenden Abschnittes beherrschen. Wir gehen dabei so vor, daß wir die Funktionen $u_0$ und $u_1$ in folgender Weise auf ganz $\mathbb{R}^3$ fortsetzen:

Wir führen die Bezeichnungen

$$\boldsymbol{x} = (x_1, x_2) \in \mathbb{R}^2, \quad \boldsymbol{x}' = (\boldsymbol{x}, x_3) = (x_1, x_2, x_3) \in \mathbb{R}^3 \tag{7.42}$$

ein und setzen

$$u_0(\boldsymbol{x}') := u_0(\boldsymbol{x}), \quad u_1(\boldsymbol{x}') := u_1(\boldsymbol{x}). \tag{7.43}$$

Es sei $u(\boldsymbol{x}', t)$ die Lösung des entsprechenden Anfangswertproblems im $\mathbb{R}^3$. Dann folgt nach Abschnitt 7.1.2, (7.33)

$$u(\boldsymbol{x}', t) = \frac{\partial}{\partial t}\left[t\tilde{u}_0(ct; \boldsymbol{x}')\right] + t\tilde{u}_1(ct; \boldsymbol{x}') \tag{7.44}$$

mit

$$\tilde{u}_0(ct; \boldsymbol{x}') = \frac{1}{4\pi} \int\limits_{|\boldsymbol{n}'|=1} u_0(\boldsymbol{x}' + ct\boldsymbol{n}')\, \mathrm{d}\sigma_{\boldsymbol{n}'} \tag{7.45}$$

und entsprechendem $\tilde{u}_1$. Wir führen diese Flächenintegrale auf Gebietsintegrale im $\mathbb{R}^2$ zurück und verwenden hierzu Formel (2.27), Abschnitt 2.2.2 aus Band IV. Mit $\boldsymbol{n}'(\boldsymbol{y}') =: \boldsymbol{z}' = (z_1, z_2, z_3)$ und dem Flächenelement

$$\mathrm{d}\sigma_{\boldsymbol{z}'} = \frac{\mathrm{d}z_1\, \mathrm{d}z_2}{\sqrt{1 - z_1^2 - z_2^2}}$$

folgt aus (7.45) und (7.43)

$$\tilde{u}_0(ct;\boldsymbol{x}') = \frac{1}{4\pi}\int\limits_{|z'|=1} u_0(\boldsymbol{x}'+ct\boldsymbol{z}')\,\mathrm{d}\sigma_{z'} = 2\cdot\frac{1}{4\pi}\int\limits_{\substack{z_1^2+z_2^2+z_3^2=1\\ z_3\geq 0}} u_0(\boldsymbol{x}'+ct\boldsymbol{z}')\,\mathrm{d}\sigma_{z'}$$
$$= \frac{1}{2\pi}\int\limits_{z_1^2+z_2^2\leq 1} u_0(x_1+ctz_1, x_2+ctz_2)\frac{\mathrm{d}z_1\,\mathrm{d}z_2}{\sqrt{1-z_1^2-z_2^2}}, \tag{7.46}$$

d.h. wir haben im letzten Integral über ein Einheitskreisgebiet zu integrieren. Aus (7.46) ersehen wir, daß $\tilde{u}_0(ct;\boldsymbol{x}')$, und entsprechend auch $\tilde{u}_1(ct;\boldsymbol{x}')$, unabhängig von $x_3$ sind. Wegen (7.44) ist daher auch $u(\boldsymbol{x}',t)$ unabhängig von $x_3$, d.h. es gilt $\frac{\partial^2}{\partial x_3^2}u(\boldsymbol{x}',t)=0$, was

$$c^2\left(\frac{\partial^2}{\partial x_1^2}+\frac{\partial^2}{\partial x_2^2}\right)u(\boldsymbol{x},t) = \frac{\partial^2 u(\boldsymbol{x},t)}{\partial t^2} \quad (x_3 = 0 \text{ gesetzt!}) \tag{7.47}$$

mit $u(\boldsymbol{x},t) := u(x_1,x_2,0,t)$ zur Folge hat. $u(\boldsymbol{x},t)$ ist somit Lösung unseres Problems $(\boldsymbol{A_2})$.

Wir wollen noch eine explizite Lösungsformel angeben: Es gilt

$$\tilde{u}_0(ct;\boldsymbol{x}') = \frac{1}{2\pi}\int\limits_{|z|\leq 1} u_0(\boldsymbol{x}+ct\boldsymbol{z})\frac{1}{\sqrt{1-|\boldsymbol{z}|^2}}\,\mathrm{d}\tau_z\,,$$

und mit $\boldsymbol{y}=\boldsymbol{x}+ct\boldsymbol{z}$ und $\mathrm{d}\tau_z = \frac{1}{c^2t^2}\,\mathrm{d}\tau_y$ folgt

$$\tilde{u}_0(ct;\boldsymbol{x}') = \frac{1}{2\pi c^2t^2}\int\limits_{|\boldsymbol{y}-\boldsymbol{x}|\leq ct} u_0(\boldsymbol{y})\frac{1}{\sqrt{1-\frac{1}{c^2t^2}|\boldsymbol{x}-\boldsymbol{y}|^2}}\,\mathrm{d}\tau_y$$
$$= \frac{1}{2\pi ct}\int\limits_{|\boldsymbol{y}-\boldsymbol{x}|\leq ct} u_0(\boldsymbol{y})\frac{1}{\sqrt{c^2t^2-|\boldsymbol{x}-\boldsymbol{y}|^2}}\,\mathrm{d}\tau_y\,. \tag{7.48}$$

Entsprechendes gilt für $\tilde{u}_1$. Damit ist bewiesen:

**Satz 7.2:**

Das Anfangswertproblem $(\boldsymbol{A_2})$ für die 2-dimensionale Wellengleichung besitzt eine eindeutig bestimmte Lösung. Diese ist durch

$$u(\boldsymbol{x},t) = \frac{\partial}{\partial t}\left[\frac{1}{2\pi c}\int\limits_{|\boldsymbol{y}-\boldsymbol{x}|\leq ct} u_0(\boldsymbol{y})\frac{1}{\sqrt{c^2t^2-|\boldsymbol{x}-\boldsymbol{y}|^2}}\,\mathrm{d}\tau_y\right]$$
$$+\frac{1}{2\pi c}\int\limits_{|\boldsymbol{y}-\boldsymbol{x}|\leq ct} u_1(\boldsymbol{y})\frac{1}{\sqrt{c^2t^2-|\boldsymbol{x}-\boldsymbol{y}|^2}}\,\mathrm{d}\tau_y \qquad \text{gegeben.} \tag{7.49}$$

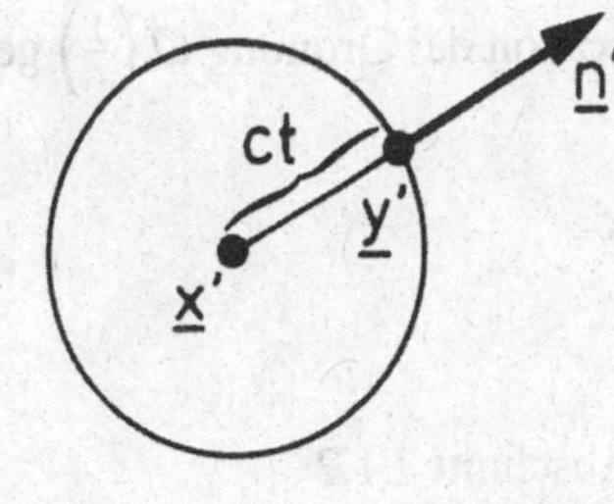


Fig. 7.5: Kugel um $x'$ mit Radius $ct$

### 7.1.4 Das Huygenssche Prinzip

Wir wollen die Lösungsformeln (7.49) (Fall $n = 2$) und (7.32) (Fall $n = 3$, s. Abschn. 7.1.2) genauer untersuchen und physikalisch deuten. Hierzu nehmen wir an, daß die Anfangswerte $u_0$ und $u_1$ außerhalb eines beschränkten Gebietes $D$ in $\mathbb{R}^2$ bzw. $\mathbb{R}^3$ verschwinden. Es sei $\boldsymbol{x}$ irgendein Punkt im Äußeren von $D$ (Beobachterstandort!), und $a$ und $b$ seien durch

$$a = \inf_{y \in D} |\boldsymbol{x} - \boldsymbol{y}| \quad \text{und} \quad b = \sup_{y \in D} |\boldsymbol{x} - \boldsymbol{y}| \tag{7.50}$$

erklärt. Wir diskutieren zunächst den Fall

**$n = 2$**: Aus (7.49) ersehen wir, daß zur Bestimmung der Lösung $u(\boldsymbol{x}, t)$ (= Wert der Lösung am Beobachterstandort $\boldsymbol{x}$ zum Zeitpunkt $t \geq 0$) die Werte der Anfangsdaten $u_0$ und $u_1$ im gesamten Kreisgebiet $|\boldsymbol{y} - \boldsymbol{x}| \leq ct$ eingehen. Für $ct < a$ bzw. $t < \frac{a}{c}$ gilt nach (7.49): $u(\boldsymbol{x}, t) = 0$.

Jedoch verschwindet $u(\boldsymbol{x}, t)$ für $ct > b$ bzw. $t > \frac{b}{c}$ im allgemeinen nicht (z.B. gilt für $u_0 = 0$ und $u_1 > 0$ in $D$ wegen (7.49): $u(\boldsymbol{x}, t) > 0$ für $t > \frac{b}{c}$). Es gibt also eine vordere Wellenfront, die einen Beobachter im Punkt $\boldsymbol{x}$ zum Zeitpunkt $t = \frac{a}{c}$ erreicht. Jedoch gibt es keine hintere Wellenfront. Die Welle hinterläßt für alle Zeiten am Punkt $\boldsymbol{x}$ eine Nachwirkung. Wir zeigen, daß diese Nachwirkung für hinreichend lange Zeit $t$ beliebig klein wird: Für $t > \frac{b}{c}$ gilt nämlich

$$\frac{1}{\sqrt{c^2t^2 - |\boldsymbol{y} - \boldsymbol{x}|^2}} < \frac{1}{\sqrt{c^2t^2 - b^2}}. \tag{7.51}$$

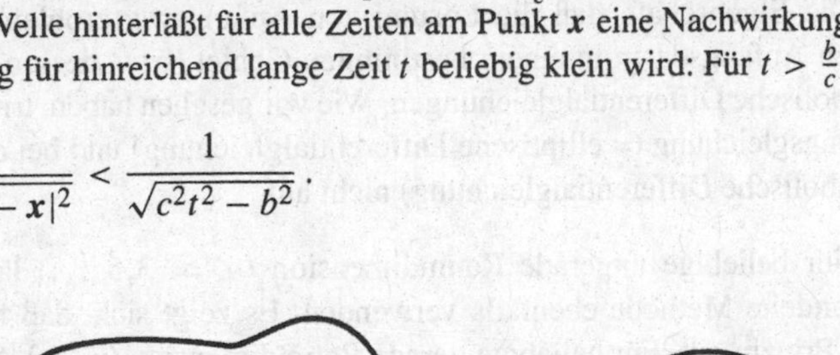

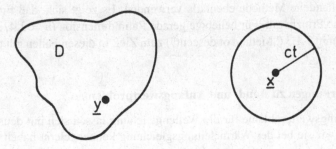

Fig. 7.6: Anfangsstörung im Gebiet $D$

Dieser Ausdruck strebt für $t \to \infty$ von der Ordnung $\mathcal{O}\left(\frac{1}{t}\right)$ gegen 0. Aus (7.49) folgt

$$u(\boldsymbol{x}, t) = \mathcal{O}\left(\frac{1}{t}\right) \quad \text{für } t \to \infty\,. \tag{7.52}$$

Nun untersuchen wir den Fall

***n* = 3**: Die Lösungsformel (7.32), Abschnitt 7.1.2

$$u(\boldsymbol{x}, t) = \frac{\partial}{\partial t}\left[\frac{1}{4\pi c^2 t}\int\limits_{|\boldsymbol{y}-\boldsymbol{x}|=ct} u_0(\boldsymbol{y})\,\mathrm{d}\sigma_{\boldsymbol{y}}\right] + \frac{1}{4\pi c^2 t}\int\limits_{|\boldsymbol{y}-\boldsymbol{x}|=ct} u_1(\boldsymbol{y})\,\mathrm{d}\sigma_{\boldsymbol{y}}$$

zeigt, daß jetzt — im Gegensatz zum Fall $n = 2$ — zur Bestimmung der Lösung $u(\boldsymbol{x}, t)$ nur die Werte der Anfangsdaten $u_0$ und $u_1$ auf der Kugelfläche $|\boldsymbol{y} - \boldsymbol{x}| = ct$ eingehen. Für $ct < a$ und $ct > b$ (bzw. $t < \frac{a}{c}$ und $t > \frac{b}{c}$) besitzen das Gebiet $D$ und die Kugelfläche keine gemeinsamen Punkte, so daß (7.32)

$$u(\boldsymbol{x}, t) = 0 \quad \text{für } t \notin \left[\frac{a}{c}, \frac{b}{c}\right]$$

liefert. Abweichend vom Fall $n = 2$ gibt es also eine vordere und eine hintere Wellenfront, die ein Beobachter im Punkt $\boldsymbol{x}$ zum Zeitpunkt $t = \frac{a}{c}$ bzw. $t = \frac{b}{c}$ wahrnimmt. Im 3-dimensionalen Fall gibt es somit keine Dauernachwirkung. Man sagt, es gilt das *Huygenssche*[4] *Prinzip*. Allgemein spricht man von der Gültigkeit des Huygensschen Prinzips, wenn sich eine in einem beschränkten Gebiet $D$ wirksame Anfangsstörung für hinreichend große $t$ nicht auswirkt. Demnach gilt im Falle $n = 2$ das Huygenssche Prinzip nicht. (Gilt es im Falle $n = 1$?). Zur Veranschaulichung eignet sich eine Darstellung mit Hilfe des charakteristischen Kegels im 3- bzw. 4-dimensionalen Raum-Zeit-Kontinuum (s. Fig. 7.7).

**Bemerkung 1**: Die Eigenschaft, daß die Lösung von Anfangswertproblemen der Wellengleichung nur von den Anfangsdaten in einem bestimmten Gebiet (bzw. dessen Rand) abhängt, ist typisch für hyperbolische Differentialgleichungen. Wie wir gesehen haben, tritt dieses Phänomen bei der Schwingungsgleichung (= elliptische Differentialgleichung) und bei der Wärmeleitungsgleichung (= parabolische Differentialgleichung) nicht auf.

**Bemerkung 2**: Für beliebige ungerade Raumdimension ($n = 3,5,\ldots$) läßt sich die in Abschnitt 7.1.2 behandelte Methode ebenfalls verwenden. Es zeigt sich, daß für alle diese Fälle das Huygenssche Prinzip gilt. Für beliebige gerade Raumdimension ($n = 2,4,\ldots$) führt die Methode aus Abschnitt 7.1.3 ("Method of descent") zum Ziel. In diesen Fällen gilt das Huygenssche Prinzip nicht.

### 7.1.5 Bemerkungen zu Rand- und Anfangswertproblemen

Rand- und Anfangswertprobleme für die Wellengleichung lassen sich mit denselben Methoden behandeln, wie wir sie bei der Wärmeleitungsgleichung kennengelernt haben (s. Abschn. 6.1).

4 Chr. Huygens (1629–1695), niederländischer Mathematiker und Physiker

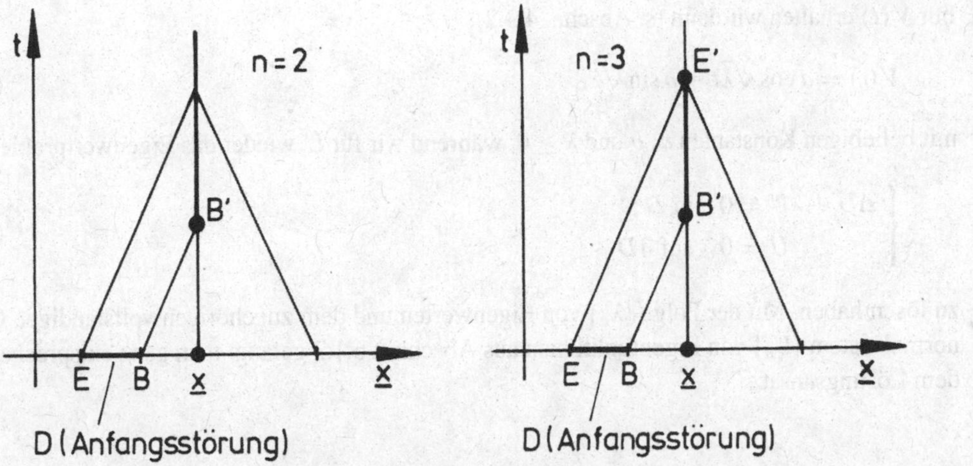


Fig. 7.7: Zum Huygensschen Prinzip

Wir wollen uns daher kurz fassen. Auch hier genügt es, sich auf den Fall homogener Randwerte zu beschränken:

**(*P*)** Es sei $D$ ein beschränktes Gebiet im $\mathbb{R}^3$ mit glatter Randfläche $\partial D$. Zu bestimmen ist eine in $D \times (0, \infty)$ zweimal stetig differenzierbare und in $\overline{D} \times [0, \infty)$ stetige Funktion $u(\boldsymbol{x}, t)$, die der *Wellengleichung*

$$\Delta u(\boldsymbol{x}, t) = \frac{\partial^2 u(\boldsymbol{x}, t)}{\partial t^2} \quad \text{in } D \times (0, \infty) \quad (c = 1 \text{ gesetzt}) \tag{7.53}$$

der (homogenen) *Randbedingung*

$$u(\boldsymbol{x}, t) = 0 \quad \text{für } \boldsymbol{x} \in \partial D \text{ und } t \geq 0 \tag{7.54}$$

und den *Anfangsbedingungen*

$$u(\boldsymbol{x},0) = u_0(\boldsymbol{x}) \,, \quad \frac{\partial}{\partial t} u(\boldsymbol{x},0) = u_1(\boldsymbol{x}) \,, \quad \boldsymbol{x} \in D \tag{7.55}$$

mit vorgegebenen Funktionen $u_0$ und $u_1$ genügt.

Mit Hilfe des Energieintegrals

$$E(t) := \int_D \left[ (\nabla u)^2 + \left( \frac{\partial u}{\partial t} \right)^2 \right] \mathrm{d}\tau \tag{7.56}$$

läßt sich analog zur Wärmeleitungsgleichung sehr einfach ein Eindeutigkeitsnachweis führen (Üb. 7.3).

Eine Lösung von Problem **(*P*)** bestimmen wir wieder mit Hilfe des Separationsansatzes

$$u(\boldsymbol{x}, t) = U(\boldsymbol{x}) \cdot V(t) \,. \tag{7.57}$$

Für $V(t)$ erhalten wir dann (s. Abschn. 4.3.2):

$$V(t) = a \cos \sqrt{\lambda} t + b \sin \sqrt{\lambda} t \tag{7.58}$$

mit beliebigen Konstanten $a$, $b$ und $\lambda \geq 0$, während wir für $U$ wieder das Eigenwertproblem

$$\begin{cases} \Delta U + \lambda U = 0 & \text{in } D\,; \\ U = 0 & \text{auf } \partial D \end{cases} \tag{7.59}$$

zu lösen haben. Mit der Folge $\{\lambda_n\}$ von Eigenwerten und dem zugehörigen vollständigen Orthonormalsystem $\{U_n\}$ von Eigenfunktionen aus Abschnitt 6.1.3 gelangt man ganz entsprechend zu dem Lösungsansatz

$$u(x,t) = \sum_{n=1}^{\infty} (a_n \cos \sqrt{\lambda_n} t + b_n \sin \sqrt{\lambda_n} t) U_n(x) \tag{7.60}$$

Dabei sind die Konstanten $a_n$ uns $b_n$ noch so zu bestimmen, daß die Anfangsbedingungen (7.55) erfüllt sind. Eine Durchführung dieses Programmes, einschließlich der Konvergenznachweise findet sich z.B. in Leis [101], S. 207–208. Numerische Verfahren zur Bestimmung der Eigenwerte und -funktionen werden z.B. in Hackbusch [66], Kap. 11 behandelt.

## Übungen

### Übung 7.1*:

Die Auslenkung $u(x,t)$ einer an den Stellen $x = 0$ und $x = a$ eingespannten Saite wird beschrieben durch das Rand- und Anfangswertproblem

(1) $c^2 \dfrac{\partial^2 u}{\partial x^2} = \dfrac{\partial^2 u}{\partial t^2}\,, \quad 0 < x < a\,,\ t > 0\,;$

(2) $u(x,0) = f(x)\,, \quad \dfrac{\partial u(x,0)}{\partial t} = g(x)\,, \quad 0 \leq x \leq a\,;$

(3) $u(0,t) = u(a,t) = 0$

(s. auch Bd. III, Abschn. 5.2.1). Bestimme eine Lösung des Problems nach der Methode von d'Alembert.

**Hinweis:** Versuche, die Funktionen $f$ und $g$ so auf ganz $\mathbb{R}$ fortzusetzen, daß die Lösung des zugehörigen Anfangswertproblems zusätzlich die Randbedingung (3) erfüllt. Welche Bedingungen für $f$ und $g$ ergeben sich?

### Übung 7.2*:

Diskutiere den folgenden Spezialfall von Problem $(A_1)$, Abschnitt 7.1.1:

$$u(x,0) = u_0(x) = 0\,; \quad \frac{\partial}{\partial t} u(x,0) = u_1(x)\,.$$

Skizziere den Wellenverlauf zum Zeitpunkt $t = 0$, $t = t_1$ und $t = t_2$ mit geeigneten Werten $t_1$ und $t_2$. Dabei habe die Funktion $U(x) := \int\limits_0^x u_1(s)\, \mathrm{d}s$ die in Figur 7.8 dargestellte Form.

Unter welchen Bedingungen an $u_0$ und $u_1$ tritt nur eine nach links (bzw. nach rechts) verlaufende Welle auf?

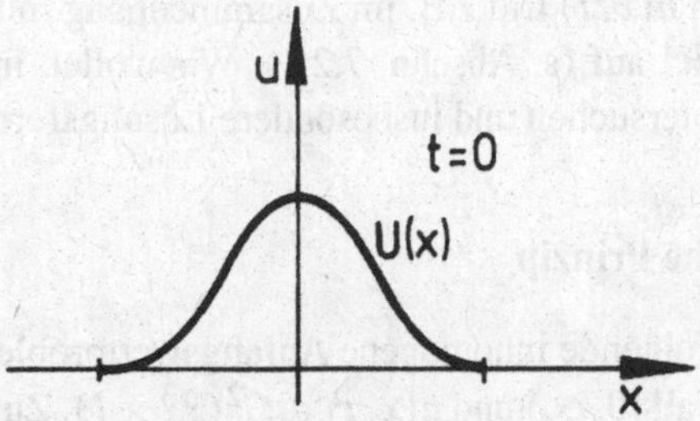


Fig. 7.8: Vorgabe der Funktion $U(x)$

## Übung 7.3*:

Führe mit Hilfe des Energieintegrals

$$E(t) := \int\limits_D \left[ (\nabla u)^2 + \left(\frac{\partial u}{\partial t}\right)^2 \right] \mathrm{d}\tau$$

einen Eindeutigkeitsnachweis für das Rand- und Anfangswertproblem $(\boldsymbol{P})$ der 3-dimensionalen Wellengleichung (s. Abschn. 7.1.5).

## Übung 7.4*:

Bestimme die kugelsymmetrischen Lösungen der 3-dimensionalen Wellengleichung

$$c^2 \Delta u(\boldsymbol{x}, t) = \frac{\partial^2 u(\boldsymbol{x}, t)}{\partial t^2} .$$

**Hinweis**: Verwende den Ansatz $u(\boldsymbol{x}, t) := f(r, t)$, $r = |\boldsymbol{x}|$, und löse die sich ergebende Differentialgleichung für $f$ mit Hilfe der Substitution $f(r, t) =: \frac{1}{r} v(r, t)$.

## Übung 7.5:

Prüfe, ob das Huygenssche Prinzip im Falle von 1-dimensionalen Anfangswertproblemen (s. Abschn. 7.1.1) gilt.

## 7.2 Die inhomogene Wellengleichung im $\mathbb{R}^3$

Die *inhomogene Wellengleichung*

$$c^2 \Delta u(\boldsymbol{x}, t) + h(\boldsymbol{x}, t) = \frac{\partial^2 u(\boldsymbol{x}, t)}{\partial t^2} \tag{7.61}$$

mit vorgegebener Funktion $h(\boldsymbol{x}, t)$ tritt z.B. im Zusammenhang mit der Diskussion von erzwungenen Schwingungen im $\mathbb{R}^3$ auf (s. Abschn. 7.2.3). Wir wollen in diesem Abschnitt Anfangswertprobleme für (7.61) untersuchen und insbesondere Lösungsformeln herleiten.

### 7.2.1 Das Duhamelsche Prinzip

Wir betrachten im $\mathbb{R}^3$ das folgende inhomogene Anfangswertproblem:

**($\boldsymbol{IA}$)** Es sei $I$ das Intervall $[0, \infty)$ und $h(\boldsymbol{x}, t) \in C^2(\mathbb{R}^3 \times I)$. Zu bestimmen ist eine Funktion $u(\boldsymbol{x}, t) \in C^2(\mathbb{R}^3 \times I)$, die der inhomogenen Wellengleichung

$$c^2 \Delta u(\boldsymbol{x}, t) + h(\boldsymbol{x}, t) = \frac{\partial^2 u(\boldsymbol{x}, t)}{\partial t^2}, \quad (\boldsymbol{x}, t) \in \mathbb{R}^3 \times I \tag{7.62}$$

genügt und die die homogenen Anfangsbedingungen

$$u(\boldsymbol{x},0) = 0, \quad \frac{\partial}{\partial t} u(\boldsymbol{x},0) = 0, \quad \boldsymbol{x} \in \mathbb{R}^3 \tag{7.63}$$

erfüllt.

**Bemerkung**: Die Beschränkung auf homogene Anfangsbedingungen bedeutet keine Einschränkung der Allgemeinheit. Treten anstelle von (7.63) die Anfangsbedingungen

$$u(\boldsymbol{x},0) = u_0(\boldsymbol{x}), \quad \frac{\partial}{\partial t} u(\boldsymbol{x},0) = u_1(\boldsymbol{x}), \quad \boldsymbol{x} \in \mathbb{R}^3 \tag{7.64}$$

auf, so läßt sich dieses Problem in zwei Teilprobleme zerlegen, in ein Problem für $v(\boldsymbol{x}, t)$ mit

$$\begin{cases} c^2 \Delta v(\boldsymbol{x}, t) = \dfrac{\partial^2 v(\boldsymbol{x}, t)}{\partial t^2}; \\ v(\boldsymbol{x},0) = u_0(\boldsymbol{x}), \quad \dfrac{\partial}{\partial t} v(\boldsymbol{x},0) = u_1(\boldsymbol{x}) \end{cases} \tag{7.65}$$

und in ein Problem für $w(\boldsymbol{x}, t)$ mit

$$\begin{cases} c^2 \Delta w(\boldsymbol{x}, t) + h(\boldsymbol{x}, t) = \dfrac{\partial^2 w(\boldsymbol{x}, t)}{\partial t^2}; \\ w(\boldsymbol{x},0) = 0, \quad \dfrac{\partial}{\partial t} w(\boldsymbol{x},0) = 0. \end{cases} \tag{7.66}$$

Die Funktion $u(\boldsymbol{x}, t) := v(\boldsymbol{x}, t) + w(\boldsymbol{x}, t)$ löst dann das Problem **($\boldsymbol{IA}$)**.

Problem **($\boldsymbol{IA}$)** besitzt höchstens eine Lösung: Sind $u_1$ und $u_2$ Lösungen von **($\boldsymbol{IA}$)**, so löst

$u := u_1 - u_2$ die homogene Wellengleichung mit homogenen Anfangsbedingungen. Dieses Problem besitzt nur die triviale Lösung $u = 0$ (nach Abschn. 7.1.2 liegt Eindeutigkeit vor).

Wir zeigen nun

**Satz 7.3:**

(Duhamelsches[5] Prinzip) Es sei $u^*(\boldsymbol{x}, t; \tau)$ die für $\tau \geq 0$ eindeutig bestimmte Lösung des Anfangswertproblems mit

$$\begin{cases} c^2 \Delta u^*(\boldsymbol{x}, t; \tau) = \dfrac{\partial^2 u^*(\boldsymbol{x}, t; \tau)}{\partial t^2} & (t \geq \tau)\,; \\ u^*(\boldsymbol{x}, \tau; \tau) = 0\,, \quad \dfrac{\partial}{\partial t} u^*(\boldsymbol{x}, \tau; \tau) = h(\boldsymbol{x}, \tau)\,. \end{cases} \tag{7.67}$$

Dann ist die Lösung von Problem $(\boldsymbol{IA})$ durch

$$u(\boldsymbol{x}, t) = \int\limits_0^t u^*(\boldsymbol{x}, t; \tau)\,\mathrm{d}\tau \tag{7.68}$$

gegeben.

**Beweis:**

Aus der Poissonschen Formel (Abschn. 7.1.2, (7.32)) folgt mit $\boldsymbol{y} = \boldsymbol{x} + r\boldsymbol{n}$, $\mathrm{d}\sigma_{\boldsymbol{y}} = c^2 t^2\, \mathrm{d}\sigma_{\boldsymbol{n}}$ für $t \geq \tau$:

$$u^*(\boldsymbol{x}, t; \tau) = \frac{t - \tau}{4\pi} \int\limits_{|\boldsymbol{n}|=1} h(\boldsymbol{x} + c(t - \tau)\boldsymbol{n}, \tau)\,\mathrm{d}\sigma_{\boldsymbol{n}}\,. \tag{7.69}$$

Nach Voraussetzung ist $h \in C^2(\mathbb{R}^3 \times I)$. Daher ist auch $u^*$ nach allen Variablen zweimal stetig differenzierbar; ebenso die durch (7.68) erklärte Funktion $u$. Aus (7.68) folgt ferner $u(\boldsymbol{x}, 0) = 0$ und

$$\frac{\partial}{\partial t} u(\boldsymbol{x}, t) = u^*(\boldsymbol{x}, t; t) + \int\limits_0^t \frac{\partial}{\partial t} u^*(\boldsymbol{x}, t; \tau)\,\mathrm{d}\tau \tag{7.70}$$

(Begründung!). Wegen $u^*(\boldsymbol{x}, t; t) = 0$ (nach Voraussetzung) ergibt sich aus (7.70) auch $\frac{\partial}{\partial t} u(\boldsymbol{x}, 0) = 0$.

Zum Nachweis der inhomogenen Wellengleichung differenzieren wir beide Seiten der Gleichung (7.70) nach $t$:

$$\frac{\partial^2}{\partial t^2} u(\boldsymbol{x}, t) = \frac{\partial}{\partial t} u^*(\boldsymbol{x}, t; t) + \int\limits_0^t \frac{\partial^2}{\partial t^2} u^*(\boldsymbol{x}, t; \tau)\,\mathrm{d}\tau\,.$$

5 J.M.C. Duhamel (1797–1872), französischer Mathematiker

(Beachte: $u^*(\boldsymbol{x}, t; t) = 0$ in (7.70)). Mit (7.67) und (7.68) folgt hieraus

$$\begin{aligned}\frac{\partial^2}{\partial t^2}u(\boldsymbol{x}, t) &= h(\boldsymbol{x}, t) + \int_0^t c^2 \Delta u^*(\boldsymbol{x}, t; \tau)\,\mathrm{d}\tau \\ &= h(\boldsymbol{x}, t) + c^2 \Delta \left( \int_0^t u^*(\boldsymbol{x}, t; \tau)\,\mathrm{d}\tau \right) = h(\boldsymbol{x}, t) + c^2 \Delta u(\boldsymbol{x}, t).\end{aligned}$$

Die Stetigkeit von $u$ für $t = 0$ ergibt sich aus der Stetigkeit von $u^*(\boldsymbol{x}, t; \tau)$ für $t = \tau$. Damit ist der Satz bewiesen. □

**Bemerkung**: Zur Konstruktion einer Lösung von Problem $(\boldsymbol{IA})$ verschaffen wir uns also mit den Methoden von Abschnitt 7.1.2 die Lösung $u^*$ von (7.67) und setzen diese in (7.68) ein.

### 7.2.2 Die Kirchhoffsche Formel

Wir leiten nun für die Lösung $u(\boldsymbol{x}, t)$ von Problem $(\boldsymbol{IA})$ aus dem vorhergehenden Abschnitt einen expliziten Lösungsausdruck her, indem wir (7.69) in (7.68) einsetzen. Wir erhalten dadurch

$$u(\boldsymbol{x}, t) = \frac{1}{4\pi} \int_0^t (t-\tau) \left[ \int_{|\boldsymbol{n}|=1} h(\boldsymbol{x} + c(t-\tau)\boldsymbol{n}, \tau)\,\mathrm{d}\sigma_{\boldsymbol{n}} \right] \mathrm{d}\tau .$$

Mit $t - \tau =: \tau'$, $\boldsymbol{x} + c\tau'\boldsymbol{n} =: \boldsymbol{y}$ und $\mathrm{d}\sigma_{\boldsymbol{n}} = \frac{1}{c^2\tau'^2}\,\mathrm{d}\sigma_{\boldsymbol{y}}$ folgt hieraus

$$u(\boldsymbol{x}, t) = \frac{1}{4\pi c^2} \int_0^t \left[ \int_{|\boldsymbol{y}-\boldsymbol{x}|=c\tau'} h(\boldsymbol{y}, t-\tau') \cdot \frac{1}{\tau'}\,\mathrm{d}\sigma_{\boldsymbol{y}} \right] \mathrm{d}\tau' = \frac{1}{4\pi c^2} \int_0^t \left[ \int_{|\boldsymbol{y}-\boldsymbol{x}|=c\tau'} \frac{h(\boldsymbol{y}, t-\tau')}{\frac{1}{c}|\boldsymbol{y}-\boldsymbol{x}|}\,\mathrm{d}\sigma_{\boldsymbol{y}} \right] \mathrm{d}\tau'$$

und hieraus mit $c\tau' =: \varrho$

$$u(\boldsymbol{x}, t) = \frac{1}{4\pi c^2} \int_0^{ct} \left[ \int_{|\boldsymbol{y}-\boldsymbol{x}|=\varrho} \frac{h\left(\boldsymbol{y}, t - \frac{|\boldsymbol{y}-\boldsymbol{x}|}{c}\right)}{|\boldsymbol{y}-\boldsymbol{x}|}\,\mathrm{d}\sigma_{\boldsymbol{y}} \right] \mathrm{d}\varrho . \tag{7.71}$$

Die rechte Seite von (7.71) läßt sich als Gebietsintegral schreiben, und wir erhalten die bekannte *Kirchhoffsche*[6] *Formel*

$$u(\boldsymbol{x}, t) = \frac{1}{4\pi c^2} \int_{|\boldsymbol{y}-\boldsymbol{x}|\le ct} \frac{h\left(\boldsymbol{y}, t - \frac{|\boldsymbol{y}-\boldsymbol{x}|}{c}\right)}{|\boldsymbol{y}-\boldsymbol{x}|}\,\mathrm{d}\tau_{\boldsymbol{y}} \tag{7.72}$$

6 G.R. Kirchhoff (1824–1887), deutscher Physiker

Durch (7.72) ist eine besonders schöne Darstellung der Lösung der inhomogenen Wellengleichung (Inhomogenität $h$) bei homogenen Anfangsdaten gegeben. Man nennt das Integral in (7.72) auch ein *retardiertes Volumenpotential.*

### 7.2.3 Erzwungene Schwingungen

Wir diskutieren nun einen wichtigen Spezialfall eines inhomogenen Problems. Wir nehmen an, die äußere Störung sei zeitharmonisch mit der Frequenz $\omega$, besitze also die Form

$$f_1(\boldsymbol{x}) \cos \omega t + f_2(\boldsymbol{x}) \sin \omega t \,. \tag{7.73}$$

Dieser Ausdruck läßt sich für unsere Zwecke besonders günstig in komplexer Form schreiben: Setzen wir $f(\boldsymbol{x}) := f_1(\boldsymbol{x}) + \mathrm{i}\, f_2(\boldsymbol{x})$, so kann (7.73) durch

$$\mathrm{Re}\left[ f(\boldsymbol{x})\, \mathrm{e}^{-\mathrm{i}\omega t} \right] \tag{7.74}$$

ausgedrückt werden. Mit der Inhomogenität

$$h(\boldsymbol{x}, t) := -c^2\, \mathrm{Re}\left[ f(\boldsymbol{x})\, \mathrm{e}^{-\mathrm{i}\omega t} \right] \tag{7.75}$$

ist dann das Anfangswertproblem

$$\begin{cases} c^2 \Delta u(\boldsymbol{x}, t) + h(\boldsymbol{x}, t) = \dfrac{\partial^2 u(\boldsymbol{x}, t)}{\partial t^2}\,; \\ u(\boldsymbol{x}, 0) = 0\,, \quad \dfrac{\partial}{\partial t} u(\boldsymbol{x}, 0) = 0 \end{cases} \tag{7.76}$$

zu untersuchen. Die Lösung dieses Problems lautet aufgrund der Kirchhoffschen Formel (7.72) mit $k := \frac{\omega}{c}$

$$\begin{aligned} u(\boldsymbol{x}, t) &= \frac{1}{4\pi c^2} \int\limits_{|\boldsymbol{y}-\boldsymbol{x}| \le ct} \frac{-c^2\, \mathrm{Re}\left[ f(\boldsymbol{y})\, \mathrm{e}^{-\mathrm{i}\omega\left(t - \frac{|\boldsymbol{y}-\boldsymbol{x}|}{c}\right)} \right]}{|\boldsymbol{y} - \boldsymbol{x}|}\, \mathrm{d}\tau_{\boldsymbol{y}} \\ &= -\frac{1}{4\pi}\, \mathrm{Re}\left[ \mathrm{e}^{-\mathrm{i}\omega t} \int\limits_{|\boldsymbol{y}-\boldsymbol{x}| \le ct} f(\boldsymbol{y}) \frac{\mathrm{e}^{\mathrm{i}k|\boldsymbol{y}-\boldsymbol{x}|}}{|\boldsymbol{y} - \boldsymbol{x}|}\, \mathrm{d}\tau_{\boldsymbol{y}} \right]. \end{aligned} \tag{7.77}$$

Von der Funktion $f$ nehmen wir nun an, daß sie außerhalb einer hinreichend großen Kugel um den Nullpunkt mit Radius $R$ verschwindet:

$$f(\boldsymbol{y}) = 0 \quad \text{für} \quad |\boldsymbol{y}| > R\,. \tag{7.78}$$

Dadurch kann der Integrationsbereich in (7.77) für $t > \frac{1}{c}(|\boldsymbol{x}| + R)$ durch $|\boldsymbol{y}| < R$ ersetzt werden (warum?), und es ergibt sich

$$u(\boldsymbol{x}, t) = -\frac{1}{4\pi} \operatorname{Re}\left[\mathrm{e}^{-\mathrm{i}\omega t} \int\limits_{|\boldsymbol{y}|<R} f(\boldsymbol{y}) \frac{\mathrm{e}^{\mathrm{i}k|\boldsymbol{x}-\boldsymbol{y}|}}{|\boldsymbol{x}-\boldsymbol{y}|} \mathrm{d}\tau_{\boldsymbol{y}}\right], \quad t > \frac{1}{c}(|\boldsymbol{x}| + R). \tag{7.79}$$

Der Zusammenhang zu den Ganzraumproblemen (s. Abschn. 5.2.4) ist damit offenkundig: Setzen wir nämlich

$$U(\boldsymbol{x}) = -\frac{1}{4\pi} \int\limits_{|\boldsymbol{y}|<R} f(\boldsymbol{y}) \frac{\mathrm{e}^{\mathrm{i}k|\boldsymbol{x}-\boldsymbol{y}|}}{|\boldsymbol{x}-\boldsymbol{y}|} \mathrm{d}\tau_{\boldsymbol{y}}, \tag{7.80}$$

so erhalten wir aus (7.79)

$$u(\boldsymbol{x}, t) = \operatorname{Re}\left[U(\boldsymbol{x})\,\mathrm{e}^{-\mathrm{i}\omega t}\right], \quad t > \frac{1}{c}(|\boldsymbol{x}| + R). \tag{7.81}$$

Für hinreichend große Werte $t$ hängt die Lösung des Anfangswertproblems (7.76) also wie die Störung $h$ zeitharmonisch von $t$ mit der Frequenz $\omega$ ab. Die durch (7.80) gegebene komplexe Amplitude $U$ dieser zeitharmonischen Schwingung ist nach Satz 5.6, Abschnitt 5.2.4 identisch mit der eindeutig bestimmten Lösung des Ganzraumproblems für

$$\Delta U + k^2 U = f, \quad k = \frac{\omega}{c}, \tag{7.82}$$

die der Sommerfeldschen Ausstrahlungsbedingung genügt. Zwischen dem Anfangswertproblem (7.76) für die inhomogene Wellengleichung bei zeitharmonischer Störung und dem entsprechenden Ganzraumproblem für die inhomogene Schwingungsgleichung (7.82) besteht also ein interessanter Zusammenhang. Man nennt ihn das *Prinzip der Grenzamplitude*:

Durch die Sommerfeldsche Ausstrahlungsbedingung wird unter allen Lösungen von $\Delta U + k^2 U = f$ in $\mathbb{R}^3$ diejenige »herausgefiltert«, die sich für hinreichend große $t$ als komplexe Amplitude der Lösung (7.81) des Anfangswertproblems (7.76) der Wellengleichung ergibt.

**Hinweis**: Numerische Methoden zur Lösung von hyperbolischen Problemen finden sich z.B. in Meister, A./Struckmeier, J. [113], Forsythe, G./Wasow W.R. [55] p 15–87; Hartmann, F. [68] S. 340–352 (Methode der Randelemente); Marsal, D. [107] S. 89–111; Meis Th./Marcowitz, U. [112] S. 1–164; Mitchell, A.R./Griffiths, D.F. [120] p 164–209; Rosenberg v., D.U. [130] p 34–46; Smith, G.D. [140] p 175–238; Törnig, W./Spellucci, P. [151] S. 343–352.

## Übungen

### Übung 7.6:

Es sei $f$ eine in $\mathbb{R}$ zweimal stetig differenzierbare Funktion.

(a) Löse mit Hilfe des Duhamelschen Prinzips das Anfangswertproblem

$$\begin{cases} \dfrac{\partial^2 u(x,t)}{\partial x^2} + f(x)\,\mathrm{e}^{-\mathrm{i}\,\omega t} = \dfrac{\partial^2 u(x,t)}{\partial t^2} & \text{in } \mathbb{R} \times [0,\infty)\,; \\ u(x,0) = 0\,, \quad \dfrac{\partial}{\partial t} u(x,0) = 0\,, \end{cases}$$

und weise für die Lösung die Formel

$$u(x,t) = \frac{1}{2\,\mathrm{i}\,\omega} \int\limits_{x-t}^{x+t} f(y)\,\mathrm{d}y - \frac{1}{2\,\mathrm{i}\,\omega} \int\limits_{x-t}^{x+t} f(y)\,\mathrm{e}^{\mathrm{i}\,\omega|x-y|}\,\mathrm{d}y$$

nach.

(b) Die Funktion $f$ erfülle nun zusätzlich die Bedingung $f(x) = 0$ für $|x| > A$. Wie läßt sich dann die Lösungsformel in (a) vereinfachen? Gilt das Prinzip der Grenzamplitude?

# 8 Die Maxwellschen Gleichungen

Die zentralen Phänomene der Elektrodynamik werden durch die *Maxwellschen Gleichungen* beschrieben. Sie sind uns bereits in Abschnitt 4.1 als Beispiel für ein lineares System von partiellen Differentialgleichungen 1-ter Ordnung begegnet und lauten in zeitabhängiger und homogener Form

$$\left\{\begin{array}{l}\nabla \times \boldsymbol{E}(\boldsymbol{x}, t) + \mu \dfrac{\partial}{\partial t} \boldsymbol{H}(\boldsymbol{x}, t) = \boldsymbol{0} \\ \nabla \times \boldsymbol{H}(\boldsymbol{x}, t) - \varepsilon_0 \dfrac{\partial}{\partial t} \boldsymbol{E}(\boldsymbol{x}, t) - \sigma \boldsymbol{E}(\boldsymbol{x}, t) = \boldsymbol{0}\end{array}\right. \qquad \boldsymbol{x} \in \mathbb{R}^3,\ t \in [0, \infty) \tag{8.1}$$

mit den Konstanten $\varepsilon_0$ (Dielektrizität), $\mu$ (Permeabilität) und $\sigma$ (elektrische Leitfähigkeit): $\varepsilon_0, \mu > 0, \sigma \geq 0$.

Wir haben in Abschnitt 4.1 gesehen, daß die Komponenten des elektrischen Feldes $\boldsymbol{E}(\boldsymbol{x}, t)$ wie auch des magnetischen Feldes $\boldsymbol{H}(\boldsymbol{x}, t)$ der Telegraphengleichung genügen.

## 8.1 Die stationären Maxwellschen Gleichungen

### 8.1.1 Stationäre Maxwellsche Gleichungen und vektorielle Schwingungsgleichung

Mit Hilfe der Separationsansätze

$$\boldsymbol{E}(\boldsymbol{x}, t) = \mathrm{e}^{-\mathrm{i}\omega t}\, \boldsymbol{E}^*(\boldsymbol{x}), \quad \boldsymbol{H}(\boldsymbol{x}, t) = \mathrm{e}^{-\mathrm{i}\omega t}\, \boldsymbol{H}^*(\boldsymbol{x}), \tag{8.2}$$

$\omega > 0$, ergeben sich aus (8.1) und

$$\varepsilon := \varepsilon_0 + \mathrm{i}\frac{\sigma}{\omega} \quad \text{(beachte: } \varepsilon \in \mathbb{C}!\text{)} \tag{8.3}$$

die homogenen *stationären* Maxwellschen Gleichungen

$$\left\{\begin{array}{l}\nabla \times \boldsymbol{E}^*(\boldsymbol{x}) - \mathrm{i}\omega\mu \boldsymbol{H}^*(\boldsymbol{x}) = \boldsymbol{0} \\ \nabla \times \boldsymbol{H}^*(\boldsymbol{x}) + \mathrm{i}\omega\varepsilon \boldsymbol{E}^*(\boldsymbol{x}) = \boldsymbol{0}\end{array}\right. \tag{8.4}$$

(s. Üb. 4.7. Beachte dabei (8.3). Im Folgenden schreiben wir anstelle von $\boldsymbol{E}^*(\boldsymbol{x})$, $\boldsymbol{H}^*(\boldsymbol{x})$ kurz: $\boldsymbol{E}$, $\boldsymbol{H}$, so daß (8.4) dann

$$\begin{array}{l}\nabla \times \boldsymbol{E} - \mathrm{i}\omega\mu \boldsymbol{H} = \boldsymbol{0} \\ \nabla \times \boldsymbol{H} + \mathrm{i}\omega\varepsilon \boldsymbol{E} = \boldsymbol{0}\end{array} \tag{8.5}$$

lautet. Wir beschränken uns im Folgenden stets auf die Untersuchung dieser Gleichungen. Dabei gehen wir analog zur Theorie der Helmholtzschen Schwingungsgleichung (s. Abschn. 5) vor.

Dies ist naheliegend, denn es gilt:

Sowohl $\boldsymbol{E}$ also auch $\boldsymbol{H}$ genügen komponentenweise der Schwingungsgleichung. Ferner erfüllen $\boldsymbol{E}$, $\boldsymbol{H}$ die Bedingungen

$$\nabla\cdot\boldsymbol{E}=0\,,\qquad \nabla\cdot\boldsymbol{H}=0\,,\tag{8.6}$$

d. h. es liegen *divergenzfreie* Felder vor.

Zum Beweis benutzen wir die Beziehungen

(a) $\nabla\cdot(\nabla\times\boldsymbol{W})\ =0\,;$

(b) $\nabla\times\nabla\times\boldsymbol{W}=\nabla(\nabla\cdot\boldsymbol{W})-\Delta\boldsymbol{W}\,;$

(c) $\nabla\times(\nabla U)\ \ =\boldsymbol{0}\,,$

die für hinreichend differenzierbare Vektorfelder $\boldsymbol{W}$ bzw. Funktionen $U$ gelten (s. z. B. Band Vektoranalysis). Weitere Beziehungen finden sich am Ende von Abschnitt 8. Aus der ersten Gleichung (8.5) ergibt sich mit (a), da $\omega>0$ und $\mu>0$ sind

$$0=\nabla\cdot(\nabla\times\boldsymbol{E})=\mathrm{i}\,\omega\mu\nabla\cdot\boldsymbol{H}\quad\text{oder}\quad\nabla\cdot\boldsymbol{H}=0$$

und entsprechend: $\nabla\boldsymbol{E}=0$. Ferner folgt ebenfalls aus der ersten Gleichung (8.5)

$$\nabla\times\nabla\times\boldsymbol{E}=\mathrm{i}\,\omega\mu\nabla\times\boldsymbol{H}\,,$$

und mit (b) und der zweiten Gleichung (8.5) (wir beachten $\nabla\cdot\boldsymbol{E}=0$!)

$$\Delta\boldsymbol{E}+\omega^2\varepsilon\mu\boldsymbol{E}=0$$

oder mit

$$k^2:=\omega^2\varepsilon\mu\tag{8.7}$$

die vektorielle Schwingungsgleichung

$$\Delta\boldsymbol{E}+k^2\boldsymbol{E}=\boldsymbol{0}\,.\tag{8.8}$$

Entsprechend zeigt man

$$\Delta\boldsymbol{H}+k^2\boldsymbol{H}=\boldsymbol{0}\,.\tag{8.9}$$

Umgekehrt gilt: Ist $\boldsymbol{E}$ eine Lösung von (8.8) mit $\nabla\cdot\boldsymbol{E}=0$, so genügen

$$\boldsymbol{E}\quad\text{und}\quad\boldsymbol{H}:=\frac{1}{\mathrm{i}\,\omega\mu}\nabla\times\boldsymbol{E}$$

den homogenen Maxwellschen Gleichungen (8.5). Die erste folgt unmittelbar aus

$$\nabla\times\boldsymbol{E}-\mathrm{i}\,\omega\mu\boldsymbol{H}=\nabla\times\boldsymbol{E}-\mathrm{i}\,\omega\mu\frac{1}{\mathrm{i}\,\omega\mu}\nabla\times\boldsymbol{E}=\boldsymbol{0}\,.$$

Zum Nachweis der zweiten Gleichung gehen wir von $\Delta\boldsymbol{E} + k^2\boldsymbol{E} = \Delta\boldsymbol{E} + \omega^2\varepsilon\mu\boldsymbol{E} = \boldsymbol{0}$ aus und beachten, daß sich $\Delta\boldsymbol{E}$ wegen $\nabla\cdot\boldsymbol{E} = 0$ in der Form $\Delta\boldsymbol{E} - \nabla(\nabla\cdot\boldsymbol{E})$ schreiben läßt. Es gilt daher

$$\nabla(\nabla\cdot\boldsymbol{E}) - \Delta\boldsymbol{E} = \omega^2\varepsilon\mu\boldsymbol{E}\,,$$

und mit (b) folgt $\nabla\times\nabla\times\boldsymbol{E} = \nabla(\nabla\cdot\boldsymbol{E}) - \Delta\boldsymbol{E}$, also $\nabla\times\nabla\times\boldsymbol{E} = \nabla\times(\mathrm{i}\,\omega\mu\boldsymbol{H}) = \omega^2\varepsilon\mu\boldsymbol{E}$ oder

$$\nabla\times\boldsymbol{H} + \mathrm{i}\,\omega\varepsilon\boldsymbol{H} = \boldsymbol{0}\,.$$

Damit haben wir die homogenen Maxwellschen Gleichungen auf die vektoriellen Helmholtzschen Schwingungsgleichungen für die Felder $\boldsymbol{E}$ und $\boldsymbol{H}$ zurückgeführt. Dies rechtfertigt das nachfolgende Vorgehen.

### 8.1.2 Grundlösungen

Aus Abschnitt 5 ist uns bekannt, daß im $\mathbb{R}^3$ mit

$$\Phi(\boldsymbol{x},\boldsymbol{y}) = \frac{1}{4\pi}\frac{\mathrm{e}^{\mathrm{i}\,k|\boldsymbol{x}-\boldsymbol{y}|}}{|\boldsymbol{x}-\boldsymbol{y}|} \tag{8.10}$$

eine (ausstrahlende) Grundlösung der Schwingungsgleichung gegeben ist. Wir wollen mit Hilfe von $\Phi$ Grundlösungen der Maxwellschen Gleichungen konstruieren. Hierzu sei $\boldsymbol{a}\in\mathbb{R}^3$ beliebig, fest. Dann folgt: $\boldsymbol{a}\cdot\Phi$ löst $\Delta\boldsymbol{E} + k^2\boldsymbol{E} = \boldsymbol{0}$, jedoch gilt i. a. nicht, daß dieses Feld divergenzfrei ist, also $\nabla_{\boldsymbol{x}}\cdot(\boldsymbol{a}\cdot\Phi) = 0$ erfüllt.

Anstelle von $\boldsymbol{a}\cdot\Phi$ betrachten wir nun den Ausdruck

$$\nabla_{\boldsymbol{x}}\times\boldsymbol{a}\Phi(\boldsymbol{x},\boldsymbol{y}) =: \boldsymbol{E}^{(2)}(\boldsymbol{x},\boldsymbol{y})\,. \tag{8.11}$$ [1]

Das so definierte Feld $\boldsymbol{E}^{(2)}$ genügt der Schwingungsgleichung und ist überdies divergenzfrei (s. Üb. 8.1). Für das zugehörige magnetische Feld ergibt sich aus der ersten Gleichung (8.5)

$$\boldsymbol{H}^{(2)}(\boldsymbol{x},\boldsymbol{y}) := \frac{1}{\mathrm{i}\,\omega\mu}\nabla_{\boldsymbol{x}}\times\boldsymbol{E}^{(2)}(\boldsymbol{x},\boldsymbol{y})\,. \tag{8.12}$$

Damit erhalten wir für die Maxwellschen Gleichungen eine Grundlösung durch

$(\boldsymbol{H}^{(2)},\boldsymbol{E}^{(2)})$, man nennt sie *magnetischen Dipol.*

Entsprechend ergibt sich mit

$$\boldsymbol{H}^{(1)}(\boldsymbol{x},\boldsymbol{y}) := \nabla_{\boldsymbol{x}}\times\boldsymbol{a}\Phi(\boldsymbol{x},\boldsymbol{y}) \tag{8.13}$$

bzw.

$$\boldsymbol{E}^{(1)}(\boldsymbol{x},\boldsymbol{y}) := -\frac{1}{\mathrm{i}\,\omega\varepsilon}\nabla_{\boldsymbol{x}}\times\boldsymbol{H}^{(1)}(\boldsymbol{x},\boldsymbol{y}) \tag{8.14}$$

1 $\nabla_{\boldsymbol{x}}$ bedeutet, daß $\nabla$ bezüglich der Variablen $\boldsymbol{x}$ wirkt

eine weitere Grundlösung

$$(\boldsymbol{H}^{(1)}, \boldsymbol{E}^{(1)}), \quad \text{man nennt sie } \textit{elektrischen Dipol}.$$

**Bemerkung**: Die Grundlösungen für die homogenen Maxwellschen Gleichungen bestehen also aus *Funktionenpaaren*. Unser Ziel ist es, analog zu Abschnitt 5 mit Hilfe dieser Grundlösungen zu Lösungsansätzen durch Flächenbelegungen zu gelangen. Aufgrund des zum Teil erheblichen mathematischen Aufwandes begnügen wir uns mit der Darlegung der wesentlichen Ideen und verzichten auf manche Beweise. Diese lassen sich z. B. bei C. Müller [122] oder R. Leis [101] nachlesen.

### 8.1.3 Asymptotisches Verhalten der Grundlösungen. Ausstrahlungsbedingungen

Wie schon bei der Schwingungsgleichung benötigen wir auch hier Aussagen über das Verhalten der Grundlösungen für *kleine* und *große* Werte von $|\boldsymbol{x} - \boldsymbol{y}|$: Dies im Zusammenhang mit der Gewinnung von Darstellungsformeln für Innen- und Außenraumaufgaben wie auch beim Nachweis von eindeutig bestimmten Lösungen für Außenraumaufgaben. Dabei hilft entscheidend weiter, daß wir das asymptotische Verhalten der Grundlösung $\Phi(\boldsymbol{x}, \boldsymbol{y})$ der Schwingungsgleichung beherrschen (s. Abschn. 5).

#### a) Asymptotik für kleine Werte $|\boldsymbol{x} - \boldsymbol{y}|$

Aus der Definition des elektrischen bzw. magnetischen Dipols und aus dem asymptotischen Verhalten von $\Phi(\boldsymbol{x}, \boldsymbol{y})$ ergibt sich

**Hilfssatz 8.1:**
Mit $\boldsymbol{z} := \boldsymbol{x} - \boldsymbol{y}$ gilt für $|\boldsymbol{z}| \to 0$

$$\begin{aligned}
\boldsymbol{H}^{(1)} &= \frac{\boldsymbol{a} \times \boldsymbol{z}}{4\pi|\boldsymbol{z}|^3} + \mathcal{O}(1)\,; \\
\boldsymbol{E}^{(1)} &= \frac{\mathrm{i}}{4\pi\omega|\boldsymbol{z}|^3}\left(-\boldsymbol{a} + \frac{3\boldsymbol{z}(\boldsymbol{a}\cdot\boldsymbol{z})}{|\boldsymbol{z}|^2}\right) + \mathcal{O}\left(\frac{1}{|\boldsymbol{z}|}\right); \\
\boldsymbol{H}^{(2)} &= \frac{\mathrm{i}}{4\pi\omega\mu|\boldsymbol{z}|^3}\left(\boldsymbol{a} - \frac{3\boldsymbol{z}(\boldsymbol{a}\cdot\boldsymbol{z})}{|\boldsymbol{z}|^2}\right) + \mathcal{O}\left(\frac{1}{|\boldsymbol{z}|}\right); \\
\boldsymbol{E}^{(2)} &= \frac{\boldsymbol{a} \times \boldsymbol{z}}{4\pi|\boldsymbol{z}|^3} + \mathcal{O}(1)\,.
\end{aligned}$$

#### b) Asymptotik für große Werte $|\boldsymbol{x} - \boldsymbol{y}|$

Benutzt man wieder die Definition der Dipole und zieht die aus Abschnitt 5 bekannten Beziehungen

$$\Phi(\boldsymbol{x}, \boldsymbol{y}) = \frac{\mathrm{e}^{\mathrm{i}kr}}{4\pi r}\,\mathrm{e}^{-\mathrm{i}k\boldsymbol{x}_0\cdot\boldsymbol{y}} + \mathcal{O}\left(\frac{1}{r^2}\right), \quad \nabla_{\boldsymbol{x}}\Phi(\boldsymbol{x}, \boldsymbol{y}) = -\mathrm{i}k\boldsymbol{x}_0\frac{\mathrm{e}^{\mathrm{i}kr}}{4\pi r}\,\mathrm{e}^{-\mathrm{i}k\boldsymbol{x}_0\cdot\boldsymbol{y}} + \mathcal{O}\left(\frac{1}{r^2}\right)$$

für $r \to \infty$ heran, wobei $r = |\boldsymbol{x}|$ und $\boldsymbol{x} = r\boldsymbol{x}_0$ mit $|\boldsymbol{x}_0| = 1$ ist, so ergibt sich

**Hilfssatz 8.2:**

Für $r \to \infty$ gilt

$$\begin{aligned}
\boldsymbol{H}^{(1)} &= -\mathrm{i}\,k(\boldsymbol{a} \times \boldsymbol{x}_0)\Phi + \mathcal{O}\left(\frac{1}{r^2}\right),\\
\boldsymbol{E}^{(1)} &= \mathrm{i}\,\omega\mu(\boldsymbol{a} - \boldsymbol{x}_0(\boldsymbol{a} \cdot \boldsymbol{x}_0))\Phi + \mathcal{O}\left(\frac{1}{r^2}\right),\\
\boldsymbol{H}^{(2)} &= -\mathrm{i}\,\omega\varepsilon(\boldsymbol{a} - \boldsymbol{x}_0(\boldsymbol{a} \cdot \boldsymbol{x}_0))\Phi + \mathcal{O}\left(\frac{1}{r^2}\right),\\
\boldsymbol{E}^{(2)} &= -\mathrm{i}\,k(\boldsymbol{a} \times \boldsymbol{x}_0)\Phi + \mathcal{O}\left(\frac{1}{r^2}\right).
\end{aligned}$$

## c) Ausstrahlungsbedingungen

Aufgrund unserer früheren Überlegungen ist es naheliegend zu fordern, daß die Lösungen $\boldsymbol{E}, \boldsymbol{H}$ der Maxwellschen Gleichungen (8.5) komponentenweise den Sommerfeldschen Ausstrahlungsbedingungen (s. Abschn. 5.2) genügen, d. h. es muß gelten:

$$E_j(r\boldsymbol{x}_0) = \mathcal{O}\left(\frac{1}{r}\right), \quad \left(\frac{\partial}{\partial r} - \mathrm{i}\,k\right)E_j(r\boldsymbol{x}_0) = \mathcal{O}\left(\frac{1}{r^2}\right) \quad \text{für } r \to \infty \qquad (8.15)$$

$$j = 1,2,3, \quad r = |\boldsymbol{x}|, \quad \boldsymbol{x} = r\boldsymbol{x}_0$$

oder, in Vektorform

$$\boldsymbol{E}(r\boldsymbol{x}_0) = \mathcal{O}\left(\frac{1}{r}\right), \quad \left(\frac{\partial}{\partial r} - \mathrm{i}\,k\right)\boldsymbol{E}(r\boldsymbol{x}_0) = \mathcal{O}\left(\frac{1}{r^2}\right) \quad \text{für } r \to \infty. \qquad (8.16)$$

Entsprechend lauten die Bedingungen für $H_j$ bzw. $\boldsymbol{H}$. Es läßt sich zeigen, daß diese äquivalent zu den auf C. Müller zurückgehenden Ausstrahlungsbedingungen

$$\begin{aligned}
\boldsymbol{E}(r\boldsymbol{x}_0) &= \mathcal{O}\left(\frac{1}{r}\right), \quad \omega\mu(\boldsymbol{x}_0 \times \boldsymbol{H}(r\boldsymbol{x}_0)) + k\boldsymbol{E}(r\boldsymbol{x}_0) = \mathcal{O}\left(\frac{1}{r^2}\right)\\
\boldsymbol{H}(r\boldsymbol{x}_0) &= \mathcal{O}\left(\frac{1}{r}\right), \quad \omega\varepsilon(\boldsymbol{x}_0 \times \boldsymbol{E}(r\boldsymbol{x}_0)) - k\boldsymbol{H}(r\boldsymbol{x}_0) = \mathcal{O}\left(\frac{1}{r^2}\right)
\end{aligned} \qquad (8.17)$$

für $r \to \infty$ sind, die für die Belange der Maxwellschen Gleichungen besonders passend sind. Sie charakterisieren ebenfalls *auslaufende Wellen*.

### 8.1.4 Darstellungsformeln

Analog zu den Darstellungsformeln in Abschnitt 5.1 bzw. 5.2 für die Schwingungsgleichung erhält man.

**Satz 8.1:**
(*Darstellungsformel für Innengebiete*) Es sei $D$ ein beschränktes Gebiet im $\mathbb{R}^3$ mit glatter Randfläche $\partial D$. Ferner seien $\boldsymbol{E}, \boldsymbol{H} \in C^1(D \cup \partial D)$ und $(\boldsymbol{E}, \boldsymbol{H})$ eine Lösung der Maxwellschen Gleichungen (8.5). Dann gilt für $\boldsymbol{x} \in D$

$$\begin{aligned} \boldsymbol{E}(\boldsymbol{x}) &= \int_{\partial D} [\mathrm{i}\,\omega\mu(\boldsymbol{n} \times \boldsymbol{H})\Phi + (\boldsymbol{n} \times \boldsymbol{E}) \times \nabla_{\boldsymbol{x}}\Phi + (\boldsymbol{E} \cdot \boldsymbol{n})(\nabla_{\boldsymbol{x}}\Phi)]\,\mathrm{d}\sigma_y \\ \boldsymbol{H}(\boldsymbol{x}) &= \int_{\partial D} [\mathrm{i}\,\omega\varepsilon(\boldsymbol{n} \times \boldsymbol{E})\Phi - (\boldsymbol{n} \times \boldsymbol{H}) \times \nabla_{\boldsymbol{x}}\Phi - (\boldsymbol{H} \cdot \boldsymbol{n})(\nabla_{\boldsymbol{x}}\Phi)]\,\mathrm{d}\sigma_y \end{aligned} \tag{8.18}$$

und

$$\boldsymbol{E}(\boldsymbol{x}) = \boldsymbol{H}(\boldsymbol{x}) = \boldsymbol{0} \quad \text{für} \quad \boldsymbol{x} \in \mathbb{R}^3 \setminus \{D \cup \partial D\}.$$

Eine Darstellungsformel für Außengebiete lautet ganz entsprechend.

**Beweisskizze:**

1. Für Innengebiete: $(\boldsymbol{E}, \boldsymbol{H})$ sei eine Lösung der Maxwellschen Gleichungen (8.5) und $(\boldsymbol{E}^{(1)}, \boldsymbol{H}^{(1)})$ der elektrische Dipol (s. Abschn. 8.1.2). Man betrachtet das Zwischengebiet $Z_\delta$ gemäß Figur 8.1:

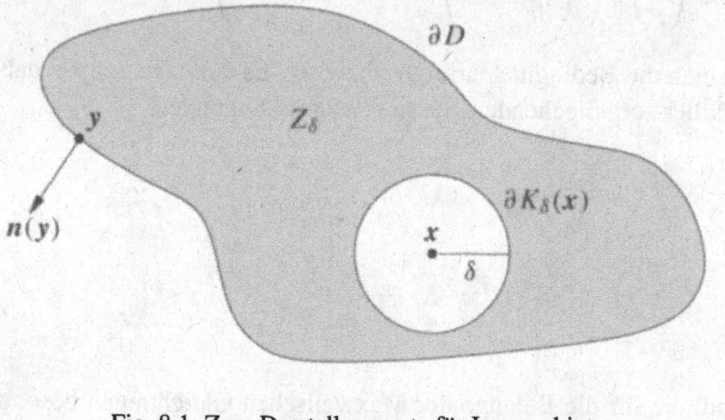


Fig. 8.1: Zum Darstellungssatz für Innengebiete

und das Integral

$$\int_{Z_\delta} \nabla_{\boldsymbol{x}} \cdot \left[\boldsymbol{E}^{(1)} \times \boldsymbol{H} + \boldsymbol{H}^{(1)} \times \boldsymbol{E}\right] \mathrm{d}\tau_y\,,$$

von dem sich leicht zeigen läßt, daß es verschwindet. Mit dem Satz von Gauß erhält man dann

$$0 = \int\limits_{Z_\delta} \nabla_{\boldsymbol{x}} \cdot [\ldots]\,\mathrm{d}\,\tau_y = \int\limits_{\partial D} \boldsymbol{n}(\boldsymbol{y}) \cdot [\ldots]\,\mathrm{d}\,\sigma_y - \int\limits_{\partial K_\delta(\boldsymbol{x})} \boldsymbol{n}(\boldsymbol{y}) \cdot [\ldots]\,\mathrm{d}\,\sigma_y\,.$$

Für das letzte Integral verwendet man die Asymptotik von $\boldsymbol{E}^{(1)}$ für kleine $|\boldsymbol{x} - \boldsymbol{y}|$ (s. Abschn. 8.1.3) und benutzt außerdem den Zusammenhang $\boldsymbol{H} = \frac{1}{\mathrm{i}\omega\mu}\nabla \times \boldsymbol{E}$. Man erhält dann für dieses Integral den Wert $\boldsymbol{a} \cdot \boldsymbol{E}(\boldsymbol{x}) + \mathcal{O}(\delta)$ für $\delta \to 0$ und beliebige Vektoren $\boldsymbol{a}$ mit $|\boldsymbol{a}| = 1$, woraus sich die Darstellungsformel für $\boldsymbol{E}$ und entsprechend für $\boldsymbol{H}$ ergibt.

2. Für Außengebiete: Hier geht man von der in Figur 8.2 dargestellten Situation aus:

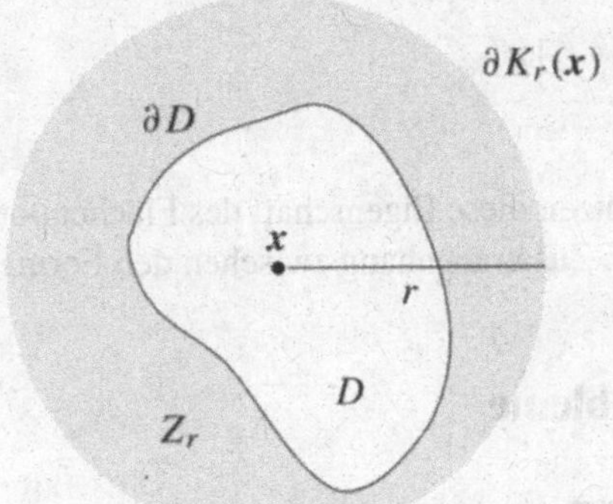


Fig. 8.2: Zum Darstellungssatz für Außengebiete

Anstelle von $\int_{Z_\delta} \nabla_{\boldsymbol{x}} \cdot [\ldots]\,\mathrm{d}\,\tau_y$ betrachtet man jetzt das Integral $\int_{Z_r} \nabla_{\boldsymbol{x}} \cdot [\ldots]\,\mathrm{d}\tau_y$ und schließt wie bei den Innengebieten

$$0 = \int\limits_{Z_r} \nabla_{\boldsymbol{x}} \cdot [\ldots]\,\mathrm{d}\,\tau_y = \int\limits_{\partial D} \boldsymbol{n}(\boldsymbol{y}) \cdot [\ldots]\,\mathrm{d}\sigma_y + \int\limits_{\partial K_r(\boldsymbol{x})} \boldsymbol{n}(\boldsymbol{y}) \cdot [\ldots]\,\mathrm{d}\sigma_y\,.$$

Für das letzte Integral benutzt man dann die Ausstrahlungsbedingungen (8.17).

**Bemerkung**: Die Darstellungsformeln (8.18) enthalten insbesondere Anteile der Form

$$\int\limits_{\partial D} \left[(\boldsymbol{n}(\boldsymbol{y}) \times \boldsymbol{E}(\boldsymbol{y})) \times \nabla_{\boldsymbol{x}} \Phi(\boldsymbol{x}, \boldsymbol{y})\right] \mathrm{d}\,\sigma_y \tag{8.19}$$

bzw.

$$\int\limits_{\partial D} \left[(\boldsymbol{n}(\boldsymbol{y}) \times \boldsymbol{H}(\boldsymbol{y})) \times \nabla_{\boldsymbol{x}} \Phi(\boldsymbol{x}, \boldsymbol{y})\right] \mathrm{d}\,\sigma_y\,. \tag{8.20}$$

Nach Abschnitt 8.1.1 genügt der elektrische Dipol $(\boldsymbol{H}^{(1)}, \boldsymbol{E}^{(1)})$ mit $\boldsymbol{H}^{(1)}(\boldsymbol{x}, \boldsymbol{y}) = \nabla_{\boldsymbol{x}} \times \boldsymbol{a}\Phi(\boldsymbol{x}, \boldsymbol{y})$ für beliebige $\boldsymbol{a} \in \mathbb{R}$ und $\boldsymbol{x} \neq \boldsymbol{y}$, $\boldsymbol{E}^{(1)}(\boldsymbol{x}, \boldsymbol{y}) = \frac{1}{\mathrm{i}\omega\varepsilon} \nabla_{\boldsymbol{x}} \times \boldsymbol{H}^{(1)}(\boldsymbol{x}, \boldsymbol{y})$ bereits den Maxwellschen Gleichungen (8.5), und nach Abschnitt 8.1.3 beherrschen wir sein asymptotisches Verhalten. Dies gilt auch, wenn wir anstelle von $\nabla_{\boldsymbol{x}} \times \boldsymbol{a}\Phi(\boldsymbol{x}, \boldsymbol{y})$ vom Ausdruck

$$\nabla_{\boldsymbol{x}} \times \boldsymbol{a}(\boldsymbol{y})\Phi(\boldsymbol{x}, \boldsymbol{y}), \quad \boldsymbol{x} \neq \boldsymbol{y}, \quad \boldsymbol{y} \in \partial G, \quad \boldsymbol{a}(\boldsymbol{y}) \in C(\partial D)$$

bzw. vom Flächenpotential

$$\int_{\partial D} \nabla_{\boldsymbol{x}} \times \left[\boldsymbol{a}(\boldsymbol{y})\Phi(\boldsymbol{x}, \boldsymbol{y})\right] \mathrm{d}\sigma_y \tag{8.21}$$

ausgehen. Dieses läßt sich auch in der Form

$$-\int_{\partial D} \left[\boldsymbol{a}(\boldsymbol{y}) \times \nabla_{\boldsymbol{x}}\Phi(\boldsymbol{x}, \boldsymbol{y})\right] \mathrm{d}\sigma_y \tag{8.22}$$

schreiben (zeigen!). Wir nutzen diese Eigenschaft des Flächenpotentials im folgenden Abschnitt aus und beachten dabei den Zusammenhang zwischen den Formeln (8.19), (8.20) und (8.22).

## 8.2 Randwertprobleme

### 8.2.1 Problemstellungen

Wie schon bei der Schwingungsgleichung sind auch bei den Maxwellschen Gleichungen sowohl Innen- als auch Außenraumaufgaben von Interesse. Dabei unterscheidet man grundsätzlich zwei Typen von Randwertaufgaben:

**Erste Randwertaufgabe:** **Vorgabe von $\boldsymbol{n} \times \boldsymbol{E}$ auf $\partial D$.**
**Zweite Randwertaufgabe:** **Vorgabe von $\boldsymbol{n} \times \boldsymbol{H}$ auf $\partial D$.**

Dabei ist $\partial D$ der (glatte) Rand eines beschränkten Gebietes $D$ im $\mathbb{R}^3$. In beiden Fällen wird gefordert, daß die Maxwellschen Gleichungen in $D$ bzw. im Äußeren von $D$ erfüllt sind. Bei den Außenraumproblemen kommen noch die Ausstrahlungsbedingungen (8.17) hinzu.

Im Folgenden beschränken wir uns auf die skizzenhafte Behandlung eines Außenraumproblems und informieren über das Lösungsverhalten der übrigen Probleme.

### 8.2.2 Außenraumprobleme

Es sei $(\boldsymbol{E}_0, \boldsymbol{H}_0)$ ein vorgegebenes einfallendes elektromagnetisches Feld, das an einer Fläche $\partial D$ reflektiert werde. Dabei sei $\partial D$ der glatte Rand eines Körpers $D$, den wir als idealen Leiter annehmen. Das Äußere von $D$ bezeichnen wir mit $D_a$. Wir stoßen damit auf das folgende mathematische Problem:

(MAP) Gesucht sind zwei Vektorfelder $\boldsymbol{E}(\boldsymbol{x})$, $\boldsymbol{H}(\boldsymbol{x})$ die in $D_a$ zweimal stetig differenzierbar und in $D_a + \partial D$ stetig sind und die

$$(1) \qquad \begin{cases} \nabla \times \boldsymbol{E} - \mathrm{i}\omega\mu\boldsymbol{H} = \boldsymbol{0} \\ \nabla \times \boldsymbol{H} + \mathrm{i}\omega\varepsilon\boldsymbol{E} = \boldsymbol{0} \end{cases} \quad \text{in } D_a \tag{8.23}$$

und

$$(2) \qquad \boldsymbol{n} \times \boldsymbol{E} = \boldsymbol{f} \quad \text{auf } \partial D \tag{8.24}$$

erfüllen. Hierbei sei $\boldsymbol{n}(\boldsymbol{x})$ der in das Äußere von $D$ weisende Normalenvektor an $\partial D$ im Punkt $\boldsymbol{x} \in \partial D$ und $\boldsymbol{f}(\boldsymbol{x})$ ein vorgegebenes Tangentialfeld auf $\partial D$ ($\boldsymbol{f} \in C_{1+\alpha}(\partial D)$), das sich aus dem einfallenden Feld $\boldsymbol{E}_0$ aufgrund der Beziehung

$$\boldsymbol{n} \times \boldsymbol{E}_0 = -\boldsymbol{f} \quad \text{auf } \partial D \tag{8.25}$$

bestimmen läßt.

$$(3) \qquad \boldsymbol{E}(r\boldsymbol{x}_0) = \mathcal{O}\left(\frac{1}{r}\right), \quad \omega\mu\boldsymbol{x}_0 \times \boldsymbol{H}(r\boldsymbol{x}_0) + k\boldsymbol{E}(r\boldsymbol{x}_0) = \mathcal{O}\left(\frac{1}{r^2}\right) \quad \text{für } r \to \infty \tag{8.26}$$

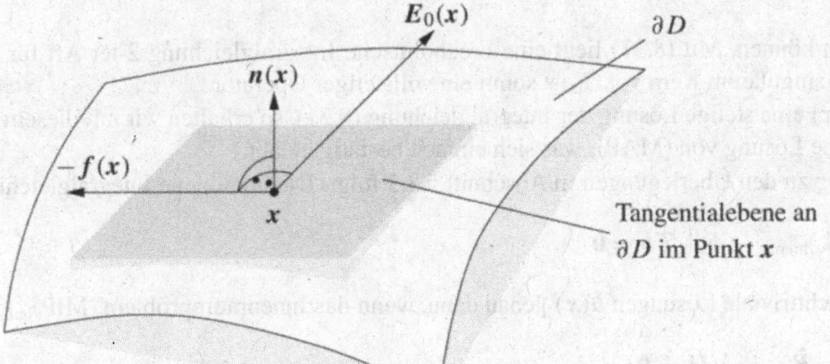


Fig. 8.3: Vorgabe von $\boldsymbol{f}(\boldsymbol{x})$

Zur Bestimmung einer Lösung von (MAP) benutzen wir die *Integralgleichungsmethode* und orientieren uns dabei an der Schwingungsgleichung (s. Abschn. 5.3). Wir gehen jetzt vom *Ansatz*

$$\begin{aligned} \boldsymbol{E}(\boldsymbol{x}) &:= \int_{\partial D} \nabla_x \times \left[\Phi(\boldsymbol{x}, \boldsymbol{y})\boldsymbol{a}(\boldsymbol{y})\right] \mathrm{d}\sigma_y \\ \boldsymbol{H}(\boldsymbol{x}) &:= \frac{1}{\mathrm{i}\omega\mu} \nabla \times \boldsymbol{E}(\boldsymbol{x}) \end{aligned} \tag{8.27}$$

aus und beachten die Bemerkung im Anschluß an die Darstellungsformel im Abschnitt 8.1.4. Danach wissen wir, daß dieser Ansatz bereits (1) und (3) erfüllt. Wir wollen nun das Tangentialfeld $\boldsymbol{a}(\boldsymbol{x})$, $\boldsymbol{x} \in \partial D$ so bestimmen, daß auch die Randbedingung (2) erfüllt ist. Hierzu benutzen wir die *Sprungrelation*

$$(\boldsymbol{n}(\boldsymbol{x}) \times \boldsymbol{E}(\boldsymbol{x}))_a = \boldsymbol{a}(\boldsymbol{x}) + \int\limits_{\partial D} \boldsymbol{n}(\boldsymbol{x}) \times \left[\nabla_{\boldsymbol{x}} \Phi(\boldsymbol{x}, \boldsymbol{y}) \times \boldsymbol{a}(\boldsymbol{y})\right] \mathrm{d}\sigma_y \quad \boldsymbol{x} \in \partial D\,, \tag{8.28}$$

[2]

die man mit Hilfe der Sprungrelationen aus Abschn. 5.3.2 beweist. Dies führt uns auf eine Integralgleichung für $\boldsymbol{a}(\boldsymbol{x})$:

$$\text{(IGL)} \qquad \boldsymbol{a}(\boldsymbol{x}) + \int\limits_{\partial D} \boldsymbol{n}(\boldsymbol{x}) \times \left[\nabla_{\boldsymbol{x}} \Phi(\boldsymbol{x}, \boldsymbol{y}) \times \boldsymbol{a}(\boldsymbol{y})\right] \mathrm{d}\sigma_y = \boldsymbol{f}(\boldsymbol{x})\,, \quad \boldsymbol{x} \in \partial D\,, \tag{8.29}$$

die wir mit der Abkürzung

$$T\boldsymbol{a}(\boldsymbol{x}) := \int\limits_{\partial D} \boldsymbol{n}(\boldsymbol{x}) \times \left[\nabla_{\boldsymbol{x}} \Phi(\boldsymbol{x}, \boldsymbol{y}) \times \boldsymbol{a}(\boldsymbol{y})\right] \mathrm{d}\sigma_y\,, \quad \boldsymbol{x} \in \partial D \tag{8.30}$$

kurz in der Operatorform

$$\boldsymbol{a} + T\boldsymbol{a} = \boldsymbol{f} \tag{8.31}$$

schreiben können. Mit (8.31) liegt eine Fredholmsche Integralgleichung 2-ter Art für $\boldsymbol{a}(\boldsymbol{x})$ mit schwach-singulärem Kern vor. $T$ ist somit ein vollstetiger Operator.

Ist $\boldsymbol{a}(\boldsymbol{x})$ eine stetige Lösung der Integralgleichung (8.31), so erhalten wir mit diesem $\boldsymbol{a}(\boldsymbol{x})$ aus (8.27) eine Lösung von (MAP), was sich einfach bestätigen läßt.

Analog zu den Überlegungen in Abschnitt 5.3.3 folgt: Die homogene Integralgleichung

$$\text{(IGL)}_{\text{hom}} \qquad \boldsymbol{b} + T\boldsymbol{b} = \boldsymbol{0} \tag{8.32}$$

besitzt nichttriviale Lösungen $\boldsymbol{b}(\boldsymbol{x})$ genau dann, wenn das Innenraumproblem $(\text{MIP})_{\text{hom}}$ mit

$$\left.\begin{aligned} \nabla \times \tilde{\boldsymbol{E}} - \mathrm{i}\,\omega\mu\tilde{\boldsymbol{H}} &= \boldsymbol{0} \\ \nabla \times \tilde{\boldsymbol{H}} + \mathrm{i}\,\omega\varepsilon\tilde{\boldsymbol{E}} &= \boldsymbol{0} \end{aligned}\right. \quad \text{in } D$$

und

$$\boldsymbol{n} \times \tilde{\boldsymbol{H}} = \boldsymbol{0} \quad \text{auf } \partial D$$

nichttriviale Lösungen $\tilde{\boldsymbol{E}}$, $\tilde{\boldsymbol{H}}$ besitzt. In Abschnitt 8.2.3 werden wir sehen: $(\text{MIP})_{\text{hom}}$ besitzt für $\operatorname{Im}\varepsilon > 0$ oder $\operatorname{Im}\mu > 0$ nur die triviale Lösung $(\tilde{\boldsymbol{E}}, \tilde{\boldsymbol{H}}) = (\boldsymbol{0}, \boldsymbol{0})$. Wir können daher den 1. Teil des Fredholmschen Alternativsatzes (s. Abschn. 2.2) anwenden. Demnach besitzt die Integralgleichung (IGL) im Fall $\operatorname{Im}\varepsilon > 0$ oder $\operatorname{Im}\mu > 0$ für jedes stetige $\boldsymbol{f}(\boldsymbol{x})$ eine eindeutig

2 $(\ldots)_a$ bezeichnet den Grenzwert von Außen

bestimmte Lösung $\boldsymbol{a}(\boldsymbol{x})$, die zusammen mit dem Ansatz (8.27) eine eindeutig bestimmte Lösung von (MAP) liefert (s. nachfolgender Eindeutigkeitsnachweis). Für reelle $\varepsilon$ und $\mu$ besitzt $(\mathrm{MIP})_{\mathrm{hom}}$ abzählbar unendlich viele Eigenlösungen. Durch geeignete Modifikation von Ansatz (8.27) läßt sich jedoch ein System von Integralgleichungen herleiten, das mit Hilfe des ersten Teils des Fredholmschen Alternativsatzes behandelt werden kann (s. P. Werner [157]), so daß sich für alle $\sigma \geq 0$ eine Lösung von (MAP) garantieren läßt. Diese ist, wie wir zeigen werden, eindeutig bestimmt.

Entsprechendes gilt für die zweite Randwertaufgabe, bei der $\boldsymbol{n} \times \boldsymbol{H}$ auf dem Rand $\partial D$ vorgegeben wird. Insgesamt ergibt sich damit

**Satz 8.2:**
Sowohl die erste als auch die zweite Außenraumaufgabe der Maxwellschen Gleichungen ist für $\sigma \geq 0$ eindeutig lösbar.

Wir zeigen nun, daß die Eindeutigkeitsaussage dieses Satzes erfüllt ist, d. h. daß der oben aufgezeigte Weg zur Lösung von (MAP) zur *einzigen* Lösung unseres Problems führt. Hierzu benutzen wir ganz entscheidend, daß $(\boldsymbol{E}, \boldsymbol{H})$ den Ausstrahlungsbedingungen (8.17) genügt.

Wir nehmen an, es gäbe zwei Lösungen. Mit $(\boldsymbol{E}, \boldsymbol{H})$ bezeichnen wir jetzt die Differenz der beiden Lösungen, d.h. es ist $\boldsymbol{n} \times \boldsymbol{E} = \boldsymbol{0}$ auf $\partial D$ und wir haben zu zeigen

$$\boldsymbol{E} = \boldsymbol{H} = \boldsymbol{0} \quad \text{in} \quad D_a\,. \tag{8.33}$$

Hierzu gehen wir von der in Figur 8.2 dargestellten Situation aus und wenden den Satz von Gauß auf des Zwischengebiet $Z_r$ an: Es gilt

$$\int\limits_{Z_r} \nabla\cdot(\boldsymbol{E} \times \overline{\boldsymbol{H}})\,\mathrm{d}\tau = \int\limits_{\partial Z_r} \boldsymbol{n}\cdot(\boldsymbol{E} \times \overline{\boldsymbol{H}})\,\mathrm{d}\sigma\,,$$

wobei $\overline{\boldsymbol{H}}$ das zu $\boldsymbol{H}$ konjugiert komplexe Feld bezeichnet. Mit $\boldsymbol{n}\cdot(\boldsymbol{E} \times \overline{\boldsymbol{H}}) = \overline{\boldsymbol{H}}\cdot(\boldsymbol{n} \times \boldsymbol{E})$ und $\boldsymbol{n} \times \boldsymbol{E} = \boldsymbol{0}$ auf $\partial D$ ergibt sich hieraus

$$\int\limits_{Z_r} \nabla\cdot(\boldsymbol{E} \times \overline{\boldsymbol{H}})\,\mathrm{d}\tau = \int\limits_{\partial K_r} \overline{\boldsymbol{H}}\cdot(\boldsymbol{n} \times \boldsymbol{E})\,\mathrm{d}\sigma - \int\limits_{\partial D} \overline{\boldsymbol{H}}\cdot(\boldsymbol{n} \times \boldsymbol{E})\,\mathrm{d}\sigma = \int\limits_{\partial K_r} \overline{\boldsymbol{H}}\cdot(\boldsymbol{n} \times \boldsymbol{E})\,\mathrm{d}\sigma\,. \tag{8.34}$$

Ferner gilt (zeigen!)

$$\int\limits_{Z_r} \nabla\cdot(\boldsymbol{E} \times \overline{\boldsymbol{H}})\,\mathrm{d}\tau = \int\limits_{Z_r} \left[\overline{\boldsymbol{H}}\cdot(\nabla \times \boldsymbol{E}) - \boldsymbol{E}\cdot(\nabla \times \overline{\boldsymbol{H}})\right]\mathrm{d}\tau\,,$$

woraus mit $\nabla \times \boldsymbol{E} = \mathrm{i}\,\omega\mu\boldsymbol{H}$, $\nabla \times \overline{\boldsymbol{H}} = \mathrm{i}\,\omega\overline{\varepsilon}\,\overline{\boldsymbol{E}}$ sowie $\varepsilon = \varepsilon_0 + \frac{\mathrm{i}\,\sigma}{\omega}$ bzw. $\overline{\varepsilon} = \varepsilon_0 - \frac{\mathrm{i}\,\sigma}{\omega}$

$$\begin{aligned}\int\limits_{Z_r} \nabla\cdot(\boldsymbol{E} \times \overline{\boldsymbol{H}})\,\mathrm{d}\tau &= \int\limits_{Z_r} \left[\mathrm{i}\,\omega\mu|\boldsymbol{H}|^2 - \mathrm{i}\,\omega\varepsilon|\boldsymbol{E}|^2\right]\mathrm{d}\tau \\ &= \mathrm{i}\,\omega \int\limits_{Z_r} \left[\mu|\boldsymbol{H}|^2 - \varepsilon_o|\boldsymbol{E}|^2\right]\mathrm{d}\tau - \sigma \int\limits_{Z_r} |\boldsymbol{E}|^2\,\mathrm{d}\tau\end{aligned} \tag{8.35}$$

folgt. Dabei ist $\varepsilon_0, \omega, \mu > 0$ und $\sigma \geq 0$. Nun kommen die Ausstrahlungsbedingungen (8.26) ins Spiel. Zudem erinnern wir an die Beziehungen $k^2 = \omega^2\varepsilon\mu$, $0 \leq \arg k < \pi$ (s. Formel (8.7)) und setzen $k =: k_1 + \mathrm{i}\,k_2$, $k_1, k_2 \geq 0$. Wegen

$$\frac{k}{\omega\varepsilon} = \frac{k_1 + \mathrm{i}\,k_2}{\omega\left(\varepsilon_0 + \mathrm{i}\,\frac{\sigma}{\omega}\right)} = \frac{k_1\varepsilon_0\omega + k_2\sigma}{\omega^2|\varepsilon|^2} + \mathrm{i}\,\frac{k_2\varepsilon_0\omega - k_1\sigma}{\omega^2|\varepsilon|^2}$$

ergibt sich dann mit Hilfe der Ausstrahlungsbedingung (8.26) für das letzte Integral in (8.34) für $r \to \infty$ [3]

$$\begin{aligned}\int\limits_{\partial K_r} \overline{\boldsymbol{H}} \cdot (\boldsymbol{n} \times \boldsymbol{E})\,\mathrm{d}\sigma &= \frac{k}{\omega\varepsilon} \int\limits_{\partial K_r} |\boldsymbol{H}|^2\,\mathrm{d}\sigma + \mathcal{O}\left(\frac{1}{r}\right) \\ &= \frac{k_1\varepsilon_0\omega + k_2\sigma}{\omega^2|\varepsilon|^2} \int\limits_{\partial K_r} |\boldsymbol{H}|^2\,\mathrm{d}\sigma + \mathrm{i}\,\frac{k_2\varepsilon_0\omega - k_1\sigma}{\omega^2|\varepsilon|^2} \int\limits_{\partial K_r} |\boldsymbol{H}|^2\,\mathrm{d}\sigma + \mathcal{O}\left(\frac{1}{r}\right).\end{aligned} \tag{8.36}$$

Nun unterscheiden wir zwei Fälle:

(i) $\sigma > 0$, d.h. $k_2 > 0$: Aus (8.35) und (8.36) folgt durch Realteilbildung für $r \to \infty$

$$-\sigma \int\limits_{Z_r} |\boldsymbol{E}|^2\,\mathrm{d}\tau = \frac{k_1\varepsilon_0\omega + k_2\sigma}{\omega^2|\varepsilon|^2} \int\limits_{\partial K_r} |\boldsymbol{H}|^2\,\mathrm{d}\sigma + \mathcal{O}\left(\frac{1}{r}\right). \tag{8.37}$$

Dies ist nur für $\boldsymbol{E} = \boldsymbol{H} = \boldsymbol{0}$ in $D_a$ möglich.

(ii) $\sigma = k_2 = 0$: (8.37) lautet dann

$$0 = \frac{k_1\varepsilon_0\omega}{\omega^2|\varepsilon|^2} \int\limits_{\partial K_r} |\boldsymbol{H}|^2\,\mathrm{d}\sigma + \mathcal{O}\left(\frac{1}{r}\right) \quad \text{für } r \to \infty.$$

Wir wissen aus Abschnitt 8.1.1, daß $\boldsymbol{H}$ komponentenweise der Schwingungsgleichung genügt. Daher läßt sich das Lemma von Rellich (s. Hilfssatz 5.3) heranziehen. Dieses liefert $\boldsymbol{H} = \boldsymbol{0}$ in $D_a$, woraus wegen $\boldsymbol{E} = -\frac{1}{\mathrm{i}\,\omega\varepsilon}\nabla \times \boldsymbol{H}$ auch $\boldsymbol{H} = \boldsymbol{0}$ in $D_a$ folgt.

In beiden Fällen kann es daher nur *eine* Lösung des Außenraumproblems geben.

---

3 Unterscheide die elektrische Leitfähigkeit $\sigma$ vom Flächenelement $\mathrm{d}_\sigma$

### 8.2.3 Innenraumprobleme

Während die beiden Außenraumaufgaben stets eine eindeutig bestimmte Lösung besitzen, gilt für die beiden Innenraumaufgaben

(i) Nur für $\operatorname{Im}\varepsilon > 0$ oder $\operatorname{Im}\mu > 0$ sind die beiden Innenraumprobleme eindeutig lösbar.

Zum *Eindeutigkeitsnachweis* geht man bei der zweiten Randwertaufgabe ($(\boldsymbol{n} \times \boldsymbol{H})$ vorgegeben!) vom Energieintegral

$$\int_{\partial D} (\boldsymbol{n} \times \overline{\boldsymbol{H}}) \cdot \boldsymbol{E} \, \mathrm{d}\sigma \tag{8.38}$$

aus und benutzt wieder den Satz von Gauß. Ensprechend verfährt man bei der ersten Randwertaufgabe.

Um zu *Lösungen* der beiden Probleme zu gelangen, geht man, wie schon bei den Außenraumaufgaben, von geeigneten Flächenpotentialansätzen aus, die auf Fredholmsche Integralgleichungen mit vollstetigen Integraloperatoren führen. Auf diese läßt sich dann wieder der Fredholmsche Alternativsatz anwenden und es ergibt sich:

(ii) Im Fall $\operatorname{Im}\varepsilon = \operatorname{Im}\mu = 0$ sind notwendige und hinreichende Bedingungen für die Lösbarkeit der ersten bzw. zweiten Randwertaufgabe:

$$\int_{\partial D} \boldsymbol{f} \cdot \tilde{\boldsymbol{H}}_j \, \mathrm{d}\sigma = 0, \quad j = 1, 2, \ldots, m \tag{8.39}$$

für alle Eigenlösungen $(\tilde{\boldsymbol{H}}_j, \tilde{\boldsymbol{E}}_j)$ des zugehörigen *homogenen* Innenraumproblems bzw.

$$\int_{\partial D} \boldsymbol{f} \cdot \hat{\boldsymbol{E}}_j \, \mathrm{d}\sigma = 0, \quad j = 1, 2, \ldots, m \tag{8.40}$$

für alle Eigenlösungen $(\hat{\boldsymbol{H}}_j, \hat{\boldsymbol{E}}_j)$ des zugehörigen *homogenen* Innenraumproblems.

Wir begnügen uns mit dem Nachweis, daß (8.39) eine *notwendige* Bedingung für die Lösbarkeit der ersten Randwertaufgabe ($(\boldsymbol{n} \times \boldsymbol{E} = \boldsymbol{f})$ vorgegeben!) ist. Es gilt nämlich

$$\begin{aligned}
\int_{\partial D} \boldsymbol{f} \cdot \tilde{\boldsymbol{H}}_j \, \mathrm{d}\sigma &= \int_{\partial D} (\boldsymbol{n} \times \boldsymbol{E}) \cdot \tilde{\boldsymbol{H}}_j \, \mathrm{d}\sigma = \int_{\partial D} \boldsymbol{n} \cdot (\boldsymbol{E} \times \tilde{\boldsymbol{H}}_j) \, \mathrm{d}\sigma \\
&= \int_{\partial D} \boldsymbol{n} \cdot \left[\boldsymbol{E} \times \tilde{\boldsymbol{H}}_j - \tilde{\boldsymbol{E}}_j \times \boldsymbol{H}\right] \mathrm{d}\sigma ,
\end{aligned}$$

da $\boldsymbol{n} \cdot (\tilde{\boldsymbol{E}}_j \times \boldsymbol{H}) = (\boldsymbol{n} \times \tilde{\boldsymbol{E}}_j) \cdot \boldsymbol{H} = 0$ ist. Für das zugehörige homogene Problem gilt $\boldsymbol{n} \times \tilde{\boldsymbol{E}}_j = \boldsymbol{0}$. Nach dem Satz von Gauß gilt damit

$$\int_{\partial D} \boldsymbol{f} \cdot \tilde{\boldsymbol{H}}_j \, \mathrm{d}\sigma = \int_D \nabla \cdot \left[ \boldsymbol{E} \times \tilde{\boldsymbol{H}}_j - \tilde{\boldsymbol{E}}_j \times \boldsymbol{H} \right] \mathrm{d}\tau \,. \tag{8.41}$$

Die eckige Klammer in (8.41) ergibt

$$\begin{aligned}[\ldots] &= \tilde{\boldsymbol{H}}_j \cdot (\nabla \times \boldsymbol{E}) - \boldsymbol{E} \cdot (\nabla \times \tilde{\boldsymbol{H}}_j) - \boldsymbol{H} \cdot (\nabla \times \tilde{\boldsymbol{E}}_j) + \tilde{\boldsymbol{E}}_j \cdot (\nabla \times \boldsymbol{H}) \\ &= \tilde{\boldsymbol{H}}_j \cdot \mathrm{i}\omega\mu \boldsymbol{H} - \boldsymbol{E} \cdot (-\mathrm{i}\omega\varepsilon \tilde{\boldsymbol{E}}_j) - \boldsymbol{H} \cdot \mathrm{i}\omega\mu \tilde{\boldsymbol{H}}_j + \tilde{\boldsymbol{E}}_j \cdot (-\mathrm{i}\omega\varepsilon) \boldsymbol{E} \\ &= 0\end{aligned}$$

und damit (8.39).

Die übrigen Nachweise finden sich z. B. bei R. Leis [101] oder C. Müller [122].

**Bemerkung**: Mit den gewonnenen Resultaten beherrschen wir das Lösungsverhalten der beiden Randwertprobleme der Maxwellschen Gleichungen.

**Hinweis**: Zur numerischen Lösungsgewinnung verweisen wir auf die einschlägige Fachliteratur, z.B. auf [121] und [45].

## Übungen

### Übung 8.1*:

Beweise: Ist $\boldsymbol{a} \in \mathbb{R}^3$ beliebig (fest) und ist $\Phi(\boldsymbol{x}, \boldsymbol{y})$ die (ausstrahlende) Grundlösung der Schwingungsgleichung, so ist das Vektorfeld

$$\boldsymbol{U}(\boldsymbol{x}) = \nabla_{\boldsymbol{x}} \times \boldsymbol{a}\Phi(\boldsymbol{x}, \boldsymbol{y}) \,, \quad \boldsymbol{x} \neq \boldsymbol{y} \,, \quad \boldsymbol{y} \text{ fest}$$

divergenzfrei und genügt der vektoriellen Schwingungsgleichung $\Delta \boldsymbol{U} + k^2 \boldsymbol{U} = \boldsymbol{0}$.

### Übung 8.2*:

Es sei $\boldsymbol{J}(\boldsymbol{x})$ eine vorgegebene Stromdichteverteilung und $\boldsymbol{U}(\boldsymbol{x})$ eine Lösung der inhomogenen vektoriellen Schwingungsgleichung

$$\Delta \boldsymbol{U} + k^2 \boldsymbol{U} = -\boldsymbol{J} \quad \text{mit} \quad k^2 = \omega^2 \varepsilon \mu \,.$$

Zeige: Die Vektorfelder

$$\boldsymbol{E} = \frac{1}{\mathrm{i}\,\omega\varepsilon} [\boldsymbol{J} - \nabla \times (\nabla \times \boldsymbol{U})] \,, \quad \boldsymbol{H} = \nabla \times \boldsymbol{U}$$

sind Lösungen der inhomogenen Maxwellschen Gleichungen

$$\nabla \times \boldsymbol{E} - \mathrm{i}\,\omega\mu \boldsymbol{H} = \boldsymbol{0} \,, \quad \nabla \times \boldsymbol{H} + \mathrm{i}\,\omega\mu\varepsilon \boldsymbol{E} = \boldsymbol{J} \,.$$

# 9 Die Euler-Gleichungen und hyperbolische Bilanzgleichungen

Die mathematische Beschreibung von Gas- und Flüssigkeitsströmungen führt auf die bekannten Navier[1]-Stokes[2]-Gleichungen, die die Erhaltungs- respektive Bilanzprinzipien für Masse, Impuls und Energie[3] beschreiben. Vernachlässigt man die vorliegenden Reibungskräfte, so ergeben sich die Euler-Gleichungen. Trotz dieser Vereinfachung werden die Euler-Gleichungen häufig in der Strömungsmechanik genutzt, da auf ihrer Basis bereits zentrale Eigenschaften vieler Strömungsfelder hinreichend genau beschrieben werden können. Neben der Differenzierung zwischen kompressiblen und inkompressiblen Strömungen, werden wir uns in diesem Abschnitt mit der Herleitung der Euler-Gleichungen befassen. Es wird dabei deutlich werden, daß diese sogenannten Erhaltungsgleichungen in die Klasse der hyperbolischen Bilanzgleichungen gehören, die wir daher einer näheren Analyse unterziehen werden.

## 9.1 Kompressible und inkompressible Strömungen

Die adäquate Berücksichtigung der vorliegenden Eigenschaften einer Strömung sind für deren mathematische Beschreibung von grundlegender Bedeutung. Eine zentrale Charakterisierung ergibt sich dabei durch die Unterteilung in kompressible und inkompressible Strömungen. Wie die gewählten Bezeichnungen bereits suggerieren, werden wir eine Strömung genau dann als kompressibel bezeichnen, wenn Kompressionseffekte auftreten, die zu einer Änderung des Voluminhaltes bei den bereits im Abschnitt 4.4 eingeführten materiellen Volumina führen.

**Definition 9.1:**
Eine Strömung heißt *inkompressibel*, wenn

$$\frac{d}{dt}|\Omega(t)| := \frac{d}{dt}\int_{\Omega(t)} 1\,dx = 0 \tag{9.1}$$

für alle materiellen, das heißt sich mit der Strömung bewegenden Volumina $\Omega(t)$ gilt. Ansonsten bezeichnen wir die Strömung als *kompressibel*.

Häufig werden die Bezeichnungen kompressibel und inkompressibel auch im direkten Zusammenhang mit Fluiden verwendet. Hierbei ist jedoch zu bemerken, daß das Auftreten von Kompressionseffekten stets eine Frage der vorliegenden Kräfte ist und folglich keine generelle Fluideigenschaft repräsentiert. So können Druck- oder Schlagprozesse in hölzernen Werkstoffen eine Volumenänderung unter Beibehaltung der Masse erzeugen, obwohl derartige Materialien üblicherweise als inkompressibel eingestuft werden. Spricht man daher von einem inkompressiblen

1 Claude Louis Marie Henri Navier (1785 – 1836), französischer Mathematiker und Physiker
2 George Gabriel Stokes (1819 – 1903), irischer Mathematiker und Physiker
3 Teilweise werden auch die Impulsgleichungen für sich bereits als Navier-Stokes-Gleichungen bezeichnet.

Fluid, so ist dies stets in dem Sinne zu verstehen, daß bei den erwarteten Strömungsverhältnissen keine Kompressionseffekte prognostiziert werden und somit die Modellierung unter Berücksichtigung der Eigenschaft (9.1) erfolgen kann. Dabei wird jedoch in der Regel eine zu (9.1) äquivalente Formulierung der Inkompressibilität einer Strömung auf der Basis des Geschwindigkeitsfeldes vorgenommen, die wir im Folgenden für den dreidimensionalen Fall herleiten werden.

Sei $\Omega(t)$ ein materielles Volumen mit Oberfläche $\partial\Omega(t)$. Zudem beschreibe $d\sigma$ ein infinitesimal kleines Oberflächenelement von $\partial\Omega(t)$ mit äußerer Einheitsnormale $\boldsymbol{n}$, dann ist die, durch die Bewegung von $d\sigma$ im Zeitintervall $[t, t + \Delta t]$ hervorgerufene Volumenänderung $\Delta_\sigma \Omega$ in erster Näherung durch

$$\Delta_\sigma \Omega = \Delta t \cdot \boldsymbol{v} \cdot \boldsymbol{n}\, \mathrm{d}\sigma$$

gegeben, siehe Fig. 9.1.

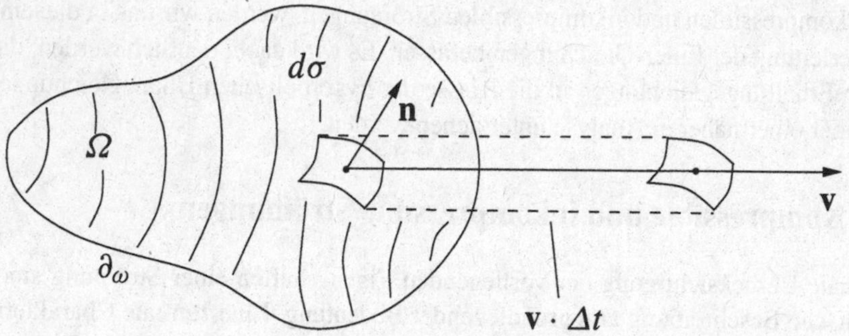


Fig 9.1: Volumenänderung pro Oberflächenelement $d\sigma$ im Zeitintervall $\Delta t$

Somit ergibt sich die Gesamtvolumenänderung $\Delta\Omega$ im Zeitintervall $[0, \Delta t]$ approximativ zu

$$\Delta\Omega = \Delta t \int_{\partial\Omega(t)} \boldsymbol{v} \cdot \boldsymbol{n}\, \mathrm{d}\sigma\,.$$

Wir erhalten folglich für den Volumeninhalt $|\Omega(t)|$ in der zeitlichen Entwicklung den Zusammenhang

$$\frac{\mathrm{d}|\Omega(t)|}{\mathrm{d}t} = \lim_{\Delta t \to 0} \frac{\Delta\Omega}{\Delta t} = \int_{\partial\Omega(t)} \boldsymbol{v} \cdot \boldsymbol{n}\, \mathrm{d}\sigma = \int_{\Omega(t)} \nabla \cdot \boldsymbol{v}\, \mathrm{d}\boldsymbol{x}\,,$$

wobei für die letzte Umformung der Gaußsche Integralsatz (siehe Burg/Haf/Wille [21]) genutzt wurde. Bei stetiger Divergenz des Geschwindigkeitsfeldes existiert ein $\tilde{\boldsymbol{x}} \in \Omega(t)$ derart, daß

$$\nabla \cdot \boldsymbol{v}(\tilde{\boldsymbol{x}}, t) = \frac{1}{|\Omega(t)|} \frac{\mathrm{d}|\Omega(t)|}{\mathrm{d}t} \tag{9.2}$$

gilt. Wir erkennen durch Grenzübergang $|\Omega(t)| \to 0$ die physikalische Bedeutung der Geschwindigkeitsdivergenz als:

$\nabla \cdot \boldsymbol{v}$ stellt die zeitliche Volumenänderung pro Einheitsvolumen eines sich mit der Strömung bewegenden Fluidelementes dar.

Betrachten wir die Definition 9.1 der Inkompressibilität einer Strömung, so erhalten wir aus (9.2) direkt folgende Aussage.

**Satz 9.1:**

Sei $G \subset \mathbb{R}^d$ ein offenes Strömungsgebiet. Dann ist die Strömung genau dann inkompressibel, wenn

$$\nabla \cdot \boldsymbol{v}(\boldsymbol{x}, t) = 0 \tag{9.3}$$

für alle $(\boldsymbol{x}, t) \in G \times \mathbb{R}_0^+$ gilt.

Die Darstellung (9.3) zeigt eindrucksvoll den Zusammenhang zwischen dem Geschwindigkeitsfeld und der Kompressibilität der assoziierten Strömung. Es sei dabei allerdings erwähnt, daß Strömungen kleiner Geschwindigkeiten nicht notwendigerweise der Inkompressibilitätsbedingung (9.3) genügen müssen. So werden Strömungen kleiner Mach[4]-Zahlen häufig als inkompressibel eingestuft. Zwar weisen zahlreiche derartige Strömungsfelder in der Tat eine solche Eigenschaft auf, allerdings ist die Schlußfolgerung nicht zwingend. Ein einfaches Beispiel stellt ein Heißluftballon dar. Obwohl die innerhalb des Ballons auftretenden Geschwindigkeiten deutlich unterhalb der Schallgeschwindigkeit liegen, impliziert die zugeführte Wärme ganz offensichtlich eine Dichtereduzierung, das heißt eine Vergrößerung des Volumens bei gleichbleibender Masse. Dieser Effekt ist eindeutig kompressibel und grundlegend für die gewünschten Auftriebskräfte. Für detaillierte Analysen der Kompressibilität bei Strömungen kleiner Mach-Zahlen sei der interessierte Leser auf die Arbeiten [90, 91] verwiesen. Weitere Aussagen und Bedingungen zur Inkompressibilität können zudem u.a. dem Lehrbuch [155] entnommen werden.

## 9.2 Bilanzgleichungen und Erhaltungsgleichungen

Die bereits in Abschnitt 4.3.1 vorgenommene Klassifizierung partieller Differentialgleichungen beschränkte sich auf lineare skalare Differentialgleichungen zweiter Ordnung und kann folglich zur generellen Unterteilung linearer sowie nichtlinearer Systeme von Bilanz- und Erhaltungsgleichungen nicht genutzt werden. Wir werden daher an dieser Stelle eine Verallgemeinerung der Hyperbolizität auf Systeme partieller Differentialgleichungen erster Ordnung vornehmen. Da sich bekannterweise Differentialgleichungen beliebiger Ordnung stets auf äquivalente Systeme erster Ordnung transformieren lassen, ergibt sich durch die folgende Definition somit eine allgemeine Begriffsbildung der Hyperbolizität, die die Nomenklatur laut Definition 4.1 umfasst. Zur Übung werden wir diesen Sachverhalt anhand einer erneuten Eingruppierung der bereits analysierten Wellengleichung demonstrieren.

4 Die Mach-Zahl Ma wurde nach Ernst Mach, tschechisch-österreichischer Physiker und Philosoph (1838 – 1916) benannt und stellt das Verhältnis zwischen Strömungsgeschwindigkeit $\boldsymbol{v}$ und Schallgeschwindigkeit $c$ gemäß $\mathrm{Ma} = \frac{|\boldsymbol{v}|}{c}$ dar.

**Definition 9.2:**

Sei $\boldsymbol{u} = (u_1, \ldots, u_m) \; : \; \mathbb{R}^d \times \mathbb{R}_0^+ \to \mathbb{R}^m$, dann bezeichnen wir

$$\partial_t \boldsymbol{g}(\boldsymbol{u}) + \sum_{j=1}^{d} \partial_{x_j} \boldsymbol{f}_j(\boldsymbol{u}) = \boldsymbol{q}(\boldsymbol{u}) \tag{9.4}$$

mit $\boldsymbol{u} = \boldsymbol{u}(\boldsymbol{x}, t)$, $\boldsymbol{x} = (x_1, \ldots, x_d)^{\mathrm{T}}$ sowie $\boldsymbol{g}, \boldsymbol{q}, \boldsymbol{f}_j \; : \; \mathbb{R}^m \to \mathbb{R}^m$, $j = 1, \ldots, d$, als System von $m$ Bilanzgleichungen oder auch kurz als Bilanzgleichung. Im Spezialfall $\boldsymbol{g}(\boldsymbol{u}) = \boldsymbol{u}$, $\boldsymbol{q}(\boldsymbol{u}) = \boldsymbol{0}$ sprechen wir von einer Erhaltungsgleichung.

**Bemerkung**: Im Allgemeinen können die Abbildungen $\boldsymbol{g}, \boldsymbol{q}, \boldsymbol{f}_j$, $j = 1, \ldots, d$, auch zusätzlich direkt von der Ortsvariablen $\boldsymbol{x}$ und der Zeitvariablen $t$ abhängen. Im Sinne einer übersichtlicheren Darstellung beschränken wir uns auf den Fall (9.4), da die im Weiteren betrachteten Differentialgleichungen sich in dieser Form schreiben lassen.

Der Begriff Erhaltungsgleichung begründet sich durch die Eigenschaft, daß für Gebiete $\Omega \subset \mathbb{R}^d$ mit

$$\sum_{j=1}^{d} \int_{\partial\Omega} \boldsymbol{f}_j(\boldsymbol{u}) n_j \, \mathrm{d}\sigma = \boldsymbol{0} \tag{9.5}$$

wegen

$$\frac{\mathrm{d}}{\mathrm{d}t} \int_{\Omega} \boldsymbol{u} \, \mathrm{d}\boldsymbol{x} = \int_{\Omega} \partial_t \boldsymbol{u} \, \mathrm{d}\boldsymbol{x} \overset{(9.4)}{=} -\int_{\Omega} \sum_{j=1}^{d} \partial_{x_j} \boldsymbol{f}_j(\boldsymbol{u}) \, \mathrm{d}\boldsymbol{x} = -\int_{\partial\Omega} \sum_{j=1}^{d} \boldsymbol{f}_j(\boldsymbol{u}) n_j \, \mathrm{d}\sigma = \boldsymbol{0}$$

die auf $\Omega$ bezogenen Integralwerte der Größen $u_1, \ldots, u_m$ in der Zeit konstant sind. Hier sei angemerkt, daß die letzte Integralumformung auf der Anwendung des Gaußschen Integralsatzes beruht, siehe Burg/Haf/Wille [21]. Ein Beispiel einer Erhaltungsgleichung stellt die in (4.7) vorgestellte Kontinuitätsgleichung dar. Hier ergibt sich mit der Voraussetzung (9.5) durch

$$\frac{\mathrm{d}}{\mathrm{d}t} \int_{\Omega} \varrho \, \mathrm{d}\boldsymbol{x} = 0$$

die zeitliche Erhaltung der Masse $M = \int_{\Omega} \varrho \, \mathrm{d}\boldsymbol{x}$ im Gebiet $\Omega$.

Der Hyperbolizitätsnachweis bei Systemen erster Ordnung basiert auf der Existenzanalyse von Lösungen in Form sogenannter einfacher Wellen, die die Darstellung

$$\boldsymbol{u}(\boldsymbol{x}, t) = \boldsymbol{u}^c \, \mathrm{e}^{\mathrm{i}\,\omega(\boldsymbol{x}, t)} \tag{9.6}$$

mit einem konstanten Vektor $\boldsymbol{u}^c \in \mathbb{R}^m \setminus \{\boldsymbol{0}\}$ und

$$\omega(\boldsymbol{x}, t) := \boldsymbol{x} \cdot \boldsymbol{n} - \lambda t$$

aufweisen, wobei $\lambda \in \mathbb{R}$, $\boldsymbol{n} \in \mathbb{R}^d$ mit $\|\boldsymbol{n}\|_2 := \sqrt{n_1^2 + \ldots + n_d^2} = 1$ gilt. Wellen dieser Form bewegen sich in Richtung $\boldsymbol{n}$ mit der Geschwindigkeit $\lambda$.

Wir überführen die Bilanzgleichung (9.4) zunächst unter Vernachlässigung des Quellterms $\boldsymbol{q}$ mittels

$$\boldsymbol{G}(\boldsymbol{u}) := \frac{\partial \boldsymbol{g}}{\partial \boldsymbol{u}}(\boldsymbol{u}), \quad \boldsymbol{F}_j(\boldsymbol{u}) := \frac{\partial \boldsymbol{f}_j}{\partial \boldsymbol{u}}(\boldsymbol{u}), \quad j = 1, \ldots, d$$

in die als *quasilinear* bezeichete homogene Form

$$\boldsymbol{G}(\boldsymbol{u})\partial_t \boldsymbol{u} + \sum_{j=1}^{d} \boldsymbol{F}_j(\boldsymbol{u})\partial_{x_j} \boldsymbol{u} = \boldsymbol{0}.$$

Durch Auswerten der Matrizen zu einem festen Zustand $\hat{\boldsymbol{u}} \in \mathbb{R}^d$ erhalten wir das zugehörige lineare Differentialgleichungssystem

$$\boldsymbol{G}(\hat{\boldsymbol{u}})\partial_t \boldsymbol{u} + \sum_{j=1}^{d} \boldsymbol{F}_j(\hat{\boldsymbol{u}})\partial_{x_j} \boldsymbol{u} = \boldsymbol{0}. \tag{9.7}$$

Es zeigt sich durch einfaches Einsetzen von (9.6) in (9.7), daß Lösungen des linearen Systems (9.7) in Form einfacher Wellen genau dann existieren, wenn zu gegebenem $\boldsymbol{n} \in \mathbb{R}^d$ mit $\|\boldsymbol{n}\|_2 = 1$ ein $\lambda = \lambda(\boldsymbol{n}) \in \mathbb{R}$ derart existiert, daß

$$\left(-\lambda \boldsymbol{G}(\hat{\boldsymbol{u}}) + \sum_{j=1}^{d} n_j \boldsymbol{F}_j(\hat{\boldsymbol{u}})\right) \boldsymbol{u}^c = \boldsymbol{0} \tag{9.8}$$

eine nichttriviale Lösung $\boldsymbol{u}^c \in \mathbb{R}^d \setminus \{\boldsymbol{0}\}$ besitzt, das heißt

$$\det\left(-\lambda \boldsymbol{G}(\hat{\boldsymbol{u}}) + \sum_{j=1}^{d} n_j \boldsymbol{F}_j(\hat{\boldsymbol{u}})\right) = 0$$

gilt. Die Lösungen $\lambda$ des erweiterten Eigenwertproblems

$$\left(\sum_{j=1}^{d} n_j \boldsymbol{F}_j(\hat{\boldsymbol{u}})\right) \boldsymbol{u}^c = \lambda \boldsymbol{G}(\hat{\boldsymbol{u}})\boldsymbol{u}^c \tag{9.9}$$

und die Form der zugehörigen Eigenräume bestimmen die Klassifizierung der zugrundeliegenden Bilanzgleichung.

**Bemerkung**: Für eine invertierbare Matrix $\boldsymbol{G}(\hat{\boldsymbol{u}}) \in \mathbb{R}^{m \times m}$ ergibt sich das Eigenwertproblem in klassischer Form

$$\boldsymbol{A}\boldsymbol{u}^c = \lambda \boldsymbol{u}^c$$

mit $A := G^{-1}(\hat{u}) \sum_{j=1}^{d} n_j F_j(\hat{u}) \in \mathbb{R}^{m \times m}$.

**Definition 9.3:**

Die Bilanzgleichung (9.4) heißt *hyperbolisch* in $\hat{u} \in \mathbb{R}^m$, wenn für jede Wahl des Vektors $n \in \mathbb{R}^d$, $\|n\|_2 = 1$ alle Eigenwerte $\lambda = \lambda(n)$ zur Gleichung (9.9) reell sind und $m$ linear unabhängige Eigenvektoren existieren. Sind die Eigenwerte paarweise verschieden, so sprechen wir von einer *strikt hyperbolischen* Bilanzgleichung.

Im Fall einer Erhaltungsgleichung ergibt sich wegen $G(\hat{u}) = E$ die Eingruppierung des Differentialgleichungssystems direkt aus einer Eigenwertanalyse der Matrix $A = \sum_{j=1}^{d} n_j F_j(\hat{u})$.

**Beispiel 9.1:**

(*Wellengleichung*) Wir betrachten die bereits in Beispiel 4.2 vorgestellte und in Beispiel 4.10 klassifizierte Wellengleichung in der Form

$$\frac{\partial^2 u}{\partial t^2}(x,t) - c^2 \sum_{j=1}^{d} \frac{\partial^2 u}{\partial x_j^2}(x,t) = 0 \tag{9.10}$$

mit $(x,t) \in \mathbb{R}^d \times \mathbb{R}_0^+$ und $c \in \mathbb{R} \setminus \{0\}$. Im Sinne der physikalischen Anwendungen ergibt sich dabei in der Regel $d \in \{1,2,3\}$. Für den hierbei maximalen Fall $d = 3$ erhalten wir durch Einführung der Hilfsgrößen

$$\eta := \partial_t u\,, \quad \xi_j = \partial_{x_j} u\,, \quad j = 1,2,3$$

in Kombination mit den aus der Differenzierbarkeitsbedingung $u \in C^2(\mathbb{R}^d \times \mathbb{R}_0^+)$ resultierenden Eigenschaften

$$\partial_{x_j}\eta = \partial_{x_j}\partial_t u = \partial_t \partial_{x_j} u = \partial_t \xi_j$$

für $j = 1,2,3$ das System erster Ordnung gemäß

$$\underbrace{\begin{bmatrix} 1 & 0 & 0 & 0 \\ 0 & 1 & 0 & 0 \\ 0 & 0 & 1 & 0 \\ 0 & 0 & 0 & 1 \end{bmatrix}}_{=E} \partial_t u + \underbrace{\begin{bmatrix} 0 & -c^2 & 0 & 0 \\ -1 & 0 & 0 & 0 \\ 0 & 0 & 0 & 0 \\ 0 & 0 & 0 & 0 \end{bmatrix}}_{=F_1} \partial_{x_1} u$$

$$+ \underbrace{\begin{bmatrix} 0 & 0 & -c^2 & 0 \\ 0 & 0 & 0 & 0 \\ -1 & 0 & 0 & 0 \\ 0 & 0 & 0 & 0 \end{bmatrix}}_{=F_2} \partial_{x_2} u + \underbrace{\begin{bmatrix} 0 & 0 & 0 & -c^2 \\ 0 & 0 & 0 & 0 \\ 0 & 0 & 0 & 0 \\ -1 & 0 & 0 & 0 \end{bmatrix}}_{=F_3} \partial_{x_3} u = 0$$

mit $\boldsymbol{u} = [\eta, \xi_1, \xi_2, \xi_3]^T$. Folglich erhalten wir für beliebiges $\boldsymbol{n} \in \mathbb{R}^3$, $\|\boldsymbol{n}\|_2 = 1$ die Determinantenbedingung

$$0 = \det\left(-\lambda \boldsymbol{E} + \sum_{j=1}^{3} n_j \boldsymbol{F}_j\right)$$
$$= \det\begin{bmatrix} -\lambda & -c^2 n_1 & -c^2 n_2 & -c^2 n_2 \\ -n_1 & -\lambda & 0 & 0 \\ -n_2 & 0 & -\lambda & 0 \\ -n_3 & 0 & 0 & -\lambda \end{bmatrix} = \lambda^4 - c^2\lambda^2 \underbrace{(n_1^2 + n_2^2 + n_3^2)}_{=1}$$
$$= \lambda^2(\lambda^2 - c^2).$$

Die Eigenwerte sind reell und lauten $\lambda_{1,2} = 0, \lambda_3 = -c, \lambda_4 = c$. Wegen $\|\boldsymbol{n}\|_2 = 1$ ist mindestens ein $n_i \neq 0$. O.B.d.A. sei $n_1 \neq 0$, womit sich die zugehörigen linear unabhängigen Eigenvektoren in der Form

$$\boldsymbol{u}_1 = \begin{bmatrix} 0 \\ \frac{n_2}{n_1} \\ -1 \\ 0 \end{bmatrix}, \quad \boldsymbol{u}_2 = \begin{bmatrix} 0 \\ \frac{n_3}{n_1} \\ 0 \\ -1 \end{bmatrix}, \quad \boldsymbol{u}_3 = \begin{bmatrix} -c \\ n_1 \\ n_2 \\ n_3 \end{bmatrix}, \quad \boldsymbol{u}_4 = \begin{bmatrix} c \\ n_1 \\ n_2 \\ n_3 \end{bmatrix}$$

schreiben lassen und die Wellengleichung gemäß der Definition 9.3 hyperbolisch, jedoch nicht strikt hyperbolisch ist.

**Beispiel 9.2:**
(*Lineare Advektionsgleichung*) Die lineare Advektionsgleichung schreibt sich im Fall einer Raumdimension, das heißt $x \in \mathbb{R}$, $t \in \mathbb{R}_0^+$ in der Form

$$\partial_t u(x,t) + \partial_x f(u(x,t)) = 0 \tag{9.11}$$

mit

$$f(u(x,t)) = au(x,t), \quad a \in \mathbb{R}^+. \tag{9.12}$$

Für die Eigenwertanalyse ergibt sich

$$0 = \det(-\lambda + a \cdot n) = -\lambda + a \cdot n,$$

womit $\lambda = a \cdot n$ mit $n = \pm 1$ gilt. Die lineare Advektionsgleichung ist folglich (strikt) hyperbolisch.

**Beispiel 9.3:**
(*Burgers-Gleichung*) Die Burgers[5]-Gleichung[6] stellt eine nichtlineare Transportgleichung dar und schreibt sich in einer Raumdimension analog zur linearen Transportgleichung in der Form (9.11) mit

$$f(u) = \frac{1}{2}u^2.$$

Die quasilineare Form lautet somit

$$\partial_t u + u\partial_x u = 0 \quad \text{in} \quad \mathbb{R} \times \mathbb{R}_0^+ .$$

Linearisierung um $\hat{u}$ ergibt aus

$$0 = \det(-\lambda + \hat{u} \cdot n)$$

den Eigenwert $\lambda = \hat{u} \cdot n$, $n = \pm 1$, womit der Nachweis der strikten Hyperbolizität erbracht ist.

**Beispiel 9.4:**
(*Flachwassergleichung*) Auf der Grundlage der Flachwassergleichung werden Wellenbewegungen in Gewässern beschrieben, bei denen die horizontalen Längenskalen deutlich größer als die vertikale Längenskala sind. Unter Verwendung der Wasserhöhe $H > 0$, der Geschwindigkeit $v$ und der Gravitationskonstante $g$ läßt sich die Erhaltungsgleichung in einer Raumdimension in der Form

$$\partial_t(\boldsymbol{u}) + \partial_x \boldsymbol{f}(\boldsymbol{u}) = 0 \quad \text{in} \quad \mathbb{R} \times \mathbb{R}_0^+ \tag{9.13}$$

mit

$$\boldsymbol{u} = \begin{bmatrix} \phi \\ \phi v \end{bmatrix}, \quad \boldsymbol{f}(\boldsymbol{u}) = \begin{bmatrix} \phi v \\ \phi v^2 + \frac{1}{2}\phi^2 \end{bmatrix}$$

schreiben, wobei $\phi = gH$ das sogenannte *Geopotential* repräsentiert. Zur Überführung des Differentialgleichungssystems drücken wir die Abbildung $\boldsymbol{f}(\boldsymbol{u})$ in den Komponentengrößen $\boldsymbol{u} = (u_1, u_2)^{\mathrm{T}}$ aus. Wir erhalten

$$\boldsymbol{f}(\boldsymbol{u}) = \begin{bmatrix} u_2 \\ \frac{u_2^2}{u_1} + \frac{1}{2}u_1^2 \end{bmatrix},$$

womit

$$\boldsymbol{A}(\boldsymbol{u}) = \frac{\partial \boldsymbol{f}}{\partial \boldsymbol{u}}(\boldsymbol{u}) = \begin{bmatrix} 0 & 1 \\ -\frac{u_2^2}{u_1^2} + u_1 & 2\frac{u_2}{u_1} \end{bmatrix} = \begin{bmatrix} 0 & 1 \\ \phi - v^2 & 2v \end{bmatrix}$$

5 Johannes Martinus Burgers (1895 – 1981), niederländischer Physiker

6 Die Burgers-Gleichung wird auch in sogenannter viskoser Form betrachtet [159]. Hierbei wird auf der rechten Seite der Term $\nu\partial_x^2 u$ mit $\nu \in \mathbb{R}^+$ ergänzt.

folgt. Bei der Eigenwertanalyse setzen wir ohne Einschränkung $n = 1$ und erhalten

$$\begin{aligned} 0 &= \det(-\lambda \boldsymbol{E} + n\boldsymbol{A}(\hat{\boldsymbol{u}})) = \det(-\lambda \boldsymbol{E} + \boldsymbol{A}(\hat{\boldsymbol{u}})) \\ &= \det \begin{bmatrix} -\lambda & 1 \\ \hat{\phi} - \hat{v}^2 & 2\hat{v} - \lambda \end{bmatrix} = \underbrace{\lambda^2 + 2\hat{v}\lambda + \hat{v}^2}_{=(\lambda+\hat{v})^2} - \hat{\phi}, \end{aligned}$$

so daß sich die Eigenwerte

$$\lambda_{1,2} = \hat{v} \pm \sqrt{\hat{\phi}} = \hat{v} \pm \sqrt{g\hat{H}}$$

ergeben und mit den räumlich eindimensionalen Flachwassergleichungen ein strikt hyperbolisches System von Erhaltungsgleichungen vorliegt. Die gewählte Formulierung (9.13) berücksichtigt jedoch keine räumlich variierende Bodentopographie und vernachlässigt auch Effekte wie Regen oder Verdunstung. Die Einbindung derartiger Phänomene manifestiert sich allerdings ausschließlich in einem Quellterm, so daß keine Typenänderung stattfindet, sondern lediglich die Erhaltungsgleichung in eine Bilanzgleichung übergeht. Eine detaillierte Untersuchung der Flachwassergleichung inklusive der Herleitung zahlreicher numerischer Verfahren kann dem Buch [147] entnommen werden.

## 9.3 Charakteristiken im skalaren eindimensionalen Fall

Wir haben in den vorherigen Abschnitten bereits festgestellt, daß hyperbolische Bilanz- und Erhaltungsgleichungen mit Wellenausbreitungen assoziiert sind. In diesem Abschnitt werden wir den Transportcharakter näher untersuchen, der uns präzise Rückschlüsse auf die Ausbreitungsmechanismen liefert. Wir betrachten hierzu die skalare hyperbolische Erhaltungsgleichung als Cauchy-Problem gemäß

$$\partial_t u(x,t) + \partial_x f(u(x,t)) = 0 \quad \text{für} \quad (x,t) \in \mathbb{R} \times \mathbb{R}_0^+ \tag{9.14}$$

mit

$$u(x,0) = u_0(x) \quad \text{für} \quad x \in \mathbb{R}. \tag{9.15}$$

Da die bei der Typenuntersuchung analysierten Wellenausbreitungsgeschwindigkeiten in einer Raumdimension durch die Eigenwerte der Funktionalmatrix festgelegt sind, wollen wir uns dieser Matrix näher zuwenden. Dabei ist zu bemerken, daß es sich aufgrund der skalaren Differentialgleichung in diesem Fall lediglich um eine von $u$ abhängige Funktion handelt.

**Definition 9.4:**

Sei $u \in C^1(\mathbb{R} \times \mathbb{R}_0^+)$ eine Lösung der Differentialgleichung (9.14) und $a(u) := \frac{\partial f}{\partial u}(u)$, dann bezeichnen wir jede Lösung

$$\begin{aligned} x : \mathbb{R}_0^+ &\to \mathbb{R} \\ t &\mapsto x(t) \end{aligned}$$

der Differentialgleichung

$$\frac{\mathrm{d}x}{\mathrm{d}t}(t) = a(u(x(t), t)) \tag{9.16}$$

als eine zu (9.14) assoziierte charakteristische Kurve. Die Gesamtheit aller charakteristischen Kurven bildet das sogenannte charakteristische Feld.

Die so festgelegten Kurven sind von wesentlicher Bedeutung für die Existenz und das Verhalten von Lösungen der Differentialgleichung (9.14). Eine zentrale Aussage liefert der folgende Satz.

**Satz 9.2:**

Sei $u \in C^1(\mathbb{R} \times \mathbb{R}_0^+)$ eine Lösung der Differentialgleichung (9.14), dann sind die durch (9.16) gegebenen Kurven stets Geraden auf denen $u$ konstant ist.

**Beweis:**

Wir betrachten die durch $(x_0,0)$ gehende charakteristische Kurve, das heißt die Lösung des Anfangswertproblems

$$\frac{\mathrm{d}x}{\mathrm{d}t}(t) = a(u(x(t), t))$$

mit

$$x(0) = x_0 \,.$$

Aus dem Satz über implizite Funktionen ist bekannt, daß eine Lösung des Anfangswertproblems mindestens für ein kleines Zeitintervall $[0, t_0)$ mit $t_0 > 0$ existiert. Wegen

$$\begin{aligned}
\frac{\mathrm{d}u}{\mathrm{d}t}(x(t), t) &= \partial_t u(x(t), t) + \partial_x u(x(t), t) \cdot \frac{\mathrm{d}x}{\mathrm{d}t}(t) \\
&= (\partial_t u + a(u)\partial_x u)\,(x(t), t) \\
&= \left(\partial_t u + \frac{\partial f}{\partial u}(u)\partial_x u\right)(x(t), t) \\
&= (\partial_t u + \partial_x f(u))\,(x(t), t) \\
&= 0
\end{aligned}$$

ist $u$ entlang $(x(t), t)$ konstant und folglich stellt $a(u(x(t), t))$ eine Konstante dar, so daß die charakteristische Kurve $x(t)$ eine Gerade in der $(x, t)$-Ebene repräsentiert, deren explizite Darstellung durch

$$x(t) = x_0 + t a(u_0(x_0))$$

gegeben ist.

□

Aus dem Satz 9.2 ergibt sich die Methode der Charakteristiken zur Lösung des Cauchy-Problems (9.14), (9.15):

- Bestimme zu gegebenen $(x, t) \in \mathbb{R} \times \mathbb{R}_0^+$ das zugehörige $x_0 \in \mathbb{R}$ mit

$$x = x_0 + ta(u_0(x_0)).$$

- Setze $u(x, t) = u_0(x_0)$.

**Beispiel 9.5:**

Auf der Grundlage der charakteristischen Kurven läßt sich die Lösung des Anfangswertproblems zur linearen Advektionsgleichung

$$\partial_t u(x,t) + \partial_x \underbrace{au(x,t)}_{=f(u(x,t))} = 0\,,$$
$$u(x,0) = u_0(x)$$

wie folgt bestimmen: Mit

$$a(u) := \frac{\partial f}{\partial u}(u) = a \in \mathbb{R}^+$$

ergibt sich (9.16) in der Form

$$\frac{\mathrm{d}x}{\mathrm{d}t}(t) = a\,.$$

Mit der Anfangsbedingung $x(0) = x_0$ erhalten wir die charakteristischen Kurven

$$x(t) = x_0 + ta\,,$$

die für verschiedene $x_0 \in \mathbb{R}$ in Fig. 9.2 als Geraden in der $(x, t)$-Ebene dargestellt sind.

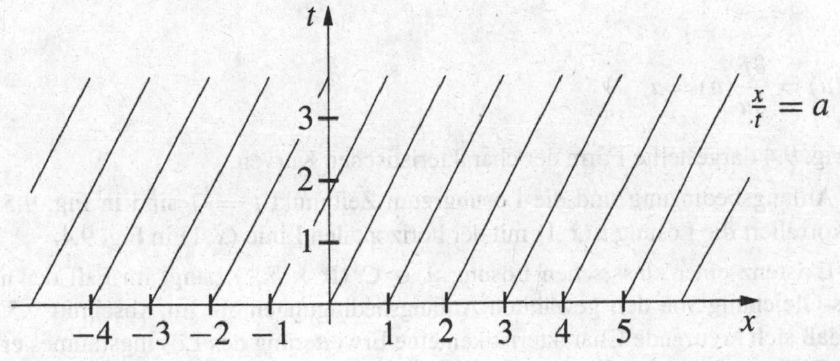


Fig 9.2: Charakteristiken zur linearen Advektionsgleichung für $a = \frac{1}{2}$.

Wir sehen, daß durch jeden Punkt $(x, t) \in \mathbb{R} \times \mathbb{R}_0^+$ genau eine charakteristische Kurve verläuft. Man spricht in solchen Fällen von einer *schlichten Überdeckung* der $(x, t)$-Ebene.

Die lineare Transportgleichung führt also lediglich zu einer zeitlichen Verschiebung der Anfangsbedingung im Raum mit der Geschwindigkeit $a$, siehe Fig. 9.3.

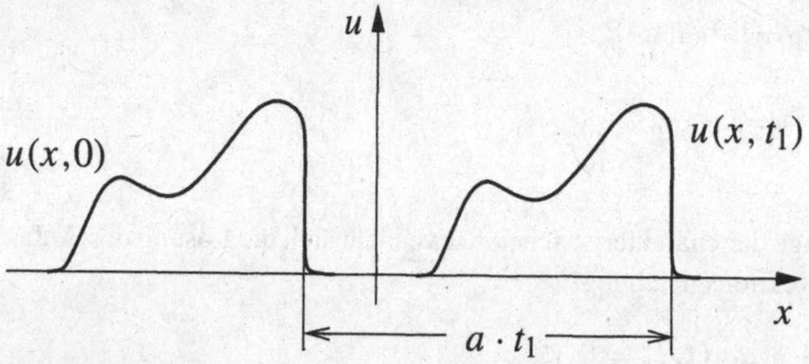


Fig 9.3: Anfangsbedingung und Lösung zum Zeitpunkt $t = t_1$.

**Beispiel 9.6:**

Für die Burgers-Gleichung

$$\partial_t u(x, t) + \partial_x \underbrace{\left(\frac{1}{2} u^2(x, t)\right)}_{=f(u(x,t))} = 0$$

ergibt sich bei den Anfangsbedingungen

$$u_0(x) = \begin{cases} 0, & x < 0, \\ -2x^3 + 3x^2, & 0 \leq x \leq 1, \\ 1, & x > 1 \end{cases} \tag{9.17}$$

wegen

$$a(u) = \frac{\partial f}{\partial u}(u) = u$$

die in Fig. 9.4 dargestellte Form der charakteristischen Kurven.

Die Anfangsbedingung und die Lösung zum Zeitpunkt $t = 1$ sind in Fig. 9.5 visualisiert. Dabei korreliert die Lösung $u(x, 1)$ mit der horizontalen Linie $(x, 1)$ in Fig. 9.4.

Die Existenz einer klassischen Lösung $u \in C^1(\mathbb{R} \times \mathbb{R}_0^+)$ hängt im Fall der nichtlinearen Burgers-Gleichung von den gewählten Anfangsbedingungen ab. Im Abschnitt 9.5 werden wir sehen, daß sich kreuzende Charakteristiken eine Erweiterung des Lösungsraumes erfordern. Neben der Differenzierbarkeit kann dabei auch die Stetigkeit der Lösung nicht mehr gewährleistet werden.

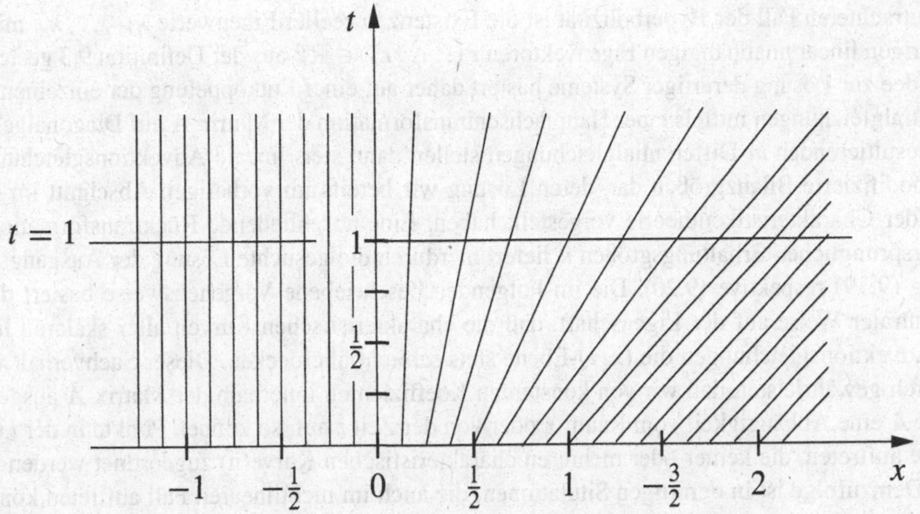


Fig 9.4: Charakteristische Kurven zur Burgers-Gleichung mit der Anfangsbedingung (9.17).

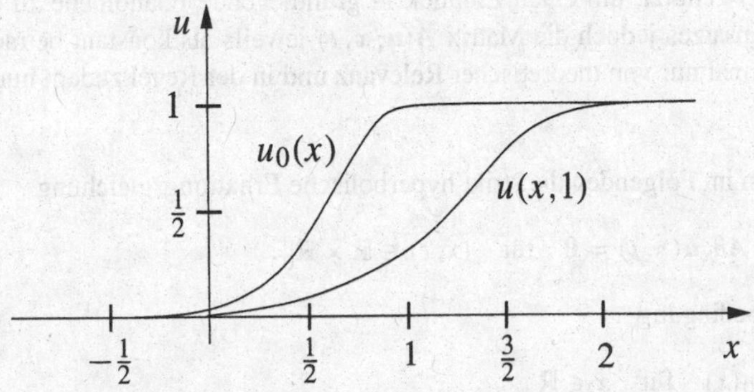


Fig 9.5: Anfangsbedingung und zugehörige Lösung der Burgers-Gleichung zum Zeitpunkt $t = 1$.

## 9.4 Lineare Systeme mit konstanten Koeffizienten

Jede lineare Abbildung $f : \mathbb{R}^m \to \mathbb{R}^m$ läßt sich bekanntermaßen duch eine Matrix $\boldsymbol{A} \in \mathbb{R}^{m \times m}$ in der Form

$$f(u) = Au \tag{9.18}$$

schreiben. Die Erhaltungsgleichung

$$\partial_t \boldsymbol{u}(x,t) + \partial_x \boldsymbol{f}(\boldsymbol{u}(x,t)) = \boldsymbol{0} \quad \text{für} \quad (x,t) \in \mathbb{R} \times \mathbb{R}_0^+ \tag{9.19}$$

ist unter der Voraussetzung (9.18) folglich äquivalent zu

$$\partial_t \boldsymbol{u}(x,t) + \boldsymbol{A}\partial_x \boldsymbol{u}(x,t) = \boldsymbol{0} \quad \text{für} \quad (x,t) \in \mathbb{R} \times \mathbb{R}_0^+ . \tag{9.20}$$

Im betrachteten Fall der Hyperbolizität ist die Existenz $m$ reeller Eigenwerte $\lambda_1, \ldots, \lambda_m$ mit zugehörigen linear unabhängigen Eigenvektoren $\boldsymbol{r}_1, \ldots, \boldsymbol{r}_m \in \mathbb{R}^m$ aus der Definition 9.3 gesichert. Die Idee zur Lösung derartiger Systeme basiert daher auf einer Entkoppelung der einzelnen Differentialgleichungen mittels einer Hauptachsentransformation der Matrix $\boldsymbol{A}$ auf Diagonalgestalt. Die resultierenden $m$ Differentialgleichungen stellen dann stets lineare Advektionsgleichungen für modifizierte Bilanzgrößen dar, deren Lösung wir bereits im vorherigen Abschnitt im Rahmen der Charakteristikentheorie vorgestellt haben. Eine abschließende Rücktransformation in die ursprünglichen Erhaltungsgrößen $\boldsymbol{u}$ liefert hierdurch die gesuchte Lösung der Ausgangsgleichung (9.19) respektive (9.20). Die im Folgenden beschriebene Vorgehensweise basiert dabei in zentraler Weise auf der Eigenschaft, daß die charakteristischen Kurven aller skalaren linearen Advektionsgleichungen die $(x,t)$-Ebene stets schlicht überdecken. Dieser Sachverhalt wird dadurch gewährleistet, daß wir von konstanten Koeffizienten innerhalb der Matrix $\boldsymbol{A}$ ausgehen. Weist $\boldsymbol{A}$ eine Abhängigkeit vom Raum $x$ oder von der Zeit $t$ auf, so können Punkte in der $(x,t)$-Ebene auftreten, die keiner oder mehreren charakteristischen Kurve(n) zugeordnet werden können. Demzufolge ist in derartigen Situtationen, die auch im nichtlinearen Fall auftreten können, eine allgemeine Lösungsdarstellung auf der alleinigen Grundlage der Charakteristikentheorie in der Regel nicht mehr möglich. Dennoch wird die hier vorgestellte Methode auch bei nicht konstanten Koeffizienten und sogar bei quasilinearen Systemen mit einer von $\boldsymbol{u}$, $\boldsymbol{x}$ und $t$ abhängigen Matrix $\boldsymbol{A}(\boldsymbol{u}, \boldsymbol{x}, t)$ genutzt, um einen Einblick in grundlegende Phänomene zu erhalten. Da innerhalb dieses Ansatzes jedoch die Matrix $\boldsymbol{A}(\boldsymbol{u}, \boldsymbol{x}, t)$ jeweils als konstant betrachtet wird, sind die Aussagen formal nur von theoretischer Relevanz und in der Regel zudem nur für sehr kleine Zeiten gültig.

Wir betrachten im Folgenden die strikt hyperbolische Erhaltungsgleichung

$$\partial_t \boldsymbol{u}(x,t) + \boldsymbol{A} \partial_x \boldsymbol{u}(x,t) = \boldsymbol{0} \quad \text{für} \quad (x,t) \in \mathbb{R} \times \mathbb{R}_0^+ \tag{9.21}$$

mit der Anfangsbedingung

$$\boldsymbol{u}(x,0) = \boldsymbol{u}_0(x) \quad \text{für} \quad x \in \mathbb{R} \tag{9.22}$$

bei gegebener Matrix $\boldsymbol{A} \in \mathbb{R}^{m \times m}$.

Bedingt durch die vorliegende strikte Hyberbolizität des Systems besitzt die Matrix $\boldsymbol{A}$ $m$ paarweise verschiedene Eigenwerte

$$\lambda_1 < \lambda_2 < \ldots < \lambda_m$$

mit zugehörigen linear unabhängigen Eigenvektoren

$$\boldsymbol{r}_1, \boldsymbol{r}_2, \ldots, \boldsymbol{r}_m \in \mathbb{R}^m .$$

Für die somit resultierende reguläre Matrix

$$\boldsymbol{R} = [\boldsymbol{r}_1 \ldots \boldsymbol{r}_m] \in \mathbb{R}^{m \times m}$$

schreiben wir unter Verwendung der eindeutig bestimmten Vektoren $\boldsymbol{l}_1, \ldots, \boldsymbol{l}_m \in \mathbb{R}^m$ die Inverse in der Form

$$\boldsymbol{R}^{-1} = \begin{bmatrix} \boldsymbol{l}_1^{\mathrm{T}} \\ \vdots \\ \boldsymbol{l}_m^{\mathrm{T}} \end{bmatrix} \in \mathbb{R}^{m\times m}\,. \tag{9.23}$$

Da die Eigenvektoren den $\mathbb{R}^m$ aufspannen, läßt sich die Lösung $\boldsymbol{u} : \mathbb{R}\times\mathbb{R}_0^+ \to \mathbb{R}^m$ des Cauchy-Problems (9.21), (9.22) in der Summendarstellung

$$\boldsymbol{u}(x,t) = \sum_{j=1}^m \alpha_j(x,t)\boldsymbol{r}_j = \boldsymbol{R}\underbrace{\begin{bmatrix} \alpha_1(x,t) \\ \vdots \\ \alpha_m(x,t) \end{bmatrix}}_{=:\boldsymbol{\alpha}(x,t)} \tag{9.24}$$

mit geeigneten Funktionen $\alpha_j : \mathbb{R}\times\mathbb{R}_0^+ \to \mathbb{R}$, $j = 1,\ldots,m$, ausdrücken. Unter Verwendung des Ansatzes (9.24) ergibt sich

$$\begin{aligned} \boldsymbol{0} &= \partial_t\boldsymbol{u}(x,t) + \boldsymbol{A}\partial_x\boldsymbol{u}(x,t) \\ &= \partial_t\boldsymbol{u}(x,t) + \partial_x(\boldsymbol{A}\boldsymbol{u}(x,t)) \\ &\overset{(9.24)}{=} \partial_t\left(\sum_{j=1}^m \alpha_j(x,t)\boldsymbol{r}_j\right) + \partial_x\left(\boldsymbol{A}\sum_{j=1}^m \alpha_j(x,t)\boldsymbol{r}_j\right) \\ &= \sum_{j=1}^m \big(\partial_t\alpha_j(x,t) + \lambda_j\partial_x\alpha_j(x,t)\big)\,\boldsymbol{r}_j\,, \end{aligned}$$

womit aufgrund der linearen Unabhängigkeit der Eigenvektoren $\boldsymbol{r}_1,\ldots,\boldsymbol{r}_m$ direkt die äquivalente Bedingung

$$0 = \partial_t\alpha_j(x,t) + \lambda_j\partial_x\alpha_j(x,t) = 0 \tag{9.25}$$

für $(x,t) \in \mathbb{R}\times\mathbb{R}_0^+$ und $j = 1,\ldots,m$ folgt. Sind die Lösungen der Ersatzprobleme (9.25) bekannt, so erhalten wir die Lösung des Ausgangsproblems durch den Ansatz (9.24). Jedoch müssen für die skalaren linearen Advektionsgleichungen (9.25) zunächst geeignete Anfangsbedingungen formuliert werden. Aus dem Zusammenhang

$$\boldsymbol{u}_0(x) = \boldsymbol{u}(x,0) \overset{(9.24)}{=} \boldsymbol{R}\begin{bmatrix} \alpha_1(x,0) \\ \vdots \\ \alpha_m(x,0) \end{bmatrix}$$

ergeben sich diese durch Multiplikation mit der Inversen $\boldsymbol{R}^{-1}$ gemäß (9.23) zu

$$\boldsymbol{\alpha}_0(x) = \boldsymbol{\alpha}(x,0) = \boldsymbol{R}^{-1}\boldsymbol{u}_0(x) = \begin{bmatrix} \boldsymbol{l}_1^{\mathrm{T}}\boldsymbol{u}_0(x) \\ \vdots \\ \boldsymbol{l}_m^{\mathrm{T}}\boldsymbol{u}_0(x) \end{bmatrix},$$

das heißt für die Komponentenfunktionen $\alpha_{j,0}(x)$ von $\boldsymbol{\alpha}_{j,0}(x)$ erhalten wir

$$\alpha_{j,0}(x) = \boldsymbol{l}_j^{\mathrm{T}} \boldsymbol{u}_0(x), \quad j = 1, \ldots, m.$$

Der in Abschnitt 9.3 vorgestellten Lösungsmethode für skalare lineare Advektionsgleichungen folgend, ergibt sich

$$\alpha_j(x,t) = \alpha_{j,0}(x - \lambda_j t) = \boldsymbol{l}_j^{\mathrm{T}} \boldsymbol{u}_0(x - \lambda_j t),$$

so daß mit (9.24) die Lösung des Ausgangsproblems (9.21), (9.22) die Darstellung

$$\boldsymbol{u}(x,t) = \sum_{j=1}^{m} \alpha_j(x,t) \boldsymbol{r}_j = \sum_{j=1}^{m} \boldsymbol{l}_j^{\mathrm{T}} \boldsymbol{u}_0(x - \lambda_j t) \boldsymbol{r}_j$$

besitzt.

In der Strömungsmechanik werden häufig sogenannte Riemann-Probleme als Testfälle für die Untersuchung des analytischen Lösungsverhaltens einerseits und die Anwendbarkeit numerischer Verfahren andererseits genutzt. Der Problemstellung liegt dabei die Vorstellung eines Stoßrohres zugrunde. Links- und rechtsseitig einer Membran setzt man jeweils einen räumlich konstanten Zustand voraus und betrachtet die Wellenausbreitung sowie die dazugehörigen Lösungsverläufe bei einem zum Zeitpunkt $t = 0$ festgelegten störungsfreien Platzen der Membran. Für die zugrundeliegende lineare hyperbolische Erhaltungsgleichung schreiben wir das Riemann-Problem in der Form

$$\partial_t \boldsymbol{u}(x,t) + \boldsymbol{A} \partial_x \boldsymbol{u}(x,t) \quad \text{für} \quad (x,t) \in \mathbb{R} \times \mathbb{R}_0^+ \tag{9.26}$$

mit

$$\boldsymbol{u}(x,0) = \boldsymbol{u}_0(x) = \begin{cases} \boldsymbol{u}_L \in \mathbb{R}^m & \text{für} \quad x < 0, \\ \boldsymbol{u}_R \in \mathbb{R}^m & \text{für} \quad x \geq 0 \end{cases} \tag{9.27}$$

bei gegebener Matrix $\boldsymbol{A} \in \mathbb{R}^{m \times m}$.

Zur Berechnung der analytischen Lösung verfahren wir entsprechend der obigen Herleitung folgendermaßen:

**1. Schritt:** Berechnung der Eigenwerte $\lambda_1, \ldots, \lambda_m \in \mathbb{R}$ und der zugehörigen Eigenvektoren $\boldsymbol{r}_1, \ldots, \boldsymbol{r}_m \in \mathbb{R}^m$ der Matrix $\boldsymbol{A}$.

**2. Schritt:** Ermittlung der Vektoren $\boldsymbol{\alpha}_L, \boldsymbol{\alpha}_R \in \mathbb{R}^m$ gemäß der zu (9.24) gehörigen linearen Gleichungssysteme

$$\boldsymbol{R}\boldsymbol{\alpha}_L = \boldsymbol{u}_L, \quad \boldsymbol{R}\boldsymbol{\alpha}_R = \boldsymbol{u}_R$$

bei regulärer Matrix $\boldsymbol{R} = [\boldsymbol{r}_1 \ldots \boldsymbol{r}_m] \in \mathbb{R}^{m \times m}$.

**3. Schritt:** Entsprechend der Lösungsdarstellung der linearen Advektionsgleichung (9.25) setze

$$\alpha_j(x,t) = \begin{cases} \alpha_{L,j}\,, & \text{für} \quad x < \lambda_j t\,, \\ \alpha_{R,j}\,, & \text{für} \quad x \geq \lambda_j t \end{cases}$$

für $j = 1, \ldots, m$.

**4. Schritt:** Mittels der Hilfsgrößen

$$\boldsymbol{w}_i = \sum_{j=1}^{i} \alpha_{R,j} \boldsymbol{r}_j + \sum_{j=i+1}^{m} \alpha_{L,j} \boldsymbol{r}_j\,, \quad i = 0, \ldots, m$$

ergibt sich die Lösung des Riemann-Problems (9.26), (9.27) zu

$$\boldsymbol{u}(x,t) = \begin{cases} \boldsymbol{w}_0 = \boldsymbol{u}_L\,, & \text{für} \quad x < \lambda_1 t\,, \\ \boldsymbol{w}_1, & \text{für} \quad \lambda_1 t \leq x < \lambda_2 t\,, \\ \vdots & \qquad \vdots \\ \boldsymbol{w}_{m-1}\,, & \text{für} \quad \lambda_{m-1} t \leq x < \lambda_m t\,, \\ \boldsymbol{w}_m = \boldsymbol{u}_R\,, & \text{für} \quad \lambda_m t \leq x\,, \end{cases}$$

wobei die charakteristischen Kurven, die laut Satz 9.2 stets Geraden repräsentieren in Fig. 9.6 dargestellt sind.

Die Lösung besitzt demzufolge zu einem beliebig gewählten Zeitpunkt $\hat{t} \in \mathbb{R}^+$ für jede Komponentenfunktion $u_j = u_j(x, \hat{t})$ räumlich die Form einer Treppenfunktion mit $m + 1$ Zuständen, bei denen die Sprungstellen den $x$-Koordinaten der Schnittstellen der charakteristischen Kurven mit der horizontalen Line gemäß $g(x) = \hat{t}$ in der $(x, t)$-Ebene entsprechen, siehe Fig. 9.6.

**Beispiel 9.7:**
Wir betrachten das Riemann-Problem zur linearen hyperbolischen Erhaltungsgleichung

$$\partial_t \underbrace{\begin{bmatrix} u_1 \\ u_2 \end{bmatrix}}_{=\boldsymbol{u}} + \underbrace{\begin{bmatrix} -33 & 48 \\ -24 & 35 \end{bmatrix}}_{=A} \partial_x \begin{bmatrix} u_1 \\ u_2 \end{bmatrix} = \begin{bmatrix} 0 \\ 0 \end{bmatrix} \quad \text{in} \quad \mathbb{R} \times \mathbb{R}_0^+ \tag{9.28}$$

mit den Anfangsbedingungen

$$\boldsymbol{u}(x,0) = \begin{cases} \boldsymbol{u}_L\,, & \text{für} \quad x < 0\,, \\ \boldsymbol{u}_R\,, & \text{für} \quad x \geq 0 \end{cases}$$

unter Berücksichtigung der Zustände

$$\boldsymbol{u}_L = \begin{bmatrix} 2 \\ \frac{1}{2} \end{bmatrix}, \quad \boldsymbol{u}_R = \begin{bmatrix} \frac{5}{2} \\ 1 \end{bmatrix}. \tag{9.29}$$

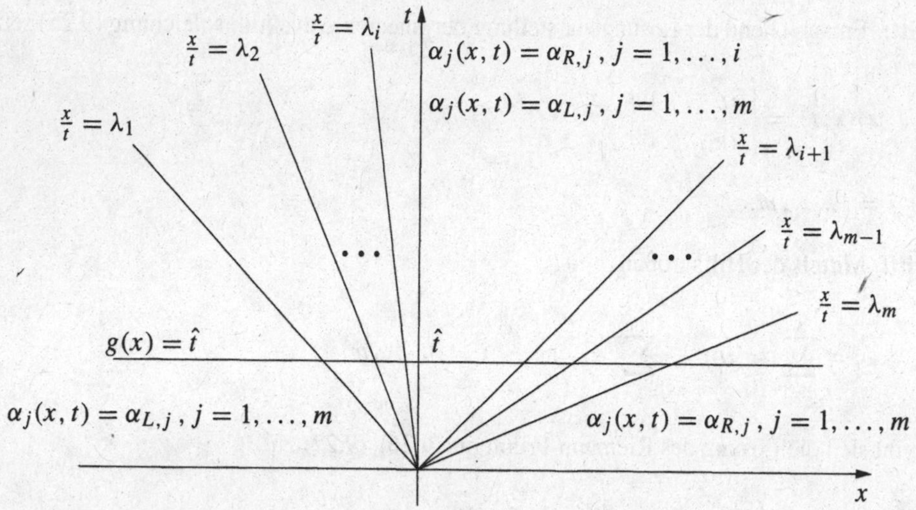


Fig 9.6: Charakteristische Kurven und Zwischenzustände der Abbildung $\boldsymbol{\alpha}(x,t)$.

Entsprechend dem entwickelten Schema ermitteln wir zunächst die Eigenwerte der Matrix $\boldsymbol{A}$. Aus

$$\begin{aligned} 0 &= \det(\boldsymbol{A} - \lambda \boldsymbol{E}) = (-33 - \lambda)(35 - \lambda) + 24 \cdot 48 \\ &= \lambda^2 - 2\lambda - 3 = (\lambda + 1)(\lambda - 3) \end{aligned}$$

ergeben sich die reellen Eigenwerte $\lambda_1 = -1$, $\lambda_2 = 3$. Die jeweils bis auf eine multiplikative Konstante $c \neq 0$ festgelegten Eigenvektoren erhalten wir aus den assoziierten Gleichungssystemen

$$(\boldsymbol{A} - \lambda_j \boldsymbol{E})\boldsymbol{r}_j = \boldsymbol{0}\,, \quad j = 1{,}2\,.$$

Einfaches Nachrechnen liefert

$$\boldsymbol{r}_1 = \begin{bmatrix} 3 \\ 2 \end{bmatrix}, \quad \boldsymbol{r}_2 = \begin{bmatrix} 4 \\ 3 \end{bmatrix}.$$

Mit der durch $\boldsymbol{r}_1$ und $\boldsymbol{r}_2$ gebildeten regulären Matrix

$$\boldsymbol{R} = [\boldsymbol{r}_1, \boldsymbol{r}_2] = \begin{bmatrix} 3 & 4 \\ 2 & 3 \end{bmatrix}$$

berechnen wir

$$\boldsymbol{\alpha}_L = \boldsymbol{R}^{-1}\boldsymbol{u}_L = \begin{bmatrix} 4 \\ -\frac{5}{2} \end{bmatrix} \quad \text{sowie} \quad \boldsymbol{\alpha}_R = \boldsymbol{R}^{-1}\boldsymbol{u}_R = \begin{bmatrix} \frac{7}{2} \\ -2 \end{bmatrix},$$

womit sich die Hilfsgrößen

$$w_0 = u_L = \begin{bmatrix} 2 \\ \frac{1}{2} \end{bmatrix}$$

$$w_1 = \alpha_{R,1} r_1 + \alpha_{L,2} r_2 = \begin{bmatrix} \frac{1}{2} \\ -\frac{1}{2} \end{bmatrix}$$

und

$$w_2 = u_R = \begin{bmatrix} \frac{5}{2} \\ 1 \end{bmatrix}$$

ergeben. Die allgemeine Lösungsdarstellung lautet folglich

$$u(x,t) = \begin{cases} \begin{bmatrix} 2 \\ \frac{1}{2} \end{bmatrix}, & \text{für } x < -t\,, \\ \begin{bmatrix} \frac{1}{2} \\ -\frac{1}{2} \end{bmatrix}, & \text{für } -t \le x < 3t\,, \\ \begin{bmatrix} \frac{5}{2} \\ 1 \end{bmatrix}, & \text{für } 3t \le x\,. \end{cases} \tag{9.30}$$

Eine Darstellung der charakteristischen Kurven und der Lösungsfunktionen $u_j = u_j(x,t)$, $j = 1,2$ kann Fig. 9.7 entnommen werden.

Auf den ersten Blick mag die in Fig. 9.7 erkennbare Absenkung beider Komponentenfunktionen $u_j$, $j = 1,2$, im Mittelbereich $-1 < x < 3$ unterhalb der Minimalwerte der Anfangsverteilung, das heißt

$$u_j(x,1) < \min\{u_{L,j}, u_{R,j}\} \quad \text{für} \quad -1 < x < 3$$

und $j = 1,2$ etwas verwundern. Daher ist es an dieser Stelle hilfreich, daß wir uns die Eigenschaften von Erhaltungsgleichungen ins Gedächtnis rufen. Zunächst ist für lineare hyperbolische Systeme mit konstanten Koeffizienten im Kontext zweier Erhaltungsgleichungen aus den zuvor gewonnenen Erkenntnissen offensichtlich, daß der Lösungsverlauf jeder Komponentenfunktion zu einem beliebigen Zeitpunkt $\hat{t} \in \mathbb{R}^+$ stets aus drei konstanten Zuständen besteht.

Dabei liegen zudem für $j = 1,2$ die Zustände

$$u_j(x,\hat{t}) = u_{L,j} \quad \text{für} \quad x < \lambda_1 \hat{t}$$

und

$$u_j(x,\hat{t}) = u_{R,j} \quad \text{für} \quad x \ge \lambda_2 \hat{t}$$

vor. Betrachtet man daher ein abgeschlossenes Intervall $[a,b] \subset \mathbb{R}$ mit $a < \lambda_1 \hat{t}$ und $b > \lambda_2 \hat{t}$, so

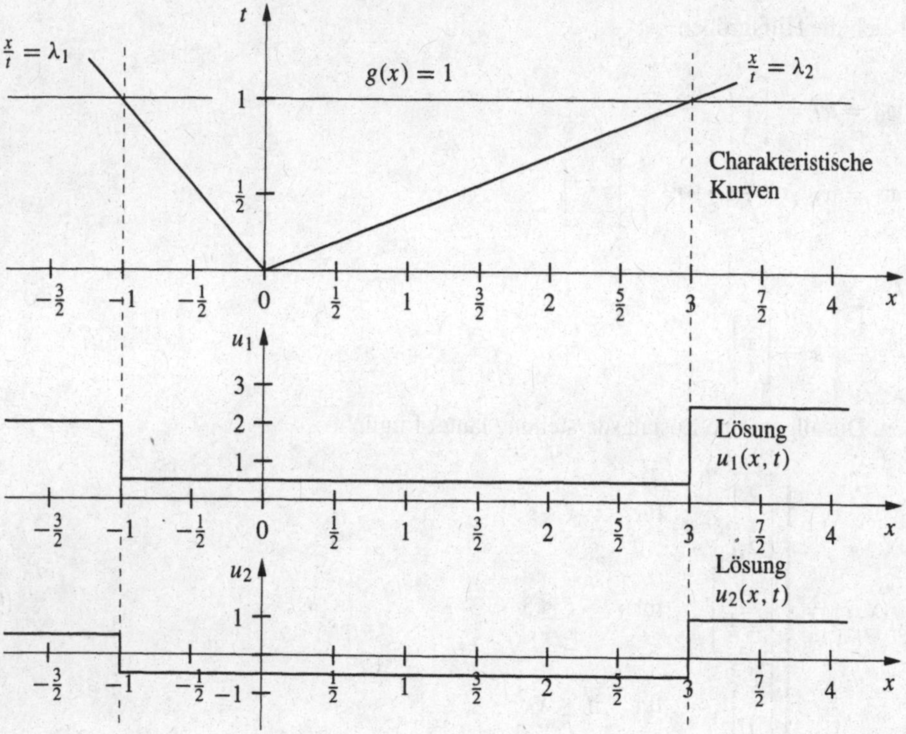


Fig 9.7: Charakteristische Kurven und Lösungsverläufe zum Beispiel 9.7 für den Zeitpunkt $t = 1$.

ergibt sich durch Integration der Erhaltungsgleichung

$$\begin{aligned} 0 &= \partial_t \boldsymbol{u}(x,t) + \boldsymbol{A}\partial_x \boldsymbol{u}(x,t) \\ &= \partial_t \boldsymbol{u}(x,t) + \partial_x(\boldsymbol{A}\boldsymbol{u}(x,t)) \end{aligned} \tag{9.31}$$

die zeitliche Veränderung des Integralwertes

$$\boldsymbol{u}(t) := \int_a^b \boldsymbol{u}(x,t)\,\mathrm{d}x$$

im Zeitintervall $[0, \hat{t}]$ zu

$$\begin{aligned} \boldsymbol{u}(\hat{t}) - \boldsymbol{u}(0) &= \int_0^{\hat{t}} \frac{\mathrm{d}}{\mathrm{d}t}\boldsymbol{u}(t)\,\mathrm{d}t = \int_0^{\hat{t}} \frac{\mathrm{d}}{\mathrm{d}t}\int_a^b \boldsymbol{u}(x,t)\,\mathrm{d}x\,\mathrm{d}t \\ &= \int_0^{\hat{t}}\int_a^b \partial_t \boldsymbol{u}(x,t)\,\mathrm{d}x\,\mathrm{d}t \overset{(9.31)}{=} -\int_0^{\hat{t}}\int_a^b \partial_x \boldsymbol{A}\boldsymbol{u}(x,t)\,\mathrm{d}x\,\mathrm{d}t \end{aligned}$$

$$= -\int_0^{\hat{t}} \boldsymbol{A}\big(\underbrace{\boldsymbol{u}(x,b)}_{=\boldsymbol{u}_R} - \underbrace{\boldsymbol{u}(x,a)}_{=\boldsymbol{u}_L}\big)\,\mathrm{d}t$$

$$= -(\hat{t}-0)\boldsymbol{A}(\boldsymbol{u}_R - \boldsymbol{u}_L)\,. \tag{9.32}$$

Bezogen auf das vorliegende Beispiel (9.28) ergibt sich unter Berücksichtigung der Anfangsbedingungen (9.29) mit $a < -1$ und $b > 3$ zum Zeitpunkt $\hat{t} = 1$ die Variation

$$\boldsymbol{u}(1) - \boldsymbol{u}(0) = -(1-0)\underbrace{\begin{bmatrix}-33 & 48\\ -24 & 35\end{bmatrix}}_{=\boldsymbol{A}}\underbrace{\begin{bmatrix}\frac{5}{2}-2\\ 1-\frac{1}{2}\end{bmatrix}}_{=\boldsymbol{u}_R-\boldsymbol{u}_L} = -\frac{1}{2}\begin{bmatrix}15\\ 11\end{bmatrix}. \tag{9.33}$$

Aufgrund der vollzogenen Vorüberlegungen zum Treppenverlauf der Lösung erhalten wir demzufolge für den konstanten Zwischenzustand

$$\boldsymbol{u}_M(1) = \boldsymbol{u}(x,1) \quad \text{für} \quad -1 < x < 3$$

aus der Darstellung

$$-\frac{1}{2}\begin{bmatrix}15\\ 11\end{bmatrix} = \int_a^b \boldsymbol{u}(x,1)\,\mathrm{d}x - \int_a^b \boldsymbol{u}(x,0)\,\mathrm{d}x$$

$$= \int_{-1}^{3} \boldsymbol{u}_M(1) - \boldsymbol{u}(x,0)\,\mathrm{d}x$$

$$= 4\boldsymbol{u}_M(1) - (\boldsymbol{u}_L + 3\boldsymbol{u}_R)$$

den bereits aus (9.30) bekannten Wert

$$\boldsymbol{u}_M = \frac{1}{4}(\boldsymbol{u}_L + 3\boldsymbol{u}_R) - \frac{1}{8}\begin{bmatrix}15\\ 11\end{bmatrix} = \frac{1}{8}\begin{bmatrix}19-15\\ 7-11\end{bmatrix} = \begin{bmatrix}\frac{1}{2}\\ -\frac{1}{2}\end{bmatrix}.$$

Die mittels (9.32) berechnete Variation der Integralwerte kann natürlich auch durch den Verlauf der Charakteristiken ermittelt werden. Wir erhalten hierdurch

$$(\hat{t}-0)\cdot\left(\lambda_1(\alpha_{L,1} - \alpha_{R,1})\boldsymbol{r}_1 + \lambda_2(\alpha_{L,2} - \alpha_{R,2})\boldsymbol{r}_2\right),$$

womit sich in unserem Beispiel (9.28), (9.29) der mit (9.33) übereinstimmende Wert

$$(1-0)\left(-1\left(4-\frac{7}{2}\right)\begin{bmatrix}3\\ 2\end{bmatrix} + 3\left(-\frac{5}{2}+2\right)\begin{bmatrix}4\\ 3\end{bmatrix}\right) = -\frac{1}{2}\begin{bmatrix}15\\ 11\end{bmatrix}$$

ergibt.

## 9.5 Schwache Lösungen

Betrachten wir die bereits im Beispiel 9.6 vorgestellte Burgers-Gleichung

$$\partial_t u(x,t) + \partial_x \left( \frac{1}{2} u^2(x,t) \right) = 0 \quad \text{in} \quad \mathbb{R} \times \mathbb{R}_0^+ \tag{9.34}$$

mit den Anfangsbedingungen

$$u(x,0) = u_0(x) = \begin{cases} 1\,, & \text{für} \quad x < 0\,, \\ 1 - x\,, & \text{für} \quad 0 \le x < 1\,, \\ 0\,, & \text{für} \quad x \ge 1\,. \end{cases} \tag{9.35}$$

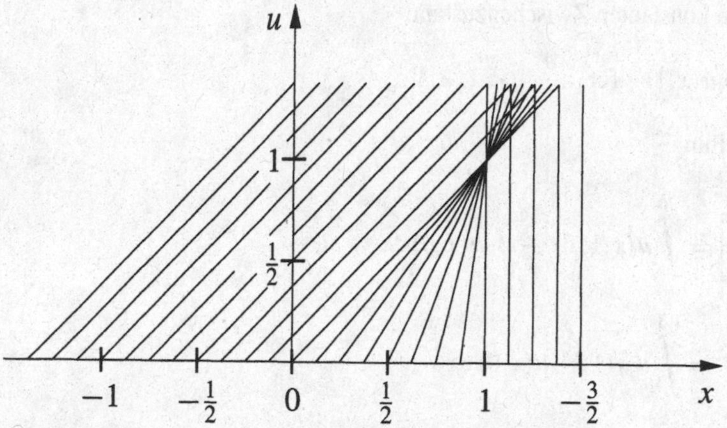


Fig 9.8: Charakteristische Kurven zum Anfangswertproblem (9.34), (9.35).

Die in Fig. 9.8 dargestellten charakteristischen Kurven

$$x(t) = x_0 + t u_0(x_0)$$

zeigen eine Überschneidung ab dem Zeitpunkt $t = 1$. Aufgrund der Charakteristikentheorie ist somit offensichtlich, daß der klassische Lösungsbegriff erweitert werden muss, da die Lösung die Stetigkeit verliert. Es sei angemerkt, daß auch die Anfangsbedingungen bereits der Forderung der Differenzierbarkeit nicht genügen. Jedoch treten solche Phänomene auch bei beliebig oft differenzierbaren Funktionen $u_0$ auf. Der interessierte Leser betrachte hierzu die Übungsaufgabe 9.5. Aus Fig. 9.8 wird zudem deutlich, daß sich die an der Stelle $x_0 = 0$ und $x_0 = 1$ beginnenden charakteristischen Kurven unabhängig von der Glattheit der Anfangsbedingung im Punkt $(1,1)$ schneiden. Wir fordern daher die Gültigkeit der Differentialgleichung und der Anfangsbedingungen nur noch in einem integralen Sinn und schwächen die Forderung $u \in C^1(\mathbb{R} \times \mathbb{R}_0^+)$ zu $u \in L_{2,\text{loc}}(\mathbb{R} \times \mathbb{R}_0^+)^7$ ab, so daß auch Unstetigkeiten im Lösungsverlauf zugelassen sind.

7 $L_{2,\text{loc}}(\mathbb{R}^d)$ stellt den Raum der im Sinne von Lebesgue lokal quadratintegrablen Funktionen dar. Eine Einführung in das Lebesgue-Integral findet sich beispielsweise in [4].

**Definition 9.5:**

Sei $u_0 \in L_{2,\mathrm{loc}}(\mathbb{R})$. Eine Funktion $u \in L_{2,\mathrm{loc}}(\mathbb{R} \times \mathbb{R}_0^+)$ heißt *schwache Lösung* des Cauchy-Problems

$$\partial_t u(x,t) + \partial_x f(u(x,t)) = 0 \quad \text{für} \quad (x,t) \in \mathbb{R} \times \mathbb{R}_0^+ \tag{9.36}$$

mit

$$u(x,0) = u_0(x) \quad \text{für} \quad x \in \mathbb{R}\,, \tag{9.37}$$

falls $u$ die Gleichung

$$\int_0^\infty \int_{-\infty}^\infty \{u\partial_t\varphi + f(u)\partial_x\varphi\}(x,t)\,\mathrm{d}x\,\mathrm{d}t + \int_{-\infty}^\infty u_0(x)\varphi(x,0)\,\mathrm{d}x = 0 \tag{9.38}$$

für alle $\varphi \in C_0^1(\mathbb{R} \times \mathbb{R}_0^+)$ erfüllt[8].

**Bemerkung**: In Abschnitt 10 zeigen wir, wie *schwache Probleme* auch ohne Verwendung der Lebesgue-Theorie behandelt werden können ($L_2$ als Distributionenraum im Sinne von Abschnitt 3.1). Auf diesem Hintergrund werden auch Beziehungen der Form (9.38) verständlich.

Nun bleibt als erstes nachzuweisen, daß wir eine echte Erweiterung des Lösungsbegriffs vorgenommen haben. Das bedeutet zunächst, daß wir den Nachweis erbringen müssen, daß stetig differenzierbare Lösungen des Ausgangsproblems (9.36), (9.37) auch Lösungen im Sinne der Definition 9.5 darstellen.

**Satz 9.3:**

Eine klassische Lösung $u \in C^1(\mathbb{R} \times \mathbb{R}_0^+)$ des Cauchy-Problems (9.36), (9.37) mit $u_0 \in C^1(\mathbb{R})$ ist stets auch eine schwache Lösung im Sinne von Definition 9.5.

**Beweis:**

Multiplikation der Gleichung (9.36) mit einer beliebigen Testfunktion $\varphi \in C_0^1(\mathbb{R} \times \mathbb{R}_0^+)$ und anschließender Integration liefert unter Verwendung des kompakten Trägers der Funktion $\varphi$ mittels partieller Integration

$$\begin{aligned} 0 &= \int_0^\infty \int_{-\infty}^\infty \underbrace{\{\partial_t u + \partial_x f(u)\}(x,t)}_{=0}\,\varphi(x,t)\,\mathrm{d}x\,\mathrm{d}t \\ &= -\int_0^\infty \int_{-\infty}^\infty \{u\partial_t\varphi + f(u)\partial_x\varphi\}(x,t)\,\mathrm{d}x\,\mathrm{d}t - \int_{-\infty}^\infty \underbrace{u(x,0)}_{=u_0(x)}\,\varphi(x,0)\,\mathrm{d}x\,. \end{aligned} \tag{9.39}$$

8 $C_0^1(\Omega)$ stellt den Raum der auf $\Omega$ stetig differenzierbaren Funktionen dar, die einen kompakten Träger in $\Omega$ aufweisen, siehe auch Abschnitt 3.1.2.

□

Neben der wichtigen obigen Aussage ergibt sich die sinnvolle Forderung, wonach schwache Lösungen, die stetig differenzierbar sind auch Lösungen im klassischen Sinn repräsentieren sollen.

**Satz 9.4:**

Sei $u \in C^1(\mathbb{R} \times \mathbb{R}_0^+)$ eine schwache Lösung des Cauchy-Problems (9.36), (9.37), dann ist $u$ auch klassische Lösung.

**Beweis:**

Aus der Forderung (9.38) ergibt sich für beliebige Testfunktionen $\varphi \in C_0^1(\mathbb{R} \times \mathbb{R}_0^+)$ unter Berücksichtigung der Umformung (9.39) die Folgerung

$$0 = \int_0^\infty \int_{-\infty}^\infty \{\partial_t u + \partial_x f(u)\}(x,t)\varphi(x,t)\,\mathrm{d}x\,\mathrm{d}t\,,$$

womit sich für $(x,t) \in \mathbb{R} \times \mathbb{R}_0^+$ die Eigenschaft

$$\partial_t u(x,t) + \partial_x f(u(x,t)) = 0 \tag{9.40}$$

ergibt. Aus einer Kombination von (9.38) und (9.39) folgt

$$\int_{-\infty}^\infty (u(x,0) - u_0(x))\varphi(x,0)\,\mathrm{d}x = \int_0^\infty \int_{-\infty}^\infty \underbrace{\{\partial_t u + \partial_x f(u)\}(x,t)}_{\overset{(9.40)}{=}0} \varphi(x,t)\,\mathrm{d}x = 0\,,$$

womit sich wiederum für alle $x \in \mathbb{R}$ die Eigenschaft

$$u(x,0) = u_0(x)$$

schlussfolgern läßt.

□

Wie wir bereits dem Beispiel der Burgers-Gleichung entnehmen konnten, ergibt sich das Zusammenbrechen der klassischen Lösung aufgrund des Kreuzens der charakteristischen Kurven. Es resultiert dabei eine eventuelle Unstetigkeit im Lösungsverlauf, wobei durchaus abseits dieser Unstetigkeitslinie weiterhin ein stetig differenzierbarer Lösungsanteil vorliegen kann. Wir bezeichnen daher im Folgenden eine Funktion $u$ als stückweise stetig differenzierbar, wenn es eine endliche Anzahl von Kurven $\boldsymbol{S} : \mathbb{R}_0^+ \to \mathbb{R} \times \mathbb{R}_0^+, t \mapsto \boldsymbol{S}(t) = (\xi(t), t)$ in der $(x,t)$-Ebene mit stetig differenzierbarer Parametrisierung derart gibt, daß $u$ außerhalb dieser Kurven stetig differenzierbar ist und über die Kurven eine mögliche Sprungunstetigkeit in $u$ oder einer partiellen Ableitung aufweist. Sei $\boldsymbol{n} = [n_x, n_t]^T$ der Normalenvektor an $\boldsymbol{S}$ in der $(x,t)$-Ebene, dann bezeichnen wir

$$\underbrace{u_\pm(\xi(t),t)}_{=S(t)} := \lim_{\varepsilon\searrow 0} u\left((\xi(t),t) \pm \varepsilon \cdot \boldsymbol{n}(\xi(t),t)\right). \tag{9.41}$$

**Satz 9.5:**

Sei $u : \mathbb{R} \times \mathbb{R}_0^+ \to \mathbb{R}$ eine stückweise stetig differenzierbare Funktion, dann gilt

$$\int_0^\infty \int_{-\infty}^\infty \{u\partial_t\varphi + f(u)\partial_x\varphi\}\,\mathrm{d}x\,\mathrm{d}t = 0 \tag{9.42}$$

für alle $\varphi \in C_0^1(\mathbb{R} \times \mathbb{R}^+)$ genau dann, wenn

(a) $u$ klassische Lösung der Differentialgleichung (9.36) in allen Gebieten ist, in denen $u$ stetig differenzierbar ist und

(b) $u$ bezüglich jeder Unstetigkeitskurve $\boldsymbol{S}$ der Sprungbedingung

$$(u_+ - u_-)n_t + (f(u_+) - f(u_-))n_x = 0 \tag{9.43}$$

genügt, wobei $u_\pm$ gemäß (9.40) zu verstehen ist.

**Beweis:**

Sei $\boldsymbol{S}$ eine Kurve, entlang derer $u$ eine Sprungunstetigkeit aufweist und $\boldsymbol{y} \in \boldsymbol{S} \cap (\mathbb{R} \times \mathbb{R}^+)$, sowie $U(\boldsymbol{y}) \subset \mathbb{R} \times \mathbb{R}^+$ eine offene Umgebung von $\boldsymbol{y}$. Desweiteren stellen $U_\pm$ die in Fig. 9.9 verdeutlichten offenen Teilmengen von $U(\boldsymbol{y})$ dar.

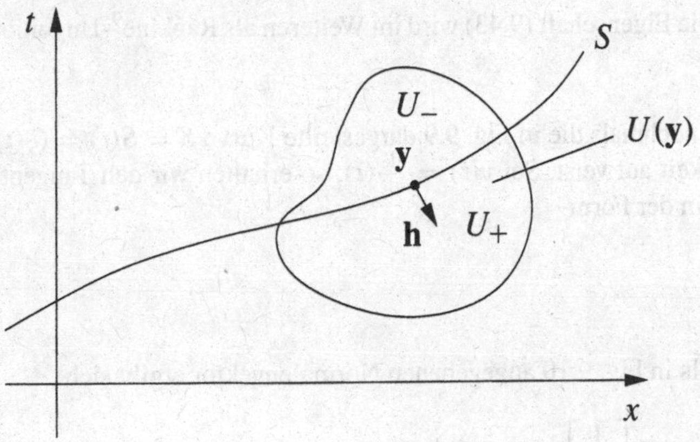


Fig 9.9: Kurvenverlauf $\boldsymbol{S}$ einer Lösungsunstetigkeit.

Zum Nachweis der behaupteten Äquivalenz nutzen wir zunächst folgende grundlegende Vorüberlegung. Sei $\varphi \in \mathbb{C}_0^1(U(y))$, so gilt mittels partieller Integration

$$\begin{aligned}
&\int\limits_{U(y)} \{u\partial_t\varphi + f(u)\partial_x\varphi\}(x,t)\,\mathrm{d}x\,\mathrm{d}t \qquad (9.44)\\
&= \int\limits_{U_+} \{u\partial_t\varphi + f(u)\partial_x\varphi\}(x,t)\,\mathrm{d}x\,\mathrm{d}t + \int\limits_{U_-} \{u\partial_t\varphi + f(u)\partial_x\varphi\}(x,t)\,\mathrm{d}x\,\mathrm{d}t\\
&= \int\limits_{U_+} \{\partial_t u + \partial_x f(u)\}(x,t)\varphi(x,t)\,\mathrm{d}x\,\mathrm{d}t + \int\limits_{S\cap U(y)} \{u_+ n_t + f(u_+)n_x\}\,\varphi(x,t)\,\mathrm{d}\sigma\\
&\quad + \int\limits_{U_-} \{\partial_t u + \partial_x f(u)\}(x,t)\varphi(x,t)\,\mathrm{d}x\,\mathrm{d}t - \int\limits_{S\cap U(y)} \{u_- n_t + f(u_-)n_x\}\,\varphi(x,t)\,\mathrm{d}\sigma
\end{aligned}$$

»⇒« Sei $u$ Lösung von (9.42). Zunächst erhalten wir aus Satz 9.4 die Aussage, daß $u$ eine klassische Lösung der Differentialgleichung (9.36) in $U_+$ und $U_-$ repräsentiert. Demzufolge verschwinden in der Gleichung (9.44) neben der linken Seite auch die Flächenintegrale der rechten Seite und es folgt

$$0 = \int\limits_{S\cap U(y)} \{(u_+ - u_-)n_t + (f(u_+) - f(u_-))n_x\}\,\varphi(x,t)\,\mathrm{d}\sigma\,.$$

Da $\varphi \in C_0^1(U(y))$ beliebig gewählt werden darf, ergibt sich hiermit die Eigenschaft (9.43).

»⇐« Erfülle $u$ die Eigenschaften (a) und (b). In diesem Fall verschwindet die komplette rechte Seite der Gleichung (9.44), womit sich die Aussage des Satzes ergibt.

□

**Bemerkung**: Die Eigenschaft (9.43) wird im Weiteren als Rankine[9]-Hugoniot[10]-Sprungbedingung bezeichnet.

Betrachten wir nochmals die in Fig. 9.9 dargestellte Kurve $\boldsymbol{S} = \boldsymbol{S}(t) = (\xi(t), t)$ über die $u$ eine Sprungunstetigkeit aufweist. Sei $v(t) = \frac{\mathrm{d}\xi}{\mathrm{d}t}(t)$, so erhalten wir den Tangentialvektor $\boldsymbol{t}$ an $\boldsymbol{S}$ im Punkt $(\xi(t), t)$ in der Form

$$\boldsymbol{t} = \begin{bmatrix} v \\ 1 \end{bmatrix}.$$

Für den ebenfalls in Fig. 9.10 angegebenen Normalenvektor ergibt sich

$$\boldsymbol{n} = \begin{bmatrix} n_x \\ n_t \end{bmatrix} = c \cdot \begin{bmatrix} 1 \\ -v \end{bmatrix}, \quad c \in \mathbb{R}^+, \qquad (9.45)$$

9 William John Macquorn Rankine (1820 – 1872), schottischer Physiker
10 Pierre-Henri Hugoniot (1851 – 1887), französischer Ballistiker

so daß für die Geschwindigkeit $v(t)$ der Sprungunstetigkeit am Punkt $(\xi(t), t)$ unter Berücksichtigung der Rankine-Hugoniot-Bedingung (9.43)

$$v \overset{(9.45)}{=} -\frac{n_t}{n_x} = \frac{f(x_+) - f(u_-)}{u_+ - u_-} \tag{9.46}$$

gilt.

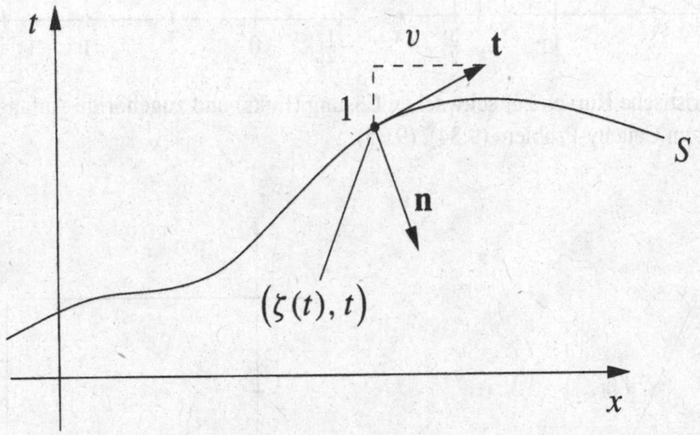


Fig 9.10: Ausbreitungsgeschwindigkeit $v$ einer Sprungunstetigkeit.

**Beispiel 9.8:**
Wir betrachten das Cauchy-Problem zur Burgers-Gleichung gemäß (9.34), (9.35) und erhalten das zugehörige charakteristische Feld zur schwachen Lösung in der in Fig. 9.11 (links) skizzierten Form, wobei sich die Ausbreitungsgeschwindigkeit zu

$$v = \frac{f(u_+) - f(u_-)}{u_+ - u_-} = \frac{\frac{1}{2} \cdot 1^2 - \frac{1}{2} \cdot 0^2}{1 - 0} = \frac{1}{2} \tag{9.47}$$

ergibt. Die sich aus den Anfangsbedingungen (siehe Fig. 9.11 (rechts)) resultierende schwache Lösung läßt sich für $t \in [0,1)$ durch

$$u(x,t) = \begin{cases} 1, & \text{für} \quad x < t, \\ \frac{x-1}{t-1}, & \text{für} \quad t \leq x < 1, \\ 0, & \text{für} \quad x \geq 1 \end{cases}$$

und für $t \geq 1$ als

$$u(x,t) = \begin{cases} 1, & \text{für} \quad x < 1 + \frac{1}{2}t, \\ 0, & \text{für} \quad x \geq 1 + \frac{1}{2}t \end{cases} \tag{9.48}$$

schreiben. Eine graphische Darstellung des Lösungsverlaufs zu unterschiedlichen Zeitpunkten kann Fig. 9.12 entnommen werden.

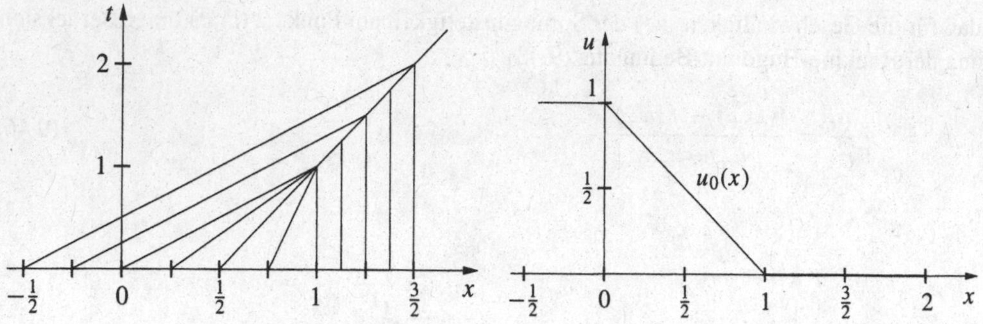


Fig 9.11: Charakteristische Kurven zur schwachen Lösung (links) und zugehörige Anfangsbedingung (rechts) zum Cauchy-Problem (9.34), (9.35).

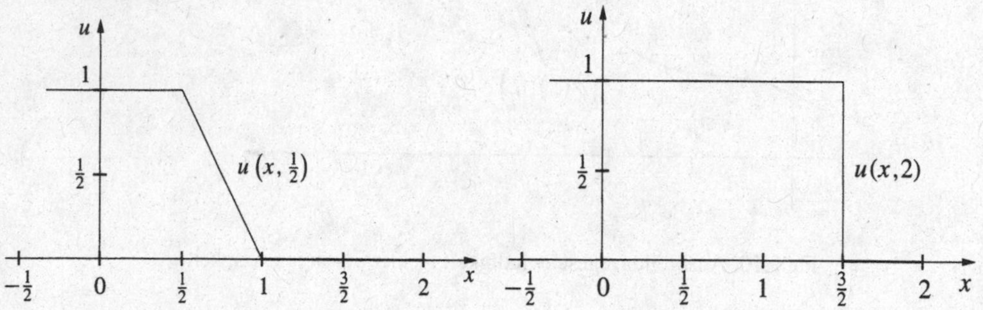


Fig 9.12: Schwache Lösung des Cauchy-Problems zur Burgers-Gleichung (9.34), (9.35) zum Zeitpunkt $t = \frac{1}{2}$ (links) und $t = 2$ (rechts).

Mit der vollzogenen Erweiterung des Lösungsraumes geht natürlich die Frage einher, ob Lösungen im schwachen Sinne laut Definition 9.5 eine generelle Eindeutigkeitsaussage ermöglichen. Wie wir sehen werden, kann eine derartige Eigenschaft nicht vorausgesetzt werden, so daß zur Festlegung der physikalischen Sinnhaftigkeit einer schwachen Lösung weitere Überlegungen angestellt werden müssen, die wiederum eine Einschränkung des erweiterten Lösungsraumes nach sich ziehen.

**Beispiel 9.9:**
Für die nichtlineare Burgers-Gleichung

$$\partial_t u(x,t) + \partial_x \Bigg( \underbrace{\frac{1}{2} u^2(x,t)}_{=f(u(x,t))} \Bigg) = 0 \quad \text{in} \quad \mathbb{R} \times \mathbb{R}_0^+$$

betrachten wir die Anfangsbedingungen

$$u(x,0) = u_0(x) = \begin{cases} 0, & \text{für} \quad x < 0, \\ 1, & \text{für} \quad x \geq 0. \end{cases}$$

Eine einfache Betrachtung der charakteristischen Kurven laut Abbildung 9.13 zeigt, daß im Gegensatz zu den Anfangsbedingungen (9.35) keine Überlappung vorliegt. Jedoch kann den Punkten $(x, t)$ mit $0 \leq x < t$ keine charakteristische Kurve und folglich auch kein Lösungswert zugeordnet werden. Demzufolge betrachten wir zwei unterschiedliche Ansätze für die Lösung $u$ in dem relevanten Zwischenbereich. Als ersten Lösungsansatz setzen wir

$$u(x,t) = \begin{cases} 0, & \text{für} \quad x < 0, \\ \frac{x}{t}, & \text{für} \quad 0 \leq x < t, \\ 1, & \text{für} \quad x \geq t. \end{cases} \tag{9.49}$$

Die dieser Wahl zugrundeliegende Festlegung zusätzlicher Kurven in der $(x, t)$-Ebene kann zusammen mit den resultierenden Lösungsverläufen zu verschiedenen Zeitpunkten der Figur 9.13 entnommen werden. Dabei sei angemerkt, daß die im Ursprung der $(x, t)$-Ebene startenden Kurven für $x \neq 0$ stets die im Zusammenhang mit der Steigung $\frac{dt}{dx} = \frac{t}{x} = \frac{1}{u(x,t)}$ für $t > 0$ verbundene Lösung transportieren.

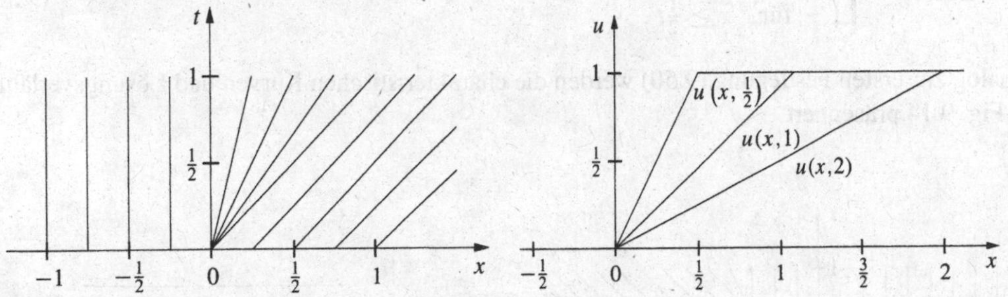


Fig 9.13: Charakteristische Kurven und Lösungsverläufe bezüglich der Wahl (9.49).

Ausserhalb der Linien $L_1 = \{(x,t) \mid x = t\}$ und $L_2 = \{(x,t) \mid x = 0\}$ stellt $u$ eine stetig differenzierbare Funktion dar und es gilt

$$\partial_t u(x,t) = \begin{cases} 0, & \text{für} \quad x < 0, \\ -\frac{x}{t^2}, & \text{für} \quad 0 < x < t, \\ 0, & \text{für} \quad x > t, \end{cases}$$

sowie

$$\partial_x f(u(x,t)) = u(x,t)\partial_x u(x,t) = \begin{cases} 0, & \text{für} \quad x < 0, \\ \frac{x}{t^2}, & \text{für} \quad 0 < x < t, \\ 0, & \text{für} \quad x > t, \end{cases}$$

so daß

$$\partial_t u(x,t) + \partial_x f(u(x,t)) = 0$$

in $\mathbb{R} \times \mathbb{R}_0^+ \setminus (L_1 \cup L_2)$ gilt. Zudem erhalten wir für $L_1$ und $L_2$ die Gültigkeit der Sprungbedingung

(9.43) aus

$$\frac{f(u_+) - f(u_-)}{u_+ - u_-} = \frac{1}{2}\frac{u_+^2 - u_-^2}{u_+ - u_-} = \frac{1}{2}(u_+ + u_-) = \frac{1}{2}(1+1) = 1 = v$$

sowie entsprechend

$$\frac{f(u_+) - f(u_-)}{u_+ - u_-} = \frac{1}{2}(u_+ - u_-) = \frac{1}{2}(0+0) = 0 = v\,.$$

Unter Berücksichtigung von $u(x,0) = u_0(x)$ repräsentiert (9.49) folglich eine schwache Lösung des Cauchy-Problems und erfüllt die Rankine-Hugoniot Sprungbedingung entlang der Unstetigkeitslinien der ersten partiellen Ableitungen.

Als zweiten Lösungsansatz formulieren wir

$$u(x,t) = \begin{cases} 0, & \text{für} \quad x < \frac{1}{2}t\,, \\ 1, & \text{für} \quad x \geq \frac{1}{2}t\,. \end{cases} \tag{9.50}$$

Analog zur ersten Festlegung (9.50) werden die charakteristischen Kurven und Lösungsverläufe in Fig. 9.14 präsentiert.

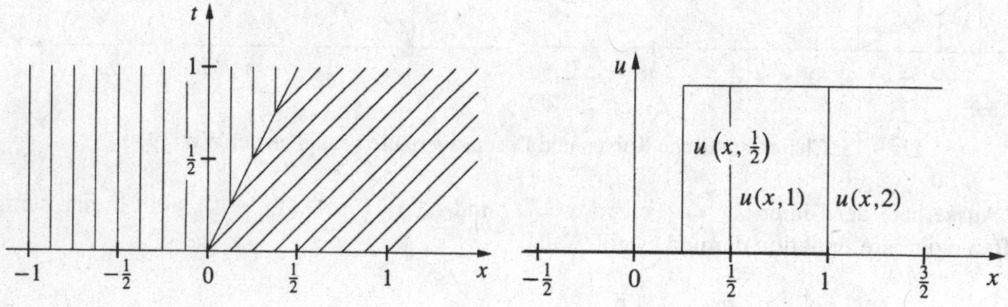


Fig 9.14: Charakteristische Kurven und Lösungsverläufe bezüglich (9.50).

Der Nachweis, daß (9.50) eine schwache Lösung des Cauchy-Problems reprästentiert, die entlang der Unstetigkeitsstelle der partiellen Ableitungen $L = \{(x,t) \mid x = \frac{1}{2}t\}$ der Rankine-Hugoniot-Bedingung genügt, sei dem Leser überlassen.

Aus dem obigen Beispiel wird deutlich, daß unterschiedliche schwache Lösungen eines Cauchy-Problems vorliegen können. Um physikalisch sinnvolle von physikalisch nicht relevanten schwachen Lösungen unterscheiden zu können, betrachtet man die schwache Lösung als Grenzwert einer Lösung $u_\varepsilon$ der entsprechenden Viskositätsform

$$\partial_t u_\varepsilon + \partial_x f(u_\varepsilon) = \varepsilon \partial_x^2 u_\varepsilon \quad \text{in} \quad \mathbb{R} \times \mathbb{R}_0^+$$

im Grenzfall $\varepsilon \to 0$. Hierdurch läßt sich die sogenannte *Entropiebedingung*

$$\frac{\partial f}{\partial u}(u_+) < v < \frac{\partial f}{\partial u}(u_-) \tag{9.51}$$

mit

$$v = \frac{f(u_+) - f(u_-)}{u_+ - u_-} \quad \text{und} \quad u_+ \neq u_-$$

herleiten, die geometrisch besagt, daß die charakteristischen Kurven stets in Unstetigkeitskurven $S$, die einen Sprung im Lösungsverlauf aufweisen, hineinlaufen müssen. Von einer ausführlichen Herleitung der Entropiebedingung wollen wir an dieser Stelle absehen und auch die Bücher [3, 94] verweisen.

**Beispiel 9.10:**

Wir betrachten die Entropiebedingung hinsichtlich der schwachen Lösungen (9.48) und (9.50).

Unter Verwendung von

$$\frac{\partial f}{\partial u}(u) = u$$

erhalten wir für die schwache Lösung (9.48) stets die Ungleichungskette

$$\frac{\partial f}{\partial u}(u_+) = \frac{\partial f}{\partial u}(0) = 0 < \frac{1}{2} \overset{(9.47)}{=} v < 1 = \frac{\partial f}{\partial u}(1) = \frac{\partial f}{\partial u}(u_-),$$

womit nachgewiesen ist, daß $u$ eine sinnvolle schwache Lösung im Sinne der Entropiebedingung (9.51) repräsentiert.

Für die schwache Lösung (9.50) liefern die Werte

$$\frac{\partial f}{\partial u}(u_-) = 0, \quad v = \frac{1}{2}, \quad \frac{\partial f}{\partial u}(u_+) = 1$$

eine Verletzung der Entropiebedingung, so daß (9.50) keine physikalische Relevanz in diesem Kontext besitzt. Diese Ergebnisse werden auch durch die Verläufe der zugehörigen charakteristischen Kurven laut Fig. 9.11 (links) und Fig. 9.12 (links) bestätigt.

## 9.6 Die Euler-Gleichungen

Die Betrachtung einer reibungsfreien Fluidströmung unter Vernachlässigung lokaler Dissipation respektive Produktion führt auf die Euler-Gleichungen, die basierend auf den Grundprinzipien für Masse, Impuls und Energie ein hyperbolisches System von Erhaltungsgleichungen darstellen. Zur Herleitung des Differentialgleichungssystems betrachten wir mit $\Omega(t)$ ein materielles, das heißt laut Definition 9.1 ein sich mit der Strömung bewegendes Volumen.

### Massenerhaltung

Da das materielle Volumen $\Omega(t)$ für alle Zeiten $t \in \mathbb{R}_0^+$ aus den gleichen Fluidteilchen besteht, weist es stets die gleiche Masse auf. Mit der Dichte $\varrho : \mathbb{R}^d \times \mathbb{R}_0^+ \to \mathbb{R}^+$ ergibt sich somit unter Ausnutzung des Reynoldsschen-Transportsatzes 4.1 die Gleichung

$$0 = \frac{\mathrm{d}}{\mathrm{d}t} \int_{\Omega(t)} \varrho(\boldsymbol{x}, t)\,\mathrm{d}\boldsymbol{x} = \int_{\Omega(t)} (\partial_t \varrho + \nabla \cdot (\varrho \boldsymbol{v}))(\boldsymbol{x}, t)\,\mathrm{d}\boldsymbol{x}$$

mit der Geschwindigket $\boldsymbol{v} : \mathbb{R}^d \times \mathbb{R}_0^+ \to \mathbb{R}^d$.

Da die obige Eigenschaft für alle materiellen Volumina gültig ist, folgt auf der Grundlage stetiger Differenzierbarkeit der eingehenden Dichte- und Geschwindigkeitsverteilungen die sogenannte Kontinuitätsgleichung

$$\partial_t \varrho(\boldsymbol{x}, t) + \nabla \cdot (\varrho \boldsymbol{v})(\boldsymbol{x}, t) = 0\,. \tag{9.52}$$

Für ein ortsfestes Volumen $\Omega$ folgt mit dem Gaußschen Integralsatz aus

$$0 \overset{(9.52)}{=} \int_{\Omega} (\partial_t \varrho + \nabla \cdot (\varrho \boldsymbol{v}))(\boldsymbol{x}, t)\,\mathrm{d}\boldsymbol{x} = \frac{\mathrm{d}}{\mathrm{d}t} \int_{\Omega} \varrho(\boldsymbol{x}, t)\,\mathrm{d}\boldsymbol{x} + \int_{\Omega} \nabla \cdot (\varrho \boldsymbol{v})(\boldsymbol{x}, t)\,\mathrm{d}\boldsymbol{x}$$

die Integralform der Kontinuitätsgleichung

$$\frac{\mathrm{d}}{\mathrm{d}t} \int_{\Omega} \varrho(\boldsymbol{x}, t)\,\mathrm{d}\boldsymbol{x} = - \int_{\partial\Omega} (\varrho \boldsymbol{v} \cdot \boldsymbol{n})(\boldsymbol{x}, t)\,\mathrm{d}\sigma\,. \tag{9.53}$$

Ausgehend von (9.53) ergibt sich die direkt einsichtige Aussage, daß die zeitliche Änderung der Masse in einem ortsfesten Kontrollvolumen durch Integration des Massenflusses über den Rand des Volumens festgelegt ist.

### Impulsbilanz

Der Impuls stellt das Produkt aus Masse und Geschwindigkeit dar. Bezogen auf ein Volumen $\Omega$ ergibt sich somit für den Impuls die Darstellung

$$\int_{\Omega} \boldsymbol{m}(\boldsymbol{x}, t)\,\mathrm{d}\boldsymbol{x}\,,$$

wobei wir

$$\begin{aligned} \boldsymbol{m} : \mathbb{R}^d \times \mathbb{R}_0^+ &\to \mathbb{R}^d \\ (\boldsymbol{x}, t) &\mapsto \boldsymbol{m}(\boldsymbol{x}, t) := \varrho(\boldsymbol{x}, t)\boldsymbol{v}(\boldsymbol{x}, t) \end{aligned}$$

als *Impulsdichte* bezeichnen. Dabei werden wir, wie in der Literatur oftmals üblich, die Impulsdichte auch kurz als Impuls angeben. Die Herleitung der Impulsbilanz basiert auf dem auch als

*Aktionsprinzip* bekannte zweiten Newtonschen Gesetz, das besagt:

Die zeitliche Änderung des Impulses eines Fluidbereiches $\Omega(t)$ ist gleich der Summe der an $\Omega(t)$ angreifenden Kräfte.

Die Kräfte werden dabei in Volumen- und Flächenkräfte unterteilt. Während Volumenkräfte wie beispielsweise die Coriolis- respektive die Gravitationskraft auf den Körper als solches wirken, zeichnen sich Flächenkräfte dadurch aus, daß sie auf die Oberfläche des Körpers wirken. Beispiele hierzu sind Druck- und Scherkräfte, wobei letztere mit Reibungseffekten einhergehen und folglich im betrachteten reibungsfreien Strömungsfall vernachlässigt werden. Die verbleibenden Flächenkräfte basieren auf Druckunterschieden. Bezeichnen wir mit

$$p : \mathbb{R}^d \times \mathbb{R}_0^+ \to \mathbb{R}^+$$

den Druck, so erhalten wir mit dem äußeren Einheitsvektor $\boldsymbol{n}$ an die Oberfläche $\partial\Omega(t)$ diese Flächenkräfte zu

$$\boldsymbol{F}_O = \int_{\partial\Omega(t)} (p \cdot \boldsymbol{n})(\boldsymbol{x}, t)\, \mathrm{d}\sigma\,,$$

die sich unter Verwendung des Gaußschen Integralsatzes als Volumenintegral in der Form

$$\boldsymbol{F}_O = \int_{\Omega(t)} \nabla p(\boldsymbol{x}, t)\, \mathrm{d}\boldsymbol{x}$$

schreiben lassen (siehe Übungsaufgabe 9.6). Sei $\boldsymbol{k} : \mathbb{R}^d \times \mathbb{R}_0^+ \to \mathbb{R}^d$ die Vereinigung aller Volumenkräfte pro Einheitsmasse, so schreibt sich der hieraus resultierende Kraftanteil zum Volumen $\Omega(t)$ in der Form

$$\boldsymbol{F}_V = \int_{\Omega(t)} (\varrho \boldsymbol{k})(\boldsymbol{x}, t)\, \mathrm{d}\boldsymbol{x}$$

und die Impulsbilanz ergibt sich zu

$$\frac{\mathrm{d}}{\mathrm{d}t} \int_{\Omega(t)} \boldsymbol{m}(\boldsymbol{x}, t)\, \mathrm{d}\boldsymbol{x} = \boldsymbol{F}_O + \boldsymbol{F}_V = \int_{\Omega(t)} (\varrho \boldsymbol{k} - \nabla p)(\boldsymbol{x}, t)\, \mathrm{d}\boldsymbol{x}\,. \tag{9.54}$$

Komponentenweise Anwendung des Reynoldsschen Transportsatzes 4.1 auf den vektorwertigen Impuls liefert unter Berücksichtigung der Schreibweise

$$\nabla \cdot \begin{bmatrix} \varphi_1 \boldsymbol{v} \\ \vdots \\ \varphi_d \boldsymbol{v} \end{bmatrix} = \sum_{j=1}^{d} \partial_{x_j} (\varphi_j \boldsymbol{v})$$

die Darstellung

$$\frac{\mathrm{d}}{\mathrm{d}t} \int\limits_{\Omega(t)} \boldsymbol{m}(\boldsymbol{x}, t) \, \mathrm{d}\boldsymbol{x} = \int\limits_{\Omega(t)} \left\{ \partial_t \begin{bmatrix} m_1 \\ \vdots \\ m_d \end{bmatrix} + \nabla \cdot \begin{bmatrix} m_1 \boldsymbol{v} \\ \vdots \\ m_d \boldsymbol{v} \end{bmatrix} \right\} (\boldsymbol{x}, t) \, \mathrm{d}\boldsymbol{x}$$

$$= \int\limits_{\Omega(t)} \left\{ \partial_t \boldsymbol{m} + \sum_{j=1}^{d} \partial_{x_j} (m_j \boldsymbol{v}) \right\} (\boldsymbol{x}, t) \, \mathrm{d}\boldsymbol{x} \, ,$$

so daß sich aus (9.54) die integrale Impulsbilanzgleichung

$$\int\limits_{\Omega(t)} \left\{ \partial_t \boldsymbol{m} + \sum_{j=1}^{d} \partial_{x_j} (m_j \boldsymbol{v}) - \varrho \boldsymbol{k} + \nabla p \right\} (\boldsymbol{x}, t) \, \mathrm{d}\boldsymbol{x} = \boldsymbol{0}$$

ergibt. Analog zur Kontinuitätsgleichung erhalten wir aus der obigen Formulierung die differentielle Form

$$\partial_t \boldsymbol{m}(\boldsymbol{x}, t) + \sum_{j=1}^{d} \partial_{x_j} (m_j \boldsymbol{v})(\boldsymbol{x}, t) + \nabla p(\boldsymbol{x}, t) = (\varrho \boldsymbol{k})(\boldsymbol{x}, t) \, , \tag{9.55}$$

woraus sich mittels Integration über ein ortsfestes Kontrollvolumen $\Omega$ die komponentenweise Darstellung

$$\frac{\mathrm{d}}{\mathrm{d}t} \int\limits_{\Omega} m_i(\boldsymbol{x}, t) \, \mathrm{d}\boldsymbol{x} = - \int\limits_{\partial\Omega} (m_i \boldsymbol{v} \cdot \boldsymbol{n} + p \cdot n_i)(\boldsymbol{x}, t) \, \mathrm{d}\sigma + \int\limits_{\Omega} (\varrho k_i)(\boldsymbol{x}, t) \, \mathrm{d}\boldsymbol{x} \tag{9.56}$$

für $i = 1, \ldots, d$ mit äußerem Einheitsnormalenvektor $\boldsymbol{n} = [n_1, \ldots, n_d]^T$ an $\partial\Omega$ ergibt.

**Energiebilanz**

Die Bilanz der Energie basiert auf dem ersten Hauptsatz der Thermodynamik und besagt:

Die zeitliche Änderung der auf ein materielles Volumen bezogenen Totalenergie entspricht der am Volumen pro Zeiteinheit geleisteten Arbeit.

Bezeichnen wir mit $E : \mathbb{R}^d \times \mathbb{R}_0^+ \to \mathbb{R}$ die Totalenergie pro Einheitsmasse, so ergibt sich aufgrund der Äquivalenz zwischen Leistung, Arbeit pro Zeiteinheit und dem Produkt aus Kraft und Geschwindigkeit im Kontext der betrachteten Kräfte die Darstellung

$$\frac{\mathrm{d}}{\mathrm{d}t} \int\limits_{\Omega(t)} (\varrho E)(\boldsymbol{x}, t) \, \mathrm{d}\boldsymbol{x} = - \int\limits_{\partial\Omega(t)} (p \boldsymbol{v} \cdot \boldsymbol{n})(\boldsymbol{x}, t) \, \mathrm{d}\sigma + \int\limits_{\Omega(t)} (\varrho \boldsymbol{k} \cdot \boldsymbol{v})(\boldsymbol{x}, t) \, \mathrm{d}\boldsymbol{x} \, .$$

Es sei hierbei bemerkt, daß in der gewählten Formulierung die Wärmeflüsse aufgrund von Temperaturunterschieden vernachlässigt werden, da sie innerhalb der Euler-Gleichungen keine Berücksichtigung finden. Mit der üblichen Vertauschung der Zeitableitung und der Integration auf der Basis des Reynoldsschen Transportsatzes 4.1 läßt sich leicht die Darstellung

$$\int\limits_{\Omega(t)} \{\partial_t(\varrho E) + \nabla \cdot (\varrho H \boldsymbol{v})\}(\boldsymbol{x},t)\,\mathrm{d}\boldsymbol{x} = \int\limits_{\Omega(t)} (\varrho \boldsymbol{k} \cdot \boldsymbol{v})(\boldsymbol{x},t)\,\mathrm{d}\boldsymbol{x}$$

herleiten, wenn man die durch

$$H : \mathbb{R}^d \times \mathbb{R}_0^+ \to \mathbb{R}$$
$$(\boldsymbol{x},t) \mapsto H(\boldsymbol{x},t) := \left(E + \frac{p}{\varrho}\right)(\boldsymbol{x},t)$$

definierte *Totalenthalpie* pro Einheitsmasse nutzt. Demzufolge lautet die differentielle Energiebilanz

$$\partial_t(\varrho E)(\boldsymbol{x},t) + \nabla \cdot (\varrho H \boldsymbol{v})(\boldsymbol{x},t) = (\varrho \boldsymbol{k} \cdot \boldsymbol{v})(\boldsymbol{x},t) \tag{9.57}$$

und für ein ortsfestes Volumen $\Omega$ erhält man

$$\frac{\mathrm{d}}{\mathrm{d}t}\int\limits_{\Omega} (\varrho E)(\boldsymbol{x},t)\,\mathrm{d}\boldsymbol{x} = -\int\limits_{\partial\Omega} (\varrho H \boldsymbol{v} \cdot \boldsymbol{n})(\boldsymbol{x},t)\,\mathrm{d}\sigma + \int\limits_{\Omega} (\varrho \boldsymbol{k} \cdot \boldsymbol{v})(\boldsymbol{x},t)\,\mathrm{d}\boldsymbol{x}\,. \tag{9.58}$$

Bei Vernachlässigung der Volumenkräfte ergeben sich zur Beschreibung reibungsfreier Strömungen aus (9.52), (9.55) und (9.57) unter Nutzung des Kronecker-Symbols $\delta_{ji}$ die

*Euler-Gleichungen*

$$\partial_t \begin{bmatrix} \varrho \\ m_1 \\ \vdots \\ m_d \\ \varrho E \end{bmatrix} (\boldsymbol{x},t) + \sum_{j=1}^{d} \partial_{x_j} \begin{bmatrix} m_j \\ m_j v_1 + \delta_{j1} p \\ \vdots \\ m_j v_d + \delta_{jd} p \\ H m_j \end{bmatrix} (\boldsymbol{x},t) = \begin{bmatrix} 0 \\ 0 \\ \vdots \\ 0 \\ 0 \end{bmatrix} \tag{9.59}$$

Es handelt sich hierbei um ein System von $d+2$ Differentialgleichungen für die $d+3$ Unbekannten

$$\varrho\,,\ m_1 = \varrho v_1\,, \ldots,\ m_d = \varrho v_d\,,\ \varrho E \quad \text{und} \quad p\,,$$

so daß das System erst durch Hinzunahme einer sogenannten Zustandsgleichung geschlossen werden muss, die Eigenschaften des zugrundeliegenden Fluids beschreibt. Für ein ideales Gas gilt

$$p = (\gamma - 1)\varrho\left(E - \frac{1}{2}|\boldsymbol{v}|^2\right), \tag{9.60}$$

wobei $\gamma$ den Isentropenexponent darstellt, der das Verhältnis zwischen den spezifischen Wärmekapazitäten[11] $c_p$ und $c_V$ repräsentiert und für Luft den Wert $\gamma = c_p/c_V = 1.405$ aufweist.

Bilanz[12]- respektive Erhaltungsgleichungen werden häufig unter Verwendung von Flussfunktionen

$$\boldsymbol{f}_j : \mathbb{R}^r \to \mathbb{R}^r, \quad j = 1, \dots, d$$

in der Form

$$\partial_t \boldsymbol{u}(\boldsymbol{x}, t) + \sum_{j=1}^{d} \partial_{x_j} \boldsymbol{f}_j(\boldsymbol{u}(\boldsymbol{x}, t)) = \boldsymbol{g}(\boldsymbol{u}(\boldsymbol{x}, t))$$

dargestellt. Für die Euler-Gleichungen (9.59) gilt

$$\boldsymbol{u} = \begin{bmatrix} u_1 \\ u_2 \\ \vdots \\ u_{d+1} \\ u_{d+2} \end{bmatrix} = \begin{bmatrix} \varrho \\ m_1 \\ \vdots \\ m_d \\ \varrho E \end{bmatrix}, \tag{9.61}$$

womit durch einfaches Einsetzen[13]

$$p = p(\boldsymbol{u}) \overset{(9.60)}{=} (\gamma - 1)\left(u_{d+2} - \frac{1}{2}\frac{u_2^2 + \ldots + u_{d+1}^2}{u_1}\right), \tag{9.62}$$

sowie $\boldsymbol{g}(\boldsymbol{u}) = \boldsymbol{0}$ und $\boldsymbol{f}_j : \mathbb{R}^{d+2} \to \mathbb{R}^{d+2}$, $j = 1, \dots, d$ mit

$$\boldsymbol{f}_j(\boldsymbol{u}) = \begin{bmatrix} u_{j+1} \\ \frac{u_{j+1}u_2}{u_1} + \delta_{j1} p(\boldsymbol{u}) \\ \vdots \\ \frac{u_{j+1}u_d}{u_1} + \delta_{jd} p(\boldsymbol{u}) \\ (u_{d+2} + p(\boldsymbol{u}))\frac{u_{j+1}}{u_1} \end{bmatrix} \tag{9.63}$$

folgt. Zur Klassifikation der Euler-Gleichungen beschränken wir uns aus Gründen der Übersichtlichkeit auf den räumlich eindimensionalen Fall ($d = 1$). Da die entsprechenden Euler-

11 $c_p$ beschreibt die temperaturbedingte Änderung der Enthalpie bei konstantem Druck. $c_V$ beschreibt die temperaturabhängige Änderung der inneren Energie $e = E - \frac{1}{2}|\boldsymbol{v}|^2$ bei konstantem Volumen.

12 Hier muß die rechte Seite nicht notwendigerweise verschwinden

13 Hierbei berücksichtigen wir die Positivität der Dichte $\varrho = u_1$.

Gleichungen

$$\partial_t \boldsymbol{u} + \partial_x \boldsymbol{f}(\boldsymbol{u}) = \boldsymbol{0}$$

in die Klasse der Erhaltungsgleichungen gehören, kann die Eingruppierung des Differentialgleichungssystems direkt durch eine Eigenwertanalyse der zu

$$\boldsymbol{f}(\boldsymbol{u}) = \begin{bmatrix} m \\ mv + p \\ Hm \end{bmatrix} = \begin{bmatrix} u_2 \\ (\gamma - 1)u_3 - \frac{\gamma-3}{2}\frac{u_2^2}{u_1} \\ \left(\gamma u_3 - \frac{\gamma-1}{2}\frac{u_2^2}{u_1}\right)\frac{u_2}{u_1} \end{bmatrix}$$

mit

$$\boldsymbol{u} = \begin{bmatrix} u_1 \\ u_2 \\ u_3 \end{bmatrix} = \begin{bmatrix} \varrho \\ m \\ \varrho E \end{bmatrix}$$

gehörigen Funktionalmatrix

$$\boldsymbol{A}(\boldsymbol{u}) = \frac{\partial \boldsymbol{f}}{\partial \boldsymbol{u}}(\boldsymbol{u}) = \begin{bmatrix} 0 & 1 & 0 \\ \frac{\gamma-3}{2}v^2 & (3-\gamma)v & \gamma - 1 \\ -Ev - \frac{p}{\varrho}v + \frac{\gamma-1}{2}v^3 & E + \frac{p}{\varrho} - (\gamma-1)v^2 & \gamma v \end{bmatrix}$$

vorgenommen werden. Unter Ausnutzung des aus der Zustandsgleichung (9.60) resultierenden Zusammenhangs $E = \frac{1}{\gamma-1}\frac{p}{\varrho} + \frac{1}{2}v^2$ ergibt sich mittels einiger elementarer Rechenschritte das zugehörige charakteristische Polynom zu

$$\chi_{\boldsymbol{A}(\boldsymbol{u})}(\lambda) = \det(\boldsymbol{A}(\boldsymbol{u}) - \lambda \boldsymbol{E}) = (\lambda - v)\left((\lambda - v)^2 - \gamma\frac{p}{\varrho}\right).$$

Mit der durch

$$c = \sqrt{\gamma\frac{p}{\varrho}} > 0$$

gegebenen Schallgeschwindigkeit, die die Ausbreitungsgeschwindigkeit von Druckstörungen in einem ruhenden Fluid beschreibt, lassen sich demzufolge die Eigenwerte der räumlich eindimensionalen Euler-Gleichungen in der Form

$$\lambda_1 = v\,, \quad \lambda_2 = v + c\,, \quad \lambda_3 = v - c$$

schreiben. Damit sind die Eigenwerte wegen $c > 0$ paarweise verschieden und die zugehörigen Eigenvektoren folglich linear unabhängig (siehe Burg/Haf/Wille [25]). Die Euler-Gleichungen stellen daher im räumlich eindimensionalen Fall ein strikt hyperbolisches System von Erhaltungsgleichungen dar. Elementares, aber aufwendiges Nachrechnen zeigt, daß der Grundtyp der

Euler-Gleichungen auch im höherdimensionalen Fall ($d = 2$, $d = 3$) erhalten bleibt. Dabei steigt jedoch die Vielfachheit des Eigenwertes $\lambda_1 = v$ entsprechend der Raumdimension an, so daß das Differentialgleichungssystem weiterhin hyperbolisch, allerdings nicht mehr strikt hyperbolisch ist.

Aufgrund der großen Relevanz der Euler-Gleichungen im Bereich praktischer Anwendungen wurden zahlreiche Verfahren für die Simulation reibungsfreier Strömungen entwickelt. Obwohl die Darstellung dieser numerischen Methoden keine Zielsetzung dieses Buches repräsentiert, möchten wir den interessierten Leser auf einige grundlegende Literaturstellen in diesem Kontext hinweisen, ohne dabei den Anspruch auf Vollständigkeit zu erheben [103, 3, 77, 78, 113, 146].

**Übung 9.1*:**

Schreibe die Wellengleichung (9.10) für $d = 2$ durch Nutzung der Hilfsvariablen

$$\eta = \partial_t u\,, \quad \xi_j = \partial_{x_j} u\,, \quad j = 1{,}2$$

in der Form

$$\partial_t \boldsymbol{g}(\boldsymbol{u}) + \sum_{j=1}^{2} \partial_{x_j} \boldsymbol{f}_j(\boldsymbol{u}) = \boldsymbol{0}$$

mit $\boldsymbol{u} = (\eta, \xi_1, \xi_2)^{\mathrm{T}}$. Wie lauten die Abbildungen $\boldsymbol{g}, \boldsymbol{f}_1, \boldsymbol{f}_2$?

**Übung 9.2*:**

Zeige, daß die Wellengleichung (9.10) für $d = 1$ und $d = 2$ strikt hyperbolisch ist.

**Übung 9.3*:**

Berechne die Lösung $\boldsymbol{u}(x,1)$ zum Riemann-Problem

$$\partial_t \boldsymbol{u}(x,t) + \boldsymbol{A}\partial_x \boldsymbol{u}(x,t) = \boldsymbol{0} \quad \text{in} \quad \mathbb{R} \times \mathbb{R}_0^+$$

mit

$$\boldsymbol{u}(x,0) = \begin{bmatrix} 4 \\ 1 \end{bmatrix} \quad \text{für} \quad x < 0\,,\ \boldsymbol{u}(x,0) = \begin{bmatrix} 2 \\ 2 \end{bmatrix} \quad \text{für} \quad x \geq 0 \quad \text{und} \quad \boldsymbol{A} = \begin{bmatrix} 2 & 0 \\ -\frac{1}{2} & 3 \end{bmatrix}.$$

**Übung 9.4*:**

Berechne die Lösung $\boldsymbol{u}\left(x, \frac{1}{2}\right)$ zum Riemann-Problem

$$\partial_t \boldsymbol{u}(x,t) + \boldsymbol{A}\partial_x \boldsymbol{u}(x,t) = \boldsymbol{0} \quad \text{in} \quad \mathbb{R} \times \mathbb{R}_0^+$$

mit

$$\boldsymbol{u}_0(x,0) = \begin{bmatrix} 4 \\ 3 \end{bmatrix} \quad \text{für} \quad x < 0\,, \quad \boldsymbol{u}(x,0) = \begin{bmatrix} 2 \\ 1 \end{bmatrix} \quad \text{für} \quad x \geq 0$$

und

$$A = \begin{bmatrix} 8 & -6 \\ 12 & 10 \end{bmatrix}.$$

**Übung 9.5:**

(a) Zeige, daß die Funktion

$$u_0(x) = \begin{cases} 1, & \text{für} \quad x < 0 \\ 1 - 3x^2 + 2x^3, & \text{für} \quad 0 \le x < 1 \\ 0, & \text{für} \quad x \ge 1 \end{cases}$$

stetig differenzierbar auf $\mathbb{R}$ ist.

(b) Zeige, daß die Burgers-Gleichung (9.34) bei gewählter Anfangsbedingung gemäß Teil (a) keine stetig differenzierbare Lösung zum Zeitpunkt $t \ge 1$ besitzt.

**Übung 9.6*:**

Zeige die Gültigkeit der Gleichung

$$\int_{\partial\Omega} (f \cdot \boldsymbol{n})(\boldsymbol{x})\, d\sigma = \int_{\Omega} \nabla f(\boldsymbol{x})\, d\boldsymbol{x}$$

für jedes Gebiet $\Omega \in \mathbb{R}^d$, $f : \mathbb{R}^d \to \mathbb{R}$, wobei $\boldsymbol{n}$ den äußeren Einheitsnormalenvektor an $\partial\Omega$ repräsentiert.

# 10 Hilbertraummethoden

In diesem Abschnitt[1] untersuchen wir Randwertaufgaben für elliptische Differentialgleichungen der Ordnung $2m$ im $\mathbb{R}^n$ $(m, n \in \mathbb{N})$, wobei variable Koeffizienten zugelassen sind. Für die Behandlung dieses allgemeinen Falles erweisen sich die Integralgleichungsmethoden (s. Abschn. 5.3.3) als nicht sehr zweckmäßig: Mit wachsender Ordnung und/oder Raumdimension werden sie zunehmend schwerfälliger. Außerdem müssen die Ränder der betrachteten Gebiete glatt sein, und nur unter erheblichem zusätzlichem Aufwand lassen sich z.B. Gebiete mit Ecken (etwa Quader im $\mathbb{R}^3$) behandeln. Dagegen können mit Hilbertraummethoden auch Gebiete mit nicht glatter Berandung in die Untersuchungen mit einbezogen werden. Dies geschieht durch Abschwächung des Lösungsbegriffes.

Die Hilbertraummethoden gehen auf bahnbrechende Arbeiten von Gårding, Agmon, Nierenberg, Browder, Hörmander u.a. zurück. Die Grundidee besteht darin, anstelle der Ausgangsprobleme sogenannte »schwache Probleme«, auch »Variationsprobleme« genannt, in geeigneten Hilberträumen zu betrachten. Für diese Probleme stehen dann starke Hilfsmittel aus der Theorie der Hilberträume zur Verfügung, insbesondere der Rieszsche Darstellungssatz (s. Abschn. 2.1.5) und die Fredholmsche Theorie (s. Abschn. 2.2). Dabei erweisen sich die in Abschnitt 3 bereitgestellten Hilberträume $L_2(\Omega)$, $H_m(\Omega)$ und $\mathring{H}_m(\Omega)$ als grundlegend.

Auch im Zusammenhang mit modernen numerischen Lösungsverfahren, etwa den »Finite-Elemente-Methoden«, sind Hilbertraummethoden von großer Bedeutung (s. z.B. Hackbusch [66], Kap. 8). In Abschnitt 5.5 haben wir am Beispiel eines speziellen elliptischen Randwertproblems einen ersten Eindruck davon gewonnen. Zu seiner Lösung sind wir von einem äquivalenten »Variationsproblem« (s. Formel (5.268)) ausgegangen. Dort mußten wir den Nachweis der Existenz einer Lösung offen lassen (s. Bem. 1, Abschn. 5.5.3). Im folgenden sind wir um eine Klärung von Fragen dieser Art bemüht.

Bei der nachfolgenden Einführung in die Hilbertraummethoden stützen wir uns wesentlich auf Originalarbeiten von P. Werner und J. Drehmann (s. [39], [40]). Der dort aufgezeigte Zugang benutzt die o.g. Hilberträume im Sinne von Abschnitt 3, d.h. die Elemente dieser Räume werden als Funktionale aufgefaßt. Er ist frei von Hilfsmitteln der Lebesgueschen Maß- und Integrationstheorie und weicht damit von den üblichen Wegen, etwa dem in Agmon [1] dargestellten, ab.

## 10.1 Einführung

### 10.1.1 Ein schwaches Dirichletproblem für die inhomogene Schwingungsgleichung

Um in die Denkweise der Hilbertraummethoden einzuführen, behandeln wir zunächst einen leicht überschaubaren Spezialfall, nämlich eine Dirichletsche Randwertaufgabe für die inhomogene Schwingungsgleichung. Wir gehen von folgender klassischer Problemstellung aus:

1 Wir wenden uns hier an mathematisch besonders interessierte Leser

**(*K P*)**: Gesucht ist eine in einem Gebiet $\Omega \subset \mathbb{R}^n$ zweimal stetig differenzierbare und in $\overline{\Omega} = \Omega \cup \partial\Omega$ stetige Funktion $u$ mit

$$\begin{cases} -\Delta u + u = f & \text{in } \Omega; \\ u = 0 & \text{auf } \partial\Omega. \end{cases} \tag{10.1}$$

Dabei sind $f$ und $\Omega$ (mit geeigneten Eigenschaften) vorgegeben.

**Bemerkung**: Die Beschränkung auf Probleme mit homogener Randbedingung ($u = 0$ auf $\partial\Omega$) ist durch folgende Überlegung gerechtfertigt: Liegt ein inhomogenes Problem

$$\begin{cases} -\Delta u + u = f & \text{in } \Omega; \\ u = g & \text{auf } \partial\Omega \end{cases} \tag{10.2}$$

vor, so läßt sich dieses Problem sehr einfach auf den homogenen Fall (10.1) zurückführen, wenn $g$ eine geeignete Fortsetzung $\tilde{g}$ in $\Omega$ besitzt (s. hierzu auch Leis [101], S. 120). Ist $u$ dann eine Lösung von (10.2), so folgt mit $u_1 := u - \tilde{g}$

$$\begin{cases} -\Delta u_1 + u_1 = -\Delta u + \Delta\tilde{g} + u - \tilde{g} = (-\Delta u + u) + \Delta\tilde{g} - \tilde{g} \\ \qquad\qquad\quad = f + \Delta\tilde{g} - \tilde{g} =: \tilde{f} \quad \text{in } \Omega \\ \qquad u_1 = u - \tilde{g} = \tilde{g} - \tilde{g} = 0 \quad \text{auf } \partial\Omega. \end{cases} \tag{10.3}$$

Aus (10.2) wird somit ein homogenes Problem für $u_1$.

Wenden wir uns wieder Problem (10.1) zu. Bei beliebigem Rand $\partial\Omega$ von $\Omega$ können wir nicht erwarten, daß dieses Problem lösbar ist. Wir erweitern daher den Lösungsbegriff bzw. die Problemstellung. Hierzu stellen wir dem klassischen Problem (***K P***) das folgende *schwache Problem* gegenüber:

**(*S P*)**: Gesucht ist ein Funktional $U \in \mathring{H}_1(\Omega)$ mit

$$-\Delta U + U = F, \tag{10.4}$$

wobei $F \in L_2(\Omega)$ vorgegeben ist.[2]

Jede Lösung $U$ dieses Problems, das ein Problem im Hilbertraum $\mathring{H}_1(\Omega)$ ist, heißt eine *schwache Lösung*.

Wir entwickeln in den folgenden Abschnitten eine Theorie der schwachen Probleme und kommen dabei ohne Voraussetzungen an den Rand $\partial\Omega$ aus. Später müssen wir dann klären, in welchem Zusammenhang die so gewonnenen schwachen Lösungen mit den für den Ingenieur und Naturwissenschaftler interessanten klassischen Lösungen stehen. Mit dieser Frage beschäftigt sich die sogenannte *Regularitätstheorie* (s. Abschn. 10.4). Es zeigt sich, daß eine schwache Lösung auch eine Lösung im klassischen Sinne ist, wenn der Rand $\partial\Omega$ des Gebietes $\Omega$ und die Funktion $f$ in Problem (***K P***) hinreichend glatt sind.

Die Wahl des Hilbertraumes $\mathring{H}_1(\Omega)$ im Problem (10.4) trägt bereits der homogenen Dirichletbedingung Rechnung, wie wir in Abschnitt 10.4.2 sehen werden.

---

2 Zur Definition von $L_2(\Omega)$ und $\mathring{H}_1(\Omega)$ s. Abschn. 3.1.2 und 3.2.2

### 10.1.2 Nachweis einer schwachen Lösung

Wir definieren zunächst den Definitionsbereich $D$ des Laplace-Operators $\Delta$ durch

$$D := \{U \in \mathring{H}_1(\Omega) \mid \Delta U \in L_2(\Omega)\}. \tag{10.5}$$

Für den reellen Fall zeigen wir

**Satz 10.1:**
Zu jedem $F \in L_2(\Omega)$ gibt es ein eindeutig bestimmtes $U \in D$, das der Gleichung

$$-\Delta U + U = F \tag{10.6}$$

genügt.

**Beweis:**

(a) Existenznachweis: Es sei $F \in L_2(\Omega)$ und $V \in \mathring{H}_1(\Omega)$ beliebig. Durch

$$V \mapsto (V, F) =: \Phi(V) \quad ^3 \tag{10.7}$$

ist ein (reelles) lineares und beschränktes Funktional $\Phi$ auf dem Hilbertraum $\mathring{H}_1(\Omega)$ erklärt: Die Linearität ergibt sich unmittelbar aus der Linearität des Skalarproduktes, die Beschränktheit aufgrund der Schwarzschen Ungleichung aus

$$|\Phi(V)| = |(V, F)| \le \|F\|\|V\| \le \|F\|\|V\|_1, \quad ^4$$

da $F \in L_2(\Omega)$ und daher $\|F\| < \infty$ ist.

Nun erfolgt der entscheidende Beweisschritt: Nach dem Rieszschen Darstellungssatz (s. Abschn. 2.1.5) gibt es ein $U \in \mathring{H}_1(\Omega)$ mit

$$\Phi(V) = (V, F) = (V, U)_1 \quad \text{für alle } V \in \mathring{H}_1(\Omega). \tag{10.8}$$

Wir werden sehen, daß $U$ gerade die gesuchte schwache Lösung ist. Hierzu formen wir (10.8) zunächst um: Es gilt aufgrund der Definition von $(\,.\,,\,.\,)_1$

$$(V, F) = (V, U)_1 = (V, U) + \sum_{i=1}^{n} \left( \frac{\partial}{\partial x_i} V, \frac{\partial}{\partial x_i} U \right) \quad \text{für alle } V \in \mathring{H}_1(\Omega). \tag{10.9}$$

(10.9) gilt insbesondere für $V = v \in C_0^\infty(\Omega)$. (Wir beachten: $C_0^\infty(\Omega) \subset \mathring{H}_1(\Omega)$, s. Abschn. 3.1.3). Wenn wir dann $U \in \mathring{H}_1(\Omega)$ durch eine Folge $\{u_k\}$ aus $C_0^\infty(\Omega)$ approximieren: $\|U - u_k\|_1 \to 0$ für $k \to \infty$ und mit dem Satz von Gauß umformen, so erhalten wir für die

3 Hier ist das Skalarprodunkt in $L_2(\Omega)$ gemeint (s. Abschn. 3.1)

4 Die Normen $\|\,.\,\|$ in $L_2(\Omega)$ bzw $\|\,.\,\|_1$ in $\mathring{H}_1(\Omega)$ sind in Abschn. 3.1.2 bzw. 3.2.1 erklärt

letzte Summe in (10.9)

$$\sum_{i=1}^{n}\left(\frac{\partial}{\partial x_i}v,\frac{\partial}{\partial x_i}U\right)=\lim_{k\to\infty}\sum_{i=1}^{n}\left(\frac{\partial}{\partial x_i}v,\frac{\partial}{\partial x_i}u_k\right)$$
$$=\lim_{k\to\infty}\sum_{i=1}^{n}\int\frac{\partial v}{\partial x_i}\frac{\partial u_k}{\partial x_i}\,\mathrm{d}x=-\lim_{k\to\infty}\int\Delta v\cdot u_k\,\mathrm{d}x=-(U,\Delta v)\,.$$

Mit Folgerung 3.1, Abschnitt 3.1.3 und Definition 3.4, Abschnitt 3.1.6 (Differentiation in $L_2(\Omega)$) folgt hieraus

$$\sum_{i=1}^{n}\left(\frac{\partial}{\partial x_i}v,\frac{\partial}{\partial x_i}U\right)=-U(\Delta v)=-(\Delta U)v\,. \tag{10.10}$$

Der Ausdruck links in (10.9) lautet für $V=v\in C_0^\infty(\Omega)$, wenn wir wieder Folgerung 3.1 anwenden (reeller Fall!)

$$(V,F)=(v,F)=(F,v)=Fv\,,$$

und für $(V,U)$ können wir entsprechend $Uv$ schreiben. Insgesamt ergibt sich damit aus (10.9)

$$Fv=Uv-(\Delta U)v \quad \text{für alle } v\in C_0^\infty(\Omega)$$

und daher auch

$$F=U-\Delta U\,.$$

$U$ erfüllt also Gleichung (10.6). Wegen $U\in\mathring{H}_1(\Omega)$ gilt insbesondere $U\in L_2(\Omega)$, und wegen $F\in L_2(\Omega)$ folgt daher $\Delta U=U-F\in L_2(\Omega)$, d.h. $U\in D$.

(b) Eindeutigkeitsnachweis: Wir nehmen an, $U_1$ und $U_2$ seien Lösungen von (10.6) in $D$. Setzen wir $U:=U_1-U_2$ so gilt: $U\in D$ ($D$ ist ein linearer Raum!) und $-\Delta U+U=0$. Nach Übung 10.1 erhalten wir

$$(U,\Delta U)=-\sum_{i=1}^{n}\left(\frac{\partial}{\partial x_i}U,\frac{\partial}{\partial x_i}U\right)=-\sum_{i=1}^{n}\left\|\frac{\partial}{\partial x_i}U\right\|^2\le 0\,. \tag{10.11}$$

Andererseits gilt wegen $\Delta U=U$

$$(U,\Delta U)=(U,U)=\|U\|^2\ge 0\,.$$

Beide Ungleichungen zusammen ergeben $\|U\|=0$, also $U=0$, d.h. $U_1=U_2$. Damit ist alles bewiesen. □

Mit Hilfe des Rieszschen Darstellungssatzes konnten wir also auf recht einfache und elegante Weise eine eindeutig bestimmte Lösung des schwachen Dirichletproblems $(\boldsymbol{SP})$ nachweisen.

### 10.1.3 Ein äquivalentes schwaches Problem

Wir haben im Beweis von Satz 9.1 gesehen, daß es zu $F \in L_2(\Omega)$ ein $U \in \mathring{H}_1(\Omega)$ gibt, mit

$$(V, F) = (V, U)_1 \quad \text{für alle } V \in \mathring{H}_1(\Omega) \tag{10.12}$$

(s. (10.9)). Aus dem Bestehen dieser Beziehung haben wir gefolgert: $U \in D$ und $-\Delta U + U = F$. Ist umgekehrt $V \in \mathring{H}_1(\Omega)$ beliebig und $U \in D$ mit $-\Delta U + U = F$ (also $F \in L_2(\Omega)$), so ergibt sich wie beim Nachweis von (10.11)

$$(V, -\Delta U) = \sum_{i=1}^{n} \left( \frac{\partial}{\partial x_i} V, \frac{\partial}{\partial x_i} U \right)$$

und hieraus, wegen $-\Delta U = F - U$

$$(V, F) = (V, U) + \sum_{i=1}^{n} \left( \frac{\partial}{\partial x_i} V, \frac{\partial}{\partial x_i} U \right) = (V, U)_1 .$$

Damit ist gezeigt:

**Satz 10.2:**

Für $F \in L_2(\Omega)$ und $U \in D$ sind die Gleichungen

$$-\Delta U + U = F \tag{10.13}$$

und

$$(V, F) = (V, U)_1 \quad \text{für alle } V \in \mathring{H}_1(\Omega) \tag{10.14}$$

äquivalent.

**Bemerkung**: Die Version (10.14) des schwachen Dirichletproblems stellt eine besonders zweckmäßige und verallgemeinerungsfähige »Übersetzung von (10.13) in die Sprache der Hilberträume« dar und ist für den Einsatz von Hilfsmitteln aus der Theorie der Hilberträume hervorragend geeignet. Auch ist sie für die numerische Lösungsbestimmung von Bedeutung (s. Abschn. 5.5). Ein Vergleich des Problems (10.14) mit dem Variationsproblem (5.243), Abschnitt 5.5.3 zeigt, daß (10.14) eine Verallgemeinerung von (5.243) darstellt. (Wir beachten, daß sich (5.243) in der Form

$$(h, f) = (h, u)_1 \quad \text{für alle } h \in C^2(\overline{\Omega}; R_1, 0)$$

schreiben läßt.)

Wir wollen die obige Vorgehensweise im Folgenden auf allgemeine Randwertprobleme übertragen.

## 10.2 Das schwache Dirichletproblem für lineare elliptische Differentialgleichungen

Es sei $\Omega$ wieder eine beliebige offene Menge in $\mathbb{R}^n$; $p = (p_1, \dots, p_n)$ und $q = (q_1, \dots, q_n)$ seien Multiindizes ($p_j, q_j \in \mathbb{N}_0$), $|p| = p_1 + \dots + p_n$, $|q| = q_1 + \dots + q_n$ und $D^p = \frac{\partial^{p_1}}{\partial x_1^{p_1}} \cdots \frac{\partial^{p_n}}{\partial x_n^{p_n}}$ (vgl. Abschn. 3.1.6).

Jeder lineare Differentialoperator $L$ in $\Omega$ der Ordnung $2m$ ($m \in \mathbb{N}$) läßt sich kurz und elegant in der Form

$$L[u] = \sum_{|p|,|q| \le m} (-1)^{|p|} D^p (a_{pq} D^q u) \tag{10.15}$$

mit geeigneten Koeffizienten $a_{pq}(x)$ schreiben.

**Beispiel 10.1:**

Durch

$$L[u](\boldsymbol{x}) := \sum_{i,k=1}^{n} \alpha_{ik}(\boldsymbol{x}) \frac{\partial^2}{\partial x_i \partial x_k} u(\boldsymbol{x}) + \sum_{i=1}^{n} \beta_i(\boldsymbol{x}) \frac{\partial}{\partial x_i} u(\boldsymbol{x}) + \gamma(\boldsymbol{x}) u(\boldsymbol{x}), \quad \boldsymbol{x} \in \Omega \subset \mathbb{R}^n$$

ist in $\Omega$ ein linearer Differentialoperator $2-ter$ Ordnung gegeben. (Setze $m = 1$ in (10.15)! Welcher Zusammenhang besteht zwischen den Koeffizienten von (10.15) und denen des Beispiels?)

### 10.2.1 Das klassische Dirichletproblem

Beim *klassischen Dirichletproblem* (***KP***) ist bei vorgegebener Funktion $f \in C(\overline{\Omega})$, $\overline{\Omega} = \Omega \cup \partial\Omega$ eine in $\Omega$ $2m$-mal stetig differenzierbare und in $\overline{\Omega}$ $(m-1)$-mal stetig differenzierbare Funktion $u$ zu bestimmen mit

$$\begin{cases} L[u] = f \quad \text{in } \Omega\,; \\ u = 0\,,\ \dfrac{\partial u}{\partial n} = 0\,, \dots,\ \left(\dfrac{\partial}{\partial n}\right)^{m-1} u = 0 \quad \text{auf } \partial\Omega \end{cases} \tag{10.16}$$

Dabei ist $\frac{\partial u}{\partial n}$ die Richtungsableitung von $u$ in Richtung der Normalen $n$ auf $\partial\Omega$ (s. Bd. I, Abschn. 6.3.3); $\left(\frac{\partial}{\partial n}\right)^k u$ ($k = 2, \dots, m-1$) bezeichnet entsprechend die höheren Richtungsableitungen von $u$.[5]

5 Zur Beschränkung auf den Fall einer homogenen Dirichletbedingung s. Bemerkung in Abschn. 9.1.1

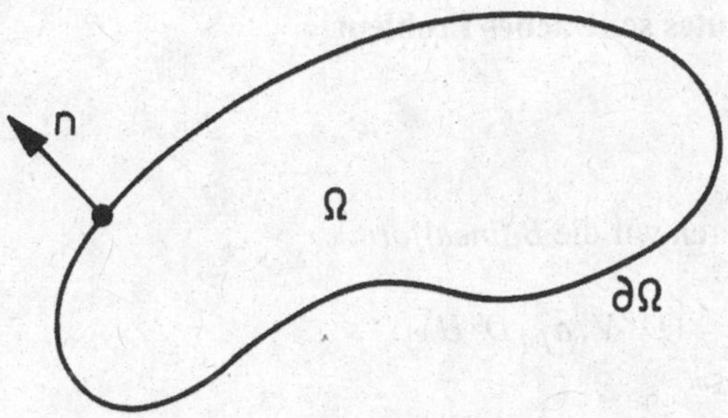


Fig 10.1: Zum Dirichletproblem

Im wichtigen *Spezialfall* $m = 1$, also bei Differentialgleichungen 2-ter Ordnung, lautet unser Problem anstelle von (10.16) etwas vertrauter

$$\begin{cases} L[u] = f & \text{in } \Omega\,; \\ u = 0 & \text{auf } \partial\Omega\,. \end{cases} \tag{10.17}$$

Um zu Lösungen der klassischen Dirichletprobleme $(\boldsymbol{KP})$ zu kommen, müssen die Koeffizienten $a_{pq}(x)$ von $L$ gewisse Differenzierbarkeitsvoraussetzungen erfüllen, ebenso die Funktion $f$. Außerdem muß der Rand $\partial\Omega$ von $\Omega$ hinreichend glatt sein.

## 10.2.2 Das schwache Dirichletproblem

Wir setzen voraus, daß die Koeffizienten $a_{pq}(x)$ des Differentialoperators $L$ in $\Omega$ stetig und beschränkt sind, d.h. $a_{pq} \in C_b(\Omega)$. Nach Definition von $H_m(\Omega)$ gilt für $U \in H_m(\Omega)$: $D^q U \in L_2(\Omega)$ für $|q| \leq m$, und Hilfssatz 3.3, Abschnitt 3.1.5 garantiert uns: $a_{pq} D^q U \in L_2(\Omega)$. Daher läßt sich $D^p(a_{pq} D^q U)$ im Sinne von Definition 3.4, (3.45), Abschnitt 3.1.6 erklären:

$$\left[D^p(a_{pq} D^q U)\right]\varphi = (-1)^{|p|}(a_{pq} D^q U)(D^p\varphi) \quad \text{für } \varphi \in C_0^\infty(\Omega)\,. \tag{10.18}$$

Ersetzen wir in (10.15) $u$ durch $U \in H_m(\Omega)$, so entsteht also ein sinnvoller Ausdruck, und die $L[u] = f$ entsprechende verallgemeinerte Gleichung $L[U] = F$ ergibt für $F \in L_2(\Omega)$ ebenfalls einen Sinn. Der Dirichletschen Randbedingung werden wir bei der schwachen Problemstellung dadurch gerecht, daß wir zum Unterraum $\mathring{H}_m(\Omega)$ von $H_m(\Omega)$ übergehen (vgl. Abschn. 10.1.1).

Wir formulieren nun das schwache Dirichletproblem für $L$:

$(\boldsymbol{SP})$ Es seien $a_{pq} \in C_b(\Omega)$ und $F \in L_2(\Omega)$ vorgegeben. Zu bestimmen ist ein $U \in \mathring{H}_m(\Omega)$ mit

$$L[U] = \sum_{|p|,|q| \leq m} (-1)^{|p|} D^p(a_{pq} D^q U) = F\,. \tag{10.19}$$

Den Definitionsbereich von $L$ legen wir in Abschnitt 10.2.6 genauer fest.

### 10.2.3 Ein äquivalentes schwaches Problem

Für $U, V \in H_m(\Omega)$ führen wir die *Bilinearform*

$$B(V, U) := \sum_{|p|,|q|\leq m} (D^p V, a_{pq} D^q U) \tag{10.20}$$

ein, wobei auf der rechten Seite von (10.20) das Skalarprodukt in $L_2(\Omega)$ zu verstehen ist. Die Bezeichnung Bilinearform rührt daher, daß $B(V, U)$ im reellen Fall sowohl bezüglich $V$ als auch bezüglich $U$ linear ist. Im komplexen Fall ist $B(V, U)$ bezüglich $V$ linear und bezüglich $U$ *antilinear*, d.h. für $V, U, U_1, U_2 \in H_m(\Omega)$ und $\lambda \in \mathbb{C}$ gilt

$$B(V, U_1 + U_2) = B(V, U_1) + B(V, U_2)\,, \quad B(V, \lambda U) = \overline{\lambda} B(V, U)\,.$$

$B$ spielt bei unseren weiteren Überlegungen eine wichtige Rolle. Ist insbesondere $u, v \in C_0^m(\Omega)$, so lautet die entsprechende Bilinearform, wenn wir (3.28), Abschnitt 3.1.3 beachten:

$$B(v, u) = \sum_{|p|,|q|\leq m} \int D^p v \cdot \overline{a_{pq} D^q u}\, dx = \sum_{|p|,|q|\leq m} \int \overline{a_{pq}} D^p v \cdot D^q \overline{u}\, dx\,. \tag{10.21}$$

Wir wollen nun eine zu (10.14), Abschnitt 10.1.3 entsprechende Gleichung für unser Problem **(*SP*)** herleiten. Hierzu sei $U \in \overset{\circ}{H}_m(\Omega)$ mit $L[U] = F$, und $V \in \overset{\circ}{H}_m(\Omega)$ sei beliebig. Wie in Satz 9.2, Abschnitt 10.1.3 betrachten wir das Skalarprodukt $(V, F)$: Da $V \in \overset{\circ}{H}_m(\Omega)$ ist, gibt es eine Folge $\{v_k\}$ in $C_0^\infty(\Omega)$ mit $\|V - v_k\|_m \to 0$ für $k \to \infty$. Nach Folgerung 3.1, Abschnitt 3.1.3 gilt daher

$$(V, F) = \lim_{k\to\infty} \overline{(F, v_k)} = \lim_{k\to\infty} \overline{F\overline{v}_k}\,. \tag{10.22}$$

Wegen (10.19) gilt

$$\overline{F\overline{v}_k} = \sum_{|p|,|q|\leq m} (-1)^{|p|} \overline{[D^p(a_{pq} D^q U)]\overline{v}_k}\,,$$

so daß aus (10.22), (10.18) und Folgerung 3.1

$$(V, F) = \lim_{k\to\infty} \sum_{|p|,|q|\leq m} \overline{(a_{pq} D^q U)(D^p \overline{v}_k)} = \sum_{|p|,|q|\leq m} (D^p V, a_{pq} D^q U)$$

folgt. Hieraus und aus (10.20) erhalten wir die Beziehung

$$B(V, U) = (V, F) \quad \text{für alle } V \in \overset{\circ}{H}_m(\Omega)\,. \tag{10.23}$$

Sei nun umgekehrt (10.23) für jedes $V \in \overset{\circ}{H}_m(\Omega)$, für $U \in H_m(\Omega)$ und $F \in L_2(\Omega)$ erfüllt. Für beliebiges $V = \overline{\varphi}$, $\varphi \in C_0^\infty(\Omega)$ gilt dann insbesondere, wenn wir (10.19), (10.18), (10.20) und

Folgerung 3.1 verwenden:

$$L[U]\varphi = \sum_{|p|,|q|\le m} (-1)^{|p|}[D^p(a_{pq}D^q U)]\varphi = \sum_{|p|,|q|\le m} (a_{pq}D^q U)(D^p\varphi)$$
$$= \sum_{|p|,|q|\le m} \overline{(D^p\overline{\varphi}, a_{pq}D^q U)} = \overline{B(\overline{\varphi}, U)} = \overline{(\overline{\varphi}, F)} = F\varphi\,.$$

Hieraus ergibt sich $L[U] = F$. Damit ist bewiesen:

**Satz 10.3:**
Es sei $L$ der in Abschnitt 10.2.2 erklärte Differentialoperator mit in $\Omega$ stetigen und beschränkten Koeffizienten. Ferner seien $U \in \mathring{H}_m(\Omega)$ und $F \in L_2(\Omega)$. Dann sind die Gleichungen

$$L[U] = F \tag{10.24}$$

und

$$B(V, U) = (V, F) \quad \text{für alle } V \in \mathring{H}_m(\Omega) \tag{10.25}$$

äquivalent.

**Bemerkung**: Ein Vergleich von (10.25) und (10.14), Abschnitt 10.1.3 zeigt, daß im Falle des allgemeinen Differentialoperators $L$ die Bilinearform $B(V, U)$ anstelle des Ausdruckes $(V, U)_1$ bei der inhomogenen Schwingungsgleichung $-\Delta U + U = F$ auftritt. Die Formulierung (10.25) ist grundlegend für moderne *numerische Lösungsverfahren* (s. z.B. Hackbusch [66], Kap. 8).

### 10.2.4 Schwache Lösungen bei strikt positiven elliptischen Differentialoperatoren

Um zu Lösungen des schwachen Dirichletproblems zu kommen, müssen wir einige Anforderungen an den Differentialoperator $L$ stellen. Wir verlangen wie bisher

(i) Die Koeffizienten $a_{pq}(x)$ von $L$ seien in $\Omega$ stetig und beschränkt: $a_{pq} \in C_b(\Omega)$ und zusätzlich

(ii) Es existiere eine Konstante $c > 0$ mit

$$|B(\varphi, \varphi)| \ge c\|\varphi\|_m^2 = c \sum_{|p|\le m} \int |D^p\varphi|^2 \,\mathrm{d}x \quad \text{für alle } \varphi \in C_0^\infty(\Omega)\,. \tag{10.26}$$

(Zur Definition von $B$ s. (10.20) bzw. (10.21), Abschn. 10.2.3)

Differentialoperatoren $L$, die auch (ii) erfüllen, nennt man *strikt positiv elliptisch.*

**Beispiel 10.2:**
Der in Abschnitt 10.1.1 auftretende Operator $L = -\Delta + I$ ($I$: Identitätsoperator) ist strikt positiv elliptisch: Alle von Null verschiedenen Koeffizienten sind entweder $+1$

oder $-1$ und nur für $p = q$ ungleich Null, und es gilt

$$|B(\varphi,\varphi)| = \left|\sum_{|p|,|q|\le m} \int \overline{a_{pq}} D^p\varphi \cdot D^q\overline{\varphi}\,\mathrm{d}x\right| = 1\cdot\left|\sum_{|p|\le m}\int D^p\varphi\cdot D^p\overline{\varphi}\,\mathrm{d}x\right|$$

$$= 1\cdot\sum_{|p|\le m}\int D^p\varphi\cdot\overline{D^p\varphi}\,\mathrm{d}x = 1\cdot\sum_{|p|\le m}\int |D^p\varphi|^2\,\mathrm{d}x\,,$$

d.h. (10.26) ist mit $c = 1$ erfüllt.

Aufgrund von Satz 9.3, Abschnitt 10.2.3 können wir anstelle des schwachen Dirichletproblems $(\boldsymbol{SP})$ das folgende äquivalente Problem betrachten:

$(\widetilde{\boldsymbol{SP}})$: Es sei $F \in L_2(\Omega)$ vorgegeben. Gesucht ist ein Funktional $U \in \mathring{H}_m(\Omega)$ mit

$$B(V, U) = (V, F) \quad \text{für alle } V \in \mathring{H}_m(\Omega)\,. \tag{10.27}$$

Wir zeigen

**Satz 10.4:**
Es sei $L$ ein strikt positiver elliptischer Differentialoperator mit in $\Omega$ stetigen und beschränkten Koeffizienten. Dann besitzt das schwache Dirichletproblem $(\widetilde{\boldsymbol{SP}})$ und damit auch $(\boldsymbol{SP})$ eine eindeutig bestimmte Lösung.

**Beweis:**
Wenden wir die Schwarzsche Ungleichung auf Gleichung (10.20), Abschnitt 10.2.3 an, so erhalten wir für $G, V \in H_m(\Omega)$

$$|B(G,V)| \le \sum_{|p|,|q|\le m} |(D^pG, a_{pq}D^qV)| \le \sum_{|p|,|q|\le m} \|D^pG\|\|a_{pq}D^qV\|\,.$$

Wegen Hilfssatz 3.3, Abschnitt 3.1.5 (wir beachten: $a_{pq} \in C_b(\Omega)$!) folgt hieraus mit der Konstanten

$$k := \sum_{|p|,|q|\le m} \sup_{x\in\Omega} |a_{pq}(x)| \tag{10.28}$$

die Abschätzung

$$|B(G,V)| \le k\|G\|_m\|V\|_m \quad \text{für } G, V \in \mathring{H}_m(\Omega)\,. \tag{10.29}$$

Nach (ii), Formel (10.26) gilt

$$|B(\varphi,\varphi)| \ge c\|\varphi\|_m^2 \quad \text{für } \varphi \in C_0^\infty(\Omega)\,. \tag{10.30}$$

Da $(C_0^\infty(\Omega), \|\,.\,\|_m)$ dicht in $\mathring{H}_m(\Omega)$ ist (s. Abschn. 3.2.2), können wir (10.30) auch für $G \in \mathring{H}_m(\Omega)$ nachweisen. Hierzu wählen wir eine Folge $\{g_k\}$ in $C_0^\infty(\Omega)$ mit $\|G - g_k\|_m \to 0$ für

$k \to \infty$. Dies hat $\|g_k\|_m \to \|G\|_m$ für $k \to \infty$ zur Folge (warum?). Beachten wir die Stetigkeit von $B$ bezüglich beider Variablen aus $H_m(\Omega)$, so erhalten wir aus $|B(g_k, g_k)| \geq c\|g_k\|_m^2$ durch Grenzübergang $k \to \infty$

$$|B(G, G)| \geq c\|G\|_m^2 \quad \text{für } G \in \mathring{H}_m(\Omega)\,. \tag{10.31}$$

Aufgrund von (10.29) und (10.31) sind die Voraussetzungen des Satzes von Lax-Milgram[6] für den Hilbertraum $\mathring{H}_m(\Omega)$ erfüllt. Demnach gibt es zu jedem $G \in \mathring{H}_m(\Omega)$ ein $U \in \mathring{H}_m(\Omega)$ mit

$$B(V, U) = (V, G)_m \quad \text{für } V \in \mathring{H}_m(\Omega)\,. \tag{10.32}$$

Nun betrachten wir, analog zum Beweis von Satz 9.1, Abschnitt 10.1.2, die Abbildung

$$V \mapsto (V, F) =: \Phi(V)\,, \tag{10.33}$$

für die nach der Schwarzschen Ungleichung

$$|\Phi(V)| = |(V, F)| \leq \|F\|\|V\| \leq \|F\|\|V\|_m$$

gilt. $\Phi$ ist also ein beschränktes lineares Funktional auf dem Hilbertraum $\mathring{H}_m(\Omega)$. Nach dem Rieszschen Darstellungssatz (s. Abschn. 2.1.5) gibt es somit ein $\tilde{G} \in \mathring{H}_m(\Omega)$ mit

$$(V, F) = (V, \tilde{G})_m \quad \text{für } V \in \mathring{H}_m(\Omega)\,. \tag{10.34}$$

Nun setzen wir in (10.32) $G := \tilde{G}$ und bezeichnen das entsprechende Funktional aus $\mathring{H}_m(\Omega)$ wieder mit $U$. Für dieses $U$ gilt dann wegen (10.34)

$$B(V, U) = (V, F) \quad \text{für } V \in \mathring{H}_m(\Omega)\,,$$

d.h. $U$ löst unser Problem $(\widetilde{SP})$ und damit auch $(SP)$.

Zum Eindeutigkeitsnachweis nehmen wir an, $U_1$ sei eine weitere Lösung von $(SP)$. Da $L$ linear ist, gilt $L[U - U_1] = L[U] - L[U_1] = F - F = 0$ und wegen Satz 9.3, Abschn. 10.2.3

$$B(V, U - U_1) = (V, 0) = 0 \quad \text{für alle } V \in \mathring{H}_m(\Omega)\,,$$

also insbesondere auch für $V = U - U_1$. Wir erhalten dann mit (10.31)

$$0 = |B(U - U_1, U - U_1)| \geq c\|U - U_1\|_m^2$$

oder $\|U - U_1\|_m = 0$, also $U_1 = U$. Damit ist der Satz bewiesen. □

### 10.2.5 Schwache Lösungen bei gleichmäßig elliptischen Differentialoperatoren

In einem nächsten Schritt betrachten wir eine allgemeinere Klasse von Differentialoperatoren: Wir ersetzen Bedingung (ii) an $L$ im vorhergehenden Abschnitt durch die schwächere Forderung:

6 Dieser Satz stellt eine Verallgemeinerung des Rieszschen Darstellungssatzes dar und findet sich im Anhang (Satz A.2)

(iii) Es existieren Konstanten $c_2 > 0$ und $c_3 \geq 0$ mit

$$\operatorname{Re} B(\varphi, \varphi) \geq c_2\|\varphi\|_m^2 - c_3\|\varphi\|^2 \quad \text{für } \varphi \in C_0^\infty(\Omega)\,. \tag{10.35}$$

Dabei bezeichnet Re wie üblich den Realteil des entsprechenden Ausdrucks.
**Bemerkung**: Man nennt (10.35) die Gårdingsche Ungleichung. Es läßt sich zeigen (s. z.B. Agmon [1], Sec. 7, Theorem 7.6), daß die Gårdingsche Ungleichung für in $\Omega$ *gleichmäßig elliptische Differentialoperatoren* erfüllt ist. Das sind solche Differentialoperatoren $L$, für die es eine Konstante $c > 0$ gibt mit

$$\operatorname{Re} \sum_{|p|,|q|=m} a_{pq}(x)\xi^{p+q} \geq c|\xi|^{2m} \tag{10.36}$$

für alle $x \in \Omega$ und $\xi \in \mathbb{R}^n$, wobei die Koeffizienten $a_{pq}$ in $\Omega$ stetig und beschränkt sind (s. (i), Abschn. 10.2.4) und zusätzlich für $|p| = |q| = m$ in $\Omega$ gleichmäßig stetig sind.

**Beispiel 10.3:**

Der Differential-Operator

$$L := -\Delta + \lambda I \quad (I\text{: Identitätsoperator})$$

ist für alle $\lambda \in \mathbb{C}$ ($\lambda$ fest) ein in $\Omega = \mathbb{R}^n$ gleichmäßig elliptischer Differentialoperator. (Zeigen!)

Den *Spezialfall* $c_3 = 0$ in (10.35) können wir durch den vorhergehenden Abschnitt als erledigt ansehen (s. Satz 9.4).

Der *allgemeine Fall* $c_3 > 0$ erfordert einen deutlich größeren Aufwand. Auch haben wir es mit einem anderen Lösungsverhalten zu tun. Wir gehen wie folgt vor: Anstelle von $L$ betrachten wir den um $\lambda \in \mathbb{C}$ verschobenen Differentialoperator

$$(L + \lambda)[U] := L[U] + \lambda U\,. \tag{10.37}$$

Die zugehörige Bilinearform bezeichnen wir mit $B + \lambda$. Aus der Definition von $B$ (s. (10.20), Abschn. 10.2.3) folgt

$$(B + \lambda)(V, U) = B(V, U) + \overline{\lambda}(V, U)\,, \tag{10.38}$$

und aufgrund der Gårdingschen Ungleichung (10.35) gilt

$$\operatorname{Re}(B + \lambda)(\varphi, \varphi) \geq c_2\|\varphi\|_m^2 + (\operatorname{Re}\lambda - c_3)\|\varphi\|^2 \quad \text{für } \varphi \in C_0^\infty(\Omega)\,. \tag{10.39}$$

Hieraus ergibt sich für $\operatorname{Re}\lambda \geq c_3$

$$|(B + \lambda)(\varphi, \varphi)| \geq |\operatorname{Re}(B + \lambda)(\varphi, \varphi)| \geq c_2\|\varphi\|_m^2 \quad \text{für } \varphi \in C_0^\infty(\Omega)\,,$$

so daß Bedingung (ii) in Abschnitt 10.2.4 erfüllt ist. Satz 9.4 garantiert uns dann für jedes $F \in L_2(\Omega)$ die eindeutige Lösbarkeit der Gleichung $(L + \lambda)[U] = F$ für $\operatorname{Re}\lambda \geq c_3$. Insbesondere gibt es im Spezialfall $\lambda = c_3$ zu jedem $F \in L_2(\Omega)$ ein eindeutig bestimmtes $G \in \mathring{H}_m(\Omega)$: $F \mapsto G =: KF$, mit

$$(L + c_3)[KF] = F \tag{10.40}$$

und

$$(B + c_3)(V, KF) = (V, F) \quad \text{für } V \in \mathring{H}_m(\Omega)\,. \tag{10.41}$$

Die hierdurch definierte Abbildung $K$ von $L_2(\Omega)$ in $\mathring{H}_m(\Omega)$ ist linear (warum?).

Für $U \in \mathring{H}_m(\Omega)$ sind die Gleichungen

$$L[U] = F \tag{10.42}$$

und

$$U - c_3 KU = KF \tag{10.43}$$

äquivalent. Denn: Ist $U \in \mathring{H}_m(\Omega)$ eine Lösung von $L[U] = F$, so folgt mit (10.37)

$$(L + c_3)[U] = L[U] + c_3[U] = F + c_3 U\,,$$

und (10.40) liefert $U = K(F + c_3 U)$ oder $U - c_3 KU = KF$.

Ist umgekehrt $U \in L_2(\Omega)$ eine Lösung von $U - c_3 KU = KF$, so folgt $U = K(F + c_3 U)$ und mit (10.40): $(L + c_3)[U] = F + c_3 U$ oder $L[U] = F$.

Falls $U \in L_2(\Omega)$ eine Lösung von (10.43) ist, muß notwendig $U \in \mathring{H}_m(\Omega)$ gelten, da dann $U = c_3 KU + KF$ gilt und $KU$ sowie $KF$ aus $\mathring{H}_m(\Omega)$ sind. Damit ist gezeigt:

> $U$ ist eine Lösung des schwachen Dirichletproblems $(\widetilde{SP})$ genau dann, wenn $U$ zu $L_2(\Omega)$ gehört und der Gleichung
>
> $$U - c_3 KU = KF \tag{10.44}$$
>
> genügt.

Wir haben damit unser ursprüngliches Problem auf die Behandlung von Gleichung (10.44) im Hilbertraum $L_2(\Omega)$ zurückgeführt. Für das Weitere wird sich der Fredholmsche Alternativsatz (s. Abschn. 2.2.4) als entscheidendes Hilfsmittel erweisen. Um diesen Satz anwenden zu können, brauchen wir noch mehr Informationen über den Operator $K$. Wir untersuchen daher $K$ genauer: Wie beim Beweis von Satz 9.4, Abschnitt 10.2.4 ergibt sich aus der Gårdingschen Ungleichung (s. (10.35))

$$\operatorname{Re} B(V, V) \geq c_2 \|V\|_m^2 - c_3 \|V\|^2 \quad \text{für } V \in \mathring{H}_m(\Omega) \tag{10.45}$$

und hieraus mit $\|V\|^2 = (V, V)$

$$c_2\|V\|_m^2 \le |(B + c_3)(V, V)| \quad \text{für } V \in \mathring{H}_m(\Omega). \tag{10.46}$$

Insbesondere folgt aus (10.46), wenn wir für $V$ das $\mathring{H}_m(\Omega)$-Funktional $KF$ (s.o.) einsetzen,

$$c_2\|KF\|_m^2 \le |(B + c_3)(KF, KF)|,$$

und mit (10.41) und der Schwarzschen Ungleichung erhalten wir

$$c_2\|KF\|_m^2 \le |(KF, F)| \le \|KF\|\|F\| \le \|KF\|_m\|F\|$$

oder

$$\|KF\|_m \le \frac{1}{c_2}\|F\| \quad \text{für alle } F \in L_2(\Omega). \tag{10.47}$$

Die Abbildung $K: L_2(\Omega) \mapsto \mathring{H}_m(\Omega)$ ist somit beschränkt.

Für unser weiteres Vorgehen benötigen wir

**Hilfssatz 10.1:**

(*Rellichscher Auswahlsatz*) Es sei $\Omega$ eine *beschränkte* offene Menge in $\mathbb{R}^n$ und $\{G_j\}$ eine beschränkte Folge in $\mathring{H}_1(\Omega)$. Dann enthält $\{G_j\}$ eine Teilfolge $\{G_{j_l}\}$, die in $L_2(\Omega)$ konvergiert.

**Beweis:**

s. z.B. Werner [158], Theorem 7.3.

**Bemerkung**: Die Anwendung des Rellichschen Auswahlsatzes erfordert also eine Einschränkung bezüglich $\Omega$, nämlich die Beschränktheit von $\Omega$. Diese setzen wir im Folgenden voraus.[7]

Sei nun $\{F_j\}$ eine beliebige beschränkte Folge in $L_2(\Omega)$. Aus der Beziehung (10.47) ergibt sich dann, daß $\{KF_j\}$ ein beschränkte Folge in $\mathring{H}_m(\Omega)$ — und daher insbesondere auch in $\mathring{H}_1(\Omega)$ — ist. Nach Hilfssatz 9.1 enthält $\{KF_j\}$ somit eine Teilfolge, die in $L_2(\Omega)$ konvergiert, d.h. aber nach Definition der Vollstetigkeit (s. Abschn. 2.2.1):

$K$ ist ein vollstetiger linearer Operator, der $L_2(\Omega)$ in sich abbildet.

Damit können wir den Fredholmschen Alternativsatz in Hilberträumen (s. Abschn. 2.2.4) anwenden. Zuvor benötigen wir jedoch den zu $K$ adjungierten Operator $K^*$: Wir betrachten den zu $L$ *formal adjungierten Differentialoperator*

$$L^*[U] := \sum_{|p|,|q|\le m} (-1)^{|p|} D^p(\overline{a_{qp}} D^q U) \tag{10.48}$$

7 Der Fall unbeschränkter $\Omega$ wird z.B. in Drehmann/Werner [39], behandelt.

und die *zugehörige Bilinearform*

$$B^*(V,U) := \sum_{|p|,|q|\le m} (D^p V, \overline{a_{qp}} D^q U), \tag{10.49}$$

für $U, V \in H_m(\Omega)$. Nach Übung 3.3 gilt

$$B^*(V,U) = \sum_{|p|,|q|\le m} (a_{qp} D^p V, D^q U) = \sum_{|p|,|q|\le m} \overline{(D^q U, a_{qp} D^p V)}. \tag{10.50}$$

Ein Vergleich von (10.50) und (10.20), Abschnitt 10.2.3 zeigt:

$$B^*(V,U) = \overline{B(U,V)} \quad \text{für } U, V \in H_m(\Omega). \tag{10.51}$$

Für $\varphi \in C_0^\infty(\Omega)$ folgt hieraus insbesondere (wir beachten: $C_0^\infty(\Omega) \subset H_m(\Omega)$)

$$\operatorname{Re} B^*(\varphi,\varphi) = \operatorname{Re} B(\varphi,\varphi), \tag{10.52}$$

so daß $B^*$ die Gårdingsche Ungleichung (s. (10.35), Abschn. 10.2.5) mit denselben Konstanten $c_2$ und $c_3$ erfüllt. Wie in Abschnitt 10.2.5 erhalten wir dann: Zu jedem $F \in L_2(\Omega)$ gibt es ein eindeutig bestimmtes Funktional $K_1 F \in \mathring{H}_m(\Omega)$ mit

$$(L^* + c_3)[K_1 F] = F \tag{10.53}$$

und

$$(B^* + c_3)(V, K_1 F) = (V, F) \quad \text{für } V \in \mathring{H}_m(\Omega). \tag{10.54}$$

Wir zeigen, daß $K_1$ der zu $K$ adjungierte Operator $K^*$ ist: Hierzu seien $F, G \in L_2(\Omega)$, also $KF, K_1 G \in \mathring{H}_m(\Omega)$. Wegen (10.54) und (10.51) gilt

$$(KF, G) = (B^* + c_3)(KF, K_1 G) = \overline{(B + c_3)(K_1 G, KF)},$$

und mit (10.41) folgt hieraus

$$(KF, G) = \overline{(K_1 G, F)} = (F, K_1 G) \quad \text{für } F, G \in L_2(\Omega). \tag{10.55}$$

Damit ist $K_1 = K^*$ gezeigt. Nun können wir wie bei der Herleitung von Gleichung (10.44) vorgehen und erhalten entsprechend:

$U$ ist eine Lösung des schwachen Dirichletproblems $(\widetilde{SP})$ für die Gleichung $L^*[U] = F$ genau dann, wenn $U$ zu $L_2(\Omega)$ gehört und der Gleichung

$$U - c_3 K^* U = K^* F \tag{10.56}$$

genügt.

Der Fredholmsche Alternativsatz führt uns nun rasch zum angestrebten Ziel, der Klärung der Frage nach der Lösbarkeit des schwachen Dirichletschen Problems $(\boldsymbol{SP})$. Es gilt

**Satz 10.5:**

(*Alternativsatz*) Es sei $\Omega$ eine beschränkte offene Menge in $\mathbb{R}^n$. Ferner sei $L$ ein linearer Differentialoperator mit in $\Omega$ stetigen und beschränkten Koeffizienten. Die $L$ zugeordnete Bilinearform genüge der Gårdingschen Ungleichung (10.35). (Diese ist für in $\Omega$ gleichmäßig elliptische Differentialoperatoren erfüllt!). Dann gilt *entweder*:

(a) Falls das schwache Dirichletproblem $(\boldsymbol{SP})$ für die homogene Gleichung $L[U] = 0$ nur die triviale Lösung $U = 0$ besitzt, so besitzt Problem $(\boldsymbol{SP})$ für die inhomogene Gleichung $L[U] = F$ genau eine Lösung, wie immer auch $F \in L_2(\Omega)$ vorgegeben wird.

*oder*:

(b) Die Probleme $(\boldsymbol{SP})$ für die Gleichungen $L[U] = 0$ und $L^*[U] = 0$ besitzen höchstens endlich viele linear unabhängige Lösungen von gleicher Anzahl.

*und*:

(c) Das Problem $(\boldsymbol{SP})$ für die Gleichung $L[U] = F$ ist genau dann lösbar, wenn

$$(V, F) = 0 \tag{10.57}$$

für alle Lösungen $V$ des Problems $(\boldsymbol{SP})$ für die Gleichung $L^*[V] = 0$ erfüllt ist

**Bemerkung**: Für den Fall, daß Problem $(\boldsymbol{SP})$ für $L[U] = 0$ nichttriviale Lösungen besitzt, kann $F \in L_2(\Omega)$ also nicht mehr beliebig vorgegeben werden. Nur für solche $F$, die (10.57) erfüllen, erhalten wir Lösungen. Diese sind nicht mehr eindeutig bestimmt: Ist $U_0$ irgendeine Lösung von $(\boldsymbol{SP})$ von $L[U] = F$, so sind durch

$$\tilde{U}_1 := U_0 + \sum_{j=1}^{r} \alpha_j U_j\,, \quad \alpha_j \in \mathbb{C} \text{ beliebig} \tag{10.58}$$

ebenfalls Lösungen dieser Gleichung gegeben, wenn $U_j$ $(j = 1, \ldots, r)$ die (endlich vielen) linear unabhängigen Lösungen von $(\boldsymbol{SP})$ für $L[U] = 0$ sind.

**Beweis:**

von Satz 9.5 (a) und (b) sind unmittelbare Konsequenzen aus dem Fredholmschen Alternativsatz (s. Abschn. 2.2.4).

(c) Die Probleme $(\boldsymbol{SP})$ für $L[U] = F$ und für $U - c_3 KU = KF$ sind nach unseren obigen Überlegungen äquivalent und daher nach dem Fredholmschen Alternativsatz genau dann lösbar, wenn $(V, KF) = 0$ für alle $V \in L_2(\Omega)$ mit $V - c_3 K^* V = 0$ gilt. Wegen

$$(V, KF) = (K^* V, F) = \frac{1}{c_3}(V, F) \quad (c_3 \neq 0)$$

ist diese Bedingung gleichbedeutend mit $(V, F) = 0$. Der Fall $c_3 = 0$ ist bereits durch Satz 9.4, Abschnitt 10.2.4 erledigt, so daß alles bewiesen ist. □

### 10.2.6 Eigenwerte und -elemente des schwachen Dirichletproblems

Die Betrachtungen des letzten Abschnittes bieten uns die Möglichkeit, das schwache Dirichletproblem **(*SP*)** auch für die Gleichung

$$L[U] - \lambda U = 0\,, \quad \lambda \in \mathbb{C} \tag{10.59}$$

bei beschränktem $\Omega \subset \mathbb{R}^n$ zu diskutieren. Dieses *Eigenwertproblem* ist nach Abschnitt 10.2.5 äquivalent zum Eigenwertproblem

$$U - (\lambda + c_3)KU = 0 \tag{10.60}$$

in $L_2(\Omega)$. Wir setzen nun zusätzlich für die Koeffizienten $a_{pq}$ des Differentialoperators $L$ voraus, daß

$$a_{pq} = \overline{a_{qp}} \quad \text{für } 0 \le |p| \le m\,,\ 0 \le |q| \le m \tag{10.61}$$

erfüllt ist. Aus der Definition des zu $L$ adjungierten Operators $L^*$ (s. (10.48), Abschn. 10.2.5) ersehen wir, daß dann

$$L^* = L$$

gilt: Man nennt in diesem Fall $L$ einen *formal selbstadjungierten Operator*. Da $L = L^*$ ist, gilt auch $K = K^*$, d.h. $K$ ist ein vollstetiger, selbstadjungierter Operator. Ist $B$ die durch (10.20), Abschnitt 10.2.3 erklärte Bilinearform, so gilt nach der Gårdingschen Ungleichung (10.35), Abschnitt 10.2.5 für $\lambda \le -c_3$ und $\varphi \in C_0^\infty(\Omega)$

$$|(B - \lambda)(\varphi, \varphi)| \ge c_2 \|\varphi\|_m^2 - (c_3 + \lambda)\|\varphi\|^2 \ge c_2 \|\varphi\|_m^2\,,$$

und Satz 9.4, Abschnitt 10.2.4 liefert: Problem **(*SP*)** für die Gleichung $L[U] - \lambda U = 0$ hat für $\lambda \le -c_3$ nur die triviale Lösung $U = 0$. Zusammen mit den Ergebnissen von Abschnitt 2.3.1 ergibt sich daher, daß die Eigenwerte von **(*SP*)** alle reell sind, nur endlich oder abzählbar unendlich viele Eigenwerte auftreten können, die alle endliche Vielfachheit haben und im Intervall $(-c_3, \infty)$ liegen. Außerdem gibt es ein Orthonormalsystem (ONS) von Eigenelementen $U_1, U_2, \dots$ von **(*SP*)**, so daß jedes Element $KF$ mit $F \in L_2(\Omega)$ in $L_2(\Omega)$ die Fourierentwicklung

$$KF = \sum_i (KF, U_i) U_i \tag{10.62}$$

besitzt.

Nun wählen wir als Definitionsbereich des Differentialoperators $L$ die Menge

$$D := \{V \in \mathring{H}_m(\Omega) \mid L[V] \in L_2(\Omega)\} \tag{10.63}$$

(vgl. hierzu auch (10.5), Abschn. 10.1.2). Für $V \in D$ und $(L + c_3)[V] =: F$ gilt dann

$$F = (L + c_3)[V] = L[V] + c_3 V \in L_2(\Omega)$$

und nach Definition von $K$ (s. Abschn. 10.2.5): $V = KF$. Umgekehrt folgt für $V = KF$ mit $F \in L_2(\Omega)$: $V \in \mathring{H}_m(\Omega)$ und nach (10.40), Abschnitt 10.2.5: $(L+c_3)[V] = (L+c_3)[KF] = F$ oder $L[V] = F - c_3 V \in L_2(\Omega)$. Wir erhalten damit:

$V \in L_2(\Omega)$ läßt sich in der Form $V = KF$ mit $F \in L_2(\Omega)$ dann und nur dann darstellen, wenn $V \in D$ ist.

Ersetzen wir die Bedingung (i) an die Koeffizienten $a_{pq}$ von $L$ (s. Abschn. 10.2.4) durch die schärfere

$$\text{(i}'\text{)} \quad a_{pq} \in C_b^{|p|} \quad \text{für} \quad 0 \leq |p| \leq m\,,\ 0 \leq |q| \leq m\,,$$

so folgt aus der Definition von $L$: $L[u] \in C_0(\Omega)$ für $u \in \overset{\circ}{C}{}^{\infty}(\Omega)$. In Abschnitt 3.1.3 bzw. 3.2.2 haben wir gesehen, daß $C_0(\Omega)$ ein Unterraum von $L_2(\Omega)$ bzw. $\overset{\circ}{C}{}^{\infty}(\Omega)$ ein Unterraum von $\mathring{H}_m(\Omega)$ ist. Daher gilt für $u \in \overset{\circ}{C}{}^{\infty}(\Omega)$: $u \in \mathring{H}_m(\Omega)$ und $L[u] \in L_2(\Omega)$, d.h. $\overset{\circ}{C}{}^{\infty}(\Omega) \subset D$. Da $\overset{\circ}{C}{}^{\infty}(\Omega)$ unendlich-dimensional ist, trifft dies also auch für $D$ zu. Das oben betrachtete ONS von Eigenelementen von $(\boldsymbol{SP})$ ist somit unendlich (warum?). Insgesamt ergibt sich:

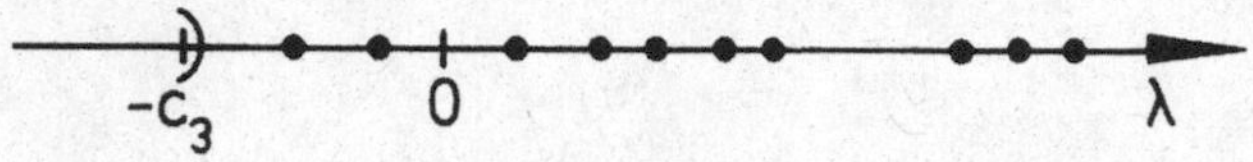


Fig 10.2: Eigenwerte von $L$

**Satz 10.6:**

Es sei $\Omega$ eine beschränkte offene Menge in $\mathbb{R}^n$. Der Differentialoperator $L$ genüge den Bedingungen (i), (iii) und (10.61) (sei also formal selbstadjungiert). Dann ist die Menge der Eigenwerte des schwachen Dirichletproblems $(\boldsymbol{SP})$ diskret und im Intervall $(-c_3, \infty)$ enthalten, und jeder Eigenwert besitzt endliche Vielfachheit. Ferner gibt es ein ONS $U_1, U_2, \dots$ von zugehörigen Eigenelementen, so daß jedes $V \in D$ sich als Fourierreihe in $L_2(\Omega)$ darstellen läßt:

$$V = \sum_i (V, U_i) U_i\,. \tag{10.64}$$

Genügt $L$ anstelle von (i) sogar der Bedingung (i′), so treten unendlich viele Eigenwerte und Eigenelemente auf.

**Bemerkung**: Die obigen Überlegungen lassen die Bedeutung der Wahl des Definitionsbereiches $D$ des Differentialoperators $L$ erkennen. Die Frage nach einem geeigneten $D$ für das Neumannsche Problem wird uns im nächsten Abschnitt beschäftigen.

## 10.3 Das schwache Neumannproblem für lineare elliptische Differentialgleichungen

In diesem Abschnitt kommt es uns vorrangig darauf an aufzuzeigen, welche Unterschiede zum Dirichletproblem sich bei der Behandlung des Neumannproblems ergeben. Die geeignete Wahl des Definitionsbereiches des Differentialoperators $L$ ist hierbei wesentlich. Wir wollen die Schritte, die zu dieser Definition führen, ausführlich vorbereiten. Zur Einführung empfiehlt sich ein zu Abschnitt 9.1 analoges Vorgehen: Die Betrachtung des gut überschaubaren Spezialfalles eines Neumannproblems für die inhomogene Schwingungsgleichung $-\Delta u + u = f$.[8]

### 10.3.1 Ein schwaches Neumannproblem für die inhomogene Schwingungsgleichung

Es sei $\Omega$ eine (nicht notwendig beschränkte) offene Menge in $\mathbb{R}^n$ und $\partial\Omega$ der Rand von $\Omega$. Wir gehen von folgender *klassischer Problemstellung* aus: Gesucht ist eine in $\Omega$ zweimal und in $\overline{\Omega} = \Omega \cup \partial\Omega$ einmal stetig differenzierbare Funktion $u$ mit

$$\begin{cases} -\Delta u + u = f & \text{in } \Omega\,; \\ \dfrac{\partial u}{\partial n} = 0 & \text{auf } \partial\Omega\,. \end{cases} \tag{10.65}$$

Dabei ist $\frac{\partial u}{\partial n}$ wieder die Richtungsableitung von $u$ (von innen) in Richtung der in das Äußere von $\Omega$ weisenden Normalen $n$ auf $\partial\Omega$.

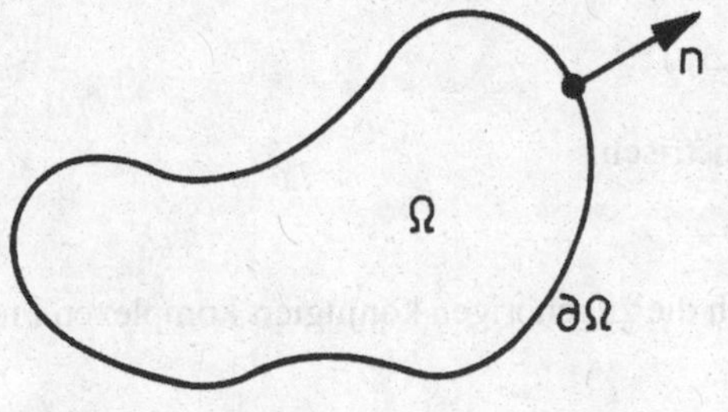


Fig 10.3: Zum Neumannschen Problem

Wie schon beim Dirichletproblem so ist auch in diesem Falle nur dann mit einer Lösung zu rechnen, wenn der Rand $\partial\Omega$ von $\Omega$ hinreichend glatt ist. Von der Funktion $f$ verlangen wir: $f \in C(\overline{\Omega})$ mit beschränktem Träger $\operatorname{Tr} f$.

Als Definitionsbereich des klassischen Laplace-Operators für dieses Problem wählen wir die Menge

$$\mathcal{S} := \{u \in C^2(\overline{\Omega}) \mid \frac{\partial u}{\partial n} = 0 \text{ auf } \partial\Omega \text{ und } \operatorname{Tr} u \text{ beschränkt}\}\,. \tag{10.66}$$

Gesucht sind dann Lösungen der Gleichung $-\Delta u + u = f$, die aus $\mathcal{S}$ sind.

8 Wir stützen uns dabei auf die Diplomarbeit von M. Ramdohr [126], die auf der Übertragung von Resultaten von P. Werner über die Maxwellschen Gleichungen beruht.

Dem obigen klassischen Problem stellen wir das folgende *schwache Neumannproblem* gegenüber: Es sei $F \in L_2(\Omega)$ vorgegeben. Gesucht ist ein auf $C_0^\infty(\Omega)$ erklärtes Funktional $U$ mit

$$-\Delta U + U = F \quad \text{und} \quad U \in \mathcal{D}. \tag{10.67}$$

Wie aber ist $\mathcal{D}$ zu wählen? Wir erwarten zu Recht, daß $\mathcal{D}$ den Definitionsbereich $\mathcal{S}$ des klassischen Laplace-Operators umfaßt und aus $L_2$-Funktionalen mit $\Delta U \in L_2(\Omega)$ besteht. Um zu einer Präzisierung von $\mathcal{D}$ zu gelangen, setzen wir voraus, daß $\Omega$ so beschaffen ist, daß sich der Integralsatz von Gauß (s. Burg/Haf/Wille [21], Abschn. 4.2.4) anwenden läßt. Wir stellen zunächst einige Hilfsmittel bereit:

**Hilfssatz 10.2:**

Es sei $u \in C^2(\overline{\Omega})$ mit $\frac{\partial u}{\partial n} = 0$ auf $\partial\Omega$, und $v \in C^1(\overline{\Omega})$ besitze beschränkten Träger. Dann gilt

$$\int_\Omega \nabla u \cdot \nabla v \, dx = -\int_\Omega \Delta u \cdot v \, dx . \tag{10.68}$$

Zum Beweis siehe Übung 10.2.

**Hilfssatz 10.3:**

Für alle reellen Funktionen $u, v \in \mathcal{S}$ gilt

$$(\Delta u, v) = (u, \Delta v), \tag{10.69}$$

d.h. $\Delta$ ist in $\mathcal{S}$ symmetrisch.

**Beweis:**

Mit $u, v \in \mathcal{S}$ gehören auch die zugehörigen konjugiert komplexen Funktionen $\overline{u}, \overline{v}$ zu $\mathcal{S}$, und mit (10.68) folgt

$$(\Delta u, v) = -\int_\Omega \nabla u \cdot \nabla \overline{v} \, dx = -\overline{\int_\Omega \nabla \overline{u} \cdot \nabla v \, dx} = \overline{(\Delta v, u)} = (u, \Delta v) .$$

□

**Hilfssatz 10.4:**

Es sei $f \in C(\overline{\Omega})$, und $u \in C^2(\overline{\Omega})$ sei Lösung des Neumannproblems (10.65). Dann gilt für alle $v \in C^1(\overline{\Omega})$ mit beschränktem Träger

$$\int_\Omega \nabla u \cdot \nabla v \, dx + \int_\Omega u \cdot v \, dx = \int_\Omega f \cdot v \, dx . \tag{10.70}$$

**Beweis:**
Wenn wir $-\Delta u + u = f$ mit $v$ durchmultiplizieren und anschließend integrieren, erhalten wir

$$-\int_\Omega \Delta u \cdot v \, dx + \int_\Omega u \cdot v \, dx = \int_\Omega f \cdot v \, dx \tag{10.71}$$

und hieraus mit (10.68) die Behauptung. □

In der anderen Richtung gilt

**Hilfssatz 10.5:**
Es sei $f \in C(\overline{\Omega})$, und $u \in \mathcal{S}$ erfülle (10.71) für alle $v \in \mathcal{S}$. Dann löst $u$ das Neumannproblem (10.65).

**Beweis:**
Aus (10.68) und (10.71) folgt für alle $v \in \mathcal{S}$

$$\int_\Omega (-\Delta u + u) v \, dx = \int_\Omega f \cdot v \, dx . \tag{10.72}$$

Da (10.72) insbesondere für $v = \varphi \in C_0^\infty(\Omega)$ gilt, erhalten wir $-\Delta u + u = f$ in $\Omega$ (s. Üb. 3.1 (b)). Da $u$ nach Voraussetzung aus $\mathcal{S}$ ist, also $\frac{\partial u}{\partial n} = 0$ auf $\partial\Omega$ erfüllt, ist der Hilfssatz bewiesen.□

Für Funktionale $U$ und $V$ aus $H_1(\Omega)$ definieren wir wie in Abschnitt 10.1.3 bzw. 10.2.3 die Bilinearform

$$B(U, V) := \sum_{i=1}^{n} \left( \frac{\partial}{\partial x_i} U, \frac{\partial}{\partial x_i} V \right) . \tag{10.73}$$

Mit dem Skalarprodukt $( . , . )_1$ in $H_1(\Omega)$ (s. Abschn. 3.2.1) läßt sich (10.73) in der Form

$$B(U, V) = (U, V)_1 - (U, V) \tag{10.74}$$

schreiben. Nun führen wir die Menge

$$\mathcal{W} := \{ U \in H_1(\Omega) \mid \text{es existiert eine Folge } \{u_k\} \text{aus } \mathcal{S} \text{ mit } \|U - u_k\|_1 \to 0 \text{ für } k \to \infty \} \tag{10.75}$$

ein. $\mathcal{S}$ ist dicht in $\mathcal{W}$, und $\mathcal{W}$ ist ein abgeschlossener Unterraum des Hilbertraumes $H_1(\Omega)$ (warum?). Damit ist $\mathcal{W}$ ebenfalls ein Hilbertraum (s. Üb. 1.10).

Nach den Hilfssätzen 9.4 und 9.5 ist unser Ausgangsproblem, ein $u \in \mathcal{S}$ zu bestimmen mit

$$-\Delta u + u = f \tag{10.76}$$

*äquivalent* zu dem Problem, ein $u \in \mathcal{S}$ zu ermitteln, das der Gleichung

$$\int_{\Omega} \nabla u \cdot \nabla v \, dx + \int_{\Omega} uv \, dx = \int_{\Omega} fv \, dx \tag{10.77}$$

für alle $v \in \mathcal{S}$ genügt.

Kehren wir zur schwachen Formulierung (10.67) des Neumannproblems zurück. Mit Hilfe der Beziehung (10.77) und der Bilinearform (10.73) ist die folgende schwache Formulierung naheliegend: Für vorgegebenes $F \in L_2(\Omega)$ ist ein $U \in \mathcal{W}$ gesucht, das

$$B(U, V) + (U, V) = (F, V) \tag{10.78}$$

für alle $V \in \mathcal{W}$ erfüllt.

Die Forderung, daß neben den beiden klassischen Problemstellungen auch die beiden zugehörigen schwachen Probleme äquivalent sein sollen, führt uns zu einer sinnvollen Festlegung des Definitionsbereiches $\mathcal{D}$ des Operators $\Delta$: Genügt ein $U \in L_2(\Omega)$ der Gleichung $-\Delta U + U = F$, so gilt für alle $V \in \mathcal{W}$

$$-(\Delta U, V) + (U, V) = (F, V) \,. \tag{10.79}$$

Daher ist es sinnvoll, von einem $U \in \mathcal{D}$ zu verlangen, daß es in $\mathcal{W}$ enthalten ist und daß

$$B(U, V) = -(\Delta U, V) \tag{10.80}$$

für alle $V \in \mathcal{W}$ gilt.

Zur Definition von $\mathcal{D}$ benutzen wir eine zu (10.80) äquivalente Beziehung:

**Hilfssatz 10.6:**

Es sei $U \in \mathcal{W}$ mit $\Delta U \in L_2(\Omega)$. Dann ist

$$B(U, V) = -(\Delta U, V) \quad \text{für alle } V \in \mathcal{W} \tag{10.81}$$

genau dann erfüllt, wenn

$$(\Delta U, v) = (U, \Delta v) \quad \text{für alle } v \in \mathcal{S} \text{ [9]} \tag{10.82}$$

gilt.

9 Wir erinnern daran, daß in dieser Schreibweise $v \in \mathcal{S}$ mit dem durch $v$ induzierten Funktional $F_v$: $F_v\varphi = \int v\varphi \, dx$ identifiziert wird.

**Beweis:**

Für $u, v \in \mathcal{S}$ gilt mit (10.73) und den Hilfssätzen 9.2 und 9.3

$$\begin{aligned} B(u, v) &= \sum_{i=1}^{n} \left( \frac{\partial}{\partial x_i} u, \frac{\partial}{\partial x_i} v \right) = \int_{\Omega} \nabla u \cdot \nabla \overline{v} \, dx \\ &= -\int_{\Omega} \Delta u \cdot \overline{v} \, dx = -(\Delta u, v) = -(u, \Delta v) . \end{aligned} \tag{10.83}$$

Ist $\{u_k\}$ eine Folge aus $\mathcal{S}$ mit $\|U - u_k\|_1 \to 0$ für $k \to \infty$, dann folgt aus (10.83)

$$B(U, v) = \lim_{k \to \infty} B(u_k, v) = -\lim_{k \to \infty} (u_k, \Delta v) = -(U, \Delta v) \tag{10.84}$$

(warum?).

(i) Für alle $V \in \mathcal{W}$ gelte (10.81). Mit Gleichung (10.84) ergibt sich dann: $(\Delta U, v) = -B(U, v) = (U, \Delta v)$, also (10.82), für $v \in \mathcal{S}$.

(ii) Gelte nun (10.82) für alle $v \in \mathcal{S}$. Ist $\{v_k\}$ eine Folge aus $\mathcal{S}$ mit $\|V - v_k\|_1 \to 0$ für $k \to \infty$, so liefert (10.84)

$$B(U, V) = \lim_{k \to \infty} B(U, v_k) = -\lim_{k \to \infty} (U, \Delta v_k) = -\lim_{k \to \infty} (\Delta U, v_k) = -(\Delta U, V) ,$$

damit ist (10.81) für $V \in \mathcal{W}$ bewiesen. □

Mit diesem Resultat sind wir nun in der Lage, den Definitionsbereich $\mathcal{D}$ des Laplace-Operators für das Neumannproblem zweckmäßig zu definieren:

$$\mathcal{D} := \{U \in \mathcal{W} \mid \Delta U \in L_2(\Omega) \text{ und für alle } v \in \mathcal{S} \text{ gilt } (\Delta U, v) = (U, \Delta v)\} . \tag{10.85}$$

Nach Hilfssatz 9.6 gilt für $U \in \mathcal{D}$ und $V \in \mathcal{W}$

$$B(U, V) = -(\Delta U, V) . \tag{10.86}$$

Hieraus folgt für alle $U, V \in \mathcal{D}$

$$(\Delta U, V) = -B(U, V) = -\overline{B(V, U)} = \overline{(\Delta V, U)}$$

oder

$$(\Delta U, V) = (U, \Delta V) , \tag{10.87}$$

d.h. $\Delta$ ist ein auf $\mathcal{D}$ symmetrischer Operator. Wegen Hilfssatz 9.3 umfaßt $\mathcal{D}$ — wie gewünscht — den Definitionsbereich des klassischen Laplace-Operators.

Mit dem durch (10.85) definierten $\mathcal{D}$ erhalten wir nun tatsächlich die Äquivalenz der beiden schwachen Probleme. Dies zeigt

**Satz 10.7:**
Es sei $F \in L_2(\Omega)$. Dann ist $U \in \mathcal{W}$ genau dann eine Lösung der Gleichung

$$-\Delta U + U = F \quad \text{mit } U \in \mathcal{D}, \tag{10.88}$$

wenn für alle $V \in \mathcal{W}$

$$B(U, V) + (U, V) = (F, V) \tag{10.89}$$

gilt.

**Beweis:**
Mit (10.86) folgt aus (10.88) unmittelbar (10.89) für alle $V \in \mathcal{W}$. Nun gelte (10.89) für alle $V \in \mathcal{W}$. Nach Definition der Ableitung und wegen Folgerung 3.1, Abschnitt 3.1.3 gilt für $\varphi \in C_0^\infty(\Omega)$

$$-(\Delta U)\varphi + U\varphi = -U(\Delta\varphi) + U\varphi = -(U, \overline{\Delta\varphi}) + (U, \overline{\varphi}) = -\overline{(\Delta\overline{\varphi}, U)} + (U, \overline{\varphi}).$$

Wegen $C_0^\infty(\Omega) \subset \mathcal{S} \subset \mathcal{D}$, (10.86) und (10.89) folgt hieraus

$$-(\Delta U)\varphi + U\varphi = B(U, \overline{\varphi}) + (U, \overline{\varphi}) = (F, \overline{\varphi}) = F\varphi \quad \text{für } \varphi \in C_0^\infty(\Omega)$$

oder $-\Delta U + U = F$. Da $U, F \in L_2(\Omega)$ und $\Delta U = U - F$ ist, gehört auch $\Delta U$ zu $L_2(\Omega)$. Für den Nachweis, daß $U \in \mathcal{D}$ ist, bleibt zu zeigen:

$$(\Delta U, v) = (U, \Delta v) \quad \text{für alle } v \in \mathcal{S}. \tag{10.90}$$

Zu $v \in \mathcal{S}$ wählen wir eine Folge $\{v_k\}$ aus $C_0^\infty(\Omega)$ mit $\|v - v_k\| \to 0$ für $k \to \infty$. Nun wenden wir wieder Folgerung 3.1 an:

$$(\Delta U, v_k) = (\Delta U)\overline{v_k} = U(\Delta\overline{v_k}) = (U, \Delta v_k). \tag{10.91}$$

Mit (10.87) und (10.86) ergibt sich

$$(U, \Delta v_k) - (U, \Delta v) = (U, \Delta(v_k - v)) = \overline{(\Delta \underbrace{(v_k - v)}_{\in\mathcal{D}}, \underbrace{U}_{\in\mathcal{W}})} = -\overline{B(v_k - v, U)} = -B(U, v_k - v).$$

Hieraus folgt mit (10.89) und der Schwarzschen Ungleichung

$$\begin{aligned} |(U, \Delta v_k) - (U, \Delta v)| &= |B(U, v_k - v)| = |(F, v_k - v) - (U, v_k - v)| \\ &= |(F - U, v_k - v)| \le \|F - U\| \|v_k - v\| \to 0 \quad \text{für } k \to \infty. \end{aligned}$$

Mit (10.91) erhalten wir daher

$$(\Delta U, v) = \lim_{k\to\infty} (\Delta U, v_k) = \lim_{k\to\infty} (U, \Delta v_k) = (U, \Delta v).$$

Damit ist alles bewiesen. □

### 10.3.2 Nachweis einer schwachen Lösung

Nach den Klärungen des letzten Abschnittes, insbesondere in Bezug auf den Definitionsbereich $\mathcal{D}$ des Laplace-Operators, gelingt uns nun sehr rasch der Nachweis einer eindeutig bestimmten Lösung des schwachen Neumannproblems (10.88). Wie schon beim Dirichletproblem stellt auch hier der Rieszsche Darstellungssatz das entscheidende Hilfsmittel dar.

**Satz 10.8:**
Es sei $\mathcal{D}$ der durch (10.85) erklärte Definitionsbereich des Laplace-Operators. Ferner sei $F \in L_2(\Omega)$. Dann gibt es ein eindeutig bestimmtes $U \in \mathcal{D}$ mit

$$-\Delta U + U = F \,. \tag{10.92}$$

**Beweis:**
Für $V \in \mathcal{W}$ (s. (10.75), Abschn. 10.3.1) betrachten wir die Abbildung $V \mapsto (V, F)$, $F \in L_2(\Omega)$. Diese ist wegen

$$|(V, F)| \leq \|V\|\|F\| \leq \|V\|_1\|F\|$$

ein beschränktes lineares Funktional auf dem Hilbertraum $\mathcal{W}$. Nach dem Rieszschen Darstellungsatz (s. Abschn. 2.1.5) gibt es daher ein $U \in \mathcal{W}$ mit

$$(V, F) = (V, U)_1 \quad \text{für alle } V \in \mathcal{W} \,. \tag{10.93}$$

Nach (10.74), Abschnitt 10.3.1 folgt dann für alle $V \in \mathcal{W}$

$$B(U, V) + (U, V) = (F, V) \,,$$

und nach Satz 9.7, Abschnitt 10.3.1 gehört dieses $U$ zu $\mathcal{D}$ und erfüllt die Gleichung $-\Delta U + U = F$.

Zum Eindeutigkeitsnachweis nehmen wir an, $\tilde{U}$ sei eine weitere Lösung von (10.92) in $\mathcal{D}$. Wegen (10.93) sowie Satz 9.7 und (10.74) folgt für alle $V \in \mathcal{W}$

$$(U, V)_1 = (F, V) = (\tilde{U}, V) + B(\tilde{U}, V) \,.$$

Insbesondere ergibt sich daraus für $V := U - \tilde{U}$ $(U - \tilde{U}, U - \tilde{U})_1 = 0$ oder $\tilde{U} = U$. Damit ist Satz 9.8 bewiesen. □

### 10.3.3 Ausblick auf den allgemeinen Fall

Entsprechend zum Dirichletproblem (s. Abschn. 10.2) läßt sich auch der allgemeine Fall des Neumannproblems behandeln. Legen wir zum Beispiel die elliptische Differentialgleichung 2-ter Ordnung

$$L[u] := -\sum_{i,k=1}^{n} \frac{\partial}{\partial x_i}\left(a_{ik}\frac{\partial u}{\partial x_k}\right) + \sum_{i=1}^{n} b_i \frac{\partial u}{\partial x_i} + cu = f \quad \text{in } \Omega \tag{10.94}$$

mit den reellen Koeffizienten $a_{ik}$, $b_i \in C_b^1(\overline{\Omega})$, $b_i = 0$ auf $\partial\Omega$, $c \in C_b(\Omega)$ und die Neumannsche Randbedingung[10]

$$\sum_{i,k=1}^{n} a_{ik} \frac{\partial u}{\partial x_k} n_i = 0 \quad \text{auf } \partial\Omega \tag{10.95}$$

zugrunde (wobei $n_i$ die Koordinaten des äußeren Normaleneinheitsvektors im Punkt $x \in \partial\Omega$ sind), so können wir die Räume $\mathcal{S}$ und $\mathcal{W}$ wie folgt wählen:

$$\mathcal{S} := \{u \in C^2(\overline{\Omega}) \mid \sum_{i,k=1}^{n} a_{ik} \frac{\partial u}{\partial x_k} n_i = 0 \text{ auf } \partial\Omega \text{ und } \operatorname{Tr} u \text{ beschränkt}\}$$

$$\mathcal{W} := \{U \in H_1(\Omega) \mid \text{es existiert eine Folge } \{u_k\} \text{ aus } \mathcal{S} \text{ mit } \|U - u_k\|_1 \to 0 \text{ für } k \to \infty\}.$$

Erklären wir außerdem den Differentialoperator $L'$ durch

$$L'[u] := -\sum_{i,k=1}^{n} \frac{\partial}{\partial x_i}\left(a_{ik} \frac{\partial u}{\partial x_k}\right), \tag{10.96}$$

und gilt $a_{ik} = a_{ki}$, so läßt sich der Definitionsbereich $\mathcal{D}$ von $L$ entsprechend zu (10.85) durch

$$\mathcal{D} := \{U \in \mathcal{W} \mid L'[U] \in L_2(\Omega), \text{ und für alle } v \in \mathcal{S} \text{ gilt } (L'[U], v) = (U, L'[v])\}$$

festlegen, und es gilt $\mathcal{S} \subset \mathcal{D}$. Für strikt koerzive[11] bzw. gleichmäßig elliptische Differentialoperatoren $L$ können dann analog zum Dirichletschen Problem (s. Abschn. 10.2.4 und 10.2.5) für beschränktes $\Omega$ und $F \in L_2(\Omega)$ Lösungen $U \in \mathcal{D}$ von

$$L[U] = F$$

(also Lösungen des schwachen Neumannproblems) nachgewiesen werden. Ebenso ergibt sich ein zum Satz 9.6, Abschnitt 10.2.6 analoges Resultat über Eigenwerte und -elemente des schwachen Neumannproblems (s. z.B. Steuernagel [143]).

---

10 s. z.B. Leis [102], p 29. Im Spezialfall $a_{ik} = \delta_{ik} = \begin{cases} 1 & \text{für } i = k \\ 0 & \text{für } i \neq k \end{cases}$ steht anstelle der ersten Summe in (10.94) der Ausdruck $\Delta u$, während (10.95) die vertrautere Form $\frac{\partial u}{\partial n} = 0$ auf $\partial\Omega$ besitzt.

11 Für *strikt koerzive Differentialoperatoren* gibt es ein $c_3 > 0$ mit

$$|B(u, u)| \geq c_3 \|u\|_1^2 \quad \text{für alle } u \in \mathcal{S}.$$

## 10.4 Zur Regularitätstheorie beim Dirichletproblem

Wir greifen die am Ende von Abschnitt 10.1.1 gestellte Frage nach dem Zusammenhang von schwachen und klassischen Lösungen von Randwertproblemen mit elliptischen Differentialoperatoren auf. Eine voll befriedigende Klärung wird durch die »Regularitätstheorie« gegeben (s. hierzu z.B. Agmon [1], Drehmann und Werner [39], [40]), die jedoch den von uns gesteckten Rahmen sprengen würde. Stattdessen begnügen wir uns mit einer »kleinen Regularitätstheorie« für den Fall $m = 1$ (Differentialgleichungen 2-ter Ordnung!), die von der Annahme ausgeht, daß unsere schwache Lösung $U \in \mathring{H}_1(\Omega)$ in der Form

$$U\varphi = \int u\varphi \,\mathrm{d}x \quad \text{für } \varphi \in C_0^\infty(\Omega) \tag{10.97}$$

mit $u \in C^2(\Omega) \cap C(\overline{\Omega})$ darstellbar ist, also ein durch eine klassische Funktion $u$ induziertes Funktional aus $\mathring{H}_1(\Omega)$ ist.[12] Ferner setzen wir einen hinreichend glatten Rand $\partial\Omega$ von $\Omega$ voraus (s. nachfolgende Def. 9.1). Unser Hauptanliegen besteht nun darin, zu verdeutlichen, weshalb wir für die schwache Problemstellung in Abschnitt 9.1 gerade den Raum $\mathring{H}_1(\Omega)$ gewählt haben.

### 10.4.1 Innenregularität

Sei $L$ der Differentialoperator mit

$$L[U] = \sum_{|p|,|q|\le 1} (-1)^{|p|} D^p(a_{pq} D^q U) \tag{10.98}$$

und Koeffizienten $a_{pq} \in C_b(\Omega)$, und $U \in H_1(\Omega)$ sei eine Lösung der Gleichung

$$L[U] = F\,. \tag{10.99}$$

Dabei sei das Funktional $U$ durch eine Funktion $u \in C^2(\Omega)$ bzw. das Funktional $F \in L_2(\Omega)$ durch eine Funktion $f \in C(\Omega)$ induziert:

$$U\varphi = \int u\varphi \,\mathrm{d}x \quad \text{für } \varphi \in C_0^\infty(\Omega) \tag{10.100}$$

bzw.

$$F\varphi = \int f\varphi \,\mathrm{d}x \quad \text{für } \varphi \in C_0^\infty(\Omega)\,. \tag{10.101}$$

Nach Abschnitt 3.1.6 ist dann das Funktional $D^q U$ durch die Funktion $D^q u$ induziert und das Funktional $a_{pq} D^q U$ nach Hilfssatz 3.4, Abschnitt 3.1.5 durch die Funktion $a_{pq} D^q u$. Wegen

12 Im Rahmen der Regularitätstheorie läßt sich die Existenz einer solchen Funktion $u$ aus einem geeigneten Sobolevschen Einbettungssatz folgern (s. z.B. Drehmann/Werner [39], [40])

(10.98) gilt für $\varphi \in C_0^\infty(\Omega)$

$$L[U]\varphi = \sum_{|p|,|q|\leq 1} (-1)^{|p|}[D^p(a_{pq}D^q U)]\varphi$$
$$= \sum_{|p|,|q|\leq 1} (a_{pq}D^q U)(D^p\varphi) = \sum_{|p|,|q|\leq 1} \int a_{pq}D^q u D^p\varphi \, \mathrm{d}x \,,$$

und nach mehrfach durchgeführter partieller Integration erhalten wir

$$L[U]\varphi = \sum_{|p|,|q|\leq 1} (-1)^{|p|} \int D^p(a_{pq}D^q u)\cdot \varphi \, \mathrm{d}x$$
$$= \int \Big\{ \sum_{|p|,|q|\leq 1} (-1)^{|p|} D^p(a_{pq}D^q u)\cdot \varphi \Big\} \mathrm{d}x = \int L[u]\varphi \, \mathrm{d}x \,. \tag{10.102}$$

Andererseits gilt nach Voraussetzung

$$L[U]\varphi = F\varphi = \int f\varphi \, \mathrm{d}x \quad \text{für } \varphi \in C_0^\infty(\Omega)\,. \tag{10.103}$$

Aus (10.102) und (10.103) ergibt sich

$$\int (L[u] - f)\varphi \, \mathrm{d}x = 0 \quad \text{für } \varphi \in C_0^\infty(\Omega)$$

und daher nach Übung 3.1 (b)

$$L[u] = f \quad \text{in } \Omega\,, \tag{10.104}$$

d.h. $u$ ist eine klassische Lösung von (10.104).

### 10.4.2 Randregularität

Wir wollen nun zeigen: Ist $u \in C(\overline{\Omega})$ und gehört das durch $u$ induzierte Funktional $U$

$$U\varphi = \int u\varphi \, \mathrm{d}x \quad \text{für } \varphi \in C_0^\infty(\Omega) \tag{10.105}$$

zu $\mathring{H}_1(\Omega)$, und ist der Rand $\partial\Omega$ von $\Omega$ genügend glatt, so gilt $u = 0$ auf $\partial\Omega$. Wir wollen letzteres nun präzisieren: Bezeichnen wir die Kugel $\{\boldsymbol{x} \in \mathbb{R}^n \mid |\boldsymbol{x}| < R\}$ mit $K_R$ und die Halbkugeln $\{\boldsymbol{x} \in \mathbb{R}^n \mid |\boldsymbol{x}| < R\,,\ x_n > 0\}$ bzw. $\{\boldsymbol{x} \in \mathbb{R}^n \mid |\boldsymbol{x}| < R\,,\ x_n < 0\}$ mit $K_R^+$ bzw. $K_R^-$, so läßt sich der folgende *Glattheitsbegriff für den Rand* $\partial\Omega$ von $\Omega$ formulieren:

**Definition 10.1:**
Wir sagen $\Omega$ gehört zur Klasse $C^k$ ($k \in \mathbb{N}$), wenn es zu jedem $\boldsymbol{x}_0 \in \partial\Omega$ eine offene Umgebung $U(\boldsymbol{x}_0)$ von $\boldsymbol{x}_0$ sowie ein $R > 0$ und eine umkehrbar eindeutige Abbildung

$$\boldsymbol{x} \mapsto \boldsymbol{y} = \boldsymbol{f}(\boldsymbol{x}) = (f_1(\boldsymbol{x}), \dots, f_n(\boldsymbol{x}))^{\mathrm{T}}$$

von $\overline{U(\boldsymbol{x}_o) \cap \Omega}$ auf die abgeschlossene Halbkugel $\overline{K_R^+}$ gibt, mit

(1) $\boldsymbol{f}(U(\boldsymbol{x}_0) \cap \partial\Omega) = \{\boldsymbol{x} \in \mathbb{R}^n \mid |\boldsymbol{x}| < R,\ x_n = 0\}$;

(2) $\boldsymbol{f}(\boldsymbol{x}_0) = \boldsymbol{0}$;

(3) $f_j \in C^k(\overline{U(\boldsymbol{x}_0) \cap \Omega})$ und $f_j^- \in C^k(\overline{K_R^+})$ $(j = 1, \dots, n)$.

Dabei bezeichnet $\boldsymbol{f}^-$:

$$\boldsymbol{y} \mapsto \boldsymbol{x} = \boldsymbol{f}^-(\boldsymbol{y}) = (f_1^-(\boldsymbol{y}), \dots, f_n^-(\boldsymbol{y}))$$

die zu $\boldsymbol{f}$ inverse Abbildung.

Für unseren Nachweis, daß $u$ auf dem Rand $\partial\Omega$ von $\Omega$ verschwindet, setzen wir $\Omega \in C^1$ voraus und zeigen: $u(\boldsymbol{x}_0) = 0$ in jedem Punkt $\boldsymbol{x}_0 \in \partial\Omega$. Nach Definition 9.1 gibt es eine Abbildung $\boldsymbol{f}$ mit den Eigenschaften (1), (2) und (3) $(k = 1)$, d.h. $\overline{U(\boldsymbol{x}_0) \cap \Omega}$ wird umkehrbar eindeutig auf die abgeschlossene Halbkugel $\overline{K_R^+}$, das Flächenstück $U(\boldsymbol{x}_0) \cap \partial\Omega$ von $\partial\Omega$ auf einen Teil der Hyperebene $\{\boldsymbol{x} \in \mathbb{R}^n \mid x_n = 0\}$ und der beliebige (feste) Punkt $\boldsymbol{x}_0 \in \partial\Omega$ in den Punkt $\boldsymbol{y}_0 = \boldsymbol{f}(\boldsymbol{x}_0) = \boldsymbol{0}$ abgebildet (s. Fig 9.4 für den Fall $n = 2$).

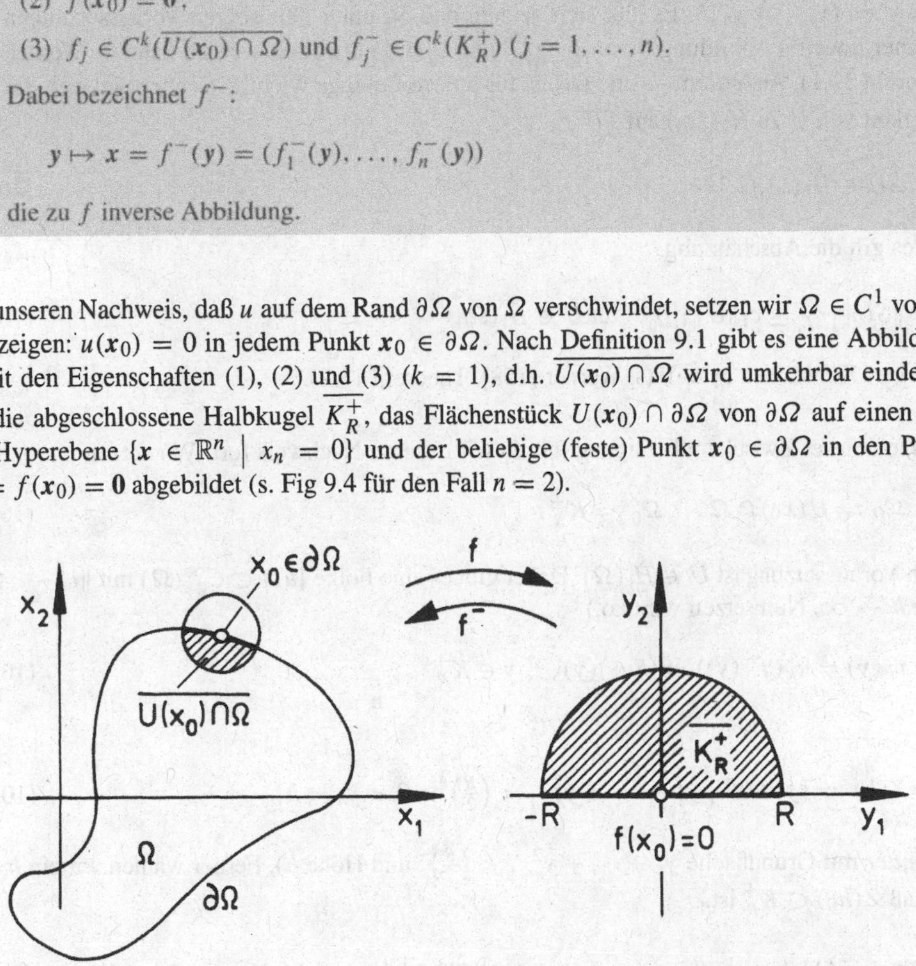


Fig 10.4: Abbildung eines Flächenstückes auf die Hyperebene $\{\boldsymbol{x} \in \mathbb{R}^n \mid x_n = 0\}$ $(n = 2)$.

Nun führen wir eine *Zwischenüberlegung* durch, bei der wir klären wollen, wie sich der Übergang von der Variablen $\boldsymbol{x}$ zur Variablen $\boldsymbol{y}$ (bzw. umgekehrt) gestaltet: Seien $\Omega_0$ und $\Omega_0'$ beliebige offene Mengen in $\mathbb{R}^n$, und $\boldsymbol{f} = (f_1, \dots, f_n)^{\mathrm{T}}$ sei eine umkehrbar eindeutige Abbildung von $\Omega_0$ auf $\Omega_0'$ für die $f_j \in C_b^k(\Omega_0)$ und $f_j^- \in C_b^k(\Omega_0')$ gilt (wir sagen dann, $\boldsymbol{f}$ gehört zur *Klasse*

$C_b^k(\Omega_0, \Omega_0'))$. Ist $u \in C_0(\Omega_0)$, und ist die Funktion $v = S_0 u$ durch

$$v(\boldsymbol{y}) = (S_0 u)(\boldsymbol{y}) := u(f^-(\boldsymbol{y}))\,, \quad \boldsymbol{y} \in \Omega_0' \tag{10.106}$$

erklärt, so gilt $v \in C_0(\Omega_0')$. Ferner ist $S_0$ eine umkehrbar eindeutige lineare Abbildung von $C_0(\Omega_0)$ auf $C_0(\Omega_0')$, und die Inverse $S_0^{-1}$ von $S_0$ ist durch

$$u(\boldsymbol{x}) = (S_0^{-1} v)(\boldsymbol{x}) = v(f(\boldsymbol{x}))\,, \quad \boldsymbol{x} \in \Omega_0 \tag{10.107}$$

gegeben. $S_0$ beschreibt den Übergang von der Variablen $\boldsymbol{x} = (x_1, \dots, x_n)^{\mathrm{T}}$ zur neuen Variablen $\boldsymbol{y} = (y_1, \dots, y_n)^{\mathrm{T}}$. Es läßt sich zeigen, daß $S_0$ unter den obigen Voraussetzungen an $f$ zu einer linearen Abbildung $S$ von $L_2(\Omega_0)$ auf $L_2(\Omega_0')$ erweitert werden kann (s. Werner [158], Theorem 12.1). Außerdem — und das ist für unsere Belange wichtig — überträgt sich die Zugehörigkeit von $U$ zu $\mathring{H}_1(\Omega_0)$ auf $SU$ zu

$$SU \in \mathring{H}_1(\Omega_0')\,, \tag{10.108}$$

und es gilt die Abschätzung

$$\|SU\|_{1,\Omega_0'} \le c_1 \|U\|_{1,\Omega_0} \quad \text{für } U \in \mathring{H}_1(\Omega_0) \tag{10.109}$$

mit einer Konstanten $c_1 > 0$ (s. Werner [158], Theorem 12.2).

Nach dieser Zwischenüberlegung führen wir unseren Nachweis fort: Wir setzen

$$\Omega_0 := U(\boldsymbol{x}_0) \cap \Omega\,, \quad \Omega_0' := K_R^+\,. \tag{10.110}$$

Nach Voraussetzung ist $U \in \mathring{H}_1(\Omega)$. Daher gibt es eine Folge $\{u_k\} \subset C_0^\infty(\Omega)$ mit $\|U - u_k\|_1 \to 0$ für $k \to \infty$. Nun setzen wir (s.o.)

$$v_k(\boldsymbol{y}) = u_k(f^-(\boldsymbol{y})) = (Su_k)(\boldsymbol{y})\,, \quad \boldsymbol{y} \in K_R^+ \tag{10.111}$$

und

$$Z(h) := \{\boldsymbol{y} \in \mathbb{R}^n \mid y_1^2 + \dots + y_{n-1}^2 < \left(\tfrac{R}{2}\right)^2,\ 0 < y_n < h\} \tag{10.112}$$

(*Zylinder* mit Grundfläche $y_1^2 + \dots + y_{n-1}^2 < \left(\frac{R}{2}\right)^2$ und Höhe $h$). Ferner wählen wir ein $h_0 > 0$ so, daß $Z(h_0) \subset K_R^+$ ist.

Mit der Abkürzung $\boldsymbol{y}' = (y_1, \dots, y_{n-1})^{\mathrm{T}}$ läßt sich $\boldsymbol{y}$ in der Form $\boldsymbol{y} = (\boldsymbol{y}', y_n)$ schreiben. Wegen $u_k \in C_0^\infty(\Omega)$ ist $v_k(\boldsymbol{y}',0) = 0$ für $|\boldsymbol{y}'| < R$. Für $\boldsymbol{y} \in Z(h_0)$ gilt daher nach dem Hauptsatz der Differential- und Integralrechnung

$$v_k(\boldsymbol{y}) = \int_0^{y_n} \frac{\partial}{\partial y_n} v_k(\boldsymbol{y}', t)\,\mathrm{d}t\,. \tag{10.113}$$

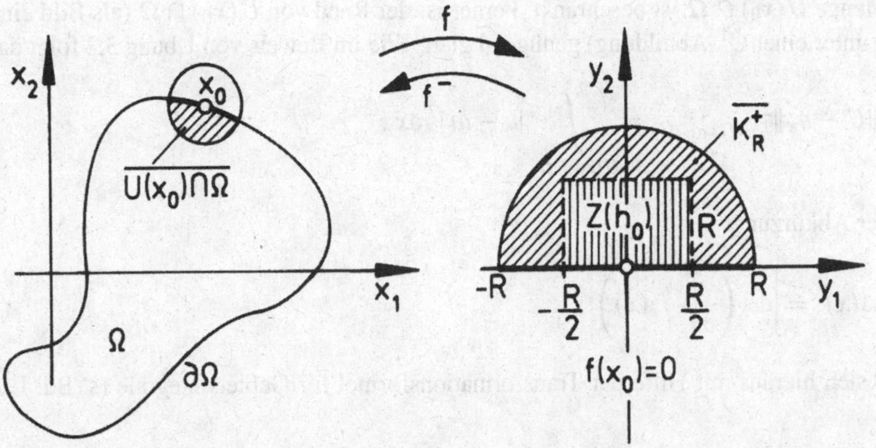


Fig 10.5: Zum Nachweis $u = 0$ auf $\partial\Omega$

Wenden wir auf dieses Integral die Schwarzsche Ungleichung an, so ergibt sich

$$
\begin{aligned}
|v_k(\boldsymbol{y})|^2 &= \left| \int_0^{y_n} 1 \cdot \frac{\partial}{\partial y_n} v_k(\boldsymbol{y}', t)\,\mathrm{d}t \right|^2 \le \left( \int_0^{y_n} 1^2\,\mathrm{d}t \right) \left( \int_0^{y_n} \left| \frac{\partial}{\partial y_n} v_k(\boldsymbol{y}', t) \right|^2 \mathrm{d}t \right) \\
&\le y_n \cdot \int_0^{y_n} \left| \frac{\partial}{\partial y_n} v_k(\boldsymbol{y}', t) \right|^2 \mathrm{d}t \,.
\end{aligned}
$$

Für $0 < h < h_0$ gilt dann

$$
\begin{aligned}
\frac{1}{h} \int_{Z(h)} |v_k(\boldsymbol{y})|^2\,\mathrm{d}\boldsymbol{y} &= \frac{1}{h} \int_0^h \left\{ \int_{|y'|<\frac{R}{2}} |v_k(\boldsymbol{y}', y_n)|^2\,\mathrm{d}\boldsymbol{y}' \right\} \mathrm{d}y_n \\
&\le \frac{1}{h} \int_0^h y_n \left( \int_{|y'|<\frac{R}{2}} \int_0^{y_n} \left| \frac{\partial}{\partial y_n} v_k(\boldsymbol{y}', t) \right|^2 \mathrm{d}t\,\mathrm{d}\boldsymbol{y}' \right) \mathrm{d}y_n \\
&= \frac{1}{h} \int_0^h y_n \left( \int_{Z(y_n)} \left| \frac{\partial}{\partial y_n} v_k(\boldsymbol{y}) \right|^2 \mathrm{d}\boldsymbol{y} \right) \mathrm{d}y_n \\
&\le \frac{1}{h} \int_0^h y_n \left( \int_{K_R^+} \left| \frac{\partial}{\partial y_n} v_k(\boldsymbol{y}) \right|^2 \mathrm{d}\boldsymbol{y} \right) \mathrm{d}y_n = \frac{h}{2} \int_{K_R^+} \left| \frac{\partial}{\partial y_n} v_k(\boldsymbol{y}) \right|^2 \mathrm{d}\boldsymbol{y} \le \frac{h}{2} \|v_k\|_{H_1(K_R^+)} \,.
\end{aligned}
\tag{10.114}
$$

Die Menge $U(\boldsymbol{x}_0) \cap \Omega$ ist beschränkt. Ferner ist der Rand von $U(\boldsymbol{x}_0) \cap \Omega$ (als Bild einer Halbkugel unter einer $C^1$-Abbildung) genügend glatt. Wie im Beweis von Übung 3.2 folgt dann

$$\|U - u_k\|^2_{L_2(U(\boldsymbol{x}_0)\cap\Omega)} = \int\limits_{U(\boldsymbol{x}_0)\cap\Omega} |u - u_k|^2 \,\mathrm{d}\boldsymbol{x}\,.$$

Mit der Abkürzung

$$\Delta(\boldsymbol{x}) := \left|\det\left(\frac{\partial}{\partial x_i} f_j(\boldsymbol{x})\right)\right| \tag{10.115}$$

ergibt sich hieraus mit Hilfe der Transformationsformel für Gebietsintegrale (s. Bd. I, Abschn. 7.1.7)

$$\begin{aligned}\int\limits_{K_R^+} |v - v_k|^2 \,\mathrm{d}\boldsymbol{y} &= \int\limits_{U(\boldsymbol{x}_0)\cap\Omega} |u - u_k|^2 \cdot \Delta(\boldsymbol{x}) \,\mathrm{d}\boldsymbol{x} \\ &\le \|U - u_k\|^2_{L_2(U(\boldsymbol{x}_0)\cap\Omega)} \sup|\Delta(\boldsymbol{x})| \to 0 \quad \text{für } k \to \infty\,.\end{aligned} \tag{10.116}$$

Wegen $(U(\boldsymbol{x}_0) \cap \Omega) \subset \Omega$ und $\|U - u_k\|_{H_1(\Omega)} \to 0$ für $k \to \infty$ (s.o.) können wir Übung 3.7 (b) anwenden und erhalten

$$\|U - u_k\|_{H_1(U(\boldsymbol{x}_0)\cap\Omega)} \le \|U - u_k\|_{H_1(\Omega)} \to 0 \quad \text{für } k \to \infty\,.$$

Abschätzung (10.109) liefert dann

$$\begin{aligned}\|SU - v_k\|_{H_1(K_R^+)} &= \|S(U - u_k)\|_{H_1(K_R^+)} \\ &\le c_1\|U - u_k\|_{H_1(U(\boldsymbol{x}_0)\cap\Omega)} \to 0 \quad \text{für } k \to \infty\,.\end{aligned} \tag{10.117}$$

Nun verwenden wir (10.116) und (10.117) und führen in (10.114) den Grenzübergang $k \to \infty$ durch. Dadurch ergibt sich für $0 < h < h_0$

$$\frac{1}{h}\int\limits_{Z(h)} |v(\boldsymbol{y})|^2 \,\mathrm{d}\boldsymbol{y} \le \frac{h}{2}\|SU\|_{H_1(K_R^+)}$$

und hieraus

$$\frac{1}{h}\int\limits_{Z(h)} |v(\boldsymbol{y})|^2 \,\mathrm{d}\boldsymbol{y} \to 0 \quad \text{für } h \to 0\,.$$

Andererseits gilt nach dem Mittelwertsatz der Integralrechnung mit einem geeigneten $0 < y_n^* < h$

$$\frac{1}{h}\int\limits_{Z(h)} |v(\boldsymbol{y})|^2\,\mathrm{d}\boldsymbol{y} = \frac{1}{h}\int\limits_0^h\Bigg(\int\limits_{|\boldsymbol{y}'|<\frac{R}{2}} |v(\boldsymbol{y}',y_n)|^2\,\mathrm{d}\boldsymbol{y}'\Bigg)\,\mathrm{d}y_n$$

$$= \int\limits_{|\boldsymbol{y}'|<\frac{R}{2}} |v(\boldsymbol{y}',y_n^*)|^2\,\mathrm{d}\boldsymbol{y}' \to \int\limits_{|\boldsymbol{y}'|<\frac{R}{2}} |v(\boldsymbol{y}',0)|^2\,\mathrm{d}\boldsymbol{y}' \quad \text{für } h\to 0\,,$$

so daß das letzte Integral verschwindet. Dies zieht aber $v(\boldsymbol{y}',0) = 0$ für alle $\boldsymbol{y}'$ mit $|\boldsymbol{y}'| < \frac{R}{2}$ und damit insbesondere auch

$$v(\boldsymbol{0}) = 0 \tag{10.118}$$

nach sich. Wegen $u_k(\boldsymbol{x}) = v_k(f(\boldsymbol{x}))$ und (10.116) gilt

$$\int\limits_{U(\boldsymbol{x}_0)\cap\Omega} |v(f(\boldsymbol{x})) - u_k(\boldsymbol{x})|^2\,\mathrm{d}\boldsymbol{x} = \int\limits_{U(\boldsymbol{x}_0)\cap\Omega} |v(f(\boldsymbol{x})) - v_k(f(\boldsymbol{x}))|^2\,\mathrm{d}\boldsymbol{x}$$

$$= \int\limits_{K_R^+} |v(\boldsymbol{y}) - v_k(\boldsymbol{y})|^2\cdot\Delta^-(\boldsymbol{y})\,\mathrm{d}\boldsymbol{y} \le \sup|\Delta^-(\boldsymbol{y})|\cdot\int\limits_{K_R^+} |v - v_k|^2\,\mathrm{d}\boldsymbol{y} \to 0$$

für $k\to\infty$. Andererseits gilt (s.o.)

$$\int\limits_{U(\boldsymbol{x}_0)\cap\Omega} |u(\boldsymbol{x}) - u_k(\boldsymbol{x})|^2\,\mathrm{d}\boldsymbol{x} \to 0 \quad \text{für } k\to\infty\,.$$

Daher induzieren die Funktionen $v(f(\boldsymbol{x}))$ und $u(\boldsymbol{x})$ dasselbe $L_2$-Funktional in $U(\boldsymbol{x}_0)\cap\Omega$. Nach Übung 3.1 (b) gilt somit

$$u(\boldsymbol{x}) = v(f(\boldsymbol{x})) \quad \text{für } \boldsymbol{x}\in U(\boldsymbol{x}_0)\cap\Omega\,.$$

Für $\boldsymbol{x}\to\boldsymbol{x}_0$ erhalten wir schließlich mit (10.118)

$$u(\boldsymbol{x}_0) = v(f(\boldsymbol{x}_0)) = v(\boldsymbol{0}) = 0\,.$$

Damit ist gezeigt

**Satz 10.9:**
Es sei $\Omega\in C^1$, und $U\in\mathring{H}_1(\Omega)$ sei durch eine Funktion $u\in C(\overline{\Omega})$ induziert:

$$U\varphi = \int u\varphi\,\mathrm{d}x \quad \text{für } \varphi\in C_0^\infty(\Omega)\,.$$

Dann gilt: $u(x) = 0$ für $x \in \partial\Omega$.

Mit diesem Ergebnis ist die Wahl des Sobolevraumes $\overset{\circ}{H}_1(\Omega)$ begründet.

## Übungen

### Übung 10.1*:

Beweise: Für $F \in \overset{\circ}{H}_1(\Omega)$ und

$$G \in D = \{U \in \overset{\circ}{H}_1(\Omega) \mid \Delta U \in L_2(\Omega)\}$$

gilt im Falle reeller Räume

$$(F, \Delta G) = -\sum_{i=1}^{n} \left( \frac{\partial}{\partial x_i} F, \frac{\partial}{\partial x_i} G \right) .$$

Insbesondere ergibt sich für $F, G \in D$

$$(F, \Delta G) = -\sum_{i=1}^{n} \left( \frac{\partial}{\partial x_i} F, \frac{\partial}{\partial x_i} G \right) = (\Delta F, G) .$$

### Übung 10.2*:

Es sei $u \in C^2(\overline{\Omega})$ mit $\frac{\partial u}{\partial n} = 0$ auf $\partial\Omega$. Ferner sei $v \in C^1(\overline{\Omega})$ und besitze einen beschränkten Träger. Zeige, daß die Beziehung

$$\int\limits_{\Omega} \nabla u \cdot \nabla v \, \mathrm{d}x = -\int\limits_{\Omega} \Delta u \cdot v \, \mathrm{d}x$$

gilt.

# Anhang

# A Anhang

## A.1 Der Fortsetzungssatz von Hahn-Banach

Es sei $X$ ein normierter Raum, $X_0$ ein Unterraum von $X$ und $f$ ein beschränktes lineares Funktional auf $X_0$. Dann gibt es ein beschränktes lineares Funktional $F$ auf $X$ mit

(i) $F(x) = f(x)$ für $x \in X_0$; (ii) $\|F\| = \|f\|$.

D.h. $f$ läßt sich norminvariant auf ganz $X$ fortsetzen.

**Beweis:**[1]

(a) Wegen $X_0 \subset X$ gibt es ein $x_0 \in X$ mit $x_0 \notin X_0$. Wir bilden

$$X_1 = X_0 + [x_0] = \{x + \alpha x_0 \mid x \in X_0 \text{ und } \alpha \in \mathbb{R}\}.$$

$X_1$ ist ein Unterraum von $X$. Wir wollen zunächst $f$ von $X_0$ auf $X_1$ fortsetzen; $f_1$ sei eine Fortsetzung mit

(i) $f_1(x) = f(x)$ für $x \in X_0$; (ii) $\|f_1\| = \|f\|$.

Dann folgt wegen (i)

$$f_1(x + \alpha x_0) = f_1(x) + \alpha f_1(x_0) = f(x) + \alpha f_1(x_0).$$

Durch Vorgabe von $f_1(x_0)$ ist damit $f_1$ eindeutig bestimmt. Umgekehrt ist jedes Funktional der Form

$$f_1(x + \alpha x_0) := f(x) + \alpha z_0, \quad z_0 \in \mathbb{R} \text{ beliebig (fest)}$$

ein beschränktes und lineares Funktional auf $X_1$. Wir haben nun zu zeigen: Es gibt ein $z_0 \in \mathbb{R}$ so, daß $\|f_1\| = \|f\|$ ist. Hierzu genügt der Nachweis $\|f_1\| \leq \|f\|$ oder

$$|f_1(x + \alpha x_0)| = |f(x) + \alpha z_0| \leq \|f\| \|x + \alpha x_0\|$$

oder

$$\left| f\left(\frac{x}{\alpha}\right) + z_0 \right| \leq \|f\| \left\| \frac{x}{\alpha} + x_0 \right\|.$$

Da mit $x$ auch $\frac{x}{\alpha}$ ganz $X_0$ durchläuft, reicht es aus, $|f(x) + z_0| \leq \|f\| \|x + x_0\|$ für alle

1 Wir beschränken uns auf den reellen Fall. Zum komplexen Fall s. z.B. Heuser [73], S. 228–232

$x \in X_0$ nachzuweisen. Gleichbedeutend hiermit ist

$$-\|f\|\|x+x_0\| \leq f(x)+z_0 \leq \|f\|\|x+x_0\| \quad \text{für alle } x \in X_0$$

oder

$$-f(x)-\|f\|\|x+x_0\| \leq z_0 \leq -f(x)+\|f\|\|x+x_0\| \quad \text{für alle } x \in X_0$$

oder

$$\sup_{x\in X_0}[-f(x)-\|f\|\|x+x_0\|] \leq z_0 \leq \inf_{x\in X_0}[-f(x)+\|f\|\|x+x_0\|],$$

und es bleibt zu zeigen:

$$\sup_{x\in X_0}[-f(x)-\|f\|\|x+x_0\|] \leq \inf_{x\in X_0}[-f(x)+\|f\|\|x+x_0\|].$$

Dies folgt aber so: Für alle $u, v \in X_0$ gilt

$$\begin{aligned} f(u)-f(v)=f(u-v) &\leq \|f\|\|u-v\| = \|f\|(u+x_0)-(v+x_0)\| \\ &\leq \|f\|\|u+x_0\| + \|f\|\|v+x_0\| \end{aligned}$$

oder

$$-f(v)-\|f\|\|v+x_0\| \leq -f(u)+\|f\|\|x+x_0\|.$$

Hieraus ergibt sich die behauptete Ungleichung, und $f$ ist durch $f_1$ in der gewünschten Weise auf $X_1$ fortgesetzt.

(b) Im nächsten Schritt wollen wir $f$ auf ganz $X$ fortsetzen. Hierzu benötigen wir einige mengentheoretische Überlegungen: Ist $M$ eine nichtleere Menge, und ist für gewisse $x, y, z \in M$ eine Vergleichsrelation »$<$« mit

(1) $x < x$ für alle $x \in M$

(2) aus $x < y$ und $y < x$ folgt $x = y$

(3) aus $x < y$ und $y < z$ folgt $x < z$

erklärt, so heißt $M$ *geordnet* und $<$ eine *Ordnung auf* $M$. Gilt für alle $x, y \in M$ entweder $x < y$ oder $y < x$, so heißt $M$ *vollgeordnet* und $<$ ein *Vollordnung auf* $M$. Wir nennen $y \in M$ eine *obere Schranke* für die Teilmenge $Q \subset M$, falls $x < y$ für alle $x \in Q$ gilt; $z \in M$ heißt ein *maximales Element*, wenn aus $z < x$ die Beziehung $x = z$ folgt. Für unseren weiteren Beweis benötigen wir das *Zornsche Lemma* (es kann auch als Axiom aufgefaßt werden!): Besitzt jede vollgeordnete Teilmenge $Q$ einer geordneten Menge $M$ eine obere Schranke in $M$, so gibt es in $M$ wenigstens ein maximales Element.

Zum Abschluß unseres Beweises definieren wir $M$ als Menge aller linearen Funktionale $h$

mit den Eigenschaften

($\alpha$) $h$ ist auf $E_h$ erklärt, wobei $X_0 \subseteq E_h \subseteq X$ ist;

($\beta$) $h(x) = f(x)$ für alle $x \in X_0$;

($\gamma$) $\|h\| = \|f\|$.

Da $f \in M$ gilt, ist $M$ nicht leer. Auf $M$ erklären wir eine Ordnung $<$ durch

$$h' < h'' \Leftrightarrow E_{h'} \subset E_{h''} \quad \text{und } h'(x) = h''(x) \quad \text{für alle } x \in E_{h'} .$$

Ist $Q$ eine beliebige vollgeordnete Teilmenge von $M$, so folgt: $\bigcup\limits_{h \in Q} =: E$ ist ein Unterraum von $X$.

Wir definieren nun $\tilde{h}$ durch

$$\tilde{h} := h(x) \quad \text{für } x \in E_h \text{ und beliebige } h \in Q .$$

Da $Q$ vollgeordnet ist, ist $\tilde{h}$ eine wohldefinierte lineare Abbildung auf $E = E_{\tilde{h}}$ (warum?). Wegen $\|\tilde{h}\| = \|f\|$ für $x \in E_{\tilde{h}} = E$ folgt $\tilde{h} \in M$ und wegen $h < \tilde{h}$ für $h \in Q$ ist $\tilde{h}$ eine obere Schranke von $Q$ in $M$. Das Zornsche Lemma garantiert uns dann die Existenz eines maximalen Elementes $F \in M$, also ein lineares Funktional $F$ mit $F(x) = f'(x)$ für $x \in X_0$ und $\|F\| = \|f\|$ für $x \in E_F$, das keine durch $\|f\|$ beschränkte Fortsetzung besitzt. Wegen Teil (a) gilt daher $E_F = X$ und der Satz von Hahn-Banach ist bewiesen. □

## A.2 Der Satz von Lax-Milgram

Es sei $X$ ein Hilbertraum und $B(f, g)$ eine Bilinearform auf $X$ mit

(i) $|B(f, g)| \leq c_1 \|f\| \|g\|$, $\quad c_1 > 0$;

(ii) $B(f, f) \geq c_2 \|f\|^2$, $\quad c_2 > 0$

für alle $f, g \in X$. Dann gibt es zu jedem $f \in X$ genau ein $u \in X$ mit

$$B(g, u) = (g, f) \quad \text{für alle } g \in X .$$

**Beweis:**
Wegen (i) ist für festes $u \in X$ die Zuordnung $g \mapsto B(g, u)$ ein beschränktes lineares Funktional auf $X$. Nach dem Rieszschen Darstellungssatz (s. Abschn. 2.1.3) gibt es daher ein eindeutig bestimmtes $h \in X$ mit

$$B(g, u) = (g, h) \quad \text{für alle } g \in X . \tag{1}$$

Wir setzen $h =: Su$ und zeigen, daß $S$ eine umkehrbar eindeutige lineare und beschränkte Abbildung von $X$ auf sich ist. Mit diesem $h$ lautet (1)

$$B(g, u) = (g, Su) \quad \text{für alle } g \in X , \tag{2}$$

und mit der Definition von $S$ folgt hieraus sofort die Linearität von $S$. Daher ist der Bildbereich von $S$: $N = \{Su \mid u \in X\}$, ein Unterraum von $X$. Setzen wir speziell $g := Su$, so ergibt sich aus (2) und (i)

$$\|Su\|^2 = (Su, Su) = B(Su, u) \leq c_1 \|Su\| \|u\|$$

oder $\|Su\| \leq c_1 \|u\|$, d.h. $S$ ist beschränkt. Nun setzen wir $g := u$ und erhalten aus (ii) und (2)

$$c_2 \|u\|^2 \leq B(u, u) = (u, Su) \leq \|u\| \|Su\|$$

oder $\|Su\| \geq c_2 \|u\|$, d.h. $Su = 0$ zieht $u = 0$ nach sich. $S$ ist also umkehrbar eindeutig.

Wir zeigen nun: Der Bildbereich $N$ von $S$ ist abgeschlossen. Hierzu sei die Folge $\{Su_k\} \subset N$ konvergent in $X$. Dann gilt

$$\|Su_k - Su_j\| = \|S(u_k - u_j)\| \geq c_2 \|u_k - u_j\| .$$

Die linke Seite dieser Ungleichung strebt für $j, k \to \infty$ gegen 0 (warum?), daher ist $\{u_k\}$ eine Cauchy-Folge in $X$. Da $X$ vollständig ist konvergiert diese Folge: $u \in X$ sei das Grenzelement. Wegen

$$\|Su - Su_k\| \leq \|S\| \|u - u_k\| \to 0 \quad \text{für } k \to \infty$$

konvergiert die Folge $\{Su_k\}$ gegen $Su \in N$, d.h. $N$ ist abgeschlossen.

Nun weisen wir $N = X$ nach und nehmen hierzu an, es sei $N \subset X$. Dann gibt es aber ein $w \in X$ mit $w \notin N$, und der Zerlegungssatz (s. Abschn. 1.3.4) garantiert uns eine eindeutige Darstellung von $w$ in der Form

$$w = w_1 + w_2 \quad \text{mit } (w_1, v) = 0 \text{ für alle } v \in N \text{ und } w_2 \in N .$$

Aus $Sw_1 \in N$ und (ii) folgt dann

$$0 = (w_1, Sw_1) = B(w_1, w_1) \geq c_2 \|w_1\|^2$$

oder $w_1 = 0$. Also gilt $w = w_2 \in N$ im Widerspruch zu unserer Annahme. Damit ist $N = X$ gezeigt.

Zu gegebenem $f \in X$ wählen wir nun $u := S^{-1} f$ und erhalten

$$B(g, u) = (g, Su) = (g, SS^{-1} f) = (g, f) \quad \text{für alle } g \in X ,$$

und die Existenz eines $u \in X$ mit den geforderten Eigenschaften ist gezeigt.

Zum Eindeutigkeitsnachweis nehmen wir an, es existiere ein weiteres $u'$ mit $B(g, u') = (g, f)$ für alle $g \in X$. Dann gilt: $B(g, u - u') = 0$ für alle $g \in X$. Wählen wir $g := u - u'$, so folgt mit (ii) $0 = B(u - u', u - u') \geq c_2 \|u - u'\|^2$ oder $\|u - u'\| = 0$. Dies hat $u = u'$ zur Folge. Damit ist der Satz vollständig bewiesen. □

# B Lösungen zu den Übungen

Zu den mit * versehenen Übungen werden Lösungen angegeben oder Lösungswege skizziert.

## Zu Abschnitt 1

### Lösung 1.1:

Wegen der Konvergenz von $\sum_{k=1}^{\infty} \frac{1}{2^k}$ existiert $d(x, y)$ für alle $x, y \in s$. Mit der im Hinweis angegebenen Ungleichung ergibt sich (iii):

$$\begin{aligned} d(x, y) &= \sum_{k=1}^{\infty} \frac{1}{2^k} \frac{|(x_k - z_k) + (z_k - y_k)|}{1 + |(x_k - z_k) + (z_k - y_k)|} \\ &\le \sum_{k=1}^{\infty} \frac{1}{2^k} \frac{|x_k - z_k|}{1 + |x_k - z_k|} + \sum_{k=1}^{\infty} \frac{1}{2^k} \frac{|z_k - y_k|}{1 + |z_k - y_k|} = d(x, z) + d(z, y) . \end{aligned}$$

Zum Nachweis der Ungleichung beachte, daß die Funktion $f(u) = \frac{u}{1+u}$ für $u > -1$ monoton wachsend ist.

### Lösung 1.4:

Für $x = (x_1, x_2)$, $y = (y_1, y_2)$, $z = (z_1, z_2)$ aus $X_1 \times X_2$ gilt, wenn wir o.B.d.A. $d_1(x_1, y_1) \ge d_2(x_2, y_2)$ annehmen,

$$\begin{aligned} d(x, y) &= \max(d_1(x_1, y_1), d_2(x_2, y_2)) = d_1(x_1, y_1) \le d_1(x_1, z_1) + d_1(z_1, y_1) \\ &\le \max(d_1(x_1, z_1), d_2(x_2, z_2)) + \max(d_1(z_1, y_1), d_2(z_2, y_2)) = d(x, z) + d(z, y) . \end{aligned}$$

Der Nachweis von (i) und (ii) ist klar.

### Lösung 1.5:

Zu zeigen: $f(X_0)$ ist abgeschlossen und beschränkt.

(i) $f(X_0)$ ist beschränkt: Annahme: $f(x)$ nicht nach oben beschränkt. Dann gibt es eine Folge $\{x_k\}$ in $X_0$ mit $f(x_k) > k$. Da $X_0$ kompakt ist enthält sie eine Teilfolge $\{x_{k_j}\}$, die gegen ein $x_0 \in X_0$ konvergiert. Aus der Stetigkeit von $f$ ergibt sich $f(x_{k_j}) \to f(x_0)$ für $k_j \to \infty$. Andererseits gilt $f(x_{k_j}) > k_j$, also $f(x_{k_j}) \to \infty$ für $k_j \to \infty$. Widerspruch! $f(x)$ ist also nach oben beschränkt. Entsprechend zeigt man die Beschränktheit nach unten.

(ii) $f(X_0)$ ist abgeschlossen: $\{y_k\}$ sei eine beliebige Folge in $f(X_0)$ mit $y_k \to y_0$. Zu jedem $y_k$ existiert dann wenigstens ein $x_k \in X_0$ mit $f(x_k) = y_k$, also gilt $f(x_k) \to y_0$ für $k \to \infty$. $X_0$ ist kompakt. Daher enthält $\{x_k\}$ eine Teilfolge $\{x_{k_j}\}$ mit $x_{k_j} \to x_0 \in X_0$ für $k_j \to \infty$. Aus der Stetigkeit von $f$ folgt $f(x_{k_j}) \to f(x_0)$ für $k_j \to \infty$, insgesamt also $y_0 = f(x_0) \in f(X_0)$.

### Lösung 1.7:

Benutze dieselbe Schlußweise wie in Übung 1.5.

## Lösung 1.8:

(b) Es sei $\{\boldsymbol{u}^{(k)}\}$ eine Cauchy-Folge in $(\mathbb{R}^n, d)$, d.h.

$$d(\boldsymbol{u}^{(k)}, \boldsymbol{u}^{(l)}) = \max_{1 \le i \le n} |\mu_i^{(k)} - \mu_i^{(l)}| \to 0 \quad \text{für } k, l \to \infty .$$

Dann ist jede Folge $\{\mu_i^{(k)}\}$ $(i = 1, \dots, n)$ eine Cauchy-Folge in $\mathbb{R}$. $\mathbb{R}$ ist vollständig. Es gibt daher reelle Zahlen $\mu_i$ $(i = 1, \dots, n)$ mit $|\mu_i^{(k)} - \mu_i| \to 0$ für $k \to \infty$ $(i = 1, \dots, n)$. Setze $\boldsymbol{u} = (\mu_1, \dots, \mu_n)^{\mathrm{T}}$. Dann folgt

$$d(\boldsymbol{u}^{(k)}, \boldsymbol{u}) = \max_{1 \le i \le n} |\mu_i^{(k)} - \mu_i| \to 0 \quad \text{für } k \to \infty .$$

## Lösung 1.9:

Zum Vollständigkeitsnachweis sei $\{x_n\}$ eine beliebige Cauchy-Folge in $C^1[a, b]$. Dann folgt für $n, m \to \infty$

$$\max_{a \le t \le b} |x_n(t) - x_m(t)| \to 0 \quad \text{und} \quad \max_{a \le t \le b} |x_n'(t) - x_m'(t)| \to 0 .$$

Daher konvergieren die Folgen $\{x_n(t)\}$ und $\{x_n'(t)\}$ im Sinn von Cauchy gleichmäßig auf $[a, b]$. Für alle (festen) $t \in [a, b]$ sind diese Folgen Cauchy-Folgen in $\mathbb{R}$. Da $\mathbb{R}$ vollständig ist, kann man punktweise Grenzfunktionen definieren:

$$\lim_{n \to \infty} x_n(t) =: x_0(t) , \qquad \lim_{n \to \infty} x_n'(t) =: \tilde{x}(t) , \ t \in [a, b] .$$

Wie in Beispiel 1.10 zeigt man: $\{x_n(t)\}$ konvergiert gleichmäßig auf $[a, b]$ gegen $x_0(t)$ und entsprechend $\{x_n'(t)\}$ gegen $\tilde{x}(t)$. Aus der gleichmäßigen Konvergenz und der Stetigkeit von $x_n(t)$ und $x_n'(t)$ auf $[a, b]$ folgt die Stetigkeit von $x_0(t)$ und $\tilde{x}(t)$ auf $[a, b]$. Ferner ergibt sich: $x_0(t)$ ist stetig differenzierbar und es gilt

$$x_0'(t) = \lim_{n \to \infty} x_n'(t) = \tilde{x}(t)$$

(Vertauschung von $\frac{\mathrm{d}}{\mathrm{d}t}$ und lim!). Damit erhält man

$$d(x_n, x_0) = \max_{a \le t \le b} |x_n(t) - x_0(t)| + \max_{a \le t \le b} |x_n'(t) - x_0'(t)| \to 0 \quad \text{für } n \to \infty .$$

In $C^m[a, b]$ $(m \in \mathbb{N})$ läßt sich durch

$$d(x, y) = \sum_{k=0}^{m} \max_{a \le t \le b} |x^{(k)}(t) - y^{(k)}(t)|$$

eine Maximumsmetrik erklären.

## Lösung 1.10:

Zu (2): Es sei $\{x_n\}$ eine Folge in $M$ mit $x_n \to x \in X$ für $n \to \infty$. Dann ist $\{x_n\}$ eine Cauchy-Folge in $M$ (warum?). Da $M$ vollständig ist, konvergiert $\{x_n\}$ in $M$, d.h. $x \in M$ (Eindeutigkeit des Grenzelementes).
zu (3): $\Rightarrow$: s. (2)
$\Leftarrow$: Es sei $\{x_n\}$ eine beliebige Cauchy-Folge in $M \subset X$. Dann gibt es ein $x \in X$ mit $x_n \to x$ für $n \to \infty$ (da $X$ vollständig!). Daher gilt $x \in M^+$ und wegen der Abgeschlossenheit von $M$: $x \in M$. Die Folge $\{x_n\}$ konvergiert somit gegen ein Element aus $M$, d.h. $M$ ist vollständig.

## Lösung 1.11:

$(X, d)$ ist ein metrischer Raum. Nachweis von (iii) (Dreiecksungleichung): Mit $x = [a, b]$, $y = [c, d]$, $z = [e, f]$ gilt

$$\begin{aligned} d(x, y) &= |a - c| + |b - d| = |a - e + e - c| + |b - f + f - d| \\ &\le |a - e| + |e - c| + |b - f| + |f - d| \\ &= |a - e| + |b - f| + |e - c| + |f - d| = d(x, z) + d(z, y). \end{aligned}$$

$(X, d)$ ist nicht vollständig: z.B. ist $\{x_n\}$ mit $x_n = \left[\frac{1}{n+1}, \frac{1}{n}\right]$ eine Cauchy-Folge in $(X, d)$, jedoch gehört das Grenzelement $[0,0]$ nicht zu $(X, d)$. Eine Vervollständigung ist durch $X \cup \{a\}$ mit $a \in \mathbb{R}$ gegeben. Dabei sei $[a, a] := \{a\}$.

## Lösung 1.12:

(b) $\Rightarrow$: Es seien $\{x_k^{(i)}\}$ $(k = 1, \ldots, n)$ beliebige Cauchy-Folgen in $X_k$, d.h.es gelte $d_k(x_k^{(i)}, x_k^{(j)}) \to 0$ für $i, j \to \infty$. Setze $x^{(i)} := (x_1^{(i)}, \ldots, x_n^{(i)})$. Wegen

$$d(x^{(i)}, x^{(j)}) = \sum_{k=1}^{n} d_k(x_k^{(i)}, x_k^{(j)}) \to 0 \quad \text{für } i, j \to \infty$$

ist $\{x^{(i)}\}$ eine Cauchy-Folge in $X$. Da $X$ vollständig ist, gibt es ein $x^{(0)} = (x_1^{(0)}, \ldots, x_n^{(0)}) \in X$ mit

$$d(x^{(i)}, x^{(0)}) = \sum_{k=1}^{n} d_k(x_k^{(i)}, x_k^{(0)}) \to 0 \quad \text{für } i \to \infty .$$

Hieraus folgt $d_k(x_k^{(i)}, x_k^{(0)}) \to 0$ für $i \to \infty$ und $k = 1, \ldots, n$, mit $x_k^{(0)} \in X_k$, d.h. $X_k$ ist für $k = 1, \ldots, n$ vollständig.
$\Leftarrow$: Es sei $\{x^{(i)}\}$ mit $x^{(i)} = (x_1^{(i)}, \ldots, x_n^{(i)})$ eine beliebige Cauchy-Folge in $X$. Dann sind $\{x_k^{(i)}\}$ für $k = 1, \ldots, n$ Cauchy-Folgen in $X_k$ (warum?). Da die $X_k$ alle vollständig sind, gibt es zu jedem $k$ ein $x_k^{(0)} \in X_k$ mit $d_k(x_k^{(i)}, x_k^{(0)}) \to 0$ für $i \to \infty$. Setze $x^{(0)} := (x_1^{(0)}, \ldots, x_n^{(0)})$. Dann ist $x^{(0)} \in X$, und es gilt

$$d(x^{(i)}, x^{(0)}) = \sum_{k=1}^{n} d_k(x_k^{(i)}, x_k^{(0)}) \to 0 \quad \text{für } i \to \infty ;$$

d.h. $\{x^{(i)}\}$ konvergiert gegen $x^{(0)}$. $X$ ist somit vollständig.

## Lösung 1.13:

Benutze den vollständigen metrischen Raum $X = (\mathbb{C}^n, d)$ mit

$$d(\boldsymbol{x}, \boldsymbol{y}) = \left( \sum_{i=1}^{n} |\xi_i - \eta_i|^2 \right)^{\frac{1}{2}}$$

für $\boldsymbol{x} = (\xi_1, \ldots, \xi_n)^{\mathrm{T}}$, $\boldsymbol{y} = (\eta_1, \ldots, \eta_n)^{\mathrm{T}}$ $(\xi_i, \eta_i \in \mathbb{C}, i = 1, \ldots, n)$ (s. Beisp. 1.9). Die Abbildung $T$ mit

$$T\boldsymbol{x} := \left( \sum_{k=1}^{n} a_{1k}\xi_k + b_1 , \ldots , \sum_{k=1}^{n} a_{nk}\xi_k + b_k \right)^{\mathrm{T}}$$

bildet $X$ in sich ab. Ferner gilt mit der Schwarzschen Ungleichung für Summen

$$d(T\boldsymbol{x}, T\boldsymbol{y}) = \left(\sum_{i=1}^{n}\left|\sum_{k=1}^{n} a_{ik}(\xi_k - \eta_k)\right|^2\right)^{\frac{1}{2}} \leq \left(\sum_{i=1}^{n}\left\{\sum_{k=1}^{n}|a_{ik}|^2 \cdot \sum_{k=1}^{n}|\xi_k - \eta_k|^2\right\}\right)^{\frac{1}{2}}$$

$$= \left(\sum_{i,k=1}^{n}|a_{ik}|^2\right)^{\frac{1}{2}}\left(\sum_{k=1}^{n}|\xi_k - \eta_k|^2\right)^{\frac{1}{2}} \leq q\,d(\boldsymbol{x}, \boldsymbol{y}),\ q < 1,$$

d.h. $T$ ist eine kontrahierende Abbildung, und Satz 1.2 garantiert für jedes $\boldsymbol{b} = (b_1, \ldots, b_n)^{\mathrm{T}}$ eine eindeutig bestimmte Lösung.

## Lösung 1.14:

(a)⇒(b): $0 \in X_i$ für alle $i \in I$. Mit $x_i \in X_i$ sei $\sum\limits_{i\in I} x_i = 0 = \sum\limits_{i \in I} 0$. Da die Darstellung eindeutig ist (direkte Summe!), gilt $x_i = 0$ für alle $i \in I$.
(b)⇒(c): Aus $x \in X_i \cap \sum\limits_{\substack{j\in I\\ j\neq i}} X_j$ folgt $x = x_i \in X_i$ und $x = \sum\limits_{\substack{j\in I\\ j\neq i}} x_j$. Hieraus ergibt sich

$$0 = \sum_{\substack{j\in I\\ j\neq i}} x_j - x_i = \sum_{j\in I}\tilde{x}_j \quad \text{mit} \quad \tilde{x}_j := \begin{cases} x_j & \text{für } j \neq i \\ -x_j & \text{für } j = i \end{cases}$$

und damit $x_i = x = 0$. (c)⇒(a): Es sei $x \in X$ mit $x = \sum\limits_{i\in I} x_i = \sum\limits_{i\in I} y_i$. Für $i \neq j$ gilt

$$0 = x - x = \underbrace{x_i - y_i}_{\in X_i} + \overbrace{\sum_{\substack{j\in I\\ j\neq i}}(x_j - y_j)}^{\in \sum\limits_{\substack{j\in I\\ j\neq i}} X_j}$$

oder wegen (c) $x_i - y_i = 0$, d.h. die Darstellung ist eindeutig.

## Lösung 1.15:

Zu $x, y \in \overline{S}$ gibt es Folgen $\{x_n\}$, $\{y_n\}$ mit $x_n, y_n \in S$ und $x_n \to x$, $y_n \to y$ für $n \to \infty$. Da $S$ Unterraum von $X$ ist, enthält $S$ auch die Folge $\{z_n\}$ mit $z_n := x_n + y_n$. Wegen

$$\lim_{n\to\infty} z_n = \lim_{n\to\infty}(x_n + y_n) = \lim_{n\to\infty} x_n + \lim_{n\to\infty} y_n = x + y \in X$$

(Stetigkeit der Addition) und $\lim\limits_{n\to\infty} z_n \in \overline{S}$ folgt $x + y \in \overline{S}$. Entsprechend folgt aus der Stetigkeit der $s$-Multiplikation für $\alpha \in \mathbb{K}$ beliebig

$$\lim_{n\to\infty}(\alpha x_n) = \alpha \lim_{n\to\infty} x_n = \alpha x \in \overline{S}.$$

## Lösung 1.19:

(b) $\{(x_n, y_n)\}$ sei eine beliebige Cauchy-Folge in $X_1 \times X_2$, d.h. es gelte

$$\|(x_n, y_n) - (x_m, y_m)\| = \|(x_n - x_m, y_n - y_m)\| = \|x_n - x_m\|_1 + \|y_n - y_m\|_2 \to 0$$
$$\text{für } n, m \to \infty ,$$

dann folgt $\|x_n - x_m\|_1 \to 0$ und $\|y_n - y_m\|_2 \to 0$ für $n, m \to \infty$, d.h. $\{x_n\}$ ist eine Cauchy-Folge in $X_1$ und $\{y_n\}$ eine Cauchy-Folge in $X_2$.

Da $X_1$ und $X_2$ vollständig sind, gibt es Elemente $x_0 \in X_1$ und $y_0 \in X_2$ mit $x_n \to x_0$ und $y_n \to y_0$ für $n \to \infty$. Ferner gilt

$$\|(x_n, y_n) - (x_0, y_0)\| = \|x_n - x_0\|_1 + \|y_n - y_0\|_2 \to 0 \quad \text{für } n \to \infty ,$$

d.h. $(x_n, y_n) \to (x_0, y_0) \in X_1 \times X_2$. $X_1 \times X_2$ ist also vollständig.

## Lösung 1.20:

Von den Elementen $x_1, \dots, x_n \in X$ seien $m$ linear unabhängig, o.B.d.A. nehmen wir dies von $x_1, \dots, x_m$ an. Wir bilden $[x_1, \dots, x_m]$, also einen $m$-dimensionalen Unterraum von $X$. Dieser ist abgeschlossen (warum?). Nach Satz 1.1 existiert ein $x_0 \in [x_1, \dots, x_m]$, so daß $\|x - x_0\| = \min$. Da $x_0 \in [x_1, \dots, x_m]$, gibt es $\beta_1, \dots, \beta_m \in \mathbb{K}$ mit $x_0 = \sum_{k=1}^{m} \beta_k x_k$. Setze z.B. $\alpha_1 = \beta_1, \dots, \alpha_m = \beta_m, \alpha_{m+1} = 0, \dots, \alpha_n = 0$. Dann gilt

$$\left\| x - \sum_{k=1}^{n} \alpha_k x_k \right\| = \min .$$

## Lösung 1.21:

(a) $x_0$ und $x_1$ aus $A$ mit $x_0 \neq x_1$ seien bestapproximierend an $x \in X$. Es ist also

$$\|x - x_0\| = \|x - x_1\| = \inf_{x' \in A} \|x - x'\| .$$

Bilde die Konvexkombination $x_2 := \alpha x_0 + (1 - \alpha) x_1$, $\alpha \in [0,1]$. Es gilt dann

$$\begin{aligned} \|x - x_2\| &= \|x - \alpha x_0 - (1 - \alpha) x_1\| = \|\alpha(x - x_0) + (1 - \alpha)(x - x_1)\| \\ &\le \alpha \|x - x_0\| + (1 - \alpha)\|x - x_1\| = \inf_{x' \in A} \|x - x'\| . \end{aligned}$$

Da $x_2$ aus $A$ ist, muß $\|x - x_2\| = \inf_{x' \in A} \|x - x'\|$ gelten, so daß auch $x_2$ bestapproximierend ist.

(b) Die Existenzaussage ist durch Satz 1.1 erledigt. Zum Eindeutigkeitsnachweis nehmen wir an, $x_0$ und $x_1$ seien zwei verschiedene bestapproximierende Elemente an $x \in X$ ($x \notin A$), also: $\|x - x_0\| = \|x - x_1\| = \inf_{x' \in A} \|x - x'\|$. Daher gilt wegen (a)

$$\|x - \frac{1}{2}(x_0 + x_1)\| = \frac{1}{2}\|(x - x_0) + (x - x_1)\| = \inf_{x' \in A} \|x - x'\| =: d .$$

Hieraus folgt nach Division durch $d$

$$\frac{1}{2} \left\| \frac{x - x_0}{d} + \frac{x - x_1}{d} \right\| = 1 .$$

Dies ist ein Widerspruch zur Annahme $x_0 \neq x_1$, da der Ausdruck auf der linken Seite $< 1$ ist ($X$ ist strikt konvex!).

## Lösung 1.23:

Benutze die Parallelogrammgleichung

## Lösung 1.27:

(a) Es seien $x, y \in \overline{X}$. Dann gibt es Folgen $\{x_n\}$, $\{y_n\}$ in $X$ mit $x_n \to x$ und $y_n \to y$ für $n \to \infty$. Insbesondere sind $\{x_n\}$ und $\{y_n\}$ Cauchy-Folgen in $X$. Mit Hilfe der Schwarzschen Ungleichung folgt hieraus

$$\begin{aligned}|(x_n, y_n) - (x_m, y_m)| &= |(x_n, y_n) - (x_n, y_m) + (x_n, y_m) - (x_m, y_m)| \\ &\le |(x_n, y_n - y_m)| + |(x_n - x_m, y_m)| \le \|x_n\|\|y_n - y_m\| + \|y_m\|\|x_n - x_m\| \\ &\to 0 \quad \text{für } n, m \to \infty \quad (\{\|x_n\|\} \text{ und } \{\|y_n\|\} \text{ sind beschränkt}),\end{aligned}$$

d.h. $\{(x_n, y_n)\}$ ist eine Cauchy-Folge in $\mathbb{C}$. Da $\mathbb{C}$ vollständig ist, existiert der Grenzwert $\lim_{n\to\infty}(x_n, y_n)$. Dieser ist unabhängig von den approximierenden Folgen, denn: Sind $\{\tilde{x}_n\}$ und $\{\tilde{y}_n\}$ weitere Folgen mit $\tilde{x}_n \to x$ und $\tilde{y}_n \to y$, so gilt

$$\begin{aligned}|(x_n, y_n) - (\tilde{x}_n, \tilde{y}_n)| &= |(x_n, y_n) - (x, y_n) + (x, y_n) - (\tilde{x}_n, y_n) + (\tilde{x}_n, y_n) - (\tilde{x}_n, \tilde{y}_n)| \\ &\le |(x_n - x, y_n)| + |(x - \tilde{x}_n, y_n)| + |(\tilde{x}_n, y_n - \tilde{y}_n)| \\ &\to 0 \quad \text{für } n \to \infty \quad \text{(folgt wie oben)}.\end{aligned}$$

Damit ist die Definition $(x, y) := \lim_{n\to\infty}(x_n, y_n)$ für $x, y \in \overline{X}$ sinnvoll, und $(x, y)$ besitzt die Eigenschaften eines Skalarproduktes (nachprüfen!)

(b) Es sei $x \in X$ und $\{x_n\}$ eine beliebige Folge aus $X$ mit $x_n \to x$. Dies hat $\|x\| = \lim_{n\to\infty}\|x_n\|$ zur Folge. Mit (a) ergibt sich dann

$$\|x\| = \lim_{n\to\infty}\|x_n\| = \lim_{n\to\infty}(x_n, x_n)^{\frac{1}{2}} = [\lim_{n\to\infty}(x_n, x_n)]^{\frac{1}{2}} = (x, x)^{\frac{1}{2}}.$$

$\overline{X}$ ist vollständig (s. Üb. 1.10), also ein Hilbertraum.

## Lösung 1.28:

(a) $x_1, \dots, x_n$ seien linear abhängig. Dann gibt es Zahlen $\alpha_1, \dots, \alpha_n$ mit $|\alpha_1| + \dots + |\alpha_n| \neq 0$ so, daß $\sum_{k=1}^{n} \alpha_k x_k = 0$ gilt.

Multipliziert man diese Gleichung skalar mit $x_1$, dann mit $x_2$,... so ergibt sich das Gleichungssystem $\sum_{k=1}^{n} \alpha_k (x_k, x_i) = 0$, $i = 1, \dots, n$. Da nicht alle $\alpha_k$ verschwinden, muß $\det(x_k, x_i) = 0$, $i, k = 1, \dots, n$ gelten.

(b) Es sei nun $\det(x_k, x_i) = 0$. Dann gibt es Zahlen $\alpha_1, \dots, \alpha_n$ mit $|\alpha_1| + \dots + |\alpha_n| \neq 0$ so, daß $\sum_{k=1}^{n} \alpha_k (x_k, x_i) = 0$ für $i = 1, \dots, n$ gilt. Multiplizieren wir die $i$-te Gleichung mit $\alpha_i$ und addieren wir sämtliche Gleichungen, so ergibt sich

$$0 = \sum_{i,k=1}^{n} \alpha_k \alpha_i (x_k, x_i) = \left(\sum_{k=1}^{n} \alpha_k x_k, \sum_{i=1}^{n} \alpha_i x_i\right) = \left\|\sum_{i=1}^{n} \alpha_i x_i\right\|^2.$$

Hieraus folgt $\sum_{i=1}^{n} \alpha_i x_i = 0$, d.h. die $x_i$ sind linear abhängig (nicht alle $\alpha_i$ sind 0!).

## Lösung 1.29:

(a) Es sei $\{x_n\}$ eine Folge in $E$, die in $X$ konvergiere, d.h. es existiert ein $x \in X$ mit $\|x_n - x\| \to 0$ für $n \to \infty$. Hieraus folgt

$$\|x_n - x\|^2 = \int_{-1}^{1} [x_n(t) - x(t)]^2 \, \mathrm{d}t \to 0 \quad \text{für } n \to \infty$$

oder

$$\int_{-1}^{0} [x_n(t) - x(t)]^2 \, \mathrm{d}t + \int_{0}^{1} [x_n(t) - x(t)]^2 \, \mathrm{d}t \to 0 \quad \text{für } n \to \infty$$

oder

$$\int_{-1}^{0} [x(t)]^2 \, \mathrm{d}t + \int_{0}^{1} [x_n(t) - x(t)]^2 \, \mathrm{d}t \to 0 \quad \text{für } n \to \infty .$$

Daraus ergibt sich $\int_{-1}^{0} [x(t)]^2 \, \mathrm{d}t = 0$ oder $x(t) \equiv 0$ auf $[-1,0]$, d.h. $x \in E$. $E$ ist somit abgeschlossen. Entsprechendes gilt für $F$.

(b) Betrachte in $X$ die Folge $\{z_n(t)\}$ mit $z_n(t) = x_n(t) + y_n(t)$, wobei

$$x_n(t) := \begin{cases} 0 & \text{für } -1 \le t \le 0 \\ nt & \text{für } 0 \le t \le \frac{1}{n} \\ 1 & \text{für } \frac{1}{n} \le t \le 1 \end{cases} ; \quad y_n(t) := \begin{cases} 1 & \text{für } -1 \le t \le -\frac{1}{n} \\ -nt & \text{für } -\frac{1}{n} \le t \le 0 \\ 0 & \text{für } 0 \le t \le 1 . \end{cases}$$

Es gilt für $z(t) := 1$ auf $[-1,1]$

$$\|z_n - z\|^2 = \int_{-1}^{1} [z_n(t) - z(t)]^2 \, \mathrm{d}t = \int_{-\frac{1}{n}}^{0} (-nt - 1)^2 \, \mathrm{d}t + \int_{0}^{\frac{1}{n}} (nt - 1)^2 \, \mathrm{d}t$$

$$= 2 \int_{0}^{\frac{1}{n}} (nt - 1)^2 \, \mathrm{d}t = \frac{2}{3n} \to 0 \quad \text{für } n \to \infty .$$

Da $z(0) \neq 0$ ist, folgt hieraus $z \notin E + F$.

## Lösung 1.30:

(a) Die Besselsche Ungleichung gilt auch für Skalarprodukträume, denn:

$$0 \le \left( x - \sum_{k=1}^{\infty} (x, e_k) e_k , x - \sum_{k=1}^{\infty} (x, e_k) e_k \right) = \|x\|^2 + 2 \sum_{k=1}^{\infty} |(x, e_k)|^2 + \sum_{k,j=1}^{\infty} (x, e_k)\overline{(x, e_j)}(e_k, e_j)$$

$$= \|x\|^2 - \sum_{k=1}^{\infty} |(x, e_k)|^2 \quad \text{oder} \quad \sum_{k=1}^{\infty} |(x, e_k)|^2 \le \|x\|^2 .$$

Es gilt also mit $a_k = (x, e_k)$: $\sum\limits_{k=1}^{\infty} |a_k|^2 \leq \|x\|^2 < \infty$. Damit folgt: $\sum\limits_{k=1}^{\infty} |a_k|^2$ ist konvergent, so daß $\lim\limits_{k\to\infty} a_k = 0$ ist (warum?).

(b) Benutzen wir die Beziehung

$$\left\| x - \sum_{k=1}^{n} \lambda_k e_k \right\|^2 = \left( x - \sum_{k=1}^{n} \lambda_k e_k, x - \sum_{k=1}^{n} \lambda_k e_k \right) = \|x\|^2 - \sum_{k=1}^{n} \overline{\lambda}_k a_k - \sum_{k=1}^{n} \lambda_k \overline{a}_k + \sum_{k=1}^{n} |\lambda_k|^2 ,$$

so folgt aus

$$\sum_{k=1}^{n} |a_k - \lambda_k|^2 = \sum_{k=1}^{n} (a_k - \lambda_k)(\overline{a}_k - \overline{\lambda}_k) = \sum_{k=1}^{n} |a_k|^2 + \sum_{k=1}^{n} |\lambda_k|^2 - \sum_{k=1}^{n} \lambda_k \overline{a}_k - \sum_{k=1}^{n} a_k \overline{\lambda}_k$$

oder

$$\sum_{k=1}^{n} |\lambda_k|^2 = \sum_{k=1}^{n} |a_k - \lambda_k|^2 + \sum_{k=1}^{n} \lambda_k \overline{a}_k + \sum_{k=1}^{n} a_k \overline{\lambda}_k - \sum_{k=1}^{n} |a_k|^2$$

die behauptete Beziehung.

(c) Für $\lambda_k = a_k$ $(k = 1, \ldots, n)$ gilt $\sum\limits_{k=1}^{n} |a_k - \lambda_k|^2 = 0$, also

$$\left\| x - \sum_{k=1}^{n} a_k e_k \right\|^2 \leq \left\| x - \sum_{k=1}^{n} \tilde{\lambda}_k e_k \right\|^2 ,$$

wenn $\tilde{\lambda}_1, \ldots, \tilde{\lambda}_n$ beliebige Elemente aus $\mathbb{C}$ sind.

## Zu Abschnitt 2

### Lösung 2.1:

(a) s. Band. II, Abschnitt 2.4.5, Beipiel 2.28.

(b) Benutze Teil (a) sowie Satz 1.6 und Beweis.

### Lösung 2.2:

Benutze die Schwarzsche Ungleichung.

### Lösung 2.3:

$L(X, Y)$ bezeichne die Menge aller beschränkten linearen Operatoren von $X$ in $Y$. $\{T_n\}$ sei eine Cauchy-Folge in $L(X, Y)$, d.h. zu jedem $\varepsilon > 0$ gibt es ein $n_0 = n_0(\varepsilon)$ mit $\|T_n - T_m\| < \varepsilon$ für $n, m > n_0$. Für $x \in X$ gilt dann

$$\|T_n x - T_m x\| = \|(T_n - T_m)x\| \leq \|T_n - T_m\| \|x\| < \varepsilon \|x\| .$$

$\{T_n x\}$ ist also eine Cauchy-Folge in $Y$. Da $Y$ ein Banachraum ist, existiert der Grenzwert $\lim\limits_{n\to\infty} T_n x =: Tx$, und aus $\|T_n x - T_m x\| < \varepsilon \|x\|$ folgt für $m \to \infty$: $\|T_n x - Tx\| \leq \varepsilon \|x\|$. Hieraus ergibt sich

$$\|T - T_n\| = \sup_{\|x\|=1} \|(T - T_n)x\| \leq \varepsilon \quad \text{für alle } n > n_0 .$$

Insgesamt erhalten wir: $T = T_n + (T - T_n)$ ist beschränkt, und $T$ ist Grenzelement von $\{T_n\}$. $L(X, Y)$ ist somit vollständig, also ein Banachraum.

## Lösung 2.4:

(a) $Tx = y$ besitzt für jedes $y \in Y$ die Lösung $x = Sy$, da $TS = I$; d.h. $T$ ist eine Abbildung von $X$ auf $Y$.
(b) Aus $Tx = y$ folgt $x = Sy$, da $ST = I$; d.h. die Lösung $x$ von $Tx = y$ ist eindeutig bestimmt. Aus (a) und (b) folgen die Behauptungen.

## Lösung 2.6:

Es sei $\{x_k\}$ eine Folge in Kern $F$ mit $x_k \to x \in X$ für $k \to \infty$. Wegen $Fx_k = 0$ und der Stetigkeit von $F$ folgt $Fx = 0$, d.h. $x \in$ Kern $F$. Kern $F$ ist also abgeschlossen.

## Lösung 2.9:

Es sei $\{x_n\}$ eine beschränkte Folge in $X$. Da $T$ vollstetig ist, gibt es eine Teilfolge $\{x_{n_k}\}$ von $\{x_n\}$, so daß $\{Tx_{n_k}\}$ konvergiert. Da $S$ beschränkt ist, konvergiert auch die Folge $\{(S \circ T)x_{n_k}\}$, d.h. $S \circ T$ ist vollstetig. Entsprechend zeigt man: $T \circ S$ ist vollstetig.

## Lösung 2.11:

Es sei $X = (C(D), \| \ \|_2)$. Der Kern von $T$ ist schwach-polar, d.h. stetig in $D \times D$ für $x \neq y$, und es existieren Konstanten $C > 0, \alpha > 0$ mit

$$|k(x,y)| < \frac{C}{|x-y|^{\frac{m}{2}-\alpha}}, \quad x, y \in D, \ m = \dim(D).$$

Bezeichne $d(D)$ den Durchmesser von $D$: $d(D) = \sup\limits_{x,y \in D} |x - y|$. Dann gilt für $x \in D$

$$\int\limits_D |k(x,y)|^2 \, \mathrm{d}y \le C^2 \int\limits_D \frac{\mathrm{d}y}{|x-y|^{m-2\alpha}} \le C^2 \int\limits_{|\tilde{y}| \le d(D)} \frac{\mathrm{d}\tilde{y}}{|\tilde{y}|^{m-2\alpha}}.$$

Da das letzte Integral existiert (warum?), gibt es ein $M > 0$ mit

$$\int\limits_D |k(x,y)|^2 \, \mathrm{d}y \le M \quad \text{für alle } x \in D.$$

Die Schwarzsche Ungleichung liefert dann

$$\left| \int\limits_D k(x,y) f(y) \, \mathrm{d}y \right|^2 \le \left( \int\limits_D |k(x,y)|^2 \, \mathrm{d}y \right) \left( \int\limits_D |f(y)|^2 \, \mathrm{d}y \right) \le M \|f\|^2.$$

Hieraus folgt

$$\|Tf\|^2 \le \int\limits_D \left| \int\limits_d k(x,y) f(y) \, \mathrm{d}y \right|^2 \mathrm{d}x \le M \int\limits_D \mathrm{d}x \, \|f\|^2 = M \cdot \mathrm{Vol}(D) \|f\|^2$$

oder $\|Tf\| \le \sqrt{M \cdot \mathrm{Vol}(D)} \|f\|$, d.h. $T$ ist beschränkt. Der Vollstetigkeitsnachweis verläuft nun analog zu dem in Beispiel 2.9 geführten.

## Lösung 2.13:

Im Ausdruck

$$(Tf, g) = \int_D \left[ \int_D k(x, y) f(y) \, \mathrm{d}y \right] \overline{g(x)} \, \mathrm{d}x \,, \quad f, g \in C(D)$$

darf die Integrationsreihenfolge vertauscht werden (s. Nachweis von (2.98)). Mit $k(x, y) = \overline{k(y, x)}$ folgt dann

$$(Tf, g) = \int_D f(y) \left[ \int_D k(x, y) \overline{g(x)} \, \mathrm{d}x \right] \mathrm{d}y = \int_D f(y) \overline{\left[ \int_D k(x, y) g(x) \, \mathrm{d}x \right]} \mathrm{d}y = (f, Tg) \,.$$

## Lösung 2.14:

Schreibe $\varphi(x)$ in der Form

$$\varphi(x) = \int_0^x \eta(y) G(x, y) \, \mathrm{d}y + \int_x^\pi \eta(y) G(x, y) \, \mathrm{d}y \,.$$

Durch Differentiation erhalten wir unter Beachtung von (*i*)

$$\begin{aligned} \varphi'(x) &= G(x, x-0)\eta(x) + \int_0^x \eta(y) \frac{\partial}{\partial x} G(x, y) \, \mathrm{d}y - G(x, x+0)\eta(x) + \int_x^\pi \eta(y) \frac{\partial}{\partial x} G(x, y) \, \mathrm{d}y \\ &= \int_0^x \eta(y) \frac{\partial}{\partial x} G(x, y) \, \mathrm{d}y + \int_x^\pi \eta(y) \frac{\partial}{\partial x} G(x, y) \, \mathrm{d}y \,. \end{aligned}$$

Erneute Differentiation liefert

$$\varphi''(x) = \frac{\partial}{\partial x} G(x, x-0)\eta(x) + \int_0^x \eta(y) \frac{\partial^2}{\partial x^2} G(x, y) \, \mathrm{d}y - \frac{\partial}{\partial x} G(x, x+0)\eta(x) + \int_x^\pi \eta(y) \frac{\partial^2}{\partial x^2} G(x, y) \,.$$

Hieraus folgt wegen der Symmetrie von $G(x, y)$ und wegen (iv)

$$\begin{aligned} \varphi''(x) &= \left[ \frac{\partial}{\partial x} G(x-0, x) - \frac{\partial}{\partial x} G(x+0, x) \right] \eta(x) + \int_0^x \eta(y) \frac{\partial^2}{\partial x^2} G(x, y) \, \mathrm{d}y + \int_x^\pi \eta(y) \frac{\partial^2}{\partial x^2} G(x, y) \, \mathrm{d}y \\ &= -\frac{\eta(x)}{p(x)} + \int_0^x \eta(y) \frac{\partial^2}{\partial x^2} G(x, y) \, \mathrm{d}y + \int_x^\pi \ldots \,. \end{aligned}$$

Zusammen mit (iii) folgt insgesamt

$$\begin{aligned} \frac{\mathrm{d}}{\mathrm{d}x}[p(x)\varphi'(x)] - q(x)\varphi(x) &= p(x)\varphi''(x) + p'(x)\varphi'(x) - q(x)\varphi(x) \\ &= -\eta(x) + \left( \int_0^x + \int_x^\pi \right) \left\{ \frac{\partial}{\partial x} \left[ p(x) \frac{\partial}{\partial x} G(x, y) \right] - q(x) G(x, y) \right\} \mathrm{d}y = -\eta(x) \,. \end{aligned}$$

Wegen $G(0, y) = G(\pi, y) = 0$ für alle $y$ mit $0 \leq y \leq \pi$ ergeben sich die Randbedingungen $\varphi(0) = \varphi(\pi) = 0$.

## Lösung 2.15:

(a) Eigenwerte und -funktionen bestimmen sich aus

$$\lambda f(x) = (Tf)(x) = \int_0^{2\pi} \sin(x+y) f(y)\, \mathrm{d}y$$

oder mit $\frac{1}{\lambda} =: \mu$ aus

$$f(x) - \mu \int_0^{2\pi} \sin(x+y) f(y)\, \mathrm{d}y = 0\,.$$

Hieraus ergibt sich mit

$$c_1 := \int_0^{2\pi} \cos y \cdot f(y)\, \mathrm{d}y\,, \quad c_2 := \int_0^{2\pi} \sin y \cdot f(y)\, \mathrm{d}y$$

die Gleichung

$$f(x) - \mu \int_0^{2\pi} (\sin x \cdot \cos y + \cos x \cdot \sin y) f(y)\, \mathrm{d}y = f(x) - \mu[c_1 \sin x + c_2 \cos x] = 0$$

oder $f(x) = \mu[c_1 \sin x + c_2 \cos x]$. Einsetzen in die obige Gleichung liefert

$$\mu[c_1 \sin x + c_2 \cos x] = \mu \left[ \sin x \int_0^{2\pi} \cos y \,\{\mu(c_1 \sin y + c_2 \cos y)\}\, \mathrm{d}y \; + \cos x \int_0^{2\pi} \sin y \,\{\mu(c_1 \sin y + c_2 \cos y)\}\, \mathrm{d}y \right].$$

Da $\sin x$ und $\cos x$ linear unabhängig sind, folgt

$$c_1 = \mu c_1 \int_0^{2\pi} \sin y \cdot \cos y\, \mathrm{d}y + \mu c_2 \int_0^{2\pi} \cos^2 y\, \mathrm{d}y$$

$$c_2 = \mu c_1 \int_0^{2\pi} \sin^2 y\, \mathrm{d}y + \mu c_2 \int_0^{2\pi} \sin y \cdot \cos y\, \mathrm{d}y\,.$$

Mit

$$\int_0^{2\pi} \sin^2 y\, \mathrm{d}y = \int_0^{2\pi} \cos^2 y\, \mathrm{d}y = \pi \quad \text{und} \quad \int_0^{2\pi} \sin y \cdot \cos y\, \mathrm{d}y = 0$$

ergibt sich hieraus für $c_1, c_2$ das lineare Gleichungssystem $\begin{bmatrix} 1 & -\mu\pi \\ -\mu\pi & 1 \end{bmatrix} \begin{bmatrix} c_1 \\ c_2 \end{bmatrix} = \begin{bmatrix} 0 \\ 0 \end{bmatrix}$. Dieses besitzt genau dann nichttriviale Lösungen, wenn $\begin{vmatrix} 1 & -\mu\pi \\ -\mu\pi & 1 \end{vmatrix} = 1 - \mu^2\pi^2 = 0$ ist, d.h. für $\mu_1 = \frac{1}{\pi}$ und $\mu_2 = -\frac{1}{\pi}$ bzw. $\lambda_1 = \pi$ und $\lambda_2 = -\pi$. Eigenfunktionen zu $\lambda_1$ bestimmen sich aus

$$\begin{bmatrix} 1 & -1 \\ -1 & 1 \end{bmatrix} \begin{bmatrix} c_1 \\ c_2 \end{bmatrix} = \begin{bmatrix} 0 \\ 0 \end{bmatrix} : \quad c_1 = c_2 = c \in \mathbb{R} \text{ beliebig, d.h. } f_1(x) = \frac{c}{\pi}(\sin x + \cos x).$$

Zu $\lambda_2$: Aus

$$\begin{bmatrix} 1 & 1 \\ 1 & 1 \end{bmatrix} \begin{bmatrix} c_1 \\ c_2 \end{bmatrix} = \begin{bmatrix} 0 \\ 0 \end{bmatrix}$$ folgt $c_1 = -c_2 = c \in \mathbb{R}$, d.h. $f_2(x) = -\frac{c}{\pi}(\sin x - \cos x)$.

(b) Allgemeine Lösung der homogenen adjungierten Gleichung (der Kern ist symmetrisch!)

$$f(x) - \frac{1}{\pi} \int_0^{2\pi} \sin(x+y) f(y)\, \mathrm{d}y = 0 .$$

Wegen (a) lautet diese Lösung $\frac{c}{\pi}(\sin x + \cos x)$. Nach dem Fredholmschen Alternativsatz muß die Orthogonalitiätsbedingung

$$\frac{c}{\pi} \int_0^{2\pi} (\sin x + \cos x)(\sin x + \alpha \cos x)\, \mathrm{d}x = 0$$

erfüllt sein. Multipliziert man den Integranden aus und beachtet $\int_0^{\pi} \sin x \cdot \cos x\, \mathrm{d}x = 0$, $\int_0^{2\pi} \cos^2 x\, \mathrm{d}x = \pi$, so ergibt sich für $\alpha$ die Beziehung $\pi + \alpha\pi = 0$ oder $\alpha = -1$

Setze $h(x) := \sin x - \cos x$. Entsprechend zu (a) erhält man für $c_1, c_2$ das Gleichungssystem

$$c_1 = -\pi + c_2\,, \quad c_2 = \pi + c_1 \quad \text{d.h.} \quad c_2 = c_1 + \pi\,,\ c_1 \text{ beliebig.}$$

Ferner ergibt sich die Lösung ($c_1 = c$ gesetzt)

$$f(x) = \sin x + \frac{c}{\pi}(\sin x + \cos x)\,, \quad c \in \mathbb{R}.$$

## Zu Abschnitt 3

### Lösung 3.1:

(a) Da $\Omega$ offen ist, gibt es zu jedem $x_0 \in \Omega$ ein $\delta_0 > 0$, so daß die Kugel $\{\boldsymbol{x} \mid |\boldsymbol{x} - \boldsymbol{x}_0| < \delta_0\}$ ganz in $\Omega$ liegt.

(b) Für $x := x_0 + \delta y$, $\delta < \delta_0$ gilt

$$F_u h_\delta = \frac{1}{\delta^n} \int u(x) h\left(\frac{x - x_0}{\delta}\right) \mathrm{d}x = \int_{|y| \le 1} u(x_0 + \delta y) h(y)\, \mathrm{d}y \to u(x_0) \int h(y)\, \mathrm{d}y = u(x_0) \quad \text{für } \delta \to 0 .$$

Da $F_u h_\delta = 0$ für $0 < \delta < \delta_0$ ist, folgt $u(x_0) = 0$. Jedes $u \in C(\Omega) \cap L_2(\Omega)$ läßt sich daher mit dem durch $u$ induzierten Funktional identifizieren. Für $u, v \in C(\Omega)$ mit $F_u, F_v \in L_2(\Omega)$ setze: $\|u\| = \|F_u\|$ und $(u, v) = (F_u, F_v)$.

### Lösung 3.2:

(a) Wegen $u \in C_0(\Omega)$ ist $\delta = \operatorname{dist}(\operatorname{Tr} u, \partial\Omega) > 0$ und $u_k$ aus $C_0^\infty(\Omega)$ für $k > \frac{1}{\delta}$. $\{u_k\}$ konvergiert gleichmäßig gegen $u$ für $k \to \infty$. Da $\operatorname{Tr} u$ und $\operatorname{Tr} u_k$ beide in $\{x \mid \operatorname{dist}(x, \operatorname{Tr} u) \le 1\}$ liegen, folgt $\int |u - u_k|^2\, \mathrm{d}x \to 0$ für $k \to \infty$. Entsprechendes gilt für $\int |v - v_k|^2\, \mathrm{d}x$.

(b) Mit der Schwarzschen Ungleichung gilt für alle $\varphi \in C_0^\infty(\Omega)$ mit $\|\varphi\| = 1$

$$\left| F_u \varphi - \int u_k \varphi\, \mathrm{d}x \right| = \left| \int (u - u_k)\varphi\, \mathrm{d}x \right| \le \left( \int |u - u_k|^2\, \mathrm{d}x \right)^{\frac{1}{2}} \to 0 \quad \text{für } k \to \infty$$

(wegen (a)). Daher: $\|F_u - u_k\| \to 0$ und entsprechend $\|F_v - v_k\| \to 0$ für $k \to \infty$.

## Lösung 3.3:

$F, G \in L_2(\Omega)$. Daher gibt es Folgen $\{f_k\}$, $\{g_k\}$ in $C_0^\infty(\Omega)$ mit $\|F - f_k\| \to 0$ und $\|G - g_k\| \to 0$ für $k \to \infty$. Wegen Hilfssatz 3.3 folgt $\|gF - gf_k\| \to 0$ und $\|\overline{g}G - \overline{g}g_k\| \to 0$ für $k \to \infty$, und mit Übung 3.2 (b) ergibt sich

$$(gF, G) = \lim_{k\to\infty}(gf_k, g_k) = \lim_{k\to\infty}\int gf_k\overline{g}_k\,\mathrm{d}x = \lim_{k\to\infty}\int f_k\overline{\overline{g}g_k}\,\mathrm{d}x = (f_k, \overline{g}g_k) = (F, \overline{g}G).$$

## Lösung 3.4:

(iii) mittels vollständiger Induktion beweisen. Indunktionsanfang ($m = 1$) folgt aus (ii). Benutze: $\binom{m}{k-1} + \binom{m}{k} = \binom{m+1}{k}$.

## Lösung 3.5:

$$\begin{aligned} D^p u_\delta(x) &= D_x^p \int u(x+\delta y)h(y)\,\mathrm{d}y = D_x^p \frac{1}{\delta^n}\int h\left(\frac{y-x}{\delta}\right)u(y)\,\mathrm{d}y \\ &= \frac{1}{\delta^n}\int D_x^p h\left(\frac{y-x}{\delta}\right)u(y)\,\mathrm{d}y = (-1)^{|p|}\frac{1}{\delta^n}F_u(D^p\psi), \end{aligned}$$

wobei: $\psi(y) := h\left(\frac{y-x}{\delta}\right) \in C_0^\infty(\Omega)$ für $\operatorname{dist}(x, \partial\Omega) > \delta > 0$ und $|p| \le m$ ist. Nach Definition 3.4 (Ableitung von $L_2$-Funktionalen) folgt hieraus

$$\begin{aligned} D^p u_\delta(x) &= \frac{1}{\delta^n}(D^p F_u)\psi(x) = \frac{1}{\delta^n}(F_{D^p u})\psi(x) = \frac{1}{\delta^n}\int h\left(\frac{y-x}{\delta}\right)D^p u(y)\,\mathrm{d}y \\ &= \int h(y)D^p u(x+\delta y)\,\mathrm{d}y = (D^p u)_\delta(x). \end{aligned}$$

## Lösung 3.6:

1. Zeige: Für $\Omega' := \mathbb{R}^n - \Omega$ gilt $\delta = \operatorname{dist}(K, \Omega') = \inf\limits_{\substack{x\in\Omega' \\ y\in K}} |x - y| > 0$.

2. Setze $\alpha := \frac{\delta}{3}$, $A_\alpha := \{x \mid \operatorname{dist}(x, K) < \alpha\}$, $B_\alpha := \{x \mid \operatorname{dist}(x, \Omega') < \alpha\}$ und betrachte

$$f(x) := \frac{\operatorname{dist}(x, B_\alpha)}{\operatorname{dist}(x, A_\alpha) + \operatorname{dist}(x, B_\alpha)}.$$

(Eigenschaften von $f$?) 3. Bilde mit $h$ aus Übung 3.1 (a)

$$f_\varepsilon(x) := \int f(x + \varepsilon y)h(y)\,\mathrm{d}y$$

und zeige, daß $f_\varepsilon$ für $\varepsilon < \frac{\alpha}{2}$ das Gewünschte leistet.

## Lösung 3.7:

(a) $F \in \mathring{H}_m(\Omega)$. Daher gibt es eine Folge $\{f_k\}$ in $C_0^\infty(\Omega)$ mit $\|F - f_k\|_{m,\Omega} \to 0$ für $k \to \infty$. Nach Definition der Ableitung für $L_2$-Funktionale (Def 3.4) und Definition von $F^e$ (s. (3.31)) folgt für $|p| \le m$ und $\varphi \in C_0^\infty(\Omega')$

$$(D^p F^e)\varphi = (-1)^{|p|}F^e(D^p\varphi) = (-1)^{|p|}\lim_{k\to\infty}\int f_k D^p\varphi\,\mathrm{d}x = \lim_{k\to\infty}\int \varphi D^p f_k\,\mathrm{d}x = (D^p F)^e\varphi.$$

Aus (3.32) ergibt sich $\|D^p F^e\|_{L_2(\Omega')} = \|D^p F\|_{L_2(\Omega)}$. Mit $\|F^e - f_k\|_{m,\Omega'} = \|F - f_k\|_{m,\Omega} \to 0$ für $k \to \infty$ folgt $F^e \in \mathring{H}_m(\Omega')$.

(b) Für $\varphi \in C_0^\infty(\Omega)$ gilt

$$(D^p F^r)\varphi = (-1)^{|p|}F^r(D^p\varphi) = (-1)^{|p|}F(D^p\varphi) = (D^p F)\varphi,$$

also $D^p F^r = (D^p F)^r$. Der Rest folgt hieraus und aus (3.30).

## Abschnitt 4

### Lösung 4.2:

(a) Anwendung von $\nabla\cdot$ auf die 2. Maxwellsche Gleichung liefert

$$\nabla\cdot(\nabla \times \boldsymbol{H}) = \varepsilon\nabla\cdot\frac{\partial \boldsymbol{E}}{\partial t} + \sigma\nabla\cdot\boldsymbol{E} = 0\,.$$

Hieraus folgt wegen $\nabla\cdot(\nabla \times \boldsymbol{H}) = 0$: $\varepsilon\nabla\cdot\frac{\partial \boldsymbol{E}}{\partial t} = -\sigma\nabla\cdot\boldsymbol{E}$ oder $\frac{\partial}{\partial t}\nabla\cdot\boldsymbol{E} = -\frac{\sigma}{\varepsilon}\nabla\cdot\boldsymbol{E}$. Mit der Substitution $\nabla\cdot\boldsymbol{E} = f(\boldsymbol{x},t)$ ergibt sich hieraus die DGl $\frac{\partial}{\partial t}f(\boldsymbol{x},t) = -\frac{\sigma}{\varepsilon}f(\boldsymbol{x},t)$ für $f$ mit der allgemeinen Lösung $f(\boldsymbol{x},t) = h(\boldsymbol{x})\,\mathrm{e}^{-\frac{\sigma}{\varepsilon}t}$. Die Funktion $h$ bestimmt sich aus der Bedingung $0 = \nabla\cdot\boldsymbol{E}_0 = f(\boldsymbol{x},0) = h(\boldsymbol{x})$. Damit ist $f(\boldsymbol{x},t) = \nabla\cdot\boldsymbol{E} = 0$. Wendet man $\nabla\cdot$ auf die 1. Maxwellsche Gleichung an, so ergibt sich entsprechend $\nabla\cdot\boldsymbol{H} = 0$.

(b) Anwendung von $\nabla\times$ auf beide Gleichungen ergibt

$$\begin{cases} \nabla\times(\nabla\times\boldsymbol{E}) + \mu\nabla\times\dfrac{\partial \boldsymbol{H}}{\partial t} = \boldsymbol{0} \\ \nabla\times(\nabla\times\boldsymbol{H}) - \varepsilon\nabla\times\dfrac{\partial \boldsymbol{E}}{\partial t} - \sigma\nabla\times\boldsymbol{E} = \boldsymbol{0} \end{cases}$$

oder

$$\begin{cases} \nabla(\nabla\cdot\boldsymbol{E}) - \Delta\boldsymbol{E} + \mu\dfrac{\partial}{\partial t}\nabla\times\boldsymbol{H} = \boldsymbol{0} \\ \nabla(\nabla\cdot\boldsymbol{H}) - \Delta\boldsymbol{H} - \varepsilon\dfrac{\partial}{\partial t}\nabla\times\boldsymbol{E} - \sigma\nabla\times\boldsymbol{E} = \boldsymbol{0}\,. \end{cases}$$

Wegen $\nabla\cdot\boldsymbol{E} = \nabla\cdot\boldsymbol{H} = 0$ (s. (a)) verschwinden die ersten Summanden dieser Gleichung, und wir erhalten $-\Delta\boldsymbol{E} + \mu\frac{\partial}{\partial t}\nabla\times\boldsymbol{H} = \boldsymbol{0}$ oder (mit der 1. Maxwellschen Gleichung) $-\Delta\boldsymbol{E} + \mu\frac{\partial}{\partial t}\left(\varepsilon\frac{\partial \boldsymbol{E}}{\partial t} + \sigma\boldsymbol{E}\right) = \boldsymbol{0}$ oder

$$\Delta\boldsymbol{E} - \mu\left(\varepsilon\frac{\partial^2 \boldsymbol{E}}{\partial t^2} + \sigma\frac{\partial \boldsymbol{E}}{\partial t}\right) = \boldsymbol{0}.$$

Eine entsprechende Gleichung ergibt sich für $\boldsymbol{H}$. Die Komponenten von $\boldsymbol{E}$ und $\boldsymbol{H}$ genügen also der Telegraphengleichung.

Sonderfälle:

| | | |
|---|---|---|
| $\mu = 0$ | bzw. $\varepsilon = \sigma = 0$ | Potentialgleichung |
| $\sigma = 0$ | $\varepsilon = \mu = 1$ | Wellengleichung |
| $\varepsilon = 0$ | $\mu = \sigma = 1$ | Wärmeleitungsgleichung. |

### Lösung 4.3:

(a) Eine Wärmebilanz für die Wärmemenge, die im Zeitintervall $t_0 \le t' \le t$ aus $D$ herausströmt, liefert

$$Q(t_0) - Q(t) = \int_{t_0}^{t} \Phi(t')\,\mathrm{d}t'\,.$$

Hieraus ergibt sich durch Differentiation nach $t$ $-Q'(t) = \Phi(t)$. Der weitere Nachweis verläuft wie bei der Herleitung der Kontinuitätsgleichung: Man schreibt $\Phi(t)$ als Gebietsintegral, differenziert im Integral für $\Phi(t)$ den Integranden und erhält

$$\int_D \left[\varrho c \frac{\partial u}{\partial t} + \nabla \cdot \boldsymbol{S}\right] \mathrm{d}\sigma = 0 \quad \text{oder} \quad \varrho c \frac{\partial u}{\partial t} + \nabla \cdot \boldsymbol{S} = 0 .$$

(b) Mit $\boldsymbol{S}(\boldsymbol{x}, t) = -\lambda(\boldsymbol{x})\nabla u(\boldsymbol{x}, t)$ folgt aus (a) die Wärmeleitungsgleichung $\varrho c \frac{\partial u}{\partial t} = \nabla \cdot (\lambda \nabla u)$ und hieraus für $\frac{\varrho c}{\lambda} = 1$ ($\varrho, c, \lambda$ const.) die Gleichung $\frac{\partial u}{\partial t} = \Delta u$ (einfachste Form der Wärmeleitungsgleichung). Hängt $u$ nicht von $t$ ab: $u = U(\boldsymbol{x})$, so genügt $U$ der Gleichung $\nabla \cdot (\lambda \nabla U) = 0$ und im Falle eines homogenen Mediums ($\lambda$ =const.) der Potentialgleichung $\Delta U = 0$.

## Lösung 4.4:

$u(x, t) = x^2 \exp \frac{-4t+t^2}{2}$.

## Lösung 4.6:

Matrix der zugehörigen quadratischen Form: $\boldsymbol{A} := \begin{bmatrix} x^2-1 & xy \\ xy & y^2-1 \end{bmatrix}$, d.h. $\boldsymbol{A}$ ist symmetrisch. Die Eigenwerte von $\boldsymbol{A}$ ergeben sich aus

$$\det(\boldsymbol{A} - \lambda \boldsymbol{I}) = (x^2 - 1 - \lambda)(y^2 - 1 - \lambda) - x^2 y^2 = 0$$

oder nach einfacher Umformung zu $\lambda_1 = 1$ und $\lambda_2 = x^2 + y^2 - 1$ ($\lambda_2 \neq -1$). Die auf Hauptachsenform transformierte Matrix $\boldsymbol{A}$ lautet also $\boldsymbol{\Theta} = \begin{bmatrix} x^2+y^2-1 & 0 \\ 0 & -1 \end{bmatrix}$. Die Differentialgleichung ist daher für $x^2+y^2 < 1$ elliptisch, für $x^2+y^2 = 1$ parabolisch und für $x^2 + y^2 > 1$ hyperbolisch.

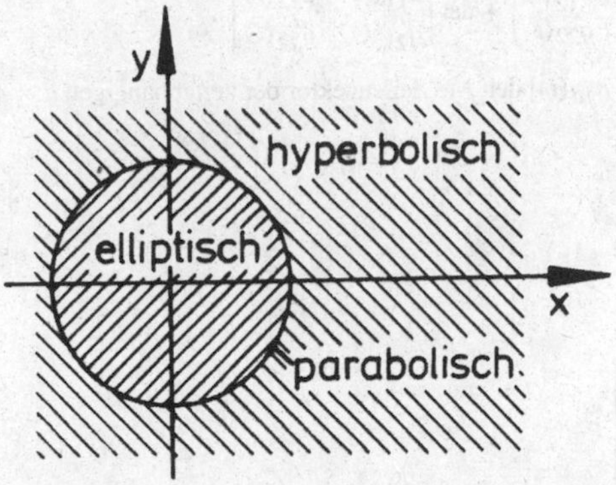


Fig B.1: Charakter der DGl

## Lösung 4.7:

Ein Separationsansatz für $\Delta \boldsymbol{E} = \varepsilon\mu E_{tt} + \sigma\mu \boldsymbol{E}_t$ führt auf

$$\varepsilon\mu f''(t) - \sigma\mu f'(t) + k^2 f(t) = 0 \quad \text{und} \quad \Delta \boldsymbol{E}^*(\boldsymbol{x}) + k^2 \boldsymbol{E}^*(\boldsymbol{x}) = \boldsymbol{0} .$$

Für $f$ ergeben sich zwei linear unabhängige Lösungen, von denen nur eine eine zeitlich ungedämpfte Schwingung beschreibt. Wir suchen nach solchen $\boldsymbol{E}(\boldsymbol{x}, t)$, für die $\boldsymbol{E}(\boldsymbol{x}, t) = \mathrm{e}^{-\mathrm{i}\,\omega t}\, \boldsymbol{E}^*(\boldsymbol{x})$ gilt. (Es ist also $f(t) = \mathrm{e}^{-\mathrm{i}\,\omega t}$, $f'(t) =$

$-\mathrm{i}\,\omega\,\mathrm{e}^{-\mathrm{i}\,\omega t}$ und $f''(t) = -\omega^2\,\mathrm{e}^{-\mathrm{i}\,\omega t}$). Aus der obigen Gleichung folgt dann

$$\Delta \boldsymbol{E}^* \cdot f = \varepsilon\mu f'' \boldsymbol{E}^* + \sigma\mu f' \boldsymbol{E}^* = -\varepsilon\mu\omega^2\,\mathrm{e}^{-\mathrm{i}\,\omega t}\,\boldsymbol{E}^* - \mathrm{i}\,\mu\sigma\omega\,\mathrm{e}^{-\mathrm{i}\,\omega t}\,\boldsymbol{E}^* = -k^2 \boldsymbol{E}^*\,\mathrm{e}^{-\mathrm{i}\,\omega t}\,.$$

Es besteht also der Zusammenhang

$$k^2 = \varepsilon\mu\omega^2 + \mathrm{i}\,\mu\sigma\omega\,.$$

Setzt man schließlich in den Maxwellschen Gleichungen (s. Üb. 4.2) $\boldsymbol{E}(\boldsymbol{x},t) = \mathrm{e}^{-\mathrm{i}\,\omega t}\,\boldsymbol{E}^*(x)$ und $\boldsymbol{H}(\boldsymbol{x},t) = \mathrm{e}^{-\mathrm{i}\,\omega t}\,\boldsymbol{H}^*(x)$, so ergibt sich

$$\begin{cases} \mathrm{e}^{-\mathrm{i}\,\omega t}\;\nabla \times \boldsymbol{E}^*(\boldsymbol{x}) + \mu(-\mathrm{i}\,\omega)\,\mathrm{e}^{-\mathrm{i}\,\omega t}\;\boldsymbol{H}^*(\boldsymbol{x}) = \boldsymbol{0} \\ \mathrm{e}^{-\mathrm{i}\,\omega t}\;\nabla \times \boldsymbol{H}^*(\boldsymbol{x}) - \varepsilon(-\mathrm{i}\,\omega)\,\mathrm{e}^{-\mathrm{i}\,\omega t}\;\boldsymbol{E}^*(\boldsymbol{x}) - \sigma\,\mathrm{e}^{-\mathrm{i}\,\omega t}\;\boldsymbol{E}^*(\boldsymbol{x}) = \boldsymbol{0} \end{cases}$$

oder

$$\begin{cases} \nabla \times \boldsymbol{E}^*(\boldsymbol{x}) - \mathrm{i}\,\omega\mu \boldsymbol{H}^*(\boldsymbol{x}) = \boldsymbol{0} \\ \nabla \times \boldsymbol{H}^*(\boldsymbol{x}) + (\mathrm{i}\,\omega\varepsilon - \sigma)\boldsymbol{E}^*(\boldsymbol{x}) = 0\,. \end{cases} \qquad \text{(stationäre Maxwellsche Gleichungen)}$$

## Lösung 4.8:

(a) Einfaches Nachrrechnen liefert

$$\begin{aligned} \frac{\mathrm{d}}{\mathrm{d}t} \det \boldsymbol{A}(t) &= \frac{\mathrm{d}}{\mathrm{d}t} \det \begin{bmatrix} a_{11}(t) & a_{12}(t) \\ a_{21}(t) & a_{22}(t) \end{bmatrix} \\ &= \frac{\mathrm{d}}{\mathrm{d}t} (a_{11}(t)a_{22}(t) - a_{21}(t)a_{12}(t)) \\ &= a'_{11}(t)a_{22}(t) + a_{11}(t)a'_{22}(t) - a'_{21}(t)a_{12}(t) - a_{21}(t)a'_{12}(t) \\ &= \det \begin{bmatrix} a'_{11}(t) & a'_{12}(t) \\ a_{21}(t) & a_{22}(t) \end{bmatrix} + \det \begin{bmatrix} a_{11}(t) & a_{12}(t) \\ a'_{21}(t) & a'_{22}(t) \end{bmatrix}. \end{aligned}$$

(b) Sei $\boldsymbol{a}_j(t) = [a_{j1}(t), \ldots, a_{jd}(t)]$ der $j$-te Zeilenvektor der zeitabhängigen $d \times d$ Matrix $\boldsymbol{A}(t)$, d.h.

$$\boldsymbol{A}(t) = \begin{bmatrix} \boldsymbol{a}_1(t) \\ \vdots \\ \boldsymbol{a}_d(t) \end{bmatrix},$$

so lautet die Behauptung

$$\frac{\mathrm{d}}{\mathrm{d}t} \det \boldsymbol{A}(t) = \sum_{j=1}^{d} \begin{bmatrix} \boldsymbol{a}_1(t) \\ \vdots \\ \boldsymbol{a}'_j(t) \\ \vdots \\ \boldsymbol{a}_d(t) \end{bmatrix}$$

für beliebiges $d \in \mathbb{N}$.

Der Nachweis ergibt sich durch eine einfache Induktion. Für $d = 1$ ist die Aussage wegen

$$\frac{\mathrm{d}}{\mathrm{d}t} \det \boldsymbol{A}(t) = \frac{\mathrm{d}}{\mathrm{d}t} \det(a_{11}(t)) = \frac{\mathrm{d}}{\mathrm{d}t} a_{11}(t) = a'_{11}(t) = \det(a'_{11}(t))$$

offensichtlich.

Gelte die Aussage für ein beliebiges, aber festes $d \in \mathbb{N}$. Für die $(d+1) \times (d+1)$ Matrix $\boldsymbol{A}(t)$ bezeichnen wir mit $A_{ik}(t)$ die $(d,d)$-reihige Untermatrix von $\boldsymbol{A}(t)$, die sich aus $\boldsymbol{A}(t)$ durch Streichen der $i$-ten Zeile und $k$-ten Spalte ergibt.

Sei zudem $a_j^{(k)}(t)$ der aus dem Zeilenvektor $a_j(t)$ durch Streichen des $k$-ten Elements entstehende Vektor, so gilt

$$
A_{1j}(t) = \begin{bmatrix} a_2^{(j)}(t) \\ \vdots \\ a_{d+1}^{(j)}(t) \end{bmatrix}, \quad j = 1, \ldots, d+1,
$$

und wir erhalten aufgrund der Induktionsannahme die Darstellung

$$
\frac{\mathrm{d}}{\mathrm{d}t} \det A_{1j}(t) = \sum_{k=2}^{d+1} \det \begin{bmatrix} a_2^{(j)}(t) \\ \vdots \\ a_k^{(j)'}(t) \\ \vdots \\ a_{d+1}^{(j)}(t) \end{bmatrix}.
$$

Unter Verwendung des Determinantenentwicklungssatzes (siehe Burg/Haf/Wille [23]) folgt daher

$$
\frac{\mathrm{d}}{\mathrm{d}t} \det A(t) = \frac{\mathrm{d}}{\mathrm{d}t} \sum_{j=1}^{d+1} a_{1j}(t)(-1)^{j+1} \det A_{1j}(t)
$$

$$
= \sum_{j=1}^{d+1} a'_{1j}(t)(-1)^{j+1} \det A_{1j}(t) + \sum_{j=1}^{d+1} a_{1j}(t)(-1)^{j+1} \frac{\mathrm{d}}{\mathrm{d}t} \det A_{1j}(t)
$$

$$
= \det \begin{bmatrix} a'_1(t) \\ a_2(t) \\ \vdots \\ a_{d+1}(t) \end{bmatrix} + \sum_{j=1}^{d+1} a_{1j}(t)(-1)^{j+1} \sum_{k=2}^{d+1} \det \begin{bmatrix} a_2^{(j)}(t) \\ \vdots \\ a_k^{(j)}(t) \\ \vdots \\ a_{d+1}^{(j)}(t) \end{bmatrix} = \det \begin{bmatrix} a'_1(t) \\ a_2(t) \\ \vdots \\ a_{d+1}(t) \end{bmatrix} + \sum_{k=2}^{d+1} \det \begin{bmatrix} a_1(t) \\ \vdots \\ a'_k(t) \\ \vdots \\ a_{d+1}(t) \end{bmatrix}
$$

$$
= \sum_{k=1}^{d+1} \det \begin{bmatrix} a_1(t) \\ \vdots \\ a'_k(t) \\ \vdots \\ a_{d+1}(t) \end{bmatrix}.
$$

## Zu Abschnitt 5

### Lösung 5.4:

Betrachte die Darstellungsformel (5.31) mit

$$
\Phi_1(x, y) = \frac{1}{4\pi} \frac{e^{ik|x-y|}}{|x-y|} \quad \text{bzw.} \quad \Phi_2(x, y) = \frac{1}{4\pi} \frac{e^{-ik|x-y|}}{|x-y|}.
$$

Addition dieser Formeln liefert

$$
2U(x) = 2 \cdot \frac{1}{4\pi} \int_{|y-x|=r} \left[ \frac{\partial}{\partial n} U(y) \cdot \frac{\cos kr}{r} - U(y) \frac{\partial}{\partial r} \frac{\cos kr}{r} \right] \mathrm{d}\sigma_y ; \tag{1}
$$

Subtraktion ergibt

$$0 = \frac{1}{4\pi} \int\limits_{|y-x|=r} \left[ \frac{\partial}{\partial n} U(y) \cdot \frac{\sin kr}{r} - U(y) \frac{\partial}{\partial r} \frac{\sin kr}{r} \right] d\sigma_y \,. \tag{2}$$

Multipliziere (1) mit $\sin kr$, (2) mit $(-\cos kr)$ und addiere die sich ergebenden Gleichungen. Dann erhält man die Mittelwertformel

$$U(x) \frac{\sin kr}{kr} = \frac{1}{4\pi r^2} \int\limits_{|y-x|=r} U(y)\, d\sigma_y \,.$$

In der Aufgabenstellung tritt anstelle von $k$ $\tilde{k}$ auf. Setzt man dann $\tilde{k} := \mathrm{i}\,k$, so ergibt sich

$$U(x) \frac{\sin \mathrm{i}\,kr}{\mathrm{i}\,kr} = \frac{1}{4\pi r^2} \int\limits_{|y-x|=r} U(y)\, d\sigma_y$$

als Mittelwertformel für $\Delta U - k^2 U = 0$ ($k \in \mathbb{R}$). Der Nachweis des Maximum- (bzw. Minimum-) prinzips verläuft analog zu dem von Satz 5.2: Benutzt man die Beziehung $\sin \mathrm{i}\,kr = \mathrm{i} \sinh kr$ und die Abschätzung $\frac{kr}{\sinh kr} < 1$ (Begründung!), so lautet die entsprechende Ungleichung

$$M = U(x_0) = \frac{kr}{4\pi r^2 \sinh kr} \int\limits_{|x-x_0|=r} U(x)\, d\sigma_x < \frac{kr}{\sinh kr} \frac{1}{4\pi r^2} 4\pi r^2 M < \frac{1}{4\pi r^2} 4\pi r^2 M = M \,.$$

Dies ist ein Widerspruch zur Annahme, das Maximum $M$ werde in $x_0 \in D$ angenommen. Der Rest ergibt sich wie im Beweis von Satz 5.2.

## Lösung 5.5:

Sind $U_1$ und $U_2$ zwei Lösungen des Problems, so erfüllt $U := U_1 - U_2$

$$\Delta U - k^2 U = 0 \quad \text{in } D_a \,; \qquad U = 0 \quad \text{auf } \partial D \,; \qquad U(x) = \mathcal{O}\left(\frac{1}{|x|}\right) \quad \text{für } |x| \to \infty \,.$$

Annahme: Es existiere ein $x_0 \in D_a$ mit $U(x_0) \neq 0$. Lege eine Kugel $K_R(0)$ so um $D$, daß $x_0 \in K_R(0)$ und $\overline{D} \subset K_R(0)$ ($D$ ist beschränkt!) sowie $|U(x)| < |U(x_0)|$ für alle $x \in \partial K_R(0)$ (läßt sich wegen der Abklingbedingung für $U$ erreichen!). Auf $\partial D$ gilt $U(x) \equiv 0$. Setze $\tilde{D} := D_a \cap K_R(0)$. Es ist $|U(x)| < |U(x_0)|$ für $x \in \partial \tilde{D}$. Dies ist ein Widerspruch zum Maximumprinzip (s. Üb. 5.4), da $x_0$ im Inneren von $\tilde{D}$ liegt.

## Lösung 5.6:

Wir beschränken uns auf $\frac{\partial}{\partial x_1} H(x)$. Es sei $h < \frac{1}{2}$ und $\varepsilon < \frac{1}{2}$. Wir betrachten den Zylinder

$$Z_\varepsilon(x,h) := \{ y = (y_1, y_2, y_3) \mid |y_1 - x_1| < h \,,\ (y_2 - x_2)^2 + (y_3 - x_3)^2 < \varepsilon^2 \} \,.$$

$x' = x + t e_1$ ($e_1$: Einheitsvektor in Richtung $x_1$-Achse, $|t| < h$) beschreibt Punkte auf der Zylinderachse. Es gilt (warum?)

$$\frac{\partial}{\partial x_1} \int\limits_{D - D \cap Z_\varepsilon(x,h)} \eta(y) \Phi(x', y)\, d\tau_y = \int\limits_{D - D \cap Z_\varepsilon(x,h)} \eta(y) \frac{\partial}{\partial x_1} \Phi(x', y)\, d\tau_y \,.$$

Zu zeigen ist:

$$\int\limits_{D \cap Z_\varepsilon(x,h)} \eta(y) \Phi(x', y)\, d\tau_y \to 0 \quad \text{für } \varepsilon \to 0$$

und

$$\int\limits_{D\cap Z_\varepsilon(\boldsymbol{x},h)} \eta(\boldsymbol{y})\frac{\partial}{\partial x_1}\Phi(\boldsymbol{x}',\boldsymbol{y})\,\mathrm{d}\tau_{\boldsymbol{y}} \to 0 \quad \text{für } \varepsilon\to 0$$

gleichmäßig für $\boldsymbol{x}' = \boldsymbol{x} + t\boldsymbol{e}_1$, $|t| < h$. Wir betrachten das letzte Integral. Es gilt

$$\left|\int\limits_{D\cap Z_\varepsilon(\boldsymbol{x},h)} \eta(\boldsymbol{y})\frac{\partial}{\partial x_1}\Phi(\boldsymbol{x}',\boldsymbol{y})\,\mathrm{d}\tau_{\boldsymbol{y}}\right| \le B \int\limits_{Z_\varepsilon(\boldsymbol{x},h)} \frac{1}{|\boldsymbol{y}-\boldsymbol{x}'|^2}\,\mathrm{d}\tau_{\boldsymbol{y}}$$

$$\le B \int\limits_{Z_\varepsilon(\boldsymbol{x}',2h)} \frac{1}{|\boldsymbol{y}-\boldsymbol{x}'|^2}\,\mathrm{d}\tau_{\boldsymbol{y}} = B \int\limits_{Z_\varepsilon(0,2h)} \frac{1}{|\boldsymbol{y}|^2}\,\mathrm{d}\tau_{\boldsymbol{y}}\,.$$

Wir zeigen, daß das letzte Integral (es ist von $x'$ unabhängig!) für $\varepsilon \to 0$ gegen 0 strebt:

$$\int\limits_{Z_\varepsilon(0,2h)} \frac{1}{|\boldsymbol{y}|^2}\,\mathrm{d}\tau_{\boldsymbol{y}} = \int\limits_{-2h}^{2h}\left(\int\limits_{y_2^2+y_3^2<\varepsilon^2} \frac{1}{y_1^2+y_2^2+y_3^2}\,\mathrm{d}y_2\,\mathrm{d}y_3\right)\mathrm{d}y_1$$

$$= \int\limits_{-2h}^{2h}\left(\int\limits_0^{2\pi}\left\{\int\limits_0^{\varepsilon}\frac{r}{r^2+t^2}\,\mathrm{d}r\right\}\mathrm{d}\varphi\right)\mathrm{d}t = \pi\int\limits_{-2h}^{2h}(\ln(t^2+\varepsilon^2)-\ln t^2)\,\mathrm{d}t$$

$$= \pi\int\limits_{-\varepsilon}^{\varepsilon}(\ln(t^2+\varepsilon^2)-\ln t^2)\,\mathrm{d}t + \pi\int\limits_{\varepsilon}^{2h}\ln\left(1+\frac{\varepsilon^2}{t^2}\right)\mathrm{d}t + \pi\int\limits_{-2h}^{-\varepsilon}\ln\left(1+\frac{\varepsilon^2}{t^2}\right)\mathrm{d}t$$

$$< 2\pi\left[-\int\limits_0^{\varepsilon}\ln t^2\,\mathrm{d}t + 2\varepsilon^2\int\limits_{\varepsilon}^{2h}\frac{\mathrm{d}t}{t^2}\right],$$

da $\ln(t^2+\varepsilon^2) < 0$ und $\ln\left(1+\frac{\varepsilon^2}{t^2}\right) < \frac{\varepsilon^2}{t^2}$ ist. Damit gilt

$$\int\limits_{Z_\varepsilon(0,2h)} \frac{1}{|\boldsymbol{y}|^2}\,\mathrm{d}\tau_{\boldsymbol{y}} < 4\pi\left[\varepsilon - \varepsilon\ln\varepsilon + \varepsilon^2\left(\frac{1}{\varepsilon}-\frac{1}{2h}\right)\right] \to 0 \quad \text{für } \varepsilon\to 0\,.$$

Entsprechend ergibt sich die gleichmäßige Konvergenz des ersten Integrals. Aus Hilfssatz 5.1 folgt die Stetigkeit von $\frac{\partial}{\partial x_1}H(\boldsymbol{x})$.

## Lösung 5.9:

Mit Hilfe der ersten Greenschen Formel folgt

$$\int\limits_{\partial D} V\frac{\partial\overline{V}}{\partial\boldsymbol{n}}\,\mathrm{d}\sigma = \int\limits_D [V\Delta\overline{V} + |\nabla V|^2]\,\mathrm{d}\tau$$

und hieraus mit $\Delta\overline{V} = -k^2\overline{V}$ und $\frac{\partial\overline{V}}{\partial\boldsymbol{n}} = -\mathrm{i}\,\beta\overline{V}$

$$-\mathrm{i}\,\beta\int\limits_{\partial D}|V|^2\,\mathrm{d}\sigma = \int\limits_D[-k^2|V|^2 + |\nabla V|^2]\,\mathrm{d}\tau\,.$$

Hieraus ergibt sich $\int_{\partial D} |V|^2 \, d\sigma = 0$ und somit $0 = V = -\frac{i}{\beta}\frac{\partial V}{\partial n}$ auf $\partial D$. Aufgrund der Darstellungsformel für Innengebiete verschwindet daher $V$ in $D$ identisch.

## Lösung 5.10:

(a) Ansatz:

$$U(\boldsymbol{x}) = \frac{1}{2\pi} \int_{\partial D} \mu(\boldsymbol{y}) \frac{e^{ik|\boldsymbol{x}-\boldsymbol{y}|}}{|\boldsymbol{x}-\boldsymbol{y}|} \, d\sigma_{\boldsymbol{y}} = \int_{\partial D} \mu(\boldsymbol{y}) \Phi(\boldsymbol{x}, \boldsymbol{y}) \, d\sigma_{\boldsymbol{y}} .$$

Anwendung der Sprungrelation für das Einfachpotential

$$\frac{\partial U_i}{\partial \boldsymbol{n}} = \mu + \int_{\partial D} \mu(\boldsymbol{y}) \frac{\partial}{\partial \boldsymbol{n}_{\boldsymbol{x}}} \Phi(\boldsymbol{x}, \boldsymbol{y}) \, d\sigma_{\boldsymbol{y}}$$

liefert

$$\frac{\partial U_i}{\partial \boldsymbol{n}} + hU_i = \mu(\boldsymbol{x}) + \int_{\partial D} \mu(\boldsymbol{y}) \frac{\partial}{\partial \boldsymbol{n}_{\boldsymbol{x}}} \Phi(\boldsymbol{x}, \boldsymbol{y}) \, d\sigma_{\boldsymbol{y}} + h(\boldsymbol{x}) \int_{\partial D} \mu(\boldsymbol{y}) \Phi(\boldsymbol{x}, \boldsymbol{y}) \, d\sigma_{\boldsymbol{y}} , \quad \boldsymbol{x} \in \partial D .$$

Für $\mu$ ergibt sich damit die Integralgleichung

$$\mu(\boldsymbol{x}) + \int_{\partial D} \mu(\boldsymbol{y}) \frac{\partial}{\partial \boldsymbol{n}_{\boldsymbol{x}}} \Phi(\boldsymbol{x}, \boldsymbol{y}) \, d\sigma_{\boldsymbol{y}} + h(\boldsymbol{x}) \int_{\partial D} \mu(\boldsymbol{y}) \Phi(\boldsymbol{x}, \boldsymbol{y}) \, d\sigma_{\boldsymbol{y}} = f(\boldsymbol{x}), \quad \boldsymbol{x} \in \partial D \qquad \text{(IGl)}$$

(Fredholmscher Typ 2-ter Art mit schwach-singulärem Kern). Diese läßt sich mit

$$(K\mu)(\boldsymbol{x}) := \int_{\partial D} \mu(\boldsymbol{y}) \frac{\partial}{\partial \boldsymbol{n}_{\boldsymbol{x}}} \Phi(\boldsymbol{x}, \boldsymbol{y}) \, d\sigma_{\boldsymbol{y}} + h(\boldsymbol{x}) \int_{\partial D} \mu(\boldsymbol{y}) \Phi(\boldsymbol{x}, \boldsymbol{y}) \, d\sigma_{\boldsymbol{y}}$$

kurz in der Form $\mu + K\mu = f$ schreiben.

(b) Untersuchung von $(\text{IGl})_{\text{hom}}$: $\eta + K\eta = 0$. Ansatz:

$$V(\boldsymbol{x}) = \int_{\partial D} \eta(\boldsymbol{y}) \Phi(\boldsymbol{x}, \boldsymbol{y}) \, d\sigma_{\boldsymbol{y}} , \quad \boldsymbol{x} \in \mathbb{R}^3 .$$

Wie oben folgt dann (jetzt mit $f = 0$) $\left(\frac{\partial V}{\partial n} + hV\right)_i = 0$ für $\boldsymbol{x} \in \partial D$. Ferner gilt $\Delta V + k^2 V = 0$ in $D$ (s. Abschn. 5.1.5). Zeige nun: Das gemischte Innenraumproblem besitzt höchstens eine Lösung! Dann folgt: $V \equiv 0$ in $D$ ist die einzige Lösung der obigen Aufgabe. Aus der Stetigkeit des Einfachpotentials ergibt sich $V_a = V_i = 0$. Wegen der Eindeutigkeit der Lösung des Dirichletschen Außenraumproblems folgt $V \equiv 0$ in $D_a$ und damit in ganz $\mathbb{R}^3$. Die Sprungrelationen liefern $\frac{\partial V_i}{\partial n} - \frac{\partial V_a}{\partial n} = 2\eta$, woraus sich wegen $\frac{\partial V_i}{\partial n} = \frac{\partial V_a}{\partial n} = 0$ $\eta = 0$ auf $\partial D$ ergibt; d.h. $(\text{IGl})_{\text{hom}}$ besitzt nur die triviale Lösung. Nach dem Fredholmschen Alternativsatz besitzt daher (IGl) für jedes $f \in C(\partial D)$ eine eindeutig bestimmte Lösung.

(c) $\mu \in C(\partial D)$ sei Lösung von (IGl). Dann folgt $K\mu \in C_\alpha(\partial D)$, und wegen $f \in C_\alpha(\partial D)$ (nach Voraussetzung) ergibt sich $\mu = f - K\mu \in C_\alpha(\partial D)$. Anwendung der Sprungrelationen liefert

$$\frac{\partial U_i}{\partial \boldsymbol{n}} + hU_i = \mu(\boldsymbol{x}) + \int_{\partial D} \mu(\boldsymbol{y}) \frac{\partial}{\partial \boldsymbol{n}_{\boldsymbol{x}}} \Phi(\boldsymbol{x}, \boldsymbol{y}) \, d\sigma_{\boldsymbol{y}} + h(\boldsymbol{x}) \int_{\partial D} \mu(\boldsymbol{y}) \Phi(\boldsymbol{x}, \boldsymbol{y}) \, d\sigma_{\boldsymbol{y}} = \mu + K\mu = f ,$$

d.h. $U$ erfüllt die gewünschte Randbedingung. Ferner erfüllt $U$ nach Abschnitt 5.1.5 die Gleichung $\Delta U + k^2 U = 0$ in $D$. Da $\mu \in C_\alpha(\partial D)$ ist, ist $\int_{\partial D} \mu(\boldsymbol{y}) \Phi(\boldsymbol{x}, \boldsymbol{y}) \, d\sigma_{\boldsymbol{y}}$ in $D_i + \partial D$ und $D_a + \partial D$ stetig differenzierbar (s. Abschn. 5.3.2).

## Lösung 5.11:

(a) $x' = \varphi(x) = \frac{R^2}{|x|^2}x;\; x = \psi(x') = \frac{R^2}{|x'|^2}x'$.(b) In Polarkoordinaten lauten $\Delta U$ und $\Delta' V$

$$\Delta U = \frac{1}{r^2}[r(rU)_{rr} + Lu]\,, \quad \Delta' V = \frac{1}{r'^2}[r'(r'V)_{r'r'} + LV]\,,$$

wobei $L$ ein linearer Operator (unabhängig von $r$ bzw. $r'$) ist. Ferner gilt

$$\frac{|x'|^5}{R^5}\Delta' V = \frac{R^2}{r^3}\left[\frac{R^2}{r}\left(2\frac{r^3}{R^4}U_r + \frac{r^4}{R^4}U_{rr}\right) + \frac{r}{R^2}LU\right] = \Delta U\,.$$

## Lösung 5.12:

Die gesuchten Werte $a$ und $b$ ergeben sich aus der Beziehung $|x - by| = a|x - y|$ (quadrieren, Koeffizientenvergleich bei $(x, y)$): $b = \frac{R^2}{|y|^2}$, $a = \frac{R}{|y|}$. Wir erhalten

$$G(x, y) = \begin{cases} \dfrac{1}{|x - y|} - \dfrac{R}{|y|}\dfrac{1}{|x - R^2\frac{y}{|y|^2}|} & \text{für } y \neq 0 \\[2ex] \dfrac{1}{|x|} - \dfrac{1}{R} & \text{für } y = 0\,. \end{cases}$$

## Lösung 5.13:

Wir setzen $G(x, y)$ aus Übung 5.12 in die Lösungsformel

$$U(x) = -\frac{1}{4\pi}\int_{\partial D} f(y)\frac{\partial}{\partial n_y}G(x, y)\,d\sigma_y \quad (\text{s. } (5.191))$$

ein und beachten: $\partial D = \{x \mid |x| = R\}$ und $n(y) = \frac{y}{R}$. Für $|y| = R$ gilt ($G$ ist symmetrisch!)

$$\frac{\partial}{\partial n_y}G(x, y) = \frac{1}{R}y\cdot\nabla_y G(y, x) = \frac{1}{R}y\cdot\left(\frac{x - y}{|x - y|^3} - \frac{R}{|x|}\frac{R^2\frac{x}{|x|^2} - y}{|R^2\frac{x}{|x|^2} - y|^3}\right).$$

Aus der Formel für $G(x, y)$ folgt wegen $G(y, x) = 0$ für $|y| = R$

$$\frac{1}{|R^2\frac{x}{|x|^2} - y|} = \frac{|x|}{R}\frac{1}{|x - y|} \quad \text{und hieraus} \quad \frac{\partial}{\partial n_y}G(x, y) = \frac{|x|^2 - R^2}{R|x - y|^3}\,.$$

## Lösung 5.14:

(a) Nach Übung 5.13 gilt

$$U(x) = \frac{1}{4\pi R}\int_{|y|=R}\frac{|y|^2 - |x|^2}{|x - y|^3}U(y)\,d\sigma_y\,, \quad |x| < R\,.$$

Benutzen wir die für $|y| = R$ und $|x| < R$ gültige Ungleichung

$$\frac{R^2 - |x|^2}{(R + |x|)^3} \leq \frac{|y|^2 - |x|^2}{|x - y|^3} \leq \frac{R^2 - |x|^2}{(R - |x|)^3}$$

so ergibt sich nach Multiplikation mit $\frac{1}{4\pi R}U(\boldsymbol{y})$ (beachte $U \geq 0$!) und Integration

$$\frac{R^2 - |\boldsymbol{x}|^2}{(R + |\boldsymbol{x}|)^3} \frac{1}{4\pi R} \int\limits_{|\boldsymbol{y}|=R} U(\boldsymbol{y})\,\mathrm{d}\sigma_{\boldsymbol{y}} \leq U(\boldsymbol{x}) \leq \frac{R^2 - |\boldsymbol{x}|^2}{(R - |\boldsymbol{x}|)^3} \frac{1}{4\pi R} \int\limits_{|\boldsymbol{y}|=R} U(\boldsymbol{y})\,\mathrm{d}\sigma_{\boldsymbol{y}}\,.$$

Aufgund der Mittelwertformel (s. Abschn. 5.1.4) gilt

$$U(0) = \frac{1}{4\pi R^2} \int\limits_{|\boldsymbol{y}|=R} U(\boldsymbol{y})\,\mathrm{d}\sigma_{\boldsymbol{y}}\,.$$

Hieraus folgt zusammen mit der vorigen Ungleichung die Harnacksche Ungleichung.
(b) $U(\boldsymbol{x}) = C - u(\boldsymbol{x})$ genügt in jeder Kugel $|\boldsymbol{x}| < R$ der Potentialgleichung. Außerdem ist nach Voraussetzung $U(\boldsymbol{x}) \geq 0$ in $\mathbb{R}^3$. Wegen (a) gilt

$$\frac{1 - \frac{|\boldsymbol{x}|}{R}}{\left(1 + \frac{|\boldsymbol{x}|}{R}\right)^2} U(0) \leq U(\boldsymbol{x}) \leq \frac{1 + \frac{|\boldsymbol{x}|}{R}}{\left(1 - \frac{|\boldsymbol{x}|}{R}\right)^2} U(0)\,,$$

woraus sich bei festem $\boldsymbol{x}$ für $R \to \infty$ die Beziehung $U(\boldsymbol{x}) = U(0)$ und damit auch $u(\boldsymbol{x}) = u(0) = \text{const.}$ ergibt.

## Lösung 5.17:

(a) Man berechnet die Differenz

$$\begin{aligned} f(u+h) - f(u) &= \iint\limits_G \left[(u+h)^3 - u^3\right] \mathrm{d}x\,\mathrm{d}y = \iint\limits_G \left[3u^2h + 3uh^2 + h^3\right] \mathrm{d}x\,\mathrm{d}y \\ &= 3 \iint\limits_G u^2 h\,\mathrm{d}x\,\mathrm{d}y + \iint\limits_G \left[3uh^2 + h^3\right] \mathrm{d}x\,\mathrm{d}y\,. \end{aligned}$$

Dividiert man das rechte Integral durch $\|h\| = \sup\limits_G |h(x,y)|$, so konvergiert der Quotient mit $\|h\| \to 0$ gegen Null. Also ist das linke Integral der letzten Formelzeile gleich $f'[u]h$, d.h.:

$$f'[u]h = 3 \iint\limits_G u^2(x,y)h(x,y)\,\mathrm{d}x\,\mathrm{d}y$$

(b) Es ist

$$f(u+h)(x) - f(u)(x) = \int\limits_0^1 \mathrm{e}^{xt}\left((u+h)^2 - u^2\right)\mathrm{d}t = 2\int\limits_0^1 \mathrm{e}^{xt}\,uh\,\mathrm{d}t + \int\limits_0^1 \mathrm{e}^{xt}\,h^2\,\mathrm{d}t\,.$$

Das rechte Integral strebt schneller gegen Null als $\|h\|$, also

$$(f'[u]h)(x) = 2\int\limits_0^1 \mathrm{e}^{xt}\,u(t)h(t)\,\mathrm{d}t\,.$$

$f'[u]$ ist also die Vorschrift, die einem beliebigen $h \in C[0,1]$ die Funktion auf der rechten Seite der letzten Gleichung zuordnet.

## Lösung 5.18:

Es wird die in Beispiel 5.4 verwendete Methode benutzt: Der Integrand wird durch die Funktion

$$F(x, u, u') = 2xu + u^2 + (u')^2$$

gebildet. Wir berechnen die Differentialgleichung

$$F_u(x, u, u') - \frac{\mathrm{d}}{\mathrm{d}x} F_{u'}(x, u, u') = 0,$$

also $2x + 2u - 2u'' = 0$, d.h. nach Umstellung

$$u'' - u = x, \quad \text{mit} \quad u(0) = 1, \ u(1) = 0.$$

Die allgemeine Lösung der zugehörigen homogenen linearen Differentialgleichung $u'' - u = 0$ ist $\lambda\, \mathrm{e}^x + \mu\, \mathrm{e}^{-x}$ $(\lambda, \mu \in \mathbb{R})$. Eine partikuläre Lösung ist offenbar $u_0(x) = -x$, also ergibt sich die allgemeine Lösung von $u'' - u = -x$ als:

$$u(x) = \lambda\, \mathrm{e}^x + \mu\, \mathrm{e}^{-x} - x.$$

Aus $u(0) = 1$, $u(1) = 0$ erhält man $\lambda = \frac{1}{1+\mathrm{e}}$, $\mu = \frac{\mathrm{e}}{1+\mathrm{e}}$, und somit die eindeutig bestimmte Lösung

$$u(x) = \frac{\mathrm{e}^x + \mathrm{e}^{1-x}}{1+\mathrm{e}} - x.$$

# Zu Abschnitt 6

## Lösung 6.1:

Potentialgleichung in Polarkoordinaten: $u_{rr} + \frac{1}{r}u_r + \frac{1}{r^2}u_{\varphi\varphi} = 0$. Randbedingungen:

$$u(1, \varphi) = \begin{cases} u_1 & \text{für } 0 < \varphi < \pi \\ u_2 & \text{für } \pi < \varphi < 2\pi. \end{cases}$$

Ferner gelte $|u(r, \varphi)| < M$. Der Separationsansatz $u(r, \varphi) = v(r)w(\varphi)$ führt für $w$ auf die DGl $w'' + \lambda^2 w = 0$ und für $v$ auf die (Eulersche) DGl $r^2 v'' + rv' - \lambda^2 v = 0$ mit den Lösungen

$$w(\varphi) = A_1 \cos \lambda\varphi + B_1 \sin \lambda\varphi; \quad v(r) = A_2 r^\lambda + B_2 r^{-\lambda}.$$

Da $u$ für $r = 0$ beschränkt ist, muß $B_2 = 0$ gelten. Ferner muß $u(r, \varphi)$ bezüglich $\varphi$ periodisch mit Periode $2\pi$ sein, d.h. $\lambda \in \mathbb{N}_0$. Setze $\lambda =: m$. Es ergibt sich

$$u_m(r, \varphi) = v_m(r) w_m(\varphi) = r^m (A_m \cos m\varphi + B_m \sin m\varphi)$$

($A_m$, $B_m$= const.). Lösungsansatz:

$$u(r, \varphi) = \frac{A_0}{2} + \sum_{m=1}^{\infty} r^m (A_m \cos m\varphi + B_m \sin m\varphi).$$

Hieraus folgt (formal)

$$u(1, \varphi) = \frac{A_0}{2} + \sum_{m=1}^{\infty} (A_m \cos m\varphi + B_m \sin m\varphi) = \begin{cases} u_1 & \text{für } 0 < \varphi < 2\pi \\ u_2 & \text{für } \pi < \varphi < 2\pi. \end{cases}$$

Nach der Fouriermethode erhalten wir

$$A_m = \frac{1}{\pi}\int\limits_0^{2\pi} u(1,\varphi)\cos m\varphi\,\mathrm{d}\varphi = \frac{1}{\pi}\int\limits_0^{\pi} u_1\cos m\varphi\,\mathrm{d}\varphi + \frac{1}{\pi}\int\limits_{\pi}^{2\pi} u_2\cos m\varphi\,\mathrm{d}\varphi$$

$$= \begin{cases} 0 & \text{für } m = 1,2,\ldots \\ u_1 + u_2 & \text{für } m = 0 \end{cases}$$

und

$$B_m = \frac{1}{\pi}\int\limits_0^{2\pi} u(1,\varphi)\sin m\varphi\,\mathrm{d}\varphi = \frac{1}{\pi}\int\limits_0^{\pi} u_1\sin m\varphi\,\mathrm{d}\varphi + \frac{1}{\pi}\int\limits_{\pi}^{2\pi} u_2\sin m\varphi\,\mathrm{d}\varphi$$

$$= \frac{u_1 - u_2}{m\pi}(1 - \cos m\pi) \quad \text{für } m = 1,2,\ldots.$$

Daher ergibt sich die (formale) Lösung

$$u(r,\varphi) = \frac{u_1 + u_2}{2} + \sum_{m=1}^{\infty} \frac{u_1 - u_2}{m\pi}(1 - \cos m\pi) r^m \sin m\varphi\,.$$

## Lösung 6.2:

Die Funktion $v(x,t)$ ist in $\overline{D}$ stetig und nimmt daher in einem Punkt $(x_0,t_0) \in \overline{D}$ ihr Maximum an. Annahme: $(x_0,t_0) \in D + I$. Dann ist $v_{xx}(x_0,t_0) \le 0$ (s. Bd. I, Abschn. 6.4.3) und somit auch $u_{xx}(x_0,t_0) \le 0$. Hieraus und aus $u_{xx} = u_t$ folgt

$$v_t(x_0,t_0) = u_t(x_0,t_0) - \varepsilon = u_{xx}(x_0,t_0) - \varepsilon \le -\varepsilon\,.$$

Ferner gibt es ein $h > 0$ mit $I_{x_0,h} := \{(x,t) \mid x = x_0,\ t_0 - h \le t \le t_0\} \subset D + I$ (beachte: $I$ ist parallel zur $x$-Achse) und $v_t(x,t) \le -\frac{\varepsilon}{2}$ für $(x,t) \in I_{x_0,h}$. Durch Integration ergibt sich dann

$$v(x_0,t_0) - v(x_0,t_0+h) = \int\limits_{t_0+h}^{t_0} v_t(x_0,t)\,\mathrm{d}t \le -\frac{\varepsilon}{2}h < 0$$

oder $v(x_0,t_0) < v(x_0,t_0+h)$, was der obigen Annahme widerspricht. Entsprechend schließt man beim Minimum.

## Lösung 6.4:

Es seien $u_1, u_2$ Lösungen von (A). Dann löst $u := u_1 - u_2$ Problem (A) mit homogener Anfangsbedingung $u(x,0) = 0$ für $x \in \mathbb{R}$. Betrachte das Energieintegral $E(t) = \frac{1}{2}\int\limits_{-\infty}^{\infty} [u(x,t)]^2\,\mathrm{d}x$. Hieraus folgt (formal!) durch Differentiation nach $t$, Vertauschung von $\frac{\mathrm{d}}{\mathrm{d}t}$ und $\int\limits_{-\infty}^{\infty}$ und Verwendung von $u_t = u_{xx}$

$$E'(t) = \int\limits_{-\infty}^{\infty} u u_t\,\mathrm{d}x = \int\limits_{-\infty}^{\infty} u u_{xx}\,\mathrm{d}x = u u_x\Big|_{x=-\infty}^{x=+\infty} - \int\limits_{-\infty}^{\infty} u_x^2\,\mathrm{d}x$$

(letzteres nach partieller Integration; $x = \pm\infty$ ist im Sinne von $\lim\limits_{R_1\to-\infty} R_1$ bzw. $\lim\limits_{R_2\to+\infty} R_2$ zu verstehen). Falls $u u_x\big|_{x=-\infty}^{x=+\infty}$ verschwindet, gilt $E'(t) \le 0$. Hieraus und aus $E(0) = 0$ folgt $E(t) \le 0$. Andererseits gilt nach Definition von $E(t)$: $E(t) \ge 0$. Insgesamt ist damit $E(t) \equiv 0$. Dies hat $u(x,t) \equiv 0$ und damit $u_1(x,t) \equiv u_2(x,t)$ zur Folge. Um die durchgeführten Operationen zu begründen, fordern wir z.B.

$$|u(x,t)| < \frac{C}{|x|}, \quad |u_x(x,t)| < \frac{C}{|x|}, \quad |u_{xx}(x,t)| < \frac{C}{|x|}$$

für $|x| > R > 0$, gleichmäßig für $t \in [0, B]$ ($B = \text{const.}$, beliebig groß; $C, R = \text{const.}$) und

$$|u(x,t)| \leq K, \quad |u_x(x,t)| \leq K, \quad |u_{xx}(x,t)| \leq K$$

für $|x| \leq R$ und $t \in [0, B]$ ($K = \text{const.}$). Dann verschwinden die Randanteile bei der partiellen Integration und obige Operationen sind erlaubt (warum?).

## Zu Abschnitt 7

### Lösung 7.1:

Annahme: $f$ und $g$ lassen sich wie gefordert fortsetzen. Dann ergibt sich

$$u(x,t) = \varphi(x - ct) + \psi(x + ct),$$

wobei sich $\varphi(x)$ und $\psi(x)$ aus den fortgesetzten Funktionen $f$ und $g$ bestimmen:

$$\varphi(x) = \frac{1}{2} f(x) - \frac{1}{2c} \int_0^x g(s)\,\mathrm{d}s; \quad \psi(x) = \frac{1}{2} f(x) + \frac{1}{2c} \int_0^x g(s)\,\mathrm{d}s.$$

Für $x = 0$ bzw. $x = a$ ergibt sich hieraus

$$\varphi(-ct) + \psi(ct) = 0 \quad \text{bzw.} \quad \varphi(a - ct) + \psi(a + ct) = 0$$

oder

$$\varphi(-x) + \psi(x) = 0 \quad \text{bzw.} \quad \varphi(a - x) + \psi(a + x) = 0$$

für $x \in \mathbb{R}$. Ferner gilt:

$$\psi(x + 2a) = \psi[a + (a + x)] = -\varphi[a - (a + x)] = -\varphi(-x) = \psi(x)$$

und

$$\varphi(x + 2a) = -\psi(x - 2a) = -\psi(-x) = \varphi(x),$$

d.h. $\varphi(x)$ und $\psi(x)$ sind periodisch mit Periode $2a$. Bedingung (3) ist genau dann erfüllt, falls

$$\varphi(-x) = -\psi(x), \quad \varphi(x + 2a) = \varphi(x), \quad \psi(x + 2a) = \psi(x)$$

gilt. Sind $\varphi$ und $\psi$ in $[0, a]$ bekannt, dann damit auch in ganz $\mathbb{R}$. Zusammenhänge von $\varphi$, $\psi$ mit $f$, $g$:

$$\varphi(x) + \psi(x) = f(x), \quad c\psi'(x) - c\varphi'(x) = g(x).$$

Hieraus folgt $f(-x) = \varphi(-x) + \psi(-x) = -\psi(x) - \varphi(x) = -f(x)$, $f(x + 2a) = f(x)$ und $g(-x) = c[\psi'(-x) - \varphi'(-x)] = c[\varphi'(x) - \psi'(x)] = -g(x)$, $g(x + 2a) = g(x)$. Die Funktionen $f(x)$ und $g(x)$ müssen also notwendig periodisch und ungerade sein, d.h. wir erhalten die gesuchte Lösung $u(x, t)$, wenn wir die zunächst in $[0, a]$ definierten Funktionen $f(x)$, $g(x)$ durch

$$f(-x) = -f(x), \quad f(x + 2a) = f(x)$$
$$g(-x) = -g(x), \quad g(x + 2a) = g(x)$$

auf ganz $\mathbb{R}$ fortsetzen und das Anfangswertproblem für $\mathbb{R}$ lösen (s. Abschn. 7.1.1). Es ergibt sich dann

$$u(x,t) = \frac{1}{2}[f(x+ct) + f(x-ct)] + \frac{1}{2c}\int\limits_{x-ct}^{x+ct} g(s)\,\mathrm{d}s\,.$$

Da $f, g$ ungerade sind, gilt

$$u(0,t) = \frac{1}{2}[f(ct) + f(-ct)] + \frac{1}{2c}\int\limits_{-ct}^{ct} g(s)\,\mathrm{d}s = 0 + 0 = 0$$

und entsprechend $u(a,t) = 0$ (Periodizität ausgenutzt!). Insgesamt benötigen wir also von $f$ und $g$ die folgenden Eigenschaften:

$$f \in C^2[0,a]\,, \quad g \in C^1[0,a]\,,$$

ferner die Verträglichkeitsbedingungen

$$f(0) = f(a) = 0\,, \quad g(0) = g(a) = 0\,, \quad f''(0) = f''(a) = 0\,.$$

Dann ist obiges Programm durchführbar.

## Lösung 7.2:

Mit $U(x) = \int\limits_0^x u_1(s)\,\mathrm{d}s$ ergibt sich in diesem Spezialfall

$$u(x,t) = \frac{1}{2c}[U(x+ct) - U(x-ct)]\,.$$

Für den Fall $0 = u_0(x) \pm \frac{1}{c}\int\limits_0^x u_1(s)\,\mathrm{d}s$ tritt nur eine nach rechts (bzw. links) verlaufende Welle auf.

## Lösung 7.3:

Es sei $u(x,t)$ die Differenz zweier Lösungen von Problem (P). Aus $E(t) = \int\limits_D [(\nabla u)^2 + u_t^2]\,\mathrm{d}\tau$ folgt dann durch Differentiation nach $t$ und nach dem Satz von Gauß

$$E'(t) = 2\int\limits_D [(\nabla u)\cdot(\nabla u_t) + u_t u_{tt}]\,\mathrm{d}\tau = 2\int\limits_{\partial D} u_t \frac{\partial u}{\partial \boldsymbol{n}}\,\mathrm{d}\sigma + 2\int\limits_D u_t[-\Delta u + u_{tt}]\,\mathrm{d}\tau = 0$$

(beachte $\Delta u = u_{tt}$ in $D$ und $u_t = 0$ auf $\partial D$). Wegen $E(0) = 0$ (warum?) folgt hieraus $E(t) \equiv 0$. Hieraus ergibt sich, daß $u(x,t)$ identisch verschwindet (warum?).

## Lösung 7.4:

Die transformierte Gleichung lautet

$$f_{rr} + \frac{2}{r}f_r = \frac{1}{c^2}f_{tt}\,.$$

Der Ansatz $f(r,t) =: \frac{1}{r}v(r,t)$ führt auf die eindimensionale Wellengleichung $c^2 v_{rr} = v_{tt}$ für $v(r,t)$. Diese läßt sich mit Hilfe von Abschnitt 7.1.1 lösen, und für $f$ ergibt sich

$$f(r,t) = \frac{1}{r}[v(x-ct) + w(x+ct)]\,,$$

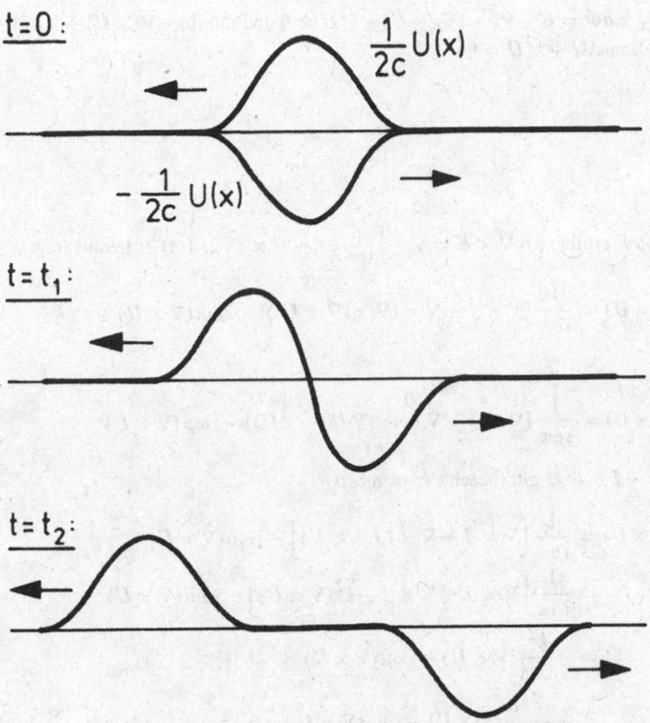


Fig B.2: Wellenausbreitung im Spezialfall $u_0 = 0$, $\frac{\partial}{\partial t}u(x,0) = u_1(x)$.

mit beliebigen Funktionen $w, v \in C^2(\mathbb{R}^1)$.

## Zu Abschnitt 8

Zur Lösung der Übungen 8.1 und 8.2 benutzt man folgende Beziehungen für Vektorfelder $\boldsymbol{W}$ bzw. Funktionen $V$:

(a) $\nabla\cdot(\nabla \times \boldsymbol{W}) = 0$;

(b) $\nabla \times \nabla \times \boldsymbol{W} = \nabla(\nabla\cdot\boldsymbol{W}) - \Delta\boldsymbol{W}$;

(c) $\nabla \times (\nabla V) = \boldsymbol{0}$.

## Lösung 8.1:

Für festes $\boldsymbol{y}$ sei $\boldsymbol{U}(\boldsymbol{x}) = \nabla_{\boldsymbol{x}} \times \boldsymbol{a}\Phi(\boldsymbol{x},\boldsymbol{y})$ für $\boldsymbol{x} \neq \boldsymbol{y}$ und $\Phi(\boldsymbol{x},\boldsymbol{y}) = \frac{1}{4\pi}\frac{e^{ik|\boldsymbol{x}-\boldsymbol{y}|}}{|\boldsymbol{x}-\boldsymbol{y}|}$. Wegen (a) gilt $\nabla_{\boldsymbol{x}}\cdot(\nabla_{\boldsymbol{x}} \times \boldsymbol{a}\Phi) = \nabla\cdot\boldsymbol{U} = 0$, d.h. $\boldsymbol{U}$ ist divergenzfrei. Nach Abschnitt 5.1 gilt $\Delta_{\boldsymbol{x}}\Phi + k^2\Phi = 0$ und damit für festes $\boldsymbol{a}$ komponentenweise $\Delta_{\boldsymbol{x}}(\boldsymbol{a}\Phi) + k^2(\boldsymbol{a}\Phi) = \boldsymbol{0}$. Hieraus folgt mit (b)

$$\nabla_{\boldsymbol{x}}(\nabla_{\boldsymbol{x}}\cdot\boldsymbol{a}\Phi) - \nabla_{\boldsymbol{x}} \times (\nabla_{\boldsymbol{x}} \times \boldsymbol{a}\Phi) + k^2\boldsymbol{a}\Phi = \boldsymbol{0}.$$

Anwendung von $\nabla_{\boldsymbol{x}}\times$ auf diese Gleichung ergibt

$$\nabla_{\boldsymbol{x}} \times [\nabla_{\boldsymbol{x}}(\nabla_{\boldsymbol{x}}\cdot\boldsymbol{a}\Phi)] - \nabla_{\boldsymbol{x}} \times [\nabla_{\boldsymbol{x}} \times (\nabla_{\boldsymbol{x}} \times \boldsymbol{a}\Phi)] + k^2(\nabla_{\boldsymbol{x}} \times \boldsymbol{a}\Phi) = \boldsymbol{0},$$

woraus mit (c) und $\nabla_{\boldsymbol{x}} \times \boldsymbol{a}\Phi = \boldsymbol{U} - \nabla_{\boldsymbol{x}} \times (\nabla_{\boldsymbol{x}} \times \boldsymbol{U}) + k^2\boldsymbol{U} = \boldsymbol{0}$ und mit (b) $-\nabla(\nabla\cdot\boldsymbol{U}) + \Delta\boldsymbol{U} + k^2\boldsymbol{U} = \boldsymbol{0}$ folgt. Wegen $\nabla\cdot\boldsymbol{U} = 0$ ergibt sich dann $\Delta\boldsymbol{U} + k^2\boldsymbol{U} = \boldsymbol{0}$.

## Lösung 8.2:

Aus der Definition von $\boldsymbol{E}$ ergibt sich $\nabla \times \boldsymbol{E} = \nabla \times \left[\frac{1}{\mathrm{i}\,\omega\varepsilon}\left(\boldsymbol{J} - \nabla \times (\nabla \times \boldsymbol{U})\right)\right]$. Hieraus folgt

$$\nabla \times \boldsymbol{E} - \mathrm{i}\,\omega\mu(\nabla \times \boldsymbol{U}) = \frac{1}{\mathrm{i}\,\omega\varepsilon}\left[\nabla \times \boldsymbol{J} - \nabla \times (\nabla \times (\nabla \times \boldsymbol{U}))\right] - \mathrm{i}\,\omega\mu(\nabla \times \boldsymbol{U})$$

und mit (b)

$$\nabla \times \boldsymbol{E} - \mathrm{i}\,\omega\mu(\nabla \times \boldsymbol{U}) = \frac{1}{\mathrm{i}\,\omega\varepsilon}\left[\nabla \times \boldsymbol{J} - \nabla \times (\nabla(\nabla\cdot\boldsymbol{U}) - \Delta\boldsymbol{U})\right] - \mathrm{i}\,\omega\mu(\nabla \times \boldsymbol{U})$$

Wegen (c) und $\Delta\boldsymbol{U} = -\boldsymbol{J} - k^2\boldsymbol{U}$ gilt (beachte $k^2 = \omega^2\varepsilon\mu$)

$$\begin{aligned}
\nabla \times \boldsymbol{E} - \mathrm{i}\,\omega\mu(\nabla \times \boldsymbol{U}) &= \frac{1}{\mathrm{i}\,\omega\varepsilon}\left[\nabla \times \boldsymbol{J} - \nabla \times (\boldsymbol{J} + k^2\boldsymbol{U})\right] - \mathrm{i}\,\omega\mu(\nabla \times \boldsymbol{U}) \\
&= \frac{1}{\mathrm{i}\,\omega\varepsilon}\left[\nabla \times \boldsymbol{J} - \nabla \times \boldsymbol{J} - k^2(\nabla \times \boldsymbol{U})\right] - \mathrm{i}\,\omega\mu(\nabla \times \boldsymbol{U}) \\
&= -\frac{k^2}{\mathrm{i}\,\omega\varepsilon}(\nabla \times \boldsymbol{U}) - \mathrm{i}\,\omega\mu(\nabla \times \boldsymbol{U}) \\
&= -\frac{\omega^2\varepsilon\mu}{\mathrm{i}\,\omega\varepsilon}(\nabla \times \boldsymbol{U}) - \mathrm{i}\,\omega\mu(\nabla \times \boldsymbol{U}) = \boldsymbol{0}\,.
\end{aligned}$$

Mit $\boldsymbol{H} = \nabla \times \boldsymbol{U}$ folgt hieraus

$$\nabla \times \boldsymbol{E} - \mathrm{i}\,\omega\mu\boldsymbol{H} = \boldsymbol{0}\,.$$

Die zweite Maxwellsche Gleichung ergibt sich wegen

$$\begin{aligned}
\nabla \times \boldsymbol{H} + \mathrm{i}\,\omega\varepsilon\boldsymbol{E} &= \nabla \times \nabla \times \boldsymbol{U} + \mathrm{i}\,\omega\varepsilon\boldsymbol{E} \\
&= \nabla \times \nabla \times \boldsymbol{U} + \mathrm{i}\,\omega\varepsilon\left[\frac{1}{\mathrm{i}\,\omega\varepsilon}\boldsymbol{J} - \frac{1}{\mathrm{i}\,\omega\varepsilon}\nabla \times \nabla \times \boldsymbol{U}\right] = \boldsymbol{J}\,.
\end{aligned}$$

# Zu Abschnitt 9

## Lösung 9.1:

Analog zu der in Beispiel 9.1 vorgestellten Transformation ergibt sich mit $\boldsymbol{u} = (u_1, u_2, u_3)^{\mathrm{T}} := (\eta, \xi_1, \xi_2)^{\mathrm{T}}$ die Darstellung

$$\partial_t \boldsymbol{g}(\boldsymbol{u}) + \sum_{j=1}^{2} \partial_{x_j} \boldsymbol{f}_j(\boldsymbol{u}) = \boldsymbol{0}$$

mit

$$\boldsymbol{g}(\boldsymbol{u}) = \boldsymbol{u}\,, \quad \boldsymbol{f}_1(\boldsymbol{u}) = \begin{bmatrix} -c^2u_2 \\ -u_1 \\ 0 \end{bmatrix}, \quad \boldsymbol{f}_2(\boldsymbol{u}) = \begin{bmatrix} -c^2u_3 \\ 0 \\ -u_1 \end{bmatrix}.$$

## Lösung 9.2:

Für $d = 1$ erhalten wir die Geschwindigkeiten (Eigenwerte) $\lambda_{1,2} = \pm c$, die wegen $c \neq 0$ verschieden sind. Die zugehörigen Eigenvektoren lauten

$$\boldsymbol{u}_1 = \begin{bmatrix} -c \\ n \end{bmatrix}, \quad \boldsymbol{u}_2 = \begin{bmatrix} c \\ n \end{bmatrix}$$

und folglich ist die Wellengleichung für $d = 1$ strikt hyperbolisch.

Für $d = 2$ ergibt sich die Folgerung analog aus

$$\lambda_1 = 0, \quad \lambda_{2,3} = \pm c$$

mit

$$\boldsymbol{u}_1 = \begin{bmatrix} 0 \\ \frac{n_2}{n_1} \\ -1 \end{bmatrix}, \quad \boldsymbol{u}_2 = \begin{bmatrix} -c \\ n_1 \\ n_2 \end{bmatrix}, \quad \boldsymbol{u}_3 = \begin{bmatrix} c \\ n_1 \\ n_2 \end{bmatrix}.$$

Hierbei wurde $n_1 \neq 0$ vorausgesetzt. Im Fall $n_1 = 0$ gilt wegen $\|\boldsymbol{n}\|_2 = 1$ direkt $n_2 \neq 0$ und wir ersetzen $\boldsymbol{u}_1$ durch

$$\boldsymbol{u}_1 = \begin{bmatrix} 0 \\ -1 \\ \frac{n_1}{n_2} \end{bmatrix}.$$

## Lösung 9.3:

Die Eigenwerte $\lambda_1 = 2$, $\lambda_2 = 3$ können direkt der Diagonalen von $\boldsymbol{A}$ entnommen werden. Die zugehörigen Eigenvektoren ergeben sich zu

$$\boldsymbol{r}_1 = \begin{bmatrix} 2 \\ 1 \end{bmatrix}, \quad \boldsymbol{r}_2 = \begin{bmatrix} 0 \\ 1 \end{bmatrix}.$$

Damit ergeben sich

$$\boldsymbol{R} = [\boldsymbol{r}_1, \boldsymbol{r}_2] \Rightarrow \boldsymbol{R}^{-1} = \begin{bmatrix} \frac{1}{2} & 0 \\ -\frac{1}{2} & 1 \end{bmatrix}$$

und

$$\boldsymbol{\alpha}_L = \boldsymbol{R}^{-1}\boldsymbol{u}_L = \begin{bmatrix} 2 \\ -1 \end{bmatrix}, \quad \boldsymbol{\alpha}_R = \boldsymbol{R}^{-1}\boldsymbol{u}_R = \begin{bmatrix} 1 \\ 1 \end{bmatrix}.$$

Hiermit folgt für den konstanten Zwischenzustand

$$\boldsymbol{w}_1 = \alpha_{R,1}\boldsymbol{r}_1 + \alpha_{L,2}\boldsymbol{r}_2 = \boldsymbol{r}_1 - \boldsymbol{r}_2 = \begin{bmatrix} 2 \\ 0 \end{bmatrix}$$

und es gilt

$$\boldsymbol{u}(x,1) = \begin{cases} \boldsymbol{u}_L, & \text{für} \quad x < 2, \\ \boldsymbol{w}_1, & \text{für} \quad 2 \le x < 3, \\ \boldsymbol{u}_R, & \text{für} \quad 3 \le x. \end{cases}$$

## Lösung 9.4:

Es gelten

$$\lambda_1 = -4\,, \quad \lambda_2 = 2\,, \quad \boldsymbol{r}_1 = \begin{bmatrix} 1 \\ 2 \end{bmatrix}, \quad \boldsymbol{r}_2 = \begin{bmatrix} 1 \\ 1 \end{bmatrix}$$

und

$$\boldsymbol{\alpha}_L = [\boldsymbol{r}_1, \boldsymbol{r}_2]^{-1}\boldsymbol{u}_L = \begin{bmatrix} -1 \\ 5 \end{bmatrix}, \quad \boldsymbol{\alpha}_R = \begin{bmatrix} -1 \\ 3 \end{bmatrix}.$$

Damit folgt

$$\boldsymbol{w}_1 = \alpha_{R,1}\boldsymbol{r}_1 + \alpha_{L,2}\boldsymbol{r}_2 = \begin{bmatrix} 4 \\ 3 \end{bmatrix} = \boldsymbol{u}_L$$

und somit

$$\boldsymbol{u}\left(x, \frac{1}{2}\right) = \begin{cases} \boldsymbol{u}_L\,, & \text{für} \quad x < 1\,, \\ \boldsymbol{u}_R\,, & \text{für} \quad x \geq 1\,. \end{cases}$$

## Lösung 9.6:

Da $f \cdot \boldsymbol{n}$ eine vektorielle Größe darstellt, betrachten wir eine beliebige Komponente. Wir erhalten für $i = 1, \ldots, d$

$$\int_{\partial\Omega} (f \cdot n_i)(\boldsymbol{x})\,\mathrm{d}\sigma = \int_{\partial\Omega} \left\{ \begin{bmatrix} 0 \\ \vdots \\ 0 \\ f \\ 0 \\ \vdots \\ 0 \end{bmatrix} \cdot \boldsymbol{n} \right\}(\boldsymbol{x})\,\mathrm{d}\sigma = \int_{\Omega} \nabla \cdot \begin{bmatrix} 0 \\ \vdots \\ 0 \\ f \\ 0 \\ \vdots \\ 0 \end{bmatrix}(\boldsymbol{x})\,\mathrm{d}\boldsymbol{x} = \int_{\Omega} \partial_{x_i} f(\boldsymbol{x})\,\mathrm{d}x\,,$$

wobei innerhalb des Vektors die Funktion $f$ an der $i$-ten Stelle steht. Zusammenfassend ergibt sich

$$\int_{\partial\Omega} (f \cdot \boldsymbol{n})(\boldsymbol{x})\,\mathrm{d}\sigma = \int_{\Omega} \nabla f(\boldsymbol{x})\,\mathrm{d}x\,.$$

# Zu Abschnitt 10

## Lösung 10.1:

Es ist $G \in D$ und daher $G \in \mathring{H}_1(\Omega)$. Ferner ist $F \in \mathring{H}_1(\Omega)$ (nach Voraussetzung). Es gibt somit Folgen $\{f_k\}$, $\{g_k\}$ in $C_0^\infty(\Omega)$ mit $\|F - f_k\|_1 \to 0$ und $\|G - g_k\|_1 \to 0$ für $k \to \infty$. Nach Definition von Skalarprodukt und Ableitung in $L_2$ und mit Folgerung 3.1, Abschnitt 3.1.3 folgt

$$(F, \Delta G) = \lim_{k\to\infty} (f_k, \Delta G) = \lim_{k\to\infty} (\Delta G) f_k = \lim_{k\to\infty} G(\Delta f_k) = \lim_{k\to\infty} (G, \Delta f_k)\,.$$

Für festes $k$ ergibt sich mit dem Integralsatz von Gauß (Begründung!)

$$\begin{aligned}(G, \Delta f_k) &= \lim_{j\to\infty} (g_j, \Delta f_k) = \lim_{j\to\infty} \int g_j \Delta f_k\,\mathrm{d}x \\ &= -\lim_{j\to\infty} \sum_{i=1}^{n} \int \frac{\partial}{\partial x_i} g_j \cdot \frac{\partial}{\partial x_i} f_k\,\mathrm{d}x = -\sum_{i=1}^{n} \left( \frac{\partial}{\partial x_i} G, \frac{\partial}{\partial x_i} f_k \right).\end{aligned}$$

Insgesamt erhält man

$$(F, \Delta G) = -\lim_{k\to\infty} \sum_{i=1}^{n} \left( \frac{\partial}{\partial x_i} G, \frac{\partial}{\partial x_i} f_k \right) = -\sum_{i=1}^{n} \left( \frac{\partial}{\partial x_i} G, \frac{\partial}{\partial x_i} F \right).$$

Für $F, G \in D$ folgt dann unmittelbar $(F, \Delta G) = (\Delta F, G)$.

## Lösung 10.2:

Benutze die in $\Omega$ geltende Beziehung

$$\nabla\cdot(v\nabla u) = \nabla u\cdot\nabla v + \Delta u \cdot v$$

(s. Burg/Haf/Wille [21], Abschn. 3.3.5) und den Integralsatz von Gauß.

# Symbole

Wir erinnern zunächst an einige Symbole, die in diesem Band verwendet werden und die in dieser oder ähnlicher Form bereits in Burg/Haf/Wille [23], [25], [24], [21] und [22] verwendet wurden.

$x :=$ x ist definitionsgemäß gleich ...
$x \in M$ x ist Element der Menge $M$, kurz: »$x$ aus $M$«
$x \notin M$ x ist nicht Element der Menge $M$
$\{x_1, x_2, \ldots, x_n\}$ Menge der Elemente $x_1, x_2, \ldots, x_n$
$\{x | x$ hat die Eigenschaft $E\}$ Menge aller Elemente $x$ mit der Eigenschaft $E$
$M \subset N$, $N \supset M$ $M$ ist Teilmenge von $N$
$M \cup N$ Vereinigungsmenge von $M$ und $N$
$M \cap N$ Schnittmenge von $M$ und $N$
$\emptyset$ leere Menge
$\mathbb{N}$ Menge der natürlichen Zahlen
$\mathbb{N}_0$ Menge der natürlichen Zahlen einschließlich 0
$\mathbb{Z}$ Menge der ganzen Zahlen
$\mathbb{R}$ Menge der reellen Zahlen
$\mathbb{R}^+$ Menge der positiven reellen Zahlen
$\mathbb{R}_0^+$ Menge der nichtnegativen reellen Zahlen
$[a, b]$, $(a, b)$, $(a, b]$, $[a, b)$ abgeschlossene, offene, halboffene Intervalle
$[a, \infty)$, $(a, \infty)$, $(-\infty, a]$, $(-\infty, a)$ unbeschränkte Intervalle
$(x_1, \ldots, x_n)$ $n$-Tupel
$\mathbb{C}$ Menge der komplexen Zahlen
$\operatorname{Re} z$ Realteil von $z$
$\operatorname{Im} z$ Imaginärteil von $z$
$\bar{z}$ konjugiert komplexe Zahl zu $z$
$\arg z$ Argument von $z$
$\begin{bmatrix} x_1 \\ \vdots \\ x_n \end{bmatrix}$ Spaltenvektor der Dimension $n$
$\mathbb{R}^n$ Menge aller Spaltenvektoren der Dimension $n$, (wobei $x_1, \ldots, x_n \in \mathbb{R}$)
$f : A \to B$ Funktion (Abbildung) von $A$ in $B$
$\overline{D}$ abgeschlossene Hülle von $D$
$\mathring{D}$, $\operatorname{In}(D)$, $D_i$ Inneres von $D$
$\operatorname{Äu}(D)$, $D_a$ Äußeres von $D$
$\partial D$ Rand von $D$

Zur Funktionalanalysis:

$d(x, y)$ Abschn .1.1.1
$d_{\max}(x, y)$ Abschn. 1.1.1
$d_p(x, y)$ Abschn. 1.1.1
$C[a, b]$ Abschn. 1.1.1
$K_\varepsilon(x_0)$ Abschn. 1.1.2
$A^+$ Abschn. 1.1.2
$\overline{A}$ Abschn. 1.1.2
$\lim\limits_{n\to\infty} x_n$, $x_x \to x$ Abschn. 1.1.3
$L_p[a, b]$ Abschn. 1.1.3
$d_X(x, y)$ Abschn. 1.1.3
$\sup A$, $\inf A$ Abschn. 1.1.4
$(\mathbb{K}, +, \cdot)$, $\mathbb{K}$ Abschn. 1.2.1
$C^k[a, b]$ Abschn. 1.2.1
$C^\infty[a, b]$ Abschn. 1.2.1
$\operatorname{Pol} \mathbb{R}$ Abschn. 1.2.1
$l_p$ Abschn. 1.2.1
$\operatorname{Span} A$ Abschn. 1.2.1
$S \oplus T$ Abschn. 1.2.1
$\dim S$ Abschn. 1.2.1
$\|.\|$ Abschn. 1.2.2
$C_b(I)$ Abschn. 1.2.2
$\|.\|_p$, $\|.\|_\infty$ Abschn. 1.2.2
$(x, y)$ kurz $(., .)$ Abschn. 1.3.1
$x \perp y$ Abschn. 1.3.2
$X_1 \perp X_2$ Abschn. 1.3.2
$M^\perp$ Abschn. 1.3.2
$\delta_{ik}$ (Kronecker-Symbol) Abschn. 1.3.3
$\operatorname{Span}\left(\bigcup\limits_{k=1}^{\infty} X_k\right)$ Abschn. 1.3.4
$\bigoplus\limits_{k\in\mathbb{N}} X_k$ Abschn. 1.3.4
ONS (Orthonormalsystem) Abschn. 1.3.5
$\|T\|$ (Operatornorm) Abschn. 2.1.1
P (Projektionsoperator) Abschn. 2.1.1
$L(X, Y)$ Abschn. 2.1.1
$T_2 \circ T_1$ Abschn. 2.1.1
$A^n$ Abschn. 2.1.1
$T_n \to T$, $T_n \rightharpoonup T$ Abschn. 2.1.2
$\sum\limits_{k=1}^{\infty} T_k$ Abschn. 2.1.2
$T^{-1}$ Abschn. 2.1.3
$I$ (Identitätsoperator) Abschn. 2.1.3
$L(X, \mathbb{K})$ Abschn. 2.1.4
$X^*$, $X'$ Abschn. 2.1.4
$C_0^\infty(\mathbb{R}^n)$ Abschn. 2.1.4
Kern $F$ Abschn. 2.1.5
$\mathcal{L}$ (lineare Hülle) Abschn. 2.1.5
$F|_{\tilde{X}_2}$ Abschn. 2.1.5
$T^*$ Abschn. 2.1.6
$\chi_T(\lambda)$ Abschn. 2.3.5

$\sigma(T)$ Abschn. 2.3.5
$R(\lambda, T)$ Abschn. 2.3.5
$C(\Omega)$ $C_0(\Omega)$ Abschn. 3.1.1
$\mathrm{Tr}\, f$ Abschn. 3.1.1
$\int\limits_{\Omega} f(x)\,\mathrm{d}x$, $\int f\,\mathrm{d}x$ Abschn. 3.1.1
$C^m(\Omega)$, $C_0^m(\Omega)$, $C_0^\infty(\Omega)$ Abschn. 3.1.2
$L_2(\Omega)$ Abschn. 3.1.2
$\|F\|$ (Norm in $L_2(\Omega)$) Abschn. 3.1.2
$F_\psi$ (durch $\psi$ induziertes Funktional) Abschn. 3.1.3
$F - \psi$, $\|F - \psi\|$ Abschn. 3.1.3
$C_0^\infty(\Omega) \subset L_2(\Omega)$ (Einbettung) Abschn. 3.1.3
$\overline{C_0^\infty(\Omega)}$ Abschn. 3.1.3
$(F, G)$ Abschn. 3.1.3
$C(\Omega) \cap L_2(\Omega)$ Abschn. 3.1.3
$F^r$, $F^e$ Abschn. 3.1.4
$gF$ Abschn. 3.1.5
$C_b(\Omega)$ Abschn.3.1.5
$\frac{\partial}{\partial x_i} F$, $\frac{\partial^m}{\partial x_i^m} F$ Abschn. 3.1.5
$p = (p_1, \dots, p_n)$ (Multiindex) Abschn. 3.1.5
$x^p = x_1^{p_1} \cdot \dots \cdot x_n^{p_n}$ Abschn. 3.1.5
$D^p = \left(\frac{\partial}{\partial x_1}\right)^{p_1} \dots \left(\frac{\partial}{\partial x_n}\right)^{p_n}$ Abschn. 3.1.5
$|p| = p_1 + \dots + p_n$ Abschn. 3.1.5
$D^p F$ Abschn. 3.1.5
$H_m(\Omega)$ (Sobolevraum) Abschn. 3.2.1
$(F, G)_m$ Abschn. 3.2.1
$\|F\|_m$ Abschn. 3.2.1
$\mathring{H}_m(\Omega)$ (Sobolevraum) Abschn. 3.2.2

Zu Partielle Differentialgleichungen:

$F\left(x, u, \frac{\partial u}{\partial x_1}, \dots, \frac{\partial^k u}{\partial x_n^k}\right)$ Abschn. 4.1.1
$\Delta$ (Laplace-Operator) Abschn. 4.1.2
$\nabla$ (Nabla-Operator) Abschn. 4.1.2
$\nabla\cdot$ (Divergenz) Abschn. 4.1.2
$\nabla\times$ (Rotation) Abschn. 4.1.2
$\nabla_{\boldsymbol{x}} u$ (Gradient bez. $\boldsymbol{x}$) Abschn. 4.2.1
$\exp\{\ \}$ Abschn. 4.2.1
$Q(\boldsymbol{\xi})$ (quadratische Form) Abschn. 4.3.1
$cn(\boldsymbol{x})$, $\boldsymbol{n}$ (Normalenvektor) Abschn. 5.1.1
$\frac{\partial U}{\partial \boldsymbol{n}}$ (Normalableitung) Abschn. 5.1.1
$v_n$, $\omega_n$, $v_n(r)$, $\omega_n(r)$ Abschn. 5.1.1
$H_\lambda^1$, $H_\lambda^2$ (Hankelfunktionen) Abschn. 5.1.2

$\Phi_1(\boldsymbol{x}, \boldsymbol{y})$, $\Phi_2(\boldsymbol{x}, \boldsymbol{y})$ (Grundlösungen) Abschn. 5.1.3
$\frac{\partial}{\partial \boldsymbol{n}_y}$ (Normalableitung bez. $\boldsymbol{y}$) Abschn. 5.1.3
$\int \dots \mathrm{d}\sigma_y$ (Integration bez. $\boldsymbol{y}$) Abschn. 5.1.3
$\mathcal{O}$ (Landau-Symbol) Abschn. 5.1.3
$\int\limits_{\partial D} \nu(\boldsymbol{y}) \frac{\partial}{\partial \boldsymbol{n}_y} \Phi(\boldsymbol{x}, \boldsymbol{y})\,\mathrm{d}\sigma_y$ Abschn. 5.1.5
$\int\limits_{\partial D} \mu(\boldsymbol{y}) \Phi(\boldsymbol{x}, \boldsymbol{y})\,\mathrm{d}\sigma_y$ Abschn. 5.1.5
$\int\limits_{D} \eta(\boldsymbol{y}) \Phi(\boldsymbol{x}, \boldsymbol{y})\,\mathrm{d}\tau_y$ Abschn. 5.1.5
C. H. $\int \dots \mathrm{d}\tau_y$ (Cauchy-Hauptwert) Abschn. 5.2.1
$\frac{\partial U}{\partial r}$ (Radialableitung) Abschn. 5.2.2
SAB (Sommerfeldsche Ausstrahlungsbedingung) Abschn. 5.2.2
$o$ (Landau-Symbol) Abschn. 5.2.2
$M_i(\boldsymbol{x})$, $M_a(\boldsymbol{x})$ Abschn. 5.3.2
$\int\limits_{\partial D} \mu(\boldsymbol{y}) \frac{\partial}{\partial \boldsymbol{n}_x} \Phi(\boldsymbol{x}, \boldsymbol{y})\,\mathrm{d}\sigma_y$ Abschn. 5.3.2
$C_\alpha(\overline{D})$, $C_{m+\alpha}(\overline{D})$ Abschn. 5.3.2
$G(\boldsymbol{x}, \boldsymbol{y})$ (Greensche Funktion) Abschn. 5.4.1
$u_0(\boldsymbol{x}, t; \boldsymbol{y})$ (Grundlösung) Abschn. 6.2.2
$\tilde{u}(r, t; \boldsymbol{x}) = \frac{1}{4\pi r^2} \int\limits_{|\boldsymbol{y}-\boldsymbol{x}|=r} u(\boldsymbol{y}, t)\,\mathrm{d}\sigma_y$ (Mittelwert) Abschn. 7.1.2
$\tilde{u}_0(ct; \boldsymbol{x})$, $\tilde{u}_1(ct; \boldsymbol{x})$ Abschn. 7.1.2
$\nabla_{\boldsymbol{x}} \times \boldsymbol{a}\Phi(\boldsymbol{x}, \boldsymbol{y})$ Abschn. 8.1.2
$(\boldsymbol{H}^{(1)}, \boldsymbol{E}^{(1)})$ (elektr. Dipol) Abschn. 8.1.2
$(\boldsymbol{H}^{(2)}, \boldsymbol{E}^{(2)})$ (magnet. Dipol) Abschn. 8.1.2
$L[U] = \sum\limits_{|p|,|q| \le m} (-1)^{|p|} D^p(a_{pq} D^q U)$ Abschn. 9.2.2
$B(V, U) = \sum\limits_{|p|,|q| \le m} (D^p V, a_{pq} D^p U)$ (Bilinearform) Abschn. 9.2.3
$L^*[U]$ Abschn. 9.2.5
$B^*(V, U)$ Abschn. 9.2.5
$\mathcal{S}$ Abschn. 9.3.1/3
$\mathcal{W}$ Abschn. 9.3.1/3
$\mathcal{D}$ Abschn. 9.3.1/3
$L'[U]$ Abschn. 9.3.3
$K_R^+$, $K_R^-$ Abschn. 9.4.2
$\Omega \in C^k$ Abschn. 9.4.2
$f^-(y)$ Abschn. 9.4.2
$C_b^k(\Omega_0, \Omega_0')$ Abschn. 9.4.2
$Z(h)$ (Zylinder im $\mathbb{R}^n$) Abschn. 9.4.2

# Literaturverzeichnis


[1] Agmon, S.: *Lectures on elliptic boundary value problems*. Van Nostrand, Princeton, 1965.

[2] Ames, W.: *Numerical methods for partial differential equations*. Academic Press, New York-San Francisco, 2 Aufl., 1977.

[3] Ansorge, R. und Sonar, T.: *Mathematical Models of Fluid Dynamics*. Wiley-VCH, Berlin, 2 Aufl., 2009.

[4] Arens, T., Hettlich, F., Karpfinger, C., Kockelkorn, U., Lichtenegger, K. und Stachel, H.: *Mathematik*. Spektrum Akademischer Verlag, Heidelberg, 2008.

[5] Aumann, G.: *Höhere Mathematik I–III*. Bibl. Inst., Mannheim, 1970–71.

[6] Babitsch, B.: *Lineare Differentialgleichungen der Mathematischen Physik*. Akademie Verlag, Berlin, 1967.

[7] Bartsch, H.: *Mathematische Formeln*. Buch- und Zeit-Verlagsges, Köln, 12 Aufl., 1982.

[8] Bathe, K.: *Finite-Elemente-Methoden*. Springer, Berlin-Heidelberg-New York, 1990.

[9] Bathe, K. und Wilson, E.: *Numerical methods in finite element Analysis*. Prentice-Hall, Englewood Cliffs, 1976.

[10] Bergmann, S. und Schiffer, M.: *Kernel functions and elliptic differential equations in mathematical physics*. Academic Press, New York, 1988.

[11] Bers, L., John, F. und Schechter, M.: *Partial differential equations*. Wiley, New York, 1981.

[12] Brakhage, H. und Werner, P.: *Über das Dirichletsche Außenraumproblem für die Helmholtzsche Schwingungsgleichung*. Arch. d. Math., XVI:325–329, 1965.

[13] Brauch, W., Dreyer, H. und Haacke, W.: *Mathematik für Ingenieure*. Teubner, Wiesbaden, 11 Aufl., 2006.

[14] Brenner, J. und Lesky, P.: *Mathematik für Ingenieure und Naturwissenschaftler I*. Aula, Wiesbaden, 4 Aufl., 1989.

[15] Brenner, J. und Lesky, P.: *Mathematik für Ingenieure und Naturwissenschaftler II*. Aula, Wiesbaden, 4 Aufl., 1989.

[16] Brenner, J. und Lesky, P.: *Mathematik für Ingenieure und Naturwissenschaftler III*. Aula, Wiesbaden, 4 Aufl., 1989.

[17] Brenner, J. und Lesky, P.: *Mathematik für Ingenieure und Naturwissenschaftler IV*. Aula, Wiesbaden, 3 Aufl., 1989.

[18] Bronstein, I. und Semendjajew, K.: *Ergänzende Kapitel zu Taschenbuch der Mathematik*. Harri Deutsch, Thun-Frankfurt, 6 Aufl., 1990.

[19] Bronstein, I. und Semendjajew, K.: *Taschenbuch der Mathematik*. Harri Deutsch, Thun-Frankfurt, 5 Aufl., 2000.

[20] Brown, A. und Page, A.: *Elements of Functional Analysis*. Van Nostrand, London, 1970.

[21] Burg, C., Haf, H. und Wille, F.: *Höhere Mathematik für Ingenieure*, Bd. Vektoranalysis. Teubner, Wiesbaden, 1 Aufl., 2006.

[22] Burg, C., Haf, H. und Wille, F.: *Höhere Mathematik für Ingenieure*, Bd. Funktionentheorie. Teubner, Wiesbaden, 1 Aufl., 2004.

[23] Burg, C., Haf, H. und Wille, F.: *Höhere Mathematik für Ingenieure*, Bd. 1. Teubner, Wiesbaden, 8 Aufl., 2008.

[24] Burg, C., Haf, H. und Wille, F.: *Höhere Mathematik für Ingenieure*, Bd. 3. Vieweg+Teubner, Wiesbaden, 5 Aufl., 2009.

[25] Burg, C., Haf, H. und Wille, F.: *Höhere Mathematik für Ingenieure*, Bd. 2. Teubner, Wiesbaden, 6 Aufl., 2008.

[26] Carrier, G.; Pearson, C.: *Partial Differential Equations. Theory and Technique*. Academic Press, New York, 1976.

[27] Colton, D. und Kress, R.: *Integral equation methods in scattering theory*. Wiley, New York, 1983.

[28] Courant, R.: *Vorlesungen über Differential- und Integralrechnung 1–2*. Springer, Berlin, 1955.

[29] Courant, R. und Hilbert, D.: *Methoden der mathematischen Physik I,II*. Springer, Berlin-Heidelberg-New York, 1968.

[30] Curtein, R. und Pritchard, A.: *Functional Analysis in Modern Applied Mathematics*. Academic Press, New York-San Francisco-London, 1977.

[31] Dallmann, H. und Elster, K.-H.: *Einführung in die höhere Mathematik 2*. Vieweg, Braunschweig, 1981.

[32] Dallmann, H. und Elster, K.-H.: *Einführung in die höhere Mathematik 3*. Vieweg, Braunschweig, 1983.

[33] Dallmann, H. und Elster, K.-H.: *Einführung in die höhere Mathematik 1*. Vieweg, Braunschweig, 2 Aufl., 1987.

[34] Day, M.: *Normed linear spaces*. Springer, New York, 1973.

[35] De Vito, C.: *Functional Analysis*. Academic Press, New York-San Francisco-London, 1978.

[36] Dieudonné, J.: *Grundzüge der modernen Analysis*, Bd. 1. Vieweg, Braunschweig, 1985.

[37] Doerfling, R.: *Mathematik für Ingenieure und Techniker*. Oldenbourg, München, 1965.

[38] Douglas, J. und Dupont, T.: *Collocation Methods for Parabolic Equations in a Single Space Variable*. Springer, Berlin-Heidelberg-New York, 1974.

[39] Drehmann, J.; Werner, P.: *Remarks on the dirichlet problem for linear elliptic differential equations. part 1.* Meth. Verf. Math. Phys., 8:147–181, 1973.

[40] Drehmann, J.; Werner, P.: *Remarks on the dirichlet problem for linear elliptic differential equations. part 2.* Meth. Verf. Math. Phys., 9:1–46, 1974.

[41] Dreszer, J. (Hrsg.): *Mathematik-Handbuch für Technik und Naturwissenschaften.* Harri Deutsch, Zürich-Frankfurt-Thun, 1975.

[42] Dunford, N. und Schwartz, J.: *Linear Operators*, Bd. I. Wiley, New York-London, 1988.

[43] Duschek, A.: *Vorlesungen über höhere Mathematik 1–2.* Springer, Wien, 1961–65.

[44] Edwards, R.: *Functional Analysis, Theory and Applications.* Holt, Rinehart and Winston, New York, 1965.

[45] El Debaghi, F., Morgan, K., Parrot, A. und Periaux, J. (Hrsg.): *Approximations and Numerical Methods for the Solution of Maxwell's Equations*, Oxford, 1995. I.M.A.

[46] Endl, K. und Luh, W.: *Analysis*, Bd. 3. Aula, Wiesbaden, 6 Aufl., 1987.

[47] Endl, K. und Luh, W.: *Analysis*, Bd. 1. Aula, Wiesbaden, 9 Aufl., 1989.

[48] Endl, K. und Luh, W.: *Analysis*, Bd. 2. Aula, Wiesbaden, 7 Aufl., 1989.

[49] Engeln-Müllges, G. und Reutter, F.: *Formelsammlung zur Numerischen Mathematik mit Standard-FORTRAN-Programmen.* Bibl. Inst., Mannheim, 7 Aufl., 1988.

[50] Epstein, B.: *Partial differential equations.* Krieger, New York, 1962.

[51] Fetzer, A. und Fränkel, H.: *Mathematik. Lehrbuch für Fachhochschulen*, Bd. 2. VDI, Düsseldorf, 2 Aufl., 1985.

[52] Fetzer, A. und Fränkel, H.: *Mathematik. Lehrbuch für Fachhochschulen*, Bd. 3. VDI, Düsseldorf, 2 Aufl., 1985.

[53] Fetzer, A. und Fränkel, H.: *Mathematik. Lehrbuch für Fachhochschulen*, Bd. 1. VDI, Düsseldorf, 3 Aufl., 1986.

[54] Fichera, G.: *Linear elliptic differential systems and eigenvalue problems.* Springer, Berlin-Heidelberg-New York, 1965.

[55] Forsythe, G. und Wasow, W.: *Finite Difference Methods for Partial Differential Equations.* Wiley, New York-London-Sydney, 1960.

[56] Friedmann, A.: *Partial differential equations of parabolic type.* Prentice Hall, Englewood Cliffs, 1964.

[57] Friedmann, A.: *Partial differential equations.* Academic Press, New York, 1969.

[58] Gilberg, D. und Trudinger, N.: *Elliptic partial differential equation of second order.* Springer, Berlin-Heidelberg-New York, 1977.

[59] Gladwell, I. und Wait, R. (Hrsg.): *A survey of numerical methods for partial differential equations.* Clarendon Press, 1979.

[60] Goffman, C. und Pedrick, G.: *First Course in Functional Analysis*. Prentice-Hall, Englewood Cliffs-New York, 1965.

[61] Greenspan, D. und Werner, P.: *A numerical method for the exterior dirichlet problem for the reduced wave equation*. Arch. Rational Mech. Anal., 23:288–316, 1966.

[62] Grossmann, S.: *Funktionalanalysis I–II im Hinblick auf Anwendungen in der Physik*. Aula, Wiesbaden, 1988.

[63] Günter, N.: *Potential Theory and its Applications to Basic Problems of Mathematical Physics*. Ungar, New York, 1967.

[64] Haacke, W., Hirle, M. und Maas, O.: *Mathematik für Bauingenieure*. Teubner, Stuttgart, 2 Aufl., 1980.

[65] Hackbusch, W.: *Integralgleichungen. Theorie und Numerik*. Teubner, Stuttgart, 1989.

[66] Hackbusch, W.: *Theorie und Numerik elliptischer Differentialgleichungen*. Teubner, Stuttgart, 2 Aufl., 1996.

[67] Hainzl, J.: *Mathematik für Naturwissenschaftler*. Teubner, Stuttgart, 4 Aufl., 1985.

[68] Hartmann, F.: *Methode der Randelemente*. Springer, Berlin-Heidelberg-New York, 1987.

[69] Heinhold, J., Behringer, F., Gaede, K. und Riedmüller, B.: *Einführung in die Höhere Mathematik 1–4*. Hanser, München-Wien, 1976–80.

[70] Hellwig, G.: *Partielle Differentialgleichungen*. Teubner, Stuttgart, 1960.

[71] Henrici, P. und Jeltsch, R.: *Komplexe Analysis für Ingenieure*, Bd. 1. Birkhäuser, Basel, 3 Aufl., 1987.

[72] Henrici, P. und Jeltsch, R.: *Komplexe Analysis für Ingenieure*, Bd. 2. Birkhäuser, Basel, 2 Aufl., 1987.

[73] Heuser, H.: *Funktionalanalysis*. Teubner, Wiesbaden, 4 Aufl., 2006.

[74] Heuser, H.: *Lehrbuch der Analysis*, Bd. 2. Vieweg+Teubner, Wiesbaden, 14 Aufl., 2008.

[75] Heuser, H.: *Lehrbuch der Analysis*, Bd. 1. Vieweg+Teubner, Wiesbaden, 17 Aufl., 2009.

[76] Hille, E. und Phillips, R.: *Functional Analysis and Semi-Groups*. Providence, New York, 1982.

[77] Hirsch, C.: *Numerical computation of internal and external flows*, Bd. 1. Wiley & Sons, Chicester, New York, 1988.

[78] Hirsch, C.: *Numerical computation of internal and external flows*, Bd. 2. Wiley & Sons, Chicester, New York, 1988.

[79] Hirzebruch, F. und Scharlau, W.: *Einführung in die Funktionalanalysis*. Bibl. Inst., Mannheim, 1971.

[80] Hutson, V. und Pym, J.: *Applications of Functional Analysis and Operator Theory*. Academic Press, New York-San Francisco-London, 1980.

[81] Hömander, L.: *The analysis of linear partial differential operators I, II*. Springer, Berlin-Heidelberg-New York, 1983.

[82] Hörmander, L.: *Linear partial differential operators*. Springer, Berlin-Heidelberg-New York, 1976.

[83] Jahnke, E., Emde, F. und Lösch, F.: *Tafeln höherer Funktionen*. Teubner, Stuttgart, 7 Aufl., 1966.

[84] Jeffrey, A.: *Mathematik für Naturwissenschaftler und Ingenieure 1–2*. Verlag Chemie, Weinheim, 1973–80.

[85] Jordan-Engeln, G. und Reutter, F.: *Numerische Mathematik für Ingenieure*. Bibl. Inst., Mannheim-Wien-Zürich, 1984.

[86] Jänich, K.: *Analysis für Physiker und Ingenieure*. Springer, Berlin, 2 Aufl., 1990.

[87] Kantorowitsch, L. und Akilow, G.: *Funktionalanalysis in normierten Räumen*. Harri Deutsch, Frankfurt a.M., 1978.

[88] Kellogg, O.: *Foundations of potential theory*. Springer, Berlin-Heidelberg-New York, 1967.

[89] Kirchgässner, K., Ritter, K. und Werner, P.: *Höhere Mathematik, Teil 4 (Differentialgleichungen)*. Simath-Reihe: Skripten zur HM. Skript, Stuttgart, 1984.

[90] Klein, R.: *Semi-implicit extension of a godunov-type scheme based on low mach-number asymptotics i: One-dimensional flow*. J. Comput. Phys., 121:213–237, 1995.

[91] Klein, R., Botta, N., Schneider, T., Munz, C., Roller, S., Meister, A., Hoffmann, L. und Sonar, T.: *Asymptotic adaptive methods for multiple-scale problems in fluid mechanics*. J. Eng. Math., 39(2):261–343, 2001.

[92] Kolmogorow, A. und Fomin, S.: *Functional Analysis*, Bd. I. Graylock Press, Baltimore, 1957.

[93] Kreyszig, E.: *Introductory Functional Analysis*. Wiley, New York, 1989.

[94] Kröner, D.: *Numerical Schemes for Conservation Laws*. Wiley, Chichester, 1997.

[95] Kussmaul, R.: *Ein numerisches Verfahren zur Lösung des Neumannschen Außenraumproblems für die Helmholtzsche Schwingungsgleichung*. Computing, 4:246–273, 1969.

[96] Köckler, N.: *Numerische Algorithmen in Softwaresystemen*. Teubner, Stuttgart, 1990.

[97] Köhnen, W.: *Metrische Räume*. Academia Verl. Richarz, St. Augustin, 1988.

[98] Ladyženskaja, O.: *The Boundary Value Problems of Mathematical Physics*. Springer, New York-Berlin-Heidelberg, 1985.

[99] Laugwitz, D.: *Ingenieur-Mathematik I–V*. Bibl. Inst., Mannheim, 1964–67.

[100] Leis, R.: *Zur Dirichletschen Randwertaufgabe des Außenraumes der Schwingungsgleichung*. Math. Z., 90:205–211, 1965.

[101] Leis, R.: *Vorlesungen über partielle Differentialgleichungen zweiter Ordnung*. Bibl. Inst., Mannheim, 1967.

[102] Leis, R.: *Initial Boundary Value Problems in Mathematical Physics*. Teubner, Stuttgart, 1986.

[103] LeVeque, R.: *Finite-Volume Methods for Hyperbolic Problems*. University Press, Cambridge, 2002.

[104] Link, M.: *Finite Elemente in der Statik und Dynamik*. Teubner, 3 Aufl., 2002.

[105] Lions, J. und Magenes, E.: *Non-homogeneous boundary value problems and applications I–III*. Springer, Berlin-Heidelberg-New York, 1972.

[106] Ljusternik, L. und Sobolev, W.: *Elemente der Funktionalanalysis*. Akademie Verlag, Berlin, 1976.

[107] Marsal, D.: *Die numerische Lösung partieller Differentialgleichungen in Wissenschaft und Technik*. Bibl. Inst., Mannheim-Wien-Zürich, 1976.

[108] Marsal, D.: *Finite Differenzen und Elemente*. Springer, Berlin-Heidelberg-New York, 1989.

[109] Martensen, E.: *Analysis I–IV*. Bibl. Inst., Mannheim-Wien-Zürich, 3 Aufl., 1986.

[110] Meinardus, G. und Merz, G.: *Praktische Mathematik I–II*. Bibl. Inst., Mannheim-Wien-Zürich, 1979–82.

[111] Meinhold, P. und Wagner, E.: *Partielle Differentialgleichungen*. Harri Deutsch, Frankfurt a.M., 1979.

[112] Meis, T. und Marcowitz, U.: *Numerische Behandlung partieller Differentialgleichungen*. Springer, Berlin-Heidelberg-New York, 1978.

[113] Meister, A. und Struckmeier, J. (Hrsg.): *Hyperbolic Partial Differential Equations: Theory, Numerics and Applications*. Vieweg, Wiesbaden, 2002.

[114] Meister, E.: *Randwertaufgaben der Funktionentheorie*. Teubner, Stuttgart, 1983.

[115] Meißner, U. und Menzel, A.: *Die Methode der finiten Elemente (Einführung)*. Springer, Berlin-Heidelberg-New York, 1989.

[116] Meyberg, K. und Vachenauer, P.: *Höhere Mathematik 1*. Springer, Berlin-Heidelberg-New York, 1990.

[117] Michlin, S.: *Vorlesungen über lineare Integralgleichungen*. VEB Deutscher Verlag d. Wiss., Berlin, 1962.

[118] Milne, R.: *Applied Functional Analysis*. Pitman Advanced Publishing Program, Boston-London-Melbourne, 1980.

[119] Miranda, C.: *Partial differential equations of elliptic type*. Springer, Berlin-Heidelberg-New York, 2 Aufl., 1970.

[120] Mitchell, A. und Griffiths, D.: *The finite difference method in partial differential equations*. Wiley, Chichester-New York, 1980.

[121] Monk, P.: *Finite Element Methods for Maxwell's Equations*. Clarendon Press, Oxford, 2002.

[122] Müller, C.: *Grundprobleme der mathematischen Theorie elektromagnetischer Schwingungen*. Springer, Berlin-Heidelberg-New York, 1957.

[123] Neunzert, H. (Hrsg.): *Mathematik für Physiker und Ingenieure*. Springer, Berlin-Heidelberg-New York, 1980–82.

[124] Parter, S. (Hrsg.): *Numerical methods for partial differential equations*. Academic Press, New York-London, 1979.

[125] Petrowski, J.: *Vorlesungen über partielle Differentialgleichungen*. Teubner, Leipzig, 1955.

[126] Ramdohr, M.: *Existenz- und Regularitätsuntersuchungen an der Helmholtzschen Schwingungsgleichung bzgl. der homogenen Neumannschen Randbedingung*. Diplomarbeit, Universität (GH) Kassel, 1990.

[127] Reed, M. und Simon, B.: *Methods of mathematical physics I–IV*. Academic Press, New York, 1972–1979.

[128] Reutersberg, H.: *Reduktionsverfahren zur Lösung elliptischer Differenzengleichungen im* $\mathbb{R}^3$. Nr. 121 in *GMD Berichte*. Oldenbourg, München-Wien, 1980.

[129] Riesz, F. und Nagy, B.: *Vorlesungen über Funktionalanalysis*. Akademie Verlag, Berlin, 1973.

[130] Rosenberg v., D.: *Methods for the Numerical Solution of Partial Differential Equations*. American Elsevier Publishing Comp., New York, 1969.

[131] Rothe, R.: *Höhere Mathematik für Mathematiker, Physiker und Ingenieure*. Teubner, Stuttgart, 1960–65.

[132] Ryshik, I. und Gradstein, I.: *Summen-, Produkt- und Integraltafeln*. VEB Verl. d. Wiss., Berlin, 1963.

[133] Sauer, R.: *Ingenieurmathematik 1–2*. Springer, Berlin, 1968–69.

[134] Schechter, M.: *Modern Methods in Partial Differential Equations*. Mc Graw-Hill, New York, 1977.

[135] Schwarz, H. R. und Köckler, N.: *Numerische Mathematik*. Vieweg+Teubner, Wiesbaden, 7 Aufl., 2009.

[136] Schwarz, H.: *FORTRAN-Programme zur Methode der finiten Elemente*. Teubner, Stuttgart, 1981.

[137] Schwarz, H.: *Methode der finiten Elemente*. Teubner, Stuttgart, 3 Aufl., 1991.

[138] Smirnow, W.: *Lehrgang der Höheren Mathematik*, Bd. II und IV. VEB Deutscher Verlag der Wissenschaften, Berlin, 1961.

[139] Smirnow, W.: *Lehrgang der höheren Mathematik I–V*. VEB Verlag d. Wiss., Berlin, 1971–77.

[140] Smith, G.: *Numerical solution of partial differential equations, Finite difference methods*. Clarendon Press, Oxford, 3 Aufl., 1985.

[141] Sobolev, W.: *Einige Anwendungen der Funktionalanalysis auf Gleichungen der mathematischen Physik*. Akademie Verlag, Berlin, 1964.

[142] Stephenson, G.: *An Introduction to Partial Differential Equations*. Longman, New York, 1970.

[143] Steuernagel, F.: *Zur schwachen Existenztheorie des Neumannschen Problems*. Diplomarbeit, Universität (GH) Kassel, 1991.

[144] Strubecker, K.: *Einführung in die Höhere Mathematik I–IV*. Oldenbourg, München, 1966–84.

[145] Taylor, A. und Lay, D.: *Introduction to Functional Analysis*. Krieger, Melbourne, 1986.

[146] Toro, E. F.: *Riemann Solvers and Numerical Methods for Fluid Dynamics*. Springer, Berlin, Heidelberg, New York, 2 Aufl., 1999.

[147] Toro, E.: *Shock-Capturing Methods for Free-Surface Shallow Flows*. Wiley, Chichester, 2001.

[148] Treves, F.: *Basic Linear Partial Differéntial Equations*. Academic Press, New York, 1975.

[149] Trinkaus, H.: *Probleme? Höhere Mathematik (Aufgabensammlung)*. Springer, Berlin-Heidelberg-New York, 1988.

[150] Törnig, W., Gipser, M. und Kaspar, B.: *Numerische Lösung von partiellen Differentialgleichungen der Technik*. Teubner, Stuttgart, 1985.

[151] Törnig, W. und Spellucci, P.: *Numerische Mathematik für Ingenieure und Physiker*, Bd. 2. Springer, Berlin-Heidelberg-New York, 1990.

[152] Varga, R.: *Matrix Iterative Analysis*. Prentice-Hall, Englewood Cliffs, 1962.

[153] Vichnevetsky, R.: *Computer Methods for Partial Differential Equations*, Bd. 1. Prentice-Hall, Englewood Cliffs, 1981.

[154] Weidmann, J.: *Lineare Operatoren im Hilbert-Räumen*. Teubner, Stuttgart, 1976.

[155] Wendt, J. (Hrsg.): *Computational Fluid Dynamics*. Springer, Berlin, 3 Aufl., 2009.

[156] Werner, P.: *Randwertprobleme der mathematischen Akustik*. Arch. Rational Mech. Anal., 10:29–66, 1962.

[157] Werner, P.: *On the exterior boundary value problem of perfect reflection for stationary electromagnetic wave fields*. J. Math. Anal. Appl., 7(3):348–396, 1963.

[158] Werner, P.: *A distribution-theoretical approach to certain lebesgue and sobolev spaces*. J. Math. Anal. Appl., 29:18–78, 1970.

[159] Wesseling, P.: *Principles of Computational Fluid Dynamics*. Springer, Berlin, 2000.

[160] Wille, F.: *Analysis*. Teubner, Stuttgart, 1976.

[161] Wloka, J.: *Funktionalanalysis und Anwendungen*. de Gruyter, Berlin-New York, 1971.

[162] Wloka, J.: *Partielle Differentialgleichungen*. Teubner, Stuttgart, 1982.

[163] Wörle, H. und Rumpf, H.: *Ingenieurmathematik in Beispielen*, Bd. 2. Oldenbourg, München-Wien, 3 Aufl., 1986.

[164] Wörle, H. und Rumpf, H.: *Ingenieurmathematik in Beispielen*, Bd. 3. Oldenbourg, München-Wien, 3 Aufl., 1986.

[165] Wörle, H. und Rumpf, H.: *Ingenieurmathematik in Beispielen*, Bd. 1. Oldenbourg, München-Wien, 4 Aufl., 1989.

[166] Yosida, K.: *Functional Analysis*. Springer, Berlin-Heidelberg-New York, 1978.

# Stichwortverzeichnis